高等院校石油天然气类规划教材

油气田勘探

(第三版·富媒体)

庞雄奇　主编
贾承造　主审

石油工业出版社

内 容 提 要

本书系统介绍了世界油气田勘探发展简史、油气田勘探程序、油气预测理论、勘探方法与技术、油气田勘探项目设计、常规/非常规/海域/深层油气勘探项目部署、油气勘探项目管理等内容。在油气勘探进程中,重点涉及油气勘探阶段划分、各阶段主要任务、完成相关任务需要配备的方法技术;在油气勘探目标上,重点涉及油气资源领域预测、成藏区带评价、钻探目标优选;在油气勘探项目上,重点涉及项目设计内容、设计原则、设计流程及项目展开过程中油气地质调查、油气井钻探、实验室测试分析等;在油气勘探过程中,重点涉及不同类别项目的部署原则、工作程序、综合评价。力求使学生能利用现有理论、方法、技术实现油气勘探成效最大化。书中以二维码为纽带,加入了彩图、知识点讲解等富媒体资源,方便读者阅读和理解。

本书可作为高等院校油气地质与勘探专业本科生教材,也可供相关专业研究生及从事油气勘探工作的科技人员和项目管理人员参考。

图书在版编目(CIP)数据

油气田勘探:富媒体/庞雄奇主编. —3 版. —北京:石油工业出版社,2020.8(2025.3 重印)
高等院校石油天然气类规划教材
ISBN 978-7-5183-4031-6

Ⅰ.①油… Ⅱ.①庞… Ⅲ.①油气田-油气勘探-高等学校-教材 Ⅳ.①P618.130.8

中国版本图书馆 CIP 数据核字(2020)第 085894 号

出版发行:石油工业出版社
(北京安定门外安华里 2 区 1 号楼 100011)
网　　址:www.petropub.com
编辑部:(010)64523694　图书营销中心:(010)64523633
经　　销:全国新华书店
印　　刷:北京中石油彩色印刷有限责任公司

2020 年 8 月第 3 版　2025 年 3 月第 3 次印刷
787 毫米×1092 毫米　开本:1/16　印张:26
字数:665 千字

定价:65.00 元
(如出现印装质量问题,我社图书营销中心负责调换)
版权所有,翻印必究

《油气田勘探(第三版·富媒体)》编写人员名单

主　　编：庞雄奇　中国石油大学(北京)
副 主 编：吴欣松　中国石油大学(北京)
　　　　　张绍臣　东北石油大学
主　　审：贾承造　中国石油天然气股份有限公司
副 主 审：高瑞祺　中国石油天然气股份有限公司
　　　　　黄　薇　大庆油田勘探开发研究院
参编人员：(按姓氏拼音排序)
　　　　　白建平　重庆科技学院
　　　　　陈君青　中国石油大学(北京)
　　　　　陈　轩　长江大学
　　　　　范柏江　延安大学
　　　　　高　岗　中国石油大学(北京)
　　　　　韩建辉　成都理工大学
　　　　　胡　涛　中国石油大学(北京)
　　　　　姜福杰　中国石油大学(北京)
　　　　　李　斌　西南石油大学
　　　　　刘成林　中国石油大学(北京)
　　　　　刘小平　中国石油大学(北京)
　　　　　庞　宏　中国石油大学(北京)
　　　　　任战利　西北大学
　　　　　吴小斌　延安大学
　　　　　于　强　长安大学
　　　　　张东东　西北大学
　　　　　张凤奇　西安石油大学
　　　　　张　惠　西安石油大学
　　　　　张小兵　成都理工大学

序

  油气勘探是石油天然气工业最重要的生产活动和"龙头"环节，成功的油气勘探决定了石油天然气工业生存发展的油气资源基础。因此，油气勘探是一门重要的工程科学，是油气勘探与管理人员的必备知识，是油气勘探开发专业学生的必修课程。

  油气勘探工程是相关专业知识和技能在寻找油气中的综合应用。它依据油气成藏机理和油气分布规律，采用地球化学、地球物理学、地球微生物学等原理，利用相关的物探、钻井、测井、试油等工程技术来发现和探明地下油气资源。由于油气成藏要素的多样性以及油气藏形成分布的复杂性，油气勘探是一项区域性强、风险性高、探索性大的地质工程活动。同时油气勘探工程也是随着油气勘探目标的变化和技术进步不断发展的。近二十年，全球石油工业上游进入新的发展期，非常规油气、深水油气及陆上深层油气成为勘探开发的重点领域和主要油气产量增长领域。以美国页岩革命为代表的非常规油气勘探取得巨大成功，带来了石油工业油气资源大幅度增长和理论技术的巨大突破；巴西—圭亚那深水勘探获重大发现，证明深水仍然赋存优质大规模油气藏；中国陆上深层油气勘探在塔里木盆地、准噶尔盆地和四川盆地获得重大突破，勘探进展揭示了陆上深层的巨大油气潜力，也揭示了深层油气新理论与技术的挑战，包括深层油气成藏机理、油气富集规律和深层钻井、地震技术。这些都对油气勘探工程提出了新的挑战与发展方向。

  油气勘探所追求的目标是快速、高效、经济地发现和探明油气田。它要求在最短时间、花费最小成本完成勘探任务并发现最多油气储量，同时保护好环境并做到安全生产。在勘探过程中，以油气地质理论为指导，遵循科学的勘探程序，采用合适的技术组合，实施科学的评价方法，从而实现油气勘探效益最大化。最新修编的《地球科学大辞典》已正式将"油气田勘探学"一词纳入其中，反映了科学界对油气勘探事业发展的重视和对油气勘探学科已建立了稳定的理论体系的认可，也突显了这一学科在油气工业发展和国民经济建设中的重要作用。

  中国石油教育界历来重视油气勘探学科建设与教材编著，近四十年来石油教育家出版了系列油气勘探教材，包括《油、气田勘探》（张一伟，1981）、《油气田勘探及实例分析》（胡朝元，张一伟，查全衡，刘济民，1985）、《油气田勘探工程》（丁贵明，张一伟，吕鸣岗，金之钧，1997）、《油气田勘探》（吴欣松，张一伟等，2001）、《油气田勘探》（庞雄奇，2006）等。这次全国石油高校联合编著《油气田勘探》教材意义重大。由庞雄奇教授主编的《油气田勘探（第三版）》，汇集了中国石油大学（北京）、东北石油大学、西南石油大学、长江大学、西安石油大学、西北大学、长安大学、成都理工大学、延安大学、重庆科技学院等十所高校教师们十多年来的教学成果，统一了相关的概念和术语，对基本内容做了重大补充和修订。

  本教材与老教材相比，具有四方面特色：一是增加了非常规油气、深海油气、深层油气勘探研究内容，有利于培养学生快速适应新时期油气勘探发展需要；二是增加了油气分布预测地质新理论和勘探新技术,有利于学生拓展勘探视野和开阔勘探思路;三是增加了与教材内容相适用的独立配套的大作业,有利于培养学生利用现代科学技术快速分析问题和解决问题的能力;四是引进了油气分布定量预测研究成果,按照预测对象和目标差异性分层次介绍,有利于培养学生利用现代计算机技术快速提高油气勘探研究成果精度和实际应用效益。《油气田勘探》教材的修订满足了国内外油气深化勘探的人才培养需要,为培养新时期合格的勘探人才提供了基本保障。

今天,石油天然气工业正展现出勃勃生机和广阔发展前景,吸引着越来越多的青年人才从事相关实践与研究,这本教材不仅适合高等院校本科生教学,也适合相关专业的研究生以及从事油气勘探事业的广大科技人员参考,在新时期石油天然气工业发展中将发挥积极而独特的作用,值得在石油教育界和科技界广泛推介。

中国科学院院士
中国石油天然气股份有限公司
原副总裁、总地质师

2020 年 1 月

第三版前言

随着世界油气需求量的加大,油气勘探正在不断地向非常规油气资源、深海油气资源、深层油气资源等方向和领域发展并取得系列重大成效。为了培养适应油气勘探形势快速发展需要的合格人才,石油工业出版社组织中国石油大学(北京)等多所国内石油高校对油气地质与勘探专业的教材《油气田勘探》(庞雄奇主编,2006)进行了全面修订。

这次修订教材的主要变化表现在五个方面。第一,强化了油气地质勘探理论在油气勘探中的主导地位,突出了油气资源领域预测、成藏区带评价、钻探目标优选在油气田勘探部署中的引领作用。第二,强化了油气勘探程序在油气高效勘探中的作用与重要性,将原来第四章"油气勘探阶段划分"归并到第二章"油气勘探程序"一起讲授,突出油气勘探程序随勘探阶段不同的变化特征。第三,大幅增加了不同类别油气资源勘探评价内容,将原来第七章"油气勘探综合评价"融合到非常规油气、深层油气、海洋油气勘探项目中介绍,增列了第六章"常规油气勘探项目部署"、第七章"非常规油气勘探项目部署"、第八章"海洋油气勘探项目部署"、第九章"深层油气勘探项目部署"等四章内容,突出不同类别油气资源的地质特征及其在勘探部署上的差异性。第四,在相关章节中增加了油气预测地质理论和油气勘探技术最新研究进展,利于学生们拓展勘探视野和开阔勘探思路。第五,增加了与教材内容相适用的配套实习大作业,力求培养学生们利用现代科学技术快速分析问题和解决问题的能力。此外,这次教材修订引进了油气分布定量预测研究成果,按照预测对象和目标差异性分层次介绍,有意识地培养学生们利用现代科学技术快速地提高油气勘探成果精度和效益。

全书共十章。第一章由庞雄奇、李斌、吴欣松编写;第二章由吴欣松、庞雄奇编写;第三章第一节由张东东、任战利、于强编写,第二节由张凤奇编写,第三节由李斌编写,第四节由姜福杰、庞雄奇编写;第四章第一节由任战利、于强、张东东编写,第二节由白建平编写,第三节由范柏江编写;第五章由陈轩编写;第六章第一节由刘成林编写,第二节至第六节由吴欣松、刘小平编写;第七章第一节由刘成林编写,第二节由李斌编写,第三节由张惠编写;第八章由张绍臣编写;第九章由庞宏、胡涛、陈君青编写;第十章第一节由韩建辉、张小兵编写,第二节由吴小斌编写,第三节由张惠编写,第四节由白建平编写,第五节由于强、任战利、张东东编写。全书由庞雄奇、吴欣松统稿。

本书由中国石油天然气股份有限公司原总地质师、中国科学院院士贾承造主审,中国石油天然气股份有限公司勘探局原局长高瑞祺教授级高工、大庆油田勘探开发研究院总地质师黄薇教授级高工任副主审。他们对本书进行了认真仔细的审阅,对教材体系框架以及勘探阶段划分、勘探部署原则、勘探项目与目标等内容提出了宝贵的修改意见和建议。中国石油天然气集团有限公司咨询中心孙平,自然资源部油气资源战略研究中心郭继刚、姜航和周立明对教材的编写提供了帮助,在此一并致谢。

由于编者水平有限,书中一定还存在不少缺点和不妥之处,欢迎读者指正,尤其希望各位主讲教师在教学实践中继续提出宝贵的意见,以便再版时进一步修正。

庞雄奇
2020 年 1 月

第二版前言

《油气田勘探》作为《石油地质学》的延伸和实践部分，是以石油地质学关于油气生成、油气藏形成和油气田分布规律的基本理论和油气勘探的经济规律为指导，系统阐述油气勘探预测理论、油气勘探方法与技术、油气勘探程序与部署、油气勘探综合评价与决策、油气勘探管理的一门综合性应用学科。如果说，石油地质学是找油气的理论地质学，那么，油气田勘探就是找油气的方法地质学。

20世纪60年代初，由北京石油学院石油地质教研室首次在石油高校本科生中开设了《油气田勘探》课程，并以大庆油田勘探经验为基础，集体编写了第一本《油、气田勘探》教材。80年代初，华东石油学院在重新补充国内外油气田勘探资料和一些新方法的基础上，由张一伟教授主编了新的《油、气田勘探》教材，这些教材的出版对于推动我国油气田勘探方法学的研究，培养复合型综合勘探人才起到了积极作用。1985年，在原石油工业部的组织和领导下，胡朝元、张一伟、查全衡等合作编著了《油气田勘探及实例分析》，供勘探高级专门人才的继续教育和业务培训使用。90年代，丁贵明、张一伟等编著了《油气田勘探工程》一书，各石油院校也相继出版了一些各有特色的勘探教材，较有代表的是吴欣松、张一伟等编著出版的《油气田勘探》教材。

近十几年来，随着油气勘探在理论、技术方面的迅速发展以及大的石油公司重组上市，油气勘探的新术语、综合研究的新方法不断涌现，油气勘探的组织管理与立项也都相继发生了较大变化。为适应石油高校教学工作的需要，在石油工业出版社的协调下，由各石油高校长期担任该课程教学任务的教师，在广泛吸收以前各教材及教学参考书多方面优点的基础上，建立了本教材的内容体系，合作编写了《油气田勘探》这本教材。本教材的编著和出版凝聚了几代人的辛勤努力、研究成果和教学成果。

《油气田勘探》从油气勘探工程的系统观出发，全面介绍了油气田勘探的预测理论与技术方法、勘探程序与工作部署、勘探项目设计与管理、勘探综合评价与决策等方面的基本内容，对现代海洋油气勘探作了概略性的介绍。教材在内容体系上力求展示油气勘探的最新进展，反映勘探理论和技术的最新动态，并根据历史唯物主义的世界观，从勘探的历史经验和教训两方面，阐述油气勘探阶段的部署原则。

全书共分十章，其中第一章由庞雄奇、张树林、代宗仰编写，第二章由庞雄奇、代宗仰、杨明慧编写，第三章、第十章由张树林编写，第四章、第五章和第九章一、二、四节由吴欣松编写，第六章、第七章由郭甲世编写，第八章由代宗仰编写，第九章三、五、六节由武富礼编写。全书由庞雄奇教授主编，张树林副教授和吴欣松副教授为副主编，由庞雄奇、吴欣松统稿。

本书由欧亚科学院院士和俄罗斯自然科学院院士张一伟教授[中国石油大学(北京)]主审,方祖康教授(大庆石油学院)协审,他们对本书的体系框架以及勘探阶段划分、勘探部署原则等内容提出了宝贵的意见和建议,并对本书进行了认真仔细的审阅。在本书的编写过程中得到了中国石油大学(北京)资源与信息学院朱筱敏教授、大庆石油学院地球科学学院卢双舫教授的帮助,在此一并表示感谢。

由于水平有限,书中一定存在着缺点和不妥之处,欢迎读者尤其是主讲教师们的批评指正。

编著者
2006年5月

第一版前言

《油气田勘探》作为《石油地质学》的延伸和实践部分，是以石油地质学关于油气生成、油气藏形成和油气田分布规律的基本理论和油气勘探的经济规律为指导，系统阐述油气勘探的主要技术与方法、勘探基本过程、勘探部署、勘探管理与决策的一门综合性应用学科。可以说，石油地质学是找油的理论地质学，而油气田勘探是找油的方法地质学。

60年代初，由北京石油学院石油地质教研室首次在石油高校本科生中开设《油气田勘探》课程，并以大庆油田勘探经验为基础，集体编写了第一本《油、气田勘探》教材，并由石油工业出版社出版。80年代初，华东石油学院在重新补充国内外油气田勘探资料和一些新方法的基础上，由张一伟教授主编了新的《油气田勘探》教材。它对于推动我国油气田勘探方法学的研究，培养复合型综合勘探人才起了积极作用。1985年，在原石油工业部组织和领导下，胡朝元、张一伟等合作编写了《油气田勘探及实例分析》，供勘探高级专门人才的继续教育和业务培训使用。长期以来，它也一直被石油高校作为本科生教学的代用教材。90年代，丁贵明、张一伟等编著了《油气田勘探工程》一书，其他院校也相继出版了一些各有特色的勘探教材。

近十几年来，由于油气勘探在理论、技术方面的迅速发展，油气勘探的新术语、综合研究的新方法不断涌现。为适应石油高校教学工作的需要，编者通过多年教学经验的积累和摸索，并在广泛吸收以上教材各方面优点的基础上，建立了本教材的内容体系。因此，可以说这本教材凝聚了几代人的辛勤努力和研究成果。

该教材从勘探工程的系统观出发，全面介绍了油气田勘探的工作程序、理论基础、技术配备、综合评价、经营管理，并根据历史唯物主义的世界观，从勘探的历史经验和教训两方面，深入阐述油气勘探的部署原则。同时在内容上力求展示油气勘探的最新进展，反映勘探理论和技术的最新动态。特别是对当前广泛应用的各种勘探综合评价技术——盆地评价、区带评价、圈闭评价、油气藏描述进行了比较系统的介绍。

由于水平有限，书中一定存在不少缺点和不妥之处，欢迎读者批评指正。

编者
2000年6月

目　　录

第一章　绪论 (1)
第一节　油气勘探在国民经济中的地位和作用 (2)
第二节　油气勘探工作的基本性质 (6)
第三节　油气勘探发展历史与现状 (10)
第四节　油气田勘探课程的性质与内容 (21)
复习思考题 (23)
参考文献 (23)

第二章　油气勘探程序 (25)
第一节　油气勘探程序的概念 (26)
第二节　国内外主要油气勘探程序 (39)
第三节　本教材推荐使用的油气勘探程序 (41)
第四节　复杂油气田的滚动勘探开发程序 (43)
第五节　执行油气勘探程序应遵循的原则 (46)
复习思考题 (48)
参考文献 (49)

第三章　油气勘探预测理论方法 (50)
第一节　油气勘探领域预测 (51)
第二节　油气勘探区带预测 (60)
第三节　油气勘探目标预测 (73)
第四节　油气勘探定量预测与评价 (92)
复习思考题 (108)
参考文献 (109)

第四章　油气勘探工程技术方法 (113)
第一节　油气地质调查技术 (114)
第二节　油气井钻探技术 (147)
第三节　实验室油气分析测试技术 (171)
复习思考题 (175)
参考文献 (176)

第五章　油气勘探项目设计 (179)
第一节　油气勘探项目类型及特点 (180)
第二节　油气勘探项目设计的方法与程序 (183)
第三节　油气勘探项目总体设计部署 (188)
第四节　油气勘探项目单项工程设计 (190)

复习思考题 ··· (206)
　　参考文献 ··· (206)
第六章　常规油气勘探项目部署 ·· (208)
　　第一节　大区概查项目 ··· (209)
　　第二节　盆地普查项目 ··· (221)
　　第三节　凹陷详查项目 ··· (235)
　　第四节　圈闭预探项目 ··· (251)
　　第五节　油气藏评价勘探项目 ··· (270)
　　第六节　油气滚动勘探开发项目 ··· (280)
　　复习思考题 ··· (286)
　　参考文献 ··· (286)
第七章　非常规油气勘探项目部署 ·· (289)
　　第一节　煤层油气勘探项目 ··· (291)
　　第二节　页岩油气勘探项目 ··· (302)
　　第三节　致密油气勘探项目 ··· (310)
　　复习思考题 ··· (325)
　　参考文献 ··· (325)
第八章　海域油气勘探项目部署 ··· (328)
　　第一节　海域油气勘探历史与现状 ··· (330)
　　第二节　海域与陆上油气勘探的差异性 ··· (336)
　　第三节　海域油气勘探实例分析 ··· (343)
　　复习思考题 ··· (346)
　　参考文献 ··· (347)
第九章　深层油气勘探项目部署 ··· (349)
　　第一节　深层油气勘探进展与发展前景 ··· (350)
　　第二节　深层油气勘探面临的主要挑战 ··· (356)
　　第三节　深层油气预测地质理论 ··· (357)
　　第四节　深层油气勘探方法技术 ··· (366)
　　第五节　深层油气勘探项目部署原则 ··· (370)
　　复习思考题 ··· (371)
　　参考文献 ··· (371)
第十章　油气勘探项目管理 ··· (375)
　　第一节　油气勘探矿权管理 ··· (376)
　　第二节　油气勘探项目管理 ··· (378)
　　第三节　油气勘探 QHSE 管理 ··· (382)
　　第四节　油气勘探储量管理 ··· (389)
　　第五节　油气勘探信息管理 ··· (390)
　　复习思考题 ··· (398)
　　参考文献 ··· (398)

富媒体资源目录

序号	名称	页码
1	彩图 1-2 世界石油和天然气需求变化预测图	3
2	视频 1-1 油气勘探工作的性质和特点	6
3	视频 1-2 世界油气勘探发展历程	10
4	视频 1-3 我国油气勘探现状	17
5	视频 1-4 课程的性质与内容	21
6	视频 2-1 油气勘探的基本对象	27
7	彩图 2-2 全球油气域划分与板块分布略图	28
8	彩图 2-3 渤海湾盆地一级构造单元分区图	30
9	彩图 2-5 饶阳凹陷肃宁中央断裂构造带及邻区构造剖面分区图	32
10	视频 2-2 油气勘探的任务与目标	33
11	视频 2-3 油气勘探程序与阶段划分	41
12	视频 2-4 执行油气勘探程序应遵循的原则	46
13	彩图 3-1 流体因子参数剖面	51
14	彩图 3-5 南堡凹陷有利勘探区带分布预测结果图	63
15	彩图 3-20 四川盆地龙马溪组页岩微米—纳米孔隙发育特征	81
16	彩图 3-22 四川盆地中部须家河组致密气源储关系剖面	86
17	彩图 3-29 大民屯凹陷 Es_3^3 段、Es_3^4 段岩性油气藏有利成藏区带预测图	103
18	彩图 3-32 塔中地区地层近源、优相、低势耦合与有利目标预测图	108
19	彩图 4-1 水平钻井模式图	113
20	彩图 4-2 压裂工艺模式图	114
21	视频 4-1 野外地质调查技术	114
22	视频 4-2 重磁电勘探技术	117
23	彩图 4-3 某盆地 TFEM2016-3 测线电阻率反演剖面	121
24	视频 4-3 地震勘探技术	126
25	彩图 4-13 准噶尔盆地西北缘全数字高密度地震剖面与常规地震剖面对比	134
26	彩图 4-14 苏里格气田纵波、多波联合反演对比剖面	135
27	彩图 4-16 随钻 VSP 数据采集示意图	136

序号	名称	页码
28	彩图4-17 不同观测系统类型（上）及其面元属性（下）对比	138
29	视频4-4 地球化学勘探技术	138
30	视频4-5 微生物勘探技术	142
31	视频4-6 油气资源遥感技术	144
32	视频4-7 油气钻井技术	147
33	视频4-8 油气录井技术	152
34	视频4-9 地层测试与试油技术	166
35	视频5-1 油气勘探项目概念和类型	180
36	视频5-2 油气勘探项目总体设计	188
37	视频5-3 探井井位设计	194
38	视频5-4 探井试油地质设计	203
39	彩图6-1 常规油气勘探模型图	209
40	彩图6-2 油气钻探模型图	209
41	视频6-1 大区概查定义及任务	209
42	视频6-2 大区概查部署原则	210
43	视频6-3 大区概查工作程序	211
44	彩图6-5 松辽及外围盆地群的分布及松辽外围盆地群油气地质调查部署图	219
45	视频6-4 盆地普查定义及任务	221
46	视频6-5 盆地普查部署原则	221
47	视频6-6 盆地普查工作程序	224
48	视频6-7 盆地评价	225
49	视频6-8 凹陷详查定义及任务	235
50	视频6-9 凹陷详查部署原则	235
51	视频6-10 凹陷详查工作程序	240
52	视频6-11 凹陷评价	241
53	视频6-12 圈闭预探部署原则	251
54	视频6-13 布井系统与临界方向布井方法	251
55	视频6-14 预探井类型与数量	252
56	视频6-15 圈闭预探工作程序	254
57	视频6-16 圈闭可靠性评价	257

序号	名称	页码
58	视频6–17 圈闭地质评价因素	260
59	视频6–18 圈闭地质有效性评价	261
60	视频6–19 圈闭资源量评价	263
61	视频6–20 圈闭经济评价	265
62	视频6–21 勘探工作部署原则	271
63	视频6–22 油气藏评价工作程序	272
64	视频6–23 勘探评价方法	274
65	视频6–24 储量计算与评价	276
66	彩图7–6 四川盆地构造区划图	304
67	彩图7–8 四川盆地上奥陶统五峰组—下志留统龙马溪组综合柱状图	305
68	彩图7–11 威利斯顿盆地Bakken组致密油与烃源岩成熟度关系图	314
69	彩图7–13 吉木萨尔凹陷芦草沟组顶面构造图	318
70	彩图7–15 吉174井二叠系芦草沟组测井解释综合图	320
71	彩图7–16 准噶尔盆地吉木萨尔凹陷吉174井二叠系芦草沟组单井沉积相综合图	321
72	彩图8–1 我国自主研发设计的"海洋石油981"第六代半潜式钻井平台	329
73	彩图8–2 美国安全与环境执法局遥感卫星实时监测墨西哥湾油气钻井平台活跃情况	329
74	彩图8–3 中国"海洋石油720"深水物探船示意图	330
75	彩图9–1 深海油气勘探三维模型图	349
76	彩图9–2 中国西部塔里木盆地塔中地区深层中—下奥陶统油气成藏模式	350
77	彩图9–3 全球主要的深层含油气盆地平面分布	353
78	彩图9–15 塔里木盆地库车坳陷含油气砂岩内外界面势差随埋深变化特征	361
79	视频10–1 油气勘探矿权管理	376
80	视频10–2 油气勘探项目管理	378
81	视频10–3 油气勘探HSE管理	386
82	视频10–4 油气勘探储量管理	389

本教材富媒体资源由作者提供，若有教学需要，可向责任编辑索取，联系邮箱gaojiaofenshe@vip.126.com。

第一章
绪论

本章导引

本章首先从石油天然气资源的重要性、石油工业的构成及其重要作用、油气勘探在石油工业中的地位三个方面阐述了油气勘探在国民经济中的地位和作用,提出了"油气勘探是石油工业可持续发展的保障"的观点;其次从勘探工程的综合性、勘探活动的探索性、勘探产业的风险性三个方面论述了油气勘探的主要特点;然后从找油气理念演变和技术发展的角度介绍了世界油气勘探发展的阶段性,按照我国油气勘探大布局的变化介绍了油气勘探的发展历程,总结了目前我国油气资源现状、面临的主要问题以及油气勘探发展战略;最后主要介绍了"油气田勘探"课程的性质,阐明了该课程与石油地质学以及其他课程之间的关系,并对课程主要内容构成进行了概述。

油气资源对于我国国民经济的发展至关重要,是关系我国现代化建设全局和国家安全稳定的重要战略资源。快速寻找现实而有规模的油气资源领域,对于增强我国油气供应基础保障能力,保证国家能源供应安全与经济社会稳定发展具有重要意义。在寻找油气资源过程中,应遵循科学的勘探程序(丁贵明等,1997)。在油气勘探的各个阶段,需采用合适的理论、方法和技术(胡朝元等,1985,1990;童晓光等,2001)。在油气项目开展前后,除了需要合理的部署、决策与设计外,还要采用先进的勘探项目管理(R.J.格雷厄姆,1991;张霞,1998,2001;弗兰克·雅恩等,2012),整体属于一项综合性强的系统工程(庞雄奇,2006;孙新铭和王正东,2009)。油气田勘探是以油气地质学理论为基础,通过现有的相关理论、方法、技术,实现油气勘探效益最大化的一门综合应用学科(吴欣松等,2001;张一伟等,2003;庞雄奇,2006)。油气勘探主要阐述的内容包括油气勘探程序、油气勘探地质理论、油气勘探方法技术、油气勘探项目部署与决策、油气勘探项目设计和油气勘探项目管理。

第一节　油气勘探在国民经济中的地位和作用

一、石油天然气的重要性

1. 油气是现代工业的血液

百年回眸,从来没有一种商品能像石油这样在人类社会生活中打下如此深刻的烙印,从来没有一种能源,能像油气这样成为人类社会安全、繁荣的基础。

油气对交通、国防、石油化工、工农业生产都起到举足轻重的作用,大到宇宙飞船、航天飞机、轮船、火车、汽车,小到家用电器中的冰箱、洗衣机、电视机等无不与石油产品有关。我国96%的乙烯、99%的合成橡胶、30%的合成氨、66%的塑料等化工产品,都是以油气为原料生产的。油气产量的增长,还为高产高效的农业和交通运输业的发展,提供了原料和燃料支持。现阶段我国国民经济支柱性产业是机械电子、石油化工、汽车制造和建筑业,能源流、信息流、物流和资金流成为四大金刚支柱产业。其中,能源流主要包含的石化和物流都要依靠油气工业,现代化社会的经济基础已深深地建立在油气之上。

2. 油气是重要的一次性能源

根据人类对于一次性能源的消耗结构,大致可以划分为柴薪时代、煤炭时代、石油时代和天然气时代四个阶段(图1-1)。目前世界石油与天然气的消耗占比达到70%以上,其次为煤炭、核能及太阳能。据中国石油经济技术研究院(2018)预测,2050年世界石油和天然气需求分别为$49.1 \times 10^8 t$和$5.5 \times 10^{12} m^3$,其中亚太地区石油和天然气需求占比分别为38.1%和40%,将持续保持全球第一大石油和天然气消费市场地位(图1-2)。

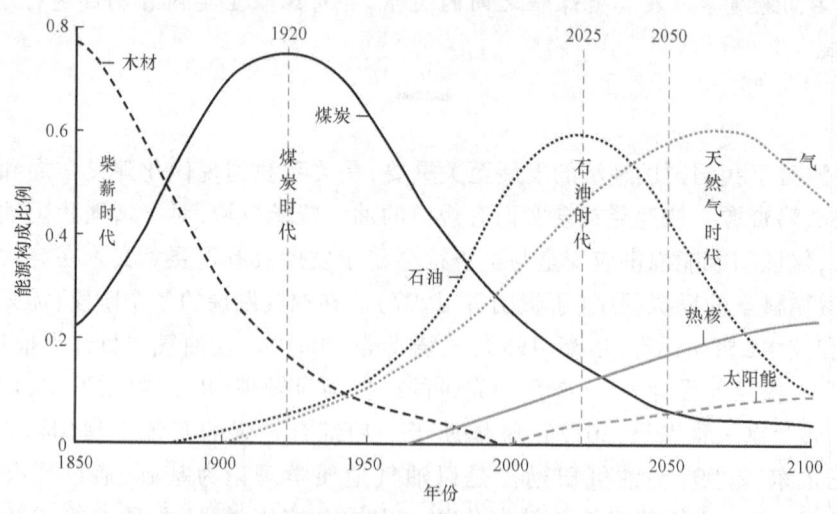

图1-1　世界一次能源替代趋势示意图

随着我国经济的高速发展,对油气资源需求增长速度越来越快。2017年中国超过美国,首次成为世界最大的原油进口国,石油对外依存度升至67.4%,天然气对外依存度升至39.4%。预计这一态势将持续发展,至2035年石油和天然气对外依存度分别为70%和55%。国内资源供需矛盾日益突出,对外依存度进一步攀升,资源受制于人的局面进一步加剧,将严重威胁到我国的经济安全。因此,寻找现实而有规模的资源接替领域,增强我国油气供应基础

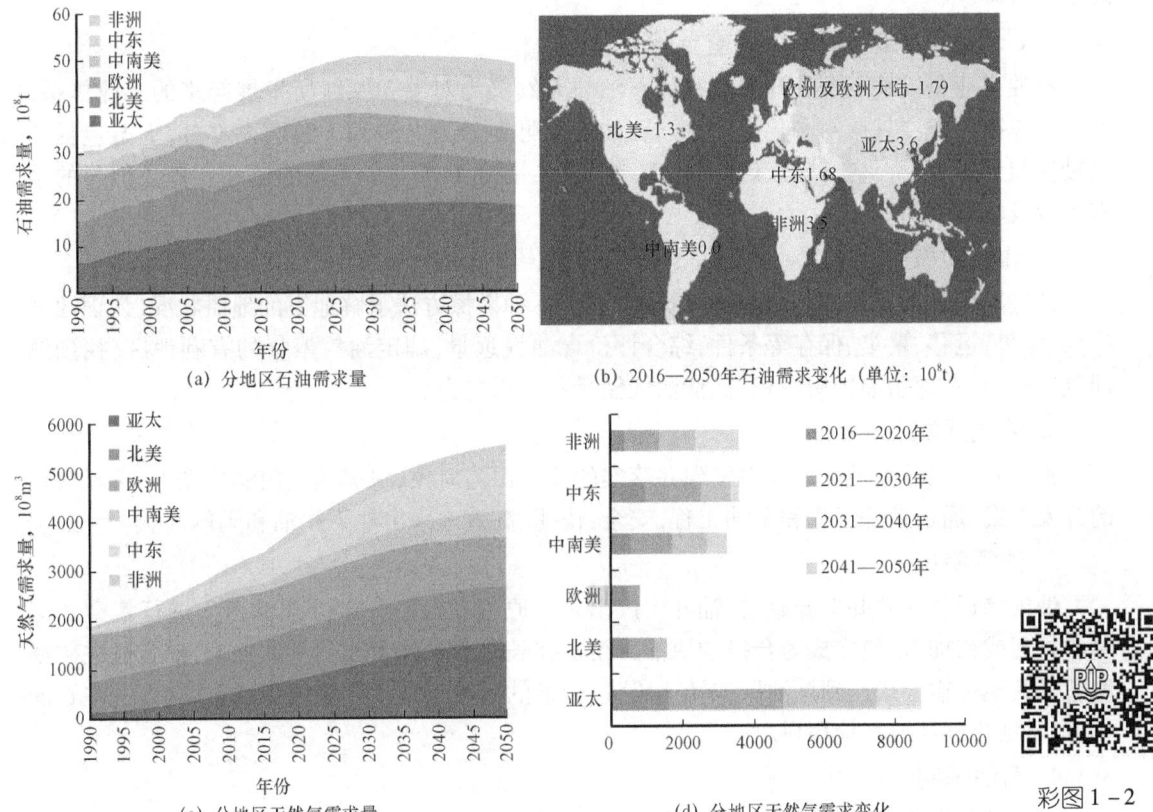

图 1-2　世界石油和天然气需求变化预测图（据中国石油经济技术研究院，2018）

保障能力，是我们石油地质工作者义不容辞的责任。

3. 油气是极其重要的战略物资

美国等西方发达国家被誉为"车轮上的国家"，其对油气的依赖程度是不言而喻的，20 世纪 70 年代中期发生的全球性石油危机令那些发达国家至今记忆犹新，这就是美国发动海湾战争和对伊拉克开战，以及对伊朗和委内瑞拉等产油大国进行经济制裁的主要原因。石油工业近 160 年跌宕起伏的发展过程，从来都是与国家战略、全球政治和经济实力紧密地交织在一起的。1914 年 7 月 28 日，第一次世界大战爆发，法国以石油做动力的出租汽车满载士兵冲向即将崩溃的前线，阻挡住了德国人的进攻，成为世界上第一支摩托化部队的雏形。使用石油的英国海军战胜了使用煤的德国海军舰队，石油开始为战争服务。在第二次世界大战期间，对石油供应线的攻击成了双方军事进攻的首要目标。日本偷袭珍珠港是为了掠取东印度的石油资源而保护其侧翼；德国进攻苏联有一个重要因素，就是要夺取高加索地区丰富的石油。战争后期，德国和日本的燃料库都已耗尽，而美国石油方面的优势是保证盟国取得胜利的重要因素。1990 年，伊拉克入侵科威特。以美国为首的西方国家大兵压境，发起"沙漠风暴"打败了伊拉克，以保护工业化世界赖以生存的石油资源。石油与政治、经济密不可分得到了充分证明。

新中国成立时，全国石油年产量远不能满足需要，依然处于依赖"洋油"时代。能否尽快实现石油自给，是保障新中国能源安全和经济稳定发展的紧迫问题。要进行建设，石油是不可缺少的。石油无论对于发达国家，还是不发达国家，都是一条经济的生命线，是一种十分重要的战略资源。

二、石油工业的构成及其重要作用

石油工业是以地下深处开采获得的石油与天然气为对象和原料所发展起来的工业体系,其产品包括各类油气燃料和化工产品。石油工业可划分为上游和下游两大部分,上游包括油气勘探与开发,下游包括储运、炼制、化工、销售,从上到下是一个完整的体系。各个部分的基本构成及功能不同。

1. 油气勘探

油气勘探是为了寻找和查明油气资源,利用各种勘探方法了解地下的地质状况,认识油气生成、储集、运移、聚集、保存等条件,综合评价含油气远景,确定油气聚集的有利地区,找到储油气的圈闭,并探明油气田面积,搞清油气储量和产出能力。

2. 油气开发

油气开发以石油勘探过程中发现并落实的油气田为对象,根据油气田储层条件,选择合理的开发方案,通过钻井工程和采油工程,安全、快捷、高效地采出地下原油和天然气。

3. 油气储运

油气储运从油井井口开始,将油井生产出来的原油和天然气产品在油田上进行集中和必要的处理或初加工,使之成为合格的原油后再送往长距离输油管线的首站外输,或者送往矿场油库经其他运输方式送到炼油厂或转运码头;合格的天然气集中到输气管线首站,再送往石油化工厂、液化气厂或其他用户。

4. 石油炼制

通过各种方法和途径将原油加工为汽油、煤油、柴油、润滑油、石蜡、沥青、石油焦等各种石油产品和化工原料的方法与过程称为石油炼制。

5. 石油化工

对石油炼制获得的原料油进行化学加工称为石油化工。石油化工的第一步是对原料油和气(如丙烷、汽油、柴油等)进行裂解,生成以乙烯、丙烯、丁二烯、苯、甲苯、二甲苯为代表的基本化工原料;第二步是用基本化工原料生产多种有机化工原料(约200种)及合成材料(塑料、合成纤维、合成橡胶等)。

6. 销售

销售主要包括销售各类油气燃料和炼化企业生产的化工产品,如合成树脂、合成橡胶、合成纤维、有机原料、无机化学品以及精细化工类产品和化工延伸加工类等产品。整个销售经营活动涉及客户需求,化工产品采购、存储、物流运输、售后服务等环节。

石油和天然气作为重要的能源和战略资源,对世界文明、经济及政治具有重要影响。我国也将油气资源与粮食、水资源一同列为影响经济社会可持续发展的三大战略资源。油气已经不仅仅是"工业的血液",它已经渗透到社会生活的方方面面,并且在国际战略中具有举足轻重的地位。

经济上,石油工业是世界上经济产值最大的行业。据2019年《财富》杂志统计,世界500强公司排行榜前10名中有6家石油公司(表1-1),分别是中国石油化工集团有限公司(SINOPEC)、荷兰皇家壳牌石油公司(SHELL)、中国石油天然气集团有限公司(CNPC)、沙特阿美公司(SAUOIARAMCO)、英国石油公司(BP)、埃克森美孚(EXXON MOBIL)。石油工业的相关产品涉及各个行业,如石油和天然气本身是非常重要的燃料,从石油中提炼的汽油、柴油、煤油等是汽车、火车、飞机、轮船的优质动力燃料,超音速飞机、火箭、导弹、飞船等现代化设备的燃料也离不开石油产品。至2016年,石油和天然气在世界能源消费结构中所占的比重已达56.7%。石油和天然气还是重要的化工原料。乙烯、丙烯、丁二烯、苯、甲苯、二甲苯、乙炔、萘等化学工业应用的主要基础原料多来自石油和天然气。上述石油化工产品应用范围很广,既用于制造或提炼各种染料、农药、医药,又用于制造或提炼生产量大、应用面广的合成纤维、合成橡胶、合成塑料,还用于制造或提炼重要的无机化工产品,如硫磺及化学肥料——合成氨等。

表1-1 2019年世界500强前十大公司排名(据财富中文网,2019)

排名	公司名称	营业收入,百万美元	利润,百万美元	国家
1	沃尔玛(WAL-MART STORES)	514405	6670	美国
2	中国石油化工集团有限公司(SINOPEC GROUP)	414649.9	5845	中国
3	荷兰皇家壳牌石油公司(ROYAL DUTCH SHELL)	396556	23352	荷兰
4	中国石油天然气集团有限公司(CHINA NATIONAL PETROLEUM)	392976.6	2270.5	中国
5	国家电网公司(STATE GRID)	387056	8174.8	中国
6	沙特阿美公司(SAUDI ARAMCO)	355905	110974.5	沙特阿拉伯
7	英国石油公司(BP)	303738	9383	英国
8	埃克森美孚(EXXON MOBIL)	290212	20840	美国
9	大众公司(VOLKSWAGEN)	278341.5	14322.5	德国
10	丰田汽车公司(TOYOTA MOTOR)	272612	16982	日本

三、油气勘探在石油工业中的地位

1. 油气勘探是石油工业的排头兵

石油工业由勘探—开发—储运—炼制—化工—销售等构成,而油气勘探又是由地质、地化、物探、钻井、录井、测井、试油等行业构成。从石油工业的构成中可以看出,石油工业是建立在油气田或油矿之上的大型系统产业链。油气勘探开发是石油工业的主体,只有通过勘探发现大油气田,才能为石油化工提供充足的物质来源。因此,油气勘探是整个石油工业发展的基础。

2. 油气勘探是石油工业可持续发展的保障

无论在国内市场还是在国外市场,只有通过勘探不断地发现油气田,才能为油气工业的发展提供充足的油气后备储量。目前制约我国油气工业发展的瓶颈是油气储量接替紧张,后备储量不足,使得我国油气工业对外依存度越来越高。要实现中国石油工业的可持续发展,必须大力加强油气勘探,只有发现一批大中型油气田,使我国油气的探明储量和产量有一个较大幅度的提高,才能从根本上改变目前我国油气工业与国民经济发展不协调的局面。

3. 没有油气勘探就没有完整的油气工业

我国油气工业从小到大、由弱变强的几十年发展历程表明,一个国家的强大油气工业是建立在其充足的油气资源基础之上的。新中国成立初期我国油气资源短缺,帝国主义对我国进行包括能源在内的经济封锁,我国油气工作者硬是在"一穷二白"的基础上,"有条件要上,没有条件创造条件也要上",通过艰苦创业,经历多年石油勘探会战,陆续发现了克拉玛依、大庆、辽河、胜利、大港、华北、吐哈等大油气田。这些大油气田的发现和开发奠定了新中国油气工业的基础,也使中国的油气工业形成了一个包括勘探—开发—储运—炼化—销售的完整的工业体系。在油气工业体系形成过程中,同时也为国家培养建立了一支具备雄厚油气地质基础理论、掌握现代油气勘探技术的科技队伍。这支队伍为我国油气勘探开发的"增储上产"做出了杰出的贡献,是中国石油工业的奠基石。

日本和一些西方发达国家都是石油消费大国,由于受国土面积限制,石油资源匮乏,油气勘探工作难以开展,石油主要依赖进口,其石油工业主要是以石油炼制和化工为主,难以形成完整的油气工业体系。

没有油气勘探发现大的油气田,油气工业发展就要受制于人,这个国家也就很难形成一个完整的油气工业体系。

第二节 油气勘探工作的基本性质

一、油气勘探是一项综合性强的系统工程

视频1-1 油气勘探工作的性质和特点

油气勘探是以石油地质学中的油气生成、油气运聚成藏、油气田分布规律等理论为指导,通过遵循科学的勘探程序、采用合适的技术组合、开展精细的部署设计、实施先进的勘探管理,以达到快速、有效、经济地寻找有利区,发现油气田,探明油气田为目的的系统工程。

油气勘探的任务包括地质任务和资源/储量任务两个方面。勘探的地质任务首先是从区域基础地质特征和石油地质特征出发,分析油气藏形成的基本条件,确定有远景的含油气盆地(择盆),预测有利的生油凹陷(选凹),圈定潜在的油气聚集区带(定带);然后在圈定的有利区带上,部署以地震为主的勘探工作,落实圈闭的分布及基本要素,并选择有利的钻探目标,通过钻探揭示其含油气性(发现油气田);最后,对于已经发现油气田的圈闭,要通过进一步的钻探并配合其他技术手段,全面获取油气田各方面的资料,查明油气田地质特征和储量特征(探明油气田)。在落实地质任务过程中,依次提交不同级别的油气资源量/储量,包括推测资源量、区带潜在资源量、预测储量、控制储量、探明储量等。

油气勘探的综合性强还表现在需要多工种的配合、多学科的协同、多层面的决策。① 多工种的配合就是指油气勘探需要通过多种技术工种的配合使用,包括地面地质调查、油气资源遥感、地球物理勘探、地球化学勘探、微生物勘探、油气井钻探、实验室分析测试等,从空中、地面、地下、实验室等各角度全方面地采集反映勘探对象的信息;② 多学科的协同是指在地质评价过程中,要应用包括古生物地层学、沉积地质学、构造地质学、储层地质学、石油地质学、地球物理学、地球化学、勘探经济学、管理学等多学科的专门知识,来认知地下地质特点、油气藏形成条件,预测有利的勘探目标;③ 多层面的决策则是指勘探决策的内容很广,包括地质评价、资源储量评价、经济评价及风险分析等,因此也需要集中多学科专家的智慧,包括勘探家、地质家、工程师、经济师,通过综合研究和科学勘探,以达到快速、高效、经济地寻找、发现和探明油气田的目的。

二、油气勘探是一项特殊形式的科研活动

油气田勘探是一种预测性强、地区性强、探索性强的科研活动,表现在三个方面。

1. 预测性强

著名的石油地质学家莱复生曾经说过,"在井未钻之前,未发现的油气田充其量也只是作为一种思想存在于地质学家的脑海里。"这句话充分表明了油气田的可预测性,石油勘探家可

以根据地质条件的相似性,利用已知的成藏模式对可能发现的油气田类型、油气性质甚至油气储量规模进行预测,从而提高勘探的成功率。

我国在20世纪50—60年代建立的陆相生油理论以及陆相湖盆可以形成特大型油田的理论,打破了海相地层才能找到大油田的论断,使我国甩掉了"贫油"的帽子,对世界范围内陆相盆地的勘探作出了重要贡献(张文昭,1994)。70年代提出的复式油气聚集带理论、古潜山勘探理论,80年代以后在大型叠复型盆地油气生成和多期次运聚、散失和保存机理等方面的研究成果都被广泛运用于渤海湾、塔里木、准噶尔、四川、鄂尔多斯等盆地的勘探之中,并取得了显著的勘探成果。

油气勘探的可预测性同样也表明了这样一个道理,即"心中有成藏模式"应该是一个勘探家所必备的专业素质。油气成藏理论与油气分布模式的建立来源于对勘探实践的认识,反过来又指导勘探实践。勘探工作者要善于从勘探实践中不断地总结勘探经验,在充分消化和吸收探区丰富地质资料的基础上,总结和概括出一些有用的油气成藏模式或成藏理论,用于进一步指导本区或地质条件相似地区的勘探工作。

2. 地区性强

世界上没有相同的盆地,也没有相同的油田。在强调要重视石油地质理论或者"成藏模式"的指导作用的同时,也要充分认识到不同勘探对象之间的差异性。对于某一地区获得的认识通常不能直接套用到其他盆地或地区。海相地层与陆相地层油气地质条件差异大、断陷盆地与坳陷盆地油气富集规律不同,即便在地质条件类同的同一类盆地,油气成藏条件、主控因素等也因地而异,勘探难度相差很大。1959年9月松基三井出油发现大庆油田之后,仅用了不到7个月的时间就确定了大庆长垣七个三级构造的整体含油特征,随后只用了1年零3个月的时间就基本探明了萨尔图油田,速度之快,举世瞩目。但是在渤海湾盆地的油田勘探中,发现和探明油气田的周期大大延长了,原因就是成藏条件和油田类型的差异,复杂断块型的油田不得不实施滚动勘探开发。

地区性强的特点提示我们,油气勘探有时候的确具有不确定性,在一些认为万无一失的地区勘探却久攻不克,而在一些看似希望渺茫的地区却意外获得了重大发现。特别是在盆地勘探初期,由于获得的资料较少,勘探者根据有限的资料所确立的勘探模式(成藏模式和勘探思路)不一定正确,可能3~5年乃至数十年没有重大发现都是极其正常的。我国的鄂尔多斯盆地从20世纪初就开始勘探,一直没有取得大的突破,直到80年代奥陶系风化壳特大型气田的发现才迎来油气发现的高峰。

对于一个勘探家来说,当遇到一时的勘探挫折时一定不要气馁,树立勘探的信心极为重要。在一个探区内如果具备良好的成藏地质条件,迟早会发现大油气田。找油的信心是一个勘探工作者所必须具备的心理素质。如果勘探家不能坚信有更多的石油会发现,就不可能会找到更多的油田。失去了信心,就失去了勘探最基本的动力。

油气勘探常常会伴随着高潮与低潮的反复出现。美国威利斯顿盆地是一个勘探百年的老盆地,1875—1950年为勘探进展缓慢阶段,基本上无大的发现;1951—1958年出现第一次勘探高潮,主要以"背斜聚油论"为指导,勘探简单背斜型圈闭,30m以上幅度的构造几乎全部打完;1959—1974年为勘探低潮期,由于背斜圈闭勘探完了,而当时的地震勘探技术不能确定岩性变化带,虽然想找地层圈闭,但技术不过关,勘探陷入低谷;1975年至今进入第二个勘探高潮,油价上涨,地震勘探技术水平提高,地层和岩性圈闭油气藏被大量发现,进入了隐蔽油气藏勘探阶段。因此,勘探家必须要有坚韧不拔的精神,不管出现多少挫折和失败都应当坚持下去。在按一种思路碰了钉子以后，就要重新深入分析和研究地质资料，查明成功和失败的原因，分析成藏条件、成藏模式与其他探区之间的差异性，及时更新思路，很快就会变被动为主动，获得更大的勘探突破。

3. 探索性强

油气勘探工作的对象是地下不同规模的地质体，影响油气田形成和分布的地质因素可达数十种甚至上百种之多，最主要的包括构造与演化特征、沉积与地层特征、油气生排与运聚特征、油气成藏期后改造与破坏等，而不同的地区地表地质条件也千差万别，往往只具相似性而无相同性，不论勘探程度高低，获得的资料多少，地质解释的多解性依然存在。在资料有限、技术水平有限、人类认知有限而问题无限的情况下，开展油气田勘探是一项探索性极强的科学研究活动。

目前，世界油气勘探条件日趋复杂，勘探难度日益增加，勘探领域不断扩大。面对一个个复杂的勘探对象，具有探索精神和创新思维就成为每一位勘探人员必须具备的思想素质。勘探工作者要通过不断地完善旧的理论，修正自己以往的认识，创新性地总结新的成藏模式，提出新的勘探思路，抛弃思维定式，探索真正的地下油气赋存规律。"新探区可以用老办法找到油气田，但老油区必须有新思维才能找到更多的油气田"，说明的就是这个道理。勘探家应该大胆探索，"没有大胆的猜测，就没有伟大的发现"。但是这种大胆的猜测，尤其是关键性的决策工作，必须建立在详实的基础资料、渊博的理论知识和丰富的勘探经验等基础之上。

三、油气勘探是一项风险性大的高科技产业

油气勘探作为一项风险性大的高科技产业，主要体现在以下四个方面。

1. 资金密集

由于油气勘探工作的特殊性，需要投入各种先进的仪器设备，从各方面采取地下地质信息，取得各种各样的数据，勘探的资金投入很大。勘探项目运行过程中涉及的费用包括矿权相关费用、重磁电勘探与遥感费、地震勘探费、青苗补偿费、租地费、钻前工程费、钻井工程费、储层酸化压裂改造费、岩心分析测试费、资料处理与解释费、专题及综合研究费等。在我国东部地区，一口深约 3000m 的探井，钻井费用一般需要上千万元人民币，而在地表条件和地质情况复杂的西部地区，如塔里木盆地，探井进尺成本高达 15000 元/m，6000m 以上的探井钻井费用可超过上亿元人民币。

2. 技术密集

正因为油气田勘探投资大，面临的风险多，迫使人们采用各种高科技手段（如卫星遥感技术、三维地震叠前深度偏移处理技术、井下和井间成像测井技术等），使用各种高精尖的仪器设备（如电子显微镜、岩心 CT 扫描仪、电子探针、同位素质谱仪等），引进功能强大的计算机硬件及软件系统（超高速并行机、大型商业化地震测井解释软件系统、油藏三维可视化建模软件系统等）。可以说，油气勘探的科技含量之高绝不亚于任何其他产业。例如，我国自行研制生产的第一代超速银河巨型计算机，首先投入应用的领域之一是石油地球物理资料处理与解释，另一重要的领域就是国防工业。不仅如此，油气勘探行业还集中了石油地质、地球物理、钻探工程、经济管理各方面的高级专门人才，实行多学科、多兵种的联合协同作战。

3. 利润高

油气勘探虽然投资规模大，风险性强，但其巨额的经济回报也是其他项目所不能比拟的。

在目前的世界500强企业中,埃克森美孚、BP、中国石油、中国石化、雪佛龙、康菲、道达尔、俄罗斯天然气等石油企业基本上排名都比较靠前,由此可见一斑。油气勘探行业也一直是我国经济的重要支柱产业、财政和税收的重要来源,石油和天然气是出口创汇的重要产品。以大庆油田为例,在20世纪末亚洲金融危机时期的1998年,在油田整体综合含水率已超过85%的情况下,大庆油田依然创造利润130亿元人民币。2004年大庆油田上缴国家的利税更是达到了269亿元,居各大企业之首。伟大的化学家诺贝尔也正是从他在巴库和波斯湾地区的油气勘探中敛聚了巨额的财富,将部分遗产作为基金,创立了世界科学大奖——诺贝尔奖。当今世界最富有的国家、最发达的地区、最活跃的企业都与油气有着千丝万缕的联系。

4. 风险高

油气勘探涉及的因素复杂、情况多变、头绪众多,必然面临各种各样的风险,包括地质风险、工程风险、自然灾害风险、政治经济风险等。地质风险是油气勘探中面临的最主要风险因素。尽管地质学家和勘探家可以通过多种方法来预测一个目标区或者局部圈闭的含油气性,但由于油气藏的形成与保存所要求的条件十分苛刻,而地下的不确定因素很多,所以地质风险往往是难以预测的。有的看起来把握很大的地方,结果却一无所获,而有时久攻不破之地,却突然有了重大发现,峰回路转、柳暗花明。美国东得克萨斯油田以及普鲁德霍湾大油田的发现,便是石油勘探随机性和偶然性的生动说明。世界油气勘探经验表明,"野猫井"(预探井)的成功率大致在15%左右。

随着世界油气勘探难度的日益增加,勘探领域的日趋复杂,油气勘探的地质风险性也不断加剧。正是由于地下地质条件的极其复杂,加上部分人为因素的影响,在勘探过程中,经常遇到井喷、卡钻、井眼坍塌等工程事故,轻则造成勘探周期的延长,重者可能造成探井的报废、设备的严重损坏,给勘探工作带来巨大损失。

另一个在油气勘探中经常存在的风险便是自然灾害风险,尤其在海洋油气勘探中,台风、海啸、海底地震、海底火山活动常常引起灾难性的破坏。"渤海2号沉船"事件曾使我国海上石油工业蒙受了巨大的经济损失。

一个国家的体制变革,也会对石油工业的发展产生较大的影响。众所周知,由于苏联的解体和政体的变革,严重地冲击了俄罗斯的石油工业,其原油年产量从原来的 6×10^8 t 降到1994年的 3.5×10^8 t。海湾战争的爆发也极大地影响了波斯湾地区的石油工业。

原油油价的频繁波动也在不时地冲击着世界油气勘探市场。1997—1998年初,由于世界原油市场的萧条,国内原油走私的猖獗,加之受东南亚金融危机的影响,我国石油勘探开发行业遭受了前所未有的严重创伤。2008年,油价创造了100多年来的最高纪录,达到每桶147美元,刺激了世界上大量的资金涌入油气勘探开发领域。但是,近年来世界经济的不景气使得国际油价暴跌。

除此之外,一个地区或者世界性的经济发展状况,一个国家的油价、税制、石油政策,都会给油气勘探造成很大的影响,经济因素在一定程度上制约着勘探活动的方向和规模。第一次世界大战后,世界油气勘探中心在中东地区,使中东成为世界最大的石油储量基地;20世纪60年代后,勘探中心逐渐向北海转移,使北海成为最大的非OPEC石油生产区;80年代后,国际石油公司蜂拥至拉美,尤其是委内瑞拉;而最近几年,国际石油公司开始将勘探力量集中到了里海周边地区。促使世界油气勘探中心不断迁移的因素主要包括稳定的政治经济环境、丰富的油气资源、宽松的投资政策等。

第三节　油气勘探发展历史与现状

一、世界油气勘探简史

视频1-2　世界油气勘探发展历程

1. 原始找油气发展阶段(1885年以前)

早期利用的石油主要来自从地层中自然流出的石油。在美国宾夕法尼亚州泰特斯维尔城附近有一条小河，河边有一系列油苗，河面上常常飘着原油，人们把这条小河叫作石油溪。近代的石油工业就是从这里开始的。1854年，弗朗西斯布鲁尔医生买下油苗所在的西巴德农场，与合伙人成立了世界上第一个石油公司——宾夕法尼亚岩石石油公司，通过挖坑采集这里的石油。后来西巴德农场落到了公司股东之一的杰姆士汤森手里，他与合伙人于1858年3月23日成立了塞尼卡石油公司，垄断了这里的石油经营。德雷克就是这个公司的股东之一。德雷克尝试用顿钻钻井，并于1859年8月27日钻到21m深时出油，他用蒸汽动力泵抽出了石油，这口井的日产量达到30bbl(桶)。实际上，在中国、俄罗斯、罗马尼亚等国都有早于德雷克井的气井和油井，如我国1835年就钻成了世界上的第一口超过千米的深井，但世界石油界还是将德雷克钻的油井看作是世界第一口油井，并作为近代石油工业的开端。石油勘探的依据是油气苗，基本没有地质理论的指导。

在19世纪50年代，由于人们缺乏对地质规律的认识，没有相应的理论指导，找油工作基本上依赖对自然现象的直观感觉进行，如利用油气苗找油、靠迷信观念布井等。在此阶段，勘探方法仅限于钻井法。钻井的方式为顿钻及麻花钻，深度为500~1000m。勘探领域局限于油气苗附近和浅层。由于缺乏地质研究，勘探效率低，成本高。此阶段代表性的油田发现有我国自流井气田、巴库苏拉汉、巴拉汗浅油层及中东的一些油泉和浅油层。

2. 圈闭找油气阶段(1885—1978年)

实际上，从找油一开始人们就注意到油气明显地沿着一条带状的趋势线分布。早在1848年，加拿大地质调查局局长威廉劳根(William Logan)就发现油苗沿背斜分布的现象，最早把背斜概念引入石油勘探(图1-3)。1861年加拿大地质调查局的斯泰利亨特(T. S. Hunt)初步提出了背斜理论，并认识到石油聚集的四大基本条件：① 有烃源岩；② 地层的产状是背斜；③ 有适当的裂缝；④ 储油层上下有不渗透地层。但由于当时找油很容易，这一学说并未引起重视。1885年White等在Science杂志上发表The Geology of Natural Gas，第一次系统地阐述了背斜油气藏理论，并成功地应用于井位部署。背斜油气藏理论认为：石油和天然气聚集于背斜构造中，石油、天然气和地层水按其密度分异，石油、天然气密度低占据背斜的顶部，地层水密度高位于背斜底部，背斜褶皱的顶部被认为是勘探油气的最佳对象。由于"背斜理论"的指导和勘探技术的进步，发现的油气田数量成倍增加。20世纪的前60年是世界主要油气区的发现时期，波斯湾油区、伏尔加—乌拉尔油区、北非油区、阿拉斯加油区、墨西哥湾油气区、南美油区等世界重要产油区都是在这一时期发现和开发的。

圈闭成藏理论的发展是从1920年开始，1920年美国东得克萨斯地层油藏被发现后，地质学家提出了圈闭和地层圈闭的概念。1934年美国学者E. H. Mccoloagh正式建立"圈闭学说"，认为圈闭需具备三个条件，即储层、盖层和遮挡条件，具有统一的油、气、水界面，储量严格按圈闭面积、闭合度、孔隙度等计算。1934年Wilson将油气藏分为闭合油气藏和开放油气藏两大类，其分类涵盖了构造、岩性地层及复合油气藏类型。1956年Levorsen在其所著的Geology of Petroleum

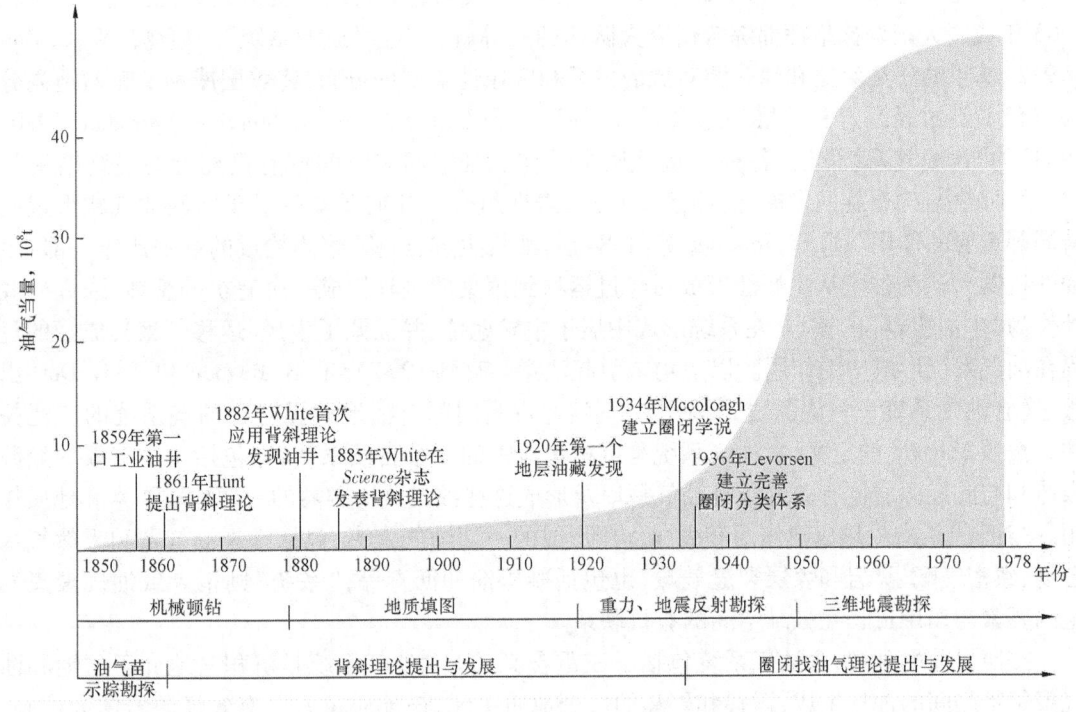

图1-3 圈闭找油气理论发展事件图

中建立了较为完善的圈闭分类体系,将圈闭划分为构造、地层和复合圈闭,其中地层圈闭包括原生地层圈闭和次生地层圈闭两类。圈闭学说指出储层、盖层和遮挡条件是油气藏形成的必要条件,背斜是最简单的特例,圈闭油气成藏是常规油气聚集机理的理论内核(贾承造,2017)。由于圈闭理论的指导,在第二次世界大战期间,全球发现的石油储量约为 $7 \times 10^8 t$,第二次世界大战后的 1946 年到 1960 年间,全球发现的石油储量为 $40 \times 10^8 t$(图1-3)。

3. 烃源岩找油气发展阶段(1978—1994年)

20世纪中叶,随着圈闭聚油理论进一步发展,人们开始认识到不一定所有的圈闭内都含有油气,还要受到其他因素的控制。20世纪60年代,随着有机地球化学的发展和现代分析测试技术的进步,地球化学家们对油气有机成因的认识取得重要发展,形成了干酪根热降解生油说。以Tissot为代表的干酪根热降解生烃理论认为,原始有机质沉积以后,首先经过复杂的生物化学作用和聚合缩合作用形成不同类型干酪根,干酪根在达到一定的埋藏深度后,在温度的作用下发生热降解作用逐渐生成石油,石油生成于一定的温度范围内(称为"液态石油窗")(Tissot et al.,1978)。在干酪根热降解生烃理论指导下,从有机地球化学和光学测定总结出了一套反映有机质热成熟度的参数,如最高热解峰温、镜质体反射率、热埋藏指数等,可直接应用于判识干酪根类型、成熟度及生烃潜力等。有机质成烃理论与分析测试技术的发展,为定量评价烃源岩、计算生烃量奠定了理论基础。

4. 含油气系统找油气阶段(1994年以后)

随着油气工业的发展,石油地质学家开始关注油气从烃源岩到储层再到圈闭的成藏全过程。这一时期的板块学说、含油气盆地构造学、沉积储层学、层序地层学等相关学科的重大进展,以及干酪根热降解生烃理论与油气运移的创新性理论,促进了含油气系统研究快速发展。

含油气系统(petroleum system)是20世纪90年代兴起的石油地质学重要进展之一。早在1963年我国大庆勘探指挥部综合研究大队胡朝元等就提出过"成油系统"的概念。W. G. Dow(1972)基于油—油对比和油—源对比的关系和区域性盖层的分布,将美国威利斯顿盆地划分为三套主要的烃源岩和储层的组合系统,并称之为石油系统(oil system);A. Perrodon(1980,1983)的"含油气系统"是"各种成藏地质事件在三维空间和时间域有机配置的最终结果","在该系统中,构造旋回发展、流体运动状态、岩性组合与几何要素等对于同族油气藏形成起着同等重要的作用";F. F. Meissner等(1984)将油气生成、运移、聚集构成的系统比作一部"生油的机器",认为油气从生烃灶形成后经过运移到聚集的过程构成一个有机的整体,强调生烃灶作为"生油机器"的核心,在系统形成中居于主导地位,并强调了生烃、运移与聚集成藏的过程在油气系统形成中的作用。以上均未引起注意。直到1994年L. B. Magoon和W. G. Dow出版了《含油气系统——从源岩到圈闭》一书后,备受国际石油地质界对含油气系统的广泛关注。按照Magoon的定义,含油气系统是沉积盆地中的一个自然系统,它包括一个有效的烃源岩体和与此烃源岩体有关的所有油气藏以及形成这些油气藏所必需的一切地质要素和地质作用。"油气"是指由热成熟作用和生化作用形成的一切油气聚集,包括常规油气藏和天然气水合物、致密气藏、页岩和煤层裂缝气藏,也包括凝析油和沥青等;"系统"则指导致油气聚集发生的要素与作用过程在三维空间的有机联系。

按照目前的理解,含油气系统包括了三重含义:① 含油气系统是沉积盆地介于盆地和油气聚集带之间的油气生成、运移和聚集的一个地质单元,该地质单元以有效烃源岩体为核心,单元的边界就是该有效烃源岩体生成的油气运移的最外边界;② 含油气系统的内涵是指该地质单元内油气藏形成所必需的地质要素和地质作用,其中的地质要素包括有效烃源岩、储层、盖层、输导体和上覆地层,地质作用包括油气的生成、油气的运移和聚集、圈闭的形成和演化、油气成藏等过程;③ 含油气系统还指适用于这一地质单元的一套综合研究的方法论和研究思想。

"从源岩到圈闭"最精辟地概括了含油气系统的精髓,即"从源岩到圈闭"的含油气系统空间展布范围、"从源岩到圈闭"的成藏地质要素、"从源岩到圈闭"的油气成藏过程、"从源岩到圈闭"的综合研究方法。

5. 非常规油气勘探阶段(1995年以后)

早在1927年,美国的圣胡安盆地就发现了致密砂岩气,1955年首次在美国Cauthage气田棉花谷致密砂岩层采用酸化压裂,日产气$340 \times 10^4 m^3$。1976年在加拿大西部艾伯塔盆地发现艾尔姆华士巨型致密砂岩气藏,1979年Masters提出深盆气藏(deep basin gas trap)的概念,80年代以后Walls等提出"致密砂岩气藏",Rose等提出"盆地中心气藏"。Schmoker等(1995)提出"连续型气藏"的概念,成为非常规石油地质的里程碑(图1-4)。20世纪90年代中期以来,含油气系统、数值模拟、油藏精细表征等技术大量应用,水平井、多分支井、大位移井等技术得到发展,地震分辨率不断提高,非常规油气开发利用取得突破性进展,发现的非常规油气藏包括致密油气藏、页岩油气藏、煤层气藏、沥青砂岩油藏、油页岩矿藏、水合甲烷气藏、水溶气藏等(图1-4)。截至2011年,全球油气当量上升至$70 \times 10^8 t$。

中国学者引入、吸收国外非常规油气地质理念,结合中国特殊地质条件,创新研发非常规油气地质学理论和方法技术,取得了一批重要的创新性研究成果,也推动了中国非常规油气工业起步和快速发展(邹才能等,2013,2014)。在非常规油气基础地质理论方面:① 在中国首先发现和表征致密储层中纳米级孔喉系统,建立油气聚集微纳米孔喉结构模式,突破了页岩、致

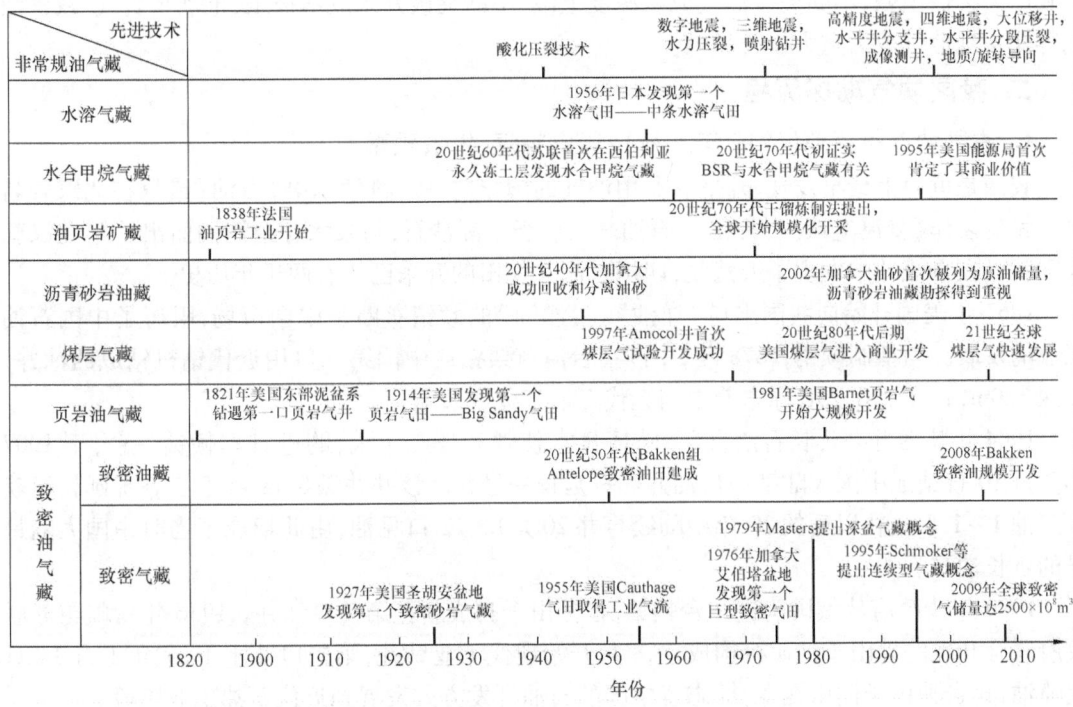

图 1-4 非常规油气勘探发展及勘探开发事件图

密砂岩无储集空间的局限认识(邹才能等,2011,2012,2014;Zou et al.,2015);② 揭示非常规油气"连续型"聚集规律,提出其与常规圈闭油气藏10个特征差异,并创新提出含油气盆地常规—非常规油气"有序聚集"规律(邹才能等,2013,2014;Zou et al.,2013);③ 揭示非常规油气聚集中"非浮力作用"起主导作用,并提出非浮力作用机理,指出该作用的顶底深度界限(邹才能等,2012;贾承造和庞雄奇,2015);④ 建立陆相湖盆大型浅水三角洲与砂质碎屑流及富有机质黑色页岩细粒沉积分布模式,揭示了陆相致密油气、页岩油气富集的层序特征与分布规律(邹才能等,2014)。在中国非常规油气勘探评价与地质规律方面:① 煤层气,在具有中国特点的高煤阶煤层气吸附特征、赋存条件和成藏模式、构造演化和水动力控藏作用、高丰度富集区形成机理等方面取得了创新性成果,构建了高煤阶煤层气地质理论体系(宋岩等,2005,2009,2013);② 页岩气,重点针对五峰组—龙马溪组和筇竹寺组海相地层页岩气,在笔石生物层对比、页岩储集空间表征、赋存特征及富集机理、资源评价及选区选段、"甜点区"评价预测等方面取得重大进展,初步形成了中国热高演化程度海相页岩气地质理论体系(张金川等,2004;邹才能等,2010;Hao et al.,2013;陈旭等,2015;赵文智等,2016;金之钧等,2016);③ 致密油,在致密油基本特征及形成条件、致密储层储集空间表征、聚集机理及成藏模式、评价标准及资源评价等方面取得重要进展,初步构建了中国陆相致密油地质理论框架(贾承造等,2012);④ 致密气,在致密砂岩气地球化学组成特征及气源、生烃动力学研究、致密砂岩成因及储集空间表征、运聚动力及成藏机理、评价参数及标准、富集区评价预测等方面取得显著进展,认为中国致密砂岩气主要成因类型为煤成气,提出发育"连续型"和"圈闭型"两类致密砂岩气藏,建立了中国致密砂岩气地质理论体系(李明诚,2004;彭平安等,2009;戴金星等,2012,2014)。

目前从常规向非常规油气的重大跨越,连续型油气聚集理论、水平井分段压裂技术、平台式"工厂化"开采、纳米与信息技术的交叉应用,使油气工业正在经历一次新的科技革命,不断突破储层物性下限,不断突破油气成藏深度上限,不断突破开采成本极限,推动页岩气、致密油气等非常规油气成为重大接替领域。

二、我国油气勘探历程

1. 油气勘探萌芽期(1949年之前):历史辉煌,发展艰难

我国是世界上最早发现、开采和利用油气的国家之一。科学术语"石油"最早在北宋著名科学家的著作《梦溪笔谈》中提出:"石油……生于水际沙石,与泉水相杂惘惘而出。"早在汉朝我国就已在自流井中发现了天然气,四川自流井气田的开采已约有两千年历史。

1867年美国开始向我国出口"洋油"。"洋油"的倾销垄断了中国市场,阻碍了中国石油工业的发展。为抵制倾销,1878年,中国在台湾苗栗钻成中国第一口用近代钻机钻成的油井,井深120m,日产油0.75t,标志着中国近代石油工业的开端。

1904年陕西开办延长石油官厂,聘请日本技师和技工7人,购进日本顿钻一台,于1907年9月10日钻成中国大陆第一口油井——延长一号井。该井井深81m,在上三叠统延长组获日产油1~1.5t。在以后的20年中陆续打井20余口,12口见油,由此形成了当时中国大陆最早的延长油矿。

1909年清政府从俄国购进一台顿钻,在独山子打成新疆第一口油井。1936年新疆与苏联政府联合开发的独山子油矿机构成立,8月开始现代工业钻井,第二口井于1937年1月14日夜喷油,宣告独山子油田诞生,标志着中国的石油开发方式发展到近代石油工业阶段。

中国近代石油工业萌芽于19世纪后半叶,经过了多年的艰苦历程,直到新中国成立前夕,基础仍然极其薄弱。1949年年产天然石油不到7×10^4t。在1904—1948年的45年中,累计生产原油只有278.5×10^4t,而同期进口"洋油"2800×10^4t。

1913—1919年,美孚石油公司与北洋政府签订条约,派F. G. Clapp和L. M. Fuller等6名地质师及5名测绘技术师与中方吴桂灵、何家亨等9人合作,在山东、河南、陕西、甘肃、河北、东北和内蒙古进行石油地质调查,并于1915—1918年在陕西延长、延安、安塞、甘泉和宜君等地打井7口,均未获工业价值油流。L. M. Fuller回国后发表了一个简短的报告《中国的勘探》,认为"没有一口井的产量有工业价值",并认为主要原因是缺乏盖层。1922年美国地质学家、斯坦福大学教授E. Blackwelder在论文《中国和西伯利亚的石油资源》中提出:"中国没有中生代或新生代沉积,古生代沉积也大部分不生油,除中国西部和西北部某些地方外,所有各时代的岩层都已剧烈褶皱、断裂,并或多或少地被岩浆岩侵入,因此,中国决不会生产大量石油。"这就是"中国贫油论"的由来。

之后,一批抱着"科技救国"志向的地质学家们,在极端困难的条件下,不畏艰险地进行着油气资源的勘查活动。李四光1935年预测,我国东部的新华夏系沉降带可能找到石油;潘忠祥1941年提出了陆相生油的观点;黄汲清等1947年也提出了陆相生油和多期多层生、储油的观点。谢家荣、阮维周、孙健初等先后编制了中国油气田分布图,并预测了中国石油资源前景和储量。20世纪30年代,翁文波、赵仁寿、童宪章等先后在四川、甘肃进行了地球物理勘探等开拓性工作。

2. 油气勘探开创期(1949—1958年):建国十年,艰苦创业

新中国成立后,经过三年恢复,到1952年底,全国原油产量达到43.5×10^4t,为1949年的3.6倍,为之前最高年产量的1.3倍。1955年1月20日,地质部召开第一次全国石油普查工作会议,决定组成新疆、柴达木、鄂尔多斯、四川、华北5个石油普查大队。三年(1955—1957

年)的侦察,主要发现了以青海冷湖、四川龙女寺为代表的一批新油田,肯定了西北及西南等地区的含油远景,通过地质调查和地球物理工作,指出我国东部的松辽平原、华北平原具有良好的含油条件,证实了早在1954年李四光同志提出要对这两个地区进行"摸底"的看法是正确的。

到1959年,玉门油矿已建成一个包括地质、钻井、开发、炼油、机械、科研、教育等在内的初具规模的石油天然气工业基地。当年生产原油140.5×10^{4}t,占全国原油产量的50.9%。玉门油田在开发建设中取得的丰富经验,为当时和之后全国石油工业的发展,提供了重要经验。

20世纪50年代后半期,受俄罗斯地台发现第二巴库(伏尔加—乌拉尔)和西西伯利亚勘探经验的启发,人们开始接受在区域大地构造稳定地区找大油气田的观念,并应用有效的区域综合勘探方法,特别是地震勘探方法。"上地台""搞区域综合勘探"成为当时油气勘探的一种趋势。新疆的石油勘探开始从盆地南缘转向当时认为是"稳定区"的西北缘,1955年10月29日南黑油山构造上的克1号井在井深620m完钻,在三叠系下克拉玛依组喷出原油,日产16.9t,宣告新中国第一个大油田——克拉玛依油田的诞生。克拉玛依油田的发现是新中国油气勘探的第一个重大突破,是走出山前带、开展稳定区找油的第一个巨大成果,拓宽了找油思路,坚定了平原区找油的信念。

克拉玛依油田的开发建设,有力地支援了新中国成立初期的经济建设。1958年,青海石油勘探局在冷湖5号构造上打出了日产800t的高产油井,并相继探明了冷湖5号、4号、3号油田。在四川,发现了东起重庆、西至自贡、南达叙水的天然气区。1958年石油部组织川中会战,发现南充、桂花等7个油田,结束了西南地区不产石油的历史。

到20世纪50年代末,全国已初步形成玉门、新疆、青海、四川4个石油天然气基地。1959年,全国原油产量达到373.3×10^{4}t。其中,4个基地共产原油276.3×10^{4}t,占全国原油总产量的73.9%,四川天然气产量从1957年的6000多万立方米提高到2.5×10^{8}m^3。

3. 油气勘探转折期(1959—1987年):战略东移,高速发展

随着我国国民经济迅速发展,当时的石油产量已经远远不能满足国民经济建设的需求。西部少量的石油对于东部经济比较发达地区来讲"远水不解近渴"。邓小平曾经指出:"在第二个五年计划期内,能够在东北地区搞出油来就很好……就经济价值来说,在华北和松辽都是一样的,主要看哪个先搞出来。"中央领导同志的指示为我国油气勘探的战略东移起到了决定性的作用。

1960年3月,一场关系石油工业命运的大规模的石油会战在大庆揭开了序幕。松基3井发现工业油流,诞生了举世闻名的大庆油田。1976年,大庆油田年产量突破5000×10^{4}t,为全国原油年产量上亿吨打下了基础。

1963年,全国原油产量达到648×10^{4}t。同年12月,周总理在第二次全国人民代表大会第四次会议上庄严宣布,中国需要的石油,现在已经可以基本自给,中国人民使用"洋油"的时代即将一去不复返了。

为继续加强我国东部地区的勘探,石油勘探队伍1964年开始在天津以南、山东东营以北的沿海地带,开展了华北石油会战。到1965年,在山东探明了胜利油田,拿下了83.8×10^{4}t的原油年产量。在天津拿下了大港油田。到1978年,大港油田原油年产量达到315×10^{4}t。胜利油田年产量从1966年的130多万吨,提高到1978年的近2000×10^{4}t,成为我国仅次于大庆的第二大油田。

自1955年开始大规模的石油普查勘探以来,每隔十年就有一次储量增长高峰,20世纪70

年代发现江汉、长庆、任丘、南阳和中原等一系列油气田。在渤海湾北缘的盘锦沼泽地区,石油大军三上辽河油田。70年代以来,在复杂的地质条件下,勘探开发了兴隆台油田、曙光油田和欢喜岭油田,总结出一套勘探开发复杂油气藏的工艺技术和方法。1978年,辽河油田原油产量达到355×10^4t。

从20世纪60年代到80年代中期,由于及时正确地实施了油气勘探战略东移,我国油气勘探逐渐走向成熟,大油气田陆续发现。1978年我国原油产量突破1×10^8t。到1985年中国累计探明石油地质储量116×10^8t,当年石油产量达到1.294×10^8t。

4. 油气勘探突破期(1988—2008年):发展西部,海陆并进

自改革开放以来,我国国民经济连续高速发展,对能源的需求急剧增加。石油产量每年有所增长,但是仍不能满足市场需求。特别是自1993年开始,我国原油与成品油进口总量大于出口总量。我国又开始成为石油产品的净进口国。因此,加大勘探力度,扩大勘探领域,寻找大油气田,迅速增加后备储量,是实现我国石油工业可持续发展的根本保证。

20世纪90年代初,我国石油工业明确提出了"稳定东部、发展西部、油气并举"的战略方针。从20世纪90年代初开始,我国西部地区塔里木盆地、准噶尔盆地、吐哈盆地、柴达木盆地等的油气勘探再次掀起高潮。在塔里木盆地的塔北、塔中等地区的三叠系、石炭系、奥陶系等层系先后发现了轮南油田、东河塘油田、塔中油田、塔河油田、克拉2气田等30多个大中型油气田,累计探明石油地质储量超过10×10^8t。1988年吐哈盆地地台参1井出油,在侏罗系煤系地层中发现了鄯善大油田,截至2004年,共发现14个油田、2个气田,探明石油地质储量近3×10^8t。准噶尔盆地进一步扩大了西北缘油气勘探,储量上升到13×10^8t,并发现了东部含油气区和腹部含油气区,扩大了南缘含油气区,油气勘探取得重大突破。

在此阶段,我国天然气勘探也取得重大突破,相继发现了南海莺—琼盆地崖13-1、鄂尔多斯盆地靖边、塔里木盆地克拉2等一大批大气田,探明天然气储量快速增长。我国海洋石油勘探获得了前所未有的快速发展,产量迅速增长,1996年超过1500×10^4t,2003年中国海洋石油产量3336×10^4t。到2006年底,我国累计探明石油地质储量265×10^8t,累计探明天然气地质储量61830×10^8m^3,2006年年产原油18368×10^4t,年产天然气586×10^8m^3。

5. 油气勘探关键期(2009年以后):拓宽领域,继往开来

2009年以来,中国石油常规油气勘探在大面积砂岩油气藏、海相碳酸盐岩油气藏、成熟探区精细勘探、前陆冲断带、深层火山岩等领域获得了重要进展;在非常规油气方面,致密油气已成为现实勘探领域,煤层气已实现商业化生产,页岩气实现了工业开发起步。创新发展了大面积岩性、海相碳酸盐岩、前陆冲断带、火山岩、潜山以及非常规油气地质认识,有效指导了勘探部署,推动了油气勘探的不断发现和突破。形成了针对大面积岩性、前陆冲断带、海相碳酸盐岩、富油气凹陷、火山岩以及非常规等领域的勘探工程配套技术,有效支撑了复杂勘探形势下的油气勘探工作。

近年来,随着对鄂尔多斯、松辽等盆地坳陷期沉积体系研究工作的深入,地震对沉积砂体和储层精细描述水平的提高,以及压裂改造、提前注水、精细注水等技术创新,大面积砂岩油藏逐步实现了有效开发,为近年来大规模勘探开发创造了条件。围绕鄂尔多斯盆地西北部、西南部、北部三大物源沉积体系,在姬塬、华庆、陇东地区三叠系延长组发现并探明石油地质储量超过15×10^8t;在松辽盆地大庆长垣、古龙凹陷、三肇凹陷、长岭凹陷的黑帝庙油层、萨尔图油层、葡萄花油层、高台子油层、扶余油层发现并探明石油地质储量5.24×10^8t。

近年来,针对富油气凹陷或区带,重新研究和认识其资源潜力,开展大面积二次三维地震

采集,实施大连片三维地震资料处理与解释,精细开展油藏地质综合研究,突出岩性、地层、潜山等隐蔽和复杂油藏勘探,逐步扭转了老探区勘探的被动局面。陆续在渤海湾盆地辽河西部凹陷兴隆台潜山、大民屯深潜山、南堡凹陷滩海、歧口凹陷歧北斜坡、埕北断阶带、饶阳凹陷牛东地区、霸县凹陷文安斜坡等发现多个亿吨级规模储量区;在准噶尔盆地西北缘发现石炭系—侏罗系大面积构造、地层—岩性油藏,探明石油地质储量近 $5 \times 10^8 t$;在柴达木盆地昆北地区、英东地区、吐哈盆地鲁克沁地区发现亿吨级优质规模储量。

天然气勘探成果主要集中于大面积砂岩、前陆冲断带、海相碳酸盐岩、深层火山岩等领域,发现了一批千亿立方米级乃至万亿立方米级的整装规模天然气储量区。四川盆地三叠系须家河组天然气勘探获得重大突破,陆续探明广安、合川等气田,新增探明地质储量 $5117 \times 10^8 m^3$。鄂尔多斯苏里格和靖边区块也有重大发现,探明天然气地质储量 $9599 \times 10^8 m^3$。随着非地震物化探、高精度三维地震,以及井筒技术的进步,通过加强断裂特征、火山机构、火山岩岩性岩相,以及火山岩油气藏分布规律的研究,对火山岩目标进行针对性探索,在松辽、准噶尔等盆地发现了储量规模较大的火山岩气藏,实现了中国火山岩油气勘探的重大突破,在松辽盆地徐家围子、长岭等断陷火山岩气藏探明天然气地质储量 $2150 \times 10^8 m^3$,在准噶尔盆地东部发现克拉美丽石炭系火山岩气田,探明天然气地质储量 $1033 \times 10^8 m^3$。

近几年中国石油投入一定工作量,对非常规油气资源进行超前探索,致密油、致密气、煤层气和页岩气等非常规油气勘探均有重要进展。在鄂尔多斯长 7 段、松辽盆地扶余油层、准噶尔盆地吉木萨尔凹陷芦草沟组发现大量致密油,在鄂尔多斯盆地苏里格、鄂东和四川盆地须家河组等地区致密气地质储量规模超过 $3 \times 10^{12} m^3$,致密气年产量超过 $250 \times 10^8 m^3$。在沁水盆地樊庄、郑庄、潘庄、马必和沁南—夏庄等区块探明煤层气地质储量 $2502 \times 10^8 m^3$,在鄂尔多斯盆地东部三交、保德、韩城等区块探明煤层气地质储量 $959 \times 10^8 m^3$,形成了年产 $10 \times 10^8 m^3$ 的生产能力。四川盆地中南部海相页岩气勘探在威远、长宁、昭通等地区获得突破,一批水平井体积压裂后初试日产量超过 $5 \times 10^4 m^3$,目前已初步形成年产约 $2 \times 10^8 m^3$ 工业生产能力。

随着勘探程度的提高,中国主要含油气盆地勘探难度日趋加大。相信随着地质认识的深化和勘探技术的进步,中国未来油气勘探仍具有良好的发展前景。

三、我国油气勘探现状

1. 我国油气资源现状

近 20 年来,我国政府非常重视对油气资源领域的技术创新,加大了对油气勘探开发理论、方法和技术研究的资助力度,如国家自然科学基金委资助油气领域项目 300 多项,投入经费近 2 亿元,且项目数和经费都有逐渐增加的趋势;资助国家 973 项目 40 余项,投入经费近 6 亿元,并取得了丰硕的成果。2000—2018 年,油气资源领域获国家自然科学奖项 15 项;获国家技术发明奖励 18 项,其中一等奖 2 项,二等奖 16 项;获国家科技进步奖励 120 多项,其中特等奖 3 项,一等奖 14 项,二等奖 100 项。目前获奖的项目涵盖了油气勘探开发的多个领域,包括复杂油气藏勘探开发、深层油气勘探开发、深水油气勘探开发、非常规油气勘探开发。

视频 1-3 我国油气勘探现状

由于国家对油气项目的大力支持与投入,"十二五"(2011—2015 年)期间,中国新增探明石油地质储量 $60.2 \times 10^8 t$(含原油 $59.8 \times 10^8 t$,凝析油 $0.4 \times 10^8 t$),天然气地质储量 $3.59 \times 10^{12} m^3$。中国新增探明油气地质储量按油公司统计结果表明,中国石油天然气集团有限公司、中国石油化工集团有限公司、中国海洋石油集团有限公司和地方企业分别新增原油地质储量 35.1×10^8、10.4×10^8、12.2×10^8 和 $2.2 \times 10^8 t$,各占全国的 58.6%、17.4%、20.4% 和

3.6%;分别新增天然气地质储量 $2.24\times10^{12}m^3$、$0.78\times10^{12}m^3$、$0.41\times10^{12}m^3$ 和 $0.16\times10^{12}m^3$,各占全国的 62.4%、21.8%、11.4% 和 4.4%(图1-5)。

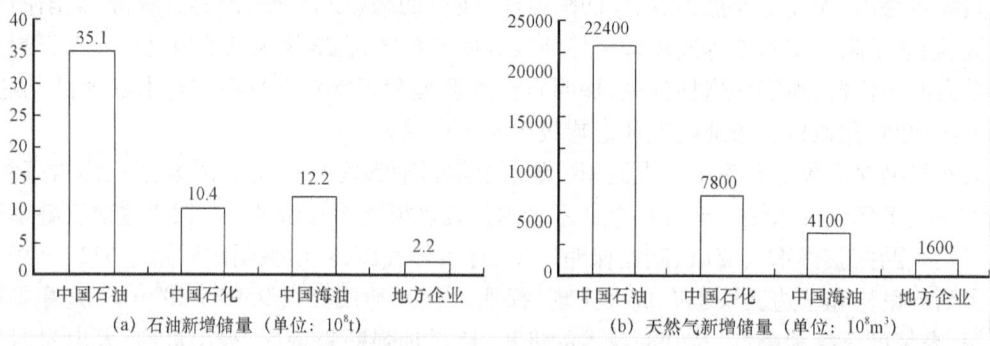

图1-5 "十二五"期间中国主要石油公司石油天然气新增储量

"十二五"期间,中石油探区新发现的环江油田新增探明石油地质储量 1.11×10^8t;新发现的中国第一个亿吨级致密油油田——新安边油田新增探明石油地质储量 1.01×10^8t;塔里木盆地哈拉哈塘地区拓展了海相碳酸盐岩层间岩溶勘探领域,突破7500m原油赋存界限,累计探明石油地质储量 2.53×10^8t。准噶尔盆地西北缘环玛湖斜坡三叠系百口泉组六大扇三角洲均获突破,二叠系和石炭系也获发现,"十二五"期间累计探明石油地质储量 3.63×10^8t,以斜坡带岩性油藏为主的百里油区初具规模。中石化探区于2011年高石1井获得突破,"十二五"期间新增探明天然气地质储量 $6605\times10^8m^3$,发现并探明中国首个特大型页岩气田——涪陵页岩气田,探明地质储量 $3805.98\times10^8m^3$。中海油探区发现了陵水17-2气田,储量达千亿立方米。

老区挖潜勘探取得重要突破。国内石油公司科学高效落实各项生产部署,加快推进重点产能建设工程,精细老区开发,原油产量稳中有增,天然气产量较快增长。从2006年到2015年,我国原油产量分别为 1.84×10^8t、1.87×10^8t、1.95×10^8t、1.89×10^8t、2.03×10^8t、2.04×10^8t、2.07×10^8t、2.09×10^8t、2.11×10^8t、2.15×10^8t;我国天然气产量从2006年到2015年分别为 $585\times10^8m^3$、$699\times10^8m^3$、$775\times10^8m^3$、$830\times10^8m^3$、$942\times10^8m^3$、$1013\times10^8m^3$、$1072\times10^8m^3$、$1171\times10^8m^3$、$1302\times10^8m^3$、$1380\times10^8m^3$(图1-6)。中石油从2006年到2015年整体呈稳步递增,天然气产量递增优势明显,其中2007年产量增加最大,比2013年增产 $131\times10^8m^3$,同比增长11.2%。2015年石油、天然气产量比2006年分别增产 0.31×10^8t、$795\times10^8m^3$。

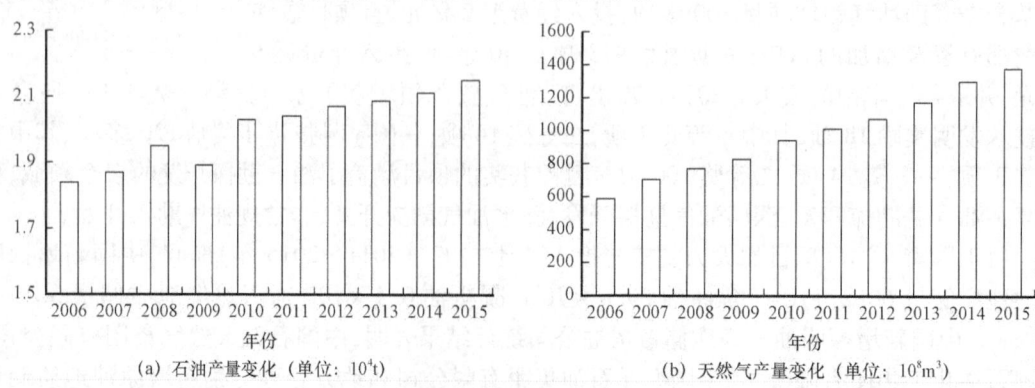

图1-6 近10年中国石油天然气产量变化

非常规勘探快速发展。在非常规油气领域，我国也进行了相应的探索并取得重大成效。目前非常规油气主要包括致密油、致密气、煤层气、页岩气等。我国致密油资源分布广泛，但起步较晚，目前勘探程度较低。"十二五"期间我国的致密油勘探取得突破，在鄂尔多斯盆地和吐哈盆地首次探明2个致密油田，可采资源量$(13\sim14)\times10^8 t$，探明地质储量$1.3\times10^8 t$。致密气累计探明地质储量为$3.3\times10^{12} m^3$，已占全国天然气总探明地质储量的40%；可采储量$1.8\times10^{12} m^3$，约占全国天然气可采储量的1/3。近几年我国致密气探明储量快速增长，年均增长$3000\times10^8 m^3$。自1999年我国首次探明煤层气地质储量以来，截至"十一五"末，10余年间累计探明煤层气地质储量$2624.5\times10^8 m^3$，年均探明地质储量仅$218.7\times10^8 m^3$。据国土资源部(2015)评价结果，我国煤层气有利勘探面积约$37.5\times10^4 km^2$，地质资源量$30\times10^{12} m^3$，可采资源量$12.5\times10^{12} m^3$，探明储量$0.61\times10^{12} m^3$。截至2015年底，我国共探明涪陵、长宁和威远等3个页岩气田，全国页岩气可采资源量$22\times10^{12} m^3$，探明储量达$5441.29\times10^8 m^3$，探明率仅0.4%，可采储量$1303.38\times10^8 m^3$。目前重庆涪陵、四川长宁—威远等地取得重大突破。中石化涪陵页岩气田焦石坝区块累计新增探明含气面积$383.54 km^2$，探明储量$3805.98\times10^8 m^3$，提前建成了50亿m^3生产能力。中石油在四川威远202井区、长宁201井区、YS108井区，新增含气面积$207.87 km^2$，探明储量$1635.31\times10^8 m^3$。

对外依存度仍然在不断升高。中国的石油消费20世纪90年代年均增长7%，"十五"期间年均增速达到7.7%，"十一五"回落到6.3%，"十二五"进一步回落到4.2%左右。2014年，我国原油对外依存度接近60%，天然气对外依存度也已经达到30%，对外依存度进一步提高。2015年我国天然气净进口$582\times10^8 m^3$。2016年中国石油表观消费量为$5.56\times10^8 t$，同比增长2.8%，增速较2015年下降1.5个百分点，与此同时，中国原油产量跌破$2\times10^8 t$，原油对外依存度超过65%。2016年全年成品油表观消费量为$3.13\times10^8 t$，较2015年下降1%，首次出现萎缩。2016年1—9月净进口石油天然气$579\times10^8 m^3$，同比增长11%。到2020年，中国石油总需求预计将达到$6\times10^8 t$左右，"十三五"期间年均增长2.5%左右。2030年，预计石油需求将达到$7\times10^8 t$左右，2020—2030年年均增长1.5%左右，总体石油需求在2030年前后达到峰值。

2. 勘探面临的主要问题

国内油气勘探面临挑战。中国重点含油气盆地逐步进入较高油气勘探程度，油气勘探开发工程技术难度逐渐加大，生产作业成本逐渐上升，在勘探领域、勘探环境、勘探层次等方面的困难逐步显现，未来油气勘探面临着一系列新的挑战：① 陆上油气勘探以岩性地层油气藏为主，勘探目标更为隐蔽，储层物性更差，油气勘探逐渐推进到非常规油气领域，普遍呈大面积分布、低丰度、低产等现象；② 超深层、高温高压、高成本、高风险的勘探目标增多；③ 东部成熟盆地油气勘探程度升高，储、产量难以稳定，油气接替的新领域、新类型难于寻找；④ 海域油气勘探进入深层和深水领域，从当前中国海域油气勘探实践来看，海域待探明油气储量主要集中在深水和深层领域，而相应的油气地质理论与勘探开发配套工程技术与装备，尚不能完全满足生产需要。

海外油气勘探面临挑战。中国能源企业海外油气勘探开发战略面临区块获取困难、政治风险增加、勘探技术要求更高等多方面挑战：① 随着油价波动、石油供应相对比较紧张的情况下，资源国对资源的控制越来越强势，未来油气合作的合同形式将全面向服务合同转变，在国外获取区块更加困难，海外投资回报率降低；② 政治风险增加，中国能源企业海外发展集中在中东、北非、中亚等油气资源国，这些地区政治与经济发展相对落后，在新一轮政治风潮中受冲击大,战争与政治风险增加;③海外风险勘探领域面临深水、盐下、非常规等资源条件,理论与技术需求增加。

新能源的开发利用冲击着传统石油行业。石油能源的开发对推动社会经济的发展起着重要的作用,但也给社会发展带来了诸多问题,如能源过度开发、资源浪费严重、废气等对空气污染严重、破坏生态平衡等,且由于石油能源的地区分布不均,争夺石油逐渐演变成了国际政治问题,对社会稳定十分不利。这些问题引起了各国政府的重视,各国相继开发了多元化替代石油能源技术以协调经济和环境的发展,主要包括GTL技术、生物柴油技术、燃料乙醇技术、生物质乙烯技术、太阳能技术、核能技术等。我国经济的快速增长仍然离不开石油能源的开发与利用,但是由于石油能源的开发对我国生态环境、能源等的不良影响和限制,我国正积极推进多元化替代石油能源技术的发展与应用。我国政府曾经提出至2020年的能源开发总体思路,即积极推进能源结构多样化发展,并实现风能、生物能等核能技术的发展。因此未来随着新能源的开发利用将逐渐降低石油天然气在世界能源市场的消费比例。

油气勘探活动还受到市场油价波动的制约。除油气领域的技术问题以外,油价波动使得油气勘探的利润大幅下降甚至入不敷出,进一步的油气战略发展和规划严重受到资金的约束。

3. 我国油气发展战略

1) 保障供给,油气自主

党的十八大以来,我国明确提出了"要立足国内、建立多元供应体系,还原能源商品属性,全方位加强国际合作,实现开放条件下能源安全,掌握主动权"的能源发展战略,根据当前国际能源形势变化特点,我国应当积极推动油气自主战略,保障中长期国家油气供给安全。即首先要稳固国内生产,确保基础供应,同时加强国际合作,力争全球多元布局以扩大供给,采取措施增强陆海通道安全运输,充分发挥全球最大消费需求区的优势,积极建设亚洲贸易中心市场,逐步掌控油气定价权,全方位统筹运行保证国家油气供给安全。

2) 深耕国内,稳油增气

我国具有小陆块拼合、多旋回演化和多期改造的独有特征,石油地质条件极其复杂,经过近几十年的勘探开发,剩余油气资源劣质化是必然趋势,油气勘探开发领域正发生重大变化,需要深耕国内,加强油气勘探。加强油气分布与富集模式研究,有助于重新认识和建立常规—非常规资源的有序分布规律。勘探保持中浅层与深层、陆上—浅海与深海、常规与非常规油气"三个并进"态势,积极寻找新的规模效益储量区。坚持"稳油增气"的方针,积极开展科技攻关,通过"提高采收率"和"两深一非"(海洋深水、陆地深层和非常规油气)科技攻关,实现老油田提产增效、低品位储量有效动用和海域资源快速高效开发。实现国内石油产量保持$(2 \sim 2.2) \times 10^8$ t长期稳产、天然气产量持续上产至$3000 \times 10^8 m^3$以上的目标,发挥国内油气生产供给的基础保障作用。

3) 布局全球,多元供给

板块构造演化与油气富集规律研究表明,全球油气资源分布不均,特提斯区域油气资源最富集,被动陆缘盆地、裂谷盆地和前陆盆地油气资源占总资源的89%。其中,北美、俄罗斯2个地块,安第斯褶皱带、南美东部、澳大利亚西北陆架、东非4个构造带,波斯湾、墨西哥湾、几内亚湾、孟加拉湾4个海湾是10大油气富集区,可考虑作为未来国际合作的重点有利区进行深入研究。

第四节 油气田勘探课程的性质与内容

一、课程的基本性质

"油气田勘探"是地质资源与地质工程学科的专业课。对油气资源勘查工程专业的本科生而言,大学期间所学的课程基本上可以划分为四个层次(图1-7)。第一个层次是大学基础课程,包括数学、物理、化学、生物、外语、计算机科学、管理科学等,也是所有高等教育的必修课程。第二个层次是地质基础课程,包括矿物学、岩石学、古生物学、地层学、地史学、沉积地质学、构造地质学、地球物理学、地球化学等。第三个层次是专业基础课程,包括石油地质学、地球物理勘探、储层地质学、地震地层学、油气钻井、油气录井、油气测井、有机地球化学、地层测试等。第四个层次是专业课程,包括油气田勘探、油气田开发两门课程。因此,"油气田勘探"是位于油气资源勘查工程专业课程体系金字塔顶端的一门专业综合课程。其所涉及的知识面宽,综合性非常强,因此具有扎实的数理化等理论基础以及良好的基础地质与油气地质知识背景是学好"油气田勘探"课程的基础和前提。

视频1-4 课程的性质与内容

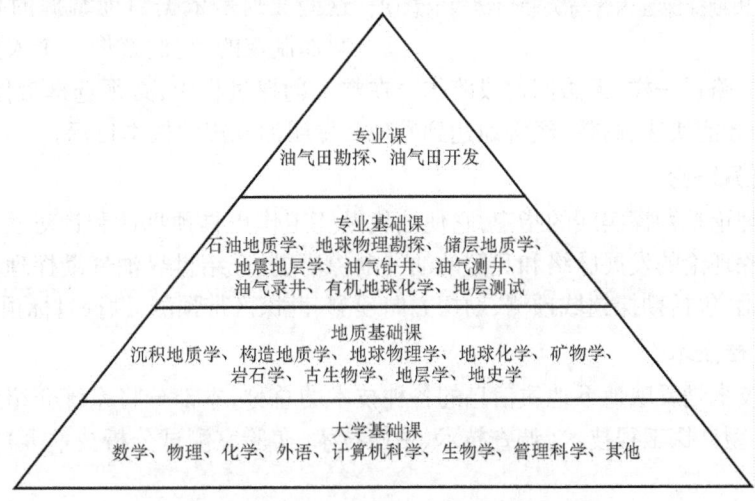

图1-7 油气资源勘查工程专业课程体系示意图

"油气田勘探"是"石油地质学"理论课程的延伸和综合实践部分。"石油地质学"是找油的理论指南,属于理论地质学的范畴,其核心的内容是揭示石油天然气成因、阐明油气藏形成机理、总结油气资源分布规律(柳广弟,2018);而"油气田勘探"是找油的方法论,属于应用地质学的范畴,其核心内容是指导人们如何应用石油地质理论、油气勘探技术、工程管理方法,经济、高效、快速地寻找、发现和探明油气田。

二、课程的主要内容

油气田勘探课程的主要内容就是以石油地质学的基本原理、油气田勘探的经济规律为指导,系统介绍油气勘探程序、油气勘探地质预测理论、油气勘探工程技术方法、油气勘探部署与项目设计、油气勘探评价与决策、油气勘探管理等内容。地质预测理论与工程技术方法是油气勘探的两个重要支撑,就像一个人的两条腿,二者缺一不可;勘探部署与项目设计就是油气勘探的左膀右臂,代表油气勘探中最具体的两项工作,由勘探家具体来完成;油气勘探管理是调

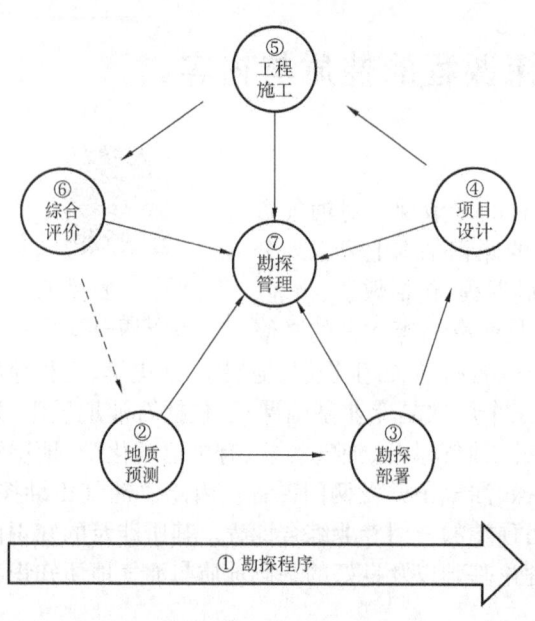

图1-8 油气田勘探课程内容与关联性结构示意图

动一切勘探资源和勘探因素的指挥中心,是整个油气勘探的心脏所在,涉及油气勘探从项目建立,到工程实施与跟踪研究,再到勘探成果管理的方方面面;油气勘探综合评价是进行勘探决策的前提,就好像油气勘探的大脑,是智慧之源;勘探程序是整个勘探活动的纲领文件和行动指南,就像一条红线贯穿油气勘探的始终。勘探工作这七个方面的有机统一,构成了整个课程的基本内容体系(图1-8)。

1. 油气勘探程序

油气勘探程序是勘探决策和勘探管理中的行动要求,即油气田勘探在达到快速、高效、经济地寻找、发现和探明油气田这一最终目标的过程中必须遵守的行为准则。这些准则是依据目前掌握的技术和地质资料而制定的,它们就像一个人要走向某一目标所必须经历的路程一样,无法回避或跨越。在整个勘探过程中,必须选择最佳路线,遵循科学的勘探程序,才能快速、高效、经济地达到发现和探明油田的根本目标。

2. 地质预测理论

地质预测理论是勘探实践的指南,它使油气勘探工作更具预见性和针对性。本课程主要就世界油气勘探理论的发展脉络和我国的油气勘探历史,介绍世界油气勘探理论的原理及其在勘探中的应用,包括勘探领域预测、勘探方向预测、勘探区带预测、勘探目标预测理论。

3. 勘探工程技术

勘探工程技术是反映地下地质信息的各种技术的总称,本部分将系统介绍油气勘探技术的分类、不同类型勘探工程技术(调查技术、钻探技术、实验室测试分析技术等)的特点及其在勘探中的作用。

4. 勘探项目设计

勘探项目设计是勘探项目实施的前提和基础。本部分介绍油气勘探项目设计的基本原则、主要内容(项目总体设计与单项工程设计),重点是勘探项目的单项工程设计中的地震勘探设计、探井井位设计、探井地质设计、钻探工程设计、试油地质设计等。

5. 油气勘探部署

本部分系统介绍油气勘探各阶段常规油气勘探项目(新区勘探项目、盆地评价项目、区域勘查项目、圈闭预探项目、油气藏评价项目、滚动勘探开发项目)及非常规油气勘探项目(煤层气勘探项目、页岩油气勘探项目、致密油气勘探项目)的部署原则、工作程序、勘探综合评价与决策方法。

6. 油气勘探管理

本部分按照矿权获取、项目运行、工程实施、勘探成果的顺序,简要介绍油气勘探过程中的勘探矿权管理、勘探项目管理、勘探生产 HSE 管理、油气资源与储量管理、油气勘探信息管理等方面的内容。

7. 海域油气勘探概论

海域油气勘探由于其地理条件的特殊性,决定了其与陆上油气勘探具有明显的差异性。本教材主要对海域油气勘探的差异性及其特殊勘探技术与方法进行重点、单独介绍。

8. 深层油气勘探概论

由于深部地层环境的复杂性和特殊性,油气田的勘探较浅层具有更大的挑战性。本教材主要对深层油气勘探面临的主要挑战、勘探理论、方法和技术进行重点、单独介绍。

复习思考题

1. 简述油气在现代社会中的重要性。
2. 简述油气勘探工作在油气工业中的地位和作用。
3. 油气勘探作为一门产业,具有哪些主要特点?
4. 针对油气勘探具有探索性强的特点,勘探家应具备哪些基本素质?
5. 世界油气勘探历史的发展经历了哪几个主要阶段?各阶段的勘探理念与技术发展有什么特点?
6. 试论油气田勘探课程与石油地质学课程的关系。

参 考 文 献

财富中文网,2019. 2019年财富世界500强排行榜. http://www.fortunechina.com/fortune500/c/2019-07/22/content_339535.htm.

陈旭,樊隽轩,张元动,等,2015. 五峰组及龙马溪组黑色页岩在扬子覆盖区内的划分与圈定. 地层学杂志,39(4):351-358.

戴金星,倪云燕,胡国艺,等,2014. 中国致密砂岩大气田的稳定碳氢同位素组成特征. 中国科学:地球科学,44(4):563-578.

戴金星,倪云燕,吴小奇,2012. 中国致密砂岩气及在勘探开发上的重要意义. 石油勘探与开发,39(3):257-264.

丁贵明,张一伟,吕鸣岗,等,1997. 油气勘探工程. 北京:石油工业出版社.

弗兰克·雅恩,马克·库克,马克·格雷厄姆,2012. 周相广,译. 油气勘探与生产. 北京:石油工业出版社.

格雷厄姆 R J,1991. 项目管理与组织行为. 王亚喜,等译. 东营:石油大学出版社.

胡朝元,张一伟,查全衡,等,1985. 油气田勘探及实例分析. 北京:石油工业出版社.

胡朝元,1990. 油气田勘探及实例分析. 北京:石油工业出版社.

贾承造,庞雄奇,2015. 深层油气地质理论研究进展与主要发展方向. 石油学报,36(12):1457-1469.

贾承造,邹才能,李建忠,等,2012. 中国致密油评价标准、主要类型、基本特征及资源前景. 石油学报,33(3):343-350.

贾承造,2017. 论非常规油气对经典石油天然气地质学理论的突破及意义. 石油勘探与开发,44(1):1-11.

金之钧,胡宗全,高波,等,2016. 川东南地区五峰组—龙马溪组页岩气富集与高产控制因素. 地学前缘,23(1):1-10.

李明诚,2004. 石油与天然气运移. 北京:石油工业出版社.

柳广弟,2019. 石油地质学. 5版. 北京:石油工业出版社.

庞雄奇,2006. 油气田勘探. 北京:石油工业出版社.

彭平安,邹艳荣,傅家谟,2009. 煤成气生成动力学研究进展. 石油勘探与开发,36(3):297-306.

宋岩,柳少波,琚宜文,等,2013. 含气量和渗透率耦合作用对高丰度煤层气富集区的控制. 石油学报,34(3):417-426.

宋岩,柳少波,赵孟军,等,2009. 煤层气藏边界类型、成藏主控因素及富集区预测. 天然气工业,29(10):5-9.

宋岩,张新民,柳少波,2005. 中国煤层气基础研究和勘探开发技术新进展. 天然气工业,25(1):1-7.

孙新铭,王正东,2009. 油气田勘探. 北京:石油工业出版社.

童晓光,何登发,2001. 油气田勘探原理和方法. 北京:石油工业出版社.

吴欣松,张一伟,方朝亮,2001. 油气田勘探. 北京:石油工业出版社.

张金川,金之钧,袁明生,2004. 页岩气成藏机理和分布. 天然气工业,24(7):13-17.

张文昭,1994. 中国陆相盆地油气勘探实践. 北京:石油工业出版社.

张霞,1998. 油气勘探经营管理. 北京:石油工业出版社.

张霞,2001. 关于老区油气勘探突破的哲学思考. 中国石油勘探,6(2):59-63.

张一伟,金之钧,2003. 油气勘探工程. 北京:中国石化出版社.

赵文智,李建忠,杨涛,等,2016. 中国南方海相页岩气成藏差异性比较与意义. 石油勘探与开发,43(4):499-510.

中国石油经济技术研究院,2018. 2050年世界与中国能源展望(2018版). http://mp.ofweek.com/ecep/a945673722446.

邹才能,董大忠,王社教,等,2010. 中国页岩气形成机理、地质特征及资源潜力. 石油勘探与开发,37(6):641-653.

邹才能,陶士振,侯连华,等,2014. 非常规油气地质学. 北京:地质出版社.

邹才能,杨智,陶士振,等,2012. 纳米油气与源储共生型油气聚集. 石油勘探与开发,39(1):13-26.

邹才能,张国生,杨智,等,2013. 非常规油气概念、特征、潜力及技术:兼论非常规油气地质学. 石油勘探与开发,40(4):385-399.

邹才能,朱如凯,白斌,等,2011. 中国油气储层中纳米孔首次发现及其科学价值. 岩石学报,27(6):1857-1864.

Hao F, Zou H Y, Lu Y C, 2013. Mechanisms of shale gas storage: Implications for shale gas exploration in China. AAPG Bulletin, 97(8): 1325-1346.

Levorsen A I. 1956. Geology of petroleum. San Francisco: W H Freeman and Company.

Magoon L B, Dow W G, 1994. The petroleum system - from source to trap. AAPG Memoir, 60: 3-22.

Master, J A, 1979. Deep basin gas trap, western Vanada. AAPG Bulletin, 63 (2):152-181.

Mccollough E H, 1934. Structural influence on the accumulation of petroleum in California. Tulsa: AAPG, 73-760.

Schmoker J W,1995. Method for assessing continuous - type (unconventional) hydrocarbon accumulations.

Tissot B P, Welte D H, 1978. Petroleum formation and occurrence: A new approach to oil and gas exploration. SpringerVerlag, New York, 185-188.

White I C, Ashburner C A, 1885. The geology of natural Gas. Science, 128(6): 40-44.

Wilson W B, 1934. Proposed classification of oil and gas reservoirs. Tulsa: AAPG, 433-445.

Zou C N, Jin X, Zhu R K, et al., 2015. Do shale pore throats have a threshold diameter for oil storage? Scientific Reports, 5: 1-6.

Zou C N, Yang Z, Tao S Z, et al., 2013. Continuous hydrocarbon accumulation over a large area as a distinguishing characteristic of unconventional petroleum: The Ordos Basin, North - Central China. Earth - Science Reviews, 126: 358-369.

第二章
油气勘探程序

本章导引

本章首先介绍了勘探阶段的概念及其划分依据，论述了勘探程序的概念及其基本性质，以及引起油气勘探程序差异性的主要因素。然后在归纳、总结和对比国内外主要的油气勘探程序和勘探阶段划分的基础上，提出了本教材推荐使用的勘探程序和勘探阶段划分方法，将油气勘探工作划分为资源调查和工业勘探两大时期以及五个主要阶段，包括大区概查、盆地普查、凹陷详查、圈闭预探、油气藏评价。针对复杂类型油气藏的勘探，介绍了滚动勘探开发程序的基本概念和主要特点。最后重点阐述了执行油气勘探程序过程中必须坚持的三原则——严格性原则、灵活性原则和协调性原则，精炼成"阶段必须明确，程序不能打乱；节奏可以加快，效率必须提高；加强跟踪研究，实施科学决策"的三十六字方针。

合理的油气勘探程序是快速、高效地取得勘探成果，正确评价各级储量与资源量，提高油气勘探经济效益的关键。经过长期的勘探实践，油气勘探程序已经逐渐成熟完善（图2-1）。纵观我国油气勘探历程，在松辽盆地的勘探过程中由于整体考虑，开展了区域综合勘探，发现了大庆油田；进入渤海湾油区勘探后，逐步掌握复杂的复式油气区的地质规律，在高成熟地区开展精探，发现了多个隐蔽油气藏（张文昭，1984）。近年来，全球油气勘探展现出良好的发展前景，勘探技术不断提高，大油气田不断被发现，油气勘探领域不再受勘探程度的限制，逐渐呈现出向深水、深层、非常规、北极等新区、新领域转移的趋势（贾承造，2012）。致密油气、页岩油气等新兴油气资源的地质特征与常规油气资源不同（庞雄奇等，2012；邹才能等，2015），勘探程序也存在明显差异。在借鉴传统勘探程序经验的同时，地质工作者们也渐渐建立了针对非常规油气资源的勘探程序。例如，在致密气的勘探过程中，尽管常规油气勘探中区域性的评价工作和流程都能够得到良好的应用，但最重要的两个环节——异常压力区的判识和高孔渗"甜点"区域的确定，并不在常规油气藏的勘探程序中（Surdam，1997；Hillis et al.，2001）。

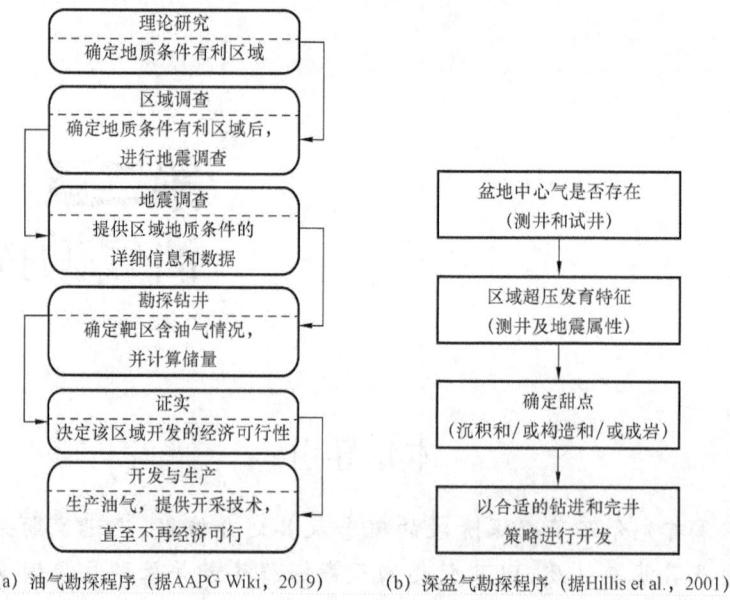

(a) 油气勘探程序（据AAPG Wiki，2019） (b) 深盆气勘探程序（据Hillis et al.，2001）

图 2-1 油气/深盆气勘探程序

第一节 油气勘探程序的概念

一、油气勘探阶段及其划分依据

1. 油气勘探阶段的概念

油气勘探是一个连续的、逐步深入的过程,在这一过程中,往往根据勘探工作的性质和勘探管理的需要,将油气勘探过程划分为若干个阶段,即油气勘探过程中在任务上相对独立、时间上相对集中的一段时期。各勘探阶段既相互独立,同时又保持一定的连续性。

勘探阶段与勘探程度的概念是不一样的,不可混淆。勘探程度是指一个探区（盆地或盆地内的区域构造单元,如坳陷、凹陷等）内的油气勘探工作状况和地质认识程度（尚尔杰等,2010）,包括地质调查程度、钻探程度、资源探明程度等。地质调查程度一般划分为概查、普查、详查、精查（野外地质调查称为细测）,分别与一定的地质填图精度（工作比例尺）和地震测线密度（测线距离）、地球化学测线距（测点距）相对应（表 2-1）。钻探程度主要根据探井密度来划分。因此,油气勘探程度一般要应用地震测线密度、探井密度、油气资源探明率等指标综合加以确定（表 2-2）。

表 2-1 探区油气地质调查程度划分表

调查方法		勘探阶段	概查	普查	详查	精查
		工作比例尺	<1:20万	1:10万~1:20万	1:5万~1:2.5万	>1:2.5万
野外地质	比较简单	测线距,km	>3.5	3.5~1.6	0.8~0.3	<0.3
		测点密度,点/km²	<0.5	0.5~0.9	1.9~8	>8
	比较复杂	测线距,km	>1.6	1.6~0.8	0.4~0.1	<0.1
		测点密度,点/km²	<1.2	1.2~2.4	5.6~20	>20

调查方法	勘探阶段	概查	普查	详查	精查
	工作比例尺	<1:20万	1:10万~1:20万	1:5万~1:2.5万	>1:2.5万
地球化学	测线距,km	>5	5~1	1~0.5	<0.5
	测点密度,点/km²	<0.1	0.1~0.5	2~8	>8
非地震物探	测线距,km	>4	4~1	1~0.25	<0.25
	测点距,km	>2	2~0.5	0.5~0.05	<0.05
地震勘探	主测线距,km	>4	4~2	2~1	<1
	联络测线距,km	>8	8~4	4~1	<1

表2-2 油气勘探程度划分表(据吕鸣岗,2008)

地质条件分类	划分指标	低勘探程度	中勘探程度	高勘探程度
相对简单	油气资源探明率,%	<15	15~60	>60
	探井密度,口/km²	<0.01	0.01~0.15	>0.15
	地震测线密度,km/km²	<0.5	0.5~2	>2
较为复杂	油气资源探明率,%	<10	10~50	>50
	探井密度,口/km²	<0.02	0.02~0.20	>0.20
	地震测线密度,km/km²	<0.8	0.8~4	>4

勘探程度对于勘探阶段的划分具有重要的参考意义,但不是主要依据。因为勘探程度的划分主要是针对区域性构造单元而言,而勘探阶段划分则要针对不同的勘探对象来进行。

明确划分勘探阶段可以给实际勘探工作带来很大的方便。第一,它使勘探项目的任务和目标更加具体明确,特别是突出不同阶段勘探项目的主要矛盾,便于检查和衡量每个项目的工作效率;第二,它使确定某个探区从一个阶段进入另一个阶段,做出继续、放弃或者及时调整勘探决策部署的依据更加充分;第三,它有利于合理调配油公司的勘探力量与勘探资金;第四,划分勘探阶段有利于勘探规划及管理,如果没有统一的勘探阶段划分标准,往往会使实际的勘探工作处于一种混乱状态。

2. 油气勘探阶段的划分依据

划分勘探阶段,实质上就是将勘探工作分解为多个不同性质的勘探项目,这些项目在实施对象、勘探任务及目标上有各自的特殊性。因此,划分勘探阶段的主要依据包括勘探对象、地质任务、资源与储量目标三个方面。

1) 勘探对象

勘探对象指的是勘探活动所在的空间范围。石油与天然气的分布具有非常强的分区性和不均衡性。有的地区油气非常富集,储量丰度很高,如美国洛杉矶盆地,我国的南襄盆地泌阳凹陷、渤海湾盆地辽河断陷西部凹陷。有的地区丰度非常低,如法国的巴黎盆地。油气资源与储量丰度受地质单元(包括构造单元、沉积相)类型的控制,因此从平面上可以划分出不同规模的含油气地质单元,如含油气域、含油气大区、含油气盆地、含油气系统、油气聚集带、油气田和油气藏(陈沪生,2004)。

视频2-1 油气勘探的基本对象

(1) 含油气域

含油气域是从全球油气分布的角度所划分的超大型的含油气地质单元。根据全球大地构造的观点,全球油气资源可以划分为北方油气域、特提斯油气域、冈瓦纳油气域和太平洋油气域。在地质历史时期,靠近赤道古纬度30°范围内以及全球性温暖气候变化时期(如侏罗纪)有利于烃源岩的发育。据英国石油公司2019年世界能源统计年鉴,全球石油探明储量为 1729.7×10^9 bbl,天然气探明储量为 $196.9\times10^{12}\mathrm{m}^3$。油气资源的68%分布于特提斯油气域,23%分布于北方油气域,5%分布于太平洋油气域,4%分布于冈瓦纳油气域(图2-2)。

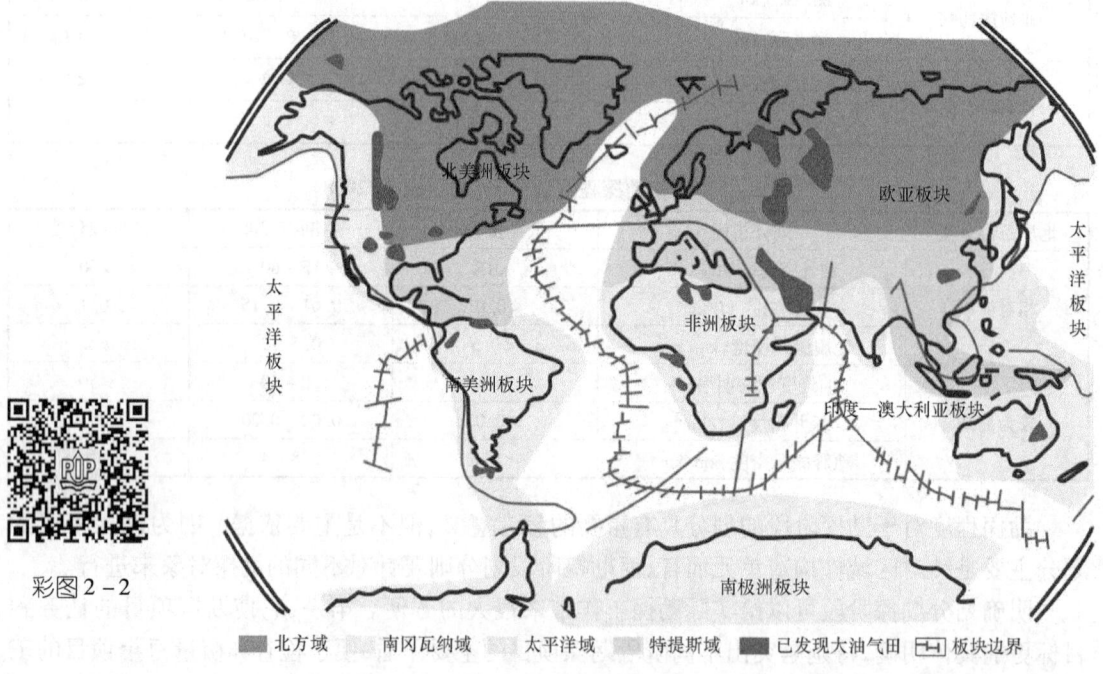

图2-2 全球油气域划分与板块分布略图(据翟光明等,2009)

特提斯是一个经典概念,指中生代时期欧亚大陆南侧的古海洋(Suess,1893),包括古特提斯和新特提斯。古特提斯洋是石炭—二叠纪泛大陆(Pangea大陆)时期位于劳亚大陆与冈瓦纳大陆之间的向东呈喇叭形的古海域;新特提斯洋是二叠纪晚期至三叠纪冈瓦纳大陆北缘开始裂解,扩张出新的洋盆。北方油气域的古生代及特提斯油气域在地质演化过程中主要位于赤道附近,因而成为全球油气资源富集的地区。古特提斯构造带从黑海、高加索,穿过里海盆地,经科佩特塔格、兴都库什、北帕米尔和西昆仑山,进入青藏高原的龙木错—玉树—金沙江缝合线。新特提斯构造带从东地中海、扎格罗斯山脉,经喜马拉雅山脉,向南转入东南亚地区。这些地区已经被证实都是世界上油气非常富集的地区。

(2) 含油气大区

对于大区的概念,可以从以下四个方面来理解。第一,大区可以是一个与地理、行政区划,甚至经济方面有关的单元,例如我国西藏自治区的藏北地区,其自然地质状况、勘探经济条件具有一致性;第二,大区也可以理解为由一系列盆地构成的盆地群,包括一系列的盆地,这些盆地在地质结构、含油气层系等方面都具有一定的共性,如我国东北的松辽及外围盆地群,以及我国下扬子地区的古生代残留盆地;第三,大区还可以理解为一个特大型复合型盆地,由彼此相对独立、地质条件差异较大的多个坳陷构成,在一定的地史演化时期,一个坳陷就是一个相对独立的封闭水体(国外有的学者称为次盆,即sub-basin),塔里木盆地是一个典型的复合盆地,由中部的克拉通盆地(台盆区)和周缘前陆盆地(库车坳陷、塔西南坳陷、塔东南坳陷)复合而成,各坳陷(次盆)的烃源岩系的分布层位、烃源岩与储盖组合类型及特征等都具有较大的差别;第四,有学者提出的含油气构造—沉积体系,如东北亚晚侏罗—早白垩世裂谷系、中国东部环太平洋古克拉通内古近—新近纪裂谷系等也与大区概念有一定的相似性。

综上所述,含油气大区与一个特大型的含油气盆地、具有相似共性的盆地群,甚至是比盆地群的范围更宏观的构造区域相对应。

(3)含油气盆地

含油气盆地是指地壳上具有统一的地质发展史并有油气生成的沉积盆地,是油气生成、运移和聚集的独立地质单元。由于含油气盆地具有统一的地质发展史,因而基本具有统一的油气生成、运移、聚集等基本石油地质条件和特征,以及成藏的特定规律性。

历史上的沉积盆地首先是地貌盆地,其沉积与石油地质条件受构造活动的影响很大。根据盆地内区域构造特征(基底起伏与岩石组成、沉积盖层的厚度与分布)的差异,可以进一步划分为坳陷、隆起、斜坡等多个一级构造单元,其中在坳陷和局部隆起部位还可以进一步划分出亚一级构造单元,包括凸起、凹陷、次级斜坡等(表2-3)。

表2-3 盆地内构造单元的划分

构造单元	一级	亚一级	二级	三级	四级
断陷盆地	隆起 坳陷 斜坡	凸起 凹陷 次级斜坡	断阶带 断鼻带 断裂带 单斜带 古潜山带 洼陷带(洼槽)	背斜 半背斜 鼻状构造 断块区 潜山	断块
坳陷盆地	隆起 坳陷 斜坡	凸起 凹陷 次级斜坡	穹窿背斜带 长垣背斜带 挤压背斜带 构造带(阶地) 单斜带 地层超覆带 岩性尖灭带 洼陷带(洼槽) 古潜山带 生物礁带	背斜 半背斜 鼻状构造 向斜 潜山	高点

以我国渤海湾盆地为例,其北为燕山山脉、西为太行山山脉、南达河南太康境内,根据盆地基底起伏状况和沉积盖层厚度,可以划分为多个断陷(冀中、临清、济阳、黄骅、辽河、渤中等),中间被一些大的隆起(如埕宁隆起、沧县隆起等)所分隔,在古近纪,有的凹陷可能是相对独立的水体,直到新近纪—第四纪才构成一个统一的大型坳陷型盆地(图2-3)。在坳陷内部,可以进一步划分为凸起、凹陷、斜坡等亚一级构造单元。

隆起是指盆地内区域性长期相对上升的地区,为盆地内一级正向构造单元。隆起上升持续时间较长(一个纪或者几个纪),时常被断裂及次一级构造复杂化。隆起区沉积地层一般不全,沉积岩厚度较小,不利于烃源岩发育。隆起的形状略呈椭圆形(如四川威远隆起)或呈长条状(如陕西渭北隆起)。隆起的形成与基岩断块升起有关,它以断裂及附近构造单元为界。某些隆起是由于边缘老山向盆地倾斜而形成的,如新疆的准噶尔盆地克拉美丽隆起等。

彩图 2-3

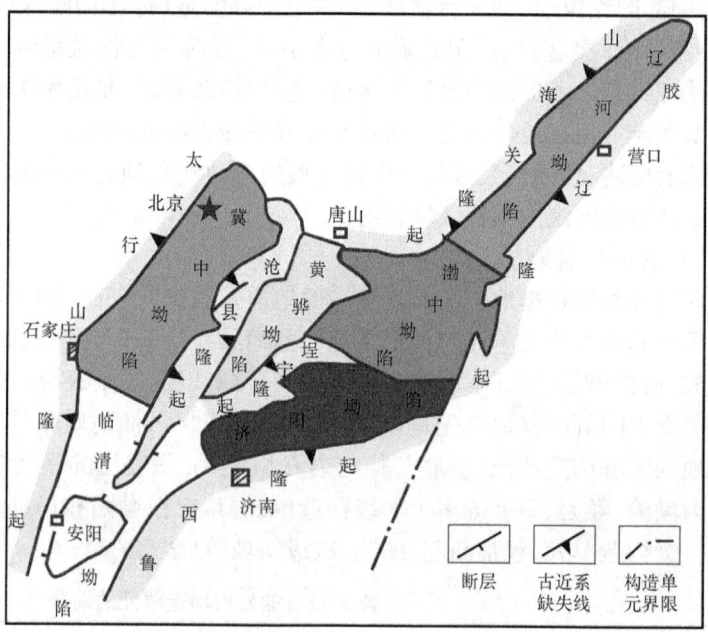

图 2-3 渤海湾盆地一级构造单元分区图

坳陷是指盆地在地质发展史上以相对下降占优势的一级负向构造单元。由于该地区长期稳定下降，形成了巨厚的沉积岩，是生油气的主要地区。坳陷本身的特征及其分布对盆地内油气的分布起着重要的控制作用。因此，寻找坳陷对于指导石油区域勘探具有重要意义。坳陷的概念在国外经常被称为次盆，我国地质学界也经常称这些坳陷为盆地，如辽河盆地、库车前陆盆地等。

斜坡为区域性的较大单斜，它的基本特征是坡度平缓。在斜坡范围内的地层接触关系常见超覆接触、不整合接触和岩性尖灭带，构造常见有断层、阶梯状和鼻状构造、挠曲等。鄂尔多斯盆地的延长油田及准噶尔盆地的克拉玛依油田及白碱滩油田等都是分布在盆地斜坡上的油田。

在含油气盆地可划分出亚一级构造单元——凹陷与凸起。凹陷是一个底部下垂的沉积地层较厚的沉降区，为大型坳陷中的次一级负向构造单元。一个凹陷往往对应于一个生油中心，在平面上控制着一个含油气区的范围。如苏北盆地的东台坳陷可以进一步划分为金湖凹陷、高邮凹陷、临泽凹陷、白驹凹陷、海安凹陷、菱塘桥低凸起、柳堡低凸起、柘垛低凸起、吴堡低凸起、泰州凸起、小海凸起、裕华凸起等亚一级构造单元（图 2-4）。

凸起和隆起的差别在于构造变动岩层拱起后的规模和上覆地层的厚度方面。如果规模大、上覆地层较薄（一般仅几百米厚）称为隆起。如果规模相对较小、上覆地层较厚（一般超过千米）称为凸起。以凸起上覆地层相对厚薄作为依据进一步分为高凸起和低凸起。薄者为高凸起，厚者为低凸起。凹陷之间应有凸起或大的断层（控凹断层）分布。凸起区一般是有利的油气运移聚集区。

(4) 含油气系统

自从 1972 年在美国阿莫科石油公司工作的 Dow 提出了"含油气系统"（petroleum system）一词以来，含油气系统的研究日趋活跃，从 1988 年到 1994 年，陆续出版了《美国含油气系

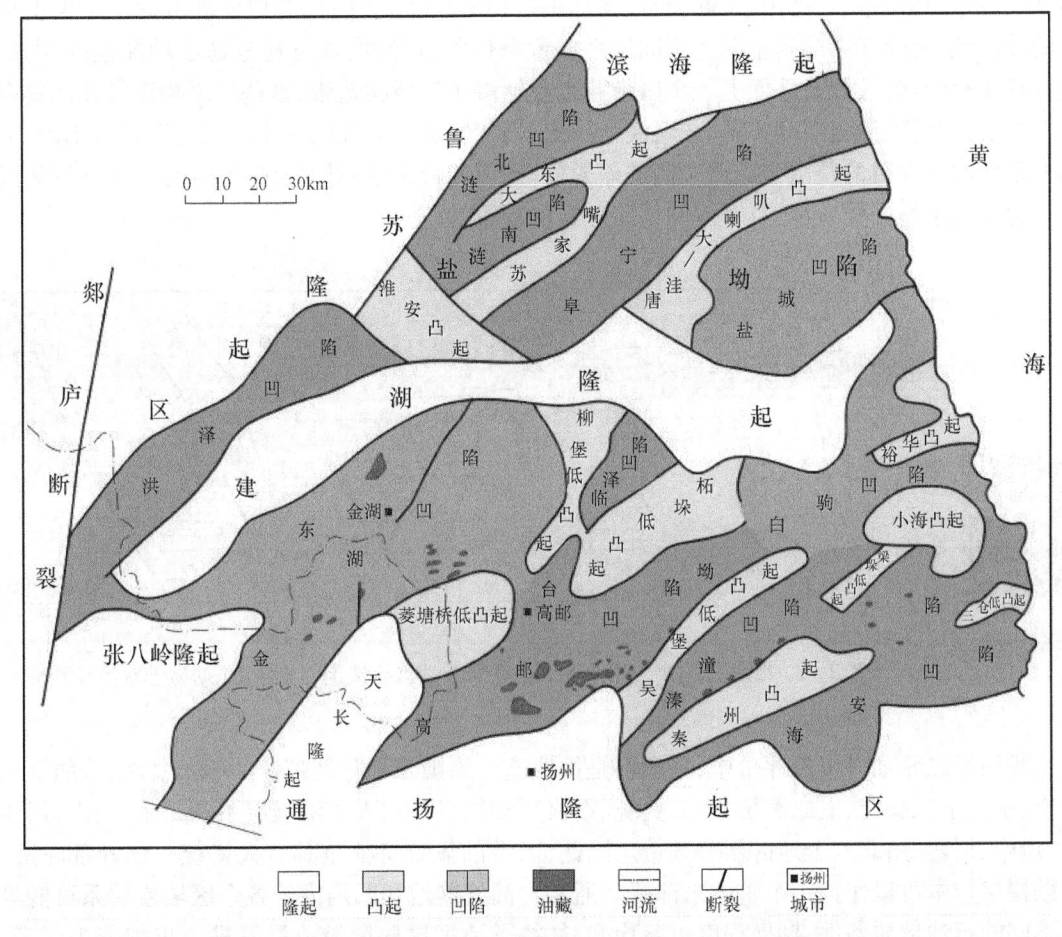

图 2-4　苏北盆地亚一级构造单元区划图（据毛凤鸣等，2006）

统》(1988)、《含油气系统研究现状与方法》(1992)等相关著作。1994 年 Magoon 和 Dow 合编的《含油气系统——从源岩到圈闭》正式出版，标志着含油气系统概念和技术已经从探索走向成熟。他们将含油气系统定义为已发现和未发现的具有成因联系的油气藏及相关地质要素的集合体，包括一套成熟的烃源岩及其所形成的所有油气藏，并包含油气藏形成时不可缺少的一切地质要素和地质作用。因此，含油气系统首先是一种含油气地质单元，也可以看作是油气勘探的一种重要理论指南和思维方式。

实际上，含油气系统作为一种含油气地质单元，是油气生成、运移、聚集单元的统一体，它具有时间和空间分布的双重性。一个含油气盆地或凹陷内可以形成一套或多套烃源岩及储盖组合，因此在剖面上可以划分出若干个含油气系统。因此可以认为，含油气系统是一种介于含油气盆地与油气聚集区带之间的含油气地质单元，与盆地内的凹陷基本对应，它是模拟油气生成、运移、聚集和保存的最合适单元，利于开展有利油气聚集区带的预测（庞雄奇，2006）。

(5)油气聚集区带

区带的概念，是指含油气盆地中具有共同的成因背景和相似特征的一组勘探目标和已知油气藏。这些勘探目标和已知油气藏具有相同的烃类来源、储油岩系和区域盖层。区带与二级构造带既有区别，又有联系。二级构造带往往是由一些成因相似的圈闭所构成的条带状构造地质单元，或者由盆地内二级断裂所控制的构造地质单元，如挤压背斜带、长垣带、底辟带、岩性尖灭带、超覆带、古潜山带、断裂带、深洼带等(图2-5)。区带的划分既考虑了平面上构造的分区性,同时又考虑到垂向上不同层系成藏条件的差异性,而且还考虑了勘探程度、勘探条件等工程因素。因此,平面上一个区带可以包括多个二级构造带,这些二级构造带往往具有相似的油源条件、储盖组合特征、成藏演化历史、勘探特征。而在同一个二级构造带范围内,纵向上不同的勘探目的层由于成藏机制的差异性,则可能分属于不同的区带。因此,油气聚集区带与含油气系统一样,也具有时间和空间分布的双重性。

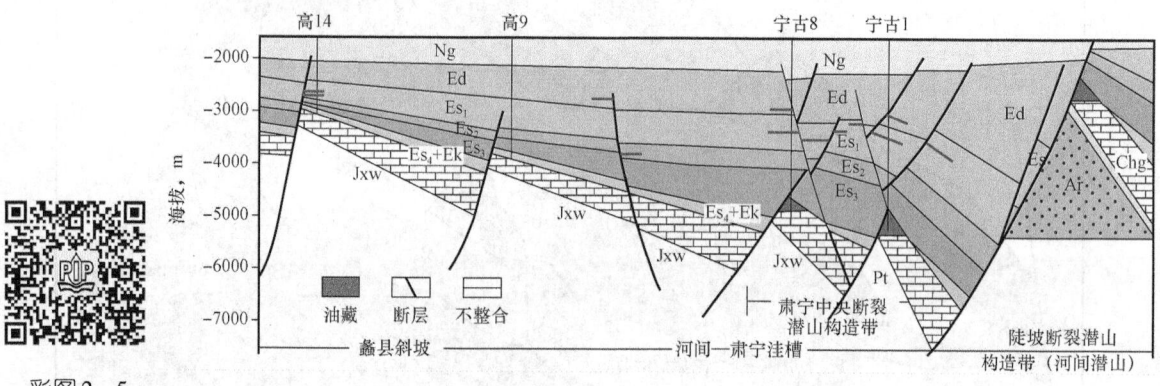

图2-5 饶阳凹陷肃宁中央断裂构造带及邻区构造剖面分区图(据易士威等,2010)

我国第二轮油气资源评价中,一般都是按照这一原则来划分区带。如四川盆地,按照上三叠统、中—下三叠统、上二叠统、下二叠统、石炭系和震旦系六大含油气层系和川东、川南、川西南、川中、川西、川北六个地区划分区带。因此,区带的显著特征是具有大体统一的外部轮廓,在勘探工作中可以作为一个整体来部署。通常含油气盆地和凹陷内的各个区域或层系可能具有不同的石油地质条件,勘探程度也不均衡,往往需要把这些区域或层系进一步划分为区带,以分别进行评价和编制勘探计划。

勘探程度决定了地质认识程度和资料丰富程度,按照勘探程度的高低,区带又可以划分为以下三类:已具有油气田的区带,即区带上已有油气田开发,或已具探明储量;已有油气发现的区带,该类区带中至少有一个圈闭已获油气流或已见油气显示;尚未发现油气的区带,即尚未钻探,或钻探很少尚无发现,但认为有希望的区带。

(6) 油气田

油气田在石油地质学中的严格定义是指受单一局部构造单元(三级圈闭)控制的同一面积内油气藏之总和。圈闭是适于油气聚集、能够形成油气藏的场所。从勘探的角度,圈闭有以下四种分类方式:

① 根据圈闭在纵向上的组合关系进行分类。一般地,纵向上具有多套含油层系的圈闭,它们之间有的圈闭类型相同,有的却相差很大。目前在实际勘探工作中,经常使用块圈闭和层圈闭的概念。所谓块圈闭,是指垂向上多个层位圈闭的组合,而层圈闭是指纵向上类型不同的圈闭,或者是纵向上圈闭类型相同,但分属于不同含油气系统的圈闭。

② 根据圈闭的构造复杂程度进行分类。有的圈闭构造形态相对简单,如简单的背斜、古潜山圈闭,而有的又很复杂,在统一的构造闭合线内可能存在多个局部次高点(如塔中16构造圈闭),因此勘探中又有三级圈闭和四级圈闭的概念。将具有一定成因联系,而且由多个局部高点(次级圈闭)组成的复式构造称为三级圈闭。主要有以下三种情况:最深构造闭合线范

围内的所有局部背斜高点总称;鼻状构造等形态范围内的所有局部构造—岩性圈闭总称;由三级断层所控制的断块区。三级圈闭内的局部小规模圈闭(局部背斜高点、断块、岩性体)称为四级圈闭。局部高点、断块的形成,往往是由于褶皱作用和断层作用的复杂性造成的,如复式背斜和断层复杂化的背斜等。由于不同构造层或含油气层位构造形态的不一致性,在同一个块圈闭范围内,往往在上部构造层中形成单式圈闭,而在下部构造层中形成具有多个局部次高点的复式圈闭。

③根据圈闭的勘探程度进行分类。根据勘探程度的差别,可以将圈闭分为四类,即已控制圈闭、已见油气流圈闭、已钻探但无任何发现的圈闭和未钻探圈闭。前面两类圈闭已见油气流、油气层或油气显示,称为已有发现圈闭;后两类圈闭到评价时为止还没有油气发现,称为无发现圈闭。

④根据圈闭发现的难易程度进行分类。根据圈闭发现的难易程度,可以将圈闭划分为非隐蔽圈闭和隐蔽圈闭两类。采用常规的技术手段和识别方法就可以识别的圈闭称为非隐蔽圈闭,而隐蔽圈闭则是指采用常规的勘探技术和识别方法难以发现的圈闭。隐蔽圈闭几乎包括了地层、岩性、特殊类型圈闭以及与构造因素有关的复合型圈闭,如砂岩上倾尖灭圈闭、透镜体砂岩圈闭、成岩圈闭、裂缝性圈闭等。

因此,油气田在平面上一般与三级圈闭(块圈闭)相对应,如我国渤海湾盆地冀中坳陷的任丘油田最初就是由重力勘探和电法勘探所确定的局部构造,从古近系和新近系之间的不整合地震反射标志层来看,属于一个大的背斜构造。实际上,它由众多层圈闭和油气藏构成。该油田由多个元古宇潜山油气藏以及位于古潜山之上古近系和新近系中的披覆背斜油气藏、断层油气藏和岩性油气藏等多种类型的油气藏组成,总体上受中—新元古界潜山的控制。油气田的圈闭类型、圈闭组成及单一层圈闭的面积大小决定了油气田勘探的难度,据此可以将油气田分为整装油气田(如背斜油气田、古潜山油气田)和复杂油气田(如复杂断块油气田、裂缝型油气田、溶洞型油气田、复杂岩性油气田等)两类。

(7)油气藏

油气藏是地壳上油气聚集的最小地质单元,油气藏内部具有统一的压力系统和相同的油气水界面,它与上述的层圈闭基本对应。

2)地质任务

处于不同阶段的勘探项目,其地质任务是存在本质差别的。对于油气勘探的地质任务可以简单归纳为三个阶段:寻找目标区、发现油气田、探明油气田。

(1)寻找目标区

确定勘探目标区是油气勘探工作的第一步,主要任务是通过盆地构造特征及其演化历史、沉积岩相古地理与充填历史、石油地质基本条件的调查与研究,从大区中优选有利的含油气盆地(择盆)、从盆地中优选有利的含油气系统(选凹)、从含油气系统中预测出有利的含油气区带(定带)。寻找目标区就是通过对一个勘探新区、一个含油气盆地油气调查工作的逐步深入和勘探对象的进一步缩小来达到快速落实有利勘探靶区,为勘探区块招标、获取探矿权做好充分的准备。

视频2-2 油气勘探的任务与目标

(2)发现油气田

发现油气田是在确定有利勘探区带的前提下,通过进一步的地震调查和油气钻探活动,来揭示区带上各圈闭的含油气性,以获得勘探的发现,落实可供进一步钻探和评价的目标。

(3)探明油气田

探明油气田是指在已经获得工业性油气流的圈闭上,通过更进一步的勘探工作,落实油气田的空间几何形态、油气富集程度、油水分布特征、储量规模与质量,为油气田顺利投入开发做准备。

3)资源与储量目标

油气资源和储量是油气勘探的最终成果与核心目标。每一个阶段的油气勘探项目均有反映该阶段勘探成效的油气资源/储量。

(1)国际上代表性的油气资源/储量分类体系

国际上油气资源与储量的分类,具有代表性的分别是美国地质调查局和矿业局的分类体系以及世界石油大会(WPC)的分类体系。前者是1974年由V. E. Mckelvey等提出的,将储量作为资源量的一部分,并将其界定为已经得到验证的而且经济可行的资源量部分。总资源量根据地质保证程度从低到高划分为待发现的资源和已验证的资源两类、五个次级。根据经济可行性的大小,将资源划分为经济的和次经济的两类、三个级次(图2-6)。

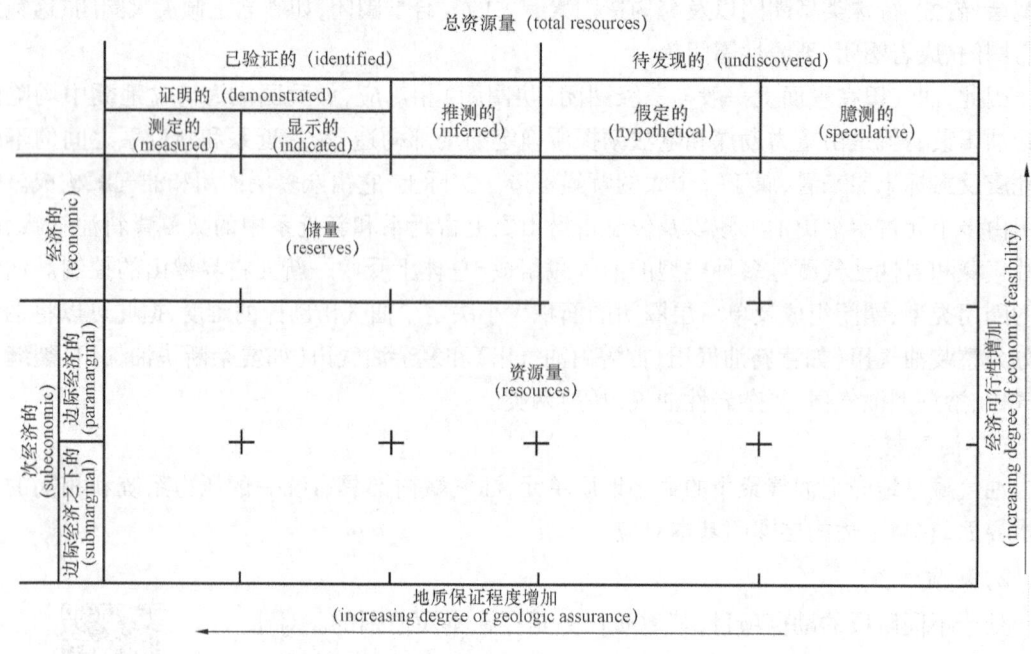

图2-6 美国地质调查局与矿业局的油气资源分类框架(据V. E. Mckelvey,1974)

2007年3月,美国石油工程师协会(SPE)、美国石油地质家协会(AAPG)、世界石油大会(WPC)与石油评价工程师协会(SPEE)联合发布了石油资源管理系统(petroleum resources management system),简称PRMS,它是在国际行业机构层面上提出的油气资源与储量分类分级体系(图2-7),正式取代了1997年由SPE、WPC联合发布的"reserves definitions",旨在为国际油气工业界提供一个共同的参考体系,满足相关资源/储量披露机构(如美国证券交易委员会,简称SEC)的报告编制需求,同时起到加强国际油气资源交流沟通的作用。

PRMS(2007)的划分方案首先根据商业价值大小,将原始地质资源总量(总资源量,PIIP)划分为待发现的资源量和已发现的资源量,其中后者进一步分为次商业性的和商业性的两个级别,将已发现的次商业性资源中不可采部分之外的资源称为潜在资源,并将已经发现的商业

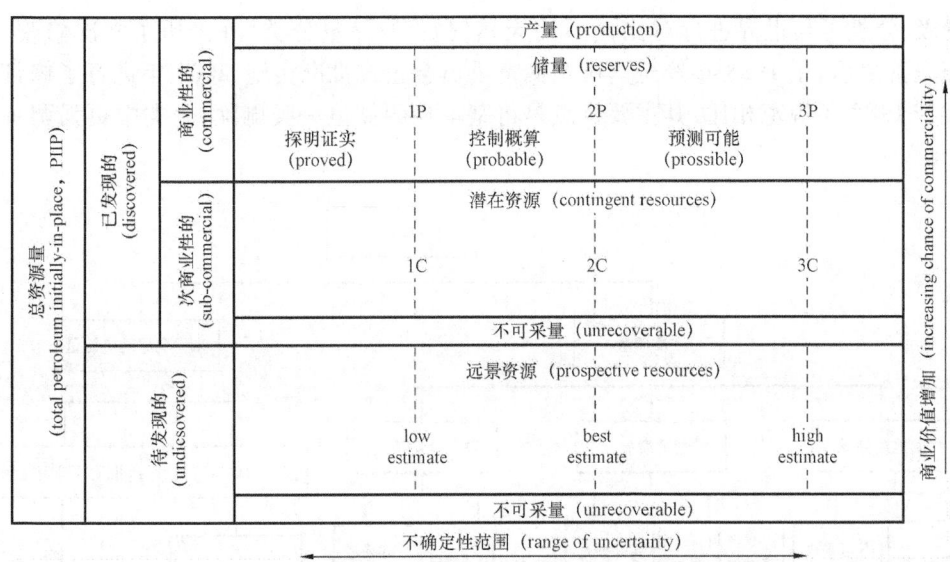

图 2-7 PRMS(2007)油气资源/储量分类分级框架

性资源称为储量。根据资源的地质不确定性大小从高到低,将储量分为 1P、2P、3P 三级,分别对应于探明储量证实、控制概算、预测可能储量,同时也将潜在资源量对应分为 1C、2C、3C 三个级别。

对于各级资源和储量之间的关系,科罗拉多矿业学院(1980)的划分具有一定的代表性(图 2-8)。

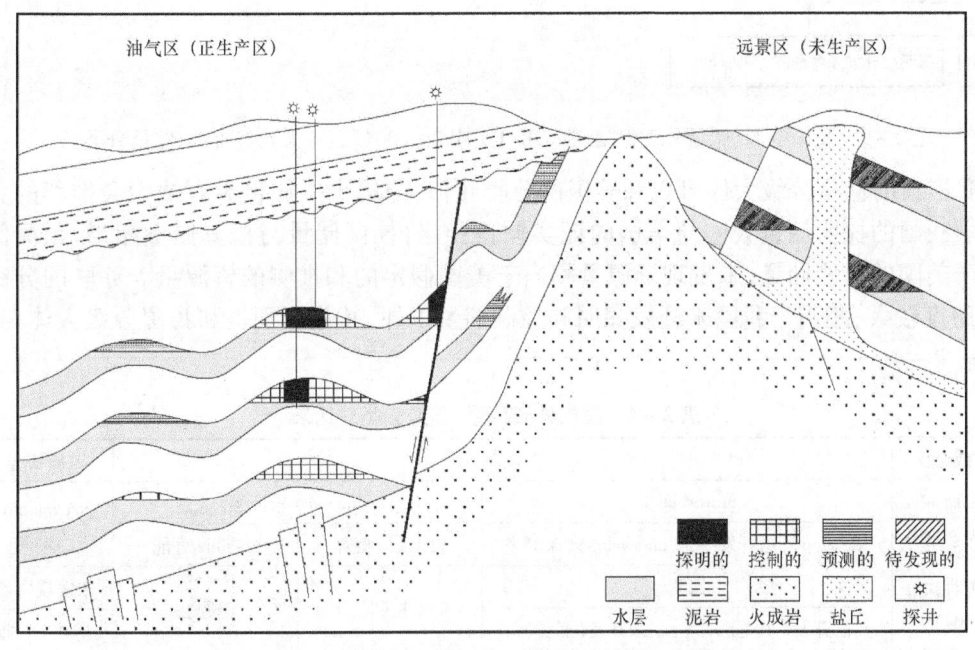

图 2-8 各级资源与储量之间的关系(据科罗拉多矿业学院,1980,有修改)

(2)我国目前的资源/储量分类体系

我国 20 世纪 50—60 年代采用的是 A、B、C 级的油气储量分类系统,70 年代到 80 年代则采用一、二、三级油气储量分类系统,基本与苏联的油气储量属于同一分类系统。为了使我国储量分级、分类可与世界进行对比,《石油天然气资源/储量分类》在经历了多次修改、讨论和补充完善之后,于1988年经全国矿产储量委员会正式批准实施,2004年进行了修订。新的分类与1988年规范相比,其主要特点是将基本探明储量一类删除,分类中更强调了可采储量(图2-9)。

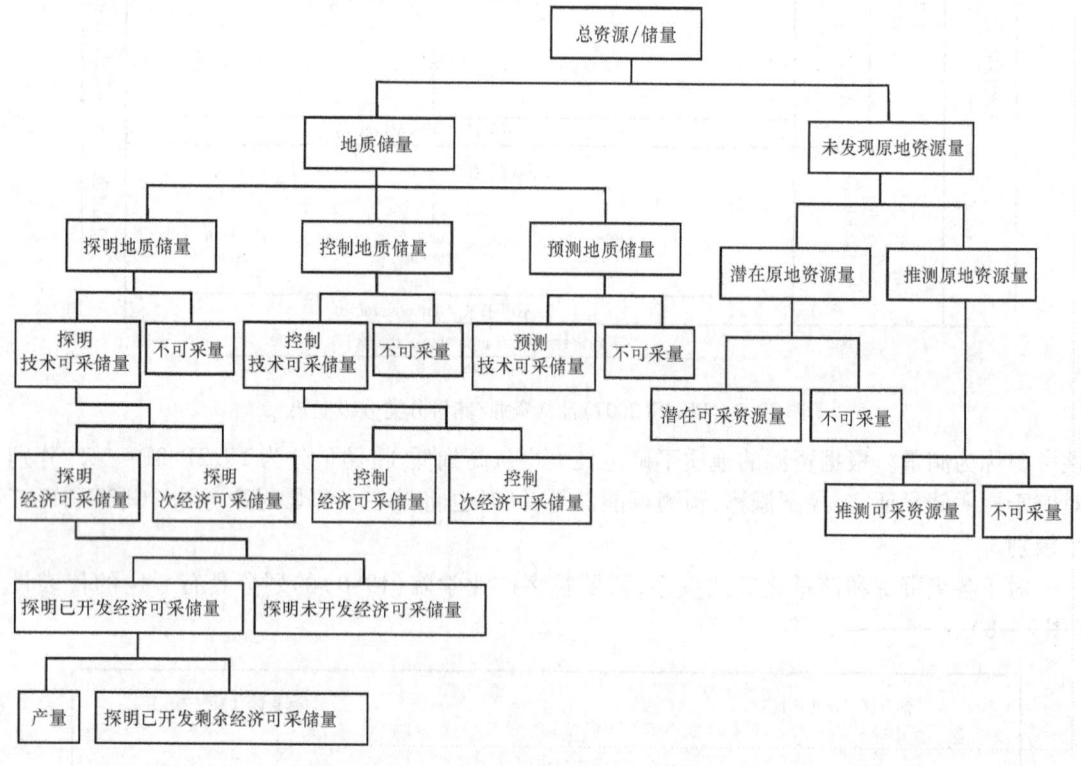

图2-9 我国资源/储量分类框架(据 GB/T 19492—2004《石油天然气资源/储量分类》)

我国新的储量分级大体可以和美国的分类相似,与第十一届世界石油大会推荐的分类一致。我国的探明储量大体与美国的证实储量相当,控制储量与概算储量相当,预测储量相当于美国的可能储量,未发现资源量相当于美国假定的和推测的资源量。苏联的分级除C1级跨度较大,相当于我国未开发探明和控制储量以外,其他级别也和我国分级大体相当,详见表2-4。

表2-4 国内外资源量/储量分类对比表

国家或会议	储量				资源量	
第十一届世界石油大会推荐	proved 证实		unproved 未证实		speculative 推测	
	developed 已开发	undeveloped 未开发	probable 概算	possible 可能		
中国现行标准(2004)	探明		控制	预测	未发现资源量	
	已开发(Ⅰ类)	未开发(Ⅱ类)			潜在	推测
美国	proved 证实		probable or indicated 概算或预示	possible or inferred 可能或推断	hypothetical + speculative 假定 + 推测	
	developed 已开发	undeveloped 未开发				
苏联(1983)	A	B,C1	部分 C1	C2	C3	D

我国现行储量规范从盆地勘探工作开始,就要求进行资源评价,计算资源量。储量分级、分类贯穿于整个勘探开发过程,从区域勘探、预探、评价钻探到油田开发各个阶段都有相应级别的储量。每一级储量既反映所处勘探阶段的工作成果,又是指导下一步勘探、开发部署的依据。现按勘探、开发顺序分别介绍资源量和储量分类和命名。

在以择盆、选凹、定带、确定有利目标区为主要地质任务的勘探项目中,一般是提交各种级别的远景资源量,包括含油气盆地推测资源量、含油气系统推测资源量、区带潜在资源量;而在以发现油气田和探明油气田为主要任务的勘探项目中,其目标是提交各种级别的商业储量,包括预测储量、控制储量和探明储量。

二、油气勘探程序及其基本性质

1. 油气勘探程序的定义

什么是程序?中华人民共和国国家标准 GB/T 19000—2016《质量管理体系　基础和术语》中对于"程序(procedure)"的定义是,"为进行某项活动或过程所规定的途径"。程序主要强调两个方面:一是步骤,即干什么的问题,整个工作分哪几步,每一步的任务和目标是什么;二是方法,即怎么干的问题,每一步应采用哪些方法手段才能有效完成每个步骤的任务和目标。油气勘探活动,从区块的选定或投标、油气勘探矿权的取得,到油气的发现与探明、提交商业油气储量,直到油田投入开发,是一个周期较长的过程,制定科学的勘探程序也是必不可少的(李长林,1996)。

油气勘探程序是指油气勘探各阶段之间的相互关系和工作的先后次序。首先,它明确界定了油气勘探各阶段的对象、地质任务、资源/储量目标,即勘探阶段的划分依据与方法;其次,它也严格规定了勘探各阶段的主要技术手段、综合研究内容以及资源评价方法。因此,勘探程序实际上是人们在长期的勘探实践中总结出来的找油步骤,更是勘探管理工作的客观要求。可以说,勘探程序是一种工作规范,是所有从事勘探工作的人员必须遵守的条例或准则(丁贵明等,1996)。油气勘探工作要遵从按勘查阶段依次进行,不可超越程序。

新中国成立后,通过几十年的勘探实践,大家已经充分认识到勘探工作是分阶段按一定程序进行的,对于油气勘探程序也曾有过许多精辟的概括。有强调点面关系的"区域展开,重点突破,发现油田,综合评价";有以方法作用的先后而体现程序的"研究指路,物探先行,钻探验证,测试评价";有阐明一个个勘探步骤的"侦察(含油气性),准备(各类圈闭),突破(工业油气流),扩展(油气储量),评价(开发潜力)"。

2. 油气勘探程序的基本性质

1) 层次性

可以从三个不同的层次来理解油气勘探程序的内涵。第一层次,对整个勘探过程而言,勘探程序是指勘探各阶段之间的相互关系和工作的先后次序,是指勘探工作应保持一定的阶段性和连续性。第二层次,对某一勘探阶段而言,勘探程序是指勘探项目运行的工作程序,具体是指勘探项目从项目建立、部署设计、组织实施,直至项目竣工验收的运行流程。第三层次,是指对于勘探项目中某个单项工程而言,勘探程序是指单项工程的具体实施步骤,如地震勘探设计、野外试验、数据采集、资料处理、地震解释等。

2) 差异性

是否存在一种通行的勘探程序,使得所有国家、所有勘探机构都能够遵照它来从事油气勘探活动呢?实际上,不同国家、不同油气公司勘探程序是有一定差异的,引起这种差异性的主要因素包括勘探管理体制、自然地理条件、地下地质条件、油气资源类型、勘探技术水平等。

(1) 勘探管理体制

我国和苏联长期以来一直是在国家计划经济指导下从事油气勘探工作，其勘探程序与美国等西方国家油公司市场经济体制下制定的油气勘探程序存在较大的差别。西方油公司主要采用区块勘探制度，通过区块招标获得勘探权，在同一个范围盆地内同时有多家油公司开展勘探工作，勘探范围分割性强。我国油气勘探企业在计划经济主导下，勘探范围相对固定，可以持续对一个盆地进行长期的勘探。在 20 世纪末，中石油与中石化重组之前，我国石油勘探企业主要有三家，即中国石油天然气总公司、中国海洋石油总公司和中国新星石油公司，勘探范围主要由国家行政部门来划拨。中国海洋石油总公司负责大于 5m 水深线以外的海域的勘探，中国石油天然气总公司负责绝大部分陆上沉积盆地以及水深线小于 5m 的沿海滩涂地区的勘探，新星石油公司的勘探面积极少。而前两家又根据盆地所在的地质区域成立了地区性的石油勘探局或石油管理局，持续地对相关盆地开展油气勘探开发工作。因此，在这种体制下，各石油勘探局（管理局）勘探的对象，从大区、盆地，到凹陷、区带，再到圈闭、油气藏，具有非常完整的油气勘探程序。而西方油公司的勘探对象主要始于区块（与区带相当，但不完全一致），在勘探程序的制定上很少考虑大区和盆地规模级别的勘探环节。

另外，从新中国成立初期直到 20 世纪 80 年代，我国地质矿产部门（地质部）主要负责油气资源调查工作，而石油勘探部门（石油工业部）重点负责工业勘探。由于勘探工作的侧重点不一样，所采用的油气勘探程序也不一样。

(2) 自然地理条件

陆上和海洋石油勘探由于自然地理条件和勘探条件存在区别，也必须采用不同的勘探程序。例如，与陆上石油勘探相比，在海洋油气勘探中，由于钻井成本太高，而很少打参数井，受钻井平台的限制，评价井也以定向井居多。以地震勘探为例，陆上主要采用炸药震源，而在海上主要使用气枪震源，地震采集工作的方法和效率也与陆上存在明显的差异。

即便是在陆地上，由于地表条件的差异，各种勘探技术的应用条件和效果也存在一定的差异。例如在露头区和第四系覆盖区、大沙漠与黄土塬等不同地区，在勘探程序上都会存在一定的差别。

(3) 地下地质条件

我国多年的勘探实践表明，无论是在坳陷盆地还是在断陷盆地中找油，无论是对大型背斜带，还是复杂断裂带，或是复杂岩性带的勘探，其勘探阶段的划分可以是基本相似的，但各阶段采用的勘探技术、方法却存在一定的差别。特别是对于一些复杂油气田和隐蔽油气田的勘探，深层和超深层油气藏的勘探，只有采用滚动勘探开发程序，才能提高勘探成效。

(4) 油气资源类型

由于石油地质理论的发展以及勘探开发技术的进步，非常规油气资源的勘探越来越受到重视。在煤层气、页岩油气、致密油气的勘探过程中，油气层压裂改造已经成为一项不可或缺的勘探技术，在非常规资源的勘探中正发挥着越来越大的作用（张抗，2016）。另外，非常规储层在岩性、物性、油气赋存特性与常规油气储层差异很大，如岩性越来越复杂、颗粒越来越细、薄互层程度越来越强、孔隙度越来越小、孔隙结构的非均质性越来越强、孔渗相关关系越来越差，使常规的三组合测井系列（岩性测井、三孔隙度测井、电阻率系列测井）资料在开展岩性的精细识别、岩石物性的准确评价和含油气丰度的准确预测方面遇到了极大的挑战，必须发展和推广应用新测井技术（如化学元素测井、岩性扫描测井技术）、高分辨率测井技术（如 NMR 核磁共振测井技术），为页岩油气、致密油气、煤层气储层评价服务（Liu et al.，2018；Mason et al.，2014；Yin et al.，2017）。因此，在这些资源的勘探过程中，也需对勘探程序进行完善和优化。

（5）勘探技术水平

勘探程序也不是一成不变的，它随着勘探技术的发展而变化。现有的勘探程序只能是当前技术条件下勘探思路的概括。物化探技术、油藏工程技术等直接找油技术的发展，必然会大大简化勘探程序。例如，在早期的油气勘探过程中，油气藏的探边主要依靠钻大量的评价井来完成，而现在，一些小的油气藏、地质条件相对简单的油气藏，完全可以靠油藏工程方法，配合测井、地震信息就能够达到目的。因此，勘探程序应该随着评价技术方法的进步而不断进行修订，以更好地适应新形势下油气勘探工作的需要。

第二节 国内外主要油气勘探程序

一、苏联油气勘探程序

苏联1969年制定的油气勘探程序首先根据地质目标的差别将油气地质工作划分为调查和勘探两个阶段：第一阶段任务是发现油气田，并对油气田作出初步地质和经济评价；第二阶段任务是进一步探明油气田，并获取必要的参数，为油田开发做好准备。其中调查阶段根据勘探任务的差别，可细分为三个主要时期，即区域地质地球物理工作时期、钻探地区的准备时期、油气藏调查与钻探时期。

1. 区域地质地球物理工作时期

该时期的总体任务是对盆地进行区域地质调查，预测油气聚集带。其主要任务有三项：第一，确定盆地的边界和沉积盖层的总厚度，研究生油条件及油气藏形成的一般条件；第二，研究盆地基底，进行盆地构造单元和构造层的划分，编制盆地不同构造层的分区构造图；第三，进行含油气盆地的石油地质分区，预测油气聚集带，包括与不整合和岩相变化有关的油气聚集带的预测，确定聚集带上主要的圈闭类型，提供调查钻探的准备对象。

2. 钻探地区准备时期

该时期的总体任务是对各个构造层中发现的各类远景圈闭做好钻探前的准备工作，包括：选择最有希望而且具备经济可行性的圈闭，进一步查明和落实圈闭基本要素；对可能遗漏圈闭的有利地带，进行地震测网加密，以发现新的圈闭；对上部构造层勘探程度已经很高的地区，继续查明深部构造层的圈闭，确定深部钻探的远景区。

3. 油气藏调查与钻探时期

该时期以发现油气田或者在老油区发现新油气藏为最终目标，主要任务包括：发现油气藏，确定主要的产油气层位；通过初步的地质及经济分析，如油气藏埋深、油气储量、油气物理化学特征、地区经济发展状况等，做出合理进行勘探的结论或者提供补做地球物理工作的方案；在经钻探发现缺少工业性油气聚集的情况下，作出进一步的分析与评价，提出终止或者继续勘探的理由。

勘探阶段的主要任务是进一步探明油气田，取得必要的资料和数据，为油田开发准备面积和部署意见。该勘探程序与20世纪60年代的程序相比，一是废除了预探，而在调查阶段增加了油气藏调查钻探时期，并将调查阶段任务规定为以发现油气田为最终目标，进一步明确了该阶段的投资标准和勘探效率;二是在钻探地区的准备阶段任务更加全面,明确规定以准备的构造数量和总面积作为鉴定该时期工作效率的主要标准。

二、美国海上油气勘探程序

美国的油气勘探工作是在各大石油公司垄断的状况下进行的,勘探重点以局部圈闭为中心,区域勘探部署工作很少,很难划分出明确的勘探阶段。另外,由于美国在大陆上勘探程度很高,已经进入了勘探晚期,近年来主要勘探方向是海洋和隐蔽油气藏。现以海上勘探程序为例,对美国油公司勘探阶段的划分进行初步介绍。

美国海上勘探阶段大致划分为初步勘探阶段和进一步勘探阶段。初步勘探阶段包括盆地评价、区块评价与圈闭评价,发现油气藏;进一步勘探阶段则以钻探井和评价井为主,扩大含油气面积,增加和探明油气地质储量。各阶段主要任务如下。

1. 盆地评价阶段

部署 40~80km 稀测网的地震测量,结合重磁资料进行区域性大地构造分析,深入研究盆地结构,建立盆地构造样式和沉积模式,进行盆地的类比分析;评价盆地的含油气远景,计算盆地的远景资源量,做出是否继续勘探的决定(康永尚等,2014)。

2. 区块评价与圈闭评价阶段

通过地震的加密和高精度的非地震物探,进行勘探区块的划分与评价。主要是以区块为对象,进行圈闭分类排队,计算圈闭的资源量并进行风险分析。再通过地震精查,做出新一轮的评价后,实施圈闭初步钻探工作,发现油气田(油气藏),初步评价储量的商业价值。

3. 进一步深化勘探阶段

这一阶段主要是通过进一步的钻探工作,扩大含油气面积,并计算油气田的探明储量。

美国海上油气勘探程序具备以下三个显著特点:第一,在盆地勘探早期,特别重视同世界各国含油气盆地之间的类比分析;第二,勘探工作中特别强调资源评价的重要性(朱世新等,1987),使之成为整个勘探工作的核心;第三,在局部构造的准备上精益求精,并进行风险分析。

三、我国原地质矿产部油气勘探程序

我国原地质矿产部在油气田勘探工作中主要承担区域地质调查任务,经该阶段工作发现工业油气藏以后,一般再经短暂的勘探,便移交给石油工业部,因此,其油气勘探程序侧重于油气资源的调查。

我国原地质矿产部的油气勘探程序将油气田勘探划分为普查阶段和勘探阶段。普查阶段包括区域概查、面积普查和构造详查,任务是查清油气地质条件和原地油气资源类型、前景,并进一步明确探区油气成藏条件,提交资源量、预测储量、控制储量。普查的成果包括勘探区含油气远景评价、勘探区主要含油气系统和油气聚集带的资源量并提出区带预探的部署意见。进一步确定钻井、地震勘探的区域,为油气藏评价提供依据,提出油气藏评价的部署意见。勘探阶段的任务是明确本探区主要油藏类型并提交探明储量。评价的成果包括:提交探明储量;确定油气藏(田)开发钻井区域或区块、开发试验井组(区)的试采结果,为油气藏(田)开发提供依据;提出油气藏(田)评价部署及开发概念设计意见。

四、中国石油现行油气勘探程序

中国石油天然气集团有限公司(CNPC)现行油气勘探程序是 1996 年在原石油工业部油气勘探程序的基础上,通过不断吸收国内外的先进经验,进行了多次修订后制定的,它明确地

将油气勘探工作划分为区域勘探、圈闭预探、油气藏评价勘探三个阶段。

1. 区域勘探

区域勘探是指在大的油气区内评价各盆地的含油气远景,优选出有利的含油气盆地,或在盆地内重点分析油气生成条件,搞清油气资源的空间分布,从而预测有利的油气聚集带。

2. 圈闭预探

圈闭预探的最终目标是发现油气田,是在区域勘探优选出的有利油气聚集带的基础上,进行圈闭准备,通过圈闭评价,优选出最有利的圈闭提供钻探,然后开展以发现油气藏为目的的钻探工作,揭示圈闭的含油气性,对出油的圈闭计算控制储量和预测储量。

3. 油气藏评价勘探

油气藏评价勘探任务是在已经发现存在工业性油气藏的基础上探明油气田,提交探明或控制储量,并为油田顺利投入开发做准备(张文昭,1984)。

该程序的主要特点是:第一,各勘探阶段对象明确,范围由大到小,以便迅速地缩小勘探靶区,及早发现油气藏;第二,各阶段相互关联,前一阶段是后一阶段的准备和基础,后一阶段验证前一阶段的成果。随勘探工作的不断深入,各阶段可交叉进行。

从上述四种油气勘探程序的对比可以发现(表2-5),尽管在勘探阶段的具体划分方案上各不相同,术语不尽统一,但是整个勘探的基本思路是一致的,所遵循的都是一个先"找"后"探"的过程,首先解决的都是勘探方向和勘探战略上的问题,通过各种地质调查手段寻找油气藏形成的基本条件,然后才是以钻探为主要方法,揭示圈闭的含油气性,以发现油气田和探明油气地质储量。

表2-5 国内外主要勘探程序对照简表

勘探程序	阶段划分			
苏联油气勘探程序	调查阶段			勘探阶段
	区域地质地球物理工作时期	钻探地区准备时期	油气藏调查与钻探时期	
美国海上油气勘探程序	初步勘探阶段			进一步勘探阶段
	盆地评价	区块与圈闭评价、第一步钻探		第二步钻探
原地质矿产部油气勘探程序	普查阶段			勘探阶段
	区域概查	面积普查	构造详查	
CNPC油气勘探程序	区域勘探	圈闭预探		油气藏评价勘探

第三节 本教材推荐使用的油气勘探程序

CNPC的油气勘探程序全面系统地概括了油气勘探的整体过程,各阶段勘探对象清晰、勘探任务与目标明确,对我国油气勘探起到了非常好的指导作用。然而,随着1998年陆上中国石油与中国石化两大石油集团公司的重组,2005年延长油田股份有限公司的成立,原来"划地为牢"计划经济体制下的勘探体制被打破,开始引入竞争机制,实施勘探区块招标与登记制度,原来由油田公司承担的战略性选区项目(新区勘探项目)基本上重新划归到国土资源管理部门。因此,我国勘探管理体制发生了较明显的变化。在这种形势下,迫切需要对

视频2-3 油气勘探程序与阶段划分

油气勘探程序作出相应的调整,特别是区域勘探需要进一步细分阶段。为此,本教材从实际出发,以 CNPC 原有的油气勘探程序为基础,提出一种推荐使用的通用油气勘探程序。

一、勘探阶段的划分

本教材推荐使用的油气勘探程序首先根据勘探对象、地质任务和资源/储量目标的差别将勘探工作划分为资源调查和工业勘探两个时期。资源调查时期(也称为区域勘探时期)的最终目标是查明区域油气成藏的基本条件,确定有利的勘探目标靶区,提交各种级别的油气资源量。资源调查时期可进一步划分为大区概查、盆地普查、凹陷详查三个阶段,各阶段是根据调查的整体对象以及调查的精度来命名的。工业勘探时期的最终目标则是发现油气田和探明油气田,提交三级储量(预测储量、控制储量和探明储量),可以划分为圈闭预探、油气藏评价勘探两个阶段(表2-6),各勘探阶段主要是依据勘探的个体对象以及勘探任务加以命名,与我国目前石油行业以 CNPC 为代表的油气勘探阶段划分具有良好的对应关系。

表 2-6 本教材推荐使用的油气勘探阶段划分方法

勘探阶段	资源调查时期			工业勘探时期	
	大区概查	盆地普查	凹陷详查	圈闭预探	油气藏评价勘探
勘探整体对象	大区	盆地(坳陷)	凹陷	区带	油气田
勘探个体对象	盆地(坳陷)	凹陷	区带	圈闭	油气藏
地质任务	择盆	选凹	定带	发现	探明
资源/储量目标	盆地推测资源量	凹陷推测资源量	区带潜在资源量	预测储量或探明储量	探明储量或控制储量
重点研究的石油地质问题	盆地性质与演化特征、烃源岩形成条件	凹陷烃源岩特征、油气生成条件	区带储盖组合特征、运聚与保存条件	圈闭基本特征、油气成藏条件	油气水分布特征、油气富集条件
地质评价方法	盆地类比	盆地分析与数值模拟	含油气系统分析与数值模拟	圈闭描述与评价	油气藏描述

1. 大区概查

大区概查是指在一个大区范围内开展的以优选具有含油气远景的沉积盆地为主要任务的油气调查工作。以资料收集和地面地质调查为主,重点搞清盆地性质、类型及演化特征(成盆问题),并通过与已知盆地的类比,预测盆地的资源远景,对盆地进行初步评价,确定有勘探价值的远景盆地。

2. 盆地普查

盆地普查是指在一个独立的含油气盆地内进行的,以优选有利的生烃凹陷(含油气系统)为主要任务的油气调查工作。通过采用多种调查与钻探技术,对含油气盆地进行系统的分析与描述,建立盆地地质模型,并采用盆地数值模拟方法,计算各凹陷的推测资源量(成烃问题)。在此基础上,确定资源潜力大的生烃凹陷。

3. 凹陷详查

凹陷详查是在确定出的有利生油凹陷及其邻近地区(含油气系统范围内)开展的以优选有利的油气聚集区带为目标的油气调查工作。通过进一步的地震普查和局部详查,结合参数井钻探,开展含油气系统的深入研究,分析区带油气聚集条件及成藏模式(成藏问题),预测油气聚集的有利区带,通过多种评价途径,预测区带的远景资源量。

4. 圈闭预探

圈闭预探是在油气调查选出的有利构造带、岩相带、地层超覆尖灭带等含油气区带上,通过进一步的地震详查以及圈闭描述与评价,开展目标优选,然后通过预探井的钻探来揭示圈闭的含油气性。其最终目的是发现油气田,提交预测或控制储量。

5. 油气藏评价

油气藏评价勘探是在已经获得控制或预测储量的油气藏(田)范围内,开展以查明油气藏地质特征、储量规模、开发特性为主要内容的勘探工作,并为油田顺利投入开发做好准备。通过评价井的部署,逐步将预测储量升级,评价勘探的结束,将最终提交探明储量。

必须指出的是,勘探阶段在时间上是连贯的,但是在空间上是可以交叉的。也就是说,针对一个具体的油气田而言,大致都要经历从大区概查、盆地普查、凹陷详查,到圈闭预探、油气藏评价的基本过程才能提交开发。但从空间上看,同一盆地内各地区的勘探程度是不平衡的。当盆地的某一处已经进入圈闭预探阶段,而有的地方还在进行凹陷详查工作,甚至有的地方还处于盆地普查阶段。从不同的构造层(勘探层)来看,也是如此。例如,渤海湾盆地古近系和新近系勘探程度已经非常高,但深层的勘探尤其是古生界的勘探工作才刚刚开始。

二、勘探程序的特点

本程序中勘探阶段划分方法与CNPC勘探程序相比,具有以下主要特点:

第一,根据勘探对象(不同规模的含油气地质单元)和资源/储量目标来划分勘探阶段,以突出不同阶段的目标和研究重点,各阶段更加容易界定,各阶段的油气勘探项目的任务和目标也更加明确。同时也沿用了工业勘探阶段及相关术语,不至于导致术语的混乱,而且更易于理解。

第二,将区域勘探细分为大区概查、盆地普查和凹陷详查三个阶段,进一步突出了各阶段的主要矛盾,特别是突出了以含油气系统分析为主要手段的区带优选工作在整个勘探过程中的重要地位。大区概查阶段以优选有利的含油气盆地为主,属战略性的选区项目,与我国自然资源部战略选区基本可以对应;盆地普查阶段以优选有利的生烃凹陷为目标,以明确有利的勘探方向;凹陷详查则是以含油气系统分析为主要手段,以确定有利勘探靶区为目标,与油公司参与区块招投标或者申报区块探矿权的目标相一致。

第四节 复杂油气田的滚动勘探开发程序

一、滚动勘探开发的概念

对于常规整装油气田的勘探,随油气藏评价勘探工作的结束,探明储量已经落实,油气田即可转入开发阶段。但是,国内外油气勘探历史经验表明,复杂的油气田被发现后,必须经历一段相当长的勘探开发过程,才能探明油气田的地质储量。虽然经过了圈闭预探、评价勘探,基本搞清了油田的地质情况,但是有许多的地质问题仍需在开发过程中逐步解决。例如我国东部普遍存在的复式油气田或者复杂断块油气田,按一般情况所部署的探井数目,往往控制不了绝大多数油气藏,可能有不少油气藏被遗漏。这种类型的油气田,含油层系多、油气藏类型多、油气富集程度不均、油水关系复杂,在剖面上油水层往往交替出现,同一油层在平面上也会断续分布,造成同一油田范围内各区块之间油气地质差异很大。因此,不可能一次性地或者在短期内认清地下地质情况(Zhao et al.,2011)。正是在这种情况下,我国石油科技工作者经过多年的摸索和实践,总结出了针对复杂类型油气田勘探开发的一套行之有效的滚动勘探开发模式,为加速我国石油工业的发展、丰富世界油气勘探开发理论作出了巨大的贡献。

滚动勘探开发是一种针对地质条件复杂的油气田而提出的一种简化评价勘探、加速新油田产能建设的快速勘探方法。它是在少数探井和早期储量估计，对油田有一个整体认识的基础上，将高产富集区块优先投入开发，实行开发的向前延伸；同时，在重点区块突破的同时，在开发中继续深化新层系和新区块的勘探工作，解决油气田评价的遗留问题，实现扩边连片。这种"勘探中有开发，开发中有勘探"的勘探开发程序，称为滚动勘探开发程序。

国内外大量的油气勘探经验表明，复杂断块和其他复杂类型油气田一般不能采用简单的程序，而应该采取滚动勘探开发的方法，否则就可能会事倍功半。例如辽河兴隆台油田一区，含油面积 $5km^2$，1970—1971 年按常规探明油藏情况的要求，共钻了 34 口探井，结果仍未搞清一些重要的地质情况，不能编制正式开发方案，只勉强规划部署了 31 口开发井，风险性比较大。

山东东辛油田的"马鞍形"开发历史，除其他原因外，主要与是否进行滚动勘探开发有直接关系。该油田在 1961 年发现后，经过五年的预探，到 1966 年 10 月完成了 33 口探井，提高了控制程度。接着进行了滚动勘探开发，到 1973 年建成 $130 \times 10^4 t$ 的生产能力。通过注水和查层补孔，1976 年产量达到 $172.7 \times 10^4 t$。1977—1981 年滚动勘探开发暂停，产量逐年下降，到 1981 年达到"马鞍形"的最低点，产量仅为 $137 \times 10^4 t$。1982—1984 年加强了滚动勘探开发工作和油田调整，储量上升，产量达到 $222 \times 10^4 t$，出现了第二个产油高峰。通过对东辛油田的辛 11、辛 50 等断块区进行分析总结后发现，若按将勘探、开发两个阶段截然划分的做法，即使是在最理想的情况下，也要多打 10% 以上的探井。而探井打完后，开发井可打的只有 40%，导致开发工作被动，并且时间上至少要延迟一年以上。

辽河油田在西斜坡锦 99 区块中钻的第一口井见油后就进行了滚动勘探开发，先规划 500m 基础井网，选钻 2 口评价井，岩心中见油砂后，又选打了第二批评价井，在此基础上，再次布井 50 口。在一年的滚动勘探开发工作中，探明了含油面积 $3.9km^2$，同时还建成了 $30 \times 10^4 t$ 的产能，钻井成功率也很高，收到了快速探明油田、迅速投产的高经济效益。

对于非常规油气资源的勘探更应如此。由于非常规油气资源的低品位，使其经济可采性对地质情况的横向变化、地层的非均质性相当敏感，不能像常规油气的勘探那样，企图通过钻少量评价井（数口、多至十余口）来完成储量探明任务是很困难的。这就需要以较密的评价井，较长的评价周期去控制一定面积内的含油气性变化。而且，非常规油气多数单井产量递减较快（特别是投产初期），且递减曲线类型在平面上可较大变化，这就要求进行较长时间的试采，以获得较可靠的可采储量，并对经济效益开展合理的估算。因此，勘探开发必须一体化显得更加必要（张抗，2016）。

二、滚动勘探开发的基本特点

1. 勘探开发紧密结合、增储上产一体化，是滚动勘探开发的基本做法

石油勘探解决的问题是石油资源有没有、有多少的问题，其最终目标是储量，而石油开发要解决的是可以生产多少石油，怎样才能提高石油的产量和采收率，二者具有一定的独立性。而滚动勘探开发的一个重要特点就是"勘探中有开发，开发中有勘探"，使二者成为一个整体，"增储上产"一体化。

具体到滚动勘探开发实施过程中的评价井和开发井，其作用虽有明显的区别，但又都具有勘探开发的双重特性。滚动评价井一方面承担着搞清油藏地质特征、计算油气地质储量、为编制初步开发方案提供依据的任务；另一方面，它又是一次开发井网的一部分，肩负着油气生产的任务。早期滚动开发井承担着深化地质认识、核实油气资源、增储上产的任务,因此兼有探井的性质。

设在某周期内,将勘探 n 个构造,而在这些构造中有 m 个具有工业产能,则油田的发现率可以表示为

$$K = \frac{m}{n} \tag{2-1}$$

假设一个油田的发现所需的平均预探井数目为 X,一个油田的查明所需的平均评价井数目为 Y,则:

预探井进尺

$$L_1 = nXH \tag{2-2}$$

评价井进尺

$$L_2 = mYH \tag{2-3}$$

勘探总进尺

$$L = L_1 + L_2 = H(nX + mY) = Hn(X + KY) \tag{2-4}$$

油气预探进尺率

$$P = \frac{L_1}{L_1 + L_2} = \frac{nXH}{Hn(X + KY)} = \frac{X}{X + KY} \tag{2-5}$$

当 $X = 3$,$Y = 2$,$K = 0.27$ 时,预探进尺率 $= 3/(3 + 0.27 \times 2) \approx 0.85$。由此可见,大部分(85%)的进尺将主要用于油气田的发现,而只有小部分(15%)进尺用于油气田的探明,对于复杂的类型,这一特征更加明显。在这种情况下,油田的评价任务和准备开发的任务将必然落到早期开发井上。

2. 立足整体经济效益、实现速度和风险的综合平衡,是滚动勘探开发所追求的目标

将油气勘探工作严格划分为大区概查、盆地普查、凹陷详查、圈闭预探、油气藏评价的油气勘探程序具有阶段明显、步骤清晰、由大到小、由粗到细的基本特点,对于保证勘探工作有条不紊地进行具有十分重要的意义。但是这种将勘探与开发严格区分开的做法所引发的缺点也是不容忽视的。在油田发现后,必须在含油范围内部署大量的评价井,才能准确获得油气藏的各种参数。其主要后果是:勘探周期过长,油田长期不能投产,表现为勘探效率低下;勘探投资积压,不能发挥应有的作用,表现为经济效益低下;油田产量上不去,满足不了国民经济发展的要求,表现为社会效益低下。

滚动勘探开发与常规勘探程序不同之处在于,它是本着"阶段不能逾越,程序不能打乱,节奏可以加快,效益必须提高"的原则,简化评价勘探,加速油田投产。一方面,它加快了开发建设的速度,但另一方面又提高了开发井的风险性。尤其是早期部署的开发井,存在较高的风险性。所部署的开发井有一部分(20%~30%)落空,是允许的,也是正常的。由于需要在开发过程中部署一定数量的评价井去逐步深化地质认识,解决勘探中的遗留问题,必然会造成勘探总周期的延长,但是这一做法却大大降低了勘探的风险性,提高了探井的成功率。可见滚动勘探开发不是单从油田勘探、油田开发、地面建设的某一个方面来片面衡量经济效益,主观要求一步到位,而是将勘探成果、开发效益、油建效果视为一个整体,在提高社会效益的前提下,

达到整体经济效益的最大化。

3. 开发方案的反复调整、地面建设的多期次性,是滚动勘探开发的必然结果

常规整装油田开发层系和开发井网的设计一般在初期就可以确定,并且能够稳定一定的时间,但是对于滚动勘探开发的复式油田和复杂断块油田,只能在滚动运作中伴随着地质认识程度的加深来逐步完善,不可能一开始就有系统的井网及层系设计,而是一个井网由稀到密、层系划分由粗到细的逐步实施过程。

复杂类型油气田的油气性质变化很大,油气水分布不完全清楚,这种对复杂类型油田地质规律的多次反复认识、开发方案的多次调整实施,必然导致地面建设的多期次性。新含油区块的不断发现,新层系的勘探不断取得进展,开发生产能力逐步提高,多期的地面建设是不可避免的。所以油气处理、油气集输等地面工程不能一次配套、超前完成,不然就会造成资金的积压与巨大浪费。

三、滚动勘探开发程序的阶段划分

一般地,滚动勘探开发程序可以划分为两个时期,即早期滚动勘探开发和晚期滚动勘探开发。早期滚动勘探开发是指在地震精查或三维地震解释成果的基础上,通过预探或短期的评价勘探之后,由于油田地质条件非常复杂,在短时间内难以完成逐块逐层落实探明储量。为了少打评价井,缩短从获工业油流到油田开发的时间,提高经济效益,实行开发向前延伸。落实基本探明储量的油气富集区块,开辟生产实验区,用生产井代替部分评价井,深化对油藏地质特征的认识,同时研究油田的驱动类型、开采方式、计算未开发探明储量和可采储量,编制一次开发方案。晚期滚动勘探开发则是对已经提交未开发探明储量的地区实行一次开发方案的过程中,利用少量的滚动评价井和兼探井对开发过程中所认识到的新层系和新区块进行评价勘探,旨在继续扩边连片,为开发提供新的接替区。

第五节 执行油气勘探程序应遵循的原则

视频2-4 执行油气勘探程序应遵循的原则

在油气田勘探过程中,为了提高勘探效果,加速勘探进程,同时降低勘探风险,必须遵循严格、灵活、协调的三原则,也就是"阶段必须明确,程序不能打乱;节奏可以加快,效益必须提高;加强跟踪研究,降低勘探风险"的三十六字方针。

一、严格性原则

严格性原则就是勘探工作必须有计划、按步骤、分阶段地进行,"阶段必须明确,程序不能打乱",要严格遵照程序办事。这是油气勘探的基本规律,也是一切石油勘探工作者必须坚持的首要原则。首先是要遵循人类对客观世界的认识规律。人类认识客观世界,一般是经过由浅入深、由粗到细、由现象到本质的过程,要通过勘探工作量的逐渐增加,不断深化对地下地质情况的认知,决不能操之过急,求胜心切,而是要稳扎稳打。不遵循认识规律,勘探工作可能会事倍功半,多走弯路,甚至会一事无成。其次,要遵循基本的石油地质规律,几乎所有油气藏都经历了生成—运移—聚集—成藏—保存的基本过程,在勘探中就必须遵循从烃源岩到圈闭的思路,一步步来缩小勘探的靶区。应先查明"源"这个物质基础,然后才是循着运移—聚集的途径,最终发现油气田。最后,要遵循以效益为中心的经济规律,始终要坚持以最低的成本获取最好勘探成果和效益。为此,在勘探手段和工作量的运用上应与认

识进程相一致,遵循从稀到密、由粗到细、从地面调查到地下钻探的勘探思路,不能逾越阶段。

每一类勘探项目均有各自的勘探对象,都有明确的地质任务及相应的油气资源/储量目标,不可犯急躁冒进和跨越阶段的错误。1964年黄骅坳陷区域勘探初期,虽然1963年12月羊三木构造上的黄3井已有所突破,但是在1964年开始的区域勘探部署上,首先在全区部署了横纵3条钻井大剖面近20口井,其中专门以寻找主力生油凹陷为目标的深井有5口,分别部署在南堡、北塘、板桥、歧口、沧东5个凹陷的深凹部位,很快查明了歧口凹陷是主力生烃凹陷。接着选择北大港、南大港构造带为突破口,当年就发现了北大港油田,3年时间就基本探明了南大港、北大港构造带的6个油气田。由于定准了凹陷,选对了区带,就高速发现了大油气田。反之,像我国油气勘探历史上的第一次四川会战、甘青藏会战、塔西南会战、20世纪70年代的陕甘宁会战取得的成效甚微,其主要原因就是在对区域石油地质条件缺乏深入了解,对生储盖组合缺乏认真评价的基础上,急于扩大勘探成果。我国陆上东部油气区断层破碎,油气藏类型复杂,而西部地区地表条件差,油气埋藏深,勘探难度大,所以必须遵照勘探程序的要求,稳扎稳打。

高速拿下大油田是每一个石油勘探工作者的美好愿望,但是油气勘探的经验告诉我们,在一个盆地的勘探初期往往只找到一些中小型油田,有的仅发现一些油气显示,有的甚至一无所获。当然,也不要因为某一构造、某一探井的失利而丧失信心。要坚信一个盆地只要具备了油源、储层、盖层等基本石油地质条件和油气勘探价值,就要矢志不渝、坚持不懈地按照勘探程序继续勘探下去。

二、灵活性原则

"节奏可以加快,效益必须提高"是科学地执行油气勘探程序中另一项基本原则。它指的是在勘探项目实施的过程中,发现了一些重大苗头,取得了一些重要成果和认识后,可以适当加快勘探的节奏,尽量缩短勘探周期,尽快增储上产,充分发挥勘探资金的周转,提高勘探经济效益。

20世纪50年代,我国主要是学习苏联的勘探程序和规范,比较死板。例如在确定钻探某一个构造后,要打井就是3~5口井,打剖面,而不能一口一口井地进行;基准井部署的主要是以了解地层为目的,要求从井口开始就全井段取心,完钻后自上而下分层试油,发现油气层后也不能完井,要继续打到设计井深。在我国松辽盆地的勘探中,就打破了一些条条框框,例如将区域探井部署与探地层和探油气相结合,要求打在地层发育较全的有利局部构造上。

以松辽盆地的发现井——松基3井的钻探为例,该井设计井深3200m,自1051m以下开始系统取心。由于当时钻井速度过快,而钻井技术不过关,导致井斜过大(845~900m,斜度5°~6°),很容易导致探井因工程报废。当该井钻至1471.76m时,已多次发现油气显示,并在取出的岩心中见到含油饱满的油砂。当时石油工业部领导要求及时停钻试油,但几乎所有在场的苏联专家都反对这个决定。但石油工业部仍然当机立断,坚持提前完钻试油,对于大庆油田的提前发现具有重大的历史意义(萧德铭等,1999)。

回顾过去的勘探历程,遵循"既不逾越阶段,又适当加快节奏"的勘探思想,取得了许多成功的范例。我国吐哈盆地在1989年发现鄯善油田之后,仅用了一年多时间就发现了六个油气田,探明地质储量 $2 \times 10^8 t$,也正是执行"从区域入手,地震先行,同时进行参数井钻探,加强石油地质综合研究,优选有利的构造区带,一有发现即组织力量重点解剖、追踪扩大勘探成果"这一指导方针的结果。在渤海湾盆地的油气勘探过程中,我国石油工作者从盆地地质特点出发,在复杂断块地区实行简化评价勘探,使开发工作提前介入,提出了复杂类型油气田工业勘探的滚动勘探开发程序,取得了很好的效果(张文昭,1986)。

对于目前成熟盆地的二次勘探(如深层油气资源的勘探),以及当前常规油气勘探程度较高的盆地内开展的非常规油气(如页岩油气、煤层气)勘探,由于已经具有了较好的资料积累和地质认知,在资源调查阶段也可以适当加快节奏,同时在工业勘探阶段加强开发的提前介入,"增产上储一体化"是一种必然的勘探思路。

三、协调性原则

地质风险是油气勘探中面临的最大风险,在油气勘探项目运行过程中,只有加强跟踪地质研究,才能有效降低勘探风险,因此,要"加强跟踪研究,降低勘探风险"。在执行勘探程序的过程中,不仅要注意勘探阶段之间的关系和工程实施的先后次序,同时也要正确处理和协调好研究与施工的关系。

跟踪研究与工程施工之间的关系是否协调,主要表现在两个方面:一是跟踪研究内容是否设计合理,是否与工程作业相配套,能否有效地防范勘探过程中的风险;二是跟踪研究项目在时间进度上的安排上是否协调,是否保证了勘探工程施工的顺利进行。同时,由于勘探工程的实施是有计划、分步骤滚动进行的,跟踪地质研究要始终围绕勘探作业的需要以及随着资料的增加滚动地进行。

工程施工与跟踪研究的协调性具体是指,物化探工程实施前要进行充分的地质部署设计,施工结束以后要对已获得的资料进行充分的研究;探井部署之前要进行充分的井位论证和地质设计,钻探实施后要开展单井综合评价以及钻探失利分析;在提交各种级别的资源量和储量之前,要开展综合性地质评价。

在勘探工程施工的同时,研究工作就必须很好地紧跟上去,及时为下一步的勘探工程部署提供决策依据。但是,由于从资料录取到处理,再到做出合理的解释,往往需要一个较长的周期,而且只有当各种资料配套后才能得出比较确切的结论。所以在各勘探阶段之间必须给研究工作预留出一定的时间,去充分吸收和消化资料。必须坚持的是,已得到的资料未经研究,决不能进行后续工程。一个地区一批探井甚至一口探井完毕,都必须经过研究分析才能给出第二批或者第二口井的井位。因此,为正确处理和协调好跟踪研究和勘探工程实施之间的关系,一方面研究项目组应该加快评价工作;另一方面,在施工安排时也尽可能做到交叉实施,尽量减少停工时间,以免造成勘探工作的延误。

"阶段必须明确,程序不能打乱;节奏可以加快,效益必须提高;加强跟踪研究,降低勘探风险",既是几十年来我国油气勘探经验的深刻总结,也是实施科学勘探的必然要求。

复习思考题

1. 什么是勘探程序?勘探程序与勘探阶段是什么关系?
2. 影响不同国家、不同油公司之间勘探程序的差异性的因素有哪些?
3. 衡量一个探区勘探程度的主要指标有哪些?
4. 勘探阶段划分的依据包括哪些因素?我国现行的以 CNPC 为代表的油气勘探程序将油气勘探划分为几个主要阶段?
5. 在本教材提出的常规油气勘探程序中,不同阶段的勘探对象、地质任务、资源/储量目标、重点地质研究内容有哪些?
6. 何为滚动勘探开发程序,其基本特点是什么?
7. 执行油气勘探程序过程中应遵循的三原则是什么?请说明遵循这些原则的意义所在。

参 考 文 献

陈沪生,2004. 对石油和天然气勘探学的理解和认识. 中国石油勘探,9(1):23-32.
丁贵明,王慎言,1996. 油气勘探项目管理工作手册. 北京:石油工业出版社.
丁贵明,1997. 油气勘探工程. 北京:石油工业出版社.
贾承造,2012. 关于中国当前油气勘探的几个重要问题. 石油学报,33(1):6-13.
康永尚,郭黔杰,2014. 海外油气项目价值评估原理和方法. 北京:石油工业出版社.
李长林,1996. 现代石油经济大辞典. 北京:中国大百科全书出版社.
毛凤鸣,陈安定,严元锋,等,2006. 苏北盆地复杂小断块油气成藏特征及地震识别技术. 石油与天然气地质,27(6):827-840.
庞雄奇,2006. 油气田勘探. 北京:石油工业出版社.
庞雄奇,姜振学,黄捍东,等,2012. 叠复连续油气藏成因机制、发育模式及分布预测. 石油学报,35(5):795-828.
尚尔杰,李正文,王宗礼,等,2010. "勘探程度"的思考. 中国石油勘探,5:1-5.
萧德铭,1999. 大庆岩性油藏勘探辩证思维与实践. 北京:石油工业出版社.
易士威,赵淑芳,范炳达,等,2010. 冀中坳陷中央断裂构造带潜山发育特征及成藏模式. 石油学报,31(3):361-367.
翟光明,王世洪,靳久强,2009. 论块体油气地质体与油气勘探. 石油学报,30(4):475-483.
张抗,2016. 页岩气革命带来油气地质学和勘探学的重大创新. 石油科技论坛,6:37-41.
张青林,任建业,陆金波,等,2008. 济阳坳陷中生界古潜山油气富集规律及有利勘探区预测. 特种油气藏,15(2):14-17.
张文昭,1984. 关于我国油气勘探程序及管理的探讨. 石油学报,5:1-7.
张文昭,1986. 复杂断块油田的滚动勘探开发. 大庆石油地质与开发,5(3):1-5.
朱世新,王定一,宋芝祥,1987. 油气田调查勘探与资源评价. 北京:地质出版社.
邹才能,陶士振,白斌,等,2015. 论非常规油气与常规油气的区别和联系. 中国石油勘探,20(1):1-16.
Hillis R R, Morton J G G, Warner D S, et al. , 2001. Deep basin gas: a new exploration paradigm in the Nappamerri Trough, Cooper Basin, South Australia. APPEA Journal, 41(1): 185-200.
Liu M, Xie R, Xu H, et al. ,2018. A new method for predicting capillary pressure curves based on nmr logging in tight sandstone reservoirs. Applied Magnetic Resonance, 1: 1-16.
Magoon L B, Dow W G, 1994. The petroleum system. AAPG Memoir 60.
Mason H E, Smith M M, Hao Y, et al. , 2014. Calibration of NMR well logs from carbonate reservoirs with laboratory NMR measurements and μXRCT. Energy Procedia, 63: 3089-3096.
Petroleum exploration, 2019. AAPG Wiki. http://wiki. aapg. org/Petroleum_exploration.
Suess E,1893. Are great oceans depths permanent? //Sonnenfeld P. Tethys: The Ancestral Mediterranean. Stroudsburg: Hutchison Ross Publishing Company: 110.
Surdam R C, 1997. A new paradigm for gas exploration in anomalously pressured "tight gas sands" in the Rocky Mountain Laramide Basins//Seals, traps, and the petroleum system. AAPG Memoir, 67: 283-298.
Mckelvey V E,1974. Potential mineral reserves. Resources Policy, 1(2): 75-81.
Yin P, Qi L, Zhu Q, et al. ,2017. Application of element logging to lithologic identification of key horizons in Sichuan-Chongqing gas provinces. Natural Gas Industry, 5(2): 132-138.
Zhao Z, Du J, Zou C, et al. ,2011. Geological exploration theory for large oil and gas provinces and its significance. Petroleum Exploration & Development, 38(5): 513-522.

第三章
油气勘探预测理论方法

本章导引

本章是对油气勘探预测方法及进展的高度总结与概括。按照油气地质预测的思路与步骤，首先重点介绍了油气勘探领域的预测理论，包括海相生烃理论、陆相生烃理论、煤成烃与天然气无机成因理论及其在世界油气勘探中的作用；其次重点介绍了油气勘探区带的预测方法，包括源控油气理论、石油液态窗理论、含油气系统理论、油气聚集带理论及其应用；再次主要介绍了油气勘探目标的预测理论；最后集中介绍了油气勘探过程中的定量预测方法，包括油气运聚门限理论与资源潜力预测方法、油气分布门限理论与有利区带预测方法，油气富集门限理论与有利目标预测等三个方面。

油气勘探预测方法是基于对油气田形成和分布规律的认识，结合勘探实践，在不断总结和修正下形成的。早期的油气勘探活动缺乏预测方法的指导，多是基于找油气苗、"看风水"等感性认识。自1885年White提出背斜聚油论后，油气勘探工作才逐渐走向以科学理论为指导的正确道路（Magoon和Dow，1994；Katz，2001；Pang et al.，2015）。新中国成立后，我国大规模的油气勘探序幕逐渐拉开，并逐步形成了具有中国特色的油气勘探预测方法。海相生烃、陆相生烃、海陆过渡相煤系地层生烃、无机天然气成因理论的形成与发展，揭示了油气来源的多样性（胡见义等，1991；赵文智等，1997；侯启军等，2002；Smith et al.，2009）；沉积盆地油气分布源控论、石油液态窗理论、含油气系统理论为石油勘探的战略选区奠定了理论基础（Magoon和Dow，1994；胡朝元，2005）；油气运聚门限、油气分布门限、油气富集门限的提出为复杂地质条件下的油气勘探提供了新的指导（庞雄奇，2014a，2014b，2014c）。这其中所运用的有机地球化学、微生物勘探、地震流体检测（图3-1）等先进技术进一步检验和完善了油气勘探预测方法。

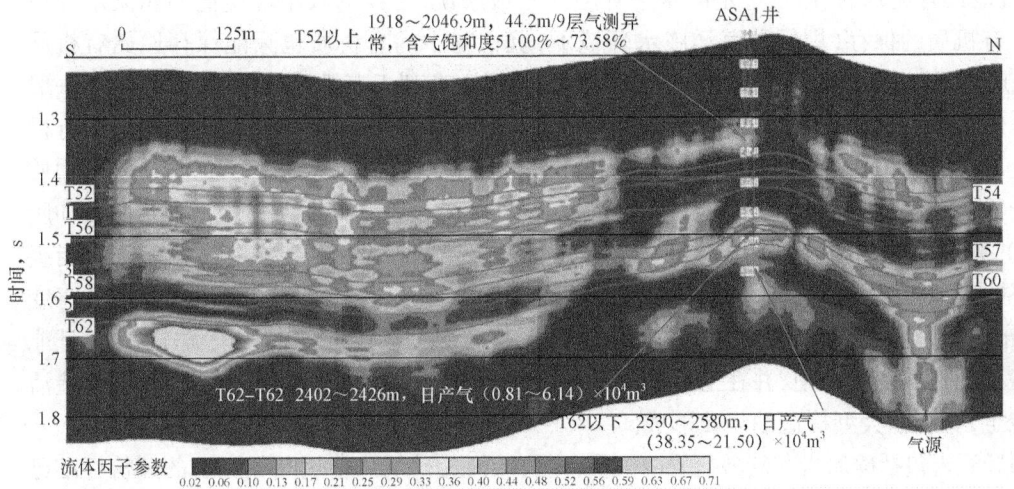

图 3-1 流体因子参数剖面(据黄捍东等,2015)

第一节 油气勘探领域预测

一、海相生烃理论与海相油气勘探

海相生烃理论是海相沉积层生成烃类物质的泛称。这一理论的基础和结论都认为,石油的生成和油气藏的形成都是在特定大地构造单元内的海相环境中进行的。

1. 海相生烃理论与来源

1859年,美国宾夕法尼亚州世界上第一口石油井的钻探在井深21.2m处发现了石油,石油源于古生代海相黑色页岩,3年后其石油产量已达$41×10^4$t。同时,在宾夕法尼亚州西部、纽约州西南部和俄亥俄州均钻井发现大量石油,所有石油均产自古生代海相黑色页岩,使得美国阿巴拉契亚盆地成为美国典型的古生代石油生产区。阿巴拉契亚盆地大量石油产自古生代海相的现象,引起了许多地质家的研究兴趣,1863年,加拿大著名石油地质学家T. S.亨特就阐明了石油的原始物质是低等海洋生物。苏联地球化学之父B. A.别纳科依在其名著《地球化学概论》中指出,石油是海洋生物生成的。1943年美国地质学家W. E.普赖特再次强调:"石油是未变质的近海成因的海相岩层中的组成部分。"而之后多年的勘探实践也证实海相成烃理论依然非常重要,其勘探成果在全球含油区的石油产量、储量规模及其丰富程度,在全世界石油分布中占有绝对优势。世界上产油量多,储量规模最大、最丰富的含油区在中东地区,石油产量、储量占世界石油总产量、储量的70%以上,而这一地区生油岩也都是海相地层。

2. 海相生烃理论的主要观点

从20世纪30年代开始,有机地球化学以及石油地质学等学科相继形成,促进了海相生油及海相烃源岩的系统研究,特别是在海相生油及海相烃源岩的一些基础研究方面取得了较大进展。60年代开始,Philipi、Louis、Tissot、Vassoevich等地质学家和地球化学家针对美国洛杉矶盆地、巴黎盆地、文杜拉盆地等海相盆地中的烃源岩做了一系列统计分析和生烃模拟实验,提出了"干酪根热降解晚期生烃学说"。立足于海相盆地,将海相生烃理论总结为以下三点:

① 海相盆地具有优越的、比较稳定的水下环境。一般来说,海洋的咸水环境比陆相淡水环境更有利于有机质的保存(即便是海洋咸水环境下,沉积物中的有机质也只能保存原始有机质的0.1%)。当陆相湖泊达到半深水、深水环境时,同样也有利于有机质的堆积与保存,但一般情况下总体规模不如海相盆地。② 海相生油岩中有机质更有利于油气生成。海洋中的有机物质不仅质量比陆地有机物质好得多,而且数量也比陆地有机物质大很多。海洋中有机物质的主要产物是单细胞、微体浮游植物等生物,海洋中的浮游植物和浮游动物均富含蛋白质和脂肪(脂类),对于石油的生成,脂肪物和类脂组分是最重要的,而海洋浮游生物中富含类脂组分,这是陆相沉积物所不可比拟的。③ 海相地层沉积稳定,沉积相类型少,生油岩和储油岩变化少、分布广,好生油岩和储层在盆地内广泛分布。这就保证了生成的油气资源丰富,并且能及时地运移到优质的储层中,并在适宜的条件下聚集成油气藏,同时,海相盆地规模大,构造活动相对稳定,有利于大型构造油气藏形成。

海相烃源岩包括碎屑岩和碳酸盐岩两大类。目前,海相碎屑岩沿用陆相泥岩的评价标准已为大家所接受,而海相碳酸盐岩的生烃机理和生烃评价标准成为海相成烃理论中的核心问题。碳酸盐岩成烃特征与泥岩成烃有不同之处,碳酸盐岩与其他类型岩石中有机质之间及其内部不同赋存形式有机质之间皆存在"差异成熟效应",与其他岩石类型有机质的演化存在"迟滞效应",这种效应主要是由碳酸盐岩成岩作用中"欠压实"引起的"机械保护作用"和海相沉积环境中碳酸盐岩有机质相对富氧两个因素共同导致的;碳酸盐岩内部不同赋存有机质之间的差异演化,主要是其中的游离有机质与晶包有机质存在不同演化特征,晶包有机质可能不经干酪根降解,在碳酸盐矿物分解时解析成为"高温石油"(张水昌等,1990),使碳酸盐岩在传统的"生油窗"之后依然具有"生油"能力。碳酸盐岩复杂的成岩作用使其有机质生烃演化具有特殊性,程克明等(1996)根据对碳酸盐岩自然演化系列样品和人工热模拟样品的研究,确定碳酸盐岩的生烃过程表现为"三段式"(图3-2):① 碳酸盐岩早期成岩阶段,生物聚合物中相对分子质量和分子交联度较低的地质大分子通过解聚形成解沥青;② 碳酸盐岩成岩作用晚期,干酪根在热力作用下大量裂解生烃;③ 深成岩阶段和变生作用阶段,包裹体有机质和部分束缚有机质继续生烃。

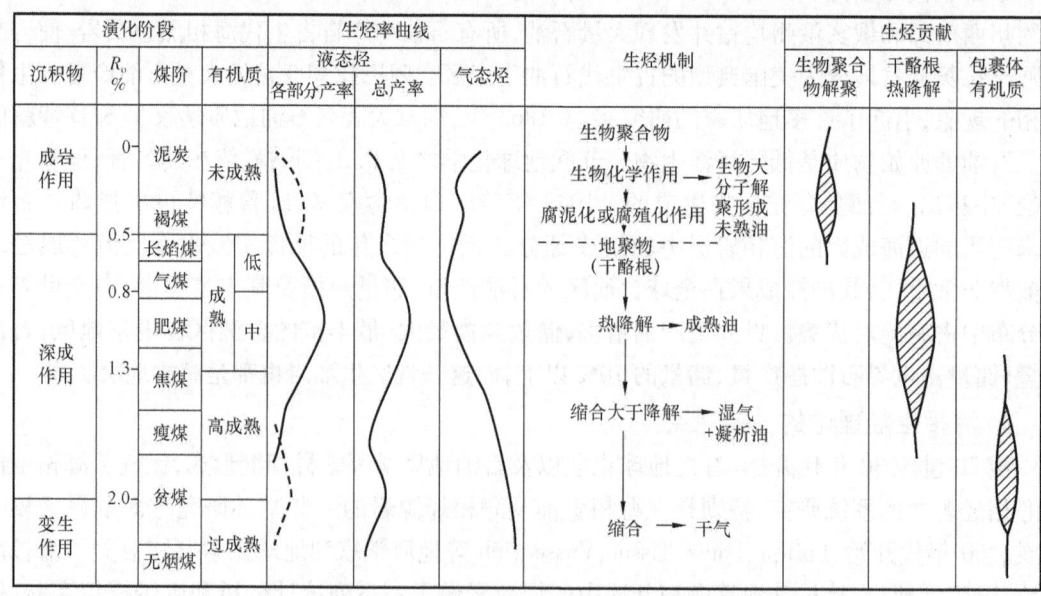

图3-2 碳酸盐岩生烃演化模式图(据程克明等,1996)

海相碳酸盐岩烃源岩评价标准到目前还不统一。碳酸盐岩烃源岩有机碳下限标准一直是学术界争论的热点,但总体来说,碳酸盐岩有效烃源岩的有机碳下限低于泥页岩(Hunt,1967;Osadetz和Snowdon,1995),主要由于富含泥质的烃源岩能残留更多有机质(Katz,1983)。也有些学者认为碳酸盐岩中存在被低估的生烃物质(有机酸盐)具有一定的生烃能力(刘文汇等,2017),有机酸盐具有高温裂解成烃、主体成气和成烃转化率高的生烃特征。近年的研究表明在深层高热演化阶段,海相碳酸盐岩存在现今具有低TOC值的有效烃源岩(庞雄奇等,2018)。这些有效烃源岩在地质历史早期具备较高的原始TOC值,随着成熟度增加,曾发生大量生排烃作用,对油气成藏的贡献不容忽视,可以利用大量的测井数据和热解数据进行判识(Chen等,2018a,2018b)。

不同地区不同类型的烃源岩的有机质下限值仍然需要根据实际情况进行确定(成海燕等,2008),大规模油气田形成的TOC应在1%以上(彭平安等,2008)。由于碳酸盐岩中缺少陆源镜质体,加之油、岩中大多数饱和烃和芳烃分子成熟度参数的局限性,故有关海相碳酸盐岩的成熟度评价存在较多的不确定性,现今主要是采用海相岩石中的各种有机显微组分光性参数和干酪根的化学结构参数,以期获得可以与镜质体反射率对比的关系,并换算成等效镜质体反射率,如沥青反射率、海相镜质体反射率、动物有机碎屑反射率、牙形刺的荧光性等方法。

3. 世界大油气田形成分布与海相地层关联性

从世界范围看多数含油气盆地的生油岩是海相沉积地层,欧洲、美洲、中东等许多地区都找到海相大油气田。碳酸盐岩大油气田的发现史已超过100年,但是近年来仍时有重大发现。全球碳酸盐岩储层中的油气储量约占油气总储量的40%,产量约占油气总产量的60%,中东地区石油产量约占全球产量的2/3,其中80%的含油层属于海相碳酸盐岩,如中东波斯湾盆地、墨西哥湾盆地、锡尔特盆地、西西伯利亚盆地、滨里海盆地、美国阿拉斯加北坡、二叠盆地等。目前到可预见的将来,海相碳酸盐岩油气资源将是国内外的勘探重点。经过油田勘探学家多年的研究和总结,认为世界海相大油气田的形成主要受控于以下四个要素(张宁宁等,2014)。

1) 古气候、古纬度控制烃源岩的生成和碳酸盐岩的发育

优质的海相烃源岩主要形成于低纬度温暖清洁的浅海环境,中、低纬度环境下,蒸发作用导致盐类沉淀,绝大多数的大型碳酸盐岩油气田集中分布于占全球面积17%的特提斯纬向构造域中,从原特提斯洋、古特提斯洋到中—新特提斯洋都保持为被动陆缘环境,被浅海淹没的台地区面积广阔,地势平坦,且多为陆表海沉积低纬度环境,气候温暖,生物繁盛,沉积了大量的碳酸盐岩和有效烃源岩。

2) 古构造及其演化控制碳酸盐岩的储层规模和油气富集程度

海相大油气田中构造圈闭占所有圈闭总数的50%,由此可见构造活动对碳酸盐岩油气聚集成藏的重要作用。对于海相油气分布来说,古隆起、断裂和不整合面为重要控制因素,继承性发育的大型古隆起及两翼斜坡成为有利的油气聚集区。阿联酋、阿曼、卡塔尔、伊朗和沙特碳酸盐岩大油气田及北海中央地堑的构造圈闭主要位于各式各样的隆起之上。

3) 沉积成岩作用控制碳酸盐岩大油气田的储集性能

成岩作用越来越被认为是影响碳酸盐岩储层的重要因素,许多大型油气藏的形成都与碳酸盐岩储层的成岩作用有关,其中白云岩化作用和古岩溶作用最重要,白云岩的储集空间以晶间溶蚀孔洞为主。

4）有利的生储盖组合是碳酸盐岩大油气田形成的关键

以波斯湾盆地为例,该盆地发育有多套生储盖组合(上古生界储盖组合、侏罗系储盖组合、白垩系储盖组合和古近系—新近系储盖组合),通常来说,气藏的形成较之于油藏有着更严格的条件,最主要的是盖层,天然气密度比油小、活动性强,除非受到了封堵性优越的盖层,特别是膏盐层的封堵,否则天然气将向上运移散失。对于碳酸盐岩大油气田来说,蒸发岩作为区域盖层有着重要的作用,在碳酸盐岩储层中以蒸发岩为盖层的油气藏占到一半以上。

二、陆相生烃理论与陆相油气勘探

1. 陆相贫油观点的来源

自19世纪50年代以来的一百多年中,世界各地陆续发现了三万多个油气田,其中绝大多数都是在海相沉积地层中发现的,尤其是一大批大油田更是如此。据 M. T. 哈尔布蒂等人对国外260多个大油田的统计,它们几乎全是在海相沉积地层中找到的,并且其中有92%是与中—新生代海相地层分不开的。20世纪60年代以前,世界范围内的陆相地层勘探实践较少,而且发现的油气田不多,绝大多数地质学家断定只有海相地层才能生成大量石油,陆相地层中虽然也发现了一些油气田,但由于对陆相地层的生油资料掌握较少,缺乏认识,对陆相地层生油基本上持否定态度。许多学者认为陆相盆地较之海相盆地而言,有三个方面的先天不足:一是陆相盆地面积小,有机物总量少;二是陆相是淡水盆地,不利于有机物的保存;三是陆相红层多,为氧化环境,不利于有机物的转化。因此,"中国贫油论"者认为,中国的中—新生代盆地都是陆相盆地,所以中国"贫油"。

2. 陆相生烃理论的产生

众所周知,陆相生油理论的突破源于中国陆相盆地油气勘探的实践。早在20世纪初,我国的鄂尔多斯盆地就首先发现了陆相的三叠系延长油田,在30—40年代,我国老一辈石油地质学家孙健初、潘钟祥、王尚文、田在艺等在对陕北、新疆及甘肃、四川等地的陆相中—新生界油气田的研究中,认为石油不仅来自海相地层,而且也来自淡水沉积物,指出陆相沉积的侏罗系、白垩系及古近系下部是这些地区的生油层。50年代中期,随着石油工业的发展,陆相生油研究从地质推测阶段进入综合应用岩石化学资料进行成油环境分析的新阶段。先后提出过"盆地说""内陆潮湿坳陷说""深水坳陷说""长期坳陷有利于生油"等论述。它们的基本思想是:陆相沉积与海相沉积一样,都可以生油。而能否生成丰富的石油,则取决于三个条件:一是否有足够数量的有机质,不论是陆生还是水生的动植物;二是否具有有利的堆积过程和沉积环境,主要是稳定的还原环境;三是否具有适当的使有机质转化为油气的条件。

3. 陆相生烃理论的主要观点

我国的古生代沉积基本为海相的碳酸盐岩和碎屑岩建造,在古生代末期的海西运动中,秦岭—昆仑山以北和东南广大地区,几乎全部隆起成陆或褶皱成山,海水退至西藏、西南一带。到了中生代,由于三叠系印支运动,基本结束了南海北陆的局面,使我国南、北陆地连成一片,从而进入了一个以陆相沉积为主的新的地质发展阶段。所以,中国含油气盆地类型和沉积建造是比较复杂的,既有古生代大型海相原型盆地,也有叠合其上的分割的中—新生代的陆相盆地,形成所谓的叠合复合盆地。形成的沉积建造从下部的海相、海陆交互相,过渡为上部的陆相,故许多盆地下部发育有海相烃源岩,而上部发育有陆相湖泊相烃源岩和煤系源岩。

20世纪70年代以后,随着有机地球化学在石油地质中的逐步应用,我国学者从机理上对陆相含油气盆地的油气生成、运移和聚集特点开展了更进一步的深入研究,逐步揭示了陆相生油的本质问题,形成了一套完整的陆相油气地质理论。经过许多学者的总结与概括,对陆相盆地有机质的富集与保存的认识主要体现在,陆相湖泊环境是有机质富集的主要场所。有机质来源于水生生物(原地)和高等植物(原地或河流搬运),湖泊与海盆的水生生物的原始产率和构成并无本质区别;湖泊中的有机生物组合和有机质类型具有明显的环带状分布特征。从湖盆边缘到湖盆中心,生物组合具有从陆生及水生生物相混合过渡到以水生生物组合为主。有机质类型从盆地边缘到盆地内部,由Ⅲ型过渡为Ⅰ型或Ⅱ型偏腐泥型;陆相盆地中生烃母质的有机质丰度较高。我国东部中—新生代陆相断陷湖盆的主要烃源岩,平均有机碳含量均在1%以上,氯仿沥青"A"和总烃含量也较高。松辽和济阳坳陷主力烃源岩层的平均有机碳含量均在2%以上,氯仿沥青"A"及总烃含量则分别在0.28%和0.15%以上,有机质丰度极高;陆相盆地中的高沉积速率是有机质得以富集和保存的有利条件。我国中—新生代陆相湖盆的碎屑沉积物的沉积速度一般都可达到100~400m/Ma,是海相沉积物沉积速度的数倍到近十倍。快速堆积可减少有机质在含氧水体中的停留时间,并使有机质很快被堆积物淹埋而进入相对缺氧的还原环境。陆相湖盆的深陷期往往形成巨厚的烃源岩体积,该阶段多为非补偿沉积阶段,往往具有相对闭塞和相对稳定的较深湖水环境,以巨厚层半深湖—深湖相泥质岩为主,泥质有机岩的沉积厚度可达1000m左右,形成较大体积的烃源岩(表3-1)。

表3-1 海相、陆相盆地生油条件对比(据邱中建,1999,修改)

盆地类型	海洋盆地	陆相盆地
盆地特征	规模大,相对稳定	规模较小,具有相对活动性
有机质组分	浮游生物含类脂组分高,为4%~57%	类脂含量低,花粉含量小于8%,植物叶含量为1%~15%
有机质类型	Ⅰ型、Ⅱ型干酪根为主	Ⅲ型干酪根占了一定比例,也有Ⅰ型、Ⅱ型
有机质氧化	有机质氧化分解程度低	有机质氧化分解程度高
物源特征	物源远,有机质堆积少	湖泊受周边高地控制,物源近,有机质堆积丰富
营养性	非多源供应,营养物质差	多源河流供应,营养物质丰富,尤其近海湖盆最为丰富
生物类型	海生生物为主	周缘陆源有机质丰度,向湖盆内过渡为水生有机质为主
沉积速率与烃源岩规模	沉积速率低,变化稳定,沉积厚度小,面积虽大但烃源岩体积小	碎屑沉积物沉积速率高(松辽盆地100~400m/Ma),泥质烃源岩厚度大(可以超过1000m),可形成较大规模快速沉积,烃源岩体积大
有机质保存	地槽区磨拉石巨厚沉积烃源岩少	中—新生代新老克拉通解体,形成大幅度块段沉降盆地,具有良好的有机质保存条件

我国的石油地质工作者除了在陆相有机质的来源、保存和富集等方面作出了卓越成就之外,对陆相有机质生烃过程和运移聚集过程的研究、煤成烃等领域的研究也取得了巨大成果。

4. 中国陆相大油田的发现

陆相生油观点的提出,极大地鼓舞了中国石油地质家在中国内陆湖盆勘探石油的信心。从1954年开始,人们在新疆准噶尔盆地找到了克拉玛依油田,并陆续在酒泉、柴达木、塔里木、四川、鄂尔多斯等盆地找到了油气田,这一切充分展示了陆相地层的含油气远景。从西北地区总结出来的陆相生烃理论冲破了陈旧观念的束缚,打破了唯海相生油的传统框架,有力地指导了我国的石油勘探工作。正是在这些观点和理论的指导下,第一个陆相生油的大油田,诞生于20世纪50年代末的松辽盆地上——大庆油田。原油产自白垩系陆相储层,油源岩也由陆相湖泊沉积物形成,厚度达1000m以上,油田规模约1000km^2,年产量达5000×10^{4}t,第一次证实了陆相沉积地层中不仅能生油,而且能够生成大量的油,形成特大油田,2004年该油田已累计探明石油可采储量 20.35×10^{8}t。同时发展了针对陆相砂岩油田开发的"高产稳产注水开发""化学驱"等针对性技术，支撑大庆油田特大型砂岩油田持续高产稳产（王德民，1997）。继大庆油田之后，60—70 年代对中国发现的大油田个数进行的统计表明，期间共发现大油田 38 个，在曲线上呈现一个正态高峰（李小地，2006），在渤海湾地区相继发现了胜利、大港、辽河、任丘等油田，这些都是陆相生油理论所取得的丰硕成果。

截至 2004 年底，我国已发现油田 595 个，累计探明石油地质储量 234.23×10^{8}t，探明可采储量 65.13×10^{8}t，可采储量大于 0.137×10^{8}t 的大型油田 87 个，占总探明可采储量的 77%，其中陆相储层可占到 91%（李小地，2006）。不但用事实证明了陆相生油理论的正确性，而且也证明了陆相盆地也可以形成大油气田。陆相生油理论成为石油地质学的重要组成部分，并被广泛应用于其他国家和地区陆相盆地的勘探实践中。

三、煤成烃理论与煤成油气勘探

传统的石油地质学认为煤系不能作为商业性的烃源岩，故不把煤系作为油气资源评价的对象，也不对煤系及与之有关的地层进行勘探。油气的现代成因研究认为煤系地层也是一种优质烃源岩。通过认识—实践—再认识—再实践的总结，提出了煤型气和煤型油的相关理论。煤型气或煤型油曾经被称为煤成气或煤成油，在通常情况下二者概念相同。

1. 煤成气

"煤成气"指腐殖型煤系，即其中煤和Ⅲ型泥岩形成的天然气，广义地说是Ⅲ型源岩所形成的天然气。煤成气理论则认为，煤系不仅是商业性的烃源岩，并且是极好的气源岩，腐殖型源岩在成烃作用中是长期成气的全天候气源岩，煤中的壳质组+腐泥组在一定阶段能生成部分油；煤成气存储于煤层自身中则为煤层气，煤成气自身的赋存状态、沉积动力学、构造与热事件动力学、地下水动力学等因素对煤层气成藏均具有一定控制作用（袁文峰等，2013），同时煤成气也能在煤系分布范围之外运聚，形成气田，故煤系应是重要的勘探对象和目标。煤成气理论的出现开辟了天然气勘探的一个新领域，结束了在"一元论"理论（仅能在与腐泥型泥岩有关的地层中勘探油型气）指导下找气的局面，开始了以"两元论"理论指导找气的新局面，大规模勘探与腐殖型源岩和腐泥型源岩有关的煤成气田和油型气田，从而促进了我国天然气工业大好局面的形成和发展（戴金星，1999）。

我国的煤成气研究始于 20 世纪 70 年代末，之前所探明的煤成气储量仅占全国气层气储量的 9%，发现的煤成大中型气田只有两个。有了理论指导以后，我国煤成气的储量增长迅速，1983 年占全国气层气储量的 15%，1991 年底达到 36%，1997 年更达到了 50.9%，并且发现了 23 个大中型气田，至 2011 年底，天然气探明总地质储量高达 83377.6×10^{8}m^3，储量比 70 年代提高了 36 倍，产量达 1025×10^{8}m^3，是 1978 年的 7.5 倍，而成为世界第六产气大国（戴金星，2014）。俄罗斯煤成气储量在其全国天然气储量中所占比例至少达到 75%，如世界上最大的气田——乌连戈伊气田就是一个典型的煤成大气田。由此看来，我国煤成气的勘探潜力还很大。

我国的石油地质工作者经过 20 多年来的煤成气研究，在理论上也取得了丰硕成果，一些研究具有国际领先和先进水平。如创立了煤成气的鉴别理论，认为煤成气不光有干气也有湿气，煤系成烃总体上以气为主、以油为辅等论断，这些理论和认识极大地推动了我国煤型天然气的勘探与开发。

2. 煤成油

所谓煤成油，是指煤和含煤地层中的高等植物生源母质在成岩作用过程中所形成的液态烃类。煤成油的成因机理和成因模式自20世纪60年代以来一直受到国内外油气地质学家的重视,虽然我国是世界上煤炭资源最丰富的国家之一,但我国煤成油勘探起步较晚,主攻方向是煤可否成油、生成液态烃能力的大小与煤岩类型和显微组分的关系。目前多数学者认为:① 煤中不同有机显微组分成油能力不同,壳质组(藻质体、角质体、树皮体、烛煤、孢子体、基质镜质体) > 腐殖组(均质镜质体) > 惰质组;② 壳质组、腐殖组和惰质组随 R_o 值的增大,成油量从小变大再变小;③ 煤成烃产出模式证实,伴随盆地的不同演化阶段,具有多阶段的生烃特征,其生气量大于生油量;④ 煤成油的液态窗比腐泥型生油岩的液态窗范围宽而情况复杂,煤成油范围较宽,产物种类复杂,煤成油多为低成熟的轻质油和凝析油;⑤ 较为富氢的腐殖煤在低—中等煤化作用阶段可产生一定数量的液态烃,近海型煤产油率高于内陆型煤产油率(富氢镜质体含量高);⑥ 煤成气不一定是干气,但是比相同热演化阶段腐泥型干酪根生成的油型气甲烷含量高;⑦ 煤成油具饱和烃含量高(可达 50% ~ 80%)而非烃和沥青质含量低的特点,煤成油可具较高的含蜡量。

煤成烃源岩有机质中以高等植物占主导地位,传统认为有机质类型是Ⅲ型干酪根,应以生气为主,而且勘探实践也证明煤系成气的工业聚集具有普遍性。但近十几年的研究表明,从成煤环境看,有的煤系能形成于相对还原环境,如深水沼泽,可沉积储聚较多的向成油转化的有机质。煤能否成油,关键是看有机质中的显微组分,煤中 H/C 原子比高的壳质组是有利的生油组分。另外,煤中广泛存在多种类型的微壳质体和发棕褐色荧光的基质镜质体也是煤成液态烃的重要物源。煤成烃的评价方法和指标已有很多年的研究,能反映煤生烃性能的指标有很多,如 H/C 原子比、IH 指数、有机碳和有效碳的含量等,根据吐哈盆地等煤成烃的勘探实践,前人提出主要适用于我国低演化烟煤阶段煤成烃性能的评价指标(表3-2)。表3-2 中优级为有利于生油的煤,在中等热演化阶段有较多的液态烃产出;良级为生油、生气煤,在中等热演化阶段既生油也生气,中级和中级以下主要为生气煤(刘德汉等,2005)。

表3-2 煤成烃性能评价的综合指标(据刘德汉等,2005)

参数	优级	良级	中级	差级	劣级
S_1,mg/g	>15	5 ~ 15	1 ~ 5	0.5 ~ 1	<0.5
$S_1 + S_2$,mg/g	>230	120 ~ 230	60 ~ 120	30 ~ 60	<30
IH,mg/g	>320	200 ~ 320	100 ~ 200	50 ~ 100	<50
H/C 原子比	>1.1	0.8 ~ 1.1	0.6 ~ 0.8	0.4 ~ 0.6	<0.4
壳质组 + 微壳质组,%	>30	10 ~ 30	5 ~ 10	2 ~ 5	<2

总之,含煤地层或者煤系地层是沉积盆地中的一种重要的烃源岩层,它不但可以生成天然气,而且在适当的条件下还可以生成液态石油。煤系烃源岩所生成的油和气可运移、聚集至常规的碎屑岩和碳酸盐岩地层中形成一般意义上的油气藏。由于煤本身的强烈吸附作用,也可形成非常规的吸附气藏——煤层气。

3. 含煤盆地油气勘探突破

2011年底,煤成气总探明储量为 $58134.79 \times 10^8 m^3$,占中国天然气总探明储量的 69.72%。2011年,中国煤成气产量为 $648.08 \times 10^8 m^3$,占全国天然气总产量的 63.23%,中国共发现地质储量大于 $300 \times 10^8 m^3$ 的大气田48个,其中煤成气大气田31个(戴金星等,2014)。资源评价结果显示,我国42个主要含气盆地埋深2000m以浅煤层气地质资源量 $36.81 \times 10^{12} m^3$;埋深1500m以浅煤层气可采资源量 $10.87 \times 10^{12} m^3$,集中分布在地质资源量大于 $1 \times 10^{12} m^3$ 的鄂尔多斯、沁水、准噶尔、滇东黔西、二连、吐哈、塔里木、天山和海拉尔等9个盆地。2012年全国煤层气产量$125×10^8m^3$（包括瓦斯抽排量），目前我国处于从煤层气资源大国向资源开发强国转型的关键阶段，尚未实现大规模商业化开采和高效利用（袁文峰等，2013）。

20世纪70年代，在鄂尔多斯盆地以油型气理论指导油气勘探，未将石炭系—二叠系作为气源岩和目的层，仅发现储量很小的刘家庄气田和直罗气田。之后在煤成气理论指导下勘探，至2011年探明天然气储量$26102.10×10^8m^3$，年产气$264.28×10^8m^3$，发现储量$12725.79×10^8m^3$的苏里格气田，成为中国探明储量最多、年产量最高、气田最大的盆地，几乎所有气都是煤成气。

澳大利亚的吉普斯兰盆地煤系主要形成煤成油田，研究认为该盆地煤系富壳质组、贫惰性组是主要形成煤成油田的关键因素。中国的吐哈盆地煤系也以产油为主，据吴涛等（1997）的研究，该盆地中—下侏罗统煤的显微组分中，镜质组占50%～90%，平均为70%；惰性组占2%～67%，平均为20%；壳质组（包括腐泥组）含量低于10%，平均为7%。吐哈盆地煤系中的壳质组含量与吉普斯兰盆地类似，但惰性组比后者高，故生油能力比后者弱，但仍以煤成油为主。

吐哈盆地目前已发现的煤成烃油气藏已超过40多个，根据程克明、吴涛等（1996）的研究，认为煤成烃具有早生早排的特点，由于煤系中各显微组分发生沥青化作用的时期不同，表现在各显微组分的生烃演化起终点也不一致。基质镜质体和木栓质体在早期低成熟阶段（R_o为0.4%～0.7%）便发生了沥青化作用，是主要生烃阶段；角质体、孢子体则在晚期成熟阶段（R_o为0.5%～1.3%），主生油期（R_o为0.9%）为主要生烃贡献者。综合各显微组分生烃时间可以看出，吐哈盆地煤成烃贯穿于煤岩成熟度由低到高的演化过程中，存在两个显著的生烃高峰阶段，R_o分别为0.4%～0.7%和0.85%～1.1%，第一高峰期为主要生油阶段。对煤岩的孔隙度、内在含水量及煤的吸附性随热演化变化规律的研究表明，第一高峰期煤岩排烃条件最好，而在$R_o>0.9\%$时，液态烃排出困难。

四、天然气无机成因理论与资源潜力预测

油气的"无机成因说"认为石油和天然气是由无机物形成的。按照各自提出的主要依据不同可分为"碳化物说""地幔脱气说""费—托地质合成说"等派别。在石油成因研究的早期，无机学说相当盛行，曾得到不少地质学家的赞同。

1. 油气无机成因理论

虽然无机成因学说主要建立在推测和假想之上，但自然界中确实也有一些证据支持这一观点。

1）太阳系中的挥发分

太阳系中的木星、土星、天王星和海王星的大气圈中有大量甲烷和其他烃类气体。地球形成时也可能从原始太阳星云中捕获有这些烃类气体，并可能被保存在地球内部，此后顺断裂运移和聚集至地壳浅层。

2）地球的排气作用

越来越多的证据表明，地球排气作用是一种连续进行的全球性过程。这种排气作用无论在海洋还是陆地上均普遍发生，多沿裂谷、深大断裂、岩浆侵入、火山和泥火山等地壳大型构造分布。

3）基底岩浆岩与变质岩中的油气

世界上一些有工业价值的油气田产在基底火成岩和变质岩。如东太平洋海隆、红海、冰岛,我国的五大连池、云南腾冲等火山群均发现有这类成因天然气。

4) 冲击坑和深钻中的油气

已知地球上分布有 145 个陨石冲击构造,其中 10% 以上正在开采或已经开采过油气、铀、铜、金刚石、金、铅和锌等有经济价值的矿产资源。瑞典锡利扬深钻和苏联科拉超深钻都在地下深部打到甲烷、氢等气体,这些气体和烃类的存在深度大大超过有机成因说所预测的油气可能存在的下限深度。

5) 实验室内通过无机物合成烃类

著名的俄国化学家门捷列夫很早就已在实验室中由无机的碳化物合成烃类:

$$FeC_2 + 2H_2O \longrightarrow HC\equiv CH + Fe(OH)_2$$

Szatmari(1989)、张景廉(2013)等认为地幔脱气生成 CO_2、CO、H_2 沿破裂带上升到超基性的蛇纹岩带,发生费—托合成反应:

$$CO_2 + H_2 \xrightarrow[300\sim400℃]{Fe、Co、Ni、V(催化)} C_nH_m + H_2O + Q$$

下洋壳和上地幔超基性岩的蚀变过程在低温(<150℃)、极高的 pH 值(>10)条件下发生水—岩反应,导致橄榄石和辉石中的 Fe^{2+} 被氧化成 Fe^{3+},形成磁铁矿(Fe_3O_4)和其他矿物,同时释放氢气(H_2),在还原条件下,H_2 和 CO_2 通过费—托聚合反应生成甲烷和其他烷烃化合物,此过程即为蛇纹石化非生物成因烷烃理论。2011 年,戴金星通过对火山期后温泉、泥火山和大量油气井的天然气调查和研究,论证了松辽盆地昌德气田含量达 90% 的烷烃气是无机成因的。这一成果证实了世界首例无机成因烷烃气工业气藏,推动了天然气理论由二元论走向多元论。近几年我国深部油气勘探接连获重大突破的实践表明,蕴藏于地球深部的非有机幔源油气具有巨大的资源潜力。

2. 无机成因气藏潜力预测

气体在地表与地球深处不能存在的温度值称为死亡温度极限,它对于烃类气体是否为无机成因是个极为重要的参数。甲烷的死亡温度为 600~1000℃,丁烷不低于 600℃,按照常规的地温梯度计算,甲烷和丁烷在地下 20~25km 处可形成和存在。若考虑压力因素,其死亡温度值还要高。二氧化碳的稳定性很高,它的分解温度为 2000℃,相当于上、下地幔交界处的温度。有机成因学说认为石油在 150℃ 以上就裂解为以烷烃气为主的天然气,只有个别资料证明在 290℃ 的温度下,$C_{14}\sim C_{25}$ 烃仍是稳定的,所以石油生存的地化条件只能是低温热液中(约 50~200℃),即无机成因石油比无机成因天然气的形成和存在的地化条件要差很多。

我国在无机成因气田(藏)的研究取得了重要进展,不仅在无机成因的二氧化碳气田(藏)研究成果卓著,同时还在世界上首次证实了无机成因气田(藏)的存在。根据戴金星等(2001)的研究,无机成因甲烷气的 $\delta^{13}C > -30‰$,无机成因烷烃气具有负碳同位素系列($\delta^{13}C_1 > \delta^{13}C_2 > \delta^{13}C_3 > \delta^{13}C_4$),R/Ra(氦同位素比值)>0.5 和 $\delta^{13}C_1 - \delta^{13}C_2 > 0$ 是无机成因烷烃气指标,无机成因甲烷的 $CH_4/^3He$ 值小于等于 10^6。而无机成因二氧化碳的 $\delta^{13}C$ 大于 $-8‰$,主要在 $-8‰\sim 38‰$ 之间分布。在气组分中,当二氧化碳含量大于 60% 或更高,该二氧化碳是无机成因的,多数情况下含量小于 15% 时是有机成因。

无机成因天然气是天然气资源中的重要组成部分,地幔中甲烷的脱气量每年可高达 $0.89\times 10^9 kg$(碳),板块消减作用产生的地幔碳每年大约为 $1\times 10^{15}g$ 到 $(3\sim 4)\times 10^{15}g$,海沟有机质产生的甲烷量可达到$(0.6\sim1.1)\times10^{12}m^3/km$,这些都可以是无机成因天然气的重要来源(王先彬等,2006)。$1km^3$方辉橄榄岩蛇纹石化可以产生5×10^5t氢和2.5×10^5t甲烷,大西洋中脊开放裂谷带岩石圈形成后的150Ma期间,全球蛇纹石化超基性岩经聚合反应可产生$(2.25\sim4.5)\times10^{13}t$氢和约$10^{13}t$甲烷,在数量级上大于世界上已知的所有石油天然气资源(王先彬等,2014)。

近20多年来,我国科研人员针对非生物成因天然气研究的科学问题和相关地球科学问题,做了大量工作,取得了诸多重要进展。无机成因CO_2气藏的勘探和开发居于世界前列,二氧化碳气田(藏)是指气组分中二氧化碳占优势的气藏,即占60%~95%以上,这类气藏在国内外都有发现。我国的二氧化碳气藏目前在东部和大陆架盆地资源潜力巨大,如松辽盆地、渤海湾盆地、苏北盆地和三水盆地,大陆架上的东海盆地、珠江口盆地和莺歌海盆地等已陆续发现了35个二氧化碳气田。

3. 油气无机成因理论在指导勘探时应注意的问题

毋庸讳言,在油气是有机成因还是无机成因的争论中,无机成因说从来都没有占据过"统治地位"。事实上,除CO_2气藏外,目前世界上还没有发现完全由无机作用形成的烃类矿藏。但我们也应该看到,自然界中的许多地质现象用有机成因理论难以给出圆满的解释,一方面可能是有机成因理论自身需要发展和深化的问题,另一方面可能说明一些油气确实是无机成因的,更何况目前在许多地区已发现了一些无机成因的气藏,这些发现无疑为我们开辟了一个崭新的勘探领域。

一般认为,无机成因的油气是在高温下形成的,在高温状况下,石油能否形成和存在,还是个有争议并且值得深入研究的问题。戴金星等(2001)认为,无机成因的二氧化碳和烷烃气的有利发育带主要分布于下列区域:莫霍面或地幔柱上隆地区,即地壳变薄、地幔上拱地区;热流值大于1.3HFU,地温梯度大于3.5℃/100m的高热—热构造区;$R/Ra>0.5$的正异常带,特别是$R/Ra>1$的地带;近期或较新时代玄武岩或岩浆活动带。沿气源断裂带,当气源断裂附近具备储、盖、圈、保配套条件时,往往易形成无机成因气藏。中国东部伸展盆地带及古近纪至第四纪北西西向构造、岩浆活动带是无机成因气释放的有利地区,在今后的勘探中应引起重视。

油气无机成因学说更具潜力的意义在于,找油和气不一定非要在沉积盆地中,还可以在变质岩、岩浆岩分布区,以及高原、山地中去找。

第二节　油气勘探区带预测

一、源控油气分布理论与油气分布区域预测

1. 源控油气理论基本概念

1963年胡朝元等人在总结我国大庆油田的形成机制时,提出了"成油系统"概念,继而发展为"源控油气论"。"源控油气论"是指油气藏的形成密切受其烃源岩的控制,该理论已成为指导我国陆相沉积盆地石油勘探的重要理论之一(黄籍中,1998)。由于决定沉积盆地是否含油的物质基础是有效烃源岩的存在,而源控油气理论正是强调了源岩在油气藏形成过程中的重要地位,因而比盆地控油论更能降低勘探风险,可以说源控油气理论是盆地控油气理论的重大发展。在实际工作中,源控油气理论通常简称为"源控论"。

源控论的基本论点是有效生油(气)区大致控制了油气田的分布范围。这个理论虽然是

针对我国陆相盆地油气分布特点提出来的,但也同样适用于其他类型的盆地。"源控论"发展了我国早期一些学者提出的沉降带或坳陷中心区找油有利的观点,进一步指出了找油有利的凹陷和地区。该理论不排斥储层、圈闭或盖层、水文地质因素等对油气区域分布的重要性,但并不同意将这些因素并列,而突出强调了有效生油气区的关键作用,后者是决定一个新区有无油气田的根本前提(胡朝元,1982)。近年来,越来越多的勘探实例都已证明了"源控论"在找油中的重要作用,国外有些学者把它称为"有机地球化学找油论"。

有效生油区即是盆地中成熟生油岩的分布区,处于有效生油区内部及其上下层系和邻近地区的圈闭,具有"近水楼台"的优势,易于捕获油气形成油气藏(田)。陆相含油气盆地的有效生油岩区位于持续下降的坳陷或凹陷及其邻近地区。由于陆相地层的岩性岩相横向变化较大,油气侧向运移距离较短,一般为30km左右,最大不超过80km。胡朝元等(2005)搜集了世界各地区200个有关油气田与生烃区展布的信息,编制了含油盆地(凹陷)的油气水平运移距离与油田个数的关系图,发现油气运移距离一般都小于60km,以20~40km最多。

"源控论"强调,"油气田环绕生油气中心分布,并受生油气区的严格控制,油气藏围绕生油气中心呈环带状分布,可以是半环、单环或者多环"(庞雄奇等,2016),如图3-3所示。一个有效生油区可以形成一个或多个油气聚集带。一个陆相含油气盆地通常具有不止一个生油凹陷,因此,也就有多个油气聚集区。

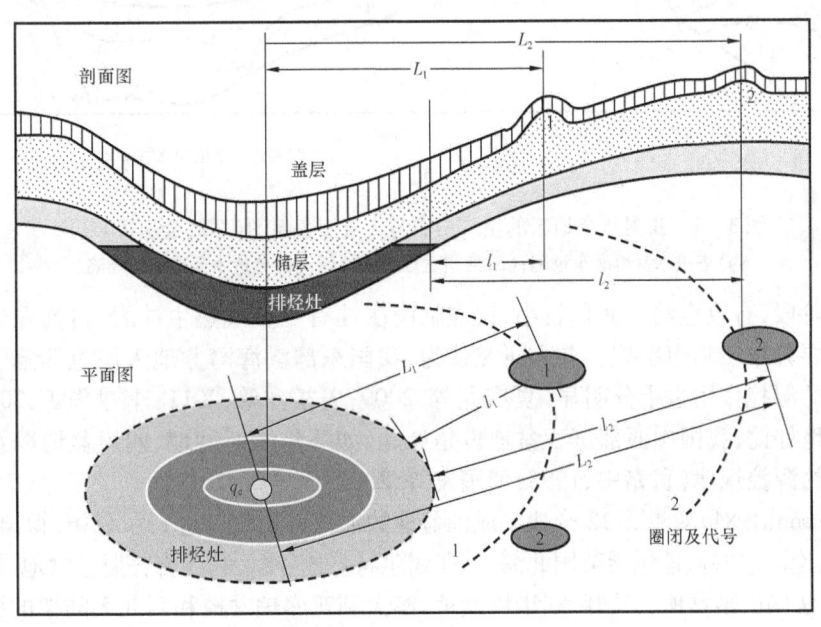

图3-3 源岩排烃强度与目标含油气性关系模型(据姜福杰,2008)

L_i——第 i 个圈闭到排烃中心的距离,km;l_i——第 i 个圈闭到排烃灶边界的距离,km;q_e——烃源灶排烃强度,10^4t/km^2

2. 源控油气作用与实例

不同生油凹陷的烃源岩类型、丰度、成熟度等参数不尽相同,不同油气聚集区的油气富集程度、油气藏类型等也就有较大的差别。一般来说烃源灶分布范围控制大中型油气田的分布范围,距离烃源岩中心越近,油气聚集量越大(图3-4)。

胜利油田东营凹陷油田围绕生油中心呈多环状分布。济阳坳陷包括东营、沾化、车镇和惠民四个凹陷,虽然惠民凹陷的面积最大,但油气富集程度却最差。原因是其大部分烃源岩现今

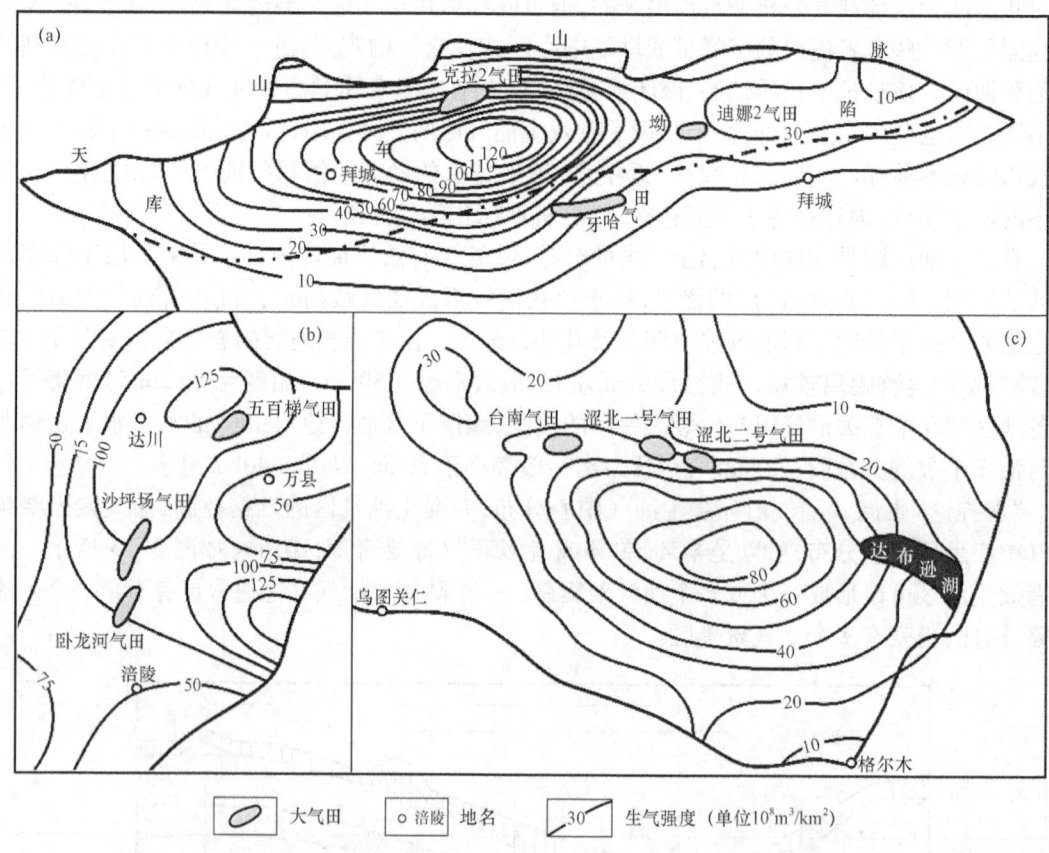

图 3-4 我国几个地区的生气中心与大气田关系图(据戴金星,2003)
(a)塔里木盆地库车坳陷;(b)四川盆地川东地区;(c)柴达木盆地三湖坳陷

未进入成熟阶段,有效生油区面积较小,仅在临南次洼有一些成熟生油岩,目前在该凹陷发现的油气也主要分布于临南次洼。前人研究认为,我国东部渤海湾盆地大民屯凹陷、渤中凹陷、南堡凹陷等的源控作用也十分明显(夏庆龙等,2009;姜福杰等,2011;李建华等,2011)。不仅东部沉积盆地如此,我国中西部沉积盆地也是如此,如鄂尔多斯盆地、四川盆地以及塔里木盆地也有类似的源控规律(黄籍中,1998;傅国友等,2007;庞雄奇,2014b)。

G. Demaison(1984)对世界 12 个典型成油盆地的油气分布规律进行了分析,得出了与"源控论"相似的结论。这些盆地包括英国北海、北非锡尔特盆地、澳大利亚吉普斯兰盆地、俄罗斯西西伯利亚盆地、法国巴黎盆地、美国伊利诺伊盆地、澳大利亚库珀盆地和西北大陆架的巴罗·丹皮尔盆地、阿尔及利亚的撒哈拉油区盆地、中东油区盆地、美国威利斯顿盆地等世界著名的含油气盆地。盆地类型涉及裂谷型、克拉通型、大西洋被动边缘型、多旋回复合型、前陆盆地型等。

3. 源控油气理论在勘探中的应用

在盆地勘探的初期,要把对生油条件的研究和确定生油凹陷的工作放在首位。找到一个有效生油区,就可找到一批油气藏和一个油气富集区。反之,如果证明了没有生油岩和生油凹陷存在,显然就不存在有利的勘探目标。由于一个盆地可以有多个有效生油区,在确定盆地内次一级勘探目标时,应优先选择那些发育时间长、沉积厚度大、最具生油潜力的地区或凹陷进行勘探,以求尽早获得勘探上的突破,从而带动和加快全盆地的油气勘探。在一个盆地的勘探初期,坚持围绕以"选凹定带"为中心的勘探工作往往可以达到快速发现油气田的目的。"选凹"就是综合物探、地质的方法,结合参数井,确定最有利的生油区或最有利的生油坳陷;"定带"就是在选定的生油凹陷中心或中心附近选择最有利的构造带上进行参数井或者区域探井的钻探,而首选目标就是所谓的"凹中隆",即凹陷中的隆起。

4. 源控油气分布区域预测

源控油气作用自提出以来得到了广大学者的认同,前期源控油气作用主要以定性研究为主,强调了生烃强度和距烃源岩中心距离的影响。以物质平衡原理为基础的门限控烃理论的提出,很好地发展了源控油气作用的思想,为定量预测油气资源和分布规律奠定了基础。而成藏体系理论的提出,对源控油气作用的定量表征和油气分布预测提供了新的研究对象和方法,有的学者已进行了相应的探索并取得了一些成果(夏庆龙等,2009)。

庞雄奇等(2009)基于上述问题提出了油气分布门限的概念,并将这一概念继续延伸,建立了油气成藏概率、储量分布概率和最大油藏规模3个相关概念和数学模型,并对多个盆地和凹陷中油气藏的 q_e(烃源灶排烃强度)、l(油气藏到排烃灶边界的距离)以及 L(油气藏到排烃中心的距离)这3个参数进行统计,然后对所统计的参数进行标准化处理,消除盆地地质条件差别的影响,建立具有普遍意义的样本空间。根据得出的样本空间和其他相关资料建立了油气成藏概率、储层分布概率以及油气藏规模门限的定量表征模型。依据油气分布门限及相关概念的定量模式,结合油气排烃门限、成藏门限的研究方法,对源控油气作用进行系统的研究,划分成藏体系并定量评价其资源潜力,进而对各成藏体系的有利勘探区带进行预测(夏庆龙等,2009;庞雄奇,2014b)。

以渤海湾盆地南堡凹陷为例。利用分割槽法或流体势法对南堡凹陷的油气成藏体系进行划分,并结合该区油(气)源对比分析的结果,最终将南堡凹陷划分为5个成藏体系(图3-5)。

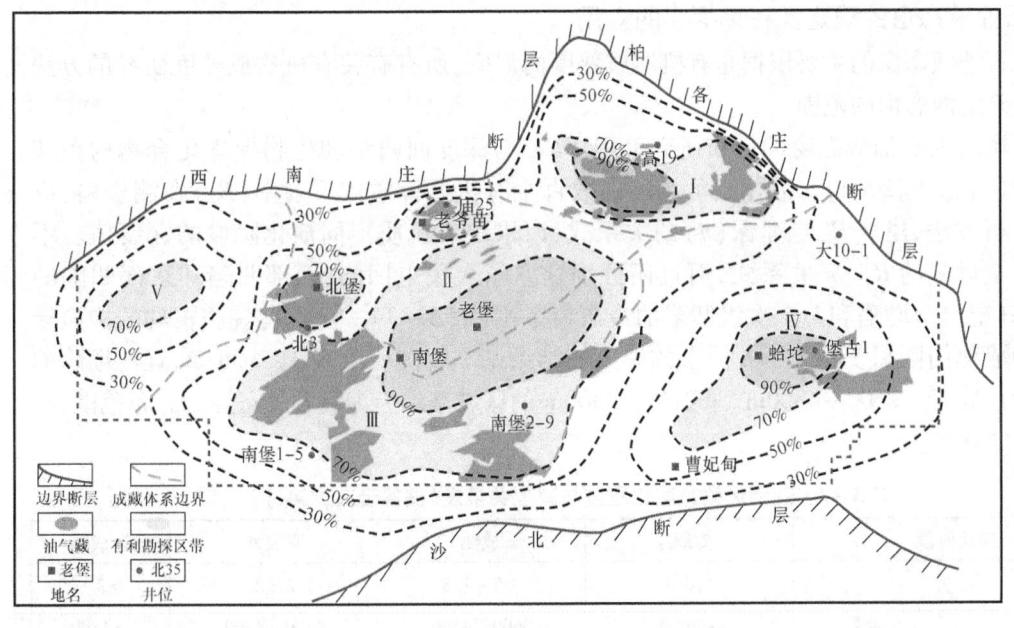

图3-5 南堡凹陷有利勘探区带分布预测结果图(据庞雄奇,2014b)

彩图3-5

基于油气成藏概率的定量表征模型,对南堡凹陷不同构造部位的油气成藏概率进行了理论计算。计算结果表明,在有油气发现的部位油气成藏概率均较大,已发现的油气藏中,超过

90%的油气藏其成藏概率都大于70%。基于此,可以把油气成藏概率大于70%作为南堡凹陷有利勘探区带预测的标准,只有油气成藏概率大于70%的地区才可能是潜在的有利勘探区带。南堡Ⅰ号油气成藏体系中,现今已发现的油气藏主要位于该区有利勘探区带的预测范围内;南堡Ⅱ号和南堡Ⅲ号油气成藏体系中,现今已发现的油气藏基本上位于有利勘探区带预测范围的外围部位,这些部位基本上属于构造高部位,而被这些构造高部位包围的地区仍是有利的潜在勘探区(图3-5),该区主要囊括了南堡凹陷最大的次凹——林雀次凹。南堡Ⅳ号和南堡Ⅴ号油气成藏体系的油气勘探程度低,发现的油气较少,但仍然存在油气勘探有利区(图3-5)。因此,南堡凹陷最有利的潜在勘探区是林雀次凹及其周边地区,其次为南堡Ⅳ号和南堡Ⅴ号油气成藏体系(庞雄奇,2014b)。

二、石油液态窗理论与油气分布相带预测

1. 石油液态窗的基本概念

按照干酪根热降解生烃理论,生油岩中有机质的热演化程度决定了生油岩是否成为有效生油岩,只有那些热演化程度达到成熟门限的生油岩才是有效的,成熟的有机质才能大量向油气转化,这个成熟门限称为生烃门限。在研究有机质成烃演化时,有一个重要的演化阶段备受重视,即"石油液态窗",也称石油生成窗,是美国学者普西(Pusey)1975年提出的,目前概指研究区适用于石油生成、运聚成藏、母质转化程度处于$R_o = 0.5\% \sim 2.0\%$的时空领域(庞雄奇等,1995)。一般用深度段表示,液态窗越长,越有利于有机质向液态烃的转化。如果用R_o表示有机质的热演化程度,一般认为$R_o < 0.5\%$属于未成熟阶段,$R_o = 0.5\% \sim 1.3\%$为成熟阶段,$R_o = 1.3\% \sim 2.0\%$为高成熟阶段,$R_o > 2.0\%$属于过成熟阶段。其中有机质演化的成熟阶段和高成熟阶段以生成液态烃类和凝析气为主,这两个阶段构成液态窗。

2. 石油液态窗的确定及在勘探中的应用

确定石油液态窗的主要依据是有机质成熟度的研究,所有有关有机质成熟度研究的方法都可用于确定液态窗的范围。

辽河坳陷的石油液态窗的分布研究采用了R_o与深度回归法和生物标志化合物构型转化分析法(谷云飞,2004)。利用辽河坳陷内数百个有机质镜质体反射率(R_o)实测资料,应用回归分析方法,建立R_o与埋深(h)的关系式,以求取有机质不同演化阶段的深度值。不但建立了全坳陷的R_o—h关系式,而且还分别建立了大民屯凹陷、西部凹陷和东部凹陷的关系式,确定出全坳陷和3个次级凹陷的液态窗范围(表3-3)。运用甾烷和藿烷的构型转化确定的成熟门限深度与R_o—h关系式得出的结果基本相同。由表3-3可知,辽河坳陷的液态窗分布范围为2600~4800m,深度大于4800m的区域基本上为裂解气态烃的分布范围,而无液态烃的分布。

表3-3 辽河坳陷热演化程度与深度关系表(据谷云飞,2004)

演化阶段		未成熟	成熟	高成熟	过成熟
R_o,%		<0.5	0.5~1.3	1.3~2.0	>2.0
平均深度 m	全坳陷	<2600	2600~4100	4100~4800	>4800
	大民屯凹陷	<2400	2400~3800	3800~4500	>4500
	西部凹陷	<2700	2700~4500	4500~5200	>5200
	东部凹陷	<2600	2600~4100	4100~4700	>4700

根据埋藏史和热史的盆地模拟,可获取井的 R_o 演化史,具体过程为在埋藏沉降史恢复的基础上,用现今最常用的 Lopatin 成熟度模型,采用 EASY%R_o 法,通过不断调整地质参数,最终达到模拟 R_o 值和实际值吻合为止,可较为准确地模拟出烃源岩的热演化史(于强等,2012)。图 3-6 为鄂尔多斯延长探区上古生界烃源岩热演化史模拟恢复的实例。模拟结果显示,上古生界在中三叠世及其以前由于埋深较浅,烃源岩热演化程度低,油气尚未成熟;早侏罗世 204Ma,R_o 达到 0.7%,烃源岩进入成熟阶段;中侏罗世,R_o 介于 0.7%~1.3% 之间;晚侏罗世 153Ma,R_o 达到 1.3%,开始进入高成熟阶段,烃源岩原油裂解并进入生气窗;自早白垩世晚期 96Ma 左右以来,由于地温梯度降低及地层抬升剥蚀,使得烃源岩的生烃作用逐渐减弱(于强等,2012)。

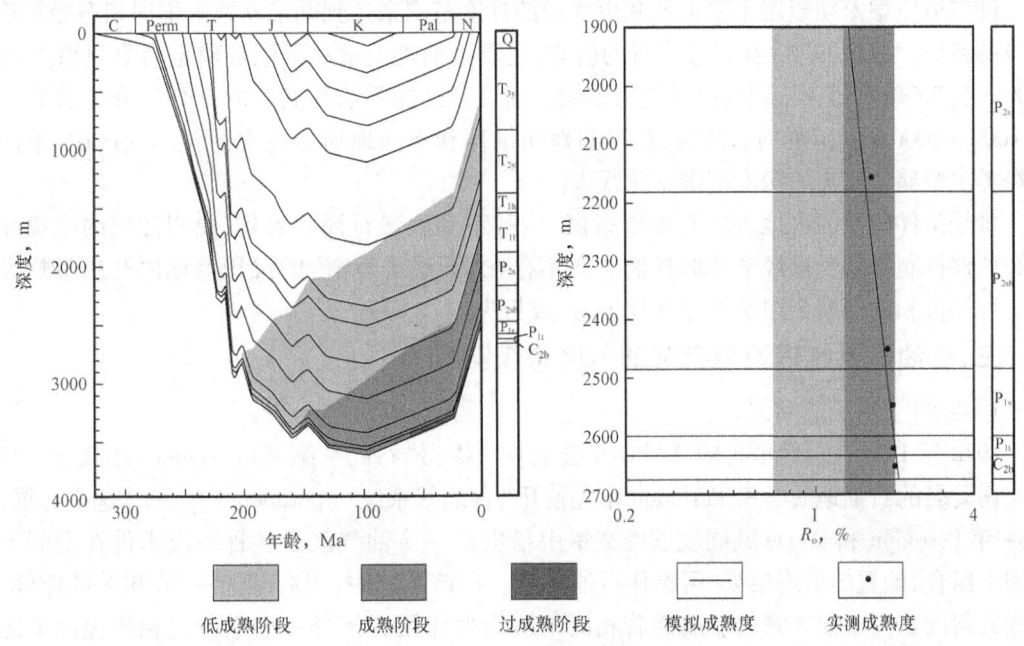

图 3-6 鄂尔多斯盆地延长探区上古生界热演化史模拟(据于强等,2012)

TTI(时间—温度指数)方法也是一种较常用的确定成熟烃源岩分布范围的方法。可以根据沉积盆地、某区块或某口井的埋藏史地质模型,计算各生油层和储层现今的 TTI 值,从而可判断生油层的油气生成进入了哪个阶段,预测能钻遇石油、湿气或干气聚集的储层深度,以指导钻探工作。此外,可以根据盆地埋藏史的地质模型,计算各生油层在不同地质历史时期的 TTI 值,勾绘各层 TTI 等值线,圈出进入生油窗的分布范围,以便确定有利的生油区和生气区在地史中的动态变化;与圈闭形成时间配合分析,还可对圈闭的含油远景和可能的流体类型作出正确评价。

3. 石油液态窗在指导油气勘探中需要注意的问题

石油液态窗理论在勘探过程中可用来确定盆地或凹陷中液态烃类存在的深度区间和平面分布范围。但根据现代油气生成理论,在 $R_o<0.5\%$ 的深度区间有大量的未成熟和低成熟石油的存在,按照液态窗理论所划定的液态烃的空间分布范围必然低估了研究区液态石油的远景资源。

有机质向石油的转化是一个连续的逐渐过渡的过程,不同类型有机质的生烃门限不同。

在其他条件相同的条件下,Ⅰ型、Ⅱ型有机质成熟较早,最早向石油转化,Ⅲ型生成油气的阶段较晚。因此,不同类型有机质其液态窗的空间分布是有差别的。

盆地的地温梯度和受热时间对有机质的成熟有较大影响。我国西部盆地(新疆)的地温梯度仅为2℃/100m,而东部诸盆地高达3.5~4.5℃/100m。同一时代相比较,生油门限的深度西部大而东部小。如我国东部沿海主力生油层——渐新统的生油门限深度为2400~2700m,地温为90~120℃。不同地区由于大地构造背景和地热场不同而有差异。在那些地温梯度高达4.2~4.5℃/100m的地区,如泌阳凹陷,生油门限值(古近系)仅为1800m,86℃。由于时—温补偿关系,我国中生代生油的门限值要小得多,如松辽盆地白垩系青一段仅为1250m,60~65℃。

许多地质学家期望用主要生油和生气带的深度范围来达到确定盆地中不同相态烃类垂向分带的目的。根据H. Б. 瓦索耶维奇的研究,主要生油带上限和下限被确定为由埋深1500~2000m至7000m。但实际上,世界绝大多数含油气区已探明油气储量的50%~70%分布在埋深1000~2000m的范围内。同时,在不同地质结构和不同地质演化史的含油气区中,不同相态烃类主要储量富集的深度范围变化很大。

排烃条件较差的盆地,在"石油液态窗"内找不到液态石油的聚集,说明油气的聚集除受生烃条件控制外还受排烃条件的控制。在不存在"石油排运窗"的沉积盆地内开展常规类石油资源评价和勘探就会浪费人力和物力,造成损失。

三、含油气系统理论与有利油气区带预测

1. 含油气系统的含义

1972年Dow在丹佛举行的AAPG年会上首次提出"石油系统"(oil system)的概念。1980年法国著名的石油地质学家Perrodon率先使用"含油气系统"(petroleum system)这个名词,在1984年Perrodon和Masse共同发表的文章中指出:"一个油气区是各种地质事件在空间上和时间上组合、配置的最终结果,可称作石油系统。在该系统中,构造沉降序列、相关的流体、岩性和几何因素对于油气藏的形成起着相同的决定性作用。"国外一些学者也相继提出与之相似的概念,如Meissner等(1984)提出生油机器(hydrocarbon machine)、Demaison(1984)提出生油盆地(generative basin)、Ulmishek(1986)提出独立的含油系统(independent petroliferous system)等。1987年Magon首次使用要素(element)术语,将"烃源岩、运移路径、储集岩、封盖层和圈闭"作为含油气系统的组成要素,它们必须在时间与空间上良好配置才能形成油气藏,还阐述了含油气系统的命名和分类标准。1994年出版的 *The Petroleum System: From Source to Trap* (AAPG Memoir 60)中,比较系统地介绍了含油气系统的定义、构成与作用,是最为流行和广泛接受的含油气系统概念。1997年出版的 *Seals, Traps, and Petroleum System* (AAPG Memoir 61)指出,封盖层(seal)限定了含油气系统范围和油气运移路径,同时又部分地起着圈闭作用,在注重烃源岩及运聚过程分析的同时,要强调对封盖层的研究(赵文智等,2002)。

按照Magoon等(1994)的定义,含油气系统是一个自然的烃类系统,包含成熟的烃源岩及所有已形成的油气藏,并包括油气藏形成时必不可少的一切地质要素及作用。地质要素包括烃源岩、储层、盖层和上覆岩层,而地质作用包括圈闭的形成和油气的生成、运移和聚集等。这些基本要素和作用必须处于适当的时间与空间位置,以便使烃源岩中所含的有机质能够转化成为油气田。而含油气系统存在于这些要素和作用都存在的地区,或者认为很有希望或很有可能存在的地区。

针对中国叠合含油气盆地具有的"多源多灶多期成藏"或"多源单灶多期成藏"特点,基于含油气系统概念,中国学者相继提出了复合含油气系统和成藏体系的概念,并建立了相应的划分及评价方法(何登发等,2000;赵文智等,2000,2005)。

2. 含油气系统的表征

含油气系统有其特定的区域、地层展布及时间范围。Magoon 认为运用"四图一表"(埋藏史曲线图、关键时刻的平面图和剖面图、含油气系统事件图、已发现油气藏表)可以完整地表征一个含油气系统。埋藏史曲线图展示了关键时刻及基本要素;关键时刻的平面图及剖面图展示了这些基本要素之间的空间关系;含油气系统事件图展示了这些基本要素之间的时间关系,并且表明了该系统的持续时间和保存时间。

含油气系统的持续时间是指沉积各种地质要素和完成形成油气藏的所有地质作用所用的时间。如果烃源岩是沉积的第一个要素或最老的单元,且烃源岩成熟所需的上覆岩层是最后的或最新的要素,那么最老和最新要素之间的时间差别就是该含油气系统的持续时间。

保存时间系指烃类在该系统内能保存下来,受改造或遭受破坏的时间段。它开始于油气生成、运移及聚集作用完成之后。在保存期间可能发生的作用是油气的再次运移、物理或生物降解作用乃至烃类的完全破坏。在保存时间内,再次运移的油气可聚集于持续时间之后沉积的储层中。若保存时间内发生轻微的构造运动,则油气藏仍然处于其原来的位置。只有在保存期内发生褶皱、断裂、抬升、或剥蚀作用时才会出现油气的再次运移。如果所有的油气藏及基本要素在保存期内遭到了破坏,就再也没有含油气系统存在过的证据了。不完整的或刚完成的含油气系统由于仍处于其持续时间内,因而也就没有保存时间。关键时刻是指含油气系统中大部分油气生成—运移—聚集的时间,即含油气系统持续时间的末期。它以地层的埋藏史曲线图为依据,计算 TTI 值可显示大部分烃类的生成时间,从地质角度看,油气的运移和聚集发生在短暂的时间段内,通常在烃源岩处于最大埋深稍晚的时刻,即为关键时刻。

3. 含油气系统理论在勘探中的应用

在国外,沉积盆地、含油气系统、成藏组合和勘探目标可以看成互不相同的油气勘探阶段。沉积盆地的研究是描述沉积岩的地层层序和构造样式;含油气系统研究强调烃源岩和油气藏之间的成因关系;成藏组合研究是描述一组目前存在的圈闭;勘探目标研究是描述单个的圈闭。其中,成藏组合和勘探目标的研究要确定它们是否有经济价值,用现有技术和方法是否可开采。油气的发现遵循先找沉积盆地,再划分含油气系统,然后寻找有利的成藏组合和具体的圈闭或目标。

我国的油气勘探层次也是四级,即沉积盆地、凹陷、区带、圈闭。我们所说的区带与国外的成藏组合(play,也有译作勘探层、远景带)基本相当(有一些差别),圈闭与勘探目标相当。但凹陷的规模通常情况下比含油气系统要大,一个凹陷可能包括一个以上的含油气系统,因为它可能发育至少一套成熟烃源岩体(层)。凹陷有时也可能没有发育成熟烃源岩,这时就没有含油气系统的存在。但从对勘探的指导来看,凹陷应该更具操作性,因为凹陷的边界和规模非常容易根据地质与地震资料确定,而含油气系统的边界却难以确定,特别是在勘探初期钻井和分析化验资料较少的情况下。

4. 有利油气区带预测

含油气系统分析既是区域详查的理论基础,又是区域详查阶段的综合研究方法。油气运聚单元分析可以成为油气勘探评价的一种重要方法与思路,不同含油气系统的油气运聚单元进行叠合分析,并最后确定出盆地内可开展评价的油气运聚单元。

围绕生烃中心,油气二次运移的主流向是往构造带上或相对隆起的低势区。因此,除了深部洼槽区,因处于生烃中心,是有利的深层勘探区带之外,中浅层也是有利区带的选择。以武清凹陷为例,以武清凹陷成藏诸要素及其成藏过程分析为基础,结合武清凹陷二维盆地模拟研究成果,以有效烃灶为中心,与相邻各构造带结合,位于油气运移主要指向区为依据。遵循平面上邻近生烃灶、处于相对隆起区、各类圈闭发育、纵向上生烃灶叠置区带,即含油气系统运聚叠合区带为有利区带标准。将武清凹陷2个含油气系统划分出6个有利运聚单元,进一步分析其勘探潜力,如图3-7所示(王少春等,2011)。

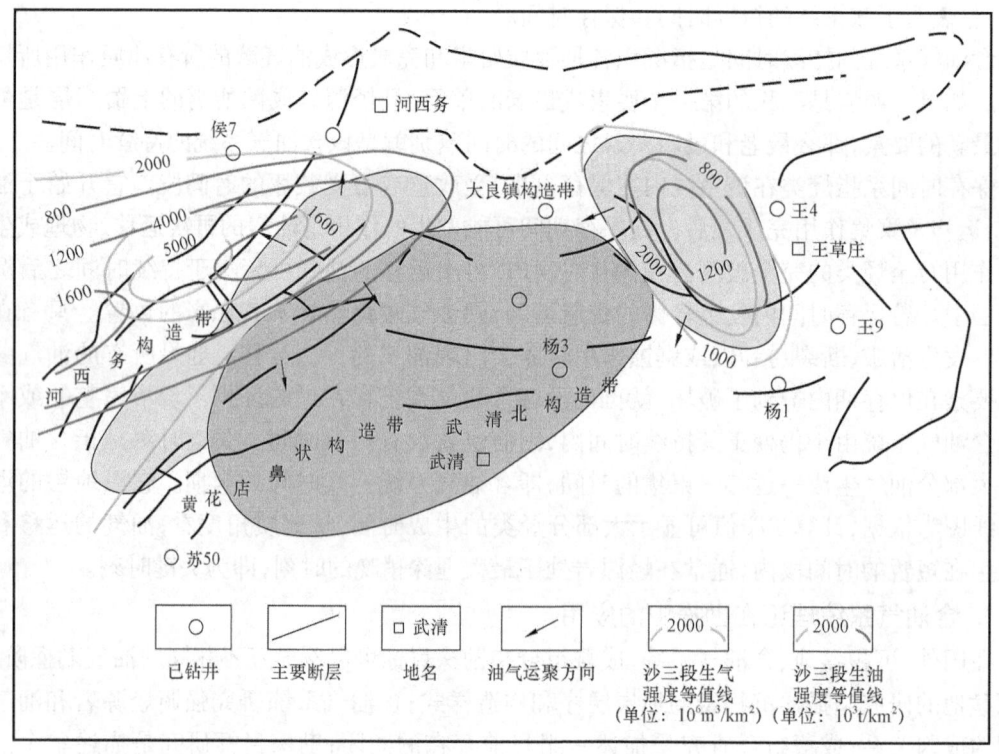

图3-7　武清凹陷古近系、上古生界生烃中心与区带平面展布关系图(据王少春等,2011)

四、油气聚集带理论与有利油气区带预测

1. 油气聚集带理论

1) 油气聚集带(区)的概念

油气聚集带的概念最早是由苏联学者提出的,乌斯宾斯卡娅于1946年前后在其著作中首先谈到了油气田分布的分带性和划分油气聚集带。20世纪50年代,有些苏联学者使用"油气聚集区"的概念,其实质与油气聚集带的概念相同,并逐渐被后者所取代。乌斯宾斯卡娅1950年在研究俄罗斯地台与北美地台中各省内油气田的分布规律时,首次确定了油气藏形成条件相同的四种类型油气聚集带。定义为"属于有成因联系的同一组圈闭的、地质构造相似且相毗邻的油气田组",或者是"一组相邻的、构造条件相似的油气田,这些油气田属于相互联系的统一的局部圈闭群"。可见,油气聚集带的划分主要基于构造特征和聚油特征在成因上的相似性和统一性原则。一个油气聚集带中不仅仅是几个局部圈闭含油,而是整个圈闭群或圈闭

组普遍含油,并具有共同的油气聚集过程和油气特征。

2)油气聚集带(区)的成因分类

A. A. 巴基罗夫在研究了世界含油气盆地油气分布规律的基础上,用成因观点进行了油气聚集带的系统分类,相应地分为构造类、生物礁类、岩性类、地层类和地层—岩性混合型等类型,其中每一种类型分为若干亚类。下面对该分类进行描述。

(1)构造类油气聚集带

构造类油气聚集带主要受构造因素影响形成的油气聚集带,在地壳中分布最广泛,可概略分为六种类型。

① 地台区线性延伸的长垣隆起式油气聚集带:这种成因类型的油气聚集带在世界上的大型油气区分布最广泛,往往形成特大型或巨型油气田。其特点是呈长条状隆起,构造闭合面积大,几百到上千平方千米,由多个短轴背斜形成多高点起伏;两翼不对称,倾角平缓,一般几度到十几度;构造常具同沉积和继承性发育特点,有时也被断裂所复杂化。在油气源不充足时,三级构造含油;油源充足时,可整体含油,形成大型、特大型油田。从油气藏类型看,主体为多层层状背斜油气藏,也有断层遮挡型、不整合型,其两侧多见岩性上倾尖灭型油气藏。

② 地台区的等轴穹窿隆起油气聚集带:大型穹窿隆起除形态与长垣有较大区别外,其他特征基本相同。前者多呈浑圆状,可以由一个或多个高点组成,这些高点可以是短轴背斜、穹窿或不规则小隆起。油气聚集特点类似于长垣。

③ 褶皱区线性延伸隆起(复背斜)油气聚集带:即通常的背斜型油气聚集带,可形成于各种构造环境中,形态各异。背斜型油气聚集带中油气的分布受局部构造控制。

④ 区域断裂油气聚集带:形成于区域性大断裂附近,多见于区域性隆起和凹陷的边缘。

⑤ 盐丘构造发育区的油气聚集带:在盐丘构造发育区中形成油气藏的圈闭既与盐丘穹窿构造有关,也同穹窿间构造有关。隶属于彼此相互联系的盐丘构造群。

⑥ 区域性构造裂缝和沉积裂缝发育区的油气聚集带。

(2)生物礁类油气聚集带

生物礁类油气聚集带呈串珠状排列,与其所在的大构造单元的基本走向相平行,组成一些大型区域性生物礁建造发育带。如巴什基尔滨乌拉尔地区的二叠系生物礁块发育带、加拿大艾伯塔盆地泥盆系礁块发育带、美国二叠盆地和墨西哥黄金带的生物礁带均为典型实例。

(3)岩性类油气聚集带

岩性类油气聚集带,其油气田数目与储量规模较构造类油气聚带小。按成因可分为与储层沿上倾方向区域性岩性变化和尖灭有关的岩性型油气聚集带,及与沿古海洋滨岸带砂岩建造有关的岩性型油气聚集带。前者多出现于地台区区域性长垣隆起和穹状隆起的翼部、区域坳(凹)陷的边缘,后者多存在于长垣式古海岸沙坝分布区和潜伏的古河流滨岸—三角洲砂岩建造区。

(4)地层类油气聚集带

地层类油气聚集带由一些单独的岩性—地层组合被较年轻的、实际为不渗透油气的地层不整合的覆盖而形成。主要发育在地台隆起和单斜上的区域性地层不整合地区、沉积成因的岩系中不整合产状的火山岩发育区。

(5)岩性—地层复合类油气聚集带

岩性—地层复合类油气聚集带属于单个岩性—地层组合的尖灭带,其上被非渗透的致密层所覆盖。多出现在地台隆起斜坡和地台凹陷边缘上储层的区域性超覆尖灭和地层剥蚀尖灭区,以及结晶基底侵蚀突起附近的区域性超覆尖灭区。

3) 油气聚集带理论在勘探中的应用

A. A. 巴基罗夫认为,"油气聚集带"的正确定义和其成因分类方案,一方面有助于搞清不同成因类型区域性油气聚集带形成的一般规律,另一方面也有利于科学而有根据、有目标地选择远景区,以便在所研究的含油气大区的不同部分或潜在含油气大区的各个部分部署普查勘探工作。在勘探中,要注重总结和运用已有的不同类型盆地和凹陷的油气聚集带的分布模式和聚油模式,指导新区勘探工作的顺利进行。

塔中北斜坡背斜带是一个以背斜型圈闭为主的勘探区带,纵向上的层位和圈闭类型包括石炭系"东河砂岩"背斜圈闭、志留系砂岩背斜圈闭和透镜状岩性圈闭、中奥陶统碳酸盐岩古风化壳潜山圈闭、下奥陶统白云岩背斜圈闭等,目前已经在这些类型的圈闭中获得油气。

区带的命名一般是以所处的构造位置或地理位置+主要圈闭类型进行命名,如塔中北斜坡背斜带、塔中Ⅰ号断裂带、塔中南部潜山带等。油气聚集(区)带的预测是区域勘探的重要任务之一。这些预测通常是在详细的构造分析、地层划分与对比、沉积特征分析和层序地层学分析的基础上,运用地质、地震、非地震的物化探等手段进行识别的,与圈闭的识别有诸多相同之处。在勘探过程中,要重视圈闭带的发现、描述和研究,重视油气聚集带的预测。区域勘探的"选带"过程中,在明确了生油凹陷的位置及范围后,应优先选择那些位于生油区内部或附近的大型圈闭带(如长垣、继承性古隆起等)进行勘探,对其中的重点圈闭进行钻探,以期早日发现油气田,发现大油气田,从而带动全区勘探工作的全面展开。

2. 复式油气聚集带理论

1) 复式油气聚集带的概念

复式油气聚集带理论是我国石油地质工作者于20世纪60年代后期和70年代初期,在系统总结我国东部地区断陷盆地油气分布规律基础上提出,在油气聚集带理论的基础上发展而来的。

我国中—新生代陆相含油气盆地的地质结构较复杂,具有断裂发育、岩性岩相变化大、储集岩体类型多、含油气结构层系多和油气藏类型多等特点。油气聚集带(区)不是由单一含油气层系、单一的油气藏类型和规则的油气水关系的油气藏(田)组成的,而是由多个含油层系、多个油气藏类型和多油气水系统组成的油气藏(田)群集体。这些油气藏都从属于相同的断裂构造带或地层岩性带,其油气圈闭具有相同的地质成因,一般又有相同的油气源和相同的油气运移和聚集过程,形成了以一种油气藏类型为主、以其他类型油气藏为辅的多类型油气藏的群集体。它们在纵向上相互叠置,在平面上是由不同层系、不同圈闭类型的油气藏相互连片的含油气带,称为复式油气聚集带(区),这是陆相盆地油气富集的一种显著特征。

2) 复式油气聚集带的类型

胡见义等(1991)认为,复式油气聚集带(区)主要受二级构造带、区域性断裂带、区域性岩性尖灭带、物性变化带、地层超覆带和地层不整合等多种因素控制,按其成因的主导因素,复式油气聚集带(区)可以分为十二种类型。

① 以披覆背斜构造带为主体的复式油气聚集带:这是一种以披覆背斜构造油气藏为主(其储量占本带地质储量的65%~87%),次为古潜山、逆牵引背斜、地层超覆、断块和岩性等圈闭油气藏,如孤东—孤岛—垦西、尚店—平方王、兴隆台和王徐庄等油气聚集带[图3-8(a)]。

② 以逆牵引背斜带为主体的复式油气聚集带:这类油气聚集带是以逆牵引背斜构造油气

藏为主(其储量占本带地质储量的65%~78%以上),次为断块、岩性尖灭等油气藏,以胜坨—永安镇油气聚集带最为典型,羊二庄—海四、王家岗和曹庄—真武等油气聚集带也为这一类型[图3-8(b)]。

③ 以断裂构造带为主体的复式油气聚集带:这是一个多种类型复合的油气带,不仅发育断块和断鼻油气藏,还有逆牵引背斜、地层超覆、岩性和构造—岩性等油气藏,如北大港、河西务和临盘—商河等复式油气聚集带。

④ 以底辟拱升背斜为主体的复式油气聚集带:这是一种以断块和断块—岩性油气藏为主(其储量占本带地质储量的81%~90%以上),次为砂岩上倾尖灭和透镜状岩性等圈闭油气藏的含油带,如东辛、文留、岔河集、柳泉和王场等复式油气聚集带[图3-8(c)]。

⑤ 以挤压背斜构造带为主体的复式油气聚集带:这种复式油气聚集带是一种以挤压背斜油气藏为主,以构造—岩性、断鼻和裂缝岩性等油气藏为辅的含油带,如萨葡高、老君庙、七个泉—狮子沟—尕斯库勒和胜利井等油气聚集带[图3-8(d)]。

⑥ 以砂岩上倾尖灭带为主体的复式油气聚集带:这是一种以砂岩上倾尖灭油气藏为主,辅以断块和粒屑灰岩岩性等圈闭油气藏的油气聚集带,如双河、高升和张港—黄场等油气聚集带[图3-8(e)]。

⑦ 以粒屑灰岩岩性圈闭为主体的复式油气聚集带:这是一种以粒屑灰岩油气藏为主,次为断块、地层超覆和披覆背斜等油气藏的油气聚集带,如周清庄—王徐庄油气聚集带和东营凹陷南部斜坡带的粒屑灰岩油气聚集带。

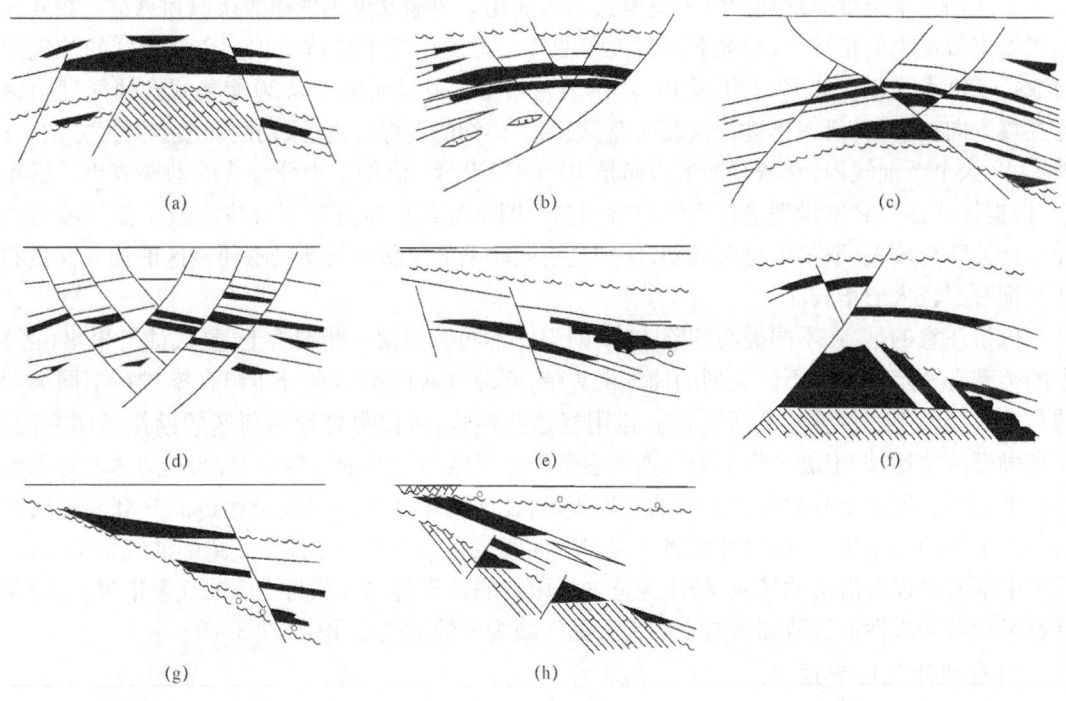

图3-8 渤海湾盆地复式油气聚集带类型(据胡见义等,1986)

(a)以披覆背斜构造带为主体的复式油气聚集带;(b)以逆牵引背斜带为主体的复式油气聚集带;(c)以底辟拱升背斜为主体的复式油气聚集带;(d)以挤压背斜构造带为主体的复式油气聚集带;(e)以砂岩上倾尖灭带为主体的复式油气聚集带;(f)以地层超覆不整合"基岩"为主体的复式油气聚集带;(g)以地层超覆圈闭为主的复式油气聚集带;(h)以地层不整合圈闭为主的复式油气聚集带

⑧ 以透镜状岩性圈闭为主体的复式油气聚集带：这是一种以透镜状岩性油气藏为主，辅以断块—岩性和构造—岩性油气藏的含油带，如松辽盆地三肇凹陷、东营凹陷（六户、牛庄）和利津凹陷、沾化凹陷桩西洼陷、歧口凹陷等透镜状岩性油气藏为主的复式油气聚集带。

⑨ 以古河道砂岩岩性圈闭为主体的复式油气聚集带：这是一种以古河道砂岩岩性圈闭为主、辅以地层不整合圈闭等多种类型的圈闭带。油气藏主要沿古河道走向成群成带分布，组成以古河道砂岩岩性为主的复式油气聚集带。鄂尔多斯盆地侏罗纪古河道砂岩聚集带是我国陆相盆地中的典型实例。

⑩ 以地层超覆不整合"基岩"为主体的复式油气聚集带：此带又称为"古潜山"油气聚集带，是一种以古潜山油气藏为主（其地质储量占本带总储量的65%~90%左右），次为披覆构造、逆牵引背斜、断块和地层超覆等油气藏的油气聚集带，如东胜堡—静安堡、苏桥—信安镇、任丘、南马庄—龙虎庄和南马庄—河间—留路北等古潜山复式油气聚集带[图3-8(f)]。

⑪ 以地层超覆圈闭为主的复式油气聚集带：这是一种以地层超覆油气藏为主，次为断块和断块—岩性油气藏的油气聚集带，如单家寺、尚西、陈家庄南和钟市油气聚集带[图3-8(g)]。

⑫ 以地层不整合圈闭为主的复式油气聚集带：这是一种以地层不整合油藏为主，以地层超覆、古潜山、断块—岩性等圈闭油气藏为辅的含油带，如准噶尔盆地西北缘红山嘴—乌尔禾、渤海湾盆地曙光、欢喜岭和金家等油气聚集带[图3-8(h)]。

3) 复式油气聚集带理论在勘探中的应用

复式油气聚集带概念和油气聚集模式是对陆相盆地油气聚集规律的认识和总结。在复式油气聚集带理论的指导下，对渤海湾盆地的油气聚集规律有了整体认识。东部地区的油气勘探取得了巨大成就。如1981年至1984年间，原石油工业部明确了以20个复式含油气（区）带为主攻方向，组织科研人员进行认真研究，编制了详细的勘探计划，采用滚动勘探开发方法，发现了40余个新油气田，新增石油地质储量10×10^8t以上，取得了十分显著的勘探成果。近年来，根据复式油气聚集带理论在渤海湾盆地多个凹陷的斜坡带开展了寻找隐蔽型油气藏为主要目标的联合攻关，取得了巨大成功，特别是济阳坳陷的隐蔽油气藏勘探使该区的油气储量和产量都有了较大的增长。

值得注意的是，在不同类型凹陷中，或凹陷中不同类型构造断裂带上，复式油气聚集（区）带的类型有一定差异。不同类型的油气聚集带，其油气藏的类型和分布组合模式在不同类型的盆地或坳陷中的位置均有所不同。运用好这些模式，可以更好地为新区的勘探指明方向。如在渤海湾盆地，凹陷陡坡带多为以逆牵引背斜油气藏为主的油气聚集带，而其边缘发育以地层超覆、岩性、砂体上倾尖灭为主的油气聚集带；在凹陷缓坡带为以披覆构造油气藏和断块油气藏为主的油气聚集带，还发育粒屑灰岩岩性油气藏和断层遮挡岩性油气藏的油气聚集带；在凹陷中部发育以古潜山油气藏、挤压构造油气藏或底辟隆起油气藏为主的油气聚集带，还发育有透镜状砂岩岩性油气藏和砂岩上倾尖灭油气藏为主的油气聚集带（图3-9）。

4) 有利油气区带预测

以渤海湾盆地复式油气聚集带为例，田在艺等（2002）研究认为渤海湾盆地复式油气聚集带是由古近系、中生界、古生界和中—新元古界烃源岩组成的复合含油气系统，因此对于该类高勘探程度区的深挖潜，就必须建立分别以古近系、中生界、古生界和中—新元古界烃源岩为出发点的综合框架。目前，渤海湾盆地的高勘探程度区主要集中在以古近系为主的含油气层系之内，尽管勘探程度高，但仍有挖潜潜力。田在艺等（2002）认为古近系为主要烃源岩的复

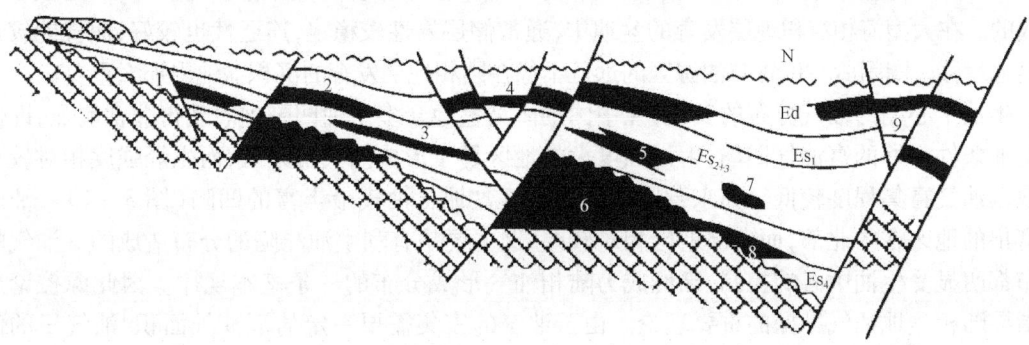

图 3-9 断陷盆地油气藏分布模式(据胡见义等,1991,修改)
1—断块油气藏;2—披覆构造油气藏;3—粒屑灰岩岩性油气藏;4—挤压构造油气藏;5—砂岩上倾尖灭油气藏;
6—古潜山油气藏;7—透镜状砂岩岩性油气藏;8—地层超覆油气藏;9—逆牵引背斜油气藏

杂断块、碎屑岩岩性、湖相碳酸盐岩、泥岩裂缝等自生自储油气藏、古潜山新生古储油气藏以及火成岩油气藏是渤海湾盆地进一步挖潜的近期目标,勘探者应利用油气聚集带理论,依据已有勘探成果和地质认识来预测新区中的有利勘探区带;对于勘探新层系,如渤海湾盆地的中生界、古生界和中—新元古界,田在艺等(2002)认为应首先开展以烃源岩为主的基础地质工作,在此基础上,预测有利勘探区带。

第三节 油气勘探目标预测

一、有效圈闭成藏理论与潜在目标预测

随着迅猛发展的国民经济对石油需求日益增强,人们对圈闭重要性的认识越来越多,但限于地下地质条件复杂性,圈闭评价应该解决的关键问题是圈闭的有效性。圈闭有效性可理解为在具有油气来源的宏观背景下圈闭聚集油气的实际能力。油气勘探实践表明,在沉积盆地中并不是所有的圈闭都聚集了油气,有的圈闭聚集了油气,有的圈闭只含水,一些油源条件较好的圈闭往往也是"空"的,这就提出了圈闭有效性问题。在什么条件下圈闭是聚集油气有效的?在什么条件下圈闭是无效的?概括地说,无效圈闭出现的主要原因有以下四点:① 圈闭远离油源中心,缺乏足够的油气源;② 圈闭不在油气主要运移路径上,或为运移路径中的其他构造所屏蔽;③ 构造圈闭的形成时间晚于油气运移结束时间;④ 由于较强的水动力作用,以及油气的数量和性质等因素影响,使原来已在圈闭中聚集的油气被水流冲走。

1. 圈闭位置与油源区的远近关系

一般沉积盆地中长期继承性发育的深凹陷区是盆地内最有利的生油区。大量勘探实践证明,沉积盆地中有利的生油气区控制油气的分布。油气生成后,首先运移至油源区内及其附近的圈闭中,聚集起来形成油气藏,多余的油气则依次向较远的圈闭运移聚集。如果油源有限,则距油源区远的圈闭通常成为无效的圈闭。一般情况下,盆地中储集油气的圈闭容积是充足的,而油源相对于圈闭的容量来说总是不足的,即不可能满足盆地内所有圈闭的总有效容积。因此,圈闭所在位置距油源区越近,越有利于油气聚集,圈闭的有效性越高,越远则有效性越

差。尤其是陆相沉积盆地,储层岩性岩相变化大,油气横向运移通道受到诸多限制,油气运移距离短,在生油区内及其附近的圈闭是最有利的,油气藏富集程度高,远离生油洼陷的圈闭往往是无效的。在大型海相沉积地层发育的盆地中,通常储层岩性较稳定,连通性也较好,油气能较长距离地运移。圈闭所在位置与油源区的远近不像在陆相地层发育的沉积盆地内那么重要。

生油中心制约油气分布的实例,在中国渤海湾盆地众多生油凹陷中表现得非常明显,即使在生油条件很好的富油气凹陷,生烃强度大的地区易于形成油气富集区,而生烃强度相对较小的地区油气富集程度较低。如东营凹陷是渤海湾盆地含油气最丰富的凹陷(图3-10),油气最富集的地区在中北部,而南部地区相对较差,这主要是有利生油洼陷的分布造成的。油气的分布都明显受生油中心的控制,已经成为陆相油气形成分布的一条基本规律。因此源控论成为指导陆相盆地油气勘探的重要理论。由于油气的富集需要一定的汇油气面积,油气田的储量越大,所需要的油气补给面积越大,因此大油气田的形成往往需要较大的供油范围,生油凹陷中大型继承性构造往往成为油气富集区。油源区边缘上的圈闭具有更大的汇油气面积,是最有利的圈闭。

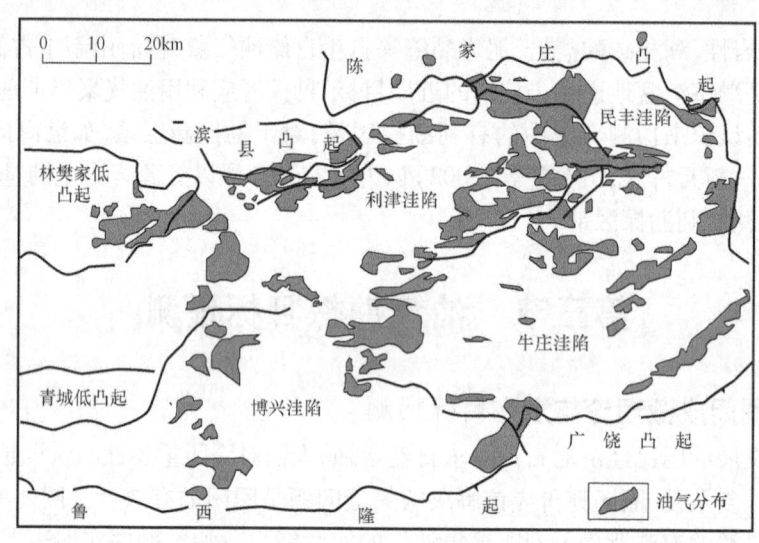

图 3-10　东营凹陷古近系生油中心与油气富集关系(据蒋有录等,2009)

2. 圈闭位置与油气优势运移通道的关系

油气自生油凹陷向外运移并不是均匀发散式运移,而是有些方向相对较集中,油气沿优势运移通道运移,而另一些方向数量较少,甚至没有油气经过。根据大量研究认为,油气运移的空间只占储集体体积的不到10%。因此无论从平面上还是纵向上油气实际发生运移经过的运移路径是有限的,这种油气沿优势运移路径运移的特性必然使有些方向的油气很富集,而另一些方向的油气较贫乏。显然,位于油气主要运移路径上的圈闭聚集油气的概率远远大于在非主要运移路径上的圈闭,因此前者往往是有效的,而后者往往是无效的(图3-11)。

如图3-12(a)所示,由于实际油气运移路线是沿构造脊发生的,位于运移路径上的A圈闭和B圈闭首先聚集了油气,油气充满圈闭后向D圈闭方向运移并在D圈闭中聚集,油气充满D圈闭后向E圈闭方向运移,并在E圈闭中聚集,而C圈闭虽然离油源区最近,但由于不在油气运移路线上而成为空圈闭,而在运移路线上的圈闭成为有效圈闭。如果仅从C—D—E构造剖面来看,往往误认为C圈闭最有利,而D、E圈闭中若聚集油气,也是来自C圈闭,如

图 3-12(b)所示。根据许多学者的研究,国外很多盆地中大部分的油气藏都集中在主要运移路径上。如墨西哥湾盆地,75%以上的油气聚集在占盆地面积不到 25%的主要运移路径上;巴黎盆地有 81%以上的油气聚集在占盆地面积 13%的主要运移路径上(Hindle,1997)。因此,研究和确定油气主运移路线对评价圈闭的有效性有重要意义。圈源关系指圈闭长轴展布方向与油气运移方向之间的关系,有正交、斜交、平行三种。图 3-13 为两个凹陷烃源区的理想油气排聚模式图,显然 A 区带圈闭最有利,B、C 带次之,D 带最差。而在同一个区带中,正交关系的圈闭优于斜交关系的也优于平行关系的。

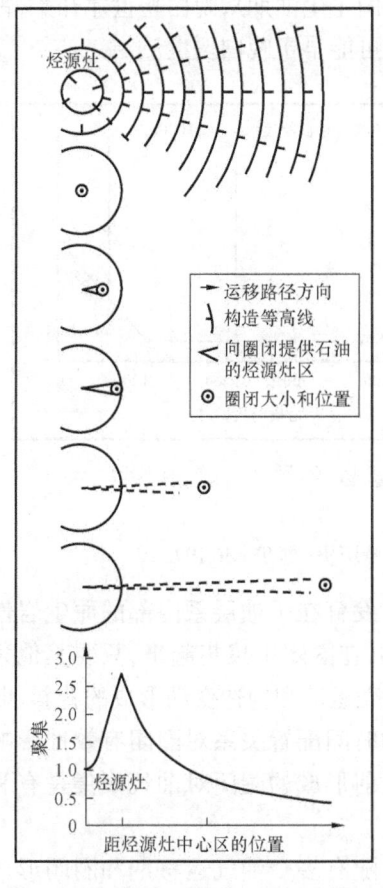

图 3-11　圆形盆地的油气富集剖面
（位于烃源灶边缘上的圈闭油气）

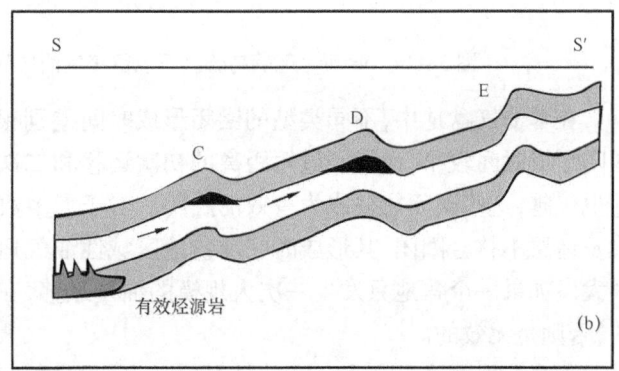

图 3-12　油气运移路径的三维射线追踪及其与二维分析比较(据郝芳等,2002)

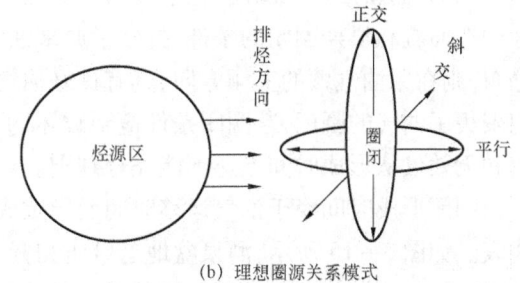

(a) 生油凹陷理想油气排聚模式图　　　　(b) 理想圈源关系模式

图 3-13　烃源岩排烃模式图

3. 圈闭形成时间与油气主要运移期的匹配关系

圈闭作为聚集油气的容器,只有圈闭形成后才能有油气的聚集。因此,搞清圈闭形成时间与油气发生大规模运移时间的关系,对评价圈闭的有效性有重要意义。只有那些在油气大规模运移以前或同时形成的圈闭,对油气的聚集才是有效的。若圈闭是在最后一次大规模油气运移以后形成的,错过了捕获油气的时间,这种圈闭对油气的聚集是无效的。如图3-14所示,阿尔及利亚的哈西·迈萨乌德区下志留统烃源岩,直到石炭纪埋深仅1000m,还未达到主生油期;二叠纪上升遭侵蚀,三叠纪重新开始强烈沉降,直到白垩纪末埋深才达3700m。用数字模拟计算烃类形成数量与地质时代的关系,说明该生油层的主生油期从晚白垩世才开始,古近—新近纪达到高峰。因此,该区油气藏形成的时间最早不可能早于晚白垩世。

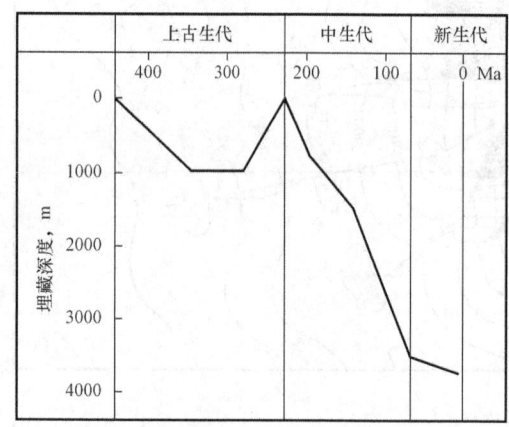 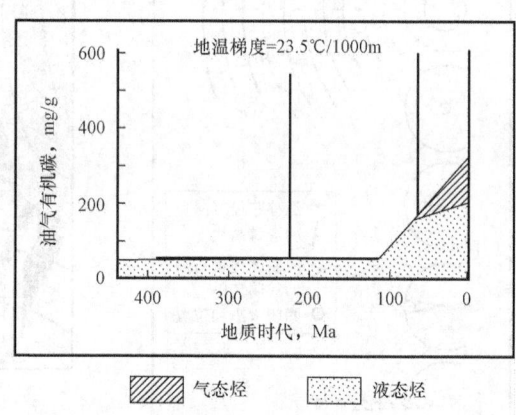

图3-14 哈西·迈萨乌德区下志留统生油层的生排烃历史(据Tissot,1975)

在含油气盆地中,不同类型的圈闭形成时间差别很大。发育在生油层系内部的原生岩性圈闭形成时间较早,油气经过短距离的初次运移和二次运移,在圈闭中聚集起来,只要其他条件也优越,这些圈闭往往成为有效的圈闭。对于大多数由地壳运动和构造变动形成的背斜、断层及地层不整合圈闭,其形成时间与盆地区域性油气运移的时间配置关系对圈闭有效性影响很大。如果一个盆地只发生一次大规模的油气运移,在此之前形成的圈闭对油气聚集是有利的,否则是无效的。

许多盆地往往发育多套有效烃源岩和多期构造运动,伴随有多个油气运移期和圈闭形成期,在这种情况下,决定盆地内现今构造特征的最后一次构造运动控制了最后一次区域性油气运移时间。在此之前已形成且未遭受破坏的构造圈闭和继承性发育的构造圈闭,对油气聚集是有利的;而新形成的圈闭,往往成为无效的空圈闭。如果地壳运动十分强烈,改变了盆地原来构造面貌和早期圈闭的条件,打破了原来油气聚集的平衡状态,油气发生区域性运移并重新分布,则在原油气藏的上倾方向、具有良好油气运移路径的新圈闭,往往成为有效的圈闭;而早期聚集了油气的圈闭,若圈闭条件遭到破坏,油气逸散,可能成为无效的圈闭。因此,圈闭的有效和无效仅从形成时间上还不能完全判别。

圈闭形成时间晚于油气运移时间而导致成为无效圈闭的现象可以酒泉盆地青草湾构造为代表。如图3-15所示,酒泉盆地老君庙和青草湾两背斜都位于南部构造带,其古近系地层中具有相似的背斜圈闭。根据钻探结果,老君庙背斜具有丰富的油气藏,而青草湾背斜则未发现油气聚集。在对比了两个背斜构造的地质发展历史后,发现除与岩性变化有关外,背斜圈闭形

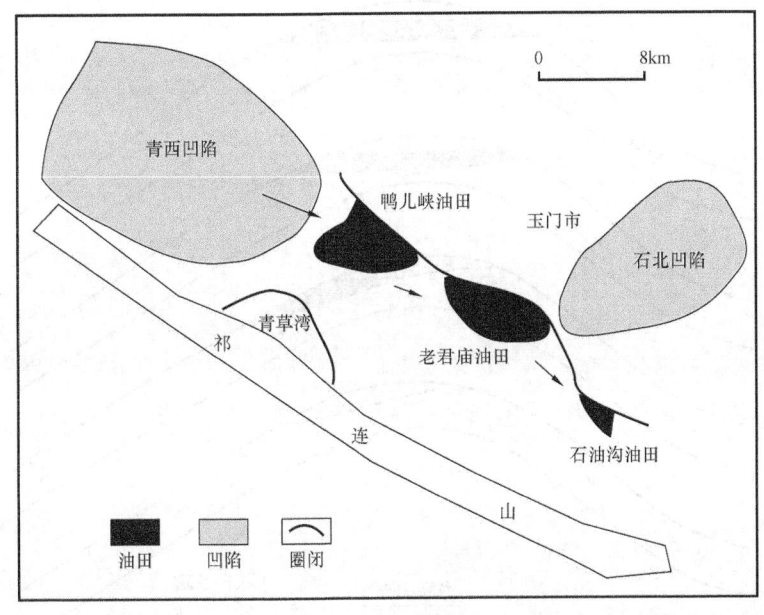

图 3-15 酒泉盆地青草湾—老君庙油气聚集区域示意图

成时间与区域性油气运移时间的对应关系,是一个极重要的原因。酒泉盆地最后一次区域性油气运移时间是上新世,此时老君庙背斜已经形成,油气聚集其中,形成丰富的油气藏。而青草湾背斜圈闭,是在上新世末期才形成的,这时区域性的油气运移已结束,缺乏油气来源,而且其海拔高度又低于老君庙背斜,也不能使油气重新运移其中;因此,青草湾背斜圈闭对油气聚集是无效的,没有形成油气藏。

4. 圈闭有效性的影响因素

在通常静水压力条件下,圈闭内的油—水(或气—水)界面呈水平状态。在水动力条件下,地层水沿测压面倾斜方向流动,圈闭内的油—水(或气—水)界面也顺水流方向倾斜,其倾角的大小决定于水动力强度和流体的密度差。随着水动力强度的增强,油—水(或气—水)界面的倾角逐渐增大,当倾斜角度超过顺水流方向下倾一翼的岩层倾角时,原来聚集了油或气的圈闭即成为无效圈闭(图 3-16)。

综上所述,从油气藏形成过程来说,在地质历史中,一个地区只有具备了以上几个基本地质条件,才可以形成油气藏。至于油气藏形成后能否被保存下来,取决于油气藏形成以后遭受后期调整和改造破坏的程度。显然,油气藏形成后比较稳定的后期构造活动、相对封闭和停滞的环境,都是油气藏得以保存的重要条件。

二、非常规油气聚集理论与有利目标预测

近年来,随着非常规油气勘探开发快速发展,非常规油气地质已成为石油天然气地质学科前沿,非常规油气地质理论研究已全面展开,并呈现新的快速发展趋势,主要表现在以下方面。① 生烃研究:传统生烃研究注重生烃高峰期研究,非常规油气地质注重生烃全过程研究,烃源不仅来自有效烃源岩,也包括滞留烃源岩中的可能有机质生烃。聚焦所有富有机质岩石,强调全过程含油气系统理念,重视全过程生排烃对源内滞留页岩油气、近源充注致密油气或二次运移到常规致密相带中致密油气等非常规油气资源分布的控制作用(邱中建等,2012;邹才能等,2013;贾承造等,2014)。② 储层研究:传统储层研究注重发现微米—毫米级孔喉的优良储

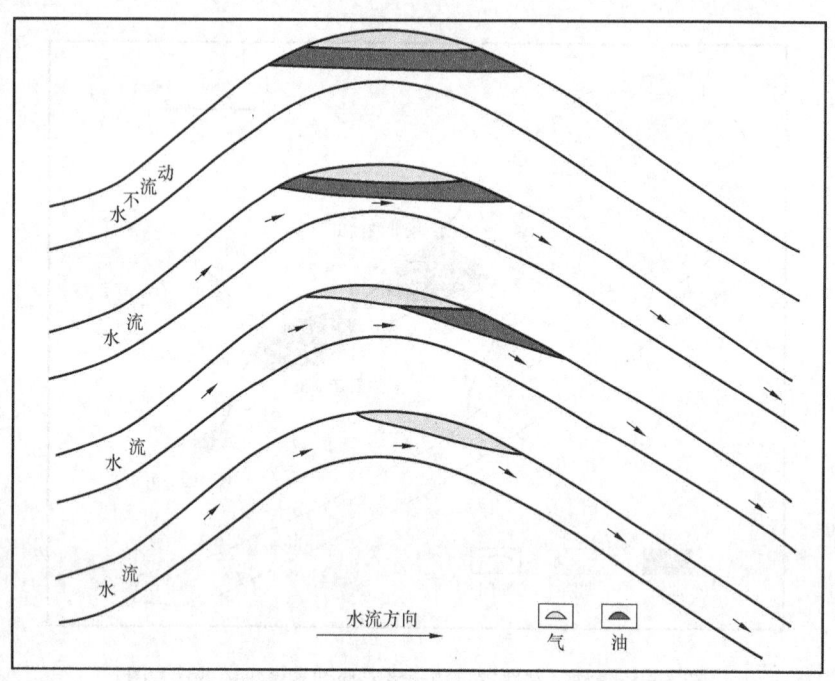

图 3-16 水动力条件下油水界面倾斜情况示意图

层,非常规油气地质注重纳米级孔喉的储层描述、认识与评价,储集体不仅包括油气运移终端的高孔渗储集体,也包括生烃层系、运移路径上的致密储集体,聚焦供烃范围内的所有储集空间,重视细粒沉积体系的源储配置关系、细粒沉积体系的整体研究和综合勘探等方面的研究(邱中建等,2012;邹才能等,2013;贾承造等,2014)。③ 油气成因机制研究:传统油气运聚注重具有碳酸盐岩缝洞储层的"管流"聚集和微米—毫米孔喉储层的"渗流"运聚,非常规油气地质关注致密条件的纳米级孔喉储层的"滞留"储集,油气资源从常规圈闭油气扩展到滞留烃形成的非常规资源,包括页岩气、页岩油、致密油等(邱中建等,2012;邹才能等,2013;贾承造等,2014)。④ 油气运移动力研究:认识到孔喉直径大小决定油气聚集方式和流体相态,传统的运移动力局限于浮力驱动,非常规油气地质关注压差驱动、扩散等作用,揭示出不同类型的油气资源具有不同的孔喉分布下限与常规—非常规油气分布规律(邹才能等,2013)。⑤ 油气聚集研究:揭示了连续性油气聚集基本规律及"甜点"代表的非均质性;同时在含油气盆地中揭示常规—非常规不同类型油气资源空间共生与伴生分布规律,提出重视常规—非常规油气整体研究、立体勘探(邹才能等,2014)。⑥ 资源分布研究:非常规油气更注重技术可采资源量与经济可采资源量空间预测,应从地质评价、物探资料、开发数据、参数标准、方法优选等方面综合研究,合理评价非常规油气的可采资源量(马永生等,2012;邱中建等,2012;贾承造等,2014;童晓光等,2014)。⑦ 非常规油气是经人工压裂才形成的"人工油气藏",其油气开发流动机理与提高采收率途径极为复杂,尚待更深入研究;人工干预技术尚待进一步发展。

1. 页岩油气聚集理论

1) 页岩油气的基本概念

页岩气是产自极低渗透率、富有机质的页岩地层中的天然气。页岩气藏是以富有机质页岩为气源岩、储层或盖层,在页岩地层中不断供气、连续聚集而形成的一种非常规天然气藏。在世界油气勘探开发史中,天然气是被首先开发利用的资源。除我国早在公元前 2 世纪的西汉中叶于川西坳陷开掘了世界上第一口天然气井,利用长竹引气煮卤水制造井盐外,全球第一口商业性天然气井就是页岩气井,1821年钻于美国东部纽约州泥盆系 Dunkirk 页岩中,既早于俄国人1848年在黑海的阿普歇伦半岛钻探的第一口油井,也早于美国人1895年在宾夕法尼亚州打出的第一口油井。因此,全球最早认识天然气还是始于页岩气,至今已有近200年历史。

页岩油在广义上是指保存在低孔低渗的致密含油层中,需要通过水平井和水力压裂技术才能开发的石油资源。由于使用者的习惯和偏好,"页岩油"和"致密油"常常混淆,有时候会出现在同一地方同时出现这两个术语,后面的用括号标上,表明"页岩油"与"致密油"是同一含义。但是在细分广义致密油类型时,一般把页岩油作为广义致密油其中的一个亚类。如 Nelder 认为,致密油的范畴要比页岩油大,页岩油指的是产自致密页岩层中的石油。狭义的页岩油是指与页岩气对应,来源于作为烃源岩的泥页岩层系中的石油资源,以源储共层为特点(Nelder,2012;周庆凡等,2012)。

2)页岩油气的地质特征

页岩油气和传统的油气在地质控制条件上存在很大差别,常规油气勘探地质条件可概括为"生、储、盖、圈、运、保",而页岩油气没有"盖、圈、运、保"的问题,"生"就是"储","盖"也是"储"(图3-17)。同时,页岩油气在勘探过程中还需考虑页岩埋深、强度及构造作用改造等的影响。

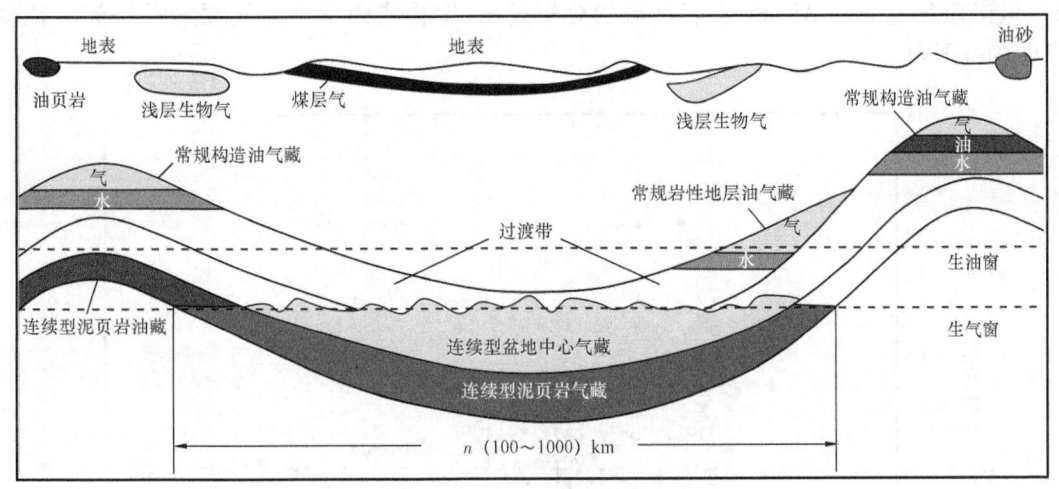

图3-17 页岩油气藏与其他类型油气藏关系示意图(据 Pollastro,2001)

有机质丰度是页岩油气藏评价中的一个重要指标。有机质既是页岩生油气成藏的物质基础,也是页岩油气的载体之一,决定页岩油气的资源量。研究表明,在相同的地质条件及演化阶段下,页岩生烃强度、吸附油气量大小及新增游离油气能力与页岩中有机碳(TOC)含量呈明显的线性正相关性(图3-18)。TOC 含量越高,油气藏富集程度越高。商业性页岩油气藏需要达到页岩 TOC 含量最低界限标准。美国主力产气页岩层有机质丰度均较高,其中产生物气页岩平均 TOC 为6%;产热成因气页岩平均 TOC 为3%。斯伦贝谢公司2006年北美页岩气盆地的研究认为,页岩气藏的 TOC 含量最低标准原则上应大于2.0%。

有机质热演化程度决定着页岩油气的生成方式:对于热成因型页岩油气藏,随着页岩成熟度 R_o 的增高,含油气量将会逐渐增大。主要有两个原因:一是有机质生成烃后,体积缩小会产

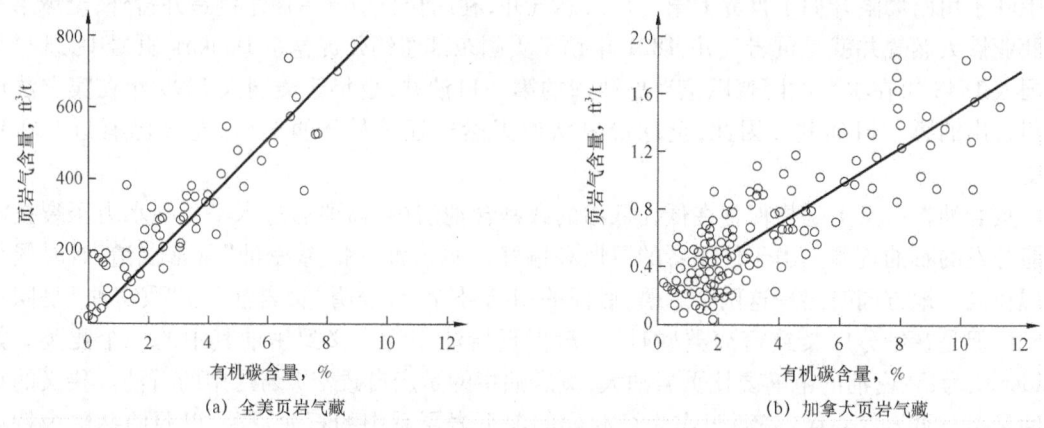

图3-18 北美页岩气藏厚度、有机碳和总含气量关系图

生超微孔隙,有利于页岩油气的保存;二是$R_o>1.1\%$后,页岩油开始裂解生气。但是当$R_o>3\%$后,有机质进入过成熟阶段,生气量明显减少,而且有机质的大量减少也不利于吸附气的形成(图3-19)。鉴于沃斯堡盆地Barnett页岩气藏主要分布在$R_o\geqslant1.1\%$的区域,因此,R_o介于$1.1\%\sim3\%$的范围是热成因型页岩气藏的有利分布区。对于生物成因型页岩气藏,页岩热演化程度R_o越高,TOC含量越低,越不利于生物气的形成。根据密歇根盆地Antrim页岩气藏和伊里诺斯盆地New Albany页岩气藏的分布规律,生物成因型页岩气藏主要分布在$R_o\leqslant0.8\%$的范围内。

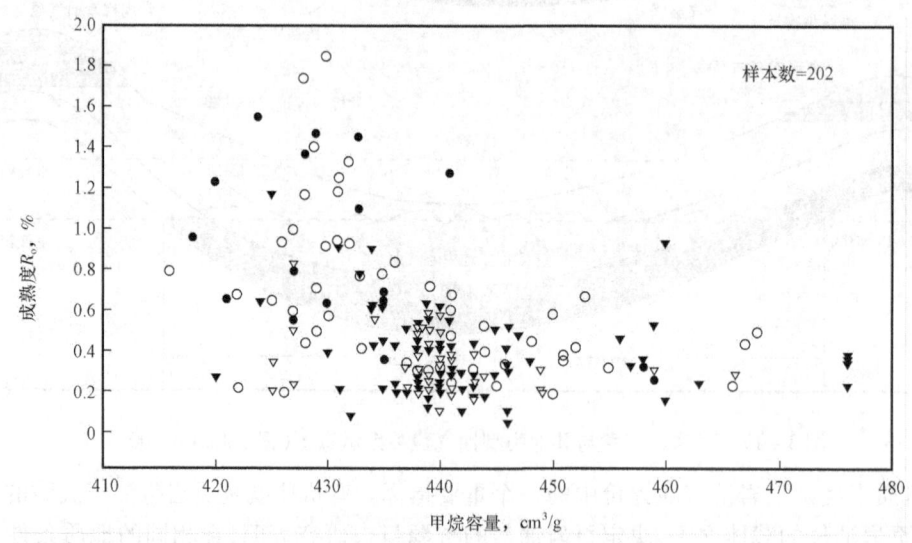

图3-19 页岩中甲烷的吸附量与其成熟度关系

在常规储层分析中,孔隙度和渗透率是储层特征研究中最重要的两个参数,这对于页岩油气藏同样适用。作为储层,页岩大多显示出较低的孔隙度,通常<10%。页岩中一般具有双重孔隙性质(原生孔隙和次生孔隙同时存在)。富有机质页岩通常具有复杂的微米—纳米孔隙系统,对页岩油气的储集能力和流动具有显著的控制作用(李卓等,2017)。原生孔隙系统由十分微细的孔隙组成(图3-20),在原生孔隙中存在大量的内表面积,内表面积拥有许多潜在的吸附空间,可储存大量油气(姜振学等,2016)。同时,页岩中也可以有很大的孔隙度。在阿

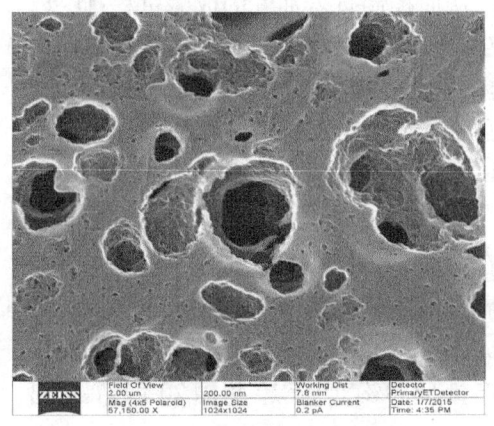
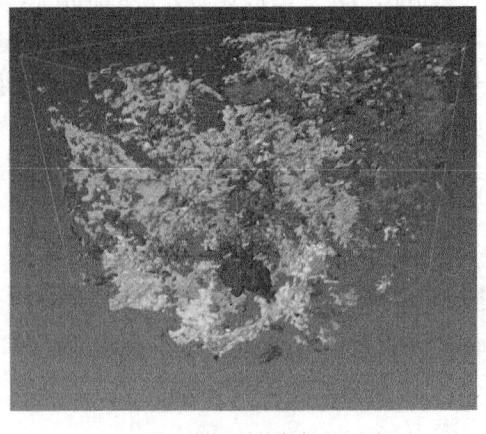

(a) 有机质孔　　　　　　　　　(b) 三维孔隙特征（彩色为不同孔隙）

彩图 3-20

图 3-20　四川盆地龙马溪组页岩微米—纳米孔隙发育特征

巴拉契亚盆地 Ohio 页岩和密歇根盆地 Antrim 页岩中，局部孔隙度可高达 15%。渗透率是判断页岩油气藏是否具有经济开发价值的重要参数。页岩的基质渗透率非常低，一般 <0.1×$10^{-3}\mu m^2$，平均喉道半径不到 0.005μm，但随裂缝的发育而大幅度提高。

页岩厚度是保证足够的有机质和充足的储集空间的前提条件。页岩厚度越大，页岩的封盖能力越强，越有利于油气的保存，从而有利于页岩油气成藏。此外，可以根据页岩厚度及展布范围来判断页岩油气藏的边界。到目前为止，具有经济价值页岩油气藏的页岩厚度下限尚未明确提出。密歇根盆地 Antrim 页岩气藏页岩的最小厚度大约为 9.1m，沃斯堡盆地 Barnett 页岩气藏 30.5m 的页岩厚度已被证明具有商业开采价值。

页岩的强度决定着裂缝的发育和可压程度。通常认为页岩由脆性矿物、黏土矿物和自生非黏土矿物组成。其中，脆性矿物（石英、长石、方解石等）含量是影响页岩基质孔隙和微裂缝发育程度、含油气性及压裂改造方式等的重要因素。页岩中黏土矿物含量越低，脆性矿物含量越高，岩石脆性越强，在人工压裂作用下越易形成天然裂缝和诱导裂缝，以形成树枝状—网状结构缝，有利于页岩油气开采（Tang et al.，2016）。而高黏土矿物含量的页岩塑性强，吸收能量，以形成平面裂缝为主，不利于页岩体积改造。美国产油气页岩中石英含量为 28%~52%、碳酸盐含量为 4%~16%，总脆性矿物含量为 46%~60%。因此，具备商业性开发条件的页岩一般要求其脆性矿物含量大于 40%，黏土矿物含量小于 30%。

裂缝发育程度是决定页岩气藏品质的重要因素。一般来说，裂缝较发育的气藏，其品质也较好。但是，当裂缝十分发育的时候，也会导致页岩气藏的破坏（唐相路，2015）。普遍认为，在相同的力学背景下，有机碳含量、石英含量等是影响裂缝发育的重要因素。因此，在相同的构造背景下，预测页岩的颜色、厚度以及矿物成分是准确判断裂缝发育程度的基础。

埋藏深度直接控制着页岩油气藏的经济价值及开采效益。美国发现的页岩气藏通常分布在 76.2~3658m 深度范围。由此可见，页岩油气藏深度变化较大，深度不是页岩油气藏发育的决定因素，关键问题是该页岩油气藏是否具有商业开发价值。随着科技和工艺的进步，埋藏更深的页岩油气藏也将得到开发。

构造作用对页岩油气的生成和聚集有重要的影响，主要表现为以下三个方面：首先，构造作用能够直接影响泥页岩的沉积作用和成岩作用，进而对泥页岩的生烃过程和储集性能产生影响;其次,构造作用还会造成泥页岩层的抬升和下降,从而控制页岩油气的成藏过程;此外,构造作用可以产生裂缝,可以有效改善泥页岩的储集性能,对储层渗透率的改善尤为明显。值得指出的是,构造背景和构造作用也在一定程度上控制着页岩油气藏的分布范围。一般而言,盆地边缘斜坡页岩厚度适当且易形成张性裂隙,是页岩油气藏发育的最有利区域;盆地中心区域的厚层页岩,若能形成大面积的超压破裂缝,也可形成页岩油气藏。

3)页岩油气的分布预测

目前,页岩油气产业化进展发展最好的是美国。在美国,页岩油产量从 2005 年开始迅速增加,已陆续在中西部和南方地区的上古生界、中生界及新生界以海相为主的页岩层系(如 Barnett、Eagle Ford、Marcellus、Woodford、Nio-brara、Monterey 等页岩)中产出了页岩油。2017 年,美国页岩气产量达到了 $5523 \times 10^8 m^3$,占天然气总产量 58.8%,产量 10 年翻 20 倍,展示出巨大的开发潜力。

2014 年,国土资源部完成了新一轮页岩气资源评价。我国页岩气地质资源量是 $122 \times 10^{12} m^3$,可采资源量 $21.8 \times 10^{12} m^3$,其中目前能形成产量的以海相最多,为 $13 \times 10^{12} m^3$。我国陆区的页岩气分布在区域上可依次划分为南方地区(包括四川盆地等)、华北地区(包括鄂尔多斯、渤海湾及南华北等盆地)以及西北地区(包括塔里木、准噶尔等盆地)三大区域。页岩气主要发育在海相及海陆过渡相地层中,富集层位主要位于中—古生界地层中,东部地区的新生界潜力巨大(张金川等,2007;张大伟,2016)。截至 2018 年 4 月,我国页岩气探明地质储量超过 $1 \times 10^{12} m^3$,2017 年产量超过 $90 \times 10^8 m^3$。

我国南方地区是国内开展页岩气勘探和研究最有利的战略有利区,包括了三江造山带及其以东、龙门山推覆带—秦岭大别造山带以南、闽粤岩浆岩带以西北的广大地区,总面积达 $220 \times 10^4 km^2$,其中的中—古生界海相地层分布面积达 $90 \times 10^4 km^2$。我国南方是进行油气勘探研究较早的地区之一,建立了涪陵焦石坝、长宁—威远、昭通 3 个国家级页岩气示范区。我国南方地区分布的黑色页岩厚度巨大(四川盆地的页岩最大厚度超过 1400m)、埋藏深度小(黑色页岩广泛出露)、有机质丰度高、生气能力强。

我国北方大面积地区和南方局部地区(川西坳陷、江汉盆地、苏北盆地等)各中—新生代陆相盆地普遍具有良好的页岩油发育地质条件。目前已在泌阳凹陷、辽河坳陷、济阳坳陷及东濮凹陷等地质单元中获得了页岩工业油流,揭示了我国陆相盆地泥页岩层系页岩油的资源潜力。依据页岩油形成条件和勘探现状,可将我国页岩油潜力区划分为三类:一类页岩油发育潜力区页岩油发育条件最好,主要包括渤海湾、松辽、鄂尔多斯、江汉、准噶尔、南襄等盆地;二类页岩油发育潜力区页岩油发育条件良好,主要包括柴达木、三塘湖、二连、塔里木等盆地;三类页岩油发育潜力区主要是勘探程度较低、油气发现数量较少的中小型盆地,包括伊犁、焉耆、银额、三江等盆地。

2. 煤层气聚集理论

1)煤层气的基本概念

煤层气是一种储集在煤层中的自生自储式的天然气,煤层气是在煤化过程中生成并主要以吸附形式储集在煤层中(张新民等,1991;Flores,1998;宋岩等,2011)。由于这类天然气的主要成分是甲烷,故又称煤层甲烷。在我国煤炭工业中称作煤层瓦斯。

从源岩的形成角度讲,煤层气是煤成气(或称煤型气、煤系气)的一部分,是残留在煤层中的煤成气。煤层气不同于"煤成气"的概念,后者通常是指由煤系地层生成并运移出来而聚集在其他储层或各种圈闭中的天然气,属于常规天然气。由于煤层具有很强的吸附气体的能力,它本身生成的气体在一定压力条件下有相当数量以吸附方式残留在煤层中,1t煤含气量在 5~20m³ 之间。而且,它的赋存不依赖于是否有圈闭存在,所以与常规储层中天然气的储集机理有本质的区别。

2) 煤层气藏形成的地质条件

煤层气藏为具有一定规模,并含有商业性开采价值煤层气的煤岩体。这一概念,一是强调煤层含有商业性价值的煤层气,而不是泛指一般含气的煤岩体,二是强调煤岩体要有一定的规模。现代技术条件下,具有商业性开采价值的煤层甲烷气藏的煤层厚度通常为 1~30m,埋深 45~2730m,煤阶可从褐煤到无烟煤。煤层气的主要形成条件包括煤层厚度、含气性、渗透性、保存条件、水文地质条件等,这些条件的有机结合,才能形成煤层气藏。

煤层气藏是在煤热演化过程中形成的、在后期构造运动中未被完全破坏、具有商业开采价值的相对富气煤岩地质体。拥有良好的煤层气生成和赋存条件是关键,而一定厚度的煤层是煤层气藏形成的物质基础,它既提供气源,又提供储集空间。煤层越厚对气藏形成越有利。通常将煤层最低可采厚度作为煤层气储层厚度的下限值,一般把煤层厚度下限值定为 1m。

含气性是煤层气藏最重要的一个综合条件,包括含气量、解吸条件和储层压力梯度。含气量是资源评价的重要基础参数,也是煤储层可采性评价的必要参数,煤层含气量主要受地层压力控制,在浅层其吸附量随埋深增大而增加(图 3-21)。

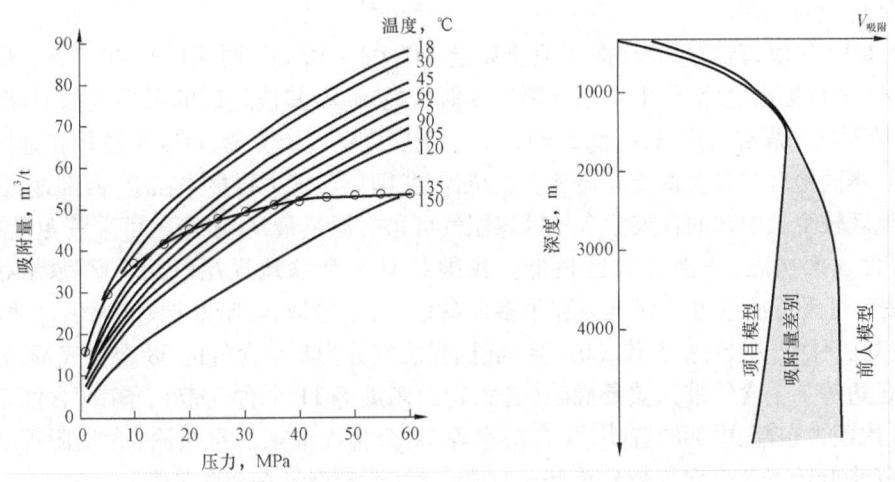

图 3-21 煤层气吸附曲线(左)和含气量随深度变化特征(右)

煤层渗透率是控制产能大小的关键参数(宋岩等,2013)。煤层渗透率高,说明裂缝系统的导流能力强。若气体运移通道受到矿物质充填的影响,或者地应力的增加致使通道禁闭,煤层渗透率就会大大降低,气流量也将大为减少。评价储层渗透率应以试井或历史拟合获取的渗透率数据为准。我国和美国的煤储层渗透率差异大。美国的煤储层渗透率普遍较好,一般为 $(0.1 \sim 100) \times 10^{-3} \mu m^2$,我国含煤区煤层气储层渗透率普遍偏低,多小于 $10 \times 10^{-3} \mu m^2$。煤储层渗透率受控于多种复杂地质因素,其中天然裂缝发育特征对渗透率的影响至关重要。所以在煤层渗透率数据缺乏的情况下,我国煤层气地质工作者多采用构造应力场、主应力差法预测煤层渗透性。

制约煤层气保存的主要地质因素是上覆地层的有效厚度和煤层顶底板特征。煤储层上覆地层有效厚度,即煤层之上地层连续沉积厚度,是指煤层到气体大量生成后第一个不整合面的地层厚度,它真实地反映了煤层气大量生成后构造运动及其造成的地层抬升、剥蚀等作用对煤层气保存条件的影响。一般来说,煤储层上覆地层的有效厚度越大,气体散失量越大。良好的煤层顶底板则可以保持地层压力,阻止地层水的交替,维持三者之间的平衡关系,使气体以吸附状态存在,并减少游离气和溶解气的散失,从而使其在煤层中得以保存和富集。

煤层气的开采需要有较好的水动力条件,便于降压解吸,以利于开采。水文地质条件处于承压区,含气量高,煤层气易于产出。煤层气吸附量随压力的增加而升高,水动力封闭。根据煤层气藏形成的地质条件,结合我国实际情况,可将煤成气藏划分为承压水封堵、压力封闭、顶板微渗滤封闭和构造封闭等四种类型。

3)煤层气藏的分布预测

中国是一个煤炭大国,煤层分布面积广泛,煤炭资源十分丰富。据有关资料,全国煤炭资源总量为 $9.8 \times 10^{12} t$,丰富的煤炭资源中,蕴藏着十分可观的煤层气,以埋深浅于2000m的煤层来计算,全国煤层气远景资源量为 $25 \times 10^{12} m^3$。

我国地质历史上有早石炭世、石炭—二叠纪、晚二叠世、晚三叠世、早—中侏罗世、白垩纪、古近—新近纪七个主要聚煤期,其中石炭—二叠纪、晚二叠世、早—中侏罗世、白垩纪4个聚煤期煤层气技术可采资源量占99%以上,其他3个聚煤期仅占不到1%。其中,早—中侏罗世煤层气技术可采资源量最大,占比50%以上,石炭—二叠纪次之,占比30%以上,其他5个聚煤期煤层气仅占不到15%。

截至2018年底,新增煤层气探明地质储量 $147.08 \times 10^8 m^3$,同比增长40.3%。煤层气储量的约3/4来自沁水盆地,约1/4来自鄂尔多斯盆地东缘,其他地区的煤层气探明储量较少。2017年,地面抽采煤层气产量达 $49.5 \times 10^8 m^3$。我国煤层气资源量、可采资源量在地区分布上趋势相同,不同地区二者含量差异显著。据统计,我国煤层气主要集中在中、西部地区,东部地区、华南地区较少。中部的晋陕蒙含气区煤层气可采资源量最高,占全国可采资源量近50%,西部北疆含气区次之,华南含气区最低。我国共有4个盆地煤层气可采资源量超过 $1 \times 10^{12} m^3$,按照可采资源量由高到低为鄂尔多斯盆地、沁水盆地、吐哈盆地、准噶尔盆地(张新民等,2008;刘成林等,2009;张大伟,2016)。我国煤层气分为8个含气区58个含气带,分别为黑吉辽(含延边等7个含气带)、冀鲁豫皖(含太行山东麓等11个含气带)、华南(含湘南等8个含气带)、内蒙古东部、中部的晋陕蒙(含沁水等11个含气带)、云贵川渝(含贵阳等7个含气带)、北疆(含吐哈等8个含气带)、南疆—甘青(含河西走廊等6个含气带)。

3. 致密油气聚集理论

1)致密油气的基本概念

致密油是致密储层油的简称,是指覆压基质渗透率小于或等于 $0.1 \times 10^{-3} \mu m^2$ 的砂岩、石灰岩等储集层油层。为适应中国非常规油气资源发展的需要,根据中国油气田的实际情况,致密油通常是指覆压基质渗透率小于 $0.2 \times 10^{-3} \mu m^2$ 或空气渗透率小于 $2 \times 10^{-3} \mu m^2$ 的砂岩、碳酸盐岩等油层,单井一般无自然产能,或自然产能低于工业油气流下限,但在一定经济条件和压裂、水平井、多分支井等技术措施下可以获得工业油产量。

广义的致密气是指赋存于致密岩中的天然气。致密岩包括砂岩、泥岩、泥质灰岩等,以低孔隙度、低渗透率(一般孔隙度小于10%,覆压基质渗透率小于 $0.1 \times 10^{-3} \mu m^2$)为特征(康玉柱,2012)。狭义的致密气是指致密砂岩气,指覆压基质渗透率不大于 $0.1 \times 10^{-3} \mu m^2$ 的砂岩气层,单井一般无自然产能或自然产能低于工业气流下限,但在一定经济条件和压裂、水平井、多分支井等技术措施下可以获得工业天然气产量(邹才能等,2012)。

深盆气概念于20世纪80年代引入我国,深盆气是一种发育在构造下倾方向或下部层位的致密储层中气水关系倒置的非常规天然气聚集。这种气藏最早于1927年发现于美国的圣胡安盆地,1976年在加拿大西部艾伯塔盆地发现艾尔姆华士巨型深盆气藏,1979年Masters提出深盆气藏(deep basin gas trap)的概念,因为此类气藏形成于较特殊地质条件下,具有特殊圈闭机理和分布规律的非常规天然气藏,早期发现的主要集中分布在盆地中心或盆地构造的深部,故称之为深盆气藏。

2) 致密油气的地质特征

目前在鄂尔多斯盆地三叠系延长组、四川盆地侏罗系大安寨组、准噶尔盆地东部吉木萨尔凹陷二叠系芦草沟组等获得工业发现,松辽盆地青山口组(扶—杨油层)、渤海湾盆地沙河街组等致密岩油区具有良好资源前景。我国致密油的主要地质特征是:① 圈闭界限不明确,如鄂尔多斯盆地延长组致密岩油区石油大面积连续分布,不具明确圈闭边界,石油在平面上呈连续或准连续状分布于整个盆地;② 油水分布复杂,非浮力聚集或浮力驱动不显著,未见明显水动力效应,无统一油水界限和压力系统;③ 常发育异常压力,裂缝高产,可发育异常高压(大部分盆地)或异常低压(鄂尔多斯盆地),如四川盆地侏罗系致密油在裂缝发育区往往能获得高产,形成"甜点"区;④ 以非达西渗流为主,致密砂岩基质渗透率普遍为$(0.001 \sim 0.5) \times 10^{-3} \mu m^2$,导致石油在进入储层时以"非达西流"的方式渗流;⑤ 短距离运移为主,石油排出烃源岩后,多数在紧邻源岩的致密储层富集,主要发育纳米级孔喉连通体系,如鄂尔多斯盆地长6油层组致密砂岩孔喉半径小于$0.1\mu m$的孔喉约占总体孔喉的65.1%,纳米级孔喉所占比例最高,且孔喉系统具有一定连通性。

我国致密油以陆相湖盆沉积为主,烃源岩与储层一体化或紧邻接触,储集砂体与烃源岩在侧向指状交叉、垂向上频繁互层,大大提高了源、储之间的接触面积,生—储—盖形成了典型的"三明治"结构,是大范围富集成藏的重要基础。主要表现为薄饼式、似层状和集群式成藏,保证了成藏的规模性(大面积、大范围成藏),从而提升了叠合盆地中深层和坳陷盆地斜坡低部位——坳陷区油气资源发现潜力。

根据致密砂岩气藏烃源岩生排烃高峰期与储层致密演化史间的关系,将致密砂岩气藏划分为两种类型:储层先期致密深盆气藏型与储层后期致密气藏型(姜振学等,2006)。前者主要沿凹陷中心、前陆侧缘斜坡、构造斜坡分布,后者表现为早期常规聚集、晚期致密化改造、复式成藏等阶段。这为研究致密油的成岩—成藏关系提供了重要借鉴。从运聚动力和成藏方式看,致密储层内的石油成藏机制以超压充注为主,无一定圈闭形态,石油聚集成藏的范围为超压传递到达的边界,超压梯度大,油充注的距离和圈闭滞留的范围就大,含油饱和度也相对高。可将这种运移充注的方式称为"动力圈闭",既表示油被超压充注到低渗透致密储层中的重要成藏作用,也反映出低渗透致密储层能够滞留油气、聚集成藏的三维空间范围(表3-4)。

我国致密气的主要地质特征包括以下六个方面:① 致密储层具低孔隙度与低渗透率,由于强烈的胶结和压实作用,导致储层孔隙度和渗透率均较低,致密储层中值孔隙度平均为1.5%~9.0%,中值渗透率平均值为$(0.01 \sim 1.0) \times 10^{-3} \mu m^2$;② 低储量丰度,如四川盆地须家河组气藏平均储量丰度为$1.57 \times 10^8 m^3/km^2$;③ 高含水饱和度,通常以40%作为估算致密气储量的含水饱和度下限,通常认为含水饱和度超过60%以后,储层变得不适宜开发;④ 表现为异常压力,如鄂尔多斯盆地上古生界致密气藏多表现为异常低压,压力系数为0.8~0.98,而四川须家河组压力系数为1.1~1.5,为异常高压气藏,储层类型多样,大致可分为透镜体多

表 3-4 致密油形成条件及鉴别

形成条件和鉴别标志		说明
充分必要条件	大面积非常规(致密)储层	致密砂岩储层通常孔隙度小于10%,渗透率小于$0.1×10^{-3}\mu m^2$,孔径小于$2\mu m$,储层充分致密是连续管状渗流和油气连续型聚集的空间基础
	广覆式优质烃源岩	层状烃源岩必须具有一定的厚度和丰度,才能保证足够的充注动力持续聚集的条件
	"源—储"紧密叠置、直接接触	面状叠置、直接对接,若是点、线状接触或部分接触,则不具备叠置、直接接触油气连续聚集的条件
鉴别标志	聚集和保存条件	毛细管阻力封闭(可以不需要"顶板",上部或上倾方向通常为水封堵,下部与源岩相连,即"脱水踏源"),为模糊(渐变)动态圈闭、泛圈闭、隐形圈闭或通体大圈闭
	渗流聚集方式	活塞式连续微细管流,油气从"源"到"聚"为连续渗流聚集,即油气"源—聚(汇)"连体型聚集模式,中间没有被水隔断,因此浮力作用受限,核心鉴别标志是油气"活塞推进、连续汇聚、顶水底源"

层叠置储层、多层状储层、块状储层;⑤ 储层非均质性强,单井可采储量及单井产量等生产动态特征参数差异大;⑥ 以短距离二次运移为主,扩散是主要的聚集方式,浮力作用小,以非达西渗流为主,具有多期多阶段成藏的特点(邹才能等,2012;张国生等,2012;马新华等,2012;胡俊坤等,2015)。

我国致密砂岩气发育背景多样,以陆相、海陆过渡相为主,如四川盆地须家河组为海陆过渡相盆地。致密储层可以夹在烃源岩之中,也可以位于烃源岩上、下,纵向上构成间互式结构(图 3-22)。要形成较大规模且具有工业价值的致密气藏,需要具备一定条件:发育优质烃源岩,一般 TOC 以 2% 为下限,一方面可以提供充足天然气源,另一方面可以通过生烃产生较大的源—储压差,克服致密储层的毛细管阻力成藏;气体来源多样,可以一次供应,也可以多期供应;仍需一定的孔隙度(一般要求 >8%),以保证最低的储集空间要求;致密储层需稳定分布,且分布面积要大,以保证有较大资源规模,如北美的 Bakken 致密油区面积可达数万平方千米;保存条件较好,没有破坏性大断裂,以防天然气逸散(姜振学等,2006)。

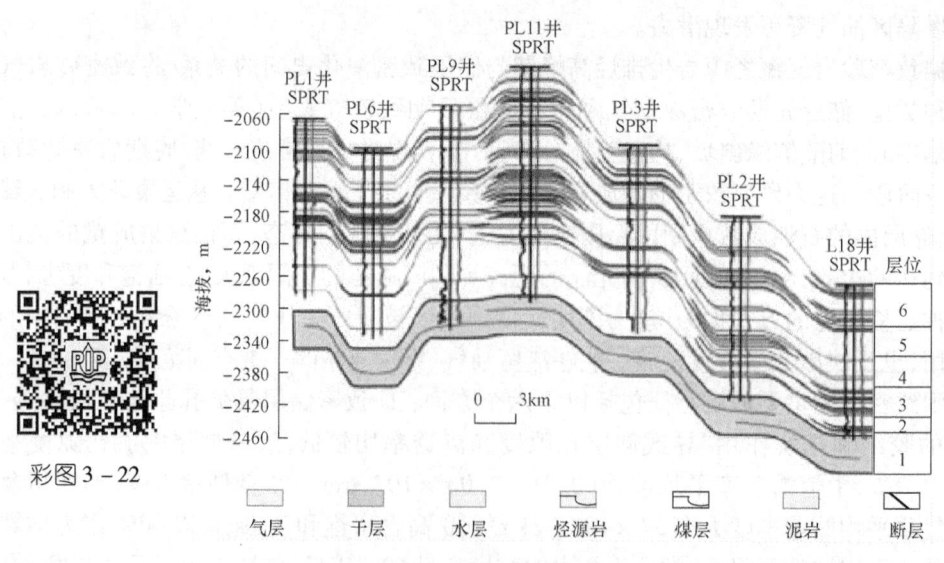

彩图 3-22

图 3-22 四川盆地中部须家河组致密气源储关系剖面
1—须家河组一段;2—须家河组二段 1 小层;3—须家河组二段 2 小层;
4—须家河组二段 3 小层;5—须家河组二段 4 小层;6—须家河组二段

深盆气藏是一种具有特殊圈闭机理和分布规律的非常规气藏,成藏条件及聚集机理与常规气藏差异很大,主要具有以下五个方面特征。

① 气水倒置,即同一储层中"上水下气",从构造下倾部位的饱含气层向构造上倾方向通过气水过渡带渐变为饱含水层,气藏无底水和边水存在。这是区别于常规气藏的最重要特征。

② 源—藏伴生。深盆气藏的烃源岩多位于紧邻致密储层的下方,烃源岩生成的天然气一经排出即可进入致密储层并整体排驱致密储层中的孔隙水富集成藏。

③ 异常地层压力。深盆气藏具有异常高压或异常低压,前者以加拿大艾伯塔盆地中的深盆气藏为代表,后者以美国绿河盆地的深盆气藏为代表。深盆气藏气水倒置的关系似乎决定了深盆气藏流体压力多低于静水压力,一般认为,原生深盆气藏表现为高异常压力,随地壳抬升,造成压力变化使气体生成量与散失量发生变化,深盆气藏内部的天然气量逐渐减少,压力不断下降,即低压往往是由高压转化而来的。

④ 缺乏边—底水,气藏边界不受构造等深线控制。深盆气藏的边界受控于力学平衡(供气热膨胀力 + 气体浮力 = 毛细管力 + 静水压力)与物质平衡(深盆气藏赋集气量 = 源岩供给气量 - 盖层散失气量 - 气水边界散失气量)。力学平衡的主要影响因素有储层孔隙度、渗透率等物性与埋深等;物质平衡的主要影响因素有源岩的排气速率、排气强度、盖层散失气量、气水边界散失气量、储层倾角大小、埋深、厚度等,因此气藏气水边界不受构造等深线的控制。

⑤ 气藏是盆地储层下倾方向的天然气聚集体,不存在常规意义的圈闭。深盆气藏聚集于盆地向斜区的孔隙度、渗透率都很低的储层中,为天然气的聚—散平衡。它不具有常规意义上的圈闭,整个含气区就是一个深盆气藏,往往含气厚度巨大,面积分布广泛,储量巨大。但因其孔渗性较低,一般单井产量较低。

与通常条件相反,如果储层岩石致密,孔隙半径足够小,当具有一定压力的气体从致密储层底部注入时,天然气将把连通孔隙中的可动水排替掉而仅仅留存附着在孔隙壁上的束缚水。运移过程中天然气顶、底界的地层水之间无法通过自由流动(地层水介质的非连续性条件)来实现势能交换,则气水排驱或天然气的运移过程服从活塞式原理,表现为天然气从底部对地层水的整体推移作用,浮力作用无法产生,出现天然气位于地层水之下的气水倒置分布关系(图 3 - 23),当气柱的高度规模足够大时,形成典型意义上的深盆气藏。根据活塞式推移原理,气水之间的毛细管压力和天然气聚集体上覆的地层水柱压力构成了天然气运移的主要阻力,天然气运移时必须克服上述两种阻力,因此典型深盆气的成藏过程应表现为高异常压力特征。

3) 致密油气的分布预测

近年来,致密油成为全球非常规石油勘探开发的亮点领域,美国先后发现 Bakken、Eagle Ford、Utica 等主要致密油产层,展示出良好的发展前景。中国致密油分布范围广,类型多样,也呈现良好的勘探开发形势,大致有三种类型:陆相致密砂岩油藏,如鄂尔多斯盆地;湖相碳酸盐岩油藏,如四川盆地川中地区大安寨组油藏;泥灰岩裂缝油藏,如渤海湾盆地济阳凹陷。勘探实践证实,中国致密油勘探的主要方向为:鄂尔多斯盆地三叠系长 7 段致密砂岩、准噶尔盆地二叠系湖相云质岩等。初步评价结果显示,中国致密油有利勘探面积为 $18 \times 10^4 km^2$,地质资源量为 $(74 \sim 80) \times 10^8 t$(表 3 - 5),可采资源量为 $(13 \sim 14) \times 10^8 t$(贾承造等,2012;邹才能等,2015)。四川盆地川中地区侏罗系发现 6 个致密油田,探明地质储量 $8118 \times 10^4 t$,控制储量 $2354 \times 10^4 t$,预测储量 $5649 \times 10^4 t$。

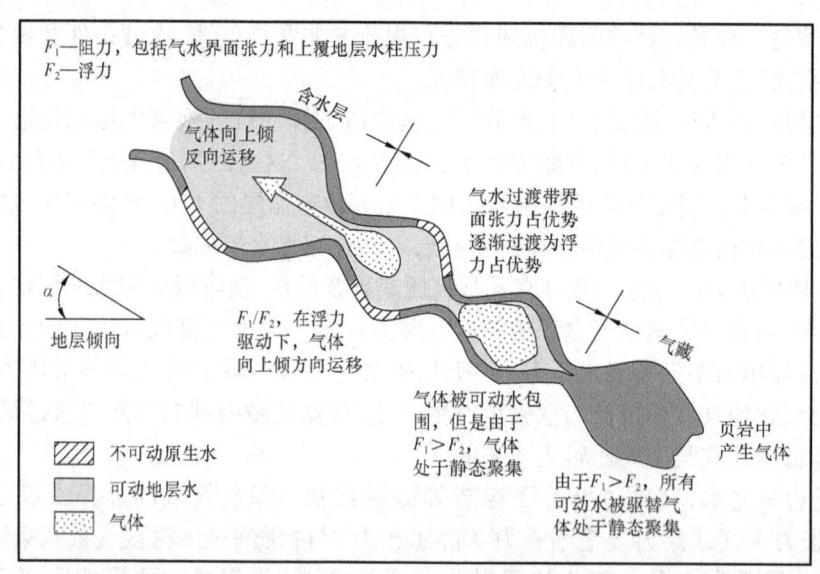

图 3-23 气水倒置微观聚集机理与理论模型(据 Berkenpas,1991)

表 3-5 中国致密油分布及资源量预测(据贾承造等,2012)

盆地	勘探层系	勘探面积,$10^4 km^2$	地质资源量,$10^8 t$
鄂尔多斯	T_{y7}	10.00	19~25
四川	$J_1 dn$	1.50	10
松辽	K_1	1.50	16
柴达木	E、N	1.00	4
渤海湾	Es	2.00	11
准噶尔	P_1	0.30	12
酒泉	$K_1 g$	0.03	2

中国致密气分布范围广,有利区面积为 $32 \times 10^4 km^2$,已经成为天然气增产的重要组成部分,目前已经形成鄂尔多斯盆地上古生界和四川盆地上三叠统须家河组两个大致密气区,松辽盆地下白垩统登娄库组、渤海湾盆地古近系沙河街组、吐哈盆地侏罗系、塔里木盆地侏罗系和白垩系、准噶尔盆地南缘侏罗系和二叠系 5 个致密气潜力区。2014—2015 年,全国致密气探明可采储量占我国整个天然气探明储量的 1/3。贾承造等用类比法初步评价了中国致密气资源潜力,致密气地质资源量为 $(17.4 \sim 25.1) \times 10^{12} m^3$,可采资源量为 $(8.8 \sim 12.1) \times 10^{12} m^3$(表 3-6)。随着开发技术的不断进步,致密气开发获得较快发展,陆续发现了苏里格、子洲—米脂、广安、合川及徐深等大型致密气田,储量、产量不断增长,已经成为现实可利用的非常规天然气资源。

表 3-6 中国致密砂岩气分布及资源量预测(据贾承造等,2012)

盆地	盆地面积,$10^4 km^2$	勘探层系	地质资源量,$10^{12} m^3$	可采资源量,$10^{12} m^3$
鄂尔多斯	25.0	C、P	6~8	3~4
四川	18.0	$T_3 x$	3~4	1.5~2.0
松辽	26.0	K_1	2.0~2.5	1.0~1.2
塔里木	3.5	J、K	4~7	2~3
吐哈	5.5	J	0.6~0.9	0.4~0.5
渤海湾	8.9	Es_{3-4}	1.0~1.5	0.5~0.8
准噶尔	13.4	J_{1-2}、$P_1 j$	0.8~1.2	0.4~0.6

深盆气以其储量巨大而倍受石油地质工作者的重视,加拿大三大气田(艾尔姆华士、牛奶河、霍得利)均以深盆气藏为主;美国已在12个大型盆地(圣胡安、尤因塔—皮申斯、丹佛、大绿河、粉河、风河等)发现并开采深盆气,其产量占非常规天然气产量的69%。在我国,鄂尔多斯上古生界、四川盆地、准噶尔盆地和吐哈盆地侏罗系以及东部含油气盆地的深层是进行深盆气勘探的有利区域,除此之外,塔西南前陆盆地、东濮凹陷、松辽盆地、楚雄盆地等地区,也有可能发现深盆气。鄂尔多斯上古生界深盆气分布于下石盒子组和山西组,平面上主要分布于伊陕斜坡及其附近,深盆气资源量为 $50 \times 10^{12} m^3$,潜在可探明储量为 $2 \times 10^{12} m^3$;川西深盆气藏主要分布于三叠系中,最有利的勘探区为前陆深凹陷部位,深盆气资源量达 $3.6 \times 10^{12} m^3$;库车前陆盆地深盆气分布于三叠系—侏罗系,拜城凹陷和阳霞凹陷为有利勘探区,目前已探明天然气储量近 $0.6 \times 10^{12} m^3$,深盆气远景资源量至少为 $10 \times 10^{12} m^3$;准噶尔南缘深盆气分布于侏罗系和白垩系,准南第三排构造带以北至昌吉凹陷北斜坡是深盆气发育的有利部位,远景资源量至少有 $3 \times 10^{12} m^3$,资源量应在 $(22.68 \sim 28.35) \times 10^{12} m^3$;吐哈盆地深盆气主要分布于中—下侏罗统,最有利的勘探区是胜北洼陷和小草湖洼陷,预测资源量达 $(2.63 \sim 3.06) \times 10^{12} m^3$(张杰等,2004)。

4. 稠油沥青

1)稠油沥青的基本概念

稠油和沥青,不同国家有不同的叫法和定义标准,一般指黏度大、密度高,油藏条件下一般不易流动或不能流动的原油。美国等西方国家把油藏条件下黏度大于 $10000 mPa \cdot s$ 的石油称为焦油砂或天然沥青,当无黏度参数值可参照时,把相对密度大于1.0作为划分焦油砂的指标(邹才能等,2013)。联合国训练研究所推荐的定义是:油层温度下,黏度为 $50 \sim 10000 mPa \cdot s$ 的原油称为稠油,黏度大于 $1.0 \times 10^4 mPa \cdot s$ 的原油称为沥青。在中国,稠油和天然沥青的研究工作起步较晚,所以基本上认同和使用联合国训练研究所的定义,只是由于我国陆相稠油的相对密度相对低,黏度相对高。所以,通常以黏度值作为分类的第一指标,把相对密度作为划分的第二指标。

2)稠油沥青的地质特征

关于稠油沥青的成因,目前大多数人认为有两种成因类型,即原生型和次生型。原生型主要是指所谓的未成熟油或低成熟油,次生型是指后期遭受生物降解等稠变作用形成的稠油。据对中国各地区处于低成熟、成熟和高成熟阶段相应埋深范围的低成熟油、成熟油和高成熟油的物性参数统计,低成熟油的相对密度范围为 $0.87 \sim 0.89$,黏度为 $25 \sim 80 mPa \cdot s$;成熟油和高成熟油相对密度一般小于0.85,黏度一般小于 $10 mPa \cdot s$,即经初次运移、刚进入储层的未稠变油物性参数值应小于或等于上述数值。因此,无论低成熟油还是成熟油均需通过后期稠变作用才能形成稠油(王铁冠等,1995)。

全球稠油和沥青砂的特征及形成条件呈现出许多共性:中—新生代构造运动是稠油形成的主要控制因素,特别是新生代的构造运动把先前聚集的油气带到近地表,导致各种程度的生物降解和氧化。一般来说,新生代构造运动起决定性作用,因为它很大程度上决定了盆地最终的几何形状并控制稠油藏的分布。油气自广阔的油源区开始进行大规模的运移和聚集常发生在抬升期间。油从生油区向斜坡上倾方向运移,形成大面积的地层超覆油藏。因此,地层超覆圈闭是稠油藏的主导类型,另一种不可忽视的类型是由基底抬升而发育起来的以浅层披覆背斜圈闭为主的稠油藏。此类型的稠油和沥青主要沿盆地斜坡(被覆盖或部分遭受剥蚀)的外缘和持续抬升基底之上的浅层披覆构造分布,油气藏规模通常很大。稠油是原油通过生物降解作用和游离氧化而形成的,稠油与焦油砂形成于近地表的浅部(通常在2000m以内)或地表。稠油油藏主要分布在时代较新的地层中,90%以上的稠油与焦油砂分布在白垩系和古近—新近系油气藏中。

稠油沥青资源的形成、分布与规模主要取决于以下两个方面。第一,相当规模的常规油形成与聚集。盆地在其地质历史的演化过程中,具有相当规模的常规油气聚集是形成稠油沥青资源的前提。依据物质平衡原理进行的统计表明,常规油必须损失自身10%~90%的数量,才能成为稠油或沥青。其中,成熟常规油需损失50%~90%,低成熟常规油因原始相对密度、黏度值高,损失量要小,一般为10%~50%。第二,后期构造运动。后期构造运动的发生恰恰为石油进入连通系统提供了动力,即只有在油气生成、聚集之后发生的构造运动,才能为原始聚集的常规油进入连通系统创造条件,如产生开启断层、不整合面以及开启储层等。同时,构造运动的方式又必须在连通系统内创造较好的或一定的封盖条件,使石油在连通系统内不会迅速散失,能够有相当数量的石油聚集。从而既遭受运移期又遭受油藏期的稠变作用,为形成相当规模的稠油沥青奠定了基础。后期构造运动的次数越多,构造运动的强度越大,原油遭受的稠变作用越强。而且,运动的方式越适宜封盖条件的创造,连通系统内稠油沥青的形成量与聚集量就越大。因此,在盆地(或凹陷)内,必须有足够数量的石油由非连通系统进入连通系统、遭受各种稠变因素的作用,并使之有相当数量的原油在连通系统中聚集,最终才可能形成稠油沥青(牛嘉玉等,2002)。

3)稠油沥青的分布预测

世界常规石油与世界稠油沥青资源在各类资源分布和规模上均有着同等重要的地位。世界稠油沥青和沥青资源极为丰富,但对全球该类资源的估算与评价面临很多困难。除各地区的资源分类标准存在很大差异外,各地公布的储量资源的分级标准与评价方法也有较大的差异。同时,一些地区的数据有限,而一些地区尚未开展任何系统评价等。例如,加拿大艾伯塔的稠油和沥青,较为含糊地统称为焦油砂(即天然沥青);而委内瑞拉的稠油沥青带,笼统地称为稠油带;在西伯利亚地区,笼统地称为天然沥青;在中国,尽管天然沥青显示很多,但从未开展过系统评价。以上地区,均未较严格地把所赋含的稠油和天然沥青较为严格地区分开来。世界沥青和重油的大区分布表明,北美地区最高,地质资源量约为 0.326×10^{12} t,占全球总稠油沥青资源量的43%;其次为南美地区,地质资源量约为 0.308×10^{12} t,占全球总稠油沥青资源量的42%;外高加索地区地质资源量约为 0.866×10^{10} t,占全球总稠油沥青资源量的8%;俄罗斯地质资源量约为 4.77×10^{10} t,占全球总稠油沥青资源量的6%;非洲地质资源量约为 6.28×10^{9} t,占全球总稠油沥青资源量的1%。欧洲、东亚、东南亚和大洋洲、中东的地质资源量较少,共计 4.366×10^{9} t,不到全球总稠油沥青资源量的1%。

5. 天然气水合物

1)天然气水合物的基本概念

天然气水合物是一种天然气与水的类冰状固态化合物,是在特定的低温和高压条件下,甲烷等气体分子天然地被封闭在水分子的扩大晶格中,形成似冰状的固态水合物。自然界中存在的天然气水合物的天然气主要成分为甲烷,所以又常称为甲烷水合物(methane hydrates)。有时乙烷、丙烷、异丁烷、二氧化碳及硫化氢也可与甲烷一起形成固态混合气体水合物,故又称固态气水合物(solid gas hydrates)。

天然气水合物的气体主要有三方面来源:一是沉积物中的有机质在细菌降解作用下产生的生物成因气;二是深部有机物或石油在热裂解作用下产生的热解成因气;三是由火山作用产

生的无机成因气。由于目前天然气水合物主要发现在较浅的沉积物中,因而人们认为天然气水合物中的气体大多是生物成因气,特别是形成于大陆外缘的天然气水合物。但随着天然气水合物不断被发现分布在陆源碎屑较少、有机质总量较低的各大洋洋底,热解成因气和无机成因气在天然气水合物中的比重可能越来越大(张光学等,2014)。

2) 天然气水合物的地质特征

天然气水合物的成藏需具备四个最基本条件:① 充足的天然气和水,天然气主要是生物成因气,其次来源于热解成因气;② 较低的温度,一般温度低于10℃;③ 较高的压力,一般压力要求大于10MPa;④ 有利的储集空间,其中最重要的是低温和高压条件,且温度与压力可在一定范围内相互补偿,即形成天然气水合物的温度越低,所需的压力也越低,埋藏深度越浅,温度越高,则需要的压力也越大,埋深越大(图3-24)。但天然气水合物的形成要求压力随温度线性升高而呈对数地增加,而在大多数沉积盆地中,压力随埋深的增大远远无法满足地温升高对天然气水合物形成的压力要求,水合物在21~27℃下都将分解。因此,适合天然气水合物形成的地质环境必定是埋藏不太深的低温环境,一般形成天然气水合物的下限深度约为1500m。

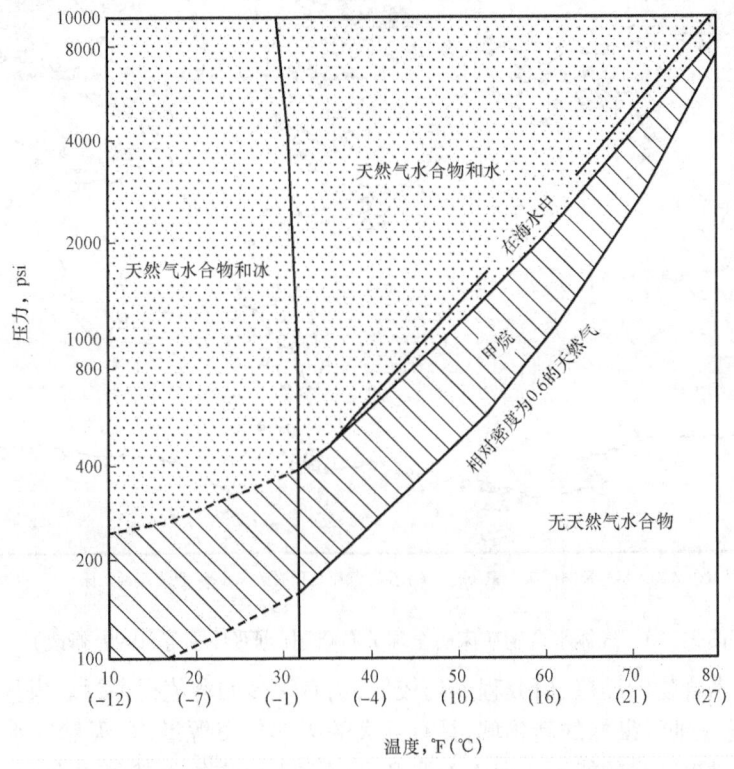

图3-24 天然气水合物的压力—温度图解(据 Katz et al. ,1959)

3) 天然气水合物的分布预测

天然气水合物的高压低温形成特点控制了其分布的地质环境,主要分布在极地、永久冻土带及大洋海底。北极地区永久冻土带一般厚250~600m,最厚可达1000m,永冻层水合物存在于低压和低温区。据苏联学者估计西西伯利亚天然气水合物中的天然气储量可达$15 \times 10^{12} m^3$。在洋底沉积物中天然气水合物的分布受温度—压力制约,天然气水合物赋存于水深大于100~250m(两极地区)和水深大于400~650m(赤道海域)的深海海底以下数百米至1000多米的沉积层内,这里的压力和温度条件能使天然气水合物处于稳定的固态。在北冰洋水深超过335m、亚热带水深超过610m的洋底沉积物中都发现了气体水合物。海洋水合物能在比较高的温度和高压下保持稳定,通常水深500~4000m,温度2.5~25℃或者更高。海洋水体的高压作用也有助形成气体水合物:若表层水温接近0℃,在水深3000m的深海区,甲烷水合物带可厚达1000m左右;而在表层水温为4℃的水深1000m陆坡,甲烷水合物带尚可厚达400m左右。

经过多年勘探,迄今发现西半球北美洲周缘许多海域都蕴藏着气体水合物资源:从北阿拉斯加、白令海、加利福尼亚近海、中美洲海沟、巴拿马盆地、哥伦比亚盆地、墨西哥湾、布莱克—巴哈马海岭、巴尔的摩峡谷至东加拿大近海估算的气体水合物远景资源量可超过(760~2915)×$10^{12}ft^3$。图3-25表明了已知和预测50余个气体水合物矿床的全球分布概况。我国在东南沿海也蕴藏着丰富的气体水合物资源,如2017年由自然资源部中国地质调查局组织实施的海域天然气水合物首次试采取得圆满成功,从水深1266m海底以下203~277m的天然气水合物矿藏开采出天然气,平均日产量超过$1×10^4m^3$。

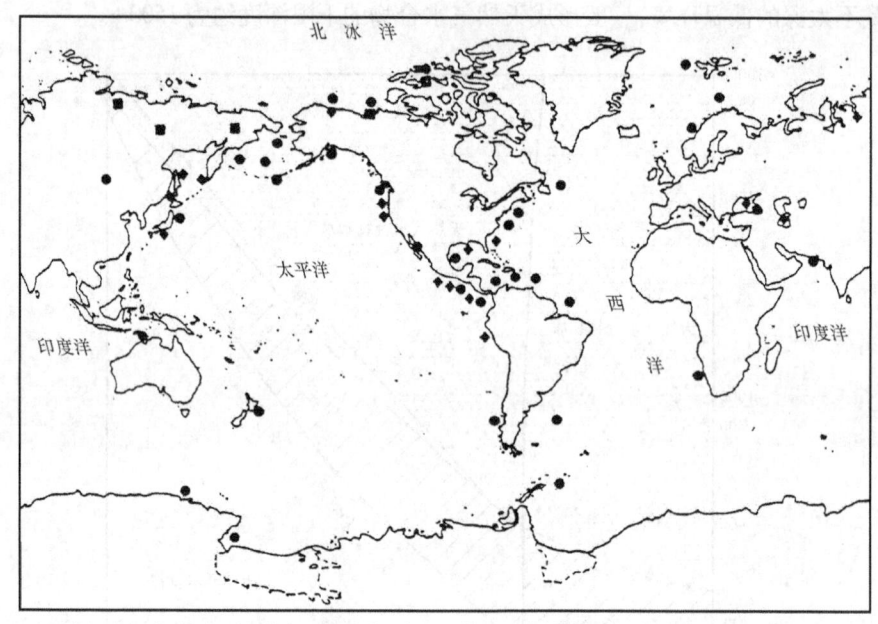

■ 大陆(永久冻土层)预测矿床　● 海洋(水生)沉积物预测矿床　◆ 已发现的矿床

图3-25　气体水合物矿床的全球分布略图(据张厚福等,1999,修改)

目前天然气水合物的勘探、研究程度尚较低,仍有许多问题值得探讨。世界各国学者正在开展大量研究,这是油气勘探的新领域,具有巨大的天然气资源潜力,天然气水合物的开发利用必将为人类提供更充足的能源。但人类要开采埋藏于海洋的天然气水合物,尚面临着许多新问题和困难,如天然气水合物的开发可能引起海啸、海底滑坡、海水毒化等灾害。可见,天然气水合物要成为未来的新能源,还需要开展大量研究工作。

第四节　油气勘探定量预测与评价

一、油气运聚门限与资源潜力定量评价

预测和评价有利勘探区是油气地质工作者的核心任务之一,长期以来受到国内外学者的

重视。目前,经典的预测和评价有利勘探区的理论基础是基于研究区油气生、储、盖、运、圈、保等六方面的地质条件综合分析,本书运用的油气运聚门限判识和研究,为有利勘探区预测和评价提供了一套新的思路和一套定量研究的技术方法。

1. 油气运聚门限的基本概念

油气运聚门限是指油气生、排、运、聚过程中的临界地质条件,它们决定着油气藏的形成和分布及其资源量的大小。依据控油气作用机制,油气运聚门限分为油气排烃(初次运移)门限、油气聚集(成藏)门限、油气资源(规模)门限等,它们是油气生、排、运、聚成藏过程中的三个临界地质条件,联合决定着一个盆地或地区的油气藏形成和分布及其资源潜力的大小。只有相继进入了三个地质门限的盆地或地区才能形成有效资源并值得进一步勘探,三者的关系见表3-7。

表3-7 油气运聚门限分类及其控油气作用差异比较(据庞雄奇,2014a)

序号	临界地质条件	主要影响因素	控油气成藏机制	关联性
1	油气排烃(初次运移)门限	生烃总量、烃源岩各种形式残留烃临界饱和量、各种相态排烃量等	控制排烃时间、排烃相态、有效排烃量	只有在进入了前一门限后才能进入下一门限
2	油气聚集(成藏)门限	排烃总量、盖前排烃量、运移过程中各种形式的运移损耗烃量等	控制可供聚集油气总量、时间、相态	
3	油气资源(规模)门限	可供聚集烃量、最小工业性油气藏规模、无价值聚集烃量等	控制油气藏规模、个数、资源总量等	

油气运聚过程中的排烃门限也称油气初次运移门限,指烃源岩内生成的烃量超过了自身各种形式的残留需要并开始以游离相大量排出烃源岩的临界地质条件(庞雄奇等,1995)。它决定着生烃岩能否变成有效烃源岩以及有效烃源岩的品质优劣。在烃源岩进入大量排烃门限前,它们只能够以水溶相和扩散相排烃,但由于烃在水中的溶解度以及扩散系数非常小,排出的量非常少。只有生烃量大的烃源岩层才能够进入排烃门限并发生大量排烃作用。通过对烃源岩层有效排烃量研究可以作出排烃强度等值图,排烃门限所限定的有效烃源岩分布范围即为烃源灶,排烃强度中心即为源灶中心。

油气运聚过程中的聚集(成藏)门限系指油气在二次运移过程中满足了各种形式的损耗需要并开始以游离相态聚集成藏的临界条件,它决定着研究区油气藏的形成以及油气藏规模的大小。排烃量小、盖层形成晚、运移距离长、损耗烃量大的含油气系统或油气成藏体系不容易聚集油气成藏;排烃量大、盖层形成早、运移距离短、损耗烃量小的含油气系统或成藏体系不仅能够进入聚集(成藏)门限,而且能够提供大规模的可供聚集烃量。

油气运聚过程中的油气资源(规模)门限系指聚集起来的油气量超过了研究区最小的工业油气藏规模下限(庞雄奇,2014a)。严格地说,这一门限并非一个客观存在的地质门限,而是一个油气藏经济开采的门限。它们随地质条件、地理条件和技术水平不同而改变。例如当前在我国海上,工业油气藏规模下限为$200 \times 10^4 t$;在我国东部,工业油气藏规模下限为$10 \times 10^4 t$;在我国西部,工业油气藏规模下限为$50 \times 10^4 t$。对于油气藏规模小于这一临界条件的资源储量不能作为有效资源储量,但随着科技进步和生产水平提高,它们中的一部分将会逐步转化为有效资源量。

2. 运聚门限控油气作用基本特征

油气运聚门限控油气作用展现了油气生、排、运、聚成藏过程的时序性、层次性和关联性。

时序性是指油气成藏自始至终必然要经历一个生、排、运、聚的全过程,后一个事件是在前一个事件发生后相继发生的,缺少前面任何一个环节后面的事件都不能继续进行。油气成藏过程中生、排、运、聚的时序性是与含油气盆地的形成和演化过程的完整性相互关联的。当盆地内烃源岩层埋藏到一定深度后,有机母质的热演化程度超过了 $R_o=0.5\%$,油气开始大量生成;当生烃量超过了烃源岩自身残留油气临界饱和量后就开始大量排出;当排出的烃量在运移过程中满足了水溶、扩散、围岩吸附和游离滞留等各种形式的损耗需要就开始大量聚集。这一过程是不可逆的,也是不可能跨越的,必须循序渐进。

层次性是指油气生、排、运、聚成藏过程可以划分出几个不同的阶段,每一阶段内地质事件的发生、发展和结束都具有自身的规律性和独特的标志。油气排运是油气成藏过程中的第一阶段,进入排烃门限是这一阶段结束的最独特的判别标志;油气运移聚集是油气成藏过程中的第二阶段,进入聚集门限是这一阶段结束最独特的判别标志;油气藏规模增大是油气成藏过程中的第三阶段,进入油气藏工业规模门限是这一阶段结束的最独特的判别标志。研究油气成藏过程特征既可以揭示油气成藏机制,又可以划分油气成藏阶段,对含油气系统进行评价。

关联性是指油气生、排、运、聚构成了油气成藏的一个完整过程,彼此之间不能分割。这一过程从前至后必然要经历油气排运、油气聚集、油气藏规模增长三个地质门限。它们是一个前后相继发生的过程,联合控制着油气藏的形成和分布及其资源潜力大小。没有进入排烃门限的生油气岩层不能作为有效烃源岩层;没有进入聚集门限的盆地或地区不能形成油气藏;没有进入油气资源(规模)门限的含油气系统不能形成具有工业价值的油气藏。只有相继进入了上述三个地质门限的地区或盆地才能形成具有工业价值的油气藏,提供有效资源。

3. 运聚门限控油气作用研究的基本内容

运聚门限控油气作用研究的基本内容涉及油气生、排、运、聚等各个方面,主要内容大致归纳为烃源岩生烃量及其变化史研究、油气运移损耗烃量研究、油气运聚门限判别、油气聚集烃量和有效资源量评价等基本内容,各内容之间的关联性及技术思路如图3-26所示。

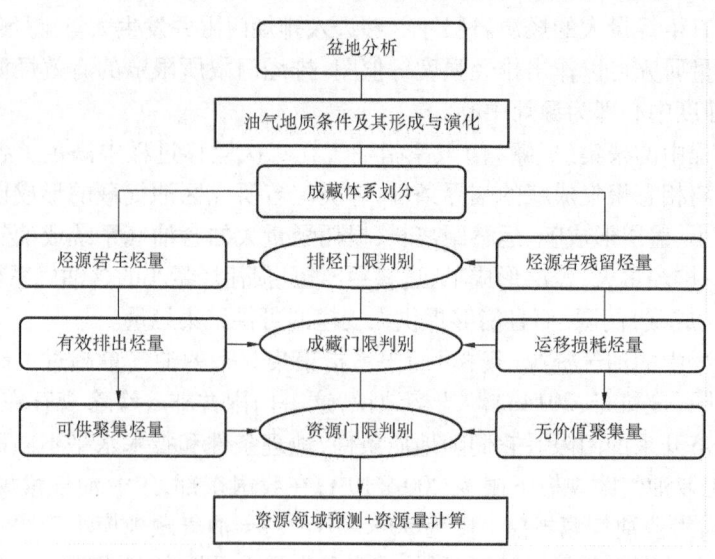

图3-26 油气运聚门限与油气资源评价研究技术思路图(据庞雄奇,2014a)

1)研究运聚系统内烃源岩层生烃量及其变化历史

油气成藏系统内烃源岩层生烃量及其变化历史是不同时期油气运聚成藏的物质基础。首先,通过物理模拟、数值模拟、地质地化分析等多种方法建立当前单位重量的有机母质在热演化过程中生油气量的变化特征;然后,结合研究区实际情况计算烃源岩层生油气总量。计算时要考虑烃源岩层有机母质丰度(TOC)、类型(KTI)和热演化程度(R_o)以及烃源岩层厚度(H)和分布面积(S)等因素的影响。通过烃源岩层生烃量的研究搞清最主要的生油气层位、最主要生油气坳陷和最主要的生油气时期。此外,研究烃源岩层生烃量及其变化特征要将甲烷气、重烃气和液态烃分开,它们在运聚成藏过程中的特性有很大差异。

2)研究运聚系统内油气损耗烃量及其变化历史

运聚系统内油气的损耗烃量制约着系统内烃源岩层的排烃量、可供聚集量及最终成藏的远景资源量,主要研究油气在三个不同阶段的损耗烃量。

第一,研究烃源岩层在排运油气阶段的损耗烃量。它们包括烃源岩层以吸附、水溶、游离、油溶等多种形式残留的烃量,尤其是要研究它们随地层埋深、孔隙度、欠压实程度、温度、压力、水矿化度等一系列参数的变化规律。通过研究,建立烃源岩残留烃临界饱和量与各种主控因素之间的定量关系模式,为实际地质条件下烃源岩层各种形式的残留烃量模拟创造条件。

第二,研究油气在二次运移过程中的损耗烃量。它们包括上覆盖层形成前的散失量,在地下运移过程中被储层以水溶、吸附、游离等多种形式的滞留量,随地下水的流失量等等,尤其注重研究它们在烃源岩分布范围内进入储层后的垂直运移过程中的损耗烃量、在储层上部或盖层之下的水平运移过程中的损耗烃量、在烃源岩层分布范围之外的运移过程中的损耗烃量。通过研究,建立它们与岩性、孔隙度、温压、储层厚度、运移距离等多种地质参数之间的定量关系模式,为实际地质条件下油气二次运移过程中各种形式的损耗烃量模拟研究创造条件。

第三,研究油气聚集过程中的损耗烃量。它们包括小规模无价值聚集烃量、聚集后因构造变动破坏的烃量。无价值聚集烃量的计算,考虑研究区最小工业油气藏下限标准、油气藏规模序列、油气藏类型等;构造变动破坏烃量的研究,考虑构造变动次数、构造变动强度、构造变动时序以及构造变动时盖层的封油气性。通过研究,建立无价值聚集烃量与多种主控因素之间的定量关系模式,为实际地质条件下油气无价值聚集烃量的模拟研究创造条件。

3)建立油气生排聚散平衡模型并评价资源量

在研究运聚系统内油气生成量、损耗烃量及其各自之间的平衡关系后判别油气生、排、运、聚过程特征,确定运聚系统是否进入了相关的地质门限。重点研究油气运聚过程中油气生成量与各种损耗量之间的平衡关系,分析系统内烃源岩层排油气临界条件、油气聚集临界条件、油气藏规模超过工业下限标准时的临界条件及其变化特征,阐明各种临界条件对油气运聚成藏的控制作用,建立油气远景资源量与排烃门限、成藏门限和资源门限之间的关联模式。对于进入了排烃门限的运聚系统,圈定出有效烃源岩的分布范围并模拟排烃强度,计算出排油气总量;对于既进入排烃门限又进入了聚集成藏门限的运聚系统,圈定出有利成藏的边界范围,计算出可供聚集烃量大小;对于相继进入了三个地质门限的运聚系统,圈定出有利勘探区的边界范围,计算出最终的有效资源量的大小。结合实际地质条件,将资源量落实到有利的目的层位、有利富油气区带和最有利的富油气目标之上,从而为油气勘探指明方向。

4. 运聚门限联合研究评价油气资源量的工作流程

1)方法原理

油气成藏体系定量评价主要是依据物质平衡原理,采用数值模拟的方法,在地史和热史研究的基础上,依次模拟烃源岩的生烃量,确定生烃门限;模拟烃源岩残留烃量、模拟油气盖前排失烃量和储层滞留烃量,计算可供运移烃量,确定运烃门限;模拟运移过程中的各种损失烃量(如围岩吸附、扩散和水溶流失等),计算可供聚集烃量,确定聚集门限;模拟构造破坏烃量和以非工业价值的形式聚集的烃量,计算资源量,确定资源门限(图3-27)。

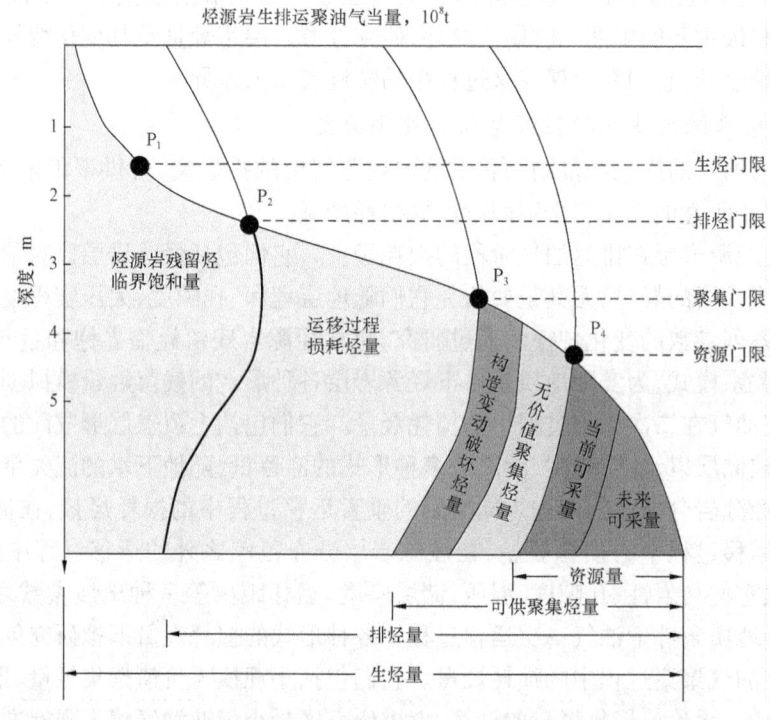

图3-27 油气生排聚散平衡模型与资源潜力评价(据庞雄奇,2014a)

2) 工作流程

在对成藏体系烃源岩进行评价的基础上,首先判别烃源岩是否达到运聚生烃门限,并计算其生烃量(Q_p);烃源岩生成的烃量在满足了自身残留的需要后开始向外排运,即运聚排烃门限,判别标准是排烃量($Q_e = Q_p - Q_{rm}$)大于0,其中Q_{rm}为烃源岩残留烃临界饱和量;从烃源岩排出的烃量(Q_e)通过成藏体系的输导体系在向圈闭运移过程中,必须首先满足储层的滞留需要(Q_{rs}),而且在区域盖层形成前排出的烃量(Q_{bc})也要损耗掉,在油气运移过程中,油气还会因为围岩吸附作用(Q_{lb})、水溶流失作用(Q_{lw})和扩散作用(Q_{ld})遭受损耗,当Q_e满足了上述各种形式的损耗需要后,成藏体系开始有游离态油气聚集,即运聚聚集门限。进入聚集门限后,成藏体系中聚集的烃量(Q_m)在满足后期无价值聚集烃量(Q_{ls})和构造变动造成的散失烃量(Q_{ds})后,即运聚资源门限。从生烃量中减去各种形式损耗烃量可以计算成藏体系的可供聚集烃量(Q_m)和资源量(Q)。在确定了成藏体系的资源潜力后,可以指导勘探部署。

5. 应用实例

1) 济阳坳陷地质背景与勘探概况

济阳坳陷位于渤海湾盆地东南部,总面积约$2.62 \times 10^4 km^2$,由东营、惠民、沾化、车镇四个主要凹陷和若干个分隔凹陷的凸起组成。自1962年获工业油流,济阳坳陷已历经40年的油气勘探开发,发现70个油气田,探明石油地质储量为$41.6 \times 10^8 t$,探明天然气地质储量为$361.41 \times 10^8 m^3$。济阳探区资源探明程度达56.97%,已属中高勘探程度区,但勘探程度在平面上和纵向上分布极不均衡。平面上,沾化凹陷和东营凹陷属高勘探程度区;纵向上,3500m以下深层井较少,还有很大的勘探潜力。

2)运聚门限预测

2004—2006年中国石油大学(北京)与胜利油田公司合作完成了《济阳坳陷第三系油气成藏机制与油气富集规律研究》,应用油气运聚门限理论模型与技术对济阳坳陷进行资源预测,其中沾化凹陷、东营凹陷的5个成藏体系剩余资源量可观,是有利成藏区带,预测过程与结果如下(表3-8)。

表3-8 济阳坳陷油气成藏体系应用运聚门限评价资源量计算结果(据庞雄奇等,2014a)

单位:10^8 t

成藏体系代号	成藏体系名称	生烃量	聚集门限	可供聚集烃量	无价值聚集烃量	资源量	探明地质储量	剩余资源量
1	东营中央背斜带	74.99	18.4	56.59	48.98	7.61	4.04	3.57
2	王家岗—八面河	66.55	10.2	56.35	50.45	5.9	2.64	3.26
3	乐安—纯化鼻状构造	33.84	4.56	29.28	25.63	3.65	1.9	1.75
4	博兴洼陷南坡	24.97	4.91	20.06	18.86	1.2	0.56	0.64
5	青城低凸起北坡	4.54	0.363	4.177	3.8	0.37	0.17	0.2
6	平方王—大芦湖	43.83	5.03	38.3	34.7	4.1	2.17	1.93
7	滨县凸起南坡	38.7	3.01	35.69	30.77	4.92	1.81	3.11
8	东营凹陷北带	104.41	5.99	98.42	89.02	9.4	6.77	2.63
9	惠民凹陷南坡	28.96	22.7	6.26	5.13	1.13	0.48	0.65
10	惠民中央背斜带	74.39	24.5	49.89	43.17	6.72	2.13	4.59
11	惠民凹陷北部	0.92	1.13	0	0	0.12	0	0.12
12	沙河街鼻状构造	11.39	12.6	0	0	0.95	0	0.95
13	阳信洼陷北部	4.1	4.29	0	0	0.54	0	0.54
14	流钟洼陷南坡	0	3.33	0	0	0	0	0
15	流钟洼陷北坡	0	3.52	0	0	0	0	0
16	东风港—套尔河	28.71	5.96	22.75	20.95	1.8	0.38	1.42
17	车镇凹陷北	21.01	2.45	18.56	16.22	2.34	0.16	2.18
18	义和庄凸起北坡	30.44	4.43	26.01	22.26	3.75	0.88	2.87
19	义和庄凸起南坡	7.41	0.806	6.604	6.204	0.4	0.39	0.01
20	陈家庄凸起北坡	15.89	4.67	11.22	10.26	0.96	0.3	0.66
21	孤南—富林	27.86	5.48	22.38	19.19	3.19	0.6	2.59
22	渤南—孤岛	90.07	17.7	72.37	60.26	12.11	5.8	6.31
23	垦东地区	21.38	2.94	18.44	15.44	3	1.04	1.96
24	桩西—长堤—孤东	48.57	3.6	44.97	37.87	7.1	4.26	2.84
25	垦东地区	0	12.4	0	0	0	0	0
26	青坨子	0	6.92	0	0	0	0	0

通过对济阳坳陷烃源岩排烃的主控因素进行分析,按不同岩性及不同有机质类型对济阳坳陷古近系烃源岩分别建立生、排烃模式,确定生、排烃门限。其中油页岩的排烃门限约为2200~2300m,而暗色泥岩大约在埋深为2600~2800m时才达到排烃门限,根据不同凹陷烃源岩进入排烃门限与否计算出东营凹陷总排烃量达93.01×10^8t,沾化凹陷总排烃量达44.07×10^8t。

在生排烃门限确定的基础上,根据济阳坳陷排烃量以及油气运移过程中的各种损耗需求,计算运聚门限,达到门限的油气资源即为可供聚集烃量。计算结果显示,济阳坳陷26个成藏体系中有19个已经达到聚集门限,其中东营凹陷北带的可供聚集烃量最大,达到了118.42×10^8t,其次是渤南—孤岛成藏体系,为72.37×10^8t;东营中央背斜带、王家岗—八面河和惠民中央背斜带成藏体系都在50×10^8t左右,这些成藏体系将是进一步勘探的有利区。

在聚集门限评价获得可供聚集烃量的基础上,减去无价值聚集烃量和散失烃量,即达到资源门限,得到资源量,从成藏体系的总资源量中减去其内部已发现的地质储量可得到该成藏体系的剩余资源量,济阳坳陷剩余资源量潜力最大的五个成藏体系分别是渤南—孤岛、惠民中央背斜带、东营中央背斜带、王家岗—八面河、滨县凸起南坡,其剩余资源量分别为6.31×10^8t、4.59×10^8t、3.57×10^8t、3.26×10^8t和3.11×10^8t。

3)预测结果及对勘探的意义

依据上述油气运聚门限的研究思路与方法,预测并评价了济阳坳陷9个目的层160多个勘探目标,指导钻探井180口,发现相当1.6×10^8t的探明储量,新增利税60亿元。探井成功率较研究前三年平均的56%提高了29个百分点。为胜利油田公司的可持续发展做出了积极贡献。

确定了剩余资源量潜力最大的五个成藏体系分别为渤南—孤岛、惠民中央背斜带、东营中央背斜带、王家岗—八面河、滨县凸起南坡。应用油气运聚门限评价油气资源量,明确了济阳坳陷各成藏体系资源潜力,为胜利油田的"增储上产"做出贡献。

二、油气分布门限与成藏区带定量预测

在有利剩余资源领域内开展油气分布门限及其时空组合特征研究,为复杂地质条件下油气成藏形成和分布规律研究创造了条件,可以揭示出不同类型的油气藏形成要素的差异性、不同要素之间组合控油气成藏规律,从而确定出有利成藏区带。

1. 油气分布门限的基本概念

油气分布门限是指油气藏在含油气盆地形成和演化的时空中分布的临界地质条件,包括成藏边界、范围和概率。油气分布的临界条件由各关键控藏临界条件联合决定。依据控藏机制的不同,可将控藏关键要素分为四类六种,包括提供油气来源的有效烃源岩层控油气藏分布临界条件、储集油气的有效储层控油气藏分布临界条件、保护油气的有效盖层控油气藏分布临界条件以及运聚油气的低势区控油气藏分布临界条件。低势区控油气分布可分出古隆起低位能区控油气藏分布临界条件、断裂带低压能区控油气藏分布临界条件、高孔渗岩性体低界面能区控油气藏分布临界条件。这里的临界条件主要指油气藏形成和分布的边界、范围和概率(表3-9)。

2. 分布门限控油气作用的基本特征

分布门限控油气作用表现在两个层面。

表3-9　油气藏分布门限四类功能要素控油气差异性比较(据庞雄奇,2014b)

功能要素	分类表征	控油气分布门限	控油气分布特征	控油气成藏机制	控油气分布规律
烃源灶	S	油气分布在两倍排烃半径范围内	离烃源灶越近发现油气概率越大	控制油气来源、数量、时期	要素组合控制着油气藏在不同的时期和不同的地质条件分布
地质相	D	油气分布在粒径不粗也不细的地质层内	离烃源灶越近发现油气概率越大	控制油气富集的孔隙空间与分布	
封盖层	C	油气分布在盖层不厚也不薄的目的层内	离烃源灶越近发现油气概率越大	控制油气藏富集层位与保存时间	
低势区	P_1	油气藏分布在构造高位	离烃源灶越近发现油气概率越大	控制低位能区发育和浮力聚油气成藏	
	P_2	油气分布在断裂带附近	离烃源灶越近发现油气概率越大	控制低压能区发育和压力聚油气成藏	
	P_3	油气分布在高孔渗地质体之中	离烃源灶越近发现油气概率越大	控制低界面能区发育和毛细管力差聚油气成藏	

第一,每一个单独的地质要素都表现出控油气藏形成和分布的地质门限或临界条件。实际地质条件下,通过对已发现的油气藏分布特征统计分析发现四类、六个不同的关键要素具有不同的控藏门限或临界地质条件。第一类是烃源灶(S),它控制着油气成藏的物质来源,控油气分布门限表现为95%以上的油气藏都分布在两倍于排烃源岩半径的范围内,离烃源灶中心越远发现油气藏的概率越小;第二类是地质相(D),它控制着油气储集空间发育,控油气藏分布门限表现为95%以上的油气藏都分布在碎屑颗粒粒径介于0.1~0.5mm的储层内,偏离这一范围越远的储层内发现油气藏的概率越小;第三类是封盖层(C),它控制着油气在纵向上富集的层位,控油气藏分布门限表现为95%以上的油气藏都分布在盖层厚度介于25~720m的范围内,偏离这一范围越远发现油气藏的概率越小;第四类是低势区(P),它控制着油气从高势区向低势区运聚。控油气藏分布门限随低势区种类不同而不同。古隆起($M-P_1$)控油气藏分布门限表现为95%以上的油气藏都分布在古隆起坡脚以上的隆起带范围内,偏离隆起高点越远发现油气藏的概率越小;断裂带($F-P_2$)控油气藏分布门限表现为95%以上的油气藏都分布在离断裂带30km的范围内,偏离断裂带越远发现油气藏的概率越小;高孔渗岩性体(P_P-P_3)控油气藏分布门限表现为95%以上的油气藏都分布在外部界面势能高于内部界面势能两倍以上的圈闭内,圈闭内外势差越小发现油气藏的概率越小。

第二,四类不同的功能要素联合控油气藏形成和分布表现出地质门限或临界条件。烃源灶、地质相、封盖层、低势区是控制油气藏形成和分布的四类功能要素。在实际地质条件下,它们的不同组合控制着不同类型油气藏的形成和分布。例如,烃源灶、地质相、封盖层和古隆起四个要素联合控制着背斜构造类油气藏的形成和分布。研究表明,98%以上的已发现的背斜油气藏分布在这四个要素分别控藏有利区的叠合区内,100%已发现的油气藏形成于四个要素相互关联且同时有效的地史时期,95%以上的油气藏发现于四个要素自上而下有序组合(C/D/M/S)的地层剖面中。此外还发现,源、储、盖与断裂带组合控制着潜山类或断块类油气藏的形成与分布;源、储、盖与高孔渗岩性体组合控制着隐蔽类油气藏的形成与分布。总之,S、

D、C与P这四个既能客观描述又能定量表征且对油气成藏必不可缺的功能要素,在纵向上的有序组合(C/D/P/S)控制了有利的成藏层位,在平面上的叠加复合(C∩D∩P∩S)控制了有利的成藏范围;在地史过程中的同时有效联合(TC = TD = TP = TS)控制了有利的成藏时期(T)。依据四类功能要素联合控藏模式(T - CDPS)可以实现油气成藏时空分布的定量预测。

3. 分布门限控油气作用研究的基本内容

分布门限控油气作用研究的基本内容大致归为五项,成藏区带预测研究技术原理如图3-28所示。

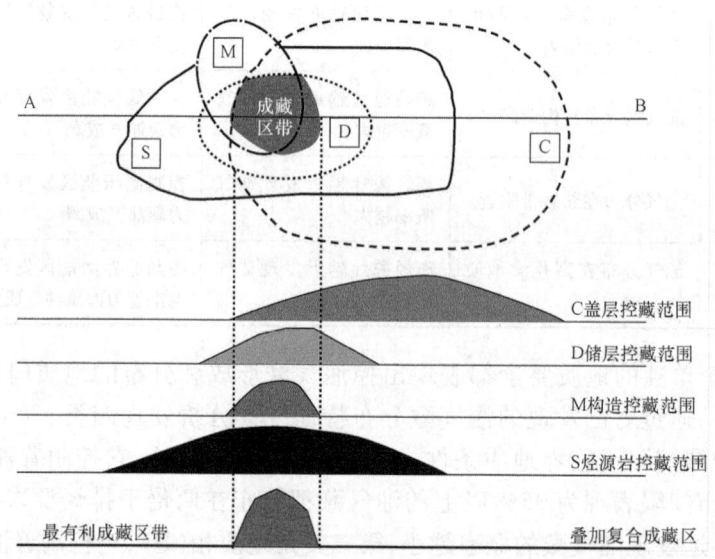

图3-28 油气分布门限与成藏区带预测研究技术原理图(据庞雄奇,2014b)

1)基于叠合盆地演化分析预测并评价关键时期的油气成藏条件

这一部分主要是油气地质基础研究工作,关系到油气藏形成与分布及预测成果的精度与可信度,在实际工作中主要由专业研究人员完成。涉及的内容包括目的层系在油气藏形成和定位时期的地层埋深、构造形态,烃源岩层在三个关键时期的热演化程度、排油气强度,含油气储层在三个关键时期的沉积相展布、孔渗分布,封盖层在三个关键时期的厚度分布、可塑性或封油气能力分布,油气藏调整改造期构造变动强度或地层被剥蚀厚度分布。

2)基于多种方法和技术确定叠合盆地油气成藏时间与期次

需要采用多种方法研究油气藏形成期次。一般来讲,需要采用正演与反演研究相结合的方法确定油气成藏期次,以提高精确度和可信度。正演油气成藏期即分析盆地内主要烃源岩层的埋藏史和热演化历史,通过研究它们的大量生烃期和大量排烃期确定可能的最主要的油气成藏期。这一分析研究如果能够与构造变动、盆地内生储盖组合及圈闭形成和演化结合起来,则获得的认识更为可靠。反演油气成藏期即通过各种方法手段剖析已经发现的油气藏,通过油气藏内部流体包裹体颜色、组分、产状、均一化温度等方面的测试和研究确定油气大量成藏期。在开展这方面研究时需要将油气藏调整改造造成的"假油气成藏期"与大规模油气运聚形成的油气成藏期分开。

3)基于油气藏地质剖析确定油气成藏的功能要素

确定油气藏形成和分布的主控因素是油气藏形成和分布定量研究的核心内容。影响油气藏形成和分布的地质因素很多,可列出237个,包括烃源岩层内的母质丰度(TOC,%)、母质类型(KTI)、母质转化程度(R_o,%)、烃源岩层厚度(H)、面积(S)、密度(D)、烃源岩层所处的温度、压力、水矿化度等。在探讨油气藏形成和分布时,传统的油气地质理论将主控因素概括为六个方面,即生、储、盖、运、圈、保。为深入讨论问题和定量研究问题,本书用"功能要素"这一概念来表征油气藏形成和分布的主控因素,并基于它们的控油气特征阐明油气分布规律。这里的功能要素具有彼此相互独立、可以定量表征、且对油气藏形成和分布必不可缺三个特点。

4)基于统计分析建立单一功能要素控油气藏分布定量模式

建立单一功能要素控油气藏分布定量模式是实现油气藏形成和分布定量预测的关键。每一个功能要素对油气藏控制的动力学机制目前可能尚未完全揭示,但它们与油气藏形成和分布之间的关系已被大量的勘探实践所证实,基于目前已经积累的大量实际资料可以采用统计模拟方法建立它们与油气藏形成和分布之间的定量关系模式,从而为复杂叠合盆地多期复合成藏最有利区预测创造条件。在建立统计模型的过程中,要分析和考虑不同研究区同一类功能要素控油气作用的差异性,力求在排除其他因素的影响后建立起具有普遍适用意义的模式。

5)基于多要素联合研究建立功能要素组合控藏模式

重点研究各功能要素的联合控油气作用,阐明各功能要素联合控藏过程中的匹配关系与组合形式;区分控制不同类型油气藏形成和分布的功能要素之间的关联性和差异性;建立各类油气藏关键要素联合控油气藏分布的基本模式,包括联合控油气藏边界条件判识、有利范围预测和成藏概率计算等三项基本内容。通过与已发现油气藏分布特征对照分析检验理论模式的可靠性。

4. 油气分布门限研究预测有利成藏区带的工作流程

功能要素组合控油气分布模式的建立为含油气盆地(或凹陷)有利成藏区带的预测与评价奠定了理论和方法基础。应用该模式预测有利成藏区带的相关方法和技术流程为:第一步,开展含油气盆地(或凹陷)分析,利用地震、测井、录井、试油测试和分析化验等多种资料研究盆地(或凹陷)的封盖层、地质相、古隆起、烃源灶、断裂带和低势区这六个功能要素的分布与发育史;第二步,研究上述六个功能要素的控油气作用,确定每一个功能要素单因素控油气分布的成藏边界、成藏范围和成藏概率,并建立定量表征公式;第三步,研究控制不同类型油气藏的功能要素组合控油气分布作用,并建立定量模式来预测不同类型油气藏有利的成藏时期、成藏层位和成藏区带;第四步,研究含油气盆地(或凹陷)同一目的层多期复合成藏作用,预测最有利成藏区带;第五步,针对某一含油气盆地(或凹陷),研究多层多期复合成藏作用,预测有利勘探区带。

5. 应用实例

1)辽河油田地质背景与勘探概况

截至2005年底,辽河探区已累计完成各种探井1552口,已发现油气藏775个,包括背斜油气藏377个、断块油气藏201个、岩性油气藏189个、地层油气藏8个。其中获得工业性油流井有759口,探井密度大(0.59口/km^2),已发现了太古界、元古界、古生界、古近系沙河街组和东营组、新近系馆陶组和明华镇组共10个含油气层系,探明油气地质储量达15.06×10^8t。而根据第三次油气资源评价结果,西部凹陷总资源量为23.3×10^8t,因此西部凹陷仍然具有巨大的勘探潜力。

2）分布门限预测实例

2005—2008年中国石油大学（北京）与辽河油田公司合作，系统地开展了《辽河探区西部凹陷深化勘探理论与实践》项目的研究，应用油气分布门限理论模型与技术预测出辽河西部凹陷四套目的层36个有利成藏区带。现以辽河油田大民屯凹陷沙三段为例，介绍预测过程与结果。

分别确定烃源灶（S）、地质相（D）、封盖层（C）的控藏模式是分布门限研究的基础。

首先确定大民屯凹陷主要烃源岩层烃源灶（S）及其分布面积。大民屯凹陷烃源灶的控油气成藏范围广泛，几乎覆盖了整个凹陷，具有"满凹含油"的特点。其中Es_3^4生油岩系为前三角洲泥和半深湖相泥岩，有机碳含量为1.0%~2.0%，有机质类型以Ⅲ型为主，该套烃源岩在荣胜堡洼陷中心及大民屯地区，有效烃源岩累计最大厚度达600多米。

其次研究目的层的地质相（D）及其平面分布。统计大民屯凹陷不同沉积相与油气藏关系，采用沉积相赋值法，赋予大民屯凹陷不同的沉积相以不同的控油气成藏概率值（李建华等，2012），得到大民屯凹陷沉积相控油气藏分布的边界范围和成藏概率。其中Es_3^3和Es_3^4发育曲流河—三角洲—滨浅湖、半深湖沉积体系，三角洲砂体规模较大，分布面积达数十至数百平方千米。

然后对封盖层（C）的平面分布进行预测。根据大民屯凹陷有效区域盖层厚度与工业油气井累计日产油气量的关系，建立区域盖层控油气藏分布概率的定量模型，就可以计算大民屯凹陷每一套区域盖层在空间上控油气分布的边界范围与成藏概率。研究显示，大民屯凹陷发育两套盖层，其中第二套盖层Es_3^3为泛滥盆地相泥岩、碳质泥岩夹薄层砂岩，分布广泛，可以有效封盖住烃源岩生排出的油气。

最后对目的层的低势区（P）展开研究。计算相对界面势能指数PI并在平面上成图，相对势指数介于0~1的区域就是低势区控制的岩性油气藏分布范围，通过计算发现大民屯所有的岩性油气藏分布在势指数小于0.5的区域。

确定单要素控藏模式之后，建立功能要素组合控油气分布模式，预测有利成藏区带。大民屯凹陷隐蔽油气藏的最有利成藏区带共有10个。其中，预测Es_3^3发育3个最有利成藏区带，主要分布在哈19井北侧区域、沈610井—沈601井区等[图3-29(a)]。预测Es_3^4发育3个最有利成藏区带，主要分布在静28井区、静24井—安106井区以及前10井—沈601井区[图3-29(b)]。

3）预测结果及对勘探的意义

依据上述分布门限研究思路与方法，指导辽河探区钻探井58口，发现油气藏20个，项目研究期间每年的新增探明储量分别是925×10^4t、2771×10^4t、988×10^4t和1496×10^4t，油气分布门限理论应用期间年均发现储量较研究前2004年的606×10^4t增加了170%，产生直接经济效益16亿元。从2000—2004年，辽河探区西部凹陷探明储量分别是3729×10^4t、3418×10^4t、2521×10^4t、1803×10^4t和606×10^4t，油气分布门限理论模型应用完全扭转了储量从2000—2004年持续五年的下滑局面。油气分布门限理论模型同样被应用于渤海湾盆地渤海海域构造类、岩性类和潜山类油气藏分布预测，将已发现的油气藏或成功探井投影在相关目的层的油气藏分布预测图上，结果表明，已发现的油气藏95%以上都分布在四要素叠合的有利成藏区带内，反映了功能要素组合控油气分布模式的科学性与可靠性。

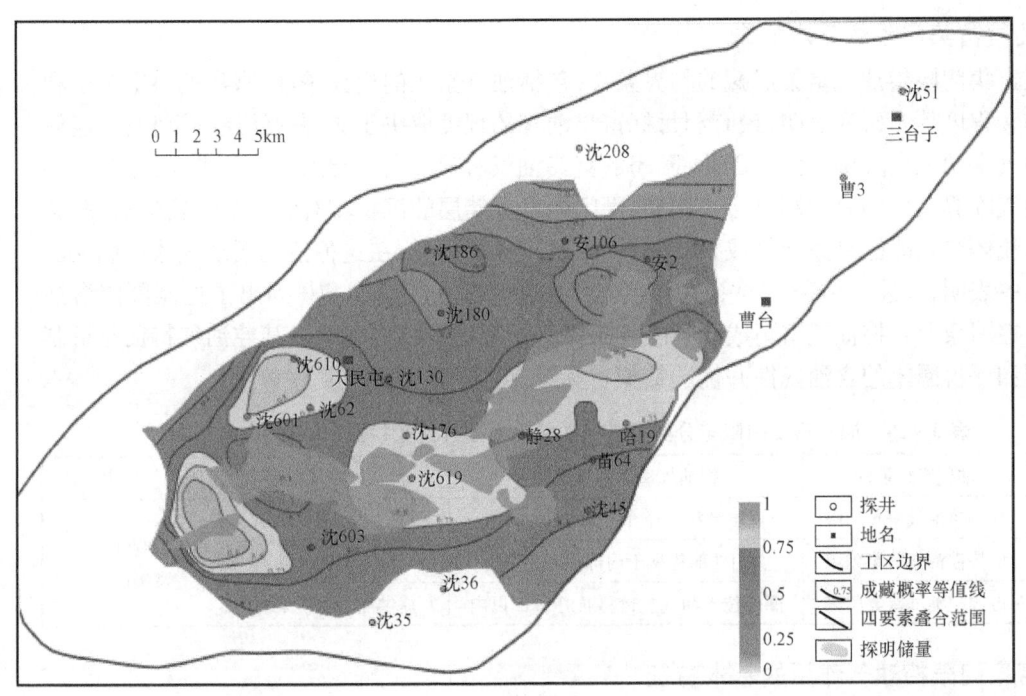

(a) Es_3^3段

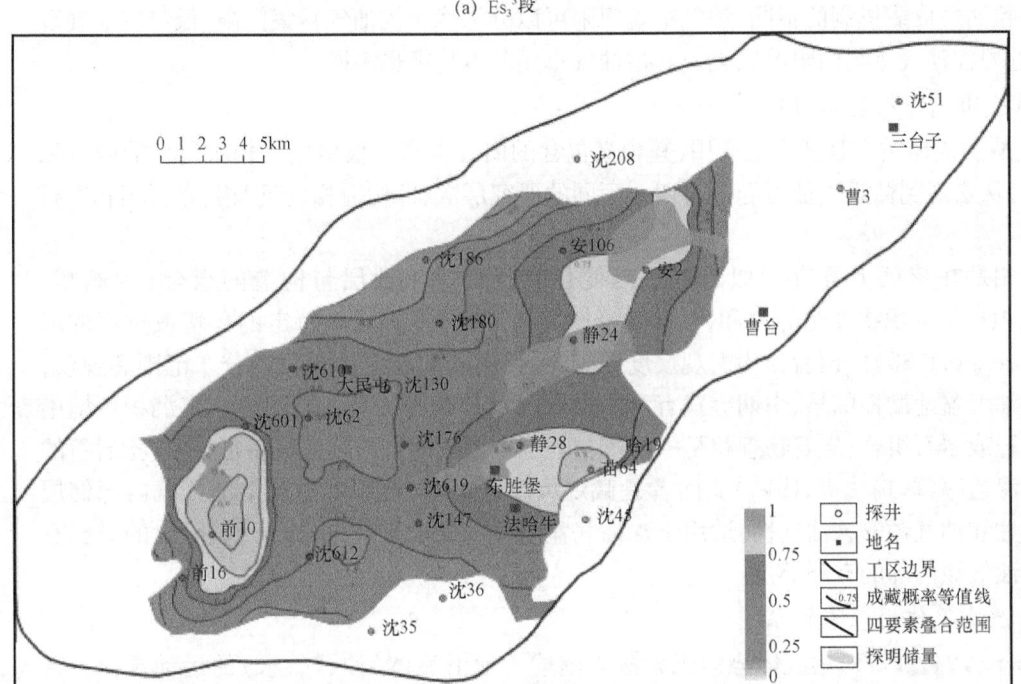

(b) Es_3^4段

图 3-29 大民屯凹陷 Es_3^3 段、Es_3^4 段岩性油气藏有利成藏区带预测图

三、油气富集门限与钻探目标优选排序

在有利成藏区带开展油气富集门限及其复合作用研究,对于判识有效圈闭、评价圈闭含油性、优选钻探目标和提高勘探成效具有十分重要的现实意义。

1. 油气富集门限的基本概念

油气富集门限指油气富集成藏的临界条件,包括油气富集的边界条件、富集的时空范围和富集的饱和程度等。研究表明,最有利目标富集油气的程度取决于圈闭中储层的沉积相、流体势以及油气来源三个关键要素。因此,圈闭的富集油气程度受控于地质相、低势区、烃源灶各自富集油气临界条件的叠加和复合。例如,圈闭内发育储层的沉积相有利于油气富集成藏,圈闭内外的流体势差能够富集油气成藏,但油气来源条件不具备,在这种情况下油气藏仍然无法形成。这些表明,上述三个条件对于圈闭富集油气缺一不可。表 3-10 列出了控制圈闭含油气性的主控因素及其控油气富集成藏的临界条件。研究这些临界条件及其控油气特征与机制对于预测和评价圈闭的含油气性并优选钻探目标具有十分重要的现实意义。

表 3-10 油气富集门限与分类及其控油气作用差异比较(据庞雄奇,2014c)

分类表征	油气富集条件	控油气富集临界条件	控油气成藏机制	控油气作用特征
FI	优相控油气富集门限	储层颗粒粒径介于 0.1~0.5mm	提供富集油气空间	控制油气富集门限
PI	低势控油气富集门限	圈闭外部势高于内部势 2 倍以上	提供富集油气动力	
SI	近源控油气富集门限	圈闭位于油气主运移通道 5km 以内	提供油气物质来源	

2. 富集门限控油气作用的基本特征

根据控油气成藏机制的不同,油气富集门限可以分为优相控油气富集门限、低势控油气富集门限、近源控油气富集门限等三类。其控油气作用基本特征也不同。

1)相控油气作用基本特征

"相"从引入地质文献到广泛应用,其含义包含的内容丰富。根据地质相所包含的内容和控制因素,从宏观到微观表征可划分为四个不同的研究层次,即构造相、沉积相、岩石相和岩石物理相。

构造相是在特征上具有相似的变形与变位特征的一组地层与构造的组合(许靖华,1994);沉积相是沉积物变化的总和,在一定条件下形成的、能够反映特定的环境或过程的沉积产物(Gressly,1938)。两者作为宏观尺度的概念,控制着宏观上油气藏的分布范围和规模,适用于含油气盆地勘探的早、中期寻找有利的勘探领域和勘探区带。岩相是一定沉积环境中形成的岩石或岩石组合;岩石物理相是一定沉积环境中形成的岩石的渗流特征,主要指岩石的孔隙度和渗透率(熊琦华等,1994)。两者是微观尺度的概念,控制着微观上油气藏内部储层的非均质性和油气藏的含油气性,适用于含油气盆地勘探的晚期和油气藏开发阶段的寻找有利目标和油气藏内部的有利部位。

2)势控油气作用基本特征

Hubbert(1940,1953)用流体势的概念深入阐述了地下流体(油、气、水)的运动规律。将单位质量流体所具有的机械能量定义为流体的势。地下流体所具有的势能,主要包括重力势能(由于主要与流体所处的位置有关,所以简称位能)、界面势能(简称界面能)、弹性势能(在地质条件下主要与流体所受的压力有关,简称压能)和流体动能。这四种势能由不同的动力形成,当其中的任意一种势能起主导作用的时候,它就可以控制流体由不同的高势能区向低势能区运移,最终聚集并分别形成背斜油气藏、断块油气藏、岩性油气藏和地层油气藏。

3)源控油气作用基本特征

烃源岩是形成油气藏的物质基础,烃源岩对油气藏的形成和分布具有直接的控制作用。

该控制作用体现在两个方面,即烃源岩的排烃强度和排烃距离。统计研究表明,形成大中型油气田的盆地或地区,其烃源岩的生烃强度需要达到某一特定标准,如苏联学者维索斯基认为生气强度小于 $20 \times 10^8 m^3/km^2$ 的盆地中不存在大中型的气田;庞雄奇等(2003)认为能够形成商业油气流的烃源岩,其最大生烃强度要大于 $1 \times 10^6 t/km^2$,平均生烃强度要大于 $0.5 \times 10^6 t/km^2$。实际上,在其他地质条件相似的情况下,烃源岩的生烃强度越大,则形成油气田(藏)的规模往往也越大。通过统计全国油气藏与排烃中心的距离发现,距离排烃中心越远,发现油气藏的数量和储量越小,油气藏表现为近源成藏。

3. 富集门限控油气作用研究的基本内容

以高成熟探区为研究对象开展复杂油气藏含油气性研究,寻找主控因素并建立富油气定量模式,将相关理论模型或定量关系模式用于对复杂地质条件下有利勘探目标含油气性预测与评价。在实际工作过程中,以烃源灶、地质相和流体势联合控油气富集成藏为研究内容,建立相—势—源复合控藏定量模式为研究重点,以定量预测和评价潜在目标含油气性为目标展开研究工作,相关的技术路线和工作流程如图3-30所示。

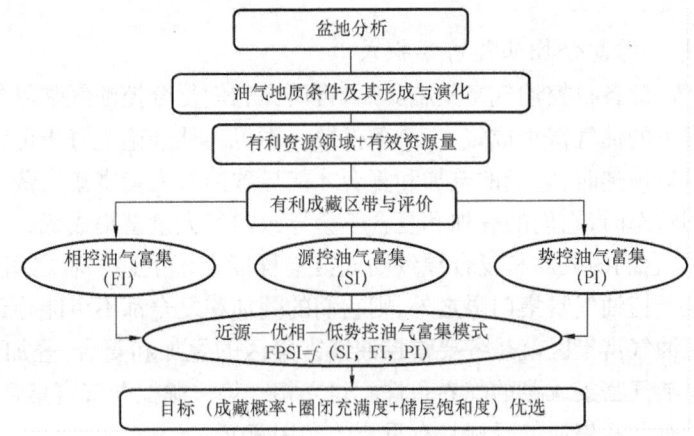

图 3-30　油气富集门限与钻探目标优选研究技术路线(据庞雄奇,2014c)

1)研究相控油气富集门限与地质模式

通过详细剖析油气藏中含油气地层的地质相特征,根据勘探阶段的不同可以将相细分为构造相、沉积相、岩石相和岩石物理相等四个层次,通过统计分析得出不同地质相内发现油气藏个数与储量的变化特征,并找出主控因素,揭示出地质相控油气富集成藏的临界条件,总结相控油气作用的基本特征并建立相控油气地质模式。基本内容包括:国内外相控油气研究成果综合,相控油气作用概念模型与表征方法;地质相油气分布特征,地质相控油气富集成藏的临界条件,阐明不同层次地质相控油气作用特征差异;开展物理模拟实验揭示相控油气富集动力学机制,建立不同层次的地质相控油气作用模式并进行分类。

2)研究势控油气富集门限与地质模式

在国内外学者关于流体势控油气作用研究的基础上,结合不同类型油气藏的特征解剖和大量油气藏的特征统计,研究流体势对油气藏形成和分布的控制作用,揭示流体势控油气富集成藏的临界条件,建立势控油气成藏模式。在研究过程中,针对不同动力(浮力、压力、毛细管力、动力)作用产生的不同形式的势能(位能、压能、界面能、动能)的控油气作用分开研究,阐明它们控油气作用机制和控油气分布规律的差异并总结模式。具体包括以下四个方面具体内容：一是要阐明各类势控油气作用的基本概念并提出流体势场特征定量表征技术；二是要揭示各类流体势控油气富集成藏的临界条件；三是揭示各类势场控油气作用机制；四是要建立各类势场控油气富集模式。

3) 研究源控油气富集门限与地质模式

在宏观范围内，某一研究区的成藏概率，与烃源灶排烃中心的距离和研究区烃源岩层排烃强度有关，随烃源中心的距离增大和烃源岩层排烃强度的减小而降低；在微观上，某一研究区内不同局部构造或单一圈闭的含油气性同样受微观上油气来源的控制。研究表明，有利目标的含油气或富油气程度与油气运移优势通道的距离和优势通道中运移的油气量相关。优势通道与圈闭目标之间的距离越近或优势通道内运移的油气量越多，圈闭目标的含油气性越好。此外，当圈闭目标离优势通道的距离超过了某一临界范围或优势通道提供的油气量少于某一临界值时，它们聚集油气成藏的可能性趋于消失。物理模拟实验结果表明，透镜砂岩体内聚集油气成藏的临界条件取决于周边围岩孔隙内的含油气饱和度，当其小于10%时，它们无法进入砂岩内聚集成藏。建立微观层面上源控油气富集模式对于预测和评价圈闭目标的含油气性具有重要的现实意义。

4) 研究相—势—源复合控油气富集模式

在搞清了相、势、源各自控油气富集临界后，再研究它们复合控油气临界条件。研究表明，对于实际地质条件下的油气富集成藏，三个条件缺一不可。从理论上分析可以认为，三个地质条件处于控油气富集最佳时，它们的叠加和复合才能导致油气大量富集成藏；三个地质条件处于控油气富集不利状态时，它们的叠加和复合不会导致油气大量富集成藏；三个地质条件处于控油气富集较佳时，它们的叠加和复合导致油气富集程度介于上述二者之间。如果三个地质条件或其中一个处于控油气富集门限之外，则它们的叠加和复合都不可能导致油气富集成藏。相—势—源复合控油气富集区就是各要素控油气富集区的叠加和复合，叠加复合区的边界即为实际地质条件下油气富集成藏的临界条件。建立相—势—源控油气富集临界条件与地质模式对于定量预测最有利富集油气目标具有重要的实用意义。

4. 油气富集门限研究优选钻探目标工作流程

1) 方法原理

通过对具体的盆地进行含油气盆地分析，在预测出有利资源领域的基础上，预测有利成藏区带，在有利成藏区带内开展相—势—源复合控藏作用研究。根据不同类型的油气藏量化相指数、势指数、源指数，得到相—势—源复合指数，从而预测圈闭成藏概率、圈闭充满度和圈闭含油气饱和度（图3-31）。

2) 工作流程

第一步，开展油气运聚门限研究并指出可能的资源领域。首先通过划分油气成藏体系的方法来确定基本运聚单元，针对不同油气运聚单元开展油气运聚门限的研究。然后在对成藏体系烃源岩进行评价的基础上，确定油气在生排运聚成藏过程中存在的地质门限，这些门限对油气生排运聚成藏起控制作用，经历一系列地质门限后，烃源岩累积生成的烃量减去所有无工业价值的油气聚集量之和即为油气运聚成藏系统的资源门限。最后根据油气运聚门限研究可以判断该系统已经达到哪一个地质门限，确定该系统最终可供聚集成藏的烃量大小，指出可能的资源领域。

第二步，开展油气分布门限研究并预测有利成藏区域。功能要素组合控油气分布模式的

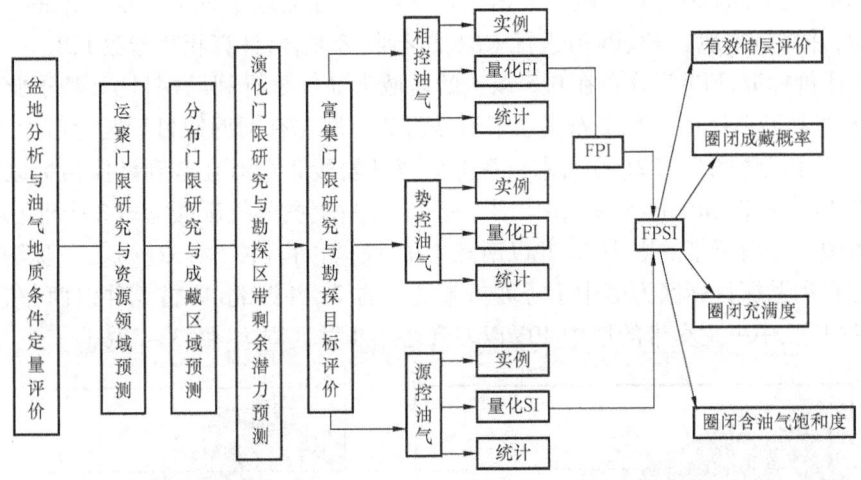

图 3-31 相—势—源复合控油气作用与勘探目标评价程序框图(据庞雄奇,2014c)

建立为含油气盆地有利成藏区带的预测与评价奠定了理论和方法基础。首先开展含油气盆地分析,研究封盖层、地质相、古隆起、烃源灶、断裂带和低势区这六个功能要素的控油气作用,并建立定量表征模式来预测不同类型油气藏有利的成藏时期、成藏层位和成藏区带;然后针对某一含油气盆地,研究单一层段以及多层多期复合成藏作用;最后预测有利成藏区域。

第三步,开展油气演化门限研究并预测有利勘探区带。

第四步,开展油气富集门限研究并评价有利勘探目标。油气富集门限受圈闭中储层的沉积相、流体势以及油气来源三个关键要素控制,在有利成藏区带内揭示出三者复合控油气富集成藏的临界条件,并建立相应的油气地质模式,量化得到相—势—源复合指数,叠加复合区的边界即为实际地质条件下油气富集成藏的临界条件,进而综合评价各目的层有利勘探区带内每个目的层的含油气性,优选出最有利的勘探目标。

第五步,研究油气运聚门限、分布门限以及富集门限的联合控藏模式,对有利资源领域和有利成藏区带进行预测与评价研究,进一步指导油气勘探生产。

5. 应用实例

1) 塔里木盆地塔中地区地质背景与勘探概况

塔中低凸起面积约 $2.2 \times 10^4 \mathrm{km}^2$,为一加里东期巨型古隆起,是塔中三大古隆起之一。塔中地区的勘探工作始于 1983 年,截至 2007 年共完钻探井 120 余口,50 余口井获得工业油气流,目前已探明塔中 4、塔中 16、塔中 45、塔中 24—塔中 26、塔中 83、塔中 62—塔中 82 等一批重要的油气藏。自 2007 年油气勘探在下构造层潜山风化壳中取得重要突破后,油气勘探在下构造层展现方兴未艾的良好前景。

2) 富集门限预测实例

相—势—源耦合成藏理论应用在塔里木盆地塔中地区油气勘探取得重大成效。理论应用过程中主要预测了下奥陶统、上奥陶统、志留系上沥青砂岩段及石炭系东河砂岩段的有利勘探目标(庞宏等,2010)。在那些未发现油气藏的部分,利用 FPI 定量计算,预测这些部分(潜在的勘探目标)的成藏概率,现介绍预测过程与结果。

首先在大量统计塔中北部孔隙度、渗透率的基础上,建立孔渗等值线图,收集各个层系的精细沉积相图和顶面构造等高线图。然后依据等值线图进行网格归一化,本次研究区域塔中北部地区网格数据点有392个。最后根据统计的结果,建立塔中地区北部地区的FI、PI值定量表征模型,并对塔中地区FI、PI值进行求取,进行相势复合,计算相势指数FPI。

据FPI评价标准,FPI值分布在0.5以上的区域为油气藏有利勘探目标,基于此共预测出11个潜在的有利勘探目标。其中石炭系东河砂岩2个潜在有利勘探目标区为塔中21井以南和塔中14井区以南[图3-32(a)];志留系上沥青砂岩段2个潜在有利勘探目标区为塔中北斜坡的塔中45井以南和中古5井以南[图3-32(b)];上奥陶统碳酸盐岩2个潜在有利勘探目标区为塔中Ⅰ号坡折带的塔中45井以南和塔中54井以南[图3-32(c)];下奥陶统碳酸盐岩5个潜在有利勘探目标区为塔中Ⅰ号坡折带的中古21井以北、中古5井以西、东部潜山带的塔中8井以南、中央主垒带的塔中403以西和塔中4井区周边[图3-32(d)]。

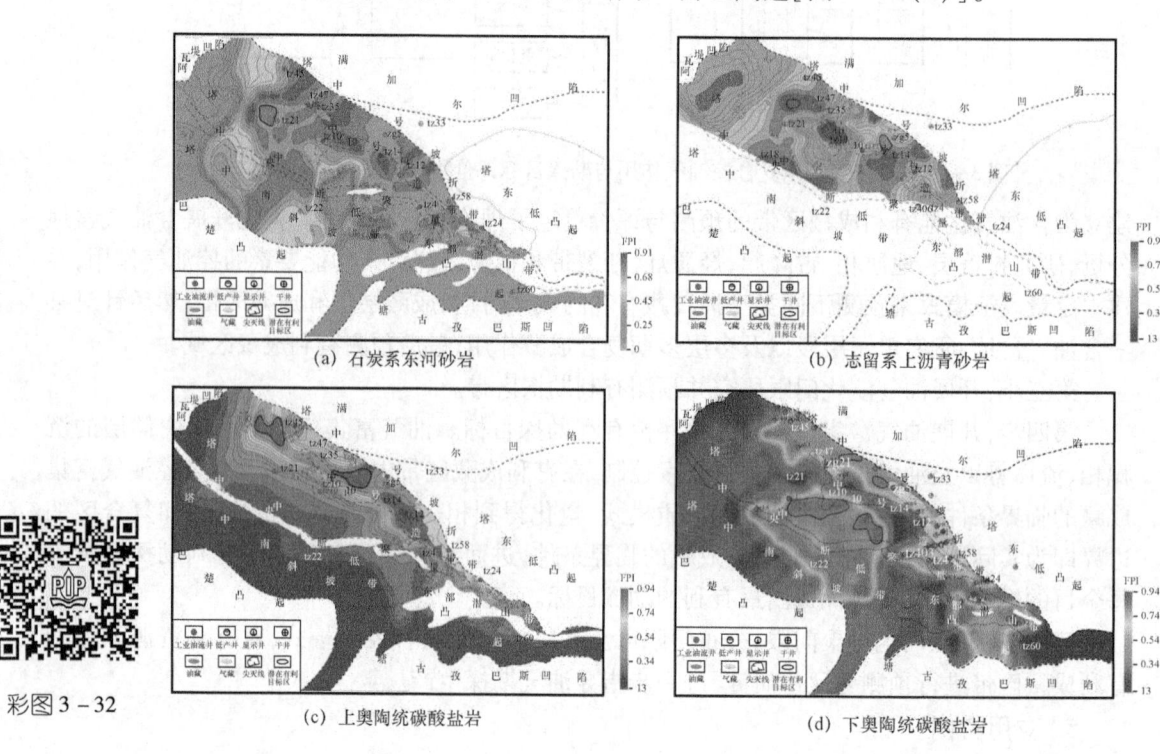

图3-32 塔中地区地层近源、优相、低势耦合与有利目标预测图(据庞宏等,2010)

3) 预测结果及对勘探的意义

相—势—源复合控藏理论在塔中盆地油气勘探应用中大大提高了油气勘探的成功率,每年探井成功率都表现出不断增大的趋势,2005—2009年的平均成功率较上一个5年增加了15%。本理论在塔中盆地油气勘探的应用中发现了大量的油气储量,每年发现的油气储量都表现出不断增长的趋势,2005—2009年发现的油气储量较上一个5年增加了18%。

复习思考题

1. 简述油气勘探方向的各种预测理论。
2. 简述源控论及其在勘探中的应用。

3. 简述石油液态窗理论及其在勘探中的应用和所需注意的问题。
4. 简述含油气系统的定义、表征及其在勘探中的作用。
5. 简述油气聚集区(带)和复式油气聚集区(带)的概念以及它们在勘探中的应用。
6. 解释煤层气、天然气水合物、深盆气、页岩气的概念。
7. 简述油气勘探过程中的定量预测方法,以及各种方法的原理和特征。

参 考 文 献

成海燕,李安龙,龚建明. 2008. 陆相烃源岩评价参数浅析. 海洋地质动态,24(2):6-10.
程克明,王兆云,1996. 碳酸盐岩生烃机制及评价研究中的几个问题. 石油勘探与开发,5:1-5.
戴金星,1999. 中国煤成气研究二十年的重大进展. 石油勘探与开发,3:1-10.
戴金星,2003. 加强天然气地学研究勘探更多大气田. 天然气地球科学,14(1):3-14.
戴金星,倪云燕,黄士鹏,等,2014. 煤成气研究对中国天然气工业发展的重要意义. 天然气地球科学,25(1):1-22.
戴金星,石昕,卫延召,2001. 无机成因油气论和无机成因的气田(藏)概略. 石油学报,13(22):6-7.
傅国友,宋岩,赵孟军,等,2007. 烃源岩对大中型气田形成的控制作用:以塔里木盆地喀什凹陷为例. 天然气地球科学,18(1):62-66.
谷云飞,2004. 辽河坳陷构造活动与油气运聚. 北京:中国科学院地质与地球物理研究所.
郝芳,邹华耀,王敏芳,等,2002. 油气成藏机理研究进展和前沿研究领域. 地质科技情报,21(4):7-14.
何登发,赵文智,雷振宇,等,2000. 中国叠合型盆地复合含油气系统的基本特征. 地学前缘,7(3):23-37.
侯启军,杨玉峰,2002. 松辽盆地无机成因天然气及勘探方向探讨. 天然气工业,22(3):5-10.
胡朝元,1982. 生油区控制油气田分布:中国东部陆相盆地进行区域勘探的有效理论. 石油学报,3(2):9-13.
胡朝元,2005. "源控论"适用范围量化分析. 天然气工业,25(10):1-3.
胡见义,黄第藩,徐树宝,1991. 中国陆相石油地质理论基础. 北京:科学出版社.
胡见义,徐树宝,童晓光,1986. 渤海湾盆地复式油气聚集区(带)的形成和分布. 石油勘探与开发,1:5-12.
胡俊坤,龚伟,任科,2015. 中国致密气开发关键因素分析与对策思考. 天然气技术与经济,9(6):24-29.
黄捍东,向坤,王彦超,等,2015. 匹配追踪法在碳酸盐岩流体检测中的应用:以哈萨克斯坦楚—萨雷苏盆地为例. 石油学报,36(S2):184-193.
黄籍中,1998. "源控论"再认识:以四川盆地天然气勘探为例. 海相油气地质,2:1-5.
贾承造,郑民,张永峰,2012. 中国非常规油气资源与勘探开发前景. 石油勘探与开发,39(2):129-136.
贾承造,郑民,张永峰,2014. 非常规油气地质学重要理论问题. 石油学报,35(1):1-10.
姜福杰,庞雄奇,2011. 环渤中凹陷油气资源潜力与分布定量评价. 石油勘探与开发,38(1):23-29.
姜福杰,2008. 源控油气作用及其定量模式. 北京:中国石油大学(北京).
姜振学,林世国,庞雄奇,等,2006. 两种类型致密砂岩气藏对比. 石油实验地质,28(3):210-214.
姜振学,唐相路,李卓,等,2016. 川东南地区龙马溪组页岩孔隙结构全孔径表征及其对含气性的控制. 地学前缘,23(2):126-134.
蒋有录,卓勤功,谈玉明,等,2009. 富油凹陷不同洼陷烃源岩的热演化及生烃特征差异性. 石油实验地质,31(5):500-505.
康玉柱,2012. 中国非常规致密岩油气藏特征. 天然气工业,32(5):1-4.
李建华,宋兵,耿辉,等,2012. 大民屯凹陷构造油气藏有利分布区定量预测. 断块油气田,19(2):137-141.
李建华,宋兵,庞雄奇,等,2011. 大民屯凹陷源控油气作用及有利勘探区带预测. 科技导报,29(30):

18-23.
李小地,2006. 中国大油田的分布特征与发现前景. 石油勘探与开发,33(2):127-130.
李卓,姜振学,唐相路,等,2017. 渝东南下志留统龙马溪组页岩岩相特征及其对孔隙结构的控制. 中国地质大学学报,42(7):1116-1123.
刘成林,车长波,樊明珠,等,2009. 中国煤层气地质与资源评价. 中国煤层气,6(3):3-6.
刘德汉,傅家谟,肖贤明,等,2005. 煤成烃的成因与评价. 石油勘探与开发,32(4):137-141.
刘文汇,腾格尔,王晓锋,等,2017. 中国海相碳酸盐岩层系有机质生烃理论新解. 石油勘探与开发,44(1):155-164.
马新华,贾爱林,谭健,等,2012. 中国致密砂岩气开发工程技术与实践. 石油勘探与开发,39(5):572-579.
马永生,冯建辉,牟泽辉,等,2012. 中国石化非常规油气资源潜力及勘探进展. 中国工程科学,14(6):22-30.
牛嘉玉,刘尚奇,门存贵,等,2002. 稠油资源地质与开发利用. 北京:科学出版社.
庞宏,庞雄奇,陈冬霞,等,2010. 相势复合控藏作用在塔中北部地区的应用研究. 中国矿业大学学报,39(4):591-598.
庞雄奇,陈君青,李素梅,等,2018. 塔里木盆地特大型海相油田原油来源:来自深部低TOC烃源岩的证据与相对贡献评价. 石油学报,39(1):23-41.
庞雄奇,廖勇,2016. 叠复连续油气藏成因机制与预测方法. 北京:科学出版社.
庞雄奇,周永炳,1995. 煤岩有机质演化过程中产油气量物质平衡优化模拟计算. 地质地球化学,3:50-56.
庞雄奇,2014a. 油气运聚门限与资源潜力评价. 北京:科学出版社.
庞雄奇,2014b. 油气分布门限与成藏区带预测. 北京:科学出版社.
庞雄奇,2014c. 油气富集门限与勘探目标优选. 北京:科学出版社.
彭平安,刘大永,秦艳,等,2008. 海相碳酸盐岩烃源岩评价的有机碳下限问题. 地球化学,37(4):415-422.
邱中建,邓松涛,2012. 中国油气勘探的新思维. 石油学报,33(增1):1-5.
邱中建,龚再升,1999. 中国油气勘探. 北京:石油工业出版社.
宋岩,柳少波,琚宜文,等,2013. 含气量和渗透率耦合作用对高丰度煤层气富集区的控制. 石油学报,34(3):417-426.
宋岩,柳少波,赵孟军,等,2011. 煤层气与常规天然气成藏机理的差异性. 天然气工业,31(12):47-53.
唐相路,姜振学,张莺莺,等,2015. 渝东南地区页岩气富集区差异性分布成因. 西安石油大学学报(自然科学版),30(3):24-30.
田在艺,史卜庆,罗平,等,2002. 渤海湾盆地复式油气聚集带高勘探程度区进一步挖潜的领域. 石油学报,23(3):1-5.
童晓光,郭建宇,王兆明,2014. 非常规油气地质理论与技术进展. 地学前缘,21(1):9-20.
王德民,1997. 中国石油天然气总公司院士文集:王德民集. 北京:中国大百科全书出版社.
王少春,门相勇,钱铮,等,2011. 渤海湾盆地武清凹陷含油气系统的复合性特征与有利勘探区带. 天然气工业,31(11):59-62.
王铁冠,钟宁宁,侯读杰,等,1995. 低熟油气形成机理与分布. 北京:石油工业出版社.
王先彬,郭占谦,妥进才,等,2006. 非生物成因天然气形成机制与资源前景. 中国基础科学,(4):12-20.
王先彬,欧阳自远,卓胜广,等,2014. 蛇纹石化作用、非生物成因有机化合物与深部生命. 中国科学:地球科学,44(6):1096-1106.
吴涛,张世焕,王武和,1996. 吐哈盆地构造演化与煤成烃富集规律. 地质论评,42(增刊):31-36.
吴涛,赵文智,1997. 吐哈盆地煤系油气田形成和分布. 北京:石油工业出版社.
夏庆龙,庞雄奇,姜福杰,等,2009. 渤海海域渤中凹陷源控油气作用及有利勘探区域预测. 石油与天然气地质,30(4):398-404.

熊琦华,彭仕宓,黄述旺,等,1994. 岩石物理相研究方法初探:以辽河凹陷冷东—雷家地区为例. 石油学报,15(增刊):68-75.

许靖华,1994. 西太平洋板内造山作用模式中的大地构造相. 中国石油大学学报(自然科学版),18(5):1-7.

于强,任战利,王宝江,等,2012. 鄂尔多斯盆地延长探区上古生界热演化史. 地质论评,58(2):303-308.

袁文峰,程晨,赵峰华,等,2013. 中国煤层气成藏机理研究进展. 中国煤炭地质,25(6):24-29.

张大伟,2016. 中国非常规油气资源及页岩气未来发展趋势. 国土资源情报,11:3-7.

张光学,梁金强,陆敬安,等,2014. 南海东北部陆坡天然气水合物藏特征. 天然气工业,34(11):1-10.

张国生,赵文智,杨涛,等,2012. 我国致密砂岩气资源潜力、分布与未来发展地位. 中国工程科学,14(6):87-93.

张厚福,孙红军,梅红,1999. 多旋回构造变动区的油气系统. 石油学报,20(1):8-12.

张杰,金之钧,张金川,2004. 中国非常规油气资源潜力及分布. 当代石油石化,12(9):17-19.

张金川,徐波,聂海宽,等,2007. 勘探的两个重要领域. 天然气工业,27(11):1-6.

张景廉,李相博,刘化清,2013. "石油无机成因说"的理论与实践. 西安石油大学学报(自然科学版),28(1):1-17.

张宁宁,何登发,孙衍鹏,等,2014. 全球碳酸盐岩大油气田分布特征及其控制因素. 中国石油勘探,19(6):54-65.

张水昌,黄汝昌,于心科,1990. 盐湖盆地沉积有机质中的脱羟基维生素 E. 沉积学报,1:57-64.

张新民,张遂安,钟玲文,等,1991. 中国煤层甲烷. 西安:陕西科学技术出版社.

张新民,赵靖舟,2008. 中国煤层气技术可采资源潜力. 北京:科学出版社.

张新民,庄军,张遂安,等,2002. 中国煤层气地质与资源评价. 北京:科学出版社.

赵文智,何登发,范土芝,2002. 含油气系统术语、研究流程与核心内容之我见. 石油勘探与开发,29(2):1-7.

赵文智,何登发,2000. 中国复合含油气系统的概念及其意义. 勘探家:石油与天然气,5(3):1-11.

赵文智,1997. 含油气系统的内涵与描述方法//中国石油学会石油地质专业委员会. 中国含油气系统的应用与进展. 北京:石油工业出版社:9-24.

赵文智,张光亚,汪泽成,2005. 复合含油气系统的提出及其在叠合盆地油气资源预测中的作用. 地学前缘,12(4):458-467.

周庆凡,杨国丰,2012. 致密油与页岩油的概念与应用. 石油与天然气地质,5:541-544.

邹才能,杨智,张国生,等,2014. 常规—非常规油气"有序聚集"理论认识及实践意义. 石油勘探与开发,41(1):14-27.

邹才能,张国生,杨智,等,2013. 非常规油气概念、特征、潜力及技术:兼论非常规油气地质学. 石油勘探与开发,40(4):385-399.

邹才能,朱如凯,白斌,等,2015. 致密油与页岩油内涵、特征、潜力及挑战. 矿物岩石地球化学通报,34(1):3-17.

邹才能,朱如凯,吴松涛,等,2012. 常规与非常规油气聚集类型、特征、机理及展望:以中国致密油和致密气为例. 石油学报,33(2):173-187.

邹才能,2013. 非常规油气地质. 2版. 北京:地质出版社.

Berkenpas P G, 1991. The Milk River shallow gas pool: Role of the updip water trap and connate water in gas production from the pool//SPE Annual Technical Conference and Exhibition. Society of Petroleum Engineers.

Chen J Q, Pang X Q, Yang H J, et al. ,2018b. Quick evaluation of present day low TOC carbonate source rock from Rock-Eval data: Upper-Middle Ordovician in the Tabei Uplift, Tarim Basin. Acta Geologica Sinica (English Edition), 92(4): 1558-1573.

Chen J Q, Pang X Q, Pang H,2018a. Quantitative prediction model of present-day low-TOC carbonate source rocks: Example from the Middle – upper Ordovician in the Tarim Basin. Energy Exploration & Exploitation, 36(5): 1335 – 1355.

Demaison G,1984. The Generative Basin Concept,28: 1 – 14.

Flores R M,1998. Coalbed methane: from hazard to resource. International Journal of Coal Geology, 35(1 – 4): 3 – 26.

Hindle A D, 1997. Petroleum migration pathways and charge concentration: A three – dimensional model. AAPG Bulletin, 81(9): 1451 – 1481.

Hunt J M, 1967. The origin of petroleum in carbonate rocks//Chilingar G V, Bissell H J, Fairbridge R W. Carbonate Rocks. New York: Elsevier:225 – 251.

Katz B J,1983. Limitation of Rock – Eval pyrolysis for typing organic matter. Organic Geochemistry, 4:195 – 199.

Katz B J, 2001. Lacustrine basin hydrocarbon exploration – current thoughts. Journal of Paleolimnology, 26(2): 161 – 179.

Katz D L, Cornell D, Kobayashi R, et al. , 1959. Handbook of natural gas engineering. New York, McGraw – Hill: 802.

Magoon L B, Dow W G, 1994. The petroleum system – from source to trap. AAPG Memoir 60.

Meissner F F,1984. Petroleum geology of the Bakken Formation, Williston basin, North Dakota and Montana//Demaison G, Murris R J. Petroleum geochemistry and basin evaluation. AAPG Memoir, 35: 159 – 179.

Nelder C,2012. Energy independence, or impending oil shocks? http://www. smartplanet. com/blog/energy futurist/energy – independence or impending – oil – shock.

Osadetz K G, Snowdon L R, 1995. Significant paleozoic petroleum source rocks in the Canadian Williston Basin: Their distribution, richness and thermal maturity (Southeastern Saskatchewan and Southwestern Manitoba). Ottawa – Ontario:Natural Resources Canada: 60.

Pang X Q, Jia C Z, Wang W Y, 2015. Petroleum geology features and research developments of hydrocarbon accumulation in deep petroliferous basins. Petroleum Science, 12(1): 1 – 53.

Pollastro R M, Hill R J, Jarvie D M, et al. , 2003. Assessing Undiscovered Resources of the Barnett – Paleozoic Total Petroleum System, Bend Arch – Fort Worth Basin Province, Texas. AAPG Southwest Section Meeting, 3: 1 – 17.

Smith R L, Repert D A, Hart C P, 2009. Geochemistry of inorganic nitrogen in waters released from coal – bed natural gas production wells in the Powder River Basin, Wyoming. Environmental Science & Technology, 43(7): 2348 – 2354.

Szatmari P,1989. Petraleum formation by Fischer – Tropsch synthesis in plate tectonics. AAPG Bulletin, 73(8): 989 – 998.

Tang X, Jiang Z, Huang H, et al. , 2016. Lithofacies characteristics and its effect on gas storage of the Silurian Longmaxi marine shale in the southeast Sichuan Basin, China. Journal of Natural Gas Science & Engineering, 28: 338 – 346.

Tissot B P, Welte D H,1978. Petroleum Formation and Occurrence. Berlin: Springer – Verlag:1 – 554.

Ulmishek G,1986. Stratigraphic aspects of petroleum resource assessment//Rice D. Oil and gas assessment – methods and applications, 21(5): 59 – 68.

White I C, 1885. The geology of natural gas. Science, 125: 521 – 522.

第四章
油气勘探工程技术方法

本章导引

本章主要针对油气勘探过程中以全方位采集各种信息为主的勘探工程技术进行了系统地归纳,内容包括三个部分。第一节主要介绍在地面附近及空中采集信息的调查技术的基本方法原理及资料信息,包括野外地质调查、地球物理勘探、地球化学勘探、微生物勘探、油气资源遥感等;第二节介绍了从地下(井筒)采集各种信息的勘探技术方法的主要类型及其作用,包括钻井、录井、测井、地层测试与试油、油气层改造技术;第三节则围绕在实验室条件下采集各种勘探所需信息,从地层学测试分析、岩矿测试分析、烃源岩测试分析、储盖层测试分析、流体测试分析等五个方面对油气勘探中常用的测试分析技术进行了归纳和总结。

油气勘探工程技术,以采集各种数据和信息为主要目标,并通过资料的处理与解释,从不同的侧面来再现地下地质情况,可以进一步分为调查技术、钻探技术、实验室测试分析技术。近年来,油气勘探工程技术得到快速发展,如"两宽一高"三维地震勘探等油气调查技术获取了更丰富、更准确的地下地质信息,并通过配套的处理、解释新技术可以更精细地了解地下地质情况;水平井、工厂化钻井等钻井新技术(图4-1)、大型体积压裂等工程改造技术(图4-2)克服了低孔渗储层开发难题,这些工程技术的发展有效推动了油气勘探开发的进程。

图4-1 水平钻井模式图(据桔灯勘探,2018)

彩图4-1

彩图 4-2

图 4-2 压裂工艺模式图(据石油圈,2016)

第一节 油气地质调查技术

油气调查技术,是在地面、近地表或空中进行的以确定盆地或者坳陷的基础地质条件(地层、沉积、构造等)和石油地质要素特征(烃源岩、储层、盖层、储—盖组合、圈闭、油气)为目标的油气勘探技术,包括野外地质调查、地球物理勘探、地球化学勘探、微生物勘探以及油气资源遥感等方法。

野外地质调查是区域大面积油气地质条件调查,是寻找、发现和利用油气资源的首要环节;地球物理勘探技术运用各种物理学手段了解地下的地质状况,判断油气藏的位置、规模等特性,主要分为非地震勘探技术和地震勘探技术或两者结合。地球化学勘探与微生物勘探则是依据地球化学和生物学异常开展油气勘探,是辅助性勘探技术,为进一步判断油气藏的有无、油气分布与潜力等提供理论依据。遥感技术则利用卫星遥感信息,通过多种技术的融合,开展基础地质条件和油气地质信息的解译。

一、野外地质调查

1. 地面地质调查

视频 4-1 野外地质调查技术

在众多的油气勘探技术方法中,地面地质调查是最基础、最直观、最古老的地质调查技术。在世界及我国油气勘探历史中,曾经发挥了重要作用。它主要是通过对野外地质露头的观察、油气苗的研究,结合地质浅钻和构造剖面井等手段,查明生油层和储油层的地质特征,落实圈闭的构造形态和含油气情况。该方法是地层出露区或者薄层覆盖区找油的一种经济有效方法。

"由表及里""将今论古"的工作原则历来是地质工作的出发点。虽然野外地质露头的研究有被现代地质调查方法所代替的趋势,但作为联系盆地地下地质与地面地质的唯一纽带,其作用是不可替代的。在确定盆地的地层层序、构造特征、生储盖组合及其分布,进行生储盖层评价,建立盆地地质模型过程中,它是一种不可缺少的重要环节,仍应受到高度重视。

我国早期发现的几个主要油田,如老君庙油田、克拉玛依油田以及后来发现的柯克亚凝析气田都与地面地质调查紧密相关。1935 年,我国著名的石油地质学家孙健初先生考察了玉门石油河畔的油苗情况并进行了系统的地质测量,首次指出老君庙油田为一不对称的穹窿背斜,圈闭面积为 19.5km²,生油层为白垩系,储油层为古近—新近系,并拟定了具体的钻探井位。1939 年,第一口探井钻至井深23m 处发现了油气,同年 8 月,于115m 处钻开白垩系油层,完井试油获日产原油 10t,从而发现了该油田。

2. 油气苗调查

1) 油气苗成因及意义

石油和天然气在地表的出露(露头)被称为油气苗。一种成因为富含油气的岩层抬升至近地表环境,其中的烃类物质随之暴露,另一种可能为地下油气资源沿着构造裂缝、岩层节理或渗透性能较强的疏导通道运移至地表而表现出来。自然界中油气苗现象是大量存在的,如河西走廊酒泉盆地石油沟和白杨河的油苗、五大连池药泉湖中大量气泡的涌出,方正老尖山玄武岩裂缝中的石蜡和玄武岩气孔中轻质油存在等。

地下油气藏受到区域构造运动的作用,使得区域盖层被剥蚀殆尽、残存太薄甚至油气藏直接出露地表,圈闭破坏及油气的再次分配,油气在浮力、水动力及构造应力作用下,沿储层、断裂带、岩石裂缝或不整合面运移,整个过程中,烃类物质若遇到合适圈闭条件会形成二次分配,形成"次生油藏",若无配套的适宜油气聚集的圈闭条件存在的话,油气会发生逸散、消耗、甚至暴露至地表而形成油气苗。

油气苗的发现对油气勘探具有较重要的指示意义。在石油工业发展初期,寻找油气苗是主要的勘探手段。人们推测,如果地面有油气冒出,表明地下岩石中有过油气的生成和运移过程,说明该地区地下可能有油气田的存在,特别是大面积分布的油气苗,更是找油气极为有利的标志。油气苗的存在为一个地区下一步油气资源评价和区域勘探提供了可靠依据。油气苗是追踪油气田的标志,如地下油气沿着断层运移至地表而凝固为沥青,若断层倾斜度不大,可在附近进一步寻找油气藏(张学玉等,1999)。事实上,早期的找油是从观察出露到地表的"油气苗"入手的,勘探队员在野外特别注意寻找和打听工区内有没有石油或冒气泡的水泉,这是最直观的找油方法,古今中外都一样。我国的克拉玛依油田因其附近有"黑油山"而引起注意,投入钻探后被发现;独山子油田则因有含油气的泥水长期溢流而成的"泥火山"著称;玉门油田旁有"石油沟";延长油矿范围内有多处油苗出露;古籍中曾有记载,四川最早利用气井的自贡地区,也有不少气苗可以点燃。青海有些与"油"有关的地名,如"油砂山""油泉子"等则是现代的石油勘探队员在野外勘查时以其油苗而命名的。

2) 油气苗调查工作的主要内容

油气苗调查所涉及的内容包括:资料调研与收集、野外地质识别、对油气苗的特征与产状等的记录、典型样品采集、不同类型气体的识别、油气苗的空间分布与追踪等,具体如下。

野外地质工作时,有时可以通过地质锤、指南针、放大镜等传统工具发现油气苗,但是在大多数情况下,沉积岩中的许多油苗是无法用肉眼识别的,需要我们利用随身携带的氯仿、四氯化碳、汽油甚至便携式荧光设备来识别。沿着河岸或者沼泽更容易发现天然气苗。当在池塘或者沼泽中发现有气体时,首先要分析其是天然气还是沼泽气。两者的区别在于,前者所在地的出气量不随一年四季的时间变化,也不受水底淤泥等物质的搅动而变化,出气位置固定,而后者在上述方面的变化较大。

当发现油气苗时,应立即进行观察、记录与采集样品工作。记录内容包括发现点的地质构造单元带位置、地理位置名称、经纬度坐标、高程数据、周边易识别的建筑或地貌。描述油气苗的性质,包括其流动性能大小,含油量高低,水温高低,油样品的颜色、黏稠度、味道、沥青的硬度、颜色、味道、挥发性、光泽、硬度、断口、形状等物理性质以及产状(如呈脉状、团块、条带状、环状、斑点、浸染状、不规则状)等。除此之外,对于沥青,应进行系统分类及命名。

野外可以通过点火初步判断天然气的类型。具体来讲,收集 2~3 瓶天然气体,在注意安全的情况下,用火点燃并观察火焰颜色,经验判断黄色和蓝色火焰分别代表湿气和干气。也可以通过冷水法来判断,通过冷水后,若有薄而小的油膜出现则为湿气,无膜则为干气(曾鼎乾,1955)。

若发现含油砂岩,则需要进一步研究砂岩的岩石学特性,并追踪砂岩在空间上的分布,若条件允许的情况下,甚至需要对其上下临层的地质信息进行描述。采集代表性样品进行室内分析,开展岩石学与矿物学、物性特征分析等工作。若是碳酸盐岩的话,还需要进行溶孔、溶洞与裂隙等方面的观察,判断裂隙是否被沥青充填等。判断油气苗是否发育于背斜或断层不同部位,做素描和文字描述等野外地质记录,并分析其可能的形成机理。

油样采集结束后,要密封保存,尽快送至实验室进行各项分析测试工作。对于天然气体的采集,瓶口需紧密但不能用蜡封闭。

在陆域野外,气苗流量较低,一般要比油苗探测起来更困难,在热液喷泉或水池地带更容易发现气泡。在海域勘探中,可通过声呐扫描、卫星定位等判断油气溢出点的大致位置。对于泥火山而言,通常伴有油气显示,如准噶尔盆地西南缘山前带发育众多的泥火山,且出露油气苗,如独山子泥火山、托斯台泥火山和四棵树泥火山等(余琪祥,2016)。泥火山与油气苗共生,因而泥火山与地下油气藏具有某种成因联系,可能存在一些含油气构造,是石油地质工作者寻找油气苗、探索油气成因的有利场所。

3) 利用油气苗进行油气勘探的成功实例

油气苗是找油中应用的最早,也是最直观的标志。我国最早的几个油气田,如延长、老君庙、独山子、圣灯山均因其位于油气苗附近而得以发现。

我国根据油苗发现大油田的典型事例就是位于准噶尔盆地西北缘上的克拉玛依油田。在准噶尔盆地西北缘,由乌尔禾到克拉玛依西南部长达 100 多公里的范围内,分布着数十处油苗、油砂、沥青脉、黑油山以及小"沥青池",在乌尔禾地区沥青露头分布面积达 0.6km², 共有 17 条沥青脉呈北东向分布,单条脉长为 100~400m,个别长达 900m 以上。1956 年 4 月,石油工业部部长助理康世恩率领工作组和苏联专家组组长安德烈依柯等共二十几位中苏专家来到克拉玛依,实地考察克拉玛依到乌尔禾地区的地质露头和几处大型油气苗。他先后看了深底沟的地层剖面和黑油山沥青丘、乌尔禾沥青脉、哈拉阿拉特山东麓大面积出露的沥青砂岩,高兴的心情溢于言表,一再讲:"我到过许多含油气盆地,从来没见过如此壮观的油气苗,克拉玛依—乌尔禾地区应该是很有含油远景的。"于是断然决定,把新疆石油勘探的重点由准噶尔盆地南缘转向西北缘,做出了《克拉玛依—乌尔禾钻探工作的决定》。1957 年发现白碱滩高产区,1958 年发现百口泉油田和乌尔禾油田,1959 年发现红山嘴油田。到 1960 年基本探明克拉玛依油田的 9 个区,探明含油面积 290km², 并从 1958 年起投入开发,当年原油产量 33.38×10^4t,1959 年增加到 96.13×10^4t,1960 年达到 163.67×10^4t,使克拉玛依油田成为大庆油田发现以前我国最大的油田。

国外根据油气苗找油的实例也很多,如美国俄克拉何马州南部及东北部的广大地区广泛分布着的油苗和含沥青砂岩,世界著名的委内瑞拉马拉开波油气区,沿盆地的周边长达数百千米的范围内分布着数十处油气苗,这些油气苗对该区油气勘探并找到大油气田提供了有利的地质依据(Duncans 等,1998)。

4) 油气苗在油气勘探中的局限性

地表油气苗的测定和研究是寻找地下油气藏的重要方法,在油气勘探中起着重要的作用,但是,必须辩证地分析根据油气苗来寻找油气的正确性。因为一方面,油气苗的存在表明地下岩石中有过油气的生成运移过程,说明地下岩石中可能有油气的聚集,如克拉玛依油田和石油沟油田便是依据地表发现的沥青和油苗找到的。另一个方面,油气苗的存在也表明地下的油气聚集保存条件很差,说明已形成的油气藏遭到破坏,勘探发现大油气田的可能性会受到质疑。如贵阳麻江古油藏就是古油藏遭受破坏的事例。麻江古油藏是一个有十亿吨储量的大油藏,后期被抬升暴露到地表,遭受剥蚀改造,古油藏被破坏,所有的油气都挥发了,仅残留大量的沥青显示。在油气保存条件完好的盆地,地表岩石中没有油气苗出露的地区并不表明地下没有大油气田存在,如大庆油田等。

二、地球物理勘探

1. 非地震勘探

对油气成藏条件分析与赋存空间预测,在盆地中不见露头和构造的情况下,如何识别地下构造、确定找油方向呢?地球物理方法有着非常重要的作用,非地震勘探是重力、磁法和电法勘探的总称。它们主要是以岩石密度差、磁性差、电性差为主要依据,通过在地表上空、地表或地下深部地球重力场、电场、磁场特性的变化来达到反映地下地质特征的目的。其作用概括起来有三个主要方面:一是小比例尺大

视频 4-2 重磁电勘探技术

区域规模上,反映地壳深部结构(莫霍面)及其特点;二是在盆地区域规模,反映沉积盆地的基底(结晶基底或沉积基底)的顶面埋深与起伏状态,以及基底断裂分布与基底岩性;三是在条件有利的情况下,利用高精度的非地震勘探来反映沉积盖层的构造特征(识别圈闭)。因此,重、磁、电勘探既可以为大地构造单元的划分提供依据,也可以在一定程度上圈定有利构造。重、磁、电勘探作为研究区域构造和局部构造的有效方法,常常是互相配合使用的。特别是在区域勘探阶段,在查明区域构造特征方面,具有效率高、成本低的优点。

1) 重力勘探

(1) 重力勘探的定义及原理

重力是指除物体以外的地球质量及其他天体质量对物体产生的引力和该物体随着地球自转而引起的惯性离心力的合力。地球内部岩石的物理或者化学性质使地下岩石密度不均,致使在地表及其周围空间重力发生变化,这种由于某种地质原因引起的重力变化称为重力异常。

油气重力勘探即利用组成地壳的各种岩体、矿体的密度差异所引起的重力异常,进行油气勘探的一种应用广泛的地球物理方法。该方法是以牛顿万有引力定律为基础的,只要待研究的地质体埋藏深度小且有一定的剩余质量,能用简单的方法消除地形起伏的影响,就可以利用重力测量仪器找出重力异常。在此基础上,结合工作地区的地质和其他物探资料,推断覆盖层以下密度不同的地层埋藏情况,而找出油气的空间赋存部位。根据重力测量的空间位置的不同,可以将重力测量分为地面重力测量、航空重力测量、海洋重力测量、井中重力测量。

(2) 重力勘探的应用

重力勘探一般用于盆地普查和凹陷详查阶段,主要是通过测量地下密度不均匀体引起的重力异常,获得地壳深部结构和基底表面起伏,推断地下各种地质构造、岩石分布和矿产赋存,划分区域构造单元及成矿远景区,分析地质体存在的空间位置、大小和形状,了解沉积岩层内部构造,

寻找可能的含油气构造,圈定油田地层的分布范围,预测油气在地下的各种赋存状态等。

我国早在1945年就成立了第一支重力勘探队,在河西走廊、玉门油田等地开展了一系列重力普查调研工作。50年代起开始从苏联引入各种仪器装备,在全国主要沉积盆地石油普查中,重力测量在盆地地质构造分析方面起到了一定的作用,取得了一系列重力资料,为油气勘探指明了初步工作方向。50年代末,东北、华北、华东、华南等地区也有利用重力资料成功探明较大潜力的油气富集地带的实例(许庆刚等,1961)。1975年,任丘古潜山油田的发现,重力勘探做出了巨大贡献。由于古潜山与上覆沉积岩之间存在明显的密度界面,根据重力异常,特别是重力异常的分析,可以对古潜山做出定性解释(王懋基等,1997;刘清泉,1998;徐晓芳等,2006)。

(3)重力数据的处理与解释

在做重力勘探工作之前,要根据已有地质资料及油气成藏条件综合分析,确定待研究目标区地质特征,制定切实可行的工作方案,确定重力测线的布置位置、比例尺、点线距等参数,选取适宜的重力仪,进行静态、动态及一致性等多种实验。对于存在一定幅度的且对数据处理与解释有影响的地形起伏进行测量及校正,对实测数据进行校正、处理与计算,获取工作区目标层段的重力异常值。这方面的工作包括以下内容。

通过基点网平差与零点漂移校正工作,得到各测点的相对重力值,再进行多方位校正(如地形校正、高度校正、中间层校正、纬度校正等)得到重力异常,进一步去除偶然误差或地表小型异常体的干扰信号,增加信噪比,提高可用信息的分辨率,最后通过重力勘探反演技术,分析解释重力异常体的空间分布、密度界面与剩余密度特征等。

需要注意的是,校正后的重力异常是多种地质体重力作用的叠加异常,因此要进行异常分离,目前最常用的手段是通过"频率"因素将多个目标体分离开,直至突出或仅保留有待研究单元体。实际工作中不一定能完全分离,尤其是一些地质构造复杂、岩性变化不大的情况,或虽有差异但具有近似的重力效应。这就导致了重力勘探中有时会存在多解性问题,要求各重力资料处理与解释人员多结合该区域已有的各种资料,利用各种资料共同分析地质背景,提高对重力资料解释的精度和可信度。

(4)重力勘探过程中的注意事项

① 重力勘探的工作范围应根据任务和测区的地形、地质及以往物探工作等情况合理地确定,要注意到将探测对象或异常布置于测区中央,并应尽可能包括某些地质情况比较清楚或进行过较多工作的地段,特别是包括对解释推断有重要意义的露头、钻孔、其他物探或地质剖面等。

② 设计的测线方向一般以垂直探测对象为原则,测网密度和工作比例尺,应根据任务性质、探测对象的大小及其异常特征来确定,线距应不大于最小探测对象可引起的异常的长度,点距的选择应使异常特征能在平面图或剖面图上反映出来。

③ 布伽重力异常的总精度,应根据所承担的工作任务合理地确定。布伽重力异常总精度由测点重力误差、布伽改正误差、地形改正误差和纬度改正误差组成。误差分配上,应注意控制测点重力值误差及布伽改正误差。

④ 仪器精度。仪器精度是影响重力勘探成功的另一项重要因素。密度差异不大的物质间的重力差异在数值上较小,很难准确反映在低精度的重力仪上。另外重力仪还要适应各种勘探环境,如地表、井下、水下等,以保障能获取较为准确且稳定的重力测量值。

(5)三维重力勘探与井中重力勘探

近十年来,重力勘探技术的进步主要表现在三维技术和井中勘探技术。三维重力勘探是以三维地质体为研究对象而进行的重力数据采集、反演与解译的系统工程,整个流程获得的数据体是高精度且一致性较强的三维数据体。对于地质构造复杂或需要深入解释地下地质特征的研究区域,三维模型具有数据精度更高、数据量更大、非均质性更明确、结果直观性更强与可靠性更好等优势,重力勘探必将走向三维技术时代。

对于三维重力勘探来讲,最为核心的工作即为三维反演,其中降低反演多解性和提高反演精度是关键。可通过增加约束信息或剥离非目标重力异常方法来提高反演质量。另外,通过三维重力处理与综合地质解释等技术可以很好地对三维体可视化、水平切片、沿测线垂向切片、连井切片和任意剖面的切片及沿层追踪解释或信息提取,这些是三维解释的一大优点和特色,可以更准确地确定地下地质界面的起伏形状,由此可以寻找潜在的储油气构造,有助于确定油气藏的分布特征。

除了三维重力解释外,在油气勘探领域内井中重力测量也是一种较好的勘探手段。该方法是通过在油气钻井中放置重力仪,并记录井下一系列选定深度段的重力差(Δg)和深度差(Δz)值,获取连续点之间的间隔垂直重力梯度,分析同 Δz 间隔内岩石密度的微小变化,为井下油气勘探提供依据。

利用重力勘探获取的油气藏平面位置结合地震勘探或钻井、测井等技术,可以共同确定地质体空间分布形态、几何参数、物性参数、底层界面等信息。

2) 磁法勘探

磁法勘探是大地电磁探测法勘探的简称,是利用地壳内各种岩(矿)石间磁性差异所引起的磁场变化(称为磁异常)来查明地下地质构造、寻找油气藏富集区域的一种地球物理勘探方法,是一种利用天然地球物理场变化的方法。按照测量位置的不同,磁法勘探可分为地面磁测、海洋磁测和航空磁测。

根据电磁波在导电介质中的传播理论,对于地下具有较宽频率范围的天然交变电磁场而言,地下介质的电导率一定时,面电磁波场的穿透深度与频率成反比,随着信号频率降低,穿透深度增大,地面上的电磁场将包含有地下介质电性分布的信息,分析交变天然电磁场的频率响应特征及差异性可以获得地下不同深度介质电导率的成像规律,而推断出地下地质构造环境,就是大地电磁探测的基本原理。

自然界的岩石和矿石具有不同磁性,以产生各不相同的磁场,使地球磁场在局部地区发生变化,显地磁异常。油气勘探中采用磁力仪测定地面上各部位的磁力强弱以研究地下岩石矿物的分布和地质构造。由于地球本身就是个大磁体,所以对磁力的预测值应进行校正,求出只与岩石和矿物磁性有关的磁力异常。一般铁磁性矿物含量越高,磁性越强。在油气田区,由于烃类向地面渗漏而形成还原环境,可把岩石或土壤中的氧化铁还原成磁铁矿,用高精度的磁力仪可以测出这种磁异常,从而与其他勘探手段配合,发现油气田(杨振宇,2002)。

磁力测量的异常特征在区域大地构造单元划分(稳定大地构造单元和不稳定大地构造单元)、盆地基底的内部结构、岩性与起伏、断裂、盆地沉积盖层岩性分布解释等方面有着广泛的应用。

20 世纪 50 年代末期松辽盆地的航空磁测异常表明,根据磁测异常分布,松辽盆地可划分为六个构造单元,中央坳陷区的沉积盖层最厚,为正磁力异常,其中的隆起(大庆长垣)为负磁力异常,被定为最有希望的油气聚集区。

重磁数据三维物性反演是近年来发展的解释新技术。反演是重磁资料定量解释中的重要环节之一。和其他地球物理方法一样,重磁资料解释的目的在于通过地面或航空等实测数据,利用某种手段推算出地下的密度(磁化率)分布规律,从而达到寻找目标地质体的目的。

重磁反演中反演模型可归纳为两类:物性模型和形态模型。常用的物性模型是将地下空间与观测异常对应的地质场源区域离散化成离散单元,通过反演方法确定各离散单元的物性,由物性的分布及变化确定场源的实际分布情况;而形态模型则通常是在地下半空间场源体给定物性的基础上,利用地面观测异常来确定多边形(二维)或多面体(三维)角点的坐标,通过多边形(或多面体)来模拟场源的几何形态。早期反演以形态反演为主,主要应用于沉积及磁性等基底界面反演以及形态简单的场源体反演等。随着计算机计算能力的提高,物性反演后来居上并且从二维发展为三维,逐渐成为国内外重磁反演的主要方向。

理论上,物性反演具有鲜明的线性特点,适合以线性反演技术(共轭梯度法、梯度法、牛顿法和变尺度法等)进行。但是,一方面,在三维反演中,由于反演对象数目往往巨大,超大规模方程组的求解遇到极大的困难,并且重磁位场异常具有观测误差,反演本身有多解性问题,使线性反演得出的结果往往变得没有物理意义。为此,必须结合各种先验约束条件(深度加权因子、粗糙度因子、稀疏约束因子、物性范围物性约束等),但各种约束条件几乎很难与反演过程有机融合,严重制约着反演的效果。另一方面,在反演方法中,局部最优化反演方法技术一直占主导地位,它具有高效性,但解决实际复杂问题能力不强。近年来颇受重视的非线性方法,如遗传算法、模拟退火法、神经网络法等则不同,它们具有全局最优化优点,使得理论上有能力漫游整个解空间,充分挖掘数据中的有限信息量;此外,非线性全局最优化方法不需要对高维目标函数进行复杂的求导计算,以正演代替并实现反演,从而大大减少了与各种约束条件结合的技术上的困难,也简化了先验地质约束条件的数学描述,避免了过去在局部最优化反演中无法结合数学上难以描述的一些地质约束的困难,可以最大限度地利用并结合各种信息,得到更合理的解释模型。但目前非线性技术在地球物理反演中应用效果并不理想,其根本原因是非线性反演中普遍存在的计算瓶颈问题的严重制约。因此发展一种能加快反演效率的完全非线性反演方法已成为一种趋势。

3) 电法勘探

电法勘探的实质是利用岩石和矿物(包括其中的流体)的电阻率不同,利用仪器在地面测量地下不同深度地层介质电性差异,用以研究地下各层地质构造的方法。与重力勘探和磁法勘探相比,电法勘探种类较多。按场的成因不同,可分为天然场法和人工场法两大类:天然场法包括大地电磁法和声频电磁法;人工场法包括电阻率法(如电测深法、电剖面法、充电法)、人工电磁法(如频率测深、感应脉冲瞬变法、偶极剖面法)和激发极化法。

电法勘探在金属矿床、工程地质和水文地质勘探等方面得到了广泛的应用。我国目前在油气勘探中采用较多的电法勘探是直流电测深法、大地电磁测深法、可控源声频大地电磁测深法等,近期又发展了差分标定电法、大地电场岩性探测法等新方法。

在大庆油田的发现井——松基3井井位拟定过程中,电法勘探就发挥了重大作用。当时电法勘探表明中央凹陷的大同镇存在一个电法隆起,是个很有希望的"凹中隆",并与后来新的地震资料绘制的构造图相吻合,从而为松基3井的井位拟定和勘探部署提供了充分的依据。20世纪70年代,世界上的发达国家提出了电法直接找油、确定地下油气藏位置、估算油气储量和生产能力的想法,并在一些地区见到一定效果。此外,电法勘探对高电阻率岩层,如石灰岩等勘探效果明显。

下面对十二种电法勘探作简要介绍。

(1) 直流电测深法

直流电测深法,也叫电阻率垂向测深法。它是对同一个测点,用一系列由小到大的极距进行视电阻率测量,反映由浅至深的地层垂向变化情况。通过对现场实测曲线进行分析和解释,可测量观测点处垂向各地电性层的厚度和电阻率的大小。

直流电测深法最适合于解决产状近水平、具有明显性差异的下列地质问题：①查明基岩埋深，确定覆盖层厚度，查明基岩风化层发育深度，划分有较明显电性差异的第四纪分层等；②查寻岩溶发育带，确定具有明显电性差异的断层破碎带，并了解其产状。

(2) 大地电磁测深法

大地电磁测深法是以天然交变的电磁场为场源，当交变电磁场以波的形式在地下介质中传播时，由于电磁感应作用，地面电磁场的观测值将包含地下介质电阻率分布的信息，而且不同周期的电磁场信息具有不同的穿透深度，因此，通过研究和测量大地对天然电磁场的频率响应，就可获得地下不同深度介质电阻率分布的信息。

大地电磁测深是研究地壳结构和上地幔构造的一种有效的地球物理探测方法。该方法还可以确定沉积盆地的基底结构、断裂的展布，火山岩发育的有利地区，在有利的条件下，可以对盆地内的沉积岩系进行电性分层，研究沉积相带的变化和沉积盖层构造。特别是当沉积盆地上部存在砾石层、火山岩层、碳酸盐岩溶洞发育带时，地震勘探效果不好，大地电磁测深法是一种有效的替代方法。

20世纪70年代我国自发研制成功了模拟大地电磁测深仪，并在华北地区的野外实际测量中得到了较为成功的应用，1978年获得我国第一批数字化大地电磁测深资料，结合大地电磁张量阻抗估算方法的进步，该方法在我国油气勘探初期取得了一系列基础性资料。2010年银根—额济纳旗盆地实施了7条大地电磁测深工作，对获得的资料进行处理，编制了石炭系—二叠系重磁电综合反演剖面图，结合已有的钻井、地震和区域地质调查资料，共同约束并界定了石炭系—二叠系的地层划分与空间分布及其电性特征（图4-3）。

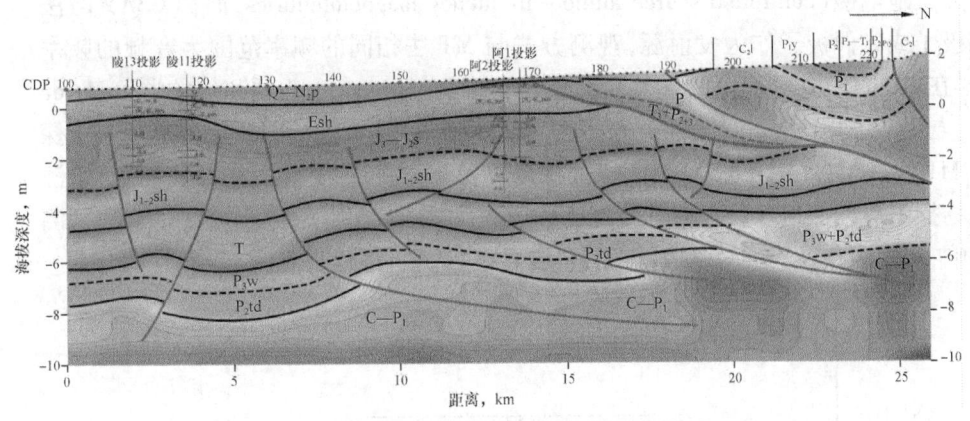

彩图4-3

图4-3 某盆地TFEM2016-3测线电阻率反演剖面

(3) 电剖面法

电剖面法全称电阻率剖面法，采用固定电极距的电极排列，沿剖面线逐点供电和测量，获得视电阻率剖面曲线。通过分析对比，了解地下岩、土层电性变化，有效地解决某些地质问题，如追索构造破碎带，划分不同岩性陡立接触带，地下暗河、溶洞等。

(4) 高密度电阻率法

高密度电阻率法又称高密度电法。它的基本原理与普通电阻率法相同，集中了电剖面法和电测深法的特点，由于仪器的设计先进性及资料处理能力快速性，使得高密度电法仪能快速而准确地获取丰富的地下信息。

通常一条高密度电法测线能了解地下一个面状信息,通过合理布置测线,能三维刻画地质体,从而达到立体勘探的效果。该方法对解决圈定岩体大小、断层破碎带的追索等地质问题非常有效。而且勘探成果非常直观,易于非专业人员判读。

(5)音频大地电磁法

音频大地电磁(AMT)法的工作原理与大地电磁(MT)法相同,但探测频率范围为音频的范围,比 MT 法探测频率高,因此分辨率比 MT 法要高,不过探测深度没有 MT 法大。野外观测方式如图 4-4 所示。AMT 法勘探的仪器主要是美国 EMI 公司生产的 EH4 仪器,另外也可以使用 MT 法的仪器,如加拿大凤凰公司的 V8 仪器、德国 ADU 公司的 GMS 仪器等。

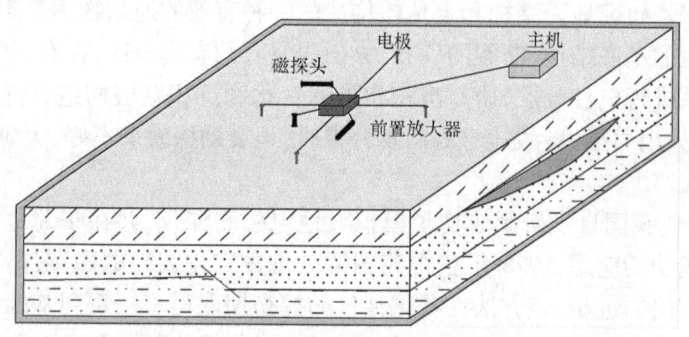

图 4-4　AMT 法或 MT 法的野外观测方式

(6)可控源音频大地电磁法

可控源音频大地电磁(controlled source audio - frequency magnetotellurics,简称 CSAMT)法是一种以电偶极子或磁偶极子作为发射源,观测方式与 MT 法相同的频率范围为音频的频率域电磁法,最早在 20 世纪 70 年代由加拿大多伦多大学 D. W. Strangway 教授和他的学生 Myron Goldtein 提出。与 MT 法相比,CSAMT 法克服了天然场源信号微弱、随机的缺点。不过由于探测频率范围比 MT 法高很多(图 4-5),因此探测深度不及 MT 法,主要应用在寻找油气、资源勘查以及工程物探中等勘探地球物理中。野外工作方式如图 4-6 所示,由于 CSAMT 法探测中受发射源影响,视电阻率在"近区"发生畸变,一般要在"远区"进行观测。

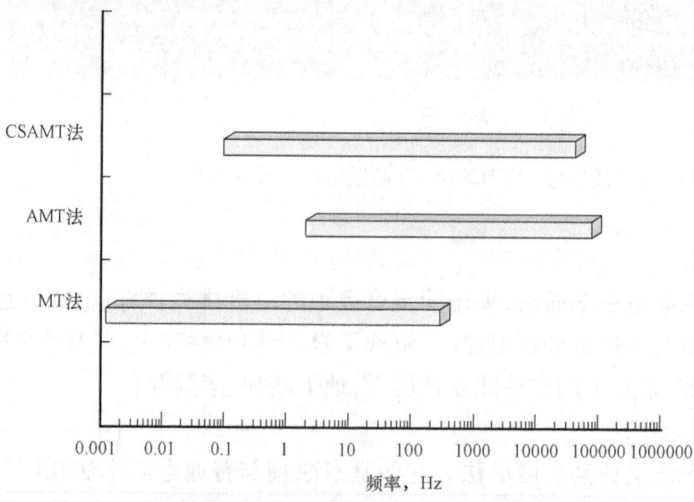

图 4-5　MT 法、AMT 法及 CSAMT 法的探测频率范围

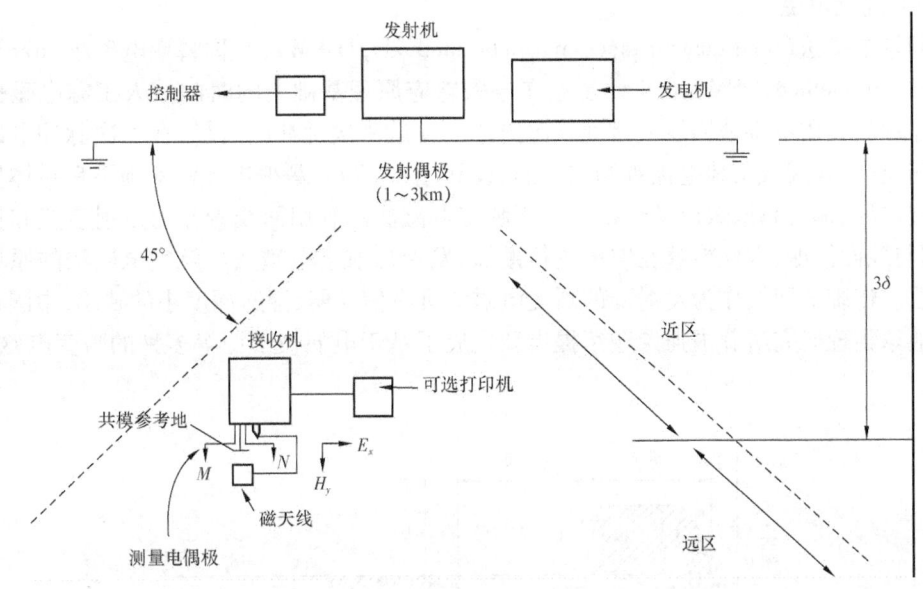

图 4-6　CSAMT 法野外工作方式

(7) 广域电磁法

广域电磁法是中南大学何继善院士为克服 CSAMT 法只能在远区观测的限制而提出的，广域电磁法突破了 CSAMT 法远区测量的限制，把提取视电阻率的观测范围拓展到更广的区域。此时卡尼亚视电阻率（指在非均匀介质条件下，以实测阻抗计算出的量）不再适用，定义了"广域视电阻率"。

甚低频（very low frequency，简称 VLF）法是一个被动源的人工源的频率域电磁法，利用分散在全球各地的频率为 15～25kHz 的长波电台作为场源，进行地质矿产和工程环境勘查。观测点方式与大地电磁测深相同。

无线电磁法（WEM 法）是中国科学院地质与地球物理研究所底青云课题组提出的一种人工源电磁法，场源是一个类似长波电台的信号覆盖全国信噪比达 10～20dB 的大功率发射源，但观测方法与 VLF 法不同，WEM 法是推导出从发射源场产生的电磁场，电磁波经过电离层反射进入地下介质，再反射被观测装置接收的整个过程的公式。目前底青云课题组已经完成一维、二维的 WEM 法的理论公式推导，并且多次在张北、内蒙古等地区进行试验（图 4-7）。

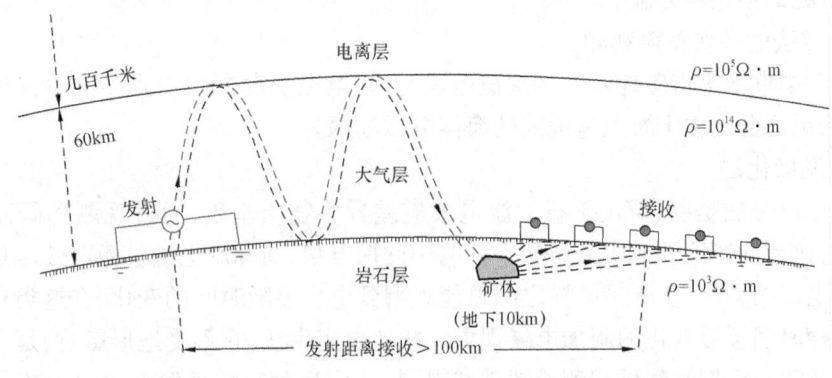

图 4-7　WEM 法工作原理

(8)时间域电磁法

时间域电磁法(time domain electromagnetic methods,TDEM),又称瞬变电磁法(transient electromagnetic method,TEM)是一种建立在电磁感应原理基础上的时间域人工源电磁探测方法。其原理是利用不接地回线或接地线源向地下发送一次脉冲电磁场,在一次脉冲电磁场的间歇期间,利用线圈或接地电极观测二次涡流场(图4-8)。瞬变电磁法对地下良导体反应很敏感,适合寻找铜、铅锌、银以及煤矿。由于瞬变电磁法能利用回线圈作为发射装置和接收装置,不用与地面接触,因此能够在空中进行勘探,发展出航空电磁法。航空电磁法的原理是瞬变电磁法。传统的回线作为发射源的瞬变电磁法具有信号弱、穿透深度小的缺陷,中国科学院地质与地球物理研究所薛国强课题组提出和发展了基于电偶极子源等多种的瞬变电磁法(如SOTEM)。

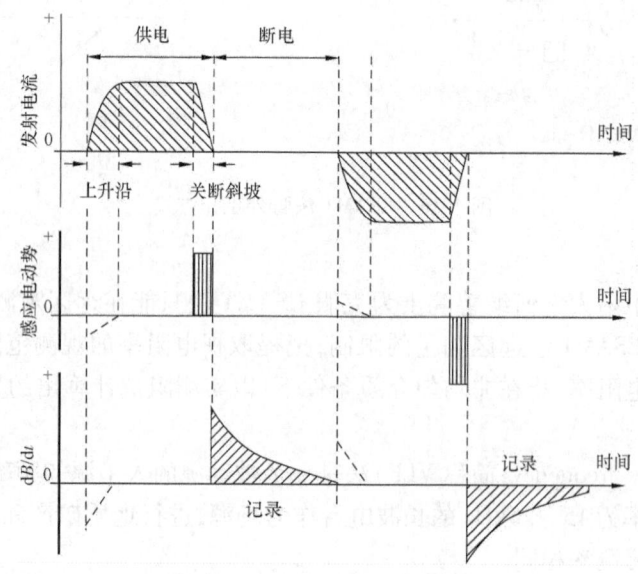

图4-8 瞬变电磁法发射和接收波形的示意图

(9)可控源电磁法

可控源电磁法(CSEM)是一种人工源可控的频率域电磁法,由电偶极子、磁偶极子等人工源推导出整个勘探区域的电磁理论公式,计算出电磁场分布,分析不同介质情况下的响应特征,是目前研究的很热的方法。

(10)电磁法的多次覆盖观测

中南大学戴世坤等借鉴地震的多次覆盖观测,在电磁法勘探中引入多次覆盖观测。相对陆地,该方法更适合应用于海上拖缆式的海洋电磁勘探。

(11)激发极化法

激发极化(IP)法是以岩石、矿石的激电效应差异为物质基础,通过观测和研究地下介质的激电效应,达到勘查地下地质分布的一种电法勘探方法,简称激电法。激电效应是在向地下供入或切断电流的瞬间,在测量电极之间总能观测到电位差随时间的变化,在这类充电和放电过程中产生随时间缓慢变化的附加电场现象。相比电阻率法,它不受地形影响,是一种有效的金属矿勘查方法。根据时间域观测或频率域观测,又分为时间域激发极化法和频率域激发极化法。中南大学何继善院士提出一种能同时发射两个频率的激发极化法——双频激电法。

(12) 自然电场法

自然电场法是利用岩石、矿石由于电化学作用在其周围产生自然计划场、出现电位异常，观测这样异常特征进行找矿、填图和解决环境工程问题的一个被动源勘探方法，具有探勘成本低、仪器轻便的优势。

4) 非地震勘探技术新进展

目前，重磁电勘探在资料采集、处理与解释等方面都取得了巨大进步，主要表现在井中重力勘探、电磁阵列剖面法的出现，瞬变电磁法的发展以及直接找油等方面(刘建利等，2011)。

近年来，井中重力勘探已在我国正式投入使用，在寻找井旁一定范围内遗漏的油气藏、进行孔隙度研究、油气开采中监测流体界面变化等方面，发挥着重要作用。随着技术的进一步发展，井中重力勘探可望成为一种常规测井技术。

20世纪90年代后出现的电磁阵列剖面(EMAP)法，以及瞬变电磁法中独特的建场测深法的开发和应用，强烈地冲击着传统电法勘探的思维方式。连续的密集采样，新的处理、解释、成图技术的出现，给电法勘探注入了新的活力，标志着二维电法勘探技术进入实用阶段(王家林，1997)。EMAP法是针对传统MT法中静态畸变而提出的，它采用多道数字仪，以首尾相接的采集布点方式(点距为100~200m)采集数据，室内采用二维乃至三维低通滤波的处理方法，可以获得地下电性构造的连续变化图像。而瞬变电磁勘探的建场测深法采用相对固定且强度相当大的场源，进行多道、密集采样(最小采样率达1ms)，并通过在时域叠加，空间域多次覆盖，使数据采集误差可达到15%以下。加之从采集、处理到解释全过程的拟地震化，以及直观形象的成果剖面、较高的纵横向分辨率、足够的勘探深度，使之已成为油田地质家认可和青睐的非地震方法。除此之外，人们还注意到油藏上方存在着由于烃类物质的扩散而引起的氧化还原过程所伴随的电磁现象，为磁法直接找油找到了理论基础。

同电磁勘探一样，重力直接找油技术正在掀起一股新的找油热潮。1991年，胜利油田、中原油田相继开展了重力直接找油的尝试。通过采集数据并直接输入计算机可以进行现场处理，在输出剖面上，将连片的高值段解释为油气富集区，并认为平顶高值是油，尖峰高值为气，预测效果与实际情况符合较好。"九五"期间，石油地球物理勘探局第五地质调查处在塔里木盆地开展了重磁电等非地震勘探方法的攻关研究，取得了十分可喜的新进展。吐哈与酒东盆地与全俄地球物理研究所合作开展了重力直接找油试验，发现油气藏上方存在着"重力亏损异常"。应用高精度重力勘探可以观测到这一异常，而异常的强弱取决于油气层的厚度，与埋深无关。

目前，我国在非地震勘探技术用于油气勘探方面的工作与研究已有较大进展，主要表现在测试仪器、数据校正、反演与解释等方面。在重磁电联合处理和综合解释、顺序人机交互联合反演技术、利用地震及钻井资料约束非地震勘探解释认识等方面取得了一定的进步(管志宁等，2002)。

对于未来非地震勘探技术而言，需要注重理论模型的精细化与多元化、数据的精度、误差校正方法及其验证、新技术新方法的引入等方面的发展。除此之外，光靠一种方法较难解决复杂地质情况，因此应在制定合理、高效且有针对性的实施方案之后，综合重、磁、电技术与地面地质调查、地球化学勘探、地震勘探和钻探等多种手段共同解释油气地质现象，提出勘探认识并指明勘探方向(袁永真，2012)。

利用重磁电资料综合解释地质特征的流程如下：

① 单独分析重力异常、磁异常和电测异常，提取各自方法异常信息特征。

② 利用重力资料,建立地质结构模型;利用电测资料,建立电性剖面结构;利用磁法异常,进行地质体初步圈定;建立初始地球物理模型,进行重力、电测和磁法的综合反演解释。

③ 制定主要界面深度图,评价地层发育特征及展布特点;明确断裂与地层的展布、岩性特征、隐伏岩体、油气分布等。

上述工作过程中,所用到的各种方法应相互联系,涉及的各类地质资料或油气资料相互配合,不能孤立应用。

2. 地震勘探

视频4-3 地震勘探技术

地震勘探是现代油气勘探的支柱技术之一,它不仅能够提供地层出露区和沉积覆盖区的地下地质构造、地层、岩性等方面的信息,而且相对钻井费用来说,成本低廉、效率高。在油气勘探工作中,尤其是进入详查阶段,地震勘探起着主导作用,是查明深部目的层构造形态的关键技术。历史上发现的许多大油气田,比如大庆、胜利、大港、任丘、安岳油气田等都是利用地震方法找到的。在我国,95%的新油气田都是通过地震勘探发现的;在世界上,许多著名的大中型油气田,例如墨西哥湾油田、中东油田、里海油田等也是利用地震技术发现的(裴雪林等,1995)。目前,世界上超过90%以上的物探投资用于地震勘探,而且地震勘探技术也呈现出飞速发展的趋势,地震勘探在油气工业中所占的地位也越来越重要(Yao et al., 2004;Yang et al.,2009)。图4-9是大港油田1964—1998年34年间的地震勘探与储量增长的关系曲线,它表明地震工作量的增加和技术水平的提高与储量的增长呈正比关系。

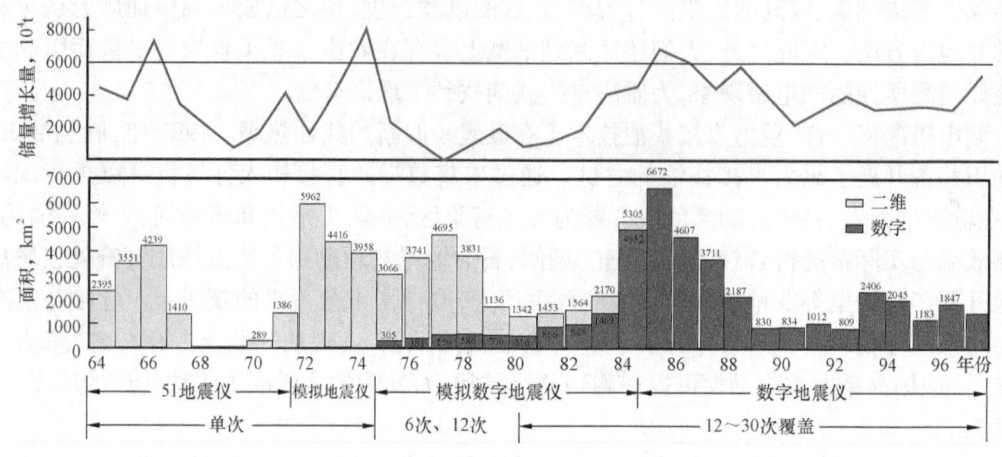

图4-9 大港油田历年地震工作量与储量增长关系图

1) 地震勘探的基本原理

我们知道,物探方法包括重力、磁力、电法和地震勘探四种。前三种方法的用途主要是研究大地构造和区域构造,宏观上划分出沉积盆地以及盆地中的次级构造单元,指出有利的含油气区。相比较来说,地震勘探已成为一种最直接、最有效的方法,其用途更广泛,结果更可靠,不仅能够提供比其他三种方法更精细的构造成果,还能提供岩性、含油气成果。

地震勘探的基本原理就是通过人工方法激发地震波,研究地震波在地层中传播情况,如地震波的传播时间、传播速度、振幅、频率、相位、吸收衰减等,就可以得出地下不同地层分界面的埋藏深度、岩性及油气分布等,进而查明地下地质构造,为寻找油气田或其他矿产资源服务的一种物探方法。

地震勘探的基本原理，简单来讲，就是沿着地面事先设计好的一条测线，测线上有检波器用于记录地面的震动信号。利用炸药或者可控震源在地表附近触发震动向地下传播，同时把来自地下各个地层分界面的反射波引起的地面震动情况记录下来，一段一段进行观测，然后对观测结果进行处理，得到形象地反映地下岩层分界面埋藏深度起伏变化的资料——地震剖面图（图4－10）。

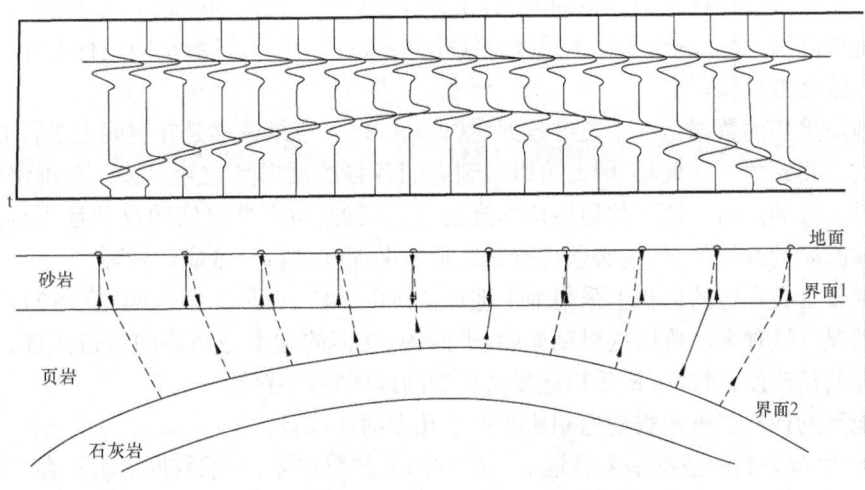

图4－10 地震勘探原理示意图

从地震剖面图上可以看出，不同反射界面上反射波振动图的振幅极大值连线（称为同相轴）的起伏变化，形象地反映了地下岩层起伏的完整概况，只不过这种起伏是时间域的，如果能结合地质、钻井和其他物探资料，经过计算和地质研究，绘制地下主要反射层位的构造图，就能查明地下可能的储油气构造，提供钻探井位。

地震勘探基本由三个过程组成，即地震资料的野外采集、室内处理和综合解释。地震勘探与其他物探方法相比，具有精度高的优点。地震勘探与钻探相比，又具有成本低，以及可以大面积了解地下地质构造情况的特点。因此，地震勘探已成为油气勘探中一种最有效的勘探方法。

2）地震勘探分类

通常，按照地震勘探采集方式的不同，可以分为二维地震、三维地震、四维地震、VSP、井间地震等。

（1）二维地震

长期以来，地震勘探一直是在地面上沿一维测线观测地震信息，这种在(x,t)平面内采集数据和处理地震资料的方法称为二维地震勘探。

二维地震勘探是沿各条测线进行地震施工采集地震信息，然后经过电子计算机处理得出一张张地震剖面图。经过地质解释的地震剖面图就像从地面向下切了一刀，在二维空间（长度和深度方向）上显示了地下的地质构造情况。二维地震勘探由于成本低、野外施工简便易行、资料处理与解释费用较低等优点，是截至目前使用最多的一种地球物理勘探方法。

然而，二维地震观测只能获取反映(x,t)平面内的地质信息，即使在生产实际中，二维观测有时也在地表按面积布置测线，但每一条测线却是按二维采集数据并按二维偏移处理的。由于二维偏移是沿着测线的视倾角方向进行的，因此偏移结果不完全，也不准确，尤其对于地下复杂的地质构造,进行二维地震勘探并按二维归位处理就不能反映地下界面的真实情况。

(2) 三维地震

由于二维地震勘探的测线只提供了二维的信息,要了解一定面积内的地下情况需要把各条测线的地震剖面进行对比,找出相关的信息,推断测线之间的地下情况,才能形成整体概念,这就可能产生相当大的人为误差。

针对二维地震勘探技术中存在的问题,在20世纪70年代末期兴起了三维地震勘探技术。所谓三维地震勘探,是在一个平面上采集地震信息,并在(x,y,t)三维空间进行处理,这种勘探方法称为三维地震勘探。

三维地震采集的数据是一个三维数据体(x,y,t,A)。三维偏移是在空间上进行的,各点都是按照它们的真倾角方向偏移,因此可以回到它们各自的反射点位置上去。三维偏移的结果与真深度是一致的。由于地下的地质体本身就是三维的,所以要真实地反映地下构造、地层、岩性和油气圈闭的空间位置,就必须进行三维地震勘探并进行三维成像处理。

三维地震是在一定的面积上采集地下地震信息的方法,可从三维空间(立体的)反映地下地质构造情况。这种方法可以提供剖面的、平面的、立体的地下地质体的构造图像,大大提高了地震勘探的精确度,对地下地质构造复杂多变的地区特别有效。

三维地震勘探与二维地震勘探相比有以下几方面的优势:

① 三维地震采集的数据是来自地下三维空间上的数据体,三维数据采集不存在二维数据采集时来自侧向的侧面反射波。所以,三维地震勘探所取得的数据齐全完整,准确可信。

② 三维采集的数据按三维空间成像处理,可以真实地确定反射界面的空间位置。对于复杂的地质构造,在当前地震波的纵横向分辨率允许的范围内,利用三维地震勘探的观测资料都可以基本查清。

③ 三维观测可以避开地形、地物的障碍。因为三维观测虽然按面积采集数据,但不一定要在地表按面积排列形式接收。所以三维观测对地表条件的适应性是很强的。

④ 三维地震勘探的观测资料包含了地震波的各种信息,它对振幅有更大的保真度,相位数据更齐全。这对于地震波成像和反演的研究更为有利。因此,三维勘探有利于研究地层的岩性。

⑤ 三维地震勘探资料的完整统一性及显示技术的现代化,推动了解释向自动化和人机交互解释系统的发展,为解释工作自动化提供了条件。缩小了解释工作落后于地震数据采集和地震资料处理技术发展的差距。

正是由于二维地震勘探的局限性(即使反复加密测线,增加覆盖次数,也难于查明较复杂的油气田的地质问题)及三维地震勘探的众多显著优点,三维地震勘探技术得到了迅速发展。与此同时,适应于三维地震勘探的技术装备——多道数字仪和大型数字处理计算机的发展,也为三维地震技术的发展创造了必要的条件。从二维勘探到三维勘探标志着地震勘探技术进入了一个全新的水平。近两年,"两宽一高"三维地震勘探取得较快发展,该技术是野外采集中使用宽频带的激发震源、宽方位的观测排列和高密度的空间采样技术。数据处理和资料解释中也采用了相适应的方法和技术。其中,宽方位观测增加地震的成像能力,宽频有利于提高地质体的分辨能力,高密度采集增加地震成像精度。

(3) 四维地震

所谓的四维地震勘探,是相对于二维和三维地震勘探而言的。四维地震勘探是由三维地震勘探发展演变而来,是由通常的三维空间和时间组成的总体,勘探作业时用空间的三个坐标和时间的一个坐标,通过随时间推移观测勘探数据间的差异来描述地质目标体的属性变化。

具体来说,四维地震是指伴随着油气田的开发与开采,每隔一定的时间对油区内进行新的三维地震测量,以获取地下产油气层内流体特征(如剩余油分布、油气水饱和度、地层压力、孔隙度等)的地震勘探工作,这种方法多用于油气田开发后期地下流体的动态监测。

由于石油资源有限,勘探的难度在逐步增大,特别是老油田剩余油的开采问题,用传统的二维和三维地震勘探方法都无法描述油藏开采的动态变化。为满足油藏开发的需要,从20世纪90年代开始,发达国家开始尝试随时间推移的三维地震勘探,利用随时间推移三维地震数据间的差异描述储层开采的变化,这一技术就是四维地震。

四维地震勘探最大的优势,是通过随时间推移观测的地震数据间的差异来描述地质目标体的属性变化,通过认识储层动态变化来有效寻找剩余油气资源,能有效提高油气田的采收率。但四维地震勘探并不是适用于所有的油井,其产生效果的基本条件是:在随时间推移的地震勘探观测过程中,被观测地质目标体应存在明显的储层属性变化,如储层温度、压力、岩石孔隙流体性质等,并能引起岩石物理性质的变化,使地震波穿越地质目标时,可引起反射时间、振幅、频率的变化。但这不等于说四维地震勘探没有广阔的市场,以我国目前油田的平均采收率不足40%为例,如果在勘探资金有保障的情况下,对部分油井进行四维作业,可以使相当一部分老油井"返老还童"。特别是许多油田在二次开采、三次开采以及水驱、聚驱、气驱等开采技术已达到或接近世界先进水平的情况下,运用四维地震勘探对驱油过程进行有效观测,是进一步提高收采率的重要一环。

但由于四维地震勘探对数据采集和处理要求很高,不仅要求尽可能地保持不同时间数据采集和处理的一致性,又要消除由天气、潜水面、勘探设备、接收等因素变化引起的干扰,使得这一技术目前在国际勘探界仍处于探索完善阶段。

令人欣慰的是,近年来,我国石油勘探工作者在尼日利亚、印度尼西亚以及国内一些老油田完成了野外四维地震勘探作业,标志着我国石油勘探技术水平实现了新的跨越。我国石油勘探工作者在尼日利亚完成的四维作业,是在其他国外公司无法完成的情况下,通过中标的方式完成的,所获各种数据达到并超过设计标准,标志着我国石油勘探四维作业在国际市场已形成较强的竞争力。

国内四维地震勘探成功的实例之一,是20世纪90年代末在内蒙古二连油田吉尔嘎郎图锡林吉20井的作业。这口井所钻达的含油地层中主要是稠油,常规方法难以获得高产油流,于是进行稠油热采气驱油,并以四维地震勘探对驱油情况予以监测。

壳牌公司在北海中部许多油气田中进行新的三维地震测量,尤其注意采集和处理过程的细节,并与以前的勘探开发工作进行对比。按照油藏流体流动的变化和不断变化的压力/温度条件解释了四维地震数据组之间的差异。这种解释对于油藏管理十分实用,可确定波及区与未波及区、封闭与未封闭断层、驱动机制的有效性和一些特殊井的连通性。

甘尼特油田是位于北海中部的一个成熟油田。在该油田开发过程中成功地应用四维地震数据对油田生产动态进行了有效的监测。该油田根据四维地震数据分析结果,确定了加密钻井和补充射孔方案,优化了该油田的经济动态。通过动态模拟,消除了以前确定的加密钻井的风险,增加产量500万~1000万桶,使采收率提高5%。

实际上,四维地震数据也已成为壳牌勘探开发公司油气工程评价长期方案的既定部分。四维地震技术可按照历史匹配井动态严格约束动态模拟,可明显改进动态预测,因而能产生更好的油田管理和投资决策。随着四维地震技术的成功应用,新的挑战和将来的努力将集中于如何降低四维地震技术的成本,推动大量新信息的数据采集和解释新技术的引进。

(4) VSP

VSP(vertical seismic profiling),是一种在地表设置震源激发地震波,在井内不同深度安置检波器接收地震波,即在垂直方向观测人工场,然后对所观测到的资料经过校正、叠加、滤波等处理,得到垂直地震剖面的地震勘探方法。所以这种方法被称为垂直地震剖面技术,也称为VSP 测井技术。

相对于地面地震,VSP 具有较明显的优势。由于 VSP 是在井中观测和研究地下地层的垂直变化,地震波只一次经过表层,波前扩散、地层吸收、低速带对波的影响和改造作用小,波形畸变小、干扰小、主频衰减小,有较高的分辨率,其地震运动学和动力学较地面地震勘探特征明显。VSP 的接收点位于地层界面或者界面附近,可以直接记录到与界面有关的干净子波波形。VSP 资料可同时记录上、下行波信息,有利于对地震波的方向特性进行研究。从 VSP 资料中提取地层速度参数、振幅信息、岩性参数等相比常规地面地震更加真实、容易,具有更高的保真度和可靠性。此外,利用三分量观测,除了纵波之外,还可以接收横波资料,通过定量分析,有利于地层岩性的研究;通过观测质点的运动方向,利用"空间偏振"特征,可以进一步研究波的性质。VSP 技术在准确成像和裂缝识别方面有较大优势,目前常采用的方法是 Walkaway—VSP 技术和 Walkaround—VSP 技术,Walkaway—VSP 技术是一种炮点沿着一条(或多条)过井的直线激发(井中布置检波器接收信号)的 VSP 勘探方法。Walkaround—VSP 技术是一种炮点在井周围等井源距、等炮检距的观测方法,利用其资料可以研究井周围的列分发育。

尽管 VSP 相对于地面地震具有很多明显优势,但是也存在自身的缺点。VSP 野外采集工艺远比地面地震复杂,涉及井孔、电缆及电缆车、井下检波器的安置以及重复性好的震源,工作环节多且繁琐。VSP 施工占用井场时间较长,经费开支较大,检波器组合基数较少,叠加次数低。VSP 最大的缺点是测量范围有限,仅仅能够测到井孔周围有限的面积,这一点远远不能与地面地震的大面积覆盖相比。

(5) 井间地震

目前油藏勘探的主要手段是三维地震,当地面条件较好,并且为浅层时,常规三维地震信号有效频率最高只能够达到 100Hz 左右(能够分辨速度变化在 4% ~ 6%,厚度 7m 左右的连续地层);目标地层达到 1700m 以下时,有效频率降至 50Hz(垂向分辨率 14m)左右;在地表条件较差地区,如塔里木沙漠频率只有 8 ~ 16Hz,严重影响对微小含油圈闭的分辨能力。

井间地震是将震源与检波器都置入井中进行地震波观测的一种新物探方法。由于地震设备能够靠近目的层,避开了地表强衰减风化层的低速带对地震信号高频成分的吸收,因此利用它可以获得极高分辨率的地震信号(目前已知的最高频率可达 2000Hz,分辨率是地面地震的 10 ~ 100 倍),可以对井间地层、构造、储层等地质目标进行精细成像,大大降低钻井的风险与费用。

在石油天然气勘探阶段,井间地震可以发现、落实分布广泛的小断块、地层圈闭(不整合、超覆或退覆、尖灭等)与岩性圈闭(砂岩体、裂缝带、火成岩等)。在开发阶段,井间地震将在储层静态描述与动态监测等诸多方面发挥作用。井间地震在地面三维或四维高分辨率地震、测井、油藏地质之间搭起一座相互联系的桥梁,将其所提供的丰富的超高频率资料与其他资料综合研究,可以解决薄互层、储层连通性、流体分布、注气、稠油蒸气驱与压裂效果等复杂的地质问题。

井间地震技术在大港王官屯、枣园油田及山西晋城、河北大城煤层气田等地进行了有针对性现场测试,为寻找隐蔽断层、压裂效果评价、油层连通情况分析提供了有力的科学依据。此外,井间地震技术还广泛应用于水文工程无损检测、市政工程基础地质调查、固体矿产资源勘探等领域。

3) 地震资料在油气勘探中的作用

地震资料解释是把经过处理的地震信息变成地质成果的过程,包括运用波动理论和地质知识,综合地质、钻井、测井等各项资料,做出构造解释、地层解释、岩性和烃类检测解释及综合解释,绘出有关的成果图件,对勘探区作出含油气评价,提出钻井位置等。具体包括解决岩层的构造形态、断裂的分布,地层的层序与分布,岩层的岩性,储层特征及其内部流体特征等方面的问题。

地震资料在油气勘探中的作用主要表现在以下四个方面:

① 构造特征研究。

地震勘探的核心任务之一就是通过对地震剖面特征的分析和研究,推算地下不同岩层分界面的埋藏深度,明确断裂特征等要素,来了解地层的构造形态。在我国很多含油气断陷盆地,地震资料除了用于解决构造的形态问题之外,更重要的是解决断裂的性质,断层的空间组合类型,断裂形成的期次,断层对盆地沉积与构造的控制作用,断层与盆地油气生成、运聚的关系,断层对油气圈闭的控制作用等,这些问题的解决很大程度上依赖于地震资料的解释精度。

② 地震相与沉积相预测及层序地层学研究。

地震相是指沉积物(岩层)在地震剖面图上所反映的主要特征的总和。地震相标志分为:内部反射结构、反射连续性、反射振幅、反射频率、外部几何形态及其伴生关系。通过上述地震反射特征研究,即可在不同反射层内划分出不同的地震相带,再根据井间沉积相和相序递变规律,可将地震相转化为沉积相。

地震层序是沉积层序在地震剖面图上的反映。在地震剖面图上找出两个相邻的反映地层不整合接触的界面,则两个界面之间的地层称为一个地震层序。但因为受不整合面影响,其间的地层,即地震层序是不完整的,沿不整合面追踪到地层变成整合的之后,这个地震层序才是完整的。

地震地层学是把地层学和沉积学,特别是岩性、岩相的研究成果,运用到地震解释工作中,把地震资料中蕴藏的地层和沉积特征的信息充分利用起来,做出系统解释的方法。层序地层学是在地震地层学基础上进一步发展的新学科,是综合地质、地震资料,详细划分并确立地下地层的层序,从而研究其构造活动、沉积环境的变化和岩相分布等。目前,国内外在盆地地震层序划分、地震构造精细解释、地震相与沉积相分析、层序地层学预测隐蔽油气藏等方面均取得显著进展。

③ 岩性与储层预测技术研究。

岩性与储层预测技术突出表现在应用三维地震资料预测砂体的分布、砂体内储层的结构与构造特征等方面。目前三维地震技术在低孔低渗砂岩油藏描述中的作用日益重要,主要表现在注水开发砂岩油田高含水期经济可采储量的计算、致密砂岩中液压裂缝的地震成像监测等方面。

④ 流体特征研究。

流体特征研究包括:利用地震波的振幅、频率等特征来研究和探测地下油气藏的分布(如亮点技术、平点技术);利用井间地震技术探测地下油气的剩余油分布状态、油气层压力和油气水饱和度的变化等。

4) 地震勘探的阶段性

地震勘探作为油气勘探的重要技术,其作用是非常广泛的。但是,为了达到快速、有效、经济地寻找和发现油气田,探明油气地质储量的目标,地震勘探在实际的应用中,也是循序渐进、分阶段部署的。一般可以将地震勘探划分为四个主要阶段。

(1) 地震概查

地震概查一般是在勘探新区，在只有少量或者没有探井的地区，应首先根据其他物探资料部署地震区域概查，其主要任务是结合地面地质调查和其他资料，查明盆地的地质结构，包括盆地的边界、基岩的起伏特征、沉积岩体的厚度等，确定含油气的远景区，并为部署区域探井提供依据。

(2) 地震普查

地震普查是在具有含油气远景的地区，配合钻井及其他方面的资料。一方面，基本搞清基底深度及基底以上各构造层的基本形态、主要断裂展布，划分区域构造和二级构造带，初步划分时间地层单元；另一方面，可以通过区域地震地层学分析，进行沉积相研究，预测生油和储油条件，为优选有利区带、确定探井井位提供依据。

(3) 地震详查

地震详查是在有利的区带上开展的地震勘探工作，其主要作用是查明二级构造带上圈闭的形态和基本要素，通过地震资料的特殊处理，寻找岩性圈闭和其他非构造圈闭。结合井资料，开展储层横向预测，研究储层的分布和厚度变化，为圈闭描述和评价服务。其最终目的是为提供有利局部构造、断块或者潜山等提供地质依据。

(4) 地震精查(三维地震)

地震精查或者三维地震的部署，一般是在勘探后期的油气藏评价或者复杂类型油气藏滚动勘探开发阶段，为提供准确的油气藏顶面构造形态，预测油气层的分布，进一步查明油气层的构造形态与内部结构，进行储层参数的地震反演，研究油气层物性提供研究资料。

5) 地震勘探技术新进展

地震勘探技术自诞生后，经历了多次覆盖、三维地震、多波勘探技术的多次飞跃，在油气勘探中的地位和作用日益提高。当前，世界地震勘探技术的重大进展主要表现在地震资料采集、特殊处理、资料解释三个主要环节。如高分辨率地震、三维地震、叠前深度偏移、多波多分量研究、井间地震等。这些技术的采用，大大提高了利用地震资料进行复杂构造解释、储层横向预测的能力和油气藏描述的精度。

(1) 三维地震勘探

随着计算机软硬件的发展，三维地震已由特殊方法成为一种常规的勘探方法。三维地震虽然比二维地震成本高，但它提供的资料精度高、信噪比高、数据密度大，加上三维偏移能使绕射波收敛，侧面波归位，可以使断层和构造解释更加精确。同时，三维地震可以提供详细的地层、岩性信息，可以为地震地层学、层序地层学、储层预测和油气检测提供丰富的资料，可以提高钻井成功率，减少干井数目，使油田发现的总成本下降。因此，不仅是在油田开发阶段，而且在勘探阶段，三维地震也能发挥重要作用。在识别目的层、确定油藏边界、提供正确的钻井轨迹，节约探井数目和钻井成本方面具有非常重要的作用。

三维地震技术的新进展表现在三个方面：① 利用先进的仪器设备提高野外施工效率，降低采集成本，缩短采集周期，例如在陆上采用上千道的 24 位地震仪，海上采用一船 12 缆等；② 开发完善各种三维处理软件，实现全三维处理和三维叠前深度偏移；③ 实现了全三维解释，即能够在三维空间内，精细解释地震数据体中所包含的全部信息，能够实现三维交互解释与显示地质层位、断层、不整合面等。

(2) 全数字高密度地震勘探

所谓高密度地震，是指采集道距小于常规地震道间距，且采用单点检波器接收信息，放弃了以往为了压制各种噪声的检波器组合的理念。全数字是指采集时采用了数字检波器,其动态范围是普通模拟检波器的 2 倍,相对于模拟检波器记录信号高低频(小于 80Hz)缺失的缺点,全数字检波器可以做到对于 0~800Hz 的信号全部接收,并且频带保持平直,振幅保真性更高,输出相位为零相位,无相位畸变和高低频衰减,更加适合于岩性地震勘探的要求。图 4-11 为数字检波器与模拟检波器的振幅特征、相位特征对比,可见数字检波器具有更好的频率和相位特征。

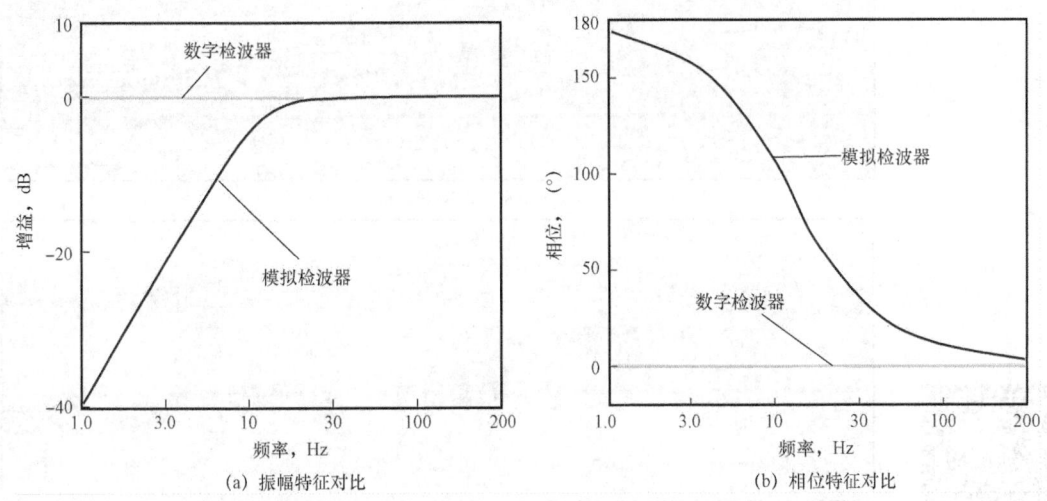

图 4-11 数字检波器与模拟检波器振幅特征、相位特征对比(据曹务祥,2007)

提高分辨率是目前地震勘探的一大发展趋势,全数字高密度地震勘探,以当前计算机运算速度和存储能力为基础,地震信号采集更加全面和精确,空间采样密集,地震横向分辨率明显提高,在国内外岩性地震勘探中取得了很大成功。中国石油在 2003 年开展全数字高密度地震勘探,在油藏精细描述和油气田开发中取得良好效果(Jonathan et al.,2005;刘振武等,2009)。例如,在苏里格地区推广了全数字高密度地震采集,采集道距小到 5m,覆盖次数达到上千次,采集的信号频谱宽,低频完整,高频信息丰富,为该区天然气勘探提供了很好的数据基础(图 4-12)。

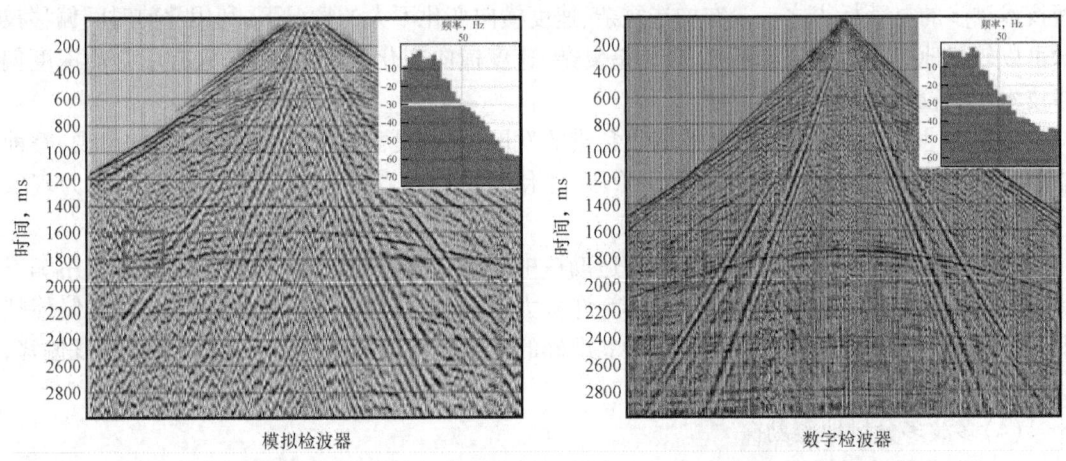

图 4-12 苏里格地区模拟检波器接收与数字检波器接收单炮记录与频谱对比(据窦伟坦,2009)

在准噶尔盆地西北缘采用全数字高密度采集的资料,道距 6.25m 剖面中深层主频达到 60Hz,比以往常规采集的资料提高了 20Hz,揭示小断层等地质现象的能力显著提高(图 4-13)。

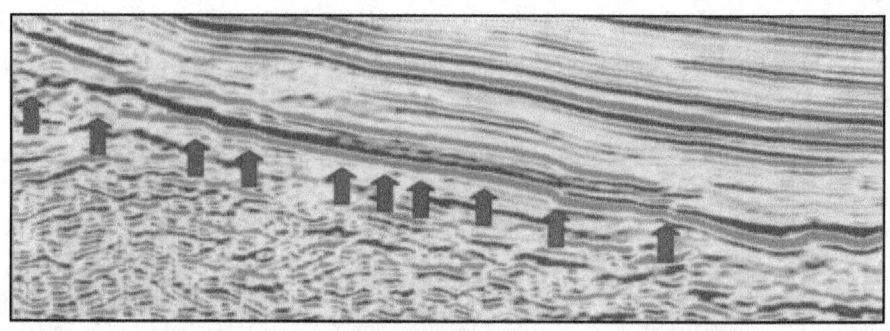

(a) 高密度地震 (6.25m×6.25m)

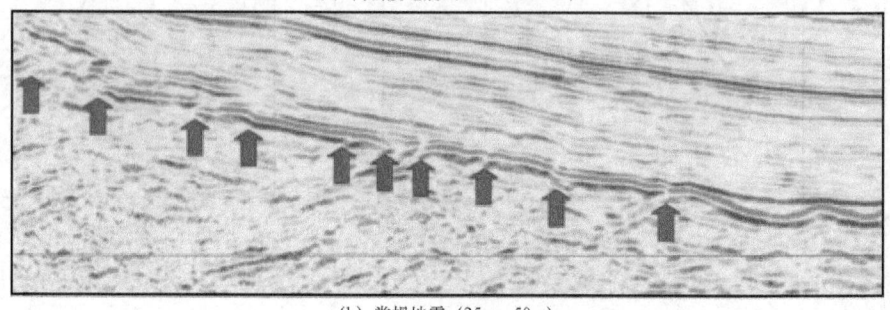

(b) 常规地震 (25m×50m)

彩图 4-13　　图 4-13　准噶尔盆地西北缘全数字高密度地震剖面与常规地震剖面对比(据刘振武,2009)

(3)叠前深度偏移成像与并行处理技术

叠前深度偏移是复杂地区地下构造成像的一种有效手段。20 世纪 80 年代以来,人们一直停留在二维地震叠前深度偏移的实验研究中,这是因为叠前深度偏移的计算量大、成本高、速度慢。进入 90 年代,随着功能强大的并行处理计算机的出现和地震勘探难度的不断加大,促进了叠前深度偏移技术迅速发展。同时,由于勘探目标越来越复杂,也在一定程度上推动了该领域的研究。

叠前偏移技术已经成为提高复杂构造成像精度、降低勘探开发风险的主导技术,是地球物理技术进步的显著标志之一。在构造复杂、速度横向变化不大的情况下,利用叠前时间偏移技术可以较好地提高地震成像精度,在构造复杂、速度横向变化剧烈的地区,只有用叠前深度偏移技术才能较好地解决成像问题。

到了 21 世纪,随着计算机技术突飞猛进的发展,尤其是高性价比的 PC 机群的出现,叠前偏移技术的并行处理技术进入了实用阶段,才使得叠前偏移处理技术的广泛应用成为现实(Oz,2001;Robert,2002;张建伟等,2004)。

在我国西部前陆盆地的复杂高陡构造勘探中,叠前深度偏移技术得到了广泛的应用和发展(胡辉等,2006;窦伟坦等,2009)。目前许多大的石油公司都在积极研究叠前深度偏移技术,二维资料的叠前偏移已经成熟,而建立准确的三维速度偏移模型,实现三维叠前深度偏移,尚在进一步的探索中。

(4)多波多分量地震勘探

多波多分量地震勘探主要是采用多分量记录仪,系统采集纵波、横波、转换波等更多的信息。九分量地震勘探记录所包含的信息是普通地震的 9 倍,而采集时间仅多 1/3。多波多分量地震勘探的作用主要表现在,能够提高利用地震资料确定岩性的可靠性,包括成岩作用变化、裂缝储层、岩石—流体性质变化等,可以用来估算孔隙度和流体成分,确定裂缝的方位、长度、各向异性,预测原地应力的方向、相对大小、渗透率和流体的传导性等。目前,多波多分量地震尚处于实验研制阶段,其主要应用集中在储层横向预测和油藏描述之中。

中国石油 2002 年开始进行多波地震试验生产,对多波观测系统的设计及优化、三维转换波采集设计及施工、三分量微测井纵横波联合表层调查等采集方法,三维三分量数据旋转、转换波静校正、速度分析、各向异性等处理方法,纵横波联合层位标定、振幅比分析和波形特征分析等解释方法进行了研究,为我国多波勘探积累了经验,取得了良好的效果。在苏里格气田上古生界下石盒子组盒 8 段气藏勘探中,通过纵波叠前弹性参数反演、叠前 AVO 分析、瞬时子波衰减分析及纵横波剖面波形解释、纵横波振幅比分析、纵横波速度比分析等多波配套技术的应用,有效提高了该气藏的储层预测符合率(王大兴等,2011)。从苏里格气田某测线纵波、多波联合反演对比剖面可以看出多波联合反演剖面连续性更好,揭示地下地质特征更符合实际情况(图 4-14)。

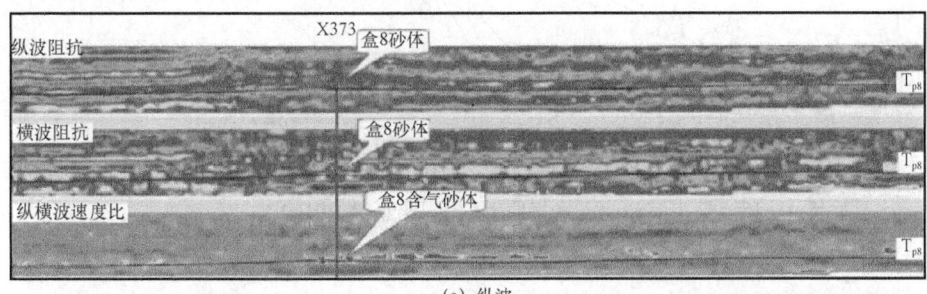

(a) 纵波

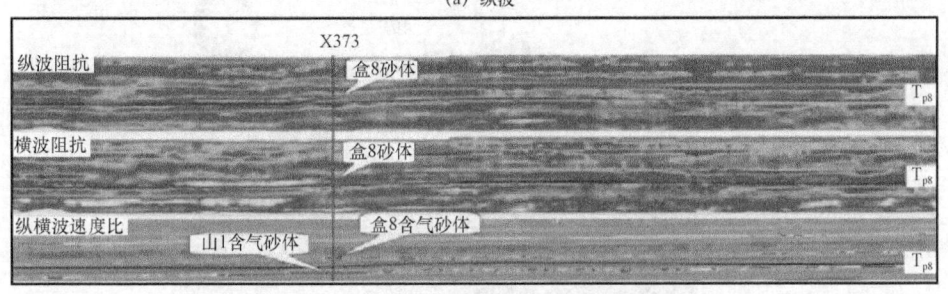

(b) 多波

彩图 4-14

图 4-14 苏里格气田纵波、多波联合反演对比剖面(据王大兴,2011)

(5)井间地震与层析成像

近年来,层析成像技术和岩石物理学的发展,井下设备的研制与开发,使得井间地震在采集、处理、解释等方面取得了长足的进展。在数据采集方面,应用多级井下检波器和井下固定式检波器等先进的井下设备,大大提高了数据采集的速度;在井下激发方面,采用了先进的激发方式;在开发研究新的井间成像方法方面,不仅能够对实际井间资料进行反射波层析成像,而且还能实现实际资料的弹性波成像,从而为描述井间储层非均质和复杂构造细节提供了依据。

(6)随钻地震

随钻地震技术,顾名思义,是随着钻井过程采集地下地震信息的一种技术,它根据钻井过程中实时获得的地层深度、速度等钻井相关信息更新已有的速度、地质模型,从而实现钻头前的预测,进而指导钻井过程。随钻地震的核心技术是 VSP 数据实时采集与处理技术,根据 VSP 数据的随钻采集方式,可将随钻地震分为钻头随钻地震和随钻 VSP 两大技术。前者是利用钻井过程中钻头破岩产生的振动作为震源信号,通过安装在井架和钻杆顶部的传感器采集经由钻杆传输上来的钻头振动信号,然后由事先在地表埋置好的检波器采集经地层传播上来的钻头信号的直达波和反射波(图 4 – 15);后者是采用常规 VSP 观测系统,利用气枪、炸药、可控震源等信号源,将 VSP 数据记录于集成在井下随钻工具上的地震波传感器上(图 4 – 16)。

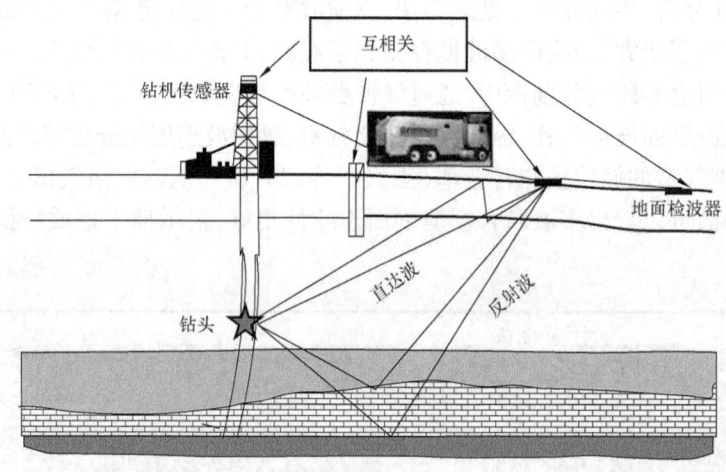

图 4 – 15　钻头随钻地震采集原理(据周小惠等,2016)

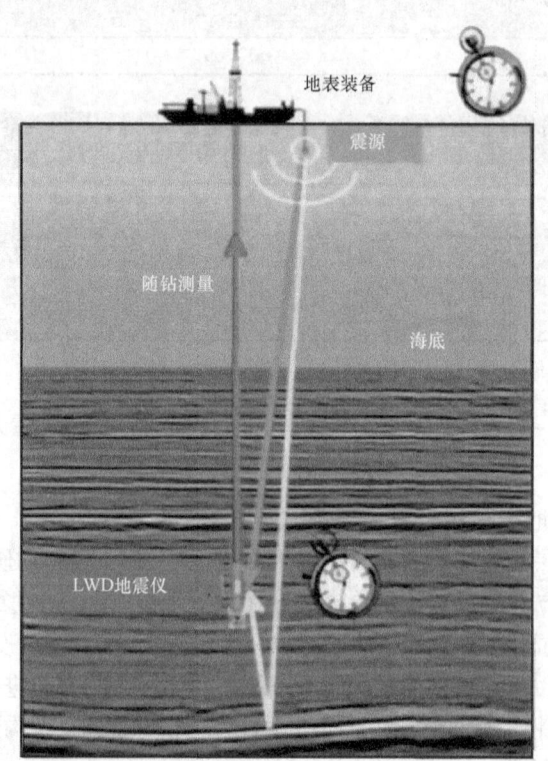

彩图 4 – 16　　　　图 4 – 16　随钻 VSP 数据采集示意图(据周小惠等,2016)

由于钻头随钻地震技术震源强度不足,目前随钻地震主要采用随钻 VSP 技术。法国斯伦贝谢公司在 2010 年推出了完善的 SeismicVISION,贝克休斯公司则于 2014 年研发成功了 SeismicTRACK。这两家公司只提供随钻地震服务,并不出售产品,其业务广泛应用于墨西哥湾、北海、东南亚等地的深水、盐下高斜度、水平井、大位移井的随钻 VSP 采集,适用于海上和路上各类复杂地区的勘探开发,技术非常成熟。

国内对随钻地震技术的研究和应用较晚,2014 年中石油采用斯伦贝谢公司的 SeismicVISION 首次在碳酸盐岩缝洞体中开展了随钻 VSP 应用,实现了对碳酸盐岩缝洞体的准确定位。

随钻 VSP 地震技术在优化钻井轨迹及套管点的选择、钻前地层压力预测以降低钻井风险、准确构造成像和精细油气藏解释等方面具有极其重要的作用,取得了很好的应用效果。

(7)宽方位地震勘探

宽方位地震勘探的目的是获取观测方位、炮检距和覆盖次数分布尽可能均匀的三维数据体,它在改善地下地质体的照明度、衰减相干噪声和多次波、改善速度分析精度和成像效果,特别是裂缝预测等方面拥有独特的优势。

在采集方面,发展了海上拖揽宽方位(wide - azimuth towed streamer acquisition,简称 WATS)(Hoffmann et al.,2002;Moldoveanu et al.,2006)、拖揽多方位(multi - azimuth,简称 MAZ)、拖揽富方位(rich - azimuth,简称 RAZ)(Long,2010)、正交宽方位(orthogonal wide - azimuth)和螺旋式全方位(coil shooting acquisition)等采集技术(刘依谋等,2014)。对改善复杂构造成像效果起到了极大的推动作用。

WATS 采集采用多船采集,增加了横向炮检距和横向采样密度。一般采用三船或四船结构[图 4 - 17(a)]。三船结构由一艘拖揽船和两艘震源船组成,而四船结构则可以由两艘拖揽船和两艘震源船组成或一艘拖揽船和三艘震源船组成。与传统的窄方位拖揽采集方式相同,WATS 采集观测系统仍然是一种线束型观测系统,但是通过利用多船采集可以获得更大的横向炮检距,利于改善地下地质体照明度、衰减相干噪声和提高成像质量。WATS 采集方式的不足之处在于:相对纵向采样来说横向采样不足,横向炮检距分布较差且横向最大炮检距离较小,导致横向照明不足,横向成像质量较差;受线束型观测系统限制,采集下一束线换线时损失了一定的生产时间,从而影响采集效率;需要利用多船采集,性价比不高。

MAZ 观测系统由单船窄方位观测系统沿多个方向组合而成[图 4 - 17(b)]。MAZ 采集方式由沿着互相垂直的两个方向采集三维地震数据,比较适用于开展过窄方位勘探、对地下地质情况有一定认识的地区。通过 MAZ 勘探可以进一步提高覆盖次数和增加观测方位,利于改善地下地质体的照明度,衰减多次波和相干噪声,从而弥补窄方位勘探的不足,提高资料信噪比和成像质量。由于 MAZ 采集作业时仅需要一条记录船,因此多方位采集操作较方便,成本较低,且可以灵活应对洋流和障碍物等影响;缺点是除近炮检距外,其他炮检距方位角分布较差,不能提供全方位数据。

(8)地震资料解释的可视化与精确化

随着计算机技术的快速发展,地震资料解释技术得到极大提高。如三维可视化、振幅属性分析、地震反演、构造成图等。这些技术可用于解决复杂的地质和油气空间分布问题。例如,将三维可视化技术与 AVO 技术联合应用,能快速识别具有不同 AVO 特征的地质异常体和含气储集体,在振幅属性时间切片上可精确地鉴别在地震剖面上很难识别的火山体,用地震反演技术解决岩性复杂、横向多变的薄砂岩储层的预测问题等(杨勤勇,2007)。

AVO 地震技术在油气检测中的应用一直令人关注。目前,AVO 地震参数反演,不均匀体

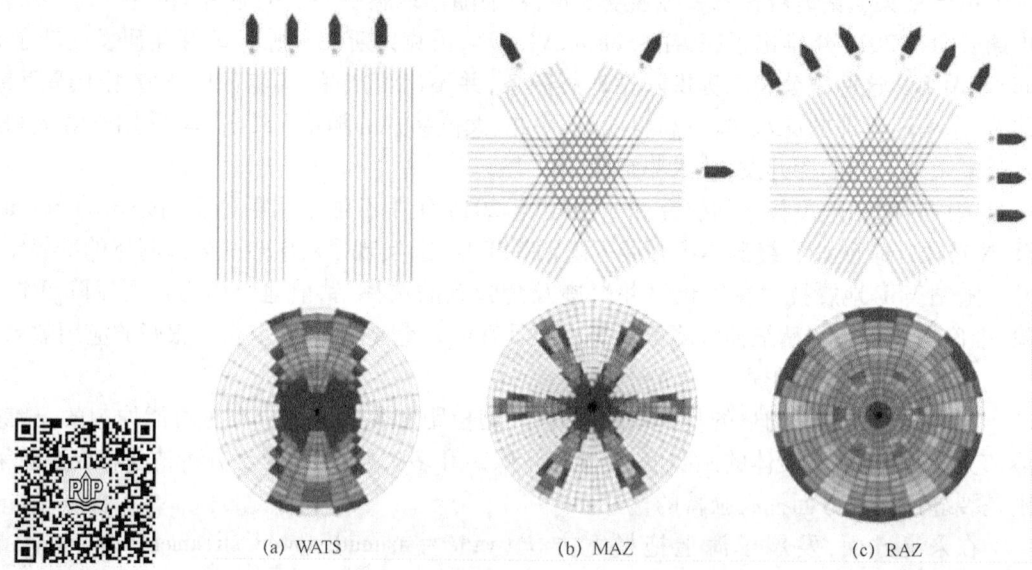

图4-17 不同观测系统类型(上)及其面元属性(下)对比(据刘依谋等,2014)

黏弹性介质AVO模拟,转换波AVO属性分析,利用地震子波能量吸收直接检测天然气等,使得AVO地震技术在正反演和油气预测等方面将会起到越来越重要的作用。

油气田精细勘探对地震数据分析的精度要求越来越高,油气层的各向异性已成为地震资料解释不得不考虑的重要因素。随着资料采集方式的多样化,对地震数据处理,特别是对复杂介质成像精度及四维地震属性分析置信度的制约十分明显。如何在现有处理流程中加上各向异性的校正,变得日益迫切。与此同时,各向异性介质中散射衰减及速度随频率的变化,也为通过地震数据分析预测裂隙大小尺度提供了可能性。裂隙介质分界面上的反射特征是由地震振幅反演裂隙各向异性参数的依据,而多孔裂隙介质中地震波传播规律的认识,则展示了利用地震资料指导高孔隙度砂岩储层油气开发的前景。

除此之外,以高密度单点数字地震技术、多波多分量地震技术以及时移地震技术为代表的油藏综合地球物理技术能为油气田开发提供必要的技术支撑,尤其是高密度单点数字地震技术,给地球物理界带来了新的发展机遇,成为油气地震勘探技术未来发展的重要方向。在地震储层预测方面,应用叠前弹性波阻抗反演和地震资料的曲率属性能进一步提高复杂地质条件下的地震储层预测的成功率。

三、地球化学勘探

1. 油气地球化学勘探的概念及原理

视频4-4 地球化学勘探技术

由于大多数油气藏的上方都存在着烃类扩散和微渗漏形成的"蚀变晕",因此可以采用微量和超微量的测试手段,通过以近地表土壤和岩石作为研究对象,来检测油气及其伴生物和它们在运移过程中的衍生物,用化学的方法指示深部是否存在油气藏的指标,寻找这类异常区,从而发现油气田的方法,这就是油气地球化学勘探,简称油气化探。

油气地球化学勘探是在石油地质学和地球化学的基础上发展起来的一门综合性学科,系统测试分析自然界中与油气有关的化学异常,从而评价区域含油气远景,寻找油气藏,是一种直接找油技术。地表地球化学勘探技术不仅费用低，而且操作方便、快速、效果明显，便于在各种地表条件下使用，而且作为一种重要的直接找油技术，具有其他方法和技术无法取代的优势。它广泛应用于沉积盆地的含油气远景评价、缩小有利的勘探靶区、验证含油气构造（圈闭）、查明油气田特征等方面。

众所周知，烃类气体具有垂直运移的能力。根据油气运移及扩散机理，无论盖层封闭能力多么强，如果地下岩石中有油气藏存在，那么在构造运动力、地层压力、水动力、浮力、毛细管力作用下，油气分子将沿垂直方向往地表进行运移和扩散，并在近地表的岩石、土壤及地下水中留下油气运移和扩散的痕迹。通过对一定区域，沿一定方位取样并进行分析化验或直接采用精密仪器对地表附近油气运移和扩散后所留下的痕迹加以检测，就能够确定油气藏的空间方位，这就是油气地球化学勘探的基本原理。简单来说，油气地球化学勘探的基本原理主要是通过对油气在扩散和运移过程中所引起的一系列的物理化学变化规律，即油气藏与周围介质（大气圈、水圈、岩石圈、生物圈）之间的相互关系的研究，利用地球化学异常来进行油气勘探调查，确定勘探目标和层位。

在漫长的地质年代中，油气扩散是通过沉积岩及微通道系统进行的，这一过程非常缓慢。这种扩散虽然不至于在油气田上方形成明显的局部异常，却有可能造成含油气盆地中油气物质的高背景。作为油气扩散的一种形式，扩散是沿宏通道系统（断层、裂缝等）进行的，产生的化学异常有可能在油气田的特定位置，与油气田在空间相对应，也可能在其他位置，与油气田的空间位置不对应。

烃体微气泡垂直运移（vertical migration by colloidal sized bubbles）是油气扩散的一种重要机制，它在油气田上方通过微通道运移，形成与油气田空间位置上对应较好的异常。这种垂直运移在油气田上方地表形成的异常有两种模式：环状模式和顶部模式。

2. 油气地球化学勘探的分类

油气地球化学勘探的方法很多，从不同的角度，可以对其进行不同的分类。按照分析项目不同，可分为土壤烃气体测量法、土壤硫酸盐法、稳定碳同位素法、汞和碘测量法、地下水化学法等。

按照取样位置的差别，可以分为空中化探、近地表化探和井中化探。

① 空中化探。

空中化探是主要研究大气层中的气体成分组成与含量，特别是轻烃气体在大气中的变化规律，来预测地下油气田分布的一种化学勘探方法。1969 年美国根据卫星遥感图片资料初步圈定了大庆油田的范围，其依据就是大庆地区由于油气田的勘探开发，这一地区大气中轻烃气体含量较高，其光谱特征与相邻地区相比具有异常现象。

由于空中化探受地表气象、工农业生产和人类生活的影响较大，尤其是在有油气田生产区，其测定结果更具多解性，所以在生产实践中一直未得到广泛应用。

② 近地表化探。

近地表化探则以地壳表层为对象，通常限于侵蚀面以上的地质空间范围烃类及其衍生物含量的异常检测，可以用来进行有利含油气区带预测和圈闭含油气性评价。该方法是油气化探中应用最广的一种方法和技术。

③ 井中化探。

井中化探是 20 世纪 90 年代初油气勘探领域兴起的一种新技术。井中化探是在探井中进行的，主要研究源岩层、油气储层地球化学特征，以直接地化指标进行生油层和储层评价，及时发现和预测油气层及油气性质，为选择试油层位及近地表化探的解释服务。井中化探在钻井过程中预测、判别油气储层具有独特的优势。

井中化探方法通过测试分析钻井剖面上不同赋存状态的油气信息,研究不同化探方法指标含量在钻井剖面上的分布特征及变化规律,建立井下油气地球化学剖面,探索研究区油气垂向微运移规律;并通过收集的地质资料与井中化探资料进行对比,研究生、储、盖层化探指标变化与组合特征,判别储层含油气性和烃源岩特征、盖层特征等,进而提供试油气层位和本井的烃源岩分布,为研究区的油气勘探提供地球化学依据,提供盆地评价的相关地球化学参数。

井中化探分析烃源岩时,由于成熟的烃源岩包含了大量的烃类,在地层压力条件下,这些烃类缓慢释放出来,当烃源岩屑暴露在地表大气压条件下的封闭容器内时,物理条件发生了变化,这些烃类将以游离态烃类的方式得到释放,代表了烃源岩当前可产烃类中天然气与汽油烃组分,是油气藏中最重要的组成部分。因此,井中化探顶空间轻烃方法可用于烃源岩评价。

井中化探的分析测试项目内容包括顶空气轻烃、酸解烃、荧光光谱和甲烷碳同位素四个常用的方法系列,其主要仪器设备为气相色谱仪、荧光分光光度计和质谱仪。其中甲烷碳同位素组成是区分深部岩层内含油或者含气的最为可靠的技术之一。

根据分析介质的差异,又可将油气地球化学勘探分为:

① 气态烃测量法。烃类中 $C_1 \sim C_5$ 因在近地表的温度、压力条件下呈气态存在,所以可用直接测量气体的办法来探测。常用的方法包括游离烃测量,即对土壤中采集到的游离状态的气态烃 $C_1 \sim C_5$ 进行色谱分析,依其烃类组成特征达到寻找油气的目的。

② 土壤测量法。它是针对土壤样品进行多指标分析、研究的化探方法,包括酸解烃、蚀变碳酸盐(ΔC)、热释汞、紫外荧光法、微量铀、碘测量等方法。

③ 水化学测量法。它是利用盆地中的水介质携带有油气生成、运移的信息,来寻找油气的方法,其主要分析指标包括 $C_1 \sim C_5$ 的浓度、苯系物和酚系物的溶解度、水的总矿化度、水中的 U^{6+}、I^- 等无机离子浓度等。

④ 荧光测量法。采集土壤样品,测量残留其中的液态或固态的高分子重烃。它们往往与下伏油层有关,并具有与石油相近的荧光光谱。

3. 油气地球化学勘探资料的处理及解释

油气藏的形成与破坏理论告诉我们,油气田从形成到消失实质是烃类由分散到集中及由集中到分散的两个连续过程。在这个过程中,烃类及其伴生物逸散至近地表形成地球化学异常。人们利用各种精密化学分析仪器,通过对近地表土壤、水和岩石的观测,在获得各种介质的地球化学指标之后,可以通过各种数学地质方法进行数据的处理和分析,来圈定这些异常。因此,油气化探数据处理,是油气化探工作的重要环节,其目的之一在于压制和消除干扰,如地表干扰、景观条件变化等;二是提取异常,结合地质构造等关系的分析,可以确定有利的勘探远景区或目标。目前化探数据处理常用的数学地质方法,包括数据标准化、趋势分析、判别分析、聚类分析、主成分分析等。

运移至近地表的烃类所形成的异常分布,一般有多种形态,包括串珠状(线状)、面状(块状)、环状和多环状等。串珠状异常是透镜状或条带状异常沿控油断裂按一定方向断续分布造成的,是拉张型盆地内常见的一种异常模式,通常有较高的幅度。面状异常是连片的高含量区或集中分布于一定范围内的高含量点所构成的异常,它往往是烃类沿油气藏上方微裂隙运移的结果,一般位于油气藏顶部或稍有偏离的部位。环状异常是晕圈状高含量带,中央为低值或背景值,高含量带表现为连续或不连续的环,晕圈呈圆形、半圆形、椭圆形等各种形态。环状异常是"烟囱效应"及"微生物作用"的结果,油气藏中的烃类沿着垂直通道向上运移,由于氧化过程中伴随着次生碳酸盐的析出,导致油气藏上方形成致密层,阻碍后续烃类的向上运移,从而形成环状异常。或者是因为在油气藏上方近地表有强烈的微生物活动,消耗了大量向上逸散的烃类,导致异常消失,而油气藏边部因逸散的烃类减少,满足不了微生物生存最低浓度限,微生物不能生存,造成边部异常值反比油气藏顶部要高,形成环状异常,这就是"微生物作用"结果。叠瓦状异常则主要是在不同序次断裂或阶梯状断层的控制与分割下,异常呈现有序的羽状分布,或者是油气沿阶梯状断层向上运移,形成多个块状异常,垂直于断层的走向异常呈排地分布(图 4 – 18)。

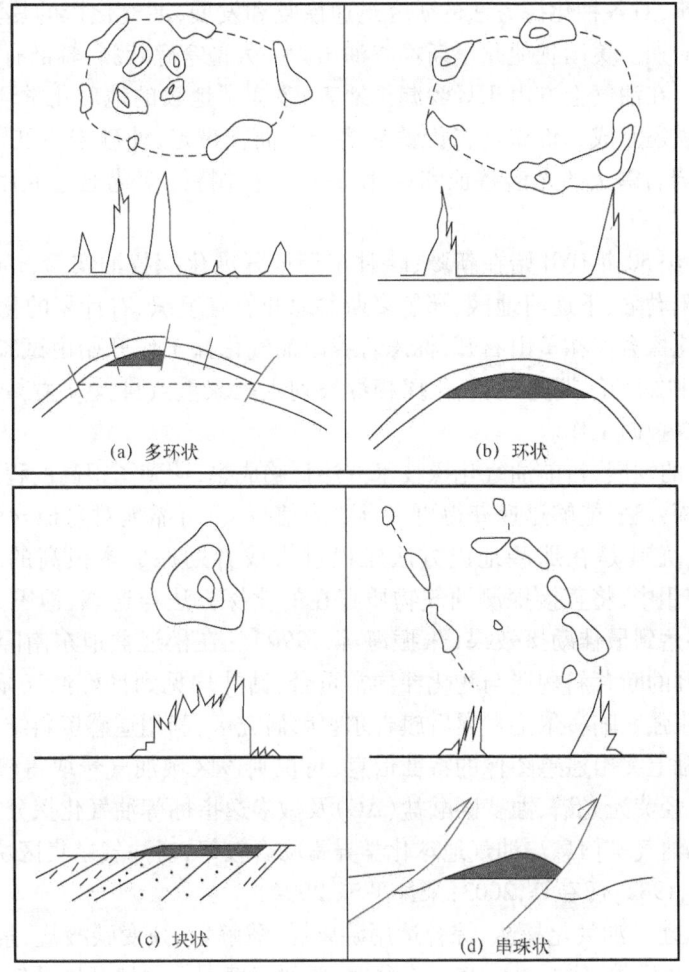

图 4 – 18 油气化探异常的主要类型

4. 油气地球化学勘探在我国油气勘探中的应用

油气地球化学勘探是一门专业性很强的学科,从 1923 年德国人 G. Laubmeyer 首次将地表烃类同地下油气藏建立了联系,在短短的近百年的发展历史中,化探经历了创始、发展、停滞、复兴四个阶段。20 世纪 30—40 年代,是油气化探发展的最快时期。在这一阶段,多种化探方法层出不穷,各大石油公司纷纷建立了自己的专门研究机构,开展油气普查与化探普查。由于当时石油勘探技术比较落后,只能寻找一些地质构造相对简单、埋藏比较浅的油气藏,而化探作为一种直接检测油气的方法,取得了理想的勘探效果。据统计,成功率高达 60%,而同期采用其他石油勘探技术,如随机钻探和物探等,钻探成功率仅为 5%~15%。因此,油气化探一度倍受推崇(Schu,2000;夏响华,2005)。

20世纪50年代,是油气化探的低谷和停滞期,诸多原因导致化探声誉开始下降。究其原因,一是由于勘探条件变得越来越复杂,超越了化探本身力所能及的范围,比如目的层埋藏太深等;二是同期其他勘探方法获得了迅速的发展,并逐步走向成熟;三是化探采用单兵作战的方法,没有同其他勘探方法相结合,影响了勘探应用效果;四是化探理论基础研究薄弱,许多学者对浅层沉积物中的烃类来源争议很大,使得油气垂直运移理论在实际中遇到了许多不能自圆其说的矛盾。到了60年代中期之后,随着基础理论研究的不断深入,工作方法的完善和分析测试手段的进步,对各种化探方法的研究迅速恢复和发展,油气化探的热潮再度兴起,这一学科进入了复兴时期。美国犹他州里斯本谷油田为一大型穿窿背斜,轴部有两条正断层,产层为泥盆—石炭系。在油气上方由于烃渗漏至地表,改变了地表的地球化学环境。三叠系温加特砂岩中的三价铁还原成二价铁。二价铁易溶于水而被带走,使砂岩由红色变成白色(称漂白),从而改变了岩石露头的光谱特征和风化特征。这种特征变化通过卫片分析很容易识别(谢学锦,2009)。

我国在20世纪50年代开始在新疆、陕甘宁等地开展化探找油实验,1964年组建了专门的化探队伍在济阳坳陷、下辽河地区、鄂尔多斯盆地开展有组织、有计划的化探测量。1976年第一次全国油气化探会议在黄山召开,标志着我国油气化探工作开始由试验阶段转向生产应用阶段。"六五"和"七五"期间,油气化探相继被列入国家重点科技攻关课题,并在河南周口坳陷等地进行化探扫面工作。

经过90多年的发展,目前油气化探技术方法日趋成熟,达到了很高的程度,应用和发展潜力巨大。利用化探方法,能够迅速获得更多重要的信息,更可靠地对盆地含油气远景、钻探靶区优选进行评估,尤其是在那些地震方法难以进入或者勘探成本极高的地区(朱怀平等,2004)。在实际应用中,将直接探测油气物质存在的化探方法与遥感、地震方法结合使用,实现优势互补,能够达到最佳勘探效果(朱振海等,1990)。在松辽盆地东南隆起十屋断陷北部皮甲构造地震解释的断背斜构造与物化探异常重合,钻井均见到良好油气显示。在松辽盆地东南隆起之上的张强凹陷科尔沁左翼后旗吉尔嘎郎研究区,利用遥感资料结合油气化探,在遥感图像处理的基础上突出遥感图像的特征信息,对识别该区域油气晕取得较好的结果。结合土壤酸解烃、吸附烃荧光光谱、蚀变碳酸盐(ΔC)及微渗逸指标等油气化探分析、地质资料等进行综合解释,遥感油气晕信息与油气地球化学异常吻合较好,对油气富集区块预测取得了好的结果(Jones et al.,1982;任春等,2003;朱怀平等,2004)。

CNPC专门组建了油气化探队,综合运用游离烃、酸解烃、蚀变碳酸盐、紫外光谱、热释汞、铀、碘、氢气、二氧化碳等多种方法,在二连盆地、新疆三塘湖等盆地开展油气化探工作,结合地震、遥感、地质资料,取得了显著的勘探成效。

四、微生物勘探

1. 微生物勘探的概念及原理

视频4-5 微生物勘探技术

油气微生物勘探技术(microbial prospection for oil and gas, MPOG)作为一种新的地表油气勘探方法,以其直接、有效、多解性小且经济等优势日益受到全球油气勘探界的重视,尤其对浅层油气藏的勘探显示出独特作用。

微生物油气勘探主要基于两个方面的原理。一是油气从地下向地表微渗漏或者天然气的扩散(地质学原理),深部油气藏中的油气组分,尤其是轻烃组分,经历了漫长地质历史时期的垂直运移作用,最终到达地表,致使地表土壤、水体等介质中的烃类物质浓度升高。二是与油气相关的专性生物的发育异常(生物学原理)。细菌广泛分布于具有不同营养源的多种环境中,这是微生物勘探的基础。地表环境介质中烃类浓度的升高,为某些以轻烃为食物源的特定微生物种群提供了维持生命活动所必需的营养元素——碳源,这也是油气田区地表微生物异常发育的物质保障。同时,地表某些特定微生物种群,如甲烷氧化菌以及短链烃氧化菌,其自身含有氧化轻烃的特殊生物酶,具有氧化轻烃的能力,可以通过氧化轻烃获得维持生存的能量,并促进微生物自身的异常发育。油气藏的轻烃气体在油气藏压力的驱动下持续地向地表作垂直扩散和运移,土壤中的专性微生物以轻烃气作为其唯一能量来源,在油藏正上方的地表土壤中非常发育并形成微生物异常,采用微生物异常技术辅助识别油气区,为油气藏的空间分布提供了生物学方面的依据(Nazina,2000;梅博文等,2004)。

多年来,地球化学家们经常在土壤气和土壤中检测到轻烃异常,大多数情况下这种异常都直接位于含油气沉积物上方。也有众多学者总结了轻烃从油气藏逸出向上运移过程中改变上覆沉积物化学组分和物理性质的很多证据。油气田上方的微生物异常与背景区有明显差异,油田与气田上方不同指标的异常特征也不同,表明地表微生物可应用于油气勘探。研究发现,不同种类微生物在油气田上方表现出较为明显的异常特征,对于油藏和气藏而言,要分开讨论(梅海等,2008)。

2. 微生物勘探技术的应用

油气微生物勘探技术,可以开展预测含油气区、油气前景分级评价、油气成藏主控因素分析等。

为评价微生物的活性,首先选取一定重量的土壤样品,按适当比例进行混合,然后在矿物介质中进行悬浮,并经过振动器加以冲洗,最后,通过系列稀释法将每个样品用选择性的生长营养液稀释,并分别注入甲烷和丙烷/丁烷气体后再放入30℃的生化培养箱中恒温培养12~14d。只有那些能在短期内以提供的烃源为食料的专性甲烷氧化菌或烃氧化菌,才能生长并消耗掉一定量的轻烃气。

利用现代生物技术,分离、培养和检测专性微生物异常,结合工区地质、钻井、试油等资料,可以用于预测含油气区、油气前景分级评价、油气成藏主控因素分析、预测剩余油气分布、单井钻前快速评价、储层预测和井位部署。干井大都位于微生物测值背景区或不确定区。已经开采的老油气田区微生物总是呈现为低值异常。未经开采的含油气区,由于一直存在持续不断的垂向微渗漏作用,因而地表微生物总是呈现为宽阔的高值异常带。新近开采的油气田区,因仍然存在一定程度的烃类物质垂向微渗漏作用,油气田上方也会出现微生物高值异常;已采老油井因注水开采致使油藏压力升高,重新引发油气微渗漏,同样会引起地表微生物高值异常(汤玉平等,2012)。

利用上述地表微生物异常模式,在未开采区可通过微生物高值异常筛选有利的含油气远景区块,与地震勘探结合应用可评价地震探明构造的含油气性。在已采老油气田区,可识别开采井之间漏失的含油气储层,在已知油气田区通过地表微生物详查还可提供地下含油气储层性质方面的信息。

早在20世纪30年代,苏联研究者就提出利用近地表土壤中烃氧化菌进行油气勘探的设想;50年代末,美国菲利浦石油公司研究出微生物石油测量技术;60年代,美国、苏联、德国以及波兰等国都对微生物油气勘探技术进行了大量研究;90年代中期我国在二连盆地、东海近海构造等区域进行了地表土壤微生物勘探研究,取得了良好的验证与预测效果。2000年中德合作在二连盆地马尼特坳陷成功预测了该区最有利的设计井位。2001年中德合作在华北油田洪特试验区、塔南试验区等进行了油气微生物勘探先导试验研究,预测出一些含油气有利区(胡国全等,2006;肖稳发等,2006)。

近几年来,油气微生物勘探技术先后在中国中扬子地区、鄂尔多斯盆地、松辽盆地、环渤海湾内多个油气田进行了生产应用,取得了较好的效果(袁志华等,2011;马建生,2016)。华北油田洪特试验区、塔南试验区、廊东试验区以及西柳试验区进行了油气微生物勘探先导试验研究,并取得了良好的效果,在珠江口盆地白云凹陷通过微生物勘探异常与相应地震、钻井、测井等资料相结合,对有利圈闭区进行了含油性评价。应用实践表明在白云凹陷深水区采用微生物勘探技术与常规勘探技术相结合的综合勘探新模式,能够较好地预测有利圈闭的含油性。

3. 微生物勘探技术的特点和优势

油气微生物勘探技术具有应用效果良好、成本低廉、信息独立、技术隐蔽等特点。

① 稳定性好。常温常压下,在半个月的时间内将样品送往实验室进行专性微生物分析,其分析结果表现为良好的稳定性。同时,微生物休眠激活方便,在适宜的温度下冷藏后再激活时,异常水平值也较稳定。

② 微生物单解性强。微生物依赖微弱恒定的烃通量即可生存繁殖,在油气藏正上方地表土壤中形成微生物异常,因而具有较强的单解性。

③ 灵敏度高。只要在一定的地层压力驱动下,油气藏向上方保持恒定微弱的烃通量,即可被专性微生物作为唯一的能量来源加以利用。一般情况下轻烃以微泡的形式向上浮动,即使一般仪器无法检测,专性微生物仍然能够有效地加以利用并得以繁殖。

④ 油气可区分性强。甲烷氧化菌指示天然气藏,烃氧化菌指示油藏,可以通过二者直接表征地下的含油气性,为天然气、页岩气、煤成气的勘探提供有效的技术。

⑤ 可将异常指数级放大。微生物繁殖在一定条件下呈指数级增长,控制实验条件可将微弱异常放大,使之易于分析检测,可以充分利用该特点有效地反映地下页岩的含气性。

⑥ 分析便捷迅速。取样和分析迅速快捷、周期短、出成果快、安全环保,不仅容易在油气主控因素、运移规律、前景分级评价等方面产生新的认识,而且极易工业化。

微生物异常由现今发生的烃渗漏引起,它不能反映历史曾经发生的烃渗漏。因此,微生物油气勘探应用研究可完善烃渗漏的基本原理,加强化探异常的有效地质解释,促进化探技术的提高和发展。

视频4-6 油气资源遥感技术

五、油气资源遥感

1. 遥感技术概况

遥感是一种远距离的信息获得及传递技术,即通过某种仪器、设备对远距离目标进行探测,以取得某种资料、数据,对远距离目标进行探测和识别的综合技术。该技术于20世纪60年代起广泛应用于区域地质调查,在油气勘探普查阶段有一定的应用。

油气遥感技术具有一定的优越性,主要体现在利用综合性的空间探测高新技术及高分辨率卫星信号,在不与探测目标直接接触的超远空间通过各种仪器、信号,处理数据、解译获得目标区地表地貌与构造特征,具有宏观性、综合性的特点。在油气普查勘探阶段可以起到降低勘探成本、节约勘探时间的作用,对于交通不便及环境恶劣地区或缺乏地震、钻井资料的地区,可以快速高效地获取所需要的多种地质信息,近年来随着遥感技术与化探技术的结合,甚至对于已开发的老油气区中勘探较隐伏的烃类聚集也有着一定的指导意义。

遥感技术应用广泛,对于某一地区油气初探阶段工作来讲,遥感技术可以用于油气地质调查、地貌分析、岩性识别、线性或环形构造解释,可以解决油气大区、盆地等评价单元的划分,推断油气聚集带、区域构造、断裂构造、褶皱构造和建造,预测油气远景区等。

在岩性识别方面,地表各种物质都具有自身特有的物理学特征,如颜色、密度、粒度、硬度、对光的反射与散射、对电磁波的吸收能力等,各个特性存在一定的差异性,这就为利用遥感技术分析地表光谱信息、进而确定地层岩性,甚至推测构造现象等提供依据。

在构造解释方面,包括地貌构造解译分析、地质动力解译分析在内的构造信息提取与解译技术是遥感在石油勘探中应用最早且最为成功的方法。通过从宏观角度,对卫星图像中地表的各种水系分布、纹理色调、几何形态等要素的分析,勾勒地表的各种线性构造的发育及环形影像的展布特征,进行地貌识别及构造界线划分,判释出各种构造,以寻找油气圈闭,为油气赋存的地质背景研究提供依据。尤其是对一些具有丰富油气资源潜力的大型沉积盆地腹地中具有区域地质意义的大型断裂、大型构造界线、线状地质体的分析。目前普遍认为遥感解译得到的线性或环形构造对油气勘探有较大的指导意义。

在油气预测方面,遥感技术在利用卫星遥感手段获得大量数据的基础上,运用统计分析、图像处理、地理信息系统等技术手段,解译和分析油气富集区。20世纪80年代中期以来,随着地理信息系统(GIS)技术的引入、烃类微渗漏遥感直接检测技术的开发应用,伴随着强大功能的电子计算机的出现,使得现代遥感技术在卫星图像的分辨率、光谱频带范围、立体成像、图像处理与解释等方面不断提高。新一代卫星获得的高质量商业化数字式图像,已经使遥感技术的应用开始从区域勘探转向区带评价(朱振海等,1990;刘东海等,1992)。目前应用遥感技术分析油气藏所在地区地表土壤中烃类微渗漏,从而预测地下油气藏赋存部位的技术手段也较为成熟。该方法的依据,即地下一定深度较好的油气储层中的烃类物质,在较大压力梯度下,或多或少地沿着一定的趋势线向压力较小的浅部地层发生微渗漏现象,导致沿途及地表的岩石或土壤中的物质产生一系列的物理化学变化,表现为地表土壤或岩石中有异常,如地表土壤中的吸附烃异常、黏土化、地植物异常、碳酸盐化、红层褪色、放射性异常等现象。基于对某一研究区地表物质的波谱特征测量与异常值分析,选取最为有利的分析波谱频段,以地表区域地质调查、油气苗调查、地球化学勘探等多种资料为验证手段,综合解释油气藏的赋存(郭德方,1995)。

烃类物质的微渗漏现象多样。第一,也是最易识别的表现为褪色现象,即对于地下存在油气藏的区域而言,由于烃类物质的微渗漏而改变环境,形成还原环境,使Fe^{3+}向Fe^{2+}转换,出现所谓褪色现象,极大程度上有别于无油气藏区域。第二,吸附烃异常是地表油气勘探常见的油气赋存指示标志,随着烃类物质微渗漏至地表的含量逐渐增多,容易形成"烃类异常晕",可以很好地说明地下油气存在的可能性,但是这种异常要注意和第四纪沉积物中的有机质的分解区分开,才能更准确地为油气勘探服务。第三种常见的异常为形成羟基矿物蚀变晕,是由于微渗漏改变地表Eh/pH值,增强了长石类矿物的风化而形成的。除了上述三条重要特征外,还有碳酸盐岩矿物蚀变晕、放射性异常、地热异常与植物分布异常等,在具体地区油气勘探过程中应综合性的判断和分析。

2. 遥感技术在油气勘探中的成功实例

国内外利用遥感技术发现油气藏也有不少成功实例。米纳斯油田是东南亚地区最大的油田,"米纳斯原油"是世界上"蜡质低硫"原油的代名词,该油田位于中苏门答腊古近—新近纪盆地中,地面为丛林和现代沉积所覆盖,地质构造难以辨认。但是在航空照片上,可以明显看出一个高的隆起,由该隆起高区向四周的径向泄流系统十分引人注目,呈环状辐射分布。1938年,一名年轻的地质学家开始对该区进行早期的石油勘探,在一条东北西南向的剖面上,用手摇钻钻了3000口6m深的浅钻。其结果证实了该区上新统和中新统地层中存在一个背斜构造。1943年12月4日,米纳斯构造上钻第一口探井完钻,井深为800m,经测试获工业油流,从而发现了该油田。1980年,M. T. 哈尔布蒂统计了当时全球15个大油田(含我国大庆油田)的卫星影像资料,发现油田的分布都与所在盆地内的环形构造有关。美国EXXON公司贝格研究员利用卫星相片分析了得克萨斯盆地东部的隐伏构造,成功圈定了潜在的多个油气田(后被勘探开发证实产量较高)。1984年苏联石油工业部利用航空与航天遥感相结合的方法,圈定了卡马河地区隐伏一局部环形构造分布,该构造内油气资源后经物探验证吻合度可达70%(孙成权等,1992)。

我国的油气遥感工作始于20世纪70年代末期,主要开展了大量遥感图像的构造解释,80年代中期,也相继开展遥感直接探测烃类微渗漏的研究。我国的石油遥感技术与应用研究起步于20世纪70年代,多年来已建立10多个卫星遥感地面接收站,160多个遥感机构,400多家地理信息服务企业,其服务范围覆盖了自然资源、环境监测、能源调查和地球科学等领域。1978年由石油系统率先使用遥感卫片解译资料等对塔里木盆地西部的油气资源进行了初步评价(吴官生,2004)。截至目前,已先后在新疆柴达木、准噶尔盆地,内蒙古二连盆地,四川盆地以及中国东部各盆地进行了石油遥感地质研究,收到了良好的效果。

油气资源遥感已从间接性、辅助性逐渐迈入直接性、综合性的发展阶段,正在成为油气勘探早期不可缺少的重要手段之一。

3. 油气遥感技术的发展

高光谱技术已广泛应用到油气勘探工作中。对于油气光学遥感而言,由于光谱分辨率的限制,多光谱遥感图像很难反映如植被的红边"蓝移"异常等光谱变化特征。而高光谱遥感数据由于其信息密度大、连续性好等特点能较为真实地记录地质构造的地表几何形体及其物理特征,除此之外,高光谱遥感数据还能用来解释岩石蚀变、植被变异及一些特殊地质构造的隐伏信息。

高光谱遥感是油气遥感勘探技术发展的必然趋势,近几年该方法发展很快,有不少学者利用高光谱遥感研究油气烃渗漏和油气勘探,取得了较为成功的勘探效果。可以预见,随着高光谱数据光谱分辨率的越来越高,高光谱油气遥感的研究和应用会越来越多。

遥感技术优势较多,在油气勘探中可以单独使用,也可以直接或间接地与其他勘探方法共同使用。单一通过遥感分析及解译,可以获取诸如区域构造特征、岩石岩性特征、地表地貌、水文地质分布与线性、环形构造等信息,但对于油气信息则反映较少。与其他勘探手段,如地质调查、物探、化探等综合分析,可以更准确地为油气勘探提供各项依据,如对于地表光谱信息,判断其异常是由原油造成的,还是残留的沥青,或是微渗漏过程产物等。由于雷达成像系统已经能够克服了连续云层遮挡和茂密植被覆盖的影响,加之现代卫星资料具有数字格式记录、能利用计算机进行自动处理等优点,使之可以同其他数字记录资料(如重力、地震)一起进行综合解释,具有广阔的应用前景。遥感所获得的常规勘探无法得到的资料,为日后地震测网的部署和油藏评价提供了更可靠的依据。直接方法用于烃渗漏至地表(形成晕圈)和大气中(形成雾状体)的情况;间接方法则是通过解译构造来确定油气聚集区。因此对于今后油气勘探来讲,对遥感信息与地质、地球物理、地球化学、生物地球化学等多源信息的综合研究,建立新的勘探模型,综合分析才能加快勘探速度,降低费用,提高勘探效益。

同时也应该看出,对于油气遥感技术而言,在遥感图像处理技术和方法方面还有很多问题值得深入研究。比如在对图像处理时,对烃渗漏引起的岩石蚀变的异常背景、异常强度及分布区域等的分析;在具体油气勘探工作中,如何根据实际地质环境而针对性地去除掉干扰因素及干扰信号,保留甚至放大烃类弱信息;如何制定异常综合分析判断标准,合理集成碳酸盐矿物蚀变异常、黏土矿物蚀变异常与植被异常等多元信息,从而综合分析并解决问题。

遥感是油气勘探的"排头兵",这就要求我们在进行具体工作之前先要根据地质资料与现有认识,制定切实可行的实施方案。需要强调的是油气勘探工作者需要将遥感技术与其他勘探手段结合起来,对地表及深部地质特征及油气赋存条件进行综合分析。

第二节　油气井钻探技术

油气井钻探技术(又称井筒技术),是以钻井工程为代表的系列勘探方法与技术,它是以钻井工程为作业主体,配置有钻井液、井控、测井、中途测试、录井、试油等诸多的井筒服务技术。由于它们直接接触油气层,因而是一种相对直接的油气勘探方法和技术。

一、钻井

在所有的油气田勘探方法中,钻井是发现和开发油气田最有效、最直接的手段。它是采用特殊的钻探设备或装置,将地层钻穿,来直接探测地下地层中油气的存在与分布状况的一种油气勘探方法与技术。

视频4-7　油气钻井技术

与钻井工程有关过程包括:① 临时工程建设,含临时房屋修建、临时公路和井场道路的修建,供水(电)工程的建设,保温工程建设;② 钻机、井架、井控、固控设施、井口工具的安装及维修;③ 钻井工程实施;④ 相关配套技术服务,包括定向井技术、水平井技术、打捞技术、欠平衡技术、钻井液技术、随钻测量、陀螺测量、电子多点、电子单点、磁性单多点、通井、套管开窗、直井测钻、软件数据处理、小井眼加深、顶部驱动钻井。海洋钻井过程中还包括钻井船拖航定位、海洋环保、安全求生设备的保养检查、试油点火等特殊作业等。

油气探井的类型划分方法很多,可以根据钻探的目的来划分,如参数井、评价井、预探井等;也可以按照钻井地理位置的差异来划分,如海上探井和陆上探井;还可以按照完井井深来划分,如浅井(小于2000m)、中深井(小于4500m)、深井(小于6000m)和超深井(超过6000m);另外还可以根据钻井方式和钻井轨迹等进行分类。下面主要根据探井目的的差异和钻井方式及轨迹的差异两方面来分析以下探井类型的差异。在业界通常习惯称前者为井别,后者称为井型。

1. 探井井别

按照勘探阶段的区别和研究目的的不同,探井可以分为科学探索井、参数井、预探井、评价井、兼探井、地质浅井等类别。

1)参数井

参数井,也称区域探井,是在地震普查的基础上,以查明一级构造单元的地层发育、生烃能力、储盖组合,并为物探、测井解释提供参数为主要目的的探井。

参数井一般要求断续取心,要求全井段声波测井、地震测井、取心不少于进尺的3%。其部署的主要目的在于取得地质和物探解释参数,在区域勘探后期部署的参数井,还具有侦察性找油的"先锋"作用。

参数井一般以盆地或盆地内的区域构造单元(坳陷、凹陷)进行统一命名,取探井所在盆地(坳陷、凹陷)的第一个汉字加"参"字为前缀,后加盆地参数井布井顺序号命名,如塔里木盆地的塘参1井,就是部署在塔里木盆地塘古孜巴斯凹陷的第一口参数井。

2)科学探索井

科学探索井简称科探井,一般是在没有研究过的新区,为了查明区域沉积层系、地层接触关系、生储盖及其组合特征等,评价盆地的含油气远景,或者是为了解决一些重大地质疑难问题和提供详细的地质资料而部署的参数井。1997年胜利油田部署钻探的郝科1井就是一口以探索整个渤海湾盆地深层含油气性为目的的科探井。

在我国油气勘探界,常常将区域勘探早期部署的一些重点参数井称为"科学探索井",如长庆中部大气田的发现井"陕参1井"和吐哈盆地的"台参1井"。另外在我国20世纪50—60年代使用的"基准井"实质上就是一种科学探索井,目前,基准井的概念已基本停止使用。

科探井的钻探深度一般较大,研究项目比较齐全,要求高。第一,要求系统取心,至少在重点层段全部取心;第二,以探地层为主,要求钻在盆地地层较全的部位;第三,要求分布均匀,对盆地有较好的控制作用。如松基1、2、3井是松辽盆地在区域普查阶段部署的三口基准井,分别位于东北隆起、东南隆起、中央坳陷三个不同构造单元的次一级构造上,它们之间相距约100km,控制了盆地的大部分区域。松基1井和松基2井对建立盆地东部完整的地层剖面、了解地层层序和基底岩性特征发挥了重大作用,松基3井设计在坳中隆的大庆长垣上,由于发现油气层提前完钻试油,成为大庆油田的发现井。

3)预探井

预探井是在地震详查的基础上,以局部圈闭、新层系或构造带为对象,以揭示圈闭的含油气性、发现油气藏、计算控制储量(或预测储量)为目的而钻的探井。根据其钻探目的的不同,又可分为新油气田预探井(在新的圈闭以寻找新油气田为目的)和新油气藏预探井(在已探明油气藏的边界之外或者已探明浅层油气藏之下以寻找新的油气藏为目的)。

预探井井号一般是按照区带名称或者圈闭所在地名称的第一个汉字为前缀,后加1~2位阿拉伯数字构成,如塔里木盆地塔中凸起上的轮南1井、塔中4井。有些特殊钻探目的的预探井的名称可以根据需要在区带第一个汉字后面加上一个具特殊目的的汉字,再加上顺序号构成,如以钻探轮南古潜山为目的的轮古1井、轮古2井等。

4)风险探井

近年来,我国油气勘探企业提出了风险探井的术语。风险探井是预探井的一种,因为其钻探地质风险高、投资较大而得名。目前,这类探井的设计、论证更加严格。由于钻探成本高,一般由集团公司(如中石油、中石化)来投资,而不是由勘探企业(油田公司)来承担钻探费用。

风险探井的命名,在中石油企业一般采用"区带(圈闭)名称的第一个汉字+探+设计序号"来表示。如堡探3井是部署在黄骅坳陷南堡凹陷南堡1号构造1—5区东翼的一口风险探井。准噶尔盆地的达探1井则是在玛湖凹陷达巴松构造带钻探的一口风险探井。

5)评价井

评价井又称详探井,它是在已经证实具有工业性油气构造、断块或其他圈闭上,在地震精查或三维地震的基础上,在预探所证实的含油面积上,进一步查明油气藏类型,确定油藏特征(原油性质、油气水界面、构造细节、油层厚度),评价油气田规模、生产能力、经济价值,落实探明储量为目的部署的探井。

6)兼探井

对某些主要油层已探明,而次要油层或开发区块生产目的层上下含油情况尚不清楚的油藏,在部署开发井时,有目的地设计几口生产井先承担勘探其他层的任务,待勘探任务完成以后再返回开发目的层承担生产任务。这种性质的开发井称为兼探井。

兼探井一般根据其在开发井排的位置进行统一命名。

7)地质浅井

地质浅井是指在盆地勘探的初期,为了解盆地浅部地层或盆地边缘地层的分布情况,但又受勘探经费的制约,通常采用地矿部门或煤田部门的小型钻探设备,在盆地内一些具有特殊地质意义的点而钻探的井深较小的探井。钻探地质浅井的目的主要是为了地质制图、了解地下地质构造、地层分布及浅层油气情况,有人又称其为制图井或构造井。

地质浅井一般是采用盆地中"坳陷简称 + 英文字母 D + 设计井号数字"加以命名,如伊舒地堑汤原断陷中的地质浅井汤 D1 井、方正断陷盆地钻的地质浅井方 D1 井等。

2. 探井井型

为了更加方便、最大限度地勘探和开采地下油气资源,或者为了节约成本而设计了不同的钻井方式。根据不同的钻井方式完成的钻井类别,称为井型。一般可以划分为直井、定向井、丛式井、水平井、大位移井、多分支井、重钻老井、丛式水平井、工厂化钻井等。下面对部分井型进行简单介绍。

1)直井

直井就是从地表垂直向地下钻探的井,钻井过程中钻杆与地面始终保持垂直。直井钻井的优点是设备简单,钻进速度快,井场操控容易,易于掌握,钻井成本低。

直井是延续了100多年的最古老的钻井方式,目前全球85%的油气田勘探开发仍然采用直井钻探方式。

2)定向井与丛式井

定向井钻井技术是指钻头垂直到达一定深度后,借助特殊造斜工具,使钻头沿预定的井斜和方位钻达目标油气层的钻井技术。定向井是海上油气田开发过程中,为了节省钻井平台的搬迁费用和避免拖行造成事故而设计的一种钻井方式。在一个井点向地下不同方位目的层钻的多个定向井的组合被称为丛式井。目前,定向井和丛式井在海上和陆地油气田开发中已得到了广泛的应用。

3)水平井

水平井钻井技术是在定向井钻井技术的基础上发展起来的。是当直井或定向井钻至一定深度后,采用特殊的钻具使钻头沿水平方向钻进的一种钻井技术。

水平井钻井技术从20世纪80年代初开始研究,20世纪90年代大规模推广应用,目前已作为常规钻井技术应用于各类油藏。水平井钻井成本已降至直井的1.5~2倍,甚至有的水平井钻井成本只是直井的1.2倍,而水平井产量则是直井的4~8倍。

全世界在1985年时,水平井钻井口数仅为20口,后由1989年的500口到1995年猛增至7000口,至2000年就已达约20000多口。目前随非常规油气(页岩气、致密油等)的大规模开发,水平井已经得到大规模使用。

4) 大位移井

大位移井(ERD)包括大位移水平井,是指水平位移(HD)与垂直深度(TVD)的比值大于2以上的定向井和水平井,当比值大于3时,则称为特大位移井。大位移井钻井技术对海上钻井,海油陆采具有更突出的经济意义。

大位移井不同于水平井的一个显著特征是斜井段长,特别是大斜度井段往往在3000m以上,井下钻柱摩阻增大和井眼清洁问题是大位移井成功的关键。由于20世纪90年代发展了旋转导向技术及其工具——变径稳定器和可控偏心器,解决了钻柱摩阻增大和清除井内钻屑问题,使大位移井钻井技术得以向前发展。

截止到2000年,世界范围内水平位移超过7000m的井在20口以上,水平位移超过10000m的井有3口,HD/TVD的比值目前最大接近7。1997年5月我国南海东部石油公司通过对外合作,钻成了西江24-3-A14大位移水平井,水平位移达8062.7m,当时是世界最高指标。

5) 多分支井

多分支井是指在1口主井眼的底部钻出2口或多口进入油气藏的分支井眼(2级井眼),甚至再从2级井眼中钻出3级井眼。主井眼可以是直井、定向斜井和水平井。分支井眼可以是定向斜井、水平井或波浪式水平井。多分支井可以在1个主井筒内开采多个油气层,实现1井多靶的立体开采,多分支井可以从老井也可从新井再钻几个分支井眼或者再钻几个分支水平井。

自从20世纪90年代后期,国外已开始大力发展多分支井钻井技术,并被认为是21世纪国际石油工业的重大技术。

3. 钻井技术新进展与发展趋势

1) 钻井技术新进展

随着油气勘探难度的日益增加,推动了钻井技术的迅速发展。钻井设备和钻井工艺不断改善,钻井效率与钻井质量不断提高。目前,大量资料的统计研究表明,水平井及大位移钻井、深井和超深井钻井技术、老井重钻技术、工厂化钻井是目前钻井工程中发展最为迅速的四个领域。另外,一些新钻井技术还包括保护油气层技术,如钻井液配伍、欠平衡钻井等也得到了较为迅速的发展。

(1) 水平井及大位移井钻井技术

为提高油气井的生产能力,以少的成本获得更大的勘探效益,全球油气开采中的水平井、大位移井、分支井的钻井数量上升很快。1996年,全球所钻的水平井数已达到总钻井数的5%左右,约为3000口。英国石油勘探公司自1993年开始在Wytch Farm油田开始钻大位移井以来,大位移井的数量已经上升到13口,水平位移由开始的不到4000m延伸到目前的8000m以上。1997年5月,我国在塔里木盆地塔北隆起上钻成了一口高难度的水平井——解放128井,其完钻井深5750m,水平井段长260m,最大井斜91.5°,在奥陶系灰岩储层中共穿越多个高角度裂缝系统,日产油168m^3,气$10^8 \times 10^4 m^3$。这些主要得益于井下动力钻具和产层导向技术的发展。井下马达由于不断增加马达级数,延长动力段长度使性能逐步提高;而产层导向技术结合先进的电阻率正演模型来模拟测井响应,并直接应用于井身剖面设计和钻井过程中,可以允许在钻井作业期间随时调整钻井计划。

(2) 深井和超深井钻井技术

随着勘探深度的加大,深井超深井的钻探数量增加很快,钻井速度也得到很大的提高。在我国的西部塔里木盆地的勘探中,近年钻的4500m以上深井占钻井总数目的80%以上,最大井深已达7100m。德国政府投资3.38亿美元于1994年完成的超深井钻探项目(KTB工程)最终井深达到9101m。

目前,世界先进发达国家深井和超深井(平均井深5100m)的钻井成本约为500万美元,一般国家则需要近千万美元。提高钻井效益、降低钻井成本成为深井超深井钻井的主攻研究领域。而近年在这方面取得了可喜的进展,主要表现在:① 运用新装备,如制造重型钻机、配备钻杆自动操作系统、改用新型钻头等,来缩短非钻进时间,特别是深井和超深井钻井作业过程中的起下钻时间;② 采用新工艺,如合理设计井身结构、防斜打直、减轻套管磨损、保护井眼等,来缩短建井周期,降低钻井成本,保证深井超深井顺利钻达目的层。

(3) 老井重钻技术

老井重钻(re-entry)一般是在发生钻井事故而报废的老井中,或者是本着特殊的勘探目的(如侧钻水平井)进行重钻作业。它与钻新井相比,由于充分利用老井为主井筒,大幅度降低成本,又可充分利用油田已有的管网、道路、井场及其他设施,油气开采效益极高。通过老井重钻,可以勘探以前遗漏的可能产层,减轻或者避免产水,增大泄油面积。

为确保老井重钻取得预期的效果,保证钻井作业的顺利进行,必须结合油藏工程、岩石力学、完井工程、钻井工程等因素,进行探井工程设计。既要考虑造斜过程中尾管和油管连接的完整性,顺利下入完井装置,又要考虑造斜率对选择完井装置(油管封隔器、砾石充填装置)的影响。

(4) 工厂化钻井技术

工厂化钻井是指利用一系列先进钻完井技术和装备、通信工具、系统优化整个钻井管理过程涉及的多项因素、集中布置进行批量钻井、批量压裂等作业的一种作业模式。这种作业模式能够利用快速移动钻机对单一井场的几口井进行批量钻完井和脱机作业,是一种流水作业方式,实现边钻井、边作业、边生产,是页岩气开发的主要方式。可以缩短建井周期,降低钻井成本,大幅度提高资源及设备利用率。从川渝地区焦石坝会战钻井"井工厂"的应用效果来看,已完成100多个"井工厂"钻井平台施工,平均每口井的建井周期与传统钻井相比缩短20%,节约占地20%,节约中期完井作业时间11%,减少搬迁费用13%,节约材料成本5.6%。"井工厂"已成为焦石坝页岩气开发的关键技术。

(5) 页岩气钻井技术

21世纪以来,美国通过以水平井钻井和多级水力压裂为代表的开发技术,掀起了"页岩气革命"。很快这股浪潮席卷全球,目前有约30个国家加入了页岩气勘探开发行列。我国也相继在四川长宁、威远,重庆涪陵、彭水,云南昭通等地开展了页岩气开发,并于2014年在重庆涪陵实现了页岩气商业化开发,但整体而言仍处于初级阶段。国外形成了丛式水平井工厂化钻井、页岩气防塌钻井液、高效地质导向、页岩气井长水平段固井、清洁化生产五大关键钻井技术。

(6) 复合冲击破岩钻井技术

随着油气资源勘探开发的不断深入,深井和超深井越来越多,钻遇"三高地层"(岩石硬度高、岩石可钻性级值高、岩石研磨性高)的可能性越来越大,这严重影响了深部硬地层的机械钻速和勘探开发。针对硬地层钻进过程中机械钻速低、钻头因黏滑振动失效快、钻井成本高等问题,提出复合冲击破岩钻井技术,将轴向脉动冲击与扭向反转冲击破岩方式联合起来,将流体能量转换成扭向和轴向交替的高频冲击机械能。扭向冲击可使钻杆的旋转破岩能量均匀传递到钻头上而不是积累在钻杆上,消除或降低黏滑效应;轴向冲击可使钻头获得更高的轴向破岩能量,从而使钻头具有三维"立体破岩"效果。

(7)钻井液技术

钻井液技术作为钻进复杂地层的关键技术之一。近几年国内外钻井液新技术的基础上,在抗高温钻井液体系、储层保护技术、防漏堵漏技术、新型钻井液处理剂以及钻井液滤饼的清除技术取得了很大的发展。目前,钻井液能有效减少钻头泥包,提高钻进速度,同时可以减小钻具的扭矩和摩阻,转移钻头重量,与传统的钻井液相比,更能增强井筒的稳定性,减少漏失量,减少了废物处理的难度和费用,满足了环境的要求。

2)钻井技术发展趋势

回顾石油钻井技术50年来的发展,综合当今国际石油工业的发展趋势和上述钻井技术的发展过程,不难看出石油钻井技术的发展趋势主要有以下两个方面:

一是以提高勘探开发的综合效益为目标,向有利于发现新油气藏和提高油田采收率方向发展。20世纪末,国际石油产业可持续发展面临严峻挑战,即寻找新的石油资源越来越困难,加之主要产油国家,油田开发多进入中后期,产量迅速递减。在此背景下,各大石油公司加大科研投入,对寻找新油气藏和提高采收率给予了格外关注。石油钻井界和相关服务公司在发展信息化、智能化钻井技术基础上,又开发了有利于发现新油气藏和提高采收率的新钻井技术,如欠平衡压力钻井、水平井及分支水平井钻井、大位移井钻井和多分支井钻井技术。对原有的老井重钻技术、小井眼钻井技术和连续油管钻井技术也给予了新的技术内涵。这些技术最显著的目标是以最直接的钻井方式沟通油气藏,以最原始的状态打开和保持油气藏,从而达到最大限度地开采油气藏,获得最好的经济效益和社会效益。

二是以信息化、智能化为特点,向自动化钻井方向发展。20世纪80年代中期以后,国际石油钻井中使用随钻测量(MWD)、随钻测井(LWD)、随钻地震(SWD)、随钻地层评价(FEM-WD),钻井动态信息实时采集处理,地质导向(GST)和井下旋转导向闭环钻井等先进技术以来,钻井技术发生了质的变化。其变化特征表现在钻井过程中,井下地质参数、钻井参数、流体参数和导向工具位置及状态的实时测试、传输、分析、执行、反馈及修正,钻井信息向完全数字化方向发展,越来越脱离人们的经验影响和控制,钻井过程逐步成为可用数字描述的确定性过程。

视频4-8 油气录井技术

二、录井

1. 录井的概念和作用

钻井过程中收集地下地质资料和钻井工作状态相关信息的工作称为录井。它是配合钻井建立地层系统、发现油气显示、评价油气层性质、判断钻井工况的一种重要手段,包括地质录井和工程录井两大系列。

目前,录井以多参数、大信息量、现场快速、实时为特点,为识别和及时发现油气层、评价油气性质、选择试油层段、进行烃源岩的评价、储层评价、产能预测等提供依据。归纳起来,油气录井的主要作用表现在以下四个方面。

1)为及时发现油气显示提供手段

由于探井中能取得岩心的长度与全井进尺的比例是很小的,所以录井工作至今仍是钻井过程中研究地层、油气水层的一项基本手段。录井技术从最早岩屑捞取和观察钻井液的变化来识别钻进的地层岩性和含油气情况,发展到对岩屑进行荧光观察。20 世纪 60 年代中期开始推广钻井液气测录井,实时地得到了钻井液中含烃量的大小变化和烃类组分,为发现油气层提供了更为及时和可靠的依据。

2) 为随钻评价油气层提供资料

随着录井技术的发展,很多录井技术,如岩石热解地球化学录井、饱和烃气相色谱录井、核磁共振录井等都可以在现场快速评价储层的物性、含油性、原油性质等油藏特性。利用岩石热解资料可以计算储层的孔隙度、含油饱和度;利用核磁共振录井可以评价储层流体可动性,利用气相色谱录井可以确定地下油气的类型是凝析油、常规原油还是稠油。

3) 为新区油气资源评价提供参数

烃源岩地化录井目前可以通过现场的快速分析,部分替代实验室地球化学测试,为评价烃源岩有机质丰度、成熟度、生烃潜力提供直接的参数。

4) 为科学安全钻进提供保障

综合录井仪的出现,使录井工作的机械化、自动化程度以及录井资料的可靠程度有了大幅度的提高。更为重要的是,基于综合录井仪发展起来的工程录井技术,为地层压力检测、有害气体检测、井下工况的判断、钻井事故的预防,为及时工况预报、事故提示及其现场工程师的快速决策提供了直观和定向的依据。

2. 录井的类型

目前,录井方法的种类很多,概括起来,可以划分为基于地质学原理的录井方法、基于物理学原理的录井方法、基于地球化学原理的录井方法等,它们从不同的角度反映了地下油气地质情况。它们的相互配合使用,一方面为油气勘探提供了丰富的地质信息,另一方面也为钻井工程的安全与高效施工提供了依据。

1) 基于地质学原理的录井

基于地质学原理的录井就是利用传统的地质观察与描述,来分析井下地层及流体特征的录井技术,包括岩屑录井、岩心录井、槽面钻井液录井等,由现场录井地质师完成,靠的是地质师丰富的地质经验和责任心。

(1) 岩屑录井

钻井过程中,地质人员按照一定的间隔和迟到时间,及时地把被钻头破碎的岩屑收集起来,进行整理和观察描述,建立地层剖面,达到了解井下地层变化情况的工作称为岩屑录井(图 4 – 19)。

在油气勘探过程中,为了查明探区含油气情况,尽快拿下新油田,一般在取心少或不取心的情况下,要获得大量的地层、构造、含油气情况等第一性资料,就必须广泛采用岩屑录井方法。

与其他录井方法相比,岩屑录井具有成本低、简便易行、资料系统性较强、了解地下地质情况及时等优点。因此,岩屑录井在油气勘探工作中占有相当重要的位置。岩屑录井的不足方面是受迟到时间和岩屑混合的影响,所建立的地层剖面的代表性和准确性变差。

岩屑录井的关键是确保岩屑对应的井深准确,要做到岩屑录井、气测录井和钻时录井三种资料合一,必须准确测量和计算岩屑的迟到时间。所谓的迟到时间,是指被钻头破碎的岩屑从井底返到地面需要的时间。岩屑迟到时间计算的是否正确,直接影响岩屑的代表性和真实性。

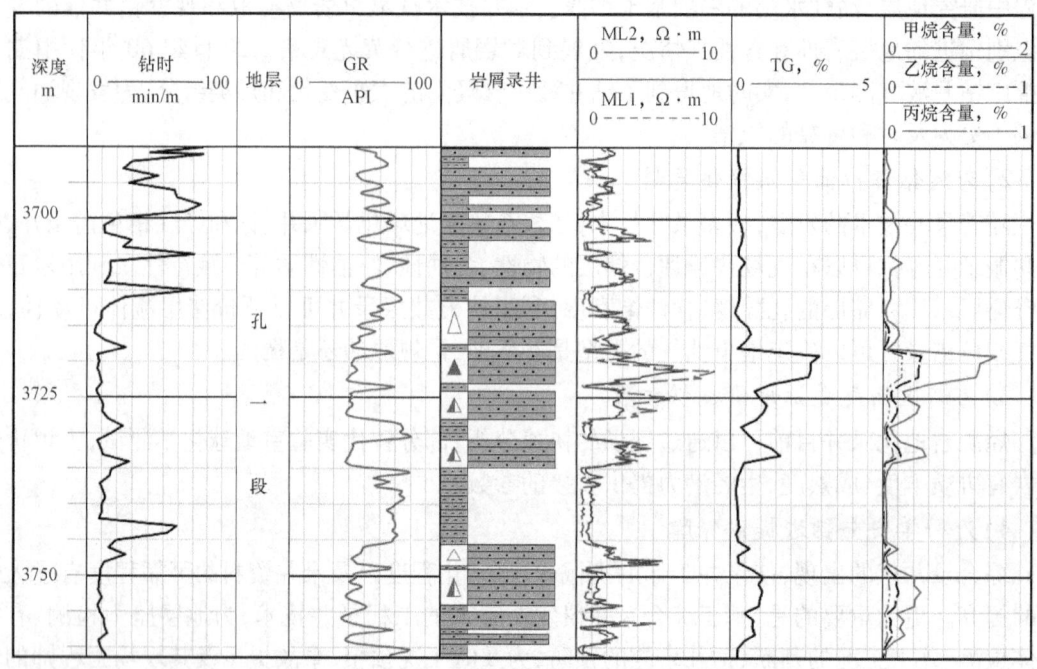

图4-19 某井钻时录井、岩屑录井与气测录井图

岩屑返出地面后,地质人员按一定的迟到时间,在振动筛上捞取岩屑,取样间距根据对探区地质情况的了解程度和本井的任务而定,一般是每米取一个样,如遇油气显示时,要加密取样。描述岩屑时要特别注意分辨真假岩屑,描述内容应重点突出,定名准确,对油气显示层段、标准层、特殊岩性层要着重描述。最后将岩屑录井资料整理,绘制岩屑百分比图(岩屑录井草图)。

岩屑录井资料在油气勘探中主要有以下四方面的应用:

① 进行地层的划分与对比。将岩屑录井草图与邻井进行地层对比,目的是系统了解本井地层的岩性和油、气、水层的主要特征及深度,以指导下阶段的勘探工作。

② 电测解释提供地质依据。对探井来说,综合利用岩屑录井草图,可以大大提高电测解释的精度。

③ 为钻井工程事故分析提供参考。在处理钻井工程事故中,如卡钻、倒扣、泡油等事故时,经常利用岩屑录井草图分析事故发生原因,制定有效的处理措施。

④ 岩屑录井草图是编绘完井综合录井图的基础。根据岩屑录井资料,不论在碎屑岩地区,还是碳酸盐岩地区,都可以建立起一个比较完整的钻井地层剖面。以岩屑录井为主的各种录井资料的综合,是进行综合地质研究和编制完井综合录井图的基础。

(2) 岩心录井

在钻井过程中使用专门的取心工具,将井下的岩石取上来(被取上来的圆柱状的岩石称为岩心),并对取上来的岩石进行分析、描述、观察研究,从而取得各项地质资料的工作称为岩心录井。

岩心是反映地下岩层特征最直观、最可靠的第一性资料。岩心录井的对象包括钻井取心和井壁取心,井壁取心是在钻井取心失败或漏取情况下的一种补救措施。通过对岩心的综合分析研究,可以解决以下地质问题:

① 了解岩性、岩相特征,为分析判断和研究沉积环境提供依据。

② 观察古生物特征,确定地层时代,进行地层划分与对比。
③ 测定储层的储油物性及有效厚度,搞清储层四性(岩性、物性、电性、含油气性)关系。
④ 研究生油层特征及生油指标,进行烃源岩评价及油气资源量计算。
⑤ 了解地层倾角、接触关系、裂缝、溶洞及断层发育情况等。
⑥ 为计算油气田储量和采取合理的油气层保护措施提供第一手资料,同时可以为油气田评价、制定合理的开发方案以及老油区采取有效的增产措施提供依据和参数。

为了做到既高速度又高质量地进行油气勘探,进行必要的岩心录井工作是非常重要的。由于钻井过程中取心成本高、钻井速度变慢、钻井技术复杂,因而不可能在油田勘探开发过程中,对每口井每个钻探层位都取心,但为了掌握地下地层情况,取心又不能过少或不取心。因此,钻井取心的原则应当本着既要提高钻探速度、降低成本,加速油气田勘探,又不碍于解决重大地质问题。一般原则是在普查与详查阶段的新探区第一批探井在主要勘探目的层段尽可能要多取心,以便尽快了解全区地层、构造、沉积及地层的含油气情况。预探和详探阶段的取心原则应注意点面结合,充分利用少数取心井,以获得全区地层、构造、储层含油气性等资料。通常钻井过程中的下列层位地层都要取心:主要含油、气层位;预计主要地质界限、岩性标准层、化石层和电性标准层(了解岩性与电性的关系)的层位;具有特殊地质意义的层位,如岩性复杂、层位不清、断层通过层位、油水过渡带等。

由于岩心资料的特殊性,从岩心出筒,到岩心的清洗、丈量、整理、编号、观察描述、取样分析化验等过程都要倍加爱护,尽可能地保持岩心的完整性,以便为以后的地质研究提供更多的宝贵资料。为系统保存岩心资料,我国各大油田都建立了档案齐全的岩心库及其资料室,为油田的勘探开发提供了重要的基础性研究资料,如大庆油田岩心库就是亚洲乃至全世界最大的岩心库之一。

(3)钻井液录井

在钻井过程中,时时对钻井液的性能(密度、屈服值、黏度、失水量、滤饼厚度、切力、含砂量、酸碱度、固相、油水含量、含盐量)进行跟踪检测,来判断地下地层岩性及其含油气性情况的录井方法称为钻井液录井。

钻井液俗称"泥浆",被形象地称为钻井工程的血液,它对保证优质、快速、安全钻井起着重要作用。在钻井过程中,钻井液通常起到以下几方面作用:冷却、润滑钻头和钻具,保证快速钻进;平衡地层压力,防止井喷;保护井壁,防止井壁坍塌;清洗、冲刷井底,利于钻井;携带、悬浮岩屑;为井下动力钻具传递动力。根据钻井的目的不同,钻井液可分为水基钻井液和油基钻井液。

利用钻井液在钻进过程中的性能变化特征可以研究井下油气水的情况,判定特殊岩性(盐层、石膏、疏松砂岩、自造浆泥岩等);利用入口和出口钻井液排量、钻井液密度、温度的变化可以发现漏失层和高压层等。任何类别的探井在钻进过程中,必须实施钻井液录井工作。

2)基于物理学原理的录井

基于物理学原理的录井是采用物理方法来间接判断井下地层特征、流体特征以及钻井工程状况的录井技术,如钻时录井、钻井液荧光录井、核磁共振录井、钻井液物理性质(钻井液温度、密度、排量、压力)进行检测的录井技术等。

(1)钻时录井

钻时是指在钻井过程中单位进尺所需要的钻进时间。它不仅反映了地下岩石的可钻程度,而且反映了岩石的某些地质特性。

地质人员利用钻时录井资料可以初步判断岩性,确定地层界线(如取心位置、地层界面、潜山顶面等),判别裂缝发育层段、放空、井漏、井喷位置,校正迟到时间等。而钻井工程人员可以利用钻时资料进行时效分析,判定钻头的使用情况,改进钻井措施,预测地层压力。

(2) 钻井液荧光录井

在钻井过程中,利用石油的荧光性,实时地对岩屑或岩心进行荧光检测,发现地层油气显示或含油气性的工作称为钻井液荧光录井,简称荧光录井。

钻井液荧光录井识别油气层主要有三个作用:① 识别用肉眼难以识别的油气显示;② 轻质油层和凝析油层,烃类挥发快,肉眼观察可能有漏失,但荧光录井的效果较好;③ 根据荧光的颜色、波长、发光强度,可以判别油质的性质(凝析油、轻质油、中质油、重质油)以及判别含油气量(含油丰度)。各类探井都要实施荧光录井。

荧光录井技术包括传统的荧光录井、二维定量荧光检测(QFT)以及三维全扫描荧光(TSF)录井等。传统的荧光录井是通过直接对返出的洗井液样品岩屑、岩心等,定时或定距作紫外光照射,观察有无荧光反应,以了解钻进地层何处有含油层迹象的一种录井方法。将岩心、岩屑置于荧光灯下,进行湿照、干照和喷照,观察并记录荧光反应,用荧光标准系列对其发光颜色、发光强度进行对比,判断含沥青的性质与含量,是一种定性至半定量的荧光录井方法,多在预定的含油井段进行。

二维荧光定量检测录井技术(QFT)可以定量评价储层的含油特性,特别对轻质油和低阻油层的判别更为有效。但它不能区分地层原油荧光和污染物荧光,因此又产生了全荧光扫描技术(TSF),它可以区别各种荧光物质。这两种技术相结合,可以同时实现荧光定量检测,区分地层矿物荧光、钻井液油气导致的荧光、钻井液添加剂的荧光。

(3) 核磁共振录井

核磁共振录井的原理是,油和水中的氢原子核被激发后吸收能量,产生核磁共振现象,当固体表面性质和流体性质相同或相似时,弛豫时间 T_2 的差异主要反映岩样内孔隙大小的差异。孔隙越大,氢核越多,核磁共振信号衰减越慢,对应弛豫时间 T_2 也越长(图4-20)。核磁共振录井仪实际测量过程中获取的是 T_2 衰减曲线,这个衰减信号是由许多不同孔隙中流体衰减信号叠加而成的,可以得到很多储层物理参数。

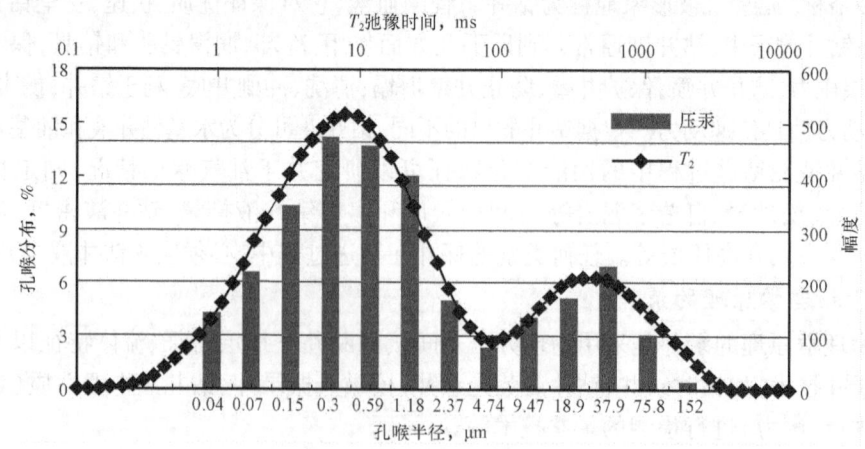

图4-20 某井核磁共振录井与压汞得到的孔喉分布对比

核磁共振录井的作用在于:① 核磁共振录井吸收了国内外核磁共振弛豫谱应用研究的最新成果,能随钻分析岩心、岩屑、井壁取心样品,及时获得储层评价所需的孔隙度、渗透率;② 由于不同地区、不同岩性 T_2 谱不同,其 T_2 截止值也不同,据此,可现场快速测定可动流体百分含量;③ 核磁共振录井可动流体、含油饱和度参数是准确评价油气层的重要参数;④ 核磁共振录井技术结合地球化学、荧光录井技术有助于大大提高储层解释的符合率。

3) 基于地球化学原理的录井

基于地球化学原理的录井是通过采用地球化学分析检测技术,包括岩石地球化学与有机地球化学分析检测技术,对钻井岩心、岩屑的元素及其含量,钻井液所携带的气体组分、浓度等进行分析检测的录井技术,如射线荧光录井。

(1) 气测录井

气测录井是利用专门的仪器检测钻井液从井底返到井口所携带的烃类气体而寻找地下油气藏的一种录井方法。其最大的优点在于随钻随测,不需停钻就能及时方便地发现油气显示。而且,在高压天然气地区的勘探中,还具有及时预报油气层、防止发生钻井工程事故的重要作用。利用气测录井得到的钻井液中的甲烷、乙烷、丙烷、正丁烷、异丁烷、正戊烷、异戊烷等轻烃组分的含量,可以发现油气显示,识别油气水层,判断油气性质。

气测录井可分为色谱气测录井和非色谱气测录井。非色谱气测录井是利用各种烃类气体的燃烧温度不同,将甲烷与重烃分开,这种测量是用半自动气测仪进行测量的,由于它只能得出甲烷及重烃或全烃的含量,分析数据少,用它划分油、气、水层有一定困难。色谱气测录井(又称气相色谱录井)是利用色谱分析的原理,将天然气中的各种组分分开,得到的分析数据多、准确、速度快。因此,目前气相色谱录井正逐渐取代非色谱气测录井,在油田油、气、水层解释过程中得到广泛应用。

(2) 岩石热解地化录井

岩石热解地化录井虽然是一种起步较晚的录井方法,但近年发展异常迅速,以岩石热解色谱录井为代表。在烃源岩评价方面,可以用于确定有机质类型,评价生烃潜力;在储层评价方面,可以用以快速评价储层物性、产液类型、原油物性。与其他录井方法相比,该评价方法更加简单易行,评价结果的定量化程度也较高。

岩石热解地球化学录井原理是根据岩石中的各族烃类、胶质、沥青质、干酪根在程序升温过程中在不同的温度点相继裂解,并从岩石中脱析。利用"FID"检测技术,通过裂解烃在氢焰上燃烧,在极化电场的作用下,形成与样品含烃量成正比关系的一定浓度的离子流,离子流的定向移动形成微电流。经微电流放大器放大和微机处理,记录各温度点组分烃的含量特征,经积分运算得出不同温度范围烃的含量值。从而使岩石样品中的油气组分按照不同的温度范围热蒸发为天然气馏分峰(S_0)、汽油馏分峰(S_1)、煤油+柴油馏分峰(S_{21})、蜡+重油馏分峰(S_{22})以及胶质+沥青质热解峰(S_{23}),如图4-21所示。含油储层中除了含一定量的有机碳外,还含有一定量的无机碳,主要以碳酸盐的方式存在。样品经历了从室温到600℃的程序升温过程,热脱碳化学反应已很彻底,基本上只剩下有机残碳。样品内的有机残余碳在燃烧过程中与助燃空气中的氧气发生反应,生成 CO_2 和少量 CO,CO 再经 CuO 催化炉催化后与空气中的氧进一步作用生成 CO_2,通过送至热导池检测器进行检测,从而确定残余有机碳的含量。油气综合评价仪正是利用这一原理,得到一个残余有机碳峰 R_c,通过换算得到残余油量 $S_4 = 10R_c/0.9$。

利用储层岩石热解录井仪通过检测得到储层中含烃量,同时根据热解前后岩石的重量变化(热失重)特征可以计算岩石的孔隙度,在此基础上,就可以计算得到岩石孔隙中的烃类饱和度。

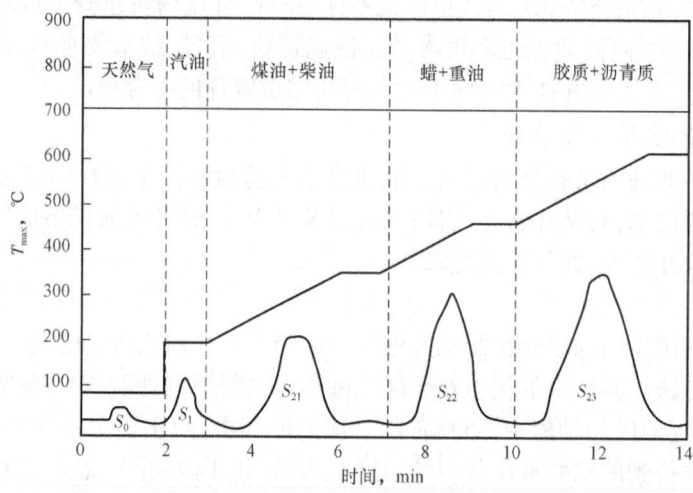

图 4-21　油气综合评价仪热解程序升温及得到热解参数示意图

(3) 热蒸发烃气相色谱录井技术

热蒸发烃气相色谱分析是一种常用的地球化学评价技术,由于该项技术具有把混合物分离成单个组分的能力而得到广泛应用。岩石样品经过冷溶或热蒸发后进样分析,样品中的烃类在载气的携带下进入色谱柱,组分就在流动相和固定液两相间进行反复多次的分配,由于固定相对各组分的吸附或溶解能力不同,各组分在色谱柱中的运行速度就不同。经过一定的柱长后,便彼此分离,顺序离开色谱柱进入检测器,产生的离子流信号经放大后,由计算机自动记录各组分的色谱峰及其相对含量。

气相色谱分析得到的主要参数包括不同碳位 $C_9 \sim C_{45}$ 正构烷烃的相对含量、植烷(Ph)、姥鲛烷(Pr)含量、鲛植比(Pr/Ph)、姥鲛烷与正十七烷比值(Pr/nC_{17})、植烷与正十八烷比值(Ph/nC_{18})、轻正构烷烃与重正构烷烃比值($\Sigma nC_{21-} / \Sigma nC_{22+}$)、$(nC_{21} + nC_{22})/(nC_{28} + nC_{29})$、碳数范围、主峰碳位等参数以及色谱流出曲线图(电压随时间变化的曲线),又称为色谱指纹图。针对储层,利用色谱指纹图,可以大致判断油气水层类型、原油特征等。针对烃源岩层,可以据此判断源岩类型、成熟度等。

(4) X 射线荧光录井

X 射线荧光录井简称 XRF(X Radial Fluorescence)录井,是建立在 X 射线荧光分析理论与岩石地球化学理论基础上的一种岩石成分分析技术。

XRF 的基本原理是:由 X 射线管发出的一次 X 射线,当施加给 X 射线管的电压达到某一高度值,X 射线管发射的一次 X 射线的能量足以激发样品所含元素原子的内层电子,被逐出的电子为光电子,同时轨道上形成空穴,原子处于不稳定状态。此时,外层高能级的电子自发向内层跃迁填补空位,使原子恢复到稳定的低能态,同时辐射出具有该元素特征的二次 X 射线,也就是特征荧光 X 射线。

根据荧光 X 射线的波长(能量)和强度对被测样品中元素进行定性和定量分析,以计数率(即荧光强度)为纵坐标,以脉冲幅度(即通道号)或 X 光子能量为横坐标,得到能量色散型仪器的荧光光谱图。通过该谱图的解析就可以得到岩石的主要元素(脉冲计数)及化学物组成,从而可以进行较为准确的岩石定名,为地质师开展井下岩性识别、沉积相分析、储层评价、地层界线确定提供了定量化的曲线(图 4-22)。

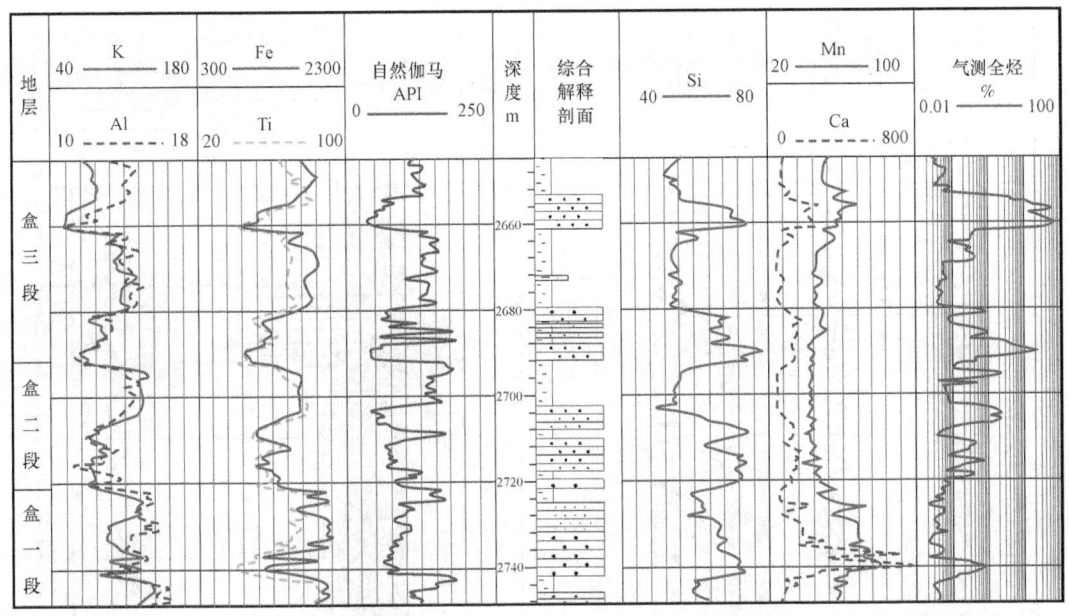

图 4-22 某井 XRF 录井成果图

X 射线荧光分析方法在地质矿产资源的勘探中已经有了近 50 年的应用历史。我国油气工作者 2007 年将该技术引入到石油录井中,建立了钻井岩屑 X 射线荧光录井技术流程,为录井岩性识别技术的突破奠定了基础。目前,该项技术在鄂尔多斯、塔里木、二连、渤海湾盆地的应用中取得了很好的效果,有效地解决了 PDC 钻头、气体钻井等钻井条件下的录井技术瓶颈问题,并且随着研究的深入,其在储层物性评价、沉积相研究等诸多方面的作用也初步展露。

(5) 实时同位素录井

实时同位素录井技术处于实时检测甲烷碳同位素阶段,对乙烷碳同位素、丙烷碳同位素、氢同位素仍处于现场测试阶段。实时甲烷碳同位素录井(以下简称实时同位素录井)在现场用于实时测量分析甲烷的稳定碳同位素 ^{13}C(6 质子,7 中子),一般用 $\delta^{13}C_1$ 或 $\delta^{13}C—CH_4$ 表示。实时同位素录井技术可以发现隐藏在烃类气体内、用常规色谱仪无法发现的信息。甲烷碳同位素的研究能对天然气研究和勘探提供大量的信息。甲烷碳同位素数值结合烃类气体,分析天然气类型、成熟度,帮助识别复杂油气藏;根据同位素数值变化的情况,分析潜山油气藏是否存在,为钻井过程中及时采取相应的技术措施提供依据。

实时同位素录井技术的工作原理分同位素测量和组分浓度测量两部分。实时甲烷同位素测量原理是:采用近红外吸收原理,不同质量的原子(或同位素)对红外光的吸收是有选择性的。^{12}C 和 ^{13}C 质量不同,故吸收不同波长的近红外光。实时组分浓度测量原理是:采用光腔衰荡(CRDS)原理,固定波长的激光脉冲波在充满烃类气体的光腔内会发生衰荡效应。

(6) 红外光谱分析录井

红外光谱分析录井技术的基本原理是:每种气体都有吸收自己对应频率红外光能量的性质,气体吸收红外光最强的频率被称作该气体的特征吸收频率。当一定波长的红外光通过被测气体时,气体在其吸收谱线处吸收红外光,在红外探测器上便可以检测出光强度的变化。根据朗伯—比尔(Lambert-Beer)定律可以得到气体的吸收情况,经吸收后剩余的光能用红外检测器进行检测。据此,可计算出待测气体质量浓度(图 4-23)。

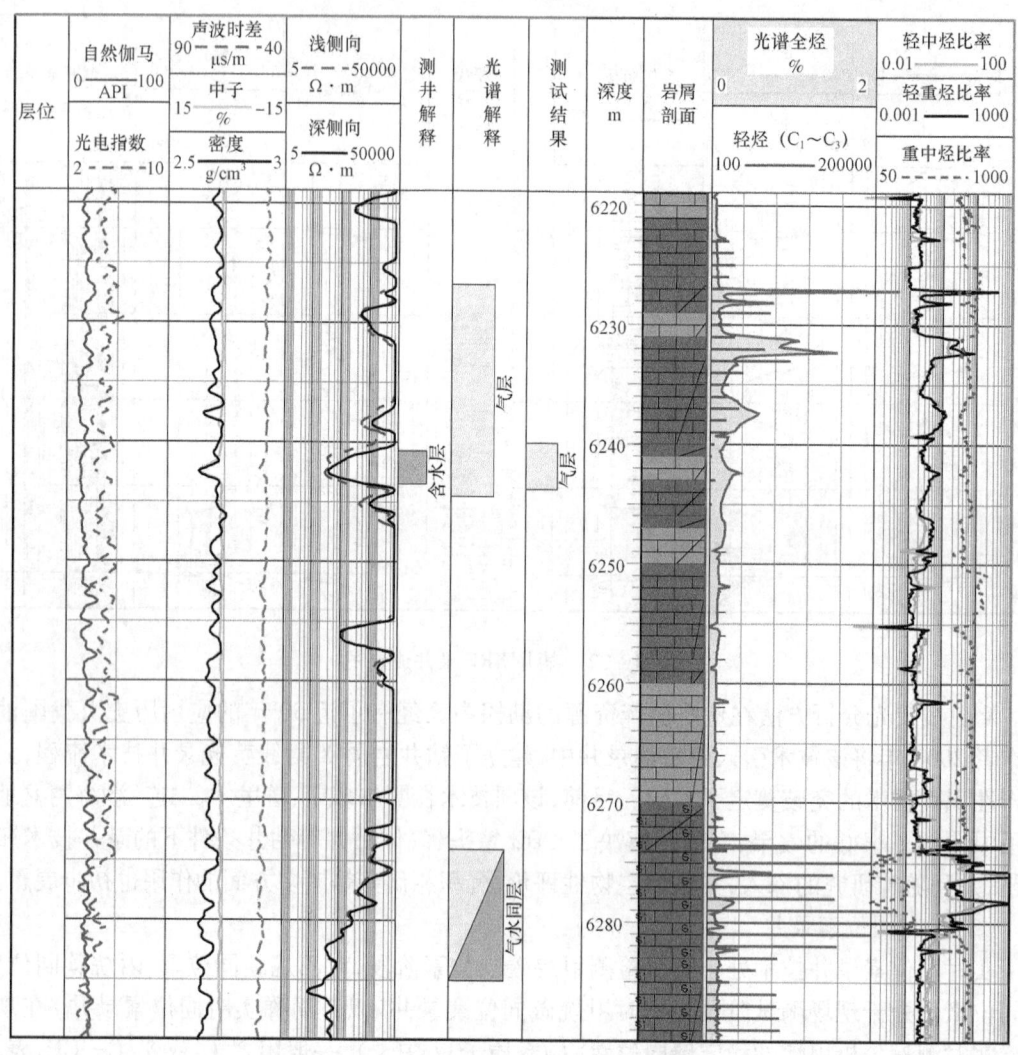

图 4-23　某井红外光谱分析录井综合图

典型的红外气体检测系统主要包括以下部分:红外辐射光源、气体检测腔体、滤光片、红外检测器以及数据处理电路,其中滤光片的透射波段由待测气体的特征吸收波长决定。目前常见的红外检测器主要有热释电检测器和热电堆检测器,通过加载不同波长的滤光片可以对不同的气体进行探测。

3. 录井技术新进展

由于综合录井技术具有随钻性、实时性、信息多样化和定量化的特点,目前已经成为探井录井技术的龙头。通过在钻台上、钻井液循环通道上、钻具等相关部位安装一定的采集工具,可以获得钻井工程信息(钻压、钻速、扭矩)、钻井液循环动态信息(出口和入口的钻井液排量、钻井液池的体积变化、立管压力、套管压力)、钻井液性质信息(电阻率、密度、温度)、气测信息和随钻测量信息等(自然伽马、声波、孔隙度、密度等)。录井新技术方法包括地化录井、罐装样轻烃录井、PK 录井、定量荧光等,均属实验室移植技术的推广应用,灵敏度高、定量化,获取的资料不仅用于发现和评价地层,还可用于生、储、盖的研究评价。

目前,国外大型石油公司(如斯伦贝谢公司)研制的综合录井仪,以其信息化、智能化、自

动化为特点,在油气钻探中发挥越来越重要的作用。综合录井在钻探中的作用主要表现在:

① 综合录井是钻探的信息中枢,通过它可以得到连续自动记录、种类齐全、定量化的各种信息。钻井作业中各种状态及钻遇地层的各种信息都汇集在录井提供的信息中,钻井工程需要按录井传送的信息不断地变动运行参数,以确保油气层的发现和安全快速钻进。钻井过程中,依据井下情况,要调整钻井液特性,其依据是录井提供的监测信息。至于中途测试或试油作业的层位和深度就更离不开录井信息。测井原本是检测钻开井身剖面地质性质的技术,但需要在起钻后作业,此时裸眼层面已受到钻井液污染,故常收集录井信息以使其解释可靠。综上所述,录井的信息中枢地位是不容置疑的。

② 综合录井可有效进行油气层钻达的预报。油气钻探的目的就是寻找油气层,人们总希望在钻遇油气层前有个预报,以便做好技术准备,取全取准油气层的诸多信息和化解可能发生的风险。而现代综合录井系统在检测泥砂岩剖面上的盖层技术比较成熟,在录井中,每个油气层的盖层都有明显信息特征。综合录井通过检测到的这些信息特征可实现"将要钻遇油气层"的预报。

③ 综合录井可以更好地提供钻遇地层含油气水情况。以前单独使用气测仪检测油气藏信息,其局限性在于它不能给钻井施工提供钻井风险征兆的信息,特别是井涌、井喷先兆信息。在这种条件下,钻井不得不采用更加"安全"的施工参数钻进,通常是井下钻井液的压力大于地层孔隙压力,限制了地层气体进入井筒,导致地面气显示微弱。这样气测仪就难以发挥检测油气的功能。在使用综合录井技术的条件下,录井不仅可以提供井涌信息,还可以检测盖层的钻遇,这样,钻井施工具有安全感。当钻开可能油气层 $1\sim2m$,综合录井就可提供可能钻到储油的渗透层信息。尽管还不能立即确定是否为油气层,但可以采取停止钻进转为地质循环的措施,等待井底钻井液返出地面井口,检测钻井液携带出来的气体和岩屑信息,判断新钻遇地层油气层或水层。

④ 综合录井可以有效化解钻探风险,保障钻井安全。在钻井施工中,往往有险情发生,为排除这些险情,及时提供相关信息极为重要。综合录井可提供这方面的信息,以便较早地采取措施排除风险,如井涌、井漏、钻具遇卡遇阻、掉落钻具、钻杆刺漏、钻头泥包等险情。

⑤ 综合录井仪可以最大限度地保护油气层,防止地层污染。地层污染主要源于钻井液密度过高或过低。发生较重的井漏将对油气层产生破坏性污染。不仅可能报废这口探井,还可能漏掉一个油田。有这样一口探井,在钻穿盖层后 $2m$,综合录井就发现了油气层存在,接着进行中途地层测试,获日产油 $400t$、气 $9\times10^4m^3$ 的高产油气流。完钻后综合录井撤出井场,改由钻杆进行完井测试,由于撤掉了综合录井信息监测系统,测试作业者不得不采用保守的钻井液参数作业,加大了钻井液密度造成井漏,测试一年没有见到油气。这口井花费数千万元得到一个"谜"——见油不出油,使得这个油田的发现推迟了一年多。

三、测井

测井是油田地质研究和油田开发工作必不可少的资料。测井工作不但要在探井中进行,更主要的是在生产井中进行,生产井主要依靠测井资料了解地下地质情况。

1. 测井的概念和作用

地球物理测井,简称测井,是指在钻孔内放置一定仪器,在井孔中利用测试仪器,根据物理和化学原理,间接获取井眼周围地层和井眼信息的测试过程。

与地震勘探相似,测井工作包括信息采集、处理和解释等过程。

测井作为井中地球物理勘探的主要方法,与地面地球物理勘探(重、磁、电勘探和地震勘探等)相比,具有自己的优势和特点。地面物探主要是用来进行盆地、区域或局部的构造分析,以寻找有利的油气聚集场所和局部圈闭为目标,在平面上覆盖面广、信息连续。而测井主要特点是垂向上提供数量大、信息连续的资料,为认识地下地层岩性、物性、含油性,评价产层岩性、物性、含油性、生产能力及固井质量、射孔质量、套管质量、井下作业效果等,分析研究沉积特征与沉积相模式,探测裂缝,确定地层异常压力,进行储量计算,检测钻井工程质量等提供依据。

2. 测井的类型

测井按物理方法分为电法测井、声波测井、放射性(核)测井、磁测井、温度(热)测井、化学测井等;按完井方式分为裸眼井测井和套管井测井;按勘探开采阶段分为勘探测井和开发测井,开发测井包括生产测井、工程测井和产层参数测井。

不同的测井仪器有不同的性能和作用,在某种地质和钻孔条件下,根据一定的地质或工程目的,采用多种有针对性的测井仪器组合起来进行测井,称为达到这种目的的测井系列。

油气田勘探开发中常用的测井方法有以下 12 种。

1) 视电阻率测井

视电阻率测井是在钻孔中采用布置在不同部位的供电电极和测量电极来测定岩石(包括其中的流体)电阻率的方法。这种测井方法的实质是利用不同岩石导电性能的差别,间接判断钻穿岩层的地质特性。

视电阻率测井过程是把测井仪下入井中,沿井身测定岩层电阻率的变化情况,将测量结果与岩心、岩屑等资料配合进行解释,可以较准确地划分地层界线并确定岩性。根据井下成对电极和不成对电极间的距离不同,可以组成两种类型的电极系——电位电极系和梯度电极系。

视电阻率测井曲线主要应用在以下两个方面:

① 划分岩层界面。在进行钻井地质剖面地质解释时,其他录井方法都不能准确地确定岩层界面,必须依靠电测井曲线来完成这项工作。

② 确定岩性。在搞清岩性和电性关系的基础上,利用视电阻率曲线可以判断岩层的岩性,划分油、气、水层。

2) 微电极测井

上述视电阻率测井在测量薄层时,曲线幅度没有明显的变化。这是因为上下邻层影响的结果。另外,井筒中的钻井液及井径的变化也影响了曲线的形状,使其不能较准确地划分薄层界线。

为了细分层,减少上下邻层、钻井液及井径对曲线的影响,改装了下井的电极系,使电极系靠井壁测量岩层电阻率。改装后的电极系最大特点是电极之间的距离大大缩小了(只有几厘米),由此得名为"微电极系测井"。

微电极测井主要是确定岩层界面和划分渗透性岩层:

① 确定岩层界面。由于它的电极距小,紧贴井壁进行测量,其结果消除了邻层屏蔽的影响,并减小了钻井液的影响,因此,岩层界面在曲线上反映得很清楚。利用微电极曲线,一般可划分出厚度为 20cm 的薄层。

② 划分渗透层。渗透性岩层的井壁上有滤饼存在,而非渗透岩层没有滤饼,但井壁与极板间有钻井液薄膜。钻井液薄膜与滤饼对微电极测井都有影响,但影响大小不一样,因此,可以根据微电极测井资料划分出渗透性岩层。

③ 确定地层岩性。在碎屑岩沉积剖面上，根据两条微电极曲线幅度差大小，可以定性判断岩层的渗透性好坏和泥质含量的多少。

3) 自然电位测井

自然电位测井就是测量自然电位随井深变化的数值，用以研究地下岩层性质的测井方法。在沉积岩地区，井内自然电位的产生是由于钻井液与地层水之间离子扩散与吸附电化学活动作用造成的。

在油气田勘探开发中，自然电位曲线主要应用于划分岩层界面和确定渗透性岩层。

4) 感应测井

感应测井是利用电磁感应原理来研究地层电导率的一种测井方法。前述的电阻率测井法都需要井内有导电的液体，使供电电极电流通过它进入地层，在井内形成直流电场，然后测量井轴上的电位分布，求出地层电阻率。这些方法只能用于导电性能好的钻井液中。为了获得地层的原始含油饱和度，需要在个别的井中使用油基钻井液，在这样的条件下，井内无导电性介质，就不能使用普通电阻率测井方法。感应测井就是为了解决测量油基钻井液电阻率的需要而产生的，它也能用于淡水钻井液的井中，在一定条件下，比普通电阻率测井法优越，受高阻临层影响小，对低电阻率地层反应灵敏。感应测井和普通电阻率测井一样记录的是一条随深度变化的视电导率曲线，也可同时记录出视电阻率变化曲线。

利用感应测井曲线可以确定地层的岩性和判断油气水层。

5) 侧向测井

当井剖面岩层的电阻率普遍很高或井内充满高矿化度钻井液时，用普通电极系很难划分岩层和确定岩层电阻率。因此，采用了带聚焦装置的电极系进行侧向测井。侧向测井电极系中除有主电极外，还有一对屏蔽电极，其作用是使从供电电极发出的电力线成水平层状流入地层，目的是减低钻井液、侵入带和上下围岩对测量结果的影响。侧向测井按附加电极的个数和电极之间相对距离又分为三侧向、七侧向、六侧向和微侧向测井等。

侧向测井视电阻率曲线的特点是对高电阻层具有对称性，最大值在地层中点，解释时只取最大值。可以近似以曲线突变点分层，对薄层分层能力比其他电阻测井要清晰得多。

如果用两条不同电极距的侧向测井曲线，由于其探测深度不同，受钻井液及侵入带电阻率、岩层电阻率影响不一样，根据两条曲线的幅度差可以划分渗透层和油、气、水层。油层、气层幅度差大，且显示正幅度差；水层幅度差小或显示负幅度差。

6) 介电常数测井

介电常数测井是利用岩石介电常数(ε)区分不同岩层的一组测井方法的统称，是使用特定天线测量地层介电常数的测井方法。它通过在井下发射电流频率为47MHz、200MHz的高频电磁波，然后测量电磁波在周围介质中的传播速度（或时间）和衰减率来实现探测任务。由于该测量结果主要取决于介质的介电常数，而水的介电常数又比石油及其他一些岩石矿石的介电常数高出一个数量级，且受矿化度的影响不大，因而是区分油水层的一种有效手段。

根据测量目的的不同，介电常数测井又分为幅度介电测井和相位介电测井。美国阿特拉斯公司双频介电测井就是利用该原理，可较准确划分油、气、水层。

7) 放射性测井

放射性测井又称核测井，是利用元素的核物理特性而进行工作的一种井中物探方法。其特点是：① 核性质一般不受温度、压力、化学性质等因素的影响，因而它能更本质地反映岩石的性质;②γ射线和中子流具有较强的穿透能力,它不仅能在裸眼井中使用,也能在下有套管的钻孔中应用,同时对干孔或有钻井液的孔中均可应用。目前常用的方法有:自然伽马法(γ)、伽马—伽马法(γ-γ)、中子—中子法(n-n)和中子—伽马法(n-γ)以及放射性同位素法等。

核测井即是在钻孔中测量放射性的方法,一般有两大类:中子测井与自然伽马测井。中子测井是用中子源向地层中发射连续的快中子流,这些中子与地层中的原子核碰撞而损失一部分能量,用探测器(计数器)测定这些能量用以计算地层的孔隙度并辨别其中流体性质。自然伽马测井是测量地层和流体中不稳定元素的自然放射性发出的伽马射线,用以判断岩石性质,特别是泥质和黏土岩。

核测井是一项关键的用于储层特征描述的地层评价技术,也是用于储层动态监视和三次采油工程的主要油藏管理技术。20世纪80年代到90年代早期,核测井技术取得重大进展,出现了多种仪器,如储层饱和度测井仪器、储层动态监测仪器等。其应用也有了可观的进展,如估算油气饱和度和求解岩性等。

现代核测井仪器利用独特的双探测器能谱系统记录碳—氧和双脉冲热中子衰减时间,测量时不用压井和取出油管,降低了风险,减少了产量损失,大大降低了碳—氧测量成本;先进的解释技术结合碳—氧元素的测量精度,在不影响最终结果的前提下减少了数据采集时间;在产液及关井情况下均可测量,有效地监测产层。

核测井使人们改善了对各种复杂储层和动态生产环境的了解,为更好地评价储层奠定了基础,主要表现在以下三个方面:

① 在裸眼井和套管井中测量流体饱和度和孔隙度,在各种矿化度条件下探测油气,区分油气。

② 在储层监测与管理期间,监测流体界面,确定生产/注入剖面,测量三相持率,评价与管理增产处理项目。

③ 因为注水等增产措施日益普及,导致地层水矿化度变低、易变或未知。在这种情况下,套管井核测井可以有效地探测剩余油的分布,确定剩余油饱和度,因而在油藏管理中变得越来越重要。

8) 声波时差测井

声波时差测井也叫声速测井,是利用不同的岩石和流体对声波传播速度不同的特性进行的一种测井方法。通过在井中放置发射探头和接收探头,记录声波从发射探头经地层传播到接收探头的时间差值。利用声波时差测井曲线可以求出储层的孔隙度,相应地辨别岩性,特别是易于识别含气的储层和识别划分裂缝性渗透层。

关于声波测井方法很多,利用声波在岩石中的传播速度、幅度和反射特性研究钻井剖面的方法称为声波测井。由于通常使用的声波频率约为 2×10^4 Hz,故又称超声波测井。目前常用的方法有以下三种:一是按声波速度研究岩石性质的声波速度测井,二是按声波幅度的衰减反映岩性的声波幅度测井,三是利用声波在孔壁上的反射特性研究孔壁结构情况的声波电视测井。

9) 井径测井

井径测井仪是用来测量钻孔直径的,在未下套管的井中可以测量井径不规则程度,提供下套管固井施工所需要的水泥用量参数;还可根据钻孔的不规则形态,分析判断地下岩层的岩性和裂缝的发育程度及方向。在套管受损坏的井中,可以测量套管损坏的位置和变形情况。

10) 地层倾角测井

地层倾角测井也称地层产状测井,是在钻孔中放置三臂式或四臂式地层倾角仪,测量地层倾斜方向和倾斜角度的方法。根据测得的数据,可以研究地质构造与沉积环境,从而追踪地下油气的分布情况。

目前地层倾角测井技术发展很快,测量精度也越来越高,主要表现在测点密度加大、分辨层厚度越来越薄、连续测量的参数增多和应用计算机处理资料等特点。使得地层倾角测井能够识别出更多的沉积构造现象,如在地层倾角的矢量图上可以识别断层、河道、沙坝、不整合、大型交错层理、前积层、水流方向、水动力环境等各种沉积现象。

11) 生产测井

生产测井是指油田在开发过程中的测井项目和油井工程测井的总和,主要包括注入剖面测井、产液剖面测井、工程测井以及地层参数测井等。

注入剖面测井和产液剖面测井为地质分析提供丰富的动态资料,对油、水井动态异常进行诊断,确定油、水井生产状态,对开发区域进行系统监测,研究各开发层系动用状况和水淹状况,以便采取综合调整措施,同时检查各种措施效果,以达到增产的目的。

工程测井主要检查井身状况,油田开发进入中、后期,由于种种增油、增注措施,使井与井、层与层之间压力不平衡,加剧了地质构造活动、泥岩膨胀、电化学腐蚀等作用,使油、水井状况变得越来越复杂,套管损坏情况也逐年增加,开展油、水井井身状况检测,有利于预防躺井、预测油水井井身状况,为油田工程技术人员提供采取措施的依据。

地层参数测井是为了研究在套管井中直接寻找油层、评价储油层的物理性质,监测石油产量,观察油层动态,确定储油层的含油饱和度和检查油层改造措施的效果。

12) 温度测井

温度测井又称热测井或井温测井,可以进行地温梯度的测量;可以在产液井中寻找产液的井段,在注入井中寻找注入的井段;对热力采油井,可以通过邻井的井温测量检查注蒸气的效果;可以评价压裂酸化施工的效果等。

井内温度测量可以解决地热勘探中测量岩层的温度、地温梯度、井内温度等问题。对于钻孔漏失,井温测量可以确定漏失位置。温度测井可以使用多种类型的温度传感器,将其下入井中,沿井深测得温度分布情况,用以分析判断井内漏、涌情况。

3. 测井技术新进展

作为油气勘探的重要手段之一,测井技术具有分辨率高、连续性强、节约成本等优势。随着油气勘探开发向着更深更复杂储层的推进,常规测井技术逐渐难以满足当前地层评价的需求。对此,越来越多的石油公司和服务公司致力于改进、提升测井探测和评价能力。经过近年不懈地研发和试验,成像测井、核磁共振测井、地层测试及油藏监测等领域已取得显著进展。

电缆测井技术包括:新型高分辨率岩性扫描成像测井 Litho Scanner;新型多分量多阵列感应测井仪 MCI;新型高分辨率油基钻井液微电阻率成像测井仪 Quanta Geo。

随钻测井技术包括:多层位地层边界探测技术 PeriScope HD;油藏随钻成图技术 GeoSphere;新一代 MWD 小井眼随钻测量仪 DigiScope;随钻近钻头自然伽马成像测井技术。

地层测试与采样技术包括:新一代 MWD 小井眼随钻测量仪 DigiScope;三维流体测试与采样技术 Saturn 3D;地层流体采样系统 RCX Sentinel。

光纤监测技术包括:光纤分布式温度测量(DTS);光纤分布式声波测量(DAS);光纤分布

式应变测量(DSS)。

测井技术的发展非常迅速,在经历了模拟测井、数字测井、数控测井、成像测井的巨大飞跃之后,已经开始由传统方法向多样性、先进性的信息测井发展。归纳起来,主要表现在五个方面:

一是测井地面系统向重量轻、成本低、功能强的方向发展。斯伦贝谢公司于20世纪90年代初推出的MAXIS Express系统,只需要一名工程师和技术操作员。阿特拉斯公司也推出了类似的地面系统(S-22B)。

二是电阻率测井开始由裸眼井电阻率测井向过金属套管测井方向迈进。由斯伦贝谢公司新近推出的一种微电阻率测井仪隔着金属套管,可以准确确定冲洗带电阻率和可动油饱和度。

三是声波测井发展异常迅速。横波声波测井仪已经诞生,渗透率测井仪、声波地层倾角测井仪也将很快问世。

四是核测井和核磁测井技术正突飞猛进。新型的能谱密度、中子和自然伽马组合测井可以对密度和自然伽马测量进行全谱分析,而以前的仪器只能进行窗口处理。三探测器高分辨率岩性测井仪、套管井脉冲中子俘获测井仪、次生伽马能谱测井仪、核磁共振成像测井仪的问世,为准确进行储层评价提供了新的手段。

五是成像测井技术的发展。目前所具有的声波成像、井下电视、电阻率成像测井已经被广泛地应用于确定地层倾角、探测裂缝、定量评价薄层、确定孔洞位置。高分辨率成像测井为地层解释、储层评价提供了更为直观和更加逼真的资料。

四、地层测试与试油

地层测试与试油是对有油气显示的可能油层进行产油气能力、流体性质和油气层特征的测定与试验,该工作是油气勘探中及时、准确、直接地评价油气层的关键环节。

视频4-9 地层测试与试油技术

1. 地层测试与试油的概念和作用

在油气田勘探过程中,应用钻井方法钻穿油、气层后,通过地质录井及地球物理测井取得各种地质和地球物理资料,这些资料能直接或间接地指示油、气层的层位。但在发现油、气层后,如何定量了解油气层内流体特征,为油气田开发和开采提供可靠的科学依据,就需要测试油气层产量、压力、产液性质、地层渗透率、流体样品等资料,这就是试油。如果测试时间长些,还需要探测油气藏边界,这就是地层测试。通过对这些资料的综合分析,可以确定油气层的产量(油气水产量)、压力(静压、流压)、产能、有效渗透率、表皮系数、串流系数等。

探井地层测试与试油的重要性至少体现在两个方面。第一,它是发现或者证实油气藏存在与否、能否获得油气流的最后"确诊"。试油工作做得好,可以及时发现油气田,实现找油找气的根本目标;但是若试油工作做得不好,就可能推迟油气田发现的进程,甚至与它失之交臂。第二,它是取得油气藏、油气层基本地质资料的重要手段。如原始地层压力、油井初期产能、原始油气性质等,这些参数直接反映了油藏的原始特征,是认识和评价油气藏、进行油藏开发设计的基本依据,油藏投入开发以后是无法录取到的。

地层测试和试油取得的数据主要包括:

① 日产油、气、水量,即在合理的生产压差下油层稳定的(例如连续生产3~7d)日产液量、日产气量、含水率,并可据此计算日产油量与生产气油比。

② 油气水性质参数,包括油分析数据(如相对密度、黏度、凝点、含水率、含盐量、含碱量、初馏点、馏分等)、天然气分析数据(包括相对密度、组分及百分含量、临界温度与压力等)、地层水分析数据(包括相对密度、pH值、各种离子的含量、总矿化度、水型)。

③ 原始地层压力与油层渗透率资料。在取得稳定的产量资料之后,通过关井测取油层压力恢复曲线,对原始地层压力、油层完善系数、油层有效渗透率做出解释。

④ 高压物性油气水分析数据。一般在取得压力恢复曲线后,通过控制生产压差开井,在很小的生产压差下进行生产,同时下入井底取样器,取得油层中部油气的高压物性分析样品,以求得地层条件下原油密度与黏度、原始饱和压力、原始溶解气油比、原油体积系数、原油压缩系数等高压物性参数。

2. 中途测试与完井试油

根据作业环境和测试条件,地层测试与试油工作可以分为中途测试和完井试油两类。

1) 中途测试

中途测试是指探井钻井过程中,钻遇油气层或发现重要油气显示时,中途停钻并下入专门的地层测试器,采用钻杆作为油气流出地面的通道,在裸眼条件下对可能的油气层进行测试,因此又称为钻柱测试。中途测试在裸眼井中进行,在油气层被钻井液浸泡时间不长、油层受损害不大的情况下,迅速进行测试,取得一系列重要地层参数,对油气层进行初步评价。若测试结果无工业价值,可以不下套管继续钻井,寻找下部的油气层。与完井试油方法相比,中途测试具有减少排液时间、缩短施工周期、提高试油速度、降低试油成本和劳动强度的优点,可以尽早发现油气田和指导完井,节约勘探费用。缺点是不能进行油层的改造(酸化、压裂等),特别是在钻井过程中油层污染严重的情况下,中途测试结果可能不准确;另外,中途测试也受地层条件限制,只能在岩性较致密、井壁较规则、地层不垮塌、井身状况较好的条件下进行。

2) 完井试油

完井试油是在发现或者钻穿油气层以后,进行下套管、油管和固井等完井措施,然后射开目的层,利用油管作为油气流出地面的通道,在套管井中完成的试油工作。一般的探井和开发生产井均可采用这种试油方式。

完井试油的优点在于:第一,完井后井内有油层套管,井壁坚固、井眼规则、分隔器坐封紧密,多个油层之间不窜不漏,测试的准确性较高;第二,可以实施酸化、压裂等油层改造措施,以解除或减小油层污染,从而提高了试油作业的成功率。但是,完井试油也有缺点。在完井过程中,由于延长了钻井液对油层的浸泡时间,固井也可能导致油层的进一步污染;另外探井完井后,如果要急需钻探就比较困难。

3. 地层测试与试油主要方法

由于地层测试是评价油层最重要的方法之一,世界各产油大国都把地层测试方法作为一项重要技术加以研究,不仅在测试工具方面,而且在资料处理方面发展很快。

目前,常用的地层测试方法主要有以下三种。

1) 电缆地层测试

在钻井过程中发现油气显示后,用电缆下入地层测试器可以取得地层中流体的样品和测量地层压力,称为电缆地层测试。这种测试方法比较简单,可以多次重复地进行。

2) 钻柱地层测试

钻柱地层测试是以钻柱做地层流体流到地面的导管,主要测试地层流体的类型和地层的潜在产能。钻柱测试按不同类型的井可分为裸眼井测试和套管井测试;按测试方式可分常规测试和跨隔测试。常规测试是最简单的一种,封隔器下部只有一个测试层;跨隔测试是一口井有多层的情况下对其中的某一层进行测试,因此,必须有两个或两组封隔器将测试层上部和下部都隔开。

国内使用钻柱地层测试的工具主要有三种类型,分别是多流测试器、压力控制测试器、模块式地层动态测试器。

多流测试器(MFE)是目前应用最广的一种测试器,适用裸眼井和套管井,不适用于海上井和斜井的测试。它利用一整套井下开关工具,通过上提、下放来控制井下管柱的各种阀门,操作简便灵活,压力变化在地面显示清晰,记录的压力参数卡片为评价油藏特征提供了重要依据。

压力控制测试器(PCT)是为海上钻井和斜井测试设计的,属于海洋井测试系统。PCT工具由测试阀、液压标准工具、多次反循环阀、单次反循环阀、双球取样安全阀等组成。当封隔器坐封后,在测试管柱不动的情况下,由环形空间压力控制井下测试阀,实现开关井操作,达到地层测试目的。

模块式地层动态测试器(MDT)是斯伦贝谢公司开发的第三代地层测试工具,通过压力剖面、光学流体分析、取样,可以较为准确地识别流体类型,确定油水界面和油藏类型,确定油藏流体特性。

钻柱地层测试可确定井底压力与产量之间的基本关系,然后将压力、产量资料进行处理,最后对油层进行评价。

3) 随钻地层测试

在钻井过程中,地层压力测试器用于沿井眼测量地层压力。利用测量的地层压力数据,能够得到关于地层流体类型、流体界面深度和地层连通性等信息。

虽然电缆地层测试已经是一项成熟的技术,但为了更准确地测量地层压力并能够在钻井期间利用地层压力数据来优化钻井作业,多年来,人们一直寻求在钻井期间记录地层压力的设备,哈里伯顿和贝克休斯公司于2003年推出了各自的随钻地层测试器GeoTAP和TesTrak。

随钻地层测试器的推出,完善了随钻测井系列,使其和电缆测井一样,在提供全套的电测井、核测井、声测井、核磁测井的同时,可以提供地层压力测试数据。

随钻测量地层压力有很多优点。第一,由于地层暴露于钻井液的时间更短,受钻井液滤液侵入的影响较小,所以测量精度更高。第二,由于节省钻机时间,特别是在大斜度井和水平井中,所以优化了钻井作业。第三,潜在的用途还包括:早期探测高压层;基于压力的井眼导向;确定压力梯度及流体界面;实时调整钻井液相对密度和有效循环密度以优化钻井,有效地增加机械钻速,并更加安全地钻入高压层段;优化下套管和完井过程;早期识别油气层等。

4. 地层测试与试油技术新进展

早期的测试技术是与完井作业联系在一起的,测试手段相当简单,无非是完井测压、替喷、抽汲、提捞等,由于测试装备较落后,很影响取得评价油气层资料的时间和资料的准确性,且测试效率低。

美国在1961年研制出第一台多流测试器(MFE),该测试器只要简单地上下运动就可打开或关闭测试阀,并能在井下取得未经污染的流体样品,还能进行多次流动与关井测试。70年代又研制出用于海洋钻井和斜井的压力控制测试装置(PCT)。80年代又研制出遥控测试系统,使地层测试方法出现了飞跃,操作者能直接读出流量、液体类型、压力与其他测试数据,同时还能监控和描述测试曲线。在资料处理方面,利用计算机进行多种方法的处理和各种模拟试验,使油层评价工作既准确又迅速。在钻柱测试发展的同时,国外又出现电缆式地层测试器,例如斯伦贝谢公司目前采用一种功能比较强的重复式电缆地层测试器(RFT),一次下井可以进行多次压力测量,并可取得两个流体样品。

发展新的试油工艺技术是油田面临的新课题。20世纪90年代初,试油工艺随着油田的稳步发展和生产的需要逐渐发展起来,各种新工艺、新技术不断试验成功,地层测试工具引进投产和推广应用,给保护油层、解放油层、改造油层和认识油层提供了科学手段,从而使试油质量、试油速度和试油效果有了显著提高。

钻杆测试技术(DST)和过油管射孔技术的出现,是测试工作中一项划时代的标志。由于它能够在钻井过程中,对刚钻遇的油气显示层立即进行测试评价,从而最大限度地减轻了钻井液对油气层的伤害,是快速、经济、准确的一项关键技术。而且测试资料经数字处理后很直观。根据地层测试资料还可推算油水界面位置,对早期估算油气藏储量是一项重要资料。过油管射孔技术可在完井阶段不需压井进行作业。由于射孔时油管已下到预定油气层的深度不需重钻井液压井,既保护油气层又可及时得到测试结果,大大提高测试的速度。

目前,地层测试器正以地层测试为中心,以仪器的机电一体化和自动化为发展目标。实现一次下井可多次对射孔段地层分别进行密封和测量,利用地层渗流理论即可直接测量出该段地层渗透率、污染系数、地层静止压力、地层流体密度、采液指数、气油水两相界面,完成一口井各分层段动态特性测试任务。

随着勘探开发水平的不断提高,各种特殊类型的油藏层出不穷,市场急需一系列适合不同类型油藏、不同油层地质特征的地层测试与试油技术,为油田扩大勘探、寻找新的地质储量提供有效手段。为此,多种类型的探井试油技术应运而生,这些地层测试与试油新技术如下:

① 电子压力计试井技术。电子压力计具有高精度、高分辨率和高稳定性的优越性,克服了试油测试中机械压力计测量精度低、分辨率低、测试时间短及后续资料处理繁琐等弊端,在生产中显示出了不可替代的作用。这项试井技术可在油藏勘探过程中确定和计算油井产能、流动系数和渗透率,油井附近地层污染或改善情况,泄油区的形状、大小和泄油区孔隙连通体积,油藏的外边界,井间连通情况以及测试范围内的储容比,动态控制储量等,从而为油藏地质特征研究和油藏工程评价提供准确、丰富的第一手资料数据。其试井技术有地面直读和井下存储两种测试类型。

② 电缆桥塞封闭试井技术。20世纪90年代中期从美国贝克和吉尔哈特公司引进的新技术,目前已在海上和陆地油田的试油作业中得到普遍应用。它是用电缆将桥塞下入井中,通过电点火、爆燃、坐封和丢手来完成对下部层位的封堵,因而具有施工简单、成功率高、费用低、节省时间、降低劳动强度等优点,比较成功地解决了漏失层、高压层、薄夹层等地层条件下的施工技术问题。

除此以外,近年来我国石油工作者又发展了深层、超深层油气藏的试油技术,潜山灰岩油藏试油技术,特殊岩性的试油技术,稠油出砂地层试油技术和低渗透油层试油技术等。

五、油气层改造

在油田开发中,为了提高产量和采收率,不断改善油田开发效果,针对现阶段的科学水平,一方面采用注水、注气(包括CO_2、N_2)、注蒸气和注聚合物改善驱油效率,增加地层能量;另一方面则重新改善已开采储油气层结构,提高油层物性(孔隙度、渗透率、饱和度),改善流体的流变性能。在改造油气层结构的过程中,油气层的压裂和酸化处理(解堵)工艺,是一种极为重要的手段。

1. 压裂技术

油气层压裂是指针对低孔、低渗油气层产量低的特点，在井场上采用一定的高压设备和措施，增加地层压力，使储集油气的地层产生更大裂缝或孔隙，从而达到增加油气产量目的的一种油气层改造技术。

油气层压裂技术是深层油气开发中油气层改造的关键技术，低渗油气层大多需要压裂改造后才能达到工业油气流。许多原来不产或低产油气流井，通过实施人工压裂技术后，可以使深度超过3000m、温度达170℃的地下特殊油气储层出现缝隙和通道，形成相应强度的支撑，产出工业油气流。如大庆油田通过对徐深1井、卫深5井的火山岩储层实施压裂改造后，分别获得日产天然气无阻流量 $118 \times 10^4 m^3$ 和 $102 \times 10^4 m^3$，使低孔、低渗、低产的火山岩产出了高产工业气流，压裂获得圆满成功。

很多非常规油气储层（如页岩、致密砂岩、煤层等）本身储层物性就很差，大规模的水力压裂成为这类油气资源勘探开发的必要手段。目前水平井的多级分隔器分段压裂技术以及致密储层的大规模体积压裂发展十分迅速。目前，多级压裂技术可以改造水平井段一般可以达到 1000~2000m，分段可达20段以上。体积压裂技术，它应用分段多簇射孔技术和裂缝转向技术，采用较大的液体用量和施工排量，通过水力压裂对储层实施改造，在形成一条或者多条主裂缝的同时，在主裂缝的侧向强制形成次生裂缝，并在次生裂缝上继续分支形成二级次生裂缝，形成天然裂缝与人工裂缝相互交错的裂缝网络。实现对天然裂缝、岩石层理的大规模沟通，从而将可以进行渗流的有效储层打碎，实现长、宽、高三维方向的全面改造，增大渗流面积及导流能力，提高初始产量和最终采收率。对于压裂效果的评价，往往采用微地震监测技术。

水力压裂是改造低压、低渗油气层的主要措施，其中所使用的压裂液是油气层压裂改造的"血液"，是决定油气层压裂改造效果好坏的主要因素。目前，国内外常用的压裂液有水基冻胶压裂液、油基冻胶压裂液、泡沫压裂液和乳化压裂液四大类。其中水基冻胶压裂液应用最为广泛，占压裂液的85%左右；油基冻胶压裂液主要应用于水敏性油气层，但由于其对压裂施工时防火安全要求较高，所以应用范围不如水基冻胶压裂液广泛，只占压裂液的10%左右；泡沫压裂液应用于低压油气层，特别是低压层效果较好，但由于它只适用于较浅的油气层，而且存在着现场施工需要大量液氮设备的问题，其应用受到限制，只占压裂液的5%左右；乳化压裂液由于其摩阻比油基冻胶压裂液高，压裂效果又比油基冻胶压裂液差，所以其应用范围不如前三种广泛。

2. 酸化技术

油气层酸化是指针对特殊岩性的低孔、低渗、低产油气层的特点，在井场上通过向储层内注入一定的酸性液体（盐酸或者土酸），使储集物性得到改善，从而达到增加油气产量目的的一种油气层改造技术。近年来，国外油田生产实践表明，用 CO_2 和用胶凝转向酸分别对含油气的砂岩层和碳酸盐岩层进行酸化处理是最有意义的。

在对砂岩层进行酸化之前，预先注入 CO_2 有利于解决常规酸化产生的一系列问题，诸如产出液中含水量增加，井底附近地带被污染和破乳过程中由于残余酸进入破乳设备而常常产生的诸多麻烦等。注入 CO_2 可以防止地下原油与不溶于残酸中沉淀于岩层孔隙中的杂质（以泥岩和长石微粒为主）相互作用。因此，可以排除由岩层中所产生的难以溶蚀的污染物会引起井底附近地层渗透性变差的情况，从而改善岩层渗透性能。注入 CO_2 的量必须足以使剩余油从受酸化作用的产油气带中完全驱替出来。

在墨西哥湾不同油田或相同油田不同区块的油气井中,通过注入 CO_2 和不同酸液处理后,最好的井原油日产量从原来 140t 增加到 383t,伴生气日产量也增加了一倍多,原油含水率从 13% 降至 0,井口压力大大升高。各项指标明显得以改善,增产效果十分显著,且增产持续期大大地延长。但必须指出,该酸化方法只是对井底附近地带被污染的井适用。

胶凝转向酸是近年来国外对碳酸盐岩油气层进行处理的一类酸液。这种能自动转向的酸液系统是由酸和高活性表面活性剂组成的。这种混合液首先与碳酸盐岩层的高渗透带起作用,然后剩余部分流向渗透性低的或者污染较严重的地带继续起作用。这可保证整个产油气层段较均匀地得以处理。这种自动转向的特征,对渗透性变化范围大的碳酸盐岩产油气层来说,可以得到非常好的酸化处理效果。

油气层酸化技术以其施工简单、成本低廉等特点,已成为目前低孔渗油田近井地带解堵和地层深部改造的主要增产措施。长庆油田地处鄂尔多斯盆地,属典型的低渗、低压、低产油气藏,其渗透率之低在世界上罕见。为了把地下有限的油气资源开采出来,长庆油田在世界上还没有低渗透开采成熟技术的情况下,根据各个油气田的地质状况,先后采取了压裂、酸化等储层改造技术,使低渗油气田的高效开发成为现实。

第三节 实验室油气分析测试技术

实验室油气分析测试技术是油气系统工程的重要组成部分,与地质调查技术、井筒技术所不同的是,它是以实验室仪器设备、测试工具、模拟装置为手段,对油气勘探过程中所采集的岩石、沥青、油气水等样品进行直接分析,这些分析数据可为地质研究提供资料。

随着仪器仪表工业的发展,新仪器的不断涌现,同时伴随计算机技术广泛应用,石油地质实验室测试分析有了飞跃发展,为油气勘探提供了越来越多的研究手段。目前,国际上石油地质实验测试仪器正向自动化、计算机化和多机联机(显微镜、计算机图像处理)方向发展。为了适应油气勘探开发的需要,近年来世界上相继提出并发展了一系列新的分析测试技术,主要集中在有机地球化学、沉积储层、地层学研究等领域。

一、地层学测试分析

地层学是地质勘探工作的基础,由于常规的古生物地层学对地层的划分与对比存在一定局限性,近年来一些非常规的地层学测试及研究方法相继出现,并取得了迅速发展,主要表现在磁性地层学、同位素地层学两个主要方面。

1. 磁性地层学分析

磁性地层学的研究主要是通过采集样品送实验室进行退磁处理之后,再利用原生剩余磁性的方向进行数据处理、换算,得出研究岩石剩余磁性的极性,平均剩余磁方向以及所在地质时期的古地磁极位置与产地所处的古纬度;还可以利用原生剩余磁性的强度数据经过换算得出当时的地球磁场强度。因此,它主要是依据岩石层序中的磁学属性所建立的极性单位,来进行地层层序划分与对比。与生物地层学相比,它可以在不同地区、不同沉积相地层中进行对比。

2. 同位素地层学分析

同位素地层学分析实际上包括了同位素地质年代学和稳定同位素地层学两个主要方面。同位素地质年代学的理论依据是,当岩石或矿物在某次地质事件中形成时,放射性同位素以一定的形式进入岩石、矿物内,之后不断地衰减,放射成因的稳定子体含量随之逐渐增加。因此,只要体系中母体和子体的原子数变化是放射性衰变形成的,那么通过准确测定岩石、矿物中母体和子体的含量,就可以根据放射性衰变定律计算出该岩石、矿物的地质年龄(同位素年龄)。而稳定同位素地层学则是利用稳定同位素组成在地层中的变化特征进行地层的划分和对比,确定地层的相对时代,探讨地质历史中发生的重大事件。目前,稳定同位素地层学分析主要集中在氧同位素和碳同位素两个方面。

3. 热释光(TL)年代测定

现有的年代测定技术没有一项能既适用于第四纪海相沉积物,又适用于第四纪陆相沉积物。为测定近百万年内的年代而发展起来的各项技术都受到它们所适用的材料和时间范围的限制。解决这一困难的办法是发展一项能适用于沉积物矿物组分,从而得出沉积时间的方法。

热释光(TL)年代测定极可能满足这一要求,实际上,它提供了至少测定最近 10~5(某种情况下可能为 10~6 年)的年代测定手段。热释光技术是在最近 15 年内为测定考古地点的陶器年代而发展起来的。把它应用于沉积物时,基本原理是相同的,但有一个重要的差别。在陶器方面,焙烧时矿物受到加热,从而除去了它们在先前地质时期得到的热释光信息;至于沉积物,在沉积时期并无加热作用。这一基本差别对所用的实验技术有重要的影响。沉积物的热释光年代测定是现有技术的延伸,既不像氨基酸测年那样受到环境变化的影响,也不像放射性碳和铀系测年那样受到半衰期的限制。因此,热释光技术对于测定沉积物年代有着巨大的潜力。

二、岩矿测试分析

岩矿测试分析是在矿物岩石样品的预处理基础上,利用光、电、声、热、磁、重等技术方法来获得其性质与特征的技术。岩矿测试分析的内容主要包括岩石类型、矿物组成、结构与构造等。

1. 直观观察法

最为古老的岩矿测试分析是通过肉眼或者利用显微镜观察矿物岩石的组成和结构。尽管各种新的技术手段不断发展起来,但该方法依然是最基本的手段之一。

2. 湿化学法

20 世纪 80 年代之前,较为广泛使用的岩矿测试分析以湿化学法为主。该方法利用酸碱来溶解样品,通过加入各类化学试剂构成不同的化学反应(例如氧化还原反应、酸碱反应等),进而分析不同样品的元素含量。

3. 物理测试法

物理测试法是以晶体化学、晶体物理学和量子力学为基础理论,并同射频波谱学、结晶学和矿物学相互渗透、相互结合而确立起来的。其中包括 X 射线谱、电子谱、紫外光电子谱、热发光谱、红外光谱、拉曼谱、激光拉曼谱、质谱、核磁共振谱和顺磁共振谱等大型仪器及技术。用以深入测试与研究晶体超显微、超 X 射线之微结构,晶体的位错、出溶、晶畴和反相,晶体的有序无序,晶体的择优取向,晶体晶介分布规律等一系列微结构与微形貌现象(祖振杰等,1994)。X 射线荧光(XRF)光谱是一种广泛应用的多元素分析技术,特别在地球化学勘探和填图中贡献巨大。因可担当大规模的主、次量组分分析,精准快速且环保洁净,很多实验室已经逐渐用 XRF 代替传统手工操作的全分析流程。而全反射(HRF)是近年来发展出的一种仅需极微量样品的超痕量分析技术,检出限极低,对稀少、罕见样品分析有重要价值(尹明,2009)。近两年主要采用穆斯堡尔谱仪,可确定矿物形态、离子占位等,适用于对非晶态矿物、细晶体矿物的研究。该技术的引进和使用,使我国很快具备了高纯度选矿的能力。

4. 化学分析法

由于矿产资源的探索已从地表转至深部,从陆地转至海洋和天体,地质学家将注意力转向环境地质等诸多领域,这就使岩矿分析技术发生重大变革。采用化学分析仪器来进行岩矿测试分析盛行起来。化学分析仪器包括光学法中的分光光度计法、比色比浊法、荧光测定法、原子吸收光谱法、发射光谱法、电子探针和离子探针法;核技术法中包括中子活化分析技术、辐射测量技术、丁射线光谱法、X射线荧光测定法等;色谱法包括气相、液相、热解色谱法等;此外还有电化学法和热分析法(刘嘉,2016)。

三、烃源岩测试分析

烃源岩分析测试是目前地质实验分析技术最活跃的领域,具代表性的前沿技术主要包括以下五项。

1. 岩石超临界抽提技术

传统的抽提方法都是用液态氯仿进行抽提,研究表明,这种方法对可溶有机质抽提很不完全。近年来,开发采用超临界方法抽提,选用一种抽提物并将其加热到液态至气态的临界状态,这种高密度流的气态物质具有很强的抽提能力,尤其对于煤和碳酸盐岩等吸附性强的烃源岩,可以明显改善抽提效果。

2. 有机岩石学分析测试技术

采用全岩光薄片新技术可以将烃源岩不经过干酪根处理直接磨成光薄片,同时在显微镜下进行透射光、反射光、荧光分析和鉴定以及确定烃源岩中有机质显微组分丰度、类型及成熟度,为显微组分的生烃特征研究提供直观资料,是一项评价烃源岩的新手段和新方法。

3. 岩石热解分析技术

该技术最早由法国石油研究院提出,近年来发展很快,尤其经中国石油勘探开发研究院实验中心对岩石热解仪进行改造,大大扩展了其功能和研究价值。除了可以对烃源岩进行分析评价外,还能对储层进行含油气性和油气性质的评价。

4. 碳同位素分析测试技术

近年来应用于石油地球化学的碳同位素分析技术发展较快,在以往测总碳同位素的基础上,发展成为测单体的碳同位素,目前已能测正构烃、异构烃及环烷烃单体的碳同位素,对油气源对比和形成环境研究具有重要意义。

5. 显微红外分析技术

目前世界上把有机质显微组分观察与红外光谱测定结合起来,对干酪根显微组分的化学组成、结构研究更加深入,为各显微组分的生烃潜力评价提供了更有效的参数(王瑞等,2008)。

四、储盖层测试分析

较为成熟的储层测试分析技术包括油藏地球化学分析技术、包裹体分析技术、图像分析处理技术。对于天然气聚集成藏而言,盖层显得尤为重要,因此,出现了针对盖层的物性封闭、超压封闭和烃浓度封闭等不同机理的测试分析。

1. 油藏地球化学分析技术

由于地球化学与储层研究的紧密结合,开始形成一门新兴学科——储层地球化学。在勘探阶段经常利用储层地球化学分析技术开展两方面的研究。第一是储层次生孔隙分布预测。20世纪80年代末由Sudam等提出的有机、无机相互作用为主导的次生孔隙成因机制的研究,使得人们将源岩、储层和孔隙流体作为一个完整的成岩系统来研究储层孔隙演化的过程和规律，并可以根据地球化学趋势来预测次生孔隙发育带。第二是油藏注入史的研究。该技术以直接的地球化学标志来探讨烃类注入油藏空间的发育历史，解决仅仅依靠地质及地球物理资料无法解决的成藏机制和成藏史的研究问题。勘探家可以通过高密度采样分析，观察油样中原油的细微变化，认识烃类向储层集汇的成熟度差异和时间差异，用以研究油藏注入史（陈丽华，1999）。

2. 包裹体分析技术

包裹体分析除了可以利用均一法及冷冻法测定包裹体流体的形成温度、压力、盐度、密度、pH、Eh 值外，还可以开展包裹体成分测定、同位素组成，尤其是烃类（包括液体烃类）包裹体成分（卢焕章等，2000）。而流体包裹体记录了烃类流体和孔隙水的性质、组分、物化条件和地球动力学条件，对储集岩成岩矿物中流体包裹体进行类型、特征、丰度、组分等对比研究，对于了解盆地流体（烃类和水）的动力状况和相对时间，确定烃类运移的时间、深度及运移相态、方向和通道，为重建储层的孔隙演化史、油气运移史、构造运动史的研究提供最直接和最可靠的地质信息资料。

3. 图像分析处理技术

目前，国内外正大力发展图像处理技术，以研究储层的微观孔隙结构及其非均质性，主要表现在以下三方面：① 荧光显微镜彩色图像处理，主要对储油气岩石中烃类发光颜色、含量、范围进行图像处理，并得到定量分析结果；② 扫描电镜能谱图像处理，对砂岩孔隙结构图像进行处理，得到孔隙结构的定量数据；③ 薄片图像处理。

4. 盖层分析测试

针对盖层的毛细管封闭机理，主要测定的是盖层岩样的微孔隙结构、盖层岩样粒度分布、盖层的突破压力等参数。

由于盖层的超压封闭主要表现为盖层样品具有异常高的孔隙度，因此通过盖层岩样的孔隙度及孔隙结构分析测定，可以初步判定盖层是否具备超压封闭。

压汞—吸附法联合测定盖层微孔隙结构分析技术，是目前应用的一种分析技术。该方法可直接得到 0.75~14000nm 范围内的孔径分布直方图，从而对样品中优势孔径分布特征有一个直观、清晰的认识。同时，通过该方法得到了一条完整的毛细管压力曲线，从该曲线的特征点所判读的突破压力更是直接反映盖层封盖能力的一个必不可少的参数。实验所获得的突破压力、气柱高度等参数，可直接用来评定盖层的好坏，成为盖层评价不可缺少的参数，已为大多数地质科研人员所接受和应用。该项分析除用于石油地质领域外，还可用于材料的孔隙结构研究等方面。

驱替法突破压力测定的原理就是将岩心饱和水（或煤油），在岩心中通入气体，不断增加气体的压力，直至岩心后气泡出现，此时的气体压力则为突破压力。该参数可以模拟地层条件下的突破压力，因此测得的参数更符合实际地质情况。

盖层的烃浓度封闭可以通过密闭取心岩样的烃含量测定和盖层岩样的扩散系数分析来确定。油气勘探实践表明，大多数油气田的盖层是以物性封闭为主，因此，盖层岩样的微孔隙结构分析是盖层研究和评价的主要测定方法。

常规物性分析是盖层评价最基本的手段，除常规物性分析外，还有地层条件下的孔隙率、渗透率模拟，为盖层研究和评价提供了新的参数。

五、流体测试分析

油气田勘探开发的主要对象是地层中的石油和天然气。由于石油和天然气总是与地层水相伴生,所以在开采油气的同时,总是要有一定的水产出。地层中流体(油、气、水)的物理化学性质的差异,反映了油气成因上的不同。研究者可以根据油、气、水物理化学性质的特征,判断油气的成因,进行油气源追索,指导油气勘探。也可以根据油、气、水物理化学性质的特征,分析判断油气在储层中的流态,采取合理的开发方案和开采措施,以达到高效快速开发油气的目的。

1. 原油的分析测试

原油的分析测试项目很多,常规的原油测试分析包括相对密度、黏度、凝点、含蜡量、含硫量以及原油的组分组成和馏分组成等。非常规原油测试分析包括原油中的碳、氢、氧、硫、氮的同位素分析、原油的全烃色谱分析、原油的生物标志化合物分析和石油中金属元素含量分析等(钱志浩,1994)。

2. 天然气的分析测试

天然气的分析测试与石油相比,相对简单。常规分析测试主要包括气体的相对密度、黏度、溶解性,烃类气体中甲烷、乙烷、丙烷、丁烷的含量,非烃气体中 CO_2、H_2S、CO、N_2、H_2 的含量。非常规分析测试项目包括碳、氢稳定同位素测定、汞蒸气含量测定和天然气生物标记化合物检测等。

3. 油田水的分析测试

由于油田水埋藏于地下,长期与围岩和油气相接触,使油田水的化学成分变得极其复杂。通过分析测试油田水中与油气相关的化学成分,对指导油气勘探具有重要的意义。

油田水的分析测试项目很多,常规油田水分析化验包括油田水中的阴离子和阳离子数量测定、水型(苏林分类)和水类(帕勒梅尔分类)的划定等。非常规分析测试包括水中几十种微量元素(如溴、碘、硼)、十几种有机组分(如烃类、酚、有机酸)的分析化验(许怀先,2001)。

油田水中的某些微量元素的组合特征、异常值或比值,能反映油田水的起源、沉积环境、水的浓缩程度及水文地质封闭性。油田水中的环烷酸、酚的含量通常可作为油气田勘探的重要水化学标志。

4. 高压物性分析(PVT)

油气藏流体高压物性分析的目的是研究和确定模拟开采条件下油气藏流体的相态和性质。为达此目的,首先要针对不同类型的油气藏,以合适的方法取得能代表地层流体的样品,然后在实验室模拟各种开采过程,以得到准确可靠的高压物性数据。这些数据是合理管理油气藏的基础,评价油气藏、计算油气藏的储量、制定最佳开发方案、采油工艺研究都需要这些数据。

对于衰竭式开采的油气藏,随着油气藏流体的采出,地层压力逐渐下降。在大部分开采方法中地层温度基本保持不变,因此在衰竭式开采期间,决定地层中流体性质的主要变量是地层压力。因此可以通过改变压力的实验来模拟开采的过程。

复习思考题

1. 简述油气勘探技术的分类、各类的工作目标及其所包括的主要技术方法。
2. 油气调查技术的主要方法有哪些?

3. 什么是非地震物探？它在油气勘探中的主要作用是什么？
4. 简述地震勘探的主要方法及其在油气勘探中的作用。
5. 什么是油气地球化学勘探？存在哪些主要的油气地球化学勘探方法？
6. 简述探井的类型及各类探井的主要作用。
7. 简述目前国内外钻井技术的新进展。
8. 简述录井的分类及各类录井方法的主要功能。
9. 简述综合录井技术及其在油气勘探中的作用。
10. 简述测井的种类及其在油气勘探中的作用。
11. 简述地层测试与试油方式的选择原则。
12. 简述目前烃源岩测试分析的主要内容及其进展。

参 考 文 献

曹务祥,2007. 模拟和数字检波器的资料响应特征对比分析. 勘探地球物理进展,30(2):96-99.

陈丽华,许怀先,万玉金,1999. 生储盖层评价. 北京:石油工业出版社.

窦伟坦,杜玉斌,于波,2009. 全数字地震叠前储层预测技术在苏里格天然气勘探中的研究与应用. 岩性油气藏,21(4):63-68.

段金宝,张庆峰,范小军,2016. 大巴山前构造带油气苗分布及油气成藏特征. 地质科技情报,35(5):163-167.

Duncans,李红梅,1998. 油气苗与盆地构造及地下石油储量的关系. 国外油气勘探,10(6):61-678.

高来之,杨柏林,1991. 应用于油气资源遥感的近红外石油物质光谱特征研究. 国土资源遥感,4:9-12,29.

管志宁,郝天珧,姚长利,2002. 21世纪重力与磁法勘探的展望. 地球物理学进展,17(2):237-244.

郭德方,1995. 遥感技术直接找油理论基础及其实践. 环境学报,10(1):45-51.

何家雄,李明兴,黄保家,2002. 莺歌海盆地北部斜坡带油气苗分布与油气勘探前景剖析. 天然气地球科学,11(2):1-9.

胡国全,张辉,邓宇,等,2006. 微生物法在油气勘探中的应用研究. 应用与环境生物学报,12(6):824-827.

胡辉,向树安,2006. 叠前深度偏移技术在盐系地层中的应用. 石油勘探与开发,33(2):194-197.

黄保家,张泉兴,张启明,1992. 莺歌海油气苗调查及其成因探讨. 中国海上油气,6(4):1-7.

刘东海,邱晓红,1992. 遥感技术在油气勘探中的应用及研究进展. 石油勘探与开发,19(2):44-48.

刘嘉,2016. 岩矿分析和测试技术的发展和趋势. 黑龙江科技信息,18:72.

刘建利,申安斌,陈小龙,2011. 大地电磁测深方法在内蒙古西部银根—额济纳旗盆地石炭系—二叠系油气地质调查中的应用. 地质通报,30(6):993-1000.

刘清泉,1988. 我国石油重力勘探的回顾和展望. 石油地球物理勘探,23(6):719-727,765.

刘依谋,印兴耀,张三元,等,2014. 宽方位地震勘探技术新进展. 石油地球物理勘探,49(3):596-610.

刘振武,撒利明,董世泰,等,2009. 中国石油高密度地震技术的实践与未来. 石油勘探与开发,36(2):129-135.

卢焕章,郭迪江,2000. 流体包裹体研究的进展和方向. 地质论评,46(4):385-392.

马健生,2016. 微生物油气勘探的应用现状及发展. 地质与资源,25(3):287-290.

梅博文,袁志华,2004. 地质微生物技术在油气勘探开发中的应用. 天然气地球科学,15(2):156-161.

梅海,林壬子,梅博文,等,2008. 油气微生物检测技术:理论、实践和应用前景. 天然气地球科学,19(6):888-893.

裴雪林,郭万松,1995. 高精度重力勘探技术在国内外的应用. 断块油气田,2(5):7-11.

钱志浩,1994. 石油地质实验测试技术新进展. 北京:地质出版社.

任春,裴涛,夏响华,等,2003. 波谱分析法在油气地球化学勘探中的应用研究. 物探与化探,27(6):462-464.

任战利,李文厚,梁宇,等,2014. 鄂尔多斯盆地东南部延长组致密油成藏条件及主控因素. 石油与天然气地质,35(2):190-198.

任战利,张盛,高胜利,等,2007. 鄂尔多斯盆地构造热演化史及其成藏成矿意义. 中国科学(D辑:地球科学),37(增刊I):23-32.

任战利,1999. 中国北方沉积盆地构造热演化史研究. 北京:石油工业出版社.

石油圈,2016. 本期技术概览:压裂技术与服务. http://www.oilsns.com/article/64295?from=androidqq.

孙成权,张欣利,1992. 遥感技术在油气勘探中的应用. 遥感技术与应用,7(2):32-38.

汤玉平,蒋涛,任春,等,2012. 地表微生物在油气勘探中的应用. 物探与化探,36(4):546-549.

王大兴,赵玉华,周义军,等,2011. 苏里格气田多波地震处理与储层预测技术研究及应用. 中国石油勘探,5(6):95-102,174.

王家林,1997. 非地震石油物探的进展及其特点. 上海地质,1:5-9.

王连芳,2002. 解放前我国学者对新疆石油地质的调查和研究. 新疆石油地质,23(5):439-441.

王懋基,蔡鑫,涂承林,1997. 中国重力勘探的发展与展望. 地球物理学报,40(S1):292-298.

王瑞,李季,蒋启贵,等,2008. 气相色谱法定量测定烃源岩中轻烃的含量. 岩矿测试,27(5):333-336.

王西文,I. N. 米哈依诺夫,1996. 高精度重力勘探直接预测油气藏的方法. 石油地球物理勘探,31(4):569-574,604.

王学军,蔡加铭,魏小东,2014. 油气勘探领域地球物理技术现状及其发展趋势. 中国石油勘探,19(4):30-42.

吴官生,2004. 遥感技术在油气勘探中的应用. 勘探地球物理进展,27(2):99-103.

夏响华,2005. 油气地表地球化学勘探技术的地位与作用前瞻. 石油实验地质,27(5):529-533.

肖稳发,刘锡建,张红,等,2006. 微生物技术在油气田开发中的研究与应用进展. 化学与生物工程,23(10):1-3.

谢学锦,2009. 国外油气化探的成功案例:通过图的显示. 地质通报,28(11):1541-1561.

徐晓芳,何国全,张生,等,2006. 重力勘探新技术在寻找古潜山中的应用. 物探与化探,30(5):397-400.

许怀先,2001. 石油地质实验测试技术与应用. 北京:石油工业出版社.

许庆刚,高明远,1961. 用重力勘探直接寻找油气藏的可能性. 地球物理学报,10(1):75-78.

阎世信,曾忠,2002. 石油地球物理勘探技术的发展及需求. 中国石油勘探.7(2):36-42.

杨柏林,朱振海,李建林,等,1991. 新疆准噶尔盆地某油气区细分红外遥感图像色调异常机理初探. 地球化学,3:236-244.

杨勤勇,2007. 油气地球物理技术发展新动向. 勘探地球物理进展,30(2):75,77-84.

杨振宇,2002. 高精度地层划分对比的可靠方法:磁性地层学研究. 地质通报,21(1):45-47.

尹明,2009. 我国地质分析测试技术发展现状及趋势. 岩矿测试,28(1):37-52.

于强,2016. 油气资源评价. 西安:陕西科学技术出版社.

余琪祥,2016. 准噶尔盆地南缘泥火山与油气苗. 石油知识,2:14-15.

袁维选,1991. 南海西部石油公司与英国BP公司合作首次完成莺歌海油气苗调查. 中国海上油气,1:46.

袁永真,2012. 油气地质调查中非震物探综合解释技术研究. 北京:中国地质大学(北京).

袁志华,张玉清,2011. 利用油气微生物勘探技术寻找页岩气有利目标区. 地质通报,30(2~3):406-409.

袁志华,赵青,王石头,等,2008. 大庆卫星油田微生物勘探技术研究. 石油学报,29(6):827-831.

曾鼎乾,1955. 怎样进行油气苗的野外观察. 地质知识,4:7-9.

张春贺,乔德武,李世臻,等,2011. 复杂地区油气地球物理勘探技术集成. 地球物理学报,54(2):374-387.

张建伟,强芳青,贺振华,等,2004. 三维叠前深度偏移在复杂断裂区的应用. 天然气工业.24(3):52-54,137-145.

张向林,陶果,刘新茹,2006. 油气地球物理勘探技术进展. 地球物理学进展,21(1):143-151.

张学玉,李国建,1999. 中国南方天然沥青、油气苗分布与找油气关系. 西南石油学院学报,21(2):36-40,15.

赵靖舟,2002. 油气成藏年代学研究进展及发展趋势. 地球科学进展,17(3):378-383.

赵泉鸿,汪品先,1999. 南海第四纪古海洋学研究进展. 第四纪研究,19(6):481-501.

赵万金,李海亮,杨午阳,2012. 国内非常规油气地球物理勘探技术现状及进展. 中国石油勘探,4:36-40.

周小慧,宋桂桥,张卫华,等,2016. 随钻地震技术及其新进展. 石油物探,55(6):913-923.

朱怀平,李武,吴传芝,等,2004. 油气化探技术在隐蔽油气藏勘探中的作用. 石油与天然气地质,25(3):344-348.

朱怀平,夏响华,孙立春,等,2004. 化探—地震法综合评价圈闭含油气性:以松南盆地为例. 新疆石油地质,25(4):394-396.

朱世新,1987. 油气田调查勘探与资源评价. 北京:地质出版社.

朱振海,王文彦,彭希龄,等,1990. 遥感技术直接探测烃类微渗漏的方法研究. 科学通报,16:1257-1260.

祖振杰,叶松,1994. 纵观近代岩矿测试分析技术. 地学前缘,1(1~2):188-192.

Hoffmann J, Rekdal T, Hegna S, 2002. Improving the data quality in marine streamer seismic by increased cross-line sampling. SEG Technical Program Expanded Abstracts, 21: 85-88.

Jonathan A, Andrew S, Ayman S, 2005. Solving an imaging problem in Kuwait Oil Company's Minagish field using single-sensor acquisition and processing. Expanded Abstract of 75th Annual International SEG Meeting, 502-505.

Jones T V, Drozd R J, 1982. Predictions of oil and gas potential by near surface geochemistry. AAPG Bulletin, 67(6): 932-952.

Long A, 2010. An overview of seismic azimuth for towed streamers. The Leading Edge, 29(5): 512-523.

Moldoveanu N, Egan M, 2006. From narrow-azimuth to wide-azimuth acquisition in the Gulf of Mexico. First Break, 24(12): 1-8.

Nazina T N, 2000. Microorganisms of the high-temperature Liaohe oil field of China and their potential for MEOR. Resource and Environmental Biotechnology, 68(3): 149-160.

Oz Y, 2001. Seismic data analysis: processing, inversion, and interpretation of seismic data. Tulsa: Society of Exploration Geophysicists.

Robert E, 2002. Sheriff encyclopedic dictionary of applied geophysics. Tulsa: Society of Exploration Geophysicists.

Schu M D, 2000. Surface geochemical exploration for oil and gas: new life for an old technology. The Leading Edge, 3: 258-261.

Yang J Y, Liang X H, Liu Y M, 2009. Seismic acquisition techniques in thick loess areas, southwestern depression of Tarim basin. CPS/SEG Beijing International Geophysical Conference & Exposition.

Yao Z H, Chen J X, Ren W J, et al., 2004. Seismic data acquisition techniques on Loess Hills in the Ordos Basin. Applied Geophysics, 11(2): 115-121.

第五章 油气勘探项目设计

本章导引

油气勘探项目设计是勘探部署的依据和基础。本章第一节主要介绍油气勘探项目的两种分类方法，即基于勘探阶段的分类方法和基于勘探工作环节的分类方法，以及油气勘探项目不同于其他工程项目的主要特点；第二节重点介绍了油气勘探项目设计的四条基本原则、项目设计所应用的主要方法以及项目设计流程；第三节介绍了油气勘探项目总体设计的核心内容与年度部署要点；第四节重点分述了非地震物化探设计、地震勘探设计、探井井位设计、探井地质设计、钻井工程设计、试油地质设计等单项工程设计的依据、原则、内容与要求。

近年来随着油气勘探技术的进步，油气勘探的视野和思维得到了开拓和转变。目前油气勘探从油气储层转向生油层，从局部圈闭转向大面积全盆地，从构造岩性圈闭转向非常规油气甜点，从构造高点找油转向低洼勘探，从优质储层转向多类型储层，从中深层目标转向中深层以及超深层目标，从高中品位资源转向高中低品位资源，从滩浅海中深水域转向浅海中深水域甚至深海海域（马永生，2015）。随着勘探难度的增加，勘探类型的丰富，油气勘探项目设计也发生着变化（图5-1），相应的国家规范和行业标准也不断完善。随着非常规油气的不断突破（邹才能等，2015；康玉柱，2018），致密砂岩气、致密油和页岩气已成为当前油气勘探的热点。自2011年以来，中国不断完善关于致密砂岩气、致密油和页岩气的国家规范，出台一系列行业标准，如GB/T 30501—2014《致密砂岩气地质评价方法》、GB/T 34906—2017《致密油地质评价方法》、GB/T 34163—2017《页岩气开发方案编制技术规范》等。

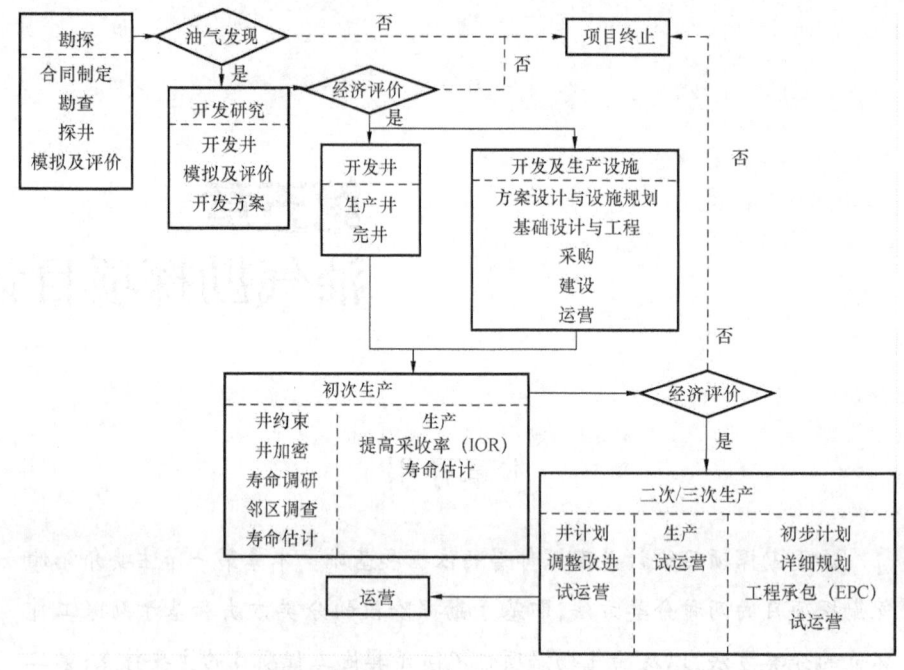

图 5-1 日本油气勘探流程(据 Toyo engineering corporation,2014)

第一节 油气勘探项目类型及特点

视频 5-1 油气勘探项目概念和类型

一、勘探项目的主要类型

油气勘探项目是在一定的时间和资金条件下,以一定的含油气地质单元为对象,通过科学的计划、组织与控制,完成特定的地质任务和资源储量目标的工程项目。油气勘探项目的类型一般根据勘探阶段和工作环节两个方面进行划分。

1. 按照勘探阶段的分类

1)新区勘探项目

新区勘探项目,是指在大区概查阶段,在一个没有勘探过的新区(新层系)内,开展的以查明盆地分布、预测盆地勘探远景、优选有利含油气盆地为目的的油气勘探项目(张文昭,1995)。这里的新区可以是一个基本没有开展油气勘探工作(朱伟林等,2010),或者是勘探工作程度极低的地域,如我国的藏南地区;也可以是具有较高的勘探程度地区的新层系,如我国中下扬子地区志留系—寒武系页岩气的勘探项目(龙幼康,2011)。

2)盆地评价勘查项目

盆地评价勘查项目是指在盆地普查与凹陷详查阶段,以一个盆地或者盆地内的某个区域构造单元(坳陷或凹陷)为勘探对象,以提交油气远景资源量为目的的勘探项目,包括盆地普查项目和凹陷详查项目。盆地普查项目往往是针对一个沉积盆地,以非地震物化探为主要方法,查明盆地范围与地质结构,搞清凹陷、凸起的分布和基底以上地层层序及接触关系,并通过部署少数参数井,以取得完整的地层剖面及生、储、盖资料,最终目标是确定有利的生烃凹陷。凹陷详查项目则是以优选出的生烃凹陷为对象,通过油气系统的分析、成藏条件与成藏模式的研究,预测可能的油气资源类型、油气藏类型,评价资源量及其分布状况,为油气工业勘探提供靶区(吴青鹏等,2008)。

3) 区带工业勘探项目

区带工业勘探项目是在工业勘探阶段,以盆地内的一个区带(区块)或者含油气圈闭为对象,以提交控制和探明储量为目的的勘探项目,包括圈闭预探项目与油气藏评价项目。圈闭预探项目是在选定的有利区带上择优钻预探井,获得工业油流后,再做地震详查,搞清区带和圈闭的规模、形态和类型,制定区带整体预探方案,并通过少量预探井钻探,发现油气田,在初步掌握油气层岩性、物性、流体性质等参数资料后,计算各圈闭以及整个区带的控制储量和预测储量。油气藏评价项目则是对已经发现的含油气圈闭,继续通过地震、钻井和油藏工程方法进行综合评价,落实含油面积,搞清油层情况,确定油藏类型,提出探明储量的勘探项目,最终目标是提交探明储量,并为编制油气田开发方案提供依据。

4) 油气滚动勘探开发项目

油气滚动勘探开发项目是指对复杂的断块、岩性或者裂缝性等复杂圈闭类型的油气田,以增加探明储量并建成一定的产能为目的的勘探项目。它是在基本完成地震概查、面积普查、详查和预探见油、评价钻探之后,逐步搞清地质构造、油气层及流体性质,初步计算含油面积的地质储量,预测油气藏边界与天然能量驱动类型,不断加深对油气藏的认识,通过详探和开发的紧密结合,逐步建成一定生产能力的同时,进一步对新层系、新断块、新油藏类型进行研究,扩建生产能力(罗东坤,1995)。

2. 按照工作环节的分类

在经济落后、勘探程度不高的地区,为了更好地控制投资、加快勘探速度、保质保量地完成预定的地质任务,在不超越勘探程序的前提下,可按工作环节(工序)划分项目类型,以提高管理的精度。

1) 地震勘探项目

地震勘探项目是指利用地震手段对区域构造或局部构造进行野外资料采集,然后对采集资料进行处理解释从而确定地下构造形态和地层状况,并最终确定出有利的含油气区域或可能的含油气构造的单项工程(J. D. 罗伯逊,1992;Sengbush,2012;Helbig,2015)。地震勘探项目,可作为任何勘探阶段相对独立的组成部分。比如,在普查阶段作穿越盆地的地震剖面,在详探阶段对某一构造带的地震详查等都可单独立项。

2) 重、磁勘探项目

重、磁勘探项目分别是指利用重力和磁力仪器对沉积盆地进行勘探,从而了解区域构造状况的单项工程(Rao et al.,1978;Nabighian et al.,2005;Tarunina,2007)。这类项目主要存在于盆地勘探的初期,对油气勘探工作来说,重、磁勘探具有速度快、费用少的优点。

3) 钻探项目

钻探项目是指利用钻井工程全面了解勘探区域的地层剖面、岩相特征、生油条件、生储盖组合以及地层物性参数等资料,并通过与地球物理资料的综合分析,基本解决区域地层生油条件、划分大地构造单元及确定油藏类型等问题的单项工程。

4) 配套工程项目

配套工程项目是指为保证油气勘探工作的顺利进行而建设的直接服务于油气勘探的道路、桥梁、机场以及生活服务设施等。

5）专题及综合研究项目

该类项目的建议是围绕勘探工作的需要设计的，直接为勘探的决策和实施提供依据的科技研究项目。该类项目可以由油田公司的研究机构（研究院）自主承担，也可以通过项目招标、议标等方式由其他科研服务机构（高校、其他科研院所）承担或者合作完成。

6）重要科技项目

由国家、地方政府、大型石油企业及开放的重点实验室等提供基金，围绕勘探方面的重大课题，特别是基础方面的研究设立项目。主要解决勘探的重点难题及为中长期勘探目标开展基础研究工作。

7）风险勘探项目

2005年以来，中国石油立足具有战略性和前瞻性的勘探领域与目标，设立专项，实施风险勘探，取得了一系列的重要发现与突破，对促进油气勘探持续发展发挥了重要的作用（杜金虎等，2011；天工，2018）。

二、勘探项目的基本特点

油气勘探项目具有一般投资项目所具备的基本特点，如具有明确的对象、目标及时限，既具有高度的计划性，又有很大的不确定性与可变性。这里主要介绍油气勘探项目的特殊性。油气勘探项目作为一种特殊的投资项目，其特殊性主要表现在以下六个方面。

1. 勘探成果的局限性

勘探项目与一般项目相比，其成果不是有形的物体，而是各种认识或信息。地质成果是认识，油气储量看不见、摸不着，实际上也是一种认识，是通过各种参数（信息）综合分析而得出的认识。由于勘探项目的成果是各种认识，而人们的认识又有一定的局限性，不可避免地会产生或多或少的偏差。

2. 勘探过程的复杂性

油气勘探项目的工作对象是特定的地质单元，这在各类项目中是绝无仅有的。实际上，地质单元是在漫长的地质演化中形成的复杂综合体，其与油气生成和聚集有关的部分往往深埋地下。在项目运行中，项目管理人员对地质单元的认识往往是片面的，有的甚至是完全错误的。虽然，随着勘探工作的进展与研究程序的加深，人们的认识会逐渐接近实际，但认识与地下情况的完全统一是很难达到的。这一点，决定了油气勘探项目的复杂性。

油气勘探从盆地区域勘探阶段到油气藏评价勘探阶段，勘探对象从盆地到油气藏，勘探成果从远景资源量到探明储量逐步升级。因此，整个勘探工作既具有长期性、连续性的特点，又具有阶段性的特点。各勘探阶段相互关联，前一阶段为后一阶段做准备，又是后一阶段工作的基础，而后一阶段则是验证前一阶段的成果。只有各阶段的勘探工作都做好了，才能达到最佳的总体勘探效果，任何环节出现问题或脱节，都可能造成巨大的损失。建立高效的管理体制和机制，是避免脱节、取得最佳效果的有效保障。

3. 勘探质量的高标准性

油气勘探项目的运行需要根据不同的地质条件和投资目的，采用各种特殊而专门的勘探手段进行组合作业。同其他项目相比，勘探项目的作业不是用各种资源去构筑物质系统，而是通过系统的运行从物质系统中获取信息。因而，勘探作业的最终质量体现为提供信息的可靠性和全面性。正因为勘探作业的采集工作影响着项目的成败，勘探作业的实施需要配备各种专业监督。

油气勘探项目与其他项目相比不仅风险程度高,而且有更多方面的风险。一般项目的投资风险主要来自市场,而勘探项目除具备市场的风险外,还有远比一般项目高得多的作业风险,更有其他项目不具备的资源风险。勘探项目资源风险的高低主要取决于项目立项、勘探部署和探井井位的确定三大关键决策环节。项目立项不正确,在没有资源或资源品位很低的区域设项作业,可能会导致勘探投资全部沉没;勘探部署或井位确定的失误,则会把勘探工作引入歧途,即使勘探区域具有丰富的油气资源,也可能会失之交臂。这样,既贻误了发现大油田的时机,也造成大量勘探投资的无效投入。因此,勘探项目的可行性论证和勘探部署等前期工作对于保证勘探项目的成功比其他项目更为重要(陈寿康等,1998)。

4. 勘探项目的可变性

由于人们对地质规律的认识是随着勘探工作的进展而不断深化的,使得勘探项目的计划和设计比其他项目有更大的可变性。对于一般项目而言,大都按照计划运行,依据计划控制,对照图纸施工,但勘探项目虽有运行计划和设计,可意外地发现,某些信息的获得、新型装备的出现都会导致计划调整和设计变更,甚至会导致项目终止。油气勘探项目具有边研究、边实施的特点。勘探项目运行期间的研究工作,尤其是现场动态跟踪研究是勘探项目管理的必要内容,研究工作和工程作业同时或交叉进行。及时而全面地对已获得的信息进行分析、及时反馈,不断加深地质认识,及时调整或变更设计、计划至关重要。

5. 勘探项目的矛盾性

油气勘探项目的期限性和某一盆地或区块油气勘探工作的长期性之间存在矛盾,应该在项目运行中得到协调。勘探项目不像其他项目那样具有独立性,它的实施既要利用其他项目的成果,又要为后续勘探工作创造条件。就一个特定的地区而言,油气勘探工作往往要持续进行几十年,而一个勘探项目一般需要 3~5 年。这样,在同一地质单元由于勘探阶段的变化或勘探任务的变更,一般会导致勘探项目的接替。虽然落后的勘探项目都是相对独立的,但同一区域的勘探工作都是连续的,甚至前后勘探项目的某些单项工程还是交叉的。这就要求投资决策者和项目经理协调好项目运行和长期勘探的关系,以求取得最大的勘探效果。

6. 勘探项目的高风险性

勘探项目的特高风险不仅是因为项目作为一次性任务其运行过程往往不完全清楚,更重要的是因为勘探项目特殊的作业环境和投资目的。油气勘探是一个高风险、高投入从而可能获得高利润的产业。由于对地质规律的认识和勘探技术的局限性,即使对项目进行了科学严密的论证,在实施过程中也会出现很多难以预测的情况,油气勘探有成功的可能也有失败的可能,这就是油气勘探的风险,风险是油气勘探的固有属性。投资者需要承担的风险主要有地质风险、工程风险和经济风险三种类型。

第二节 油气勘探项目设计的方法与程序

一、设计原则

因为勘探程序具有长期性、交叉性、曲折性与反复性、点面结合性的原则,所以勘探设计应遵循的基本原则,就是系统工程设计的基本原则,即整体性、综合性、科学性和层次性。

1. 整体性原则

整体性是指勘探系统、组成部分(子系统)和勘探对象之间的有机联系。组成勘探工程整体的各个子系统,包括地质、物化探、地震、钻井、测井、录井、试油等专业工程以及其他工程,它们是整个勘探工程赖以存在的基础,并对整个勘探工程的功能在一定程度上起着决定性的作用。同时,这些组成整体的各个部分只有在整体设计的安排下才能体现其具有的作用和意义。勘探工程设计要求以系统的整体性为基本依据,坚持从整个勘探系统去认识、研究、设计和处理各项工作。如果不从勘探系统的整体立场出发进行勘探设计,就既不能正确认识勘探工程的整体性质和规律,也不能正确认识和分析整个工程体系中的组成部分或子系统。

整体性有两层含义。第一,进行整体工程设计。无论是勘探工程的研究、设计,还是工程的实施、监督,从勘探工程的目标选择,到勘探工程各项标准建立和决策确定,都应当从整体出发,以勘探工程的总目标为前提,来认识具体的问题,并用以规定各个部分或子系统之间的联系。例如在制定一个勘探工程的设计时,首先应当从整体目标和任务着手,在总的目标和任务明确后,再根据这一目标去设计本系统中各个勘探工程子系统的任务、目标、工作量、比例关系、展开秩序等。决不能一开始就投入到整个系统中的某个或某些组成单元内,首先设计这个或这些组成部分的任务、目标、工作量,而后再去制定总体工程所要达到的总目标。第二,进行各单项工程设计。从整体出发并不是说我们不再需要对勘探工程进行划分,分解出各个分项目进行设计。恰恰相反,系统工程设计的整体性原则既要求勘探工程设计者从整体着眼,又要求他们做好各个层次组成部分和子项目的设计工作。对各子项目或组成部分的设计研究又必须放在整体设计之中,以该部分与大系统的联系,来制约该部分研究设计的内容和范围;还表现在勘探工程组成部分之间的相互联系与相互作用,实际上也正是这种子系统间的内在联系,才使勘探工程设计具有了整体性的本质与功能。实际勘探工作中,有时就会遇到这种情况:一个勘探计划,对各个勘探子项目的设计十分详细,分析研究透彻,然而却很少考虑勘探工程的整体目标;当子项目设计与总勘探目标有矛盾时,往往采取只顾局部利益而不顾或损害全局总目标完成的决策安排。勘探工程设计要求局部服从整体,这就是勘探系统工程设计整体性原则的体现。

2. 综合性原则

勘探设计要求以系统工程的综合性原则为基本依据,主要有以下三层含义。第一是指勘探工程目标的多样性、复杂性与综合性。例如勘探工作的目标既要求获得尽可能多的各级储量,建立最佳的资源序列,又要求低成本、高效益。因此,勘探工程设计要综合考虑各个方面,谋求最佳方案,达到低成本、低风险、高效益。第二是指勘探设计要全面综合考虑某项措施或设计引起的连续性。例如经过一定资金和工作量投入发现有利圈闭后,就要考虑进行圈闭预探及进一步的评价勘探,否则用于发现圈闭的资金、工作量就不会很快产生效果。同样,经过一定的勘探工作投入获得探明储量,就要尽快考虑开发生产,否则就等于勘探资金被积压。第三是指同一个项目设计可以有不同的方案。为达成同一目的,可以采用不同的方法与途径,也可综合采用不同的方案(郭秋麟等,2004)。

3. 科学性原则

科学性是勘探工程设计的另一个依据原则,即勘探工程设计要按照科学的规律办事。一方面是勘探工程应该有一个严格的工作步骤和操作程序,另一方面是各项工作要尽可能地进行定量化分析。勘探工程作为系统工程,数学方法是它的重要手段。为了准确运用理论,就要尽量运用数学工具,建立数学模型,进行优化分析。建立和发展计算机技术能使勘探工程设计科学化。例如,勘探工程的系统目标确定之后,下一步的工作关键就是建立各类系统模型,以便对勘探工程进行更深入的分析。系统模型的本质,是指对勘探工程的抽象与描述。一个系统模型必须将所要描述勘探工程的本质加以较深层的把握,并能够较准确反映勘探工程某个或某些侧面的特征。

4. 层次性原则

油气勘探是具有层次结构的系统工程。在对勘探工程的认识中,可将本来很复杂的工程,按照其各个组成成分间的联系方式、运作规律、规模大小、功能特征等进行划分,而且其中多数组成部分还可以进一步划分成不同的级别和层次结构,使我们能系统地正确理解和认识勘探工程。组成勘探工程整体的各个子系统(地质、物化探、地震、钻井、测井、录井、试油等工程)的任一部分还能进一步划分出不同的层次,以及确定出各个层次和组成部分之间的相互关系。

二、设计方法

首先,勘探工程的设计应从整体出发,以总目标为前提。不仅仅以某个部分的设计的好坏来决定勘探工程的工作,而是要有效地组织和利用各个部分及项目之间的联系与关系,提高整体性能来完成总目标。

1. 设计目标的确定与分析

油气勘探工程设计要根据不同的勘探阶段,依照勘探程序的要求进行。根据各个勘探阶段的特点和要求及探区具体情况,采用相应的具有先进性、实用性和经济性的勘探手段。勘探工程设计必须首先确定勘探阶段,明确勘探目标、确定勘探任务,这是任何系统工程设计的基本出发点。在确定工程总目标时,还要详细分析目标产生的原因,它可能包括了上级储量任务的要求、地方发展的需要、探区工作自然发展等。勘探工程设计应当充分考虑并平衡这些需要。一旦开始确定勘探工程的目标,首先就要注意所选定的目标是否合理、稳妥、明确和落实。目标选择合理,就要收集现有各类勘探信息,并进行分析,数据准确而有说服力,目标选择才有充分的资源序列依据和地质根据。目标稳妥,就是所选定的目标不能偏激,不能过高或过低,要在把握性与风险性之间寻找平衡点,要对工区内已有的勘探成果进行分析,不管是地震施工设计、探井井位设计、试油及改造方案设计,还是测井系列选择等,都要体现综合勘探的思路,要充分利用已有的勘探信息。目标明确,一是指对任何人,在任何一种情况下,对确定的目标只能有一种理解。二是指选定的目标必须具体,总的目标能进行分解,形成各个层次的子目标;并且随着方案的实施,信息量的增加,要对勘探对象进行滚动评价,尤其是以地震为主的预测性描述评价,修正原始参数,总结成功的经验或失败的原因,以求得更高的符合率和成功率。三是指要有衡量目标实现的标准,这需要多学科联合工作的平台和经验。油气勘探工作的特点之一是具有风险性,勘探设计工作要在充分获取工区各类有关资料的基础上,深入进行综合研究,评价优选。在对勘探对象风险性科学分析之后,进一步进行设计,并在工程实施过程中,随时吸收新的信息,对设计进行评价,必要时对设计进行及时修正。

2. 设计中的建模与优化

建立勘探工程系统模型的第一步要列出一系列经过实践检验为正确的理论、可能适合工作区特点的经验,提出一些合理的基本假定。建立勘探工程模型的基本内容之一,就是选择用于描述系统的各类变量和常量,如输入变量、输出变量、状态变量、可控变量、经验常数、比例系数等,同时确立这些变量和常量间的关系。各种变量、常量之间的关系,反映了勘探系统组成部分之间,以及系统与外部环境间的联系,应当能够反映工程的运行规律。确立了各种变量、常量及他们的关系后,就可以建立勘探工程的初步模型,再将整个系统进一步划分出各个层次子系统并建立各自的模型,确立各个部分及与环境衔接、联系模型,进而形成详细的勘探工程总模型。对建立的模型进行检验,发现问题再回到建模的初始步骤进行修改和调整,直到理想模型形成。

建立模型是模型优化的基础,完成模型后,就要对模型进行优化,实际上,优化是建立模型工作的继续。勘探工程设计模型优化可以从几个不同的方面开始:① 对多目标的勘探工程优化,要考虑能保证主要目标实现,并能最大限度完成其他目标的模型;② 对不同基础理论有根本区别的模型,应当更多考虑那些采用经过大量实践证明的理论为根据的模型,但也要考虑目标所处的具体环境特征;③通过不断改变勘探系统中的控制变量,使系统的某一或某些功能的指标达到有效提高。这一过程首先要固定系统优化过程所要达到的目标及确立目标函数。

勘探工程模型最优化的方法很多,但一般可分为动态模型和静态模型两大类。动态最优化方法可采用变分法、动态规划、极大值原理等;静态最优化方法可采用无约束的单变量或多变量解析优化方法、有约束解析优化方法、线性规划数值优化方法、非线性规划数值优化方法、整数规划数值优化方法、图解优化方法等。产生最优化模型后,还要从多方面对系统进行评价,这些评价常常着眼于该勘探工程的性能、系统的成本、建立系统所需要的时间、工程实施的可靠性等。当然,勘探工程性能(功能)越好、成本越低、所用时间越少,系统越稳定、越可靠,则这个勘探工程的价值越高。

3. 设计中的预测与决策

预测和决策是勘探工程设计中不可缺少的组成部分。预测是根据勘探工程自身的规律和具体系统的特点来推测和估计工程的发展和结果;决策是勘探系统在一定的环境和条件下,从各种可能采取的行动中决定采用的最优行动方案。系统预测为勘探决策、规划和计划提供依据。

工程预测的内容包括:① 明确规定预测所要达到的目标、期限及数量单位;② 收集和分析经验数据;③ 建立预测模型,对定量预测建立经验公式和模型,对定性预测设定一些逻辑思维和推理程序,进而进行综合分析和预测;④ 对模型的预测结果不能直接加以应用,要进行分析评价,特别是评价会影响工程未来发展的新因素,以尽可能数量化的方法来评价它们的影响范围和程度,分析预测结果与实际可能结果间的误差范围,对预测结果进行修正,选定最合理结果作为决策依据。

勘探工程中的决策是根据设计预测的结果和可能问题所在,提出决策目标,制定决策方案,选择最优方案付诸实施。勘探工程决策,按照其决策范围和性质可分为战略决策和战术决策;按照定量化程度可分为定量化决策和非定量化决策;按照外界条件稳定程度和把握性程度可分为确定型决策、不确定型决策和风险型决策;按照决策与时间的关系可分为静态决策和动态决策等。

4. 勘探工程的综合设计

现代综合勘探方法的最高目标是提高油气勘探效益和充分探明地下油气藏(田),要达成的直接目标是提高单井控制含油面积和地质储量,提高探井成功率。综合勘探方法是油气勘探设计的重要内容。提高多学科协同工作能力,应用现代科学理论及方法、手段、设备(特别是计算机),精细提炼已获得的各种直接、间接和抽象的信息,进行科学的模拟与描述,科学地描绘出尽可能真实的勘探对象特征,规划出实现勘探目标的最佳途径,利用最经济的手段,降低油气勘探各环节不必要或可避免的投资,这就是现代勘探方法的基本思想。依照系统工程的综合方法来设计勘探工程,就必须使用盆地分析模拟、圈闭描述评价、油气藏描述评价等三个综合评价成果搞好项目研究设计,把多专业、多学科的研究成果纳入设计之中,真正认识勘探对象,设计出先进而实用的综合勘探方法。

三、设计流程

勘探工程设计,首先要依据系统工程设计的一般原则,进而依照油气勘探各阶段的自身特点进行。第一是围绕勘探对象形成一个系统,进行多学科、多专业的整体研究分析;第二是对一系列的多学科、多专业研究分析结果进行综合,形成多方案的勘探工程设计成果;第三是对勘探工程设计初步方案进行反复评价,最终产生最优化勘探工程设计。

在勘探工程设计中,要分析研究如何构成勘探系统,以期最好地实现勘探目标。分析研究需要运用多学科和多专业的各种理论、方法和技术,对设想的勘探工程进行模拟和计算,来获得工程设计所需要的信息和参数。在多学科、多专业分析研究时,要不断与勘探工程中的一系列工业标准进行比较、对照分析和评价,在充分考虑勘探目标具体特点的情况下,反复对比较结果进行分析,如此反复,直到获得满意结果。有了对比和分析的结果后,就要根据分析评价的结果,确定勘探工程的构架和动作,这就是勘探工程的设计。这时的设计应当是多方案的,有多种可行设计蓝本供决策选择。有了可供选择的各种勘探设计,就要依照各阶段勘探的任务与部署规范及标准,根据勘探对象的具体特点,从不同的观点和角度进行反复综合评价,不断吸收综合评价获得的信息和思想成果,反复进行综合评价,最后确定最优化的勘探工程设计报告。在设计方法上还要符合系统工程设计的基本程序。依照勘探工程设计的基本流程,勘探工程设计方法如图 5-2 所示。

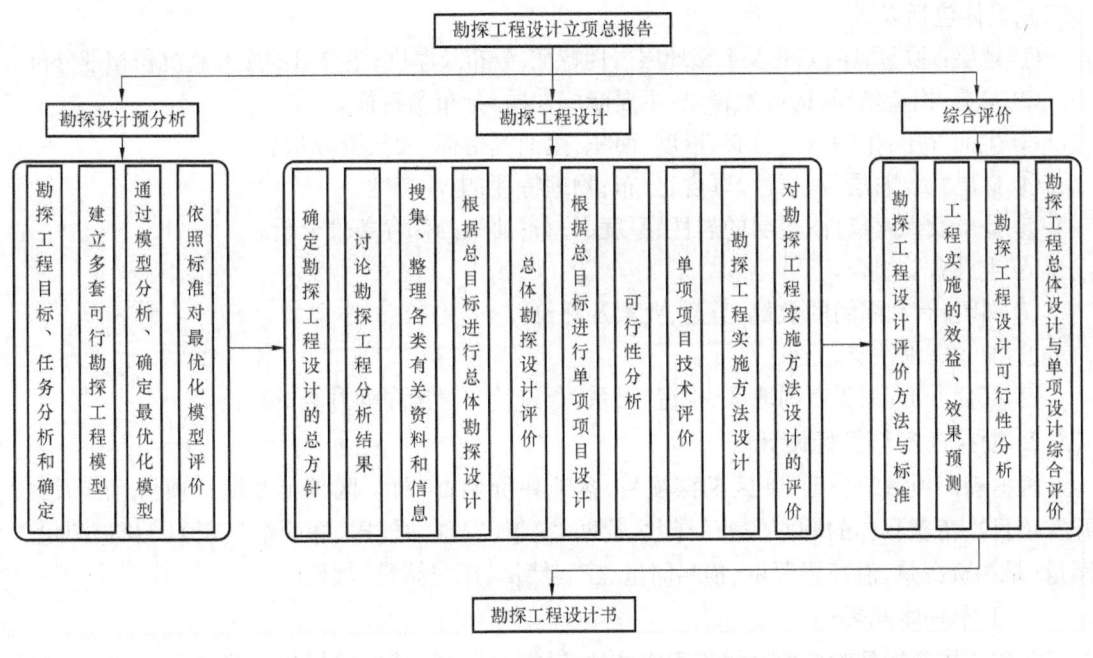

图 5-2　勘探工程设计方法流程图

勘探工程的分析是要确定工程的目的和任务,建立模型,对不同方案建立的模型进行优化比较分析,确定最优模型。勘探工程本身是要确定勘探工程使用的方法、技术,收集和整理数据,进行各个单项目设计和总体设计。勘探工程设计方案的综合分析评价,是要从技术和经济两个方面对设计的多种方案进行评价和优选,选择符合勘探规范与标准、结合了勘探目标具体特征、方法技术先进、经济和社会效益最佳的方案。

第三节　油气勘探项目总体设计部署

一、勘探项目总体设计

视频 5-2　油气勘探项目总体设计

勘探项目总体设计是勘探项目在项目期内的总规划,时间与项目期一致,是编制项目年度计划的主要依据,也是项目竣工验收的主要依据。编制项目总体设计的主要依据是项目立项报告、审批结果与中长期勘探规划。一个勘探项目总体设计的主要内容应当包括地质论证、勘探任务与目标、工作总体部署、工程实施要求与运行计划、经济效益预测及风险分析等。

1. 项目地质论证

1）基本概况

基本概况包括:工区范围、自然地理、经济状况;工区勘探程度;主要勘探历程和成果(资源发现、新认识)。

2）地质论证

地质论证是对勘探对象的各项石油地质特征进行系统分析描述与综合评价(汪蕴璞等,1997),具体包括以下九个方面:

① 地层:地层层序;基底及上覆地层岩性特征、分布及厚度;主要目的层有利沉积相带分析。

② 构造:构造格局;构造发育史;主要断层性质、分布及特征。

③ 生油气层:生油气层分布、厚度、面积;生油气指标;油气资源量。

④ 储层:类型;层位、岩性、厚度、分布;物理特性;电性特性。

⑤ 盖层及保存条件:盖层的岩性、厚度、分布;油气的保存条件分析。

⑥ 生、储、盖组合。

⑦ 圈闭:有利圈闭的数量、类型、要素及评价。

⑧ 油、气、水性质。

⑨ 综合评价:主要有利地区、构造、层系;资源量—储量序列升级的预测。

2. 勘探任务与目标设计

根据勘探项目的类型(新区勘探项目、盆地评价勘查项目、区带工业勘探项目、滚动勘探开发项目),落实具体的勘探任务(择盆、选凹、定带、发现油气田、探明油气田)以及资源量—储量(推测资源量、潜在资源量、预测储量、控制储量、探明储量)规模。

3. 工作总体部署

工作总体部署是对各项勘探工程实施的范围、工作量、精度等提出明确的要求,对科学研究及其他辅助工程提出相应的规划,包括九个方面:

① 非地震物化探:工区;任务及要求;精度。

② 地震勘探:工区;地质任务及要求;二维测网密度,测线长度;三维地震面积;对地震勘

探的特殊要求。

③ 钻探任务:井别、井数;钻井进尺;取心进尺。

④ 地质录井要求:常规地质录井;特殊录井。

⑤ 测井要求:常规测井系列;特殊测井系列或特殊测井项目。

⑥ 试油及油气层改造:中途测试及原钻机试油气的井、层数;完井试油气井、层数;油气层改造井、层数。

⑦ 分析化验:常规项目;特殊项目。

⑧ 科研工作:地质综合研究;工程攻关和新技术、新方法的应用。

⑨ 勘探生产辅助工程:井场、水、电、讯、路辅助工程,要做可行性论证及工程预算。

4. 工程实施要求与运行计划

工程实施要求与运行计划主要包括动用各工种队伍的数量及来源、各工程的质量要求及进度、各项资料的采取质量要求等。

5. 经济效益预测及风险分析

经济效益预测主要是指勘探项目预期能够获得的各种资源量及储量,以及解决地质问题效果。风险分析则主要包括可能导致的项目计划局部或者全部改变的地质风险进行预测,对完成项目的不利因素(社会及经济风险)进行分析并提出解决方案(Hirsch et al.,2005;Chima et al.,2007;Finer et al.,2008)。

二、勘探项目年度部署

项目年度部署是勘探项目在当年实施的基本依据,也是项目年度考核的主要依据,勘探项目年度部署的主要依据是勘探项目总体设计和上年度的勘探结果。

1. 年度部署内容

勘探项目年度部署的主要内容包括:

① 项目概况:主要是项目工区、子项目设置、勘探任务、总体目标等。

② 勘探成果:前期累计完成的勘探工作量、取得的勘探成果、勘探效益分析、下一步勘探方向与目标。

③ 年度部署的依据、原则与勘探任务(地质任务及储量任务)。

④ 单项工程工作量部署:非地震物化探,如重力、磁力、电法、化探、遥感等;地震勘探,包含野外采集、室内处理、资料解释、VSP测井等;钻井,如钻井总口数、总进尺、取心进尺,区域探井、预探井、评价井及地质井的口数、进尺、取心进尺;测试,如井数、层数,中途测试、酸化、压裂、试油及特殊工艺措施等。

⑤ 工艺措施及技术要求:地球物理勘探中特殊物探方法的研究与攻关、目标处理与解释,井筒技术中特殊钻井工艺,保护油气层的钻井液的使用与要求,录井、测井、油层测试及油层改造与试油的特殊工艺要求,以及综合研究(包括指导勘探部署设计的短期研究项目)等。

⑥ 年度勘探投资分析:非地震物化探勘探投资;地震勘探投资;探井工程投资(包括钻井、录井、测井、测试、油气层改造与试油);勘探装备投资(包括地震、测井、录井、测试、计算机软硬件);石油辅助工程投资(包括人工岛、堤、路、水、电等);综合研究投资;勘探项目管理费用等。

⑦ 效益预测及风险分析:对项目年度预期成果进行分析,对勘探中存在的问题与风险进行预测。

2. 实例分析

以中国石油塔里木油田分公司(20××年)的勘探计划为例,其部署原则有五点:一是坚持油气并重,加快天然气勘探;二是坚持区域甩开、风险勘探,寻求大发现;三是突出重点,坚持评价,确保完成油气储量任务;四是强化工程技术攻关,努力提高进度、质量和效益,打破制约勘探的瓶颈;五是加强地质综合研究,创新思维,不断提供有利勘探目标。

围绕上述指导思想,提出了20××年度部署思路:① 以库车、塔中、塔北西部作为油气勘探和储量增长的重要阵地,切实贯彻整体解剖部署战略,确保油气储量稳步增长;② 以塔西南地区作为战略突破区,重点瞄准大目标、寻求大发现、实现大突破;③ 以塔东、塔东南地区为战略准备区,加大地震前期准备,加强地质综合研究。

具体落实到塔中地区,20××年的预探勘探部署分三个层次:一是以塔中多目的层为石油勘探的主战场,落实三年整体评价部署,实现石油勘探的新发现、新突破,确保完成储量任务;二是坚持新区、新领域的预探,对勘探"冷区"重新认识部署,努力寻找油气勘探战略接替区。20××年计划在塔中地区勘探子项目有:塔中26井区评价项目、塔中45井区评价项目、塔中54井区预探项目、塔中1井区白云岩预探项目、塔中5井区预探项目、塔中51地层圈闭预探项目、巴东3号构造预探项目、瓦石峡凹陷预探项目等。20××年计划新增探明天然气地质储量$100 \times 10^8 m^3$,控制石油地质储量$4000 \times 10^4 t$,控制天然气地质储量$150 \times 10^8 m^3$,预测石油地质储量$4000 \times 10^4 t$。计划部署二维地震6547km,三维地震$794km^2$,预探井12口,进尺59700m;预计勘探投资69578万元。需要解决的地质难题和技术攻关任务在于,塔中地区沙丘起伏剧烈,松散沙层厚度大,目的层埋藏深度大,地震波吸收衰减严重,激发接收条件差,需要改进激发、接收方法,提高资料的信噪比和分辨率。

以塔中54井区预探项目为例,该项目位于塔中Ⅰ号断裂坡折带西段,轮廓面积$80km^2$,预测资源量$4000 \times 10^4 t$。前期已钻井2口,其中1口(塔中54井)获低产油气流。为了探索塔中54井区的含油气情况,扩大勘探成果,2006年计划部署三维地震$332km^2$,部署钻探3口预探井,计划控制石油地质储量$2200 \times 10^4 t$,天然气地质储量$150 \times 10^8 m^3$(杨海军等,2016)。

第四节 油气勘探项目单项工程设计

勘探项目单项工程设计是项目运行期内对各单项工程的具体任务目标、技术参数、实施要求等开展的设计工作。要根据总体设计的目标进行,受其约束。单项工程设计是在项目年度部署得到批准、年度计划下达后才得以开始。单项工程设计一般分为两类:一类是单项地质设计,例如探井地质设计、探井试油地质设计和物探工区地质设计等,主要内容是井位、钻探目的层、试油层位、工区测网设计、工程质量基本要求、取资料要求、投资预算等;另一类是单项工程施工设计,例如非地震物化探工程设计、地震勘探工程设计和探井工程设计等,主要内容是为完成任务而采用的技术、工艺、质量标准、试验及设计图、施工进度等。

一、非地震物化探工程设计

1. 非地震工程设计

非地震物化勘探包括重力、电法、磁法、遥感等多种勘探方法,一般适用于油气勘探的早期阶段(Colombo et al.,2010;李智宏,2008;一苇,2009),各方法的部署设计要求不尽相同,本书要求主要适用于非地震物化探概查和普查阶段的一般设计工作,详查、精查等勘探阶段的设计也可参考本书要求执行。其中非地震物探工程及地球化学勘探均有对应的技术规程:SY/T 5819—2016《陆上重力磁力勘探技术规程》、SY/T 5820—2014《石油大地电磁测深法技术规程》。

该设计大致包括内容为：

① 要求完成的地质任务：盆地基底特征、地层分布、特殊岩性、局部构造、油气异常及含油气远景评价等。

② 设计内容和要求：技术设计、施工设计、补充设计。

③ 测线部署的原则：合理规划测线方向及测网密度等方面。

④ 野外工作方法。

⑤ 设计的编审程序。

⑥ 各类设计附图的要求。

2. 地球化学勘探工程设计

地球化学勘探简称"化探"，是利用地球化学的原理研究某地域内地表和地下的元素分布情况，找出它们的地球化学规律，进一步指导找矿的勘察方法（Horvitz，1985；Waples，2013；陆正，2018）。其中石油与天然气化探工程设计，主要内容为：① 设计目标（区域勘探阶段主要地质任务、圈闭预探阶段主要地质任务）；② 设计步骤（地质设计、施工设计、设计的审批、实施与变更）；③ 设计原则。

二、地震勘探工程设计

地震勘探是地球物理勘探中最重要、解决油气勘探问题最有效的一种方法，是钻探前开展石油与天然气资源调查的重要手段，也是工业勘探阶段确定圈闭要素的重要方法（Yilmaz，2001；Sengbush，2012；Helbig，2015）。我国不同油气勘探阶段对地震勘探的要求不同：在区域勘探阶段多为二维地震勘探；圈闭预探阶段早期为二维地震，近些年三维地震勘探应用越来越多；油气藏评价勘探阶段多为三维地震勘探。不同的勘探阶段对地震勘探工程设计有不同的要求。

1. 地震勘探设计内容与要求

地震勘探设计分以下三种：

① 分区技术设计，由甲方负责编写。其内容包括各地震队的工区、地质任务、测线部署、质量要求。

② 施工设计，由乙方负责编写，应在仔细踏勘工区和消化已有资料后编写。其内容包括工区的地表条件和地下地质条件，以往工作经验和资料中存在的问题，工作方法论证和试验，施工方案、进度安排及对各项工作质量的具体要求等，出工、收工、完成任务、测量资料整理、提交施工总结等。

③ 补充设计。其内容包括补充设计的原因和依据、地质任务要求、设计测线的起止桩号和工作量。

2. 地震测线部署的原则

① 根据地质任务，对全区进行整体规划。

② 在不影响地质效果的前提下，尽量避开复杂的地表条件。

③ 每条测线必须地质任务明确、针对性强、长度够，能控制构造形态和所研究的地质对象，同时又要节约工作量。主测线方向原则上要垂直主要构造带走向，同时考虑部署的整体性。为了特殊目的，也可根据需要部署一些其他方向的测线。

④ 地震测线应按直线施工。在概查和普查阶段，若地表条件很复杂，无法按直线施工时，可采取弯线施工。

⑤ 工区内的主要探井应有地震测线通过,以利于对比层位。

⑥ 相邻工区测线或不同年度地震测线的连接处应重复600m。

⑦ 测线号按测线的公里网坐标加(减)固定常数而定。测线桩号大小规定如下:南北测线南边为小桩号、北边为大桩号;斜测线则以南北向的交角大小来定,凡交角小于或等于北东或北西45°者,南小北大;交角大于北东或北西45°者,西小东大(图5-3)。

⑧ 三维测线部署原则。三维施工设计应依据该区的地质任务及地下地质条件来确定束线的方向,CDP网格点密度及覆盖次数,在设计中应保证与相邻三维区块的满覆盖连接(Vermeer,2002)。

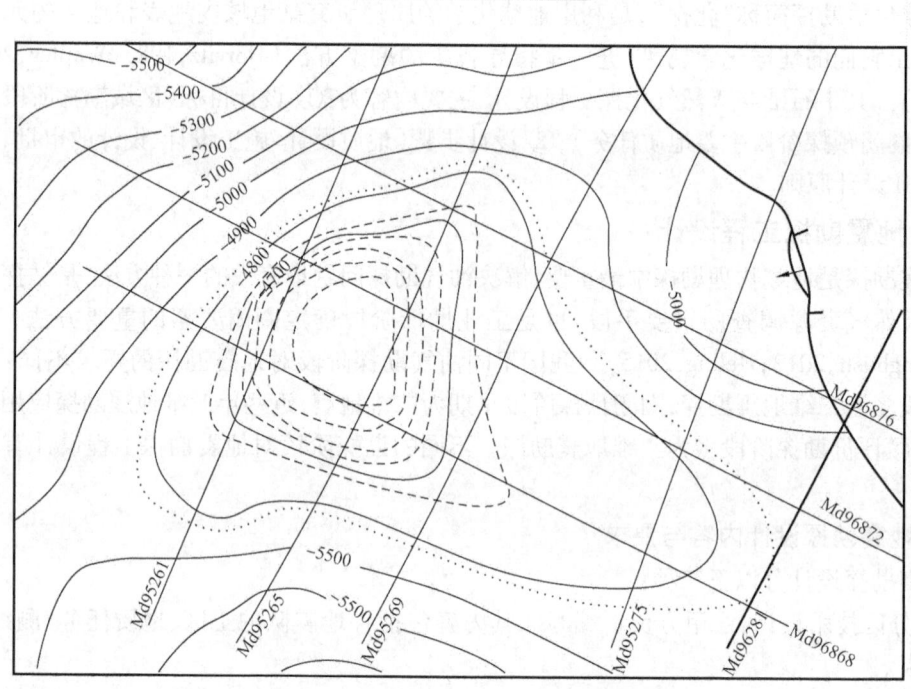

图5-3 塔里木盆地某构造二维地震测网及测线编号

3. 地震测网密度及施工方法

① 测网密度的确定。在不同勘探阶段应根据不同的地下地质条件确定测网密度。

② 野外工作方法。根据地震勘探各阶段的地质条件要求,经过野外试验,确定用不同的激发因素和接收因素进行工作。在确定是油气富集而又因"二维问题"尚未搞清油气控制因素的构造复杂区,可采用三维方法进行野外工作。

4. 设计的编审程序

设计应根据总的年度勘探部署,由项目经理部或项目经理部委托的设计单位提出设计方案,组织编写,经项目经理审核,上报批准;施工设计由乙方负责编写,并由乙方主管领导审查,报项目经理部批准。

5. 设计的调整

凡大的任务调整,如改变工区或者工作量变化较大,须由项目经理部提出,上报批准;凡局部测线调整,须由提出者填写测线调整任务书,由甲方批准后,交乙方实施。

6. 各类设计附图要求

附图包括地震设计所涉及的地形高程图、地质平面图、构造剖面图等。下面以塔里木盆地勘探早期区域二维地震测线、局部二维地震测线以及三维地震设计为例（图5-4），了解一下地震测线设计的思路。

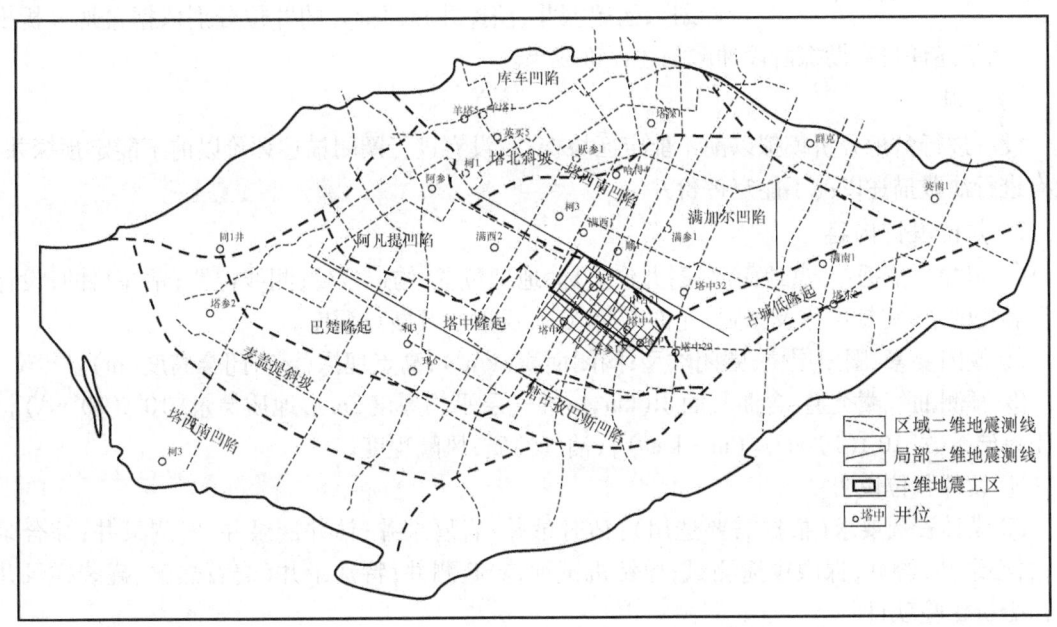

图5-4 塔里木盆地勘探早期地震测线及三维地震工区分布图

1）区域二维地震测线的设计

① 近南北走向及近东西走向，一般按照直线施工，尽量避开复杂地表条件（局部弯曲）；
② 兼顾主要探井，如在Z1测线通过满参1井，Z2测线过塔中32井；
③ 该类型测线一般在盆地勘探阶段（区域概查及普查阶段）实施，目的是查明盆地基底特征、沉积地层充填与分布、区域构造格局及区域油气地质特征。

2）局部二维地震测线

① 测线为直线，测线走向平行与垂直塔中隆起带。
② 测线通过主要探井，如过塔中1井、塔中4井。
③ 由于塔中1井及塔中4井油气勘探取得突破，已证实塔中隆起带为油气聚集带。因此，布置平行与垂直塔中构造带走向的二维地震测线若干条，以求查明塔中隆起带地层、构造、圈闭及油气地质条件，为迅速探明塔中隆起带油气藏分布及资源量做准备。该类型测线一般在圈闭预探阶段实施。

3）三维地震工区

① 在塔中Ⅰ号带海相碳酸盐岩油气勘探获得突破后，在塔中构造带北部，设计三维地震面积近6000km^2，CDP网格点25m×25m；
② 塔中4构造发现泥盆系—石炭系油气藏之后，为了降低风险，查明油气藏特征、储层分布及油气分布，并迅速落实探明储量，布置塔中三维地震工作。

三、探井井位设计

探井井位设计是完成总体勘探任务中的一个部分，也是顺利完成勘探任务必不可少的一环。

视频 5-3 探井井位设计

详细内容可查阅 SY/T 6244—1996《油气探井井位设计规程》。

1. 井位设计依据和原则

1) 依据

井位设计总体上依据批准的《年度勘探计划》和《勘探项目运行计划》；区域探井、预探井和评价井的井位分别依据盆地分析模拟、圈闭描述评价和勘探阶段油藏描述评价成果。

2) 原则

没有进行盆地分析模拟以前不能定区域探井；没有进行圈闭描述评价以前不能定预探井；没有进行油藏描述以前不能定评价井。

2. 井位设计内容

① 定井位依据：井点地面海拔；井位坐标；地理位置；构造位置；测线位置；钻探目的；设计井深和目的层；完钻层位及原则；允许移动范围；反射层及断点深度。

② 圈闭要素：圈闭层位；圈闭类型；圈闭面积(km^2)；高点埋深(m)；闭合高度(m)。

③ 预测油气藏类型：含油气面积(km^2)；油气层平均厚度(m)；地质储量[$10^4 t(10^8 m^3)$]；选用单储系数[$10^4 t(10^8 m^3)/(m \cdot km^2)$]；油气性质；风险程度。

④ 设计井位说明。

⑤ 设计资料要求(根据需要选用)：钻时录井；岩屑录井；钻井液录井；气测录井；综合录井；岩心录井；测井；裸眼中途测试；原钻机试油；VSP 测井；特殊录井(岩石热解、罐装样录井等)；分析化验项目。

⑥ 构造井位示意图；地层柱状剖面图；预计油气藏平面、剖面示意图；地质设计特殊要求和下套管原则的说明。

以上内容构成单井《钻探任务书》，成为井位设计的最终成果。

3. 井位设计要求

井位设计须经过井位申报、井位论证、编制《钻探任务书》(表 5-1)三个阶段。其中任何一个环节的工作，直接影响到最终设计成果。因此，所谓"井位设计要求"，实则是对三个环节提出具体要求。

1) 井位申报要求

提供区域探井井位，必须搞清四个基本问题，提交五项研究成果。四个基本问题是：非地震物化探和地震勘探程度及质量；基底地层的时代、岩性、埋深及起伏形态和周边地质情况；预测沉积岩时代、厚度、岩性、岩相及分布状况；二级构造带划分及构造发育史，主要圈闭的基本情况，上下构造层之间的关系及主要断裂发育情况。五项研究成果是：井位部署综合研究报告(即某井地质论证报告)，包括勘探现状、基本地质认识，邻区、相似区成果对比，预测资源量及部署的主要依据，钻探目的、任务、设计要求等主要内容；1:5 万或 1:10 万区域地震构造图两层以上，1:10 万或 1:20 万重磁力异常图，区域地震大剖面和相应的地震地质解释大剖面(纵向、横向)两张以上，解释剖面必须包括对生储盖层和油气藏的预测；生油层厚度预测图，生油岩分布预测图，储层平面预测图，预测地层—岩性综合柱状图；构造发育剖面图，地层压力曲线图；资料综合和分析化验成果。

提供预探井井位必须搞清三个基本问题，提交八项研究成果。三个基本问题是：非地震物化探和地震勘探程度及质量；区带成藏条件，区带成藏的七个基本条件及其在时空方向的配置

表 5-1　钻探任务书

一、定井位依据：
二、井　　别：　　　　　　预探井　　　　　　地面海拔　　　　m
三、井位坐标：　　　　　　纵(X)　　　　　　横(Y)
四、地理位置：
五、构造位置：
六、测线位置：
七、钻探目的：
八、设计井深：　　　　m　　　　　　　　　　　目的层：
九、完钻层位及原则：
十、允许移动范围：
十一、反射层及断点深度：　　　　　　m
　　　　T　　　　T　　　　T　　　　T
　　　主要断点深度：　　　m　　　　断距：　　　m　　　　层位：
十二、圈闭要素：
　　　圈闭层位：　　　　　　　　　　高点埋深：　　　　　　m
　　　圈闭类型：　　　　　　　　　　闭合幅度：　　　　　　m
　　　圈闭面积：　　　　　　　　　　km^2
十三、预测油气藏类型：
十四、预测油气地质储量：　　　　　　　　　　$×10^4 t(10^8 m^3)$
　　　含油(气)面积：　　　　　　　　　　　　km^2
　　　油(气)层平均厚度：　　　　　　　　　　m
　　　地质储量：　　　　　　　　　　　　　　$×10^4 t(10^8 m^3)$
　　　选用单储系数：　　　　　　　　　　　　$×10^4 t(10^8 m^3)/(m·km^2)$
　　　风险程度：
十五、设计井位说明(包括钻井顺序要求,井位点海水深度,实施的要求等)：
十六、设计录取的主要资料：
　　　1. 岩屑录井：
　　　2. 气测录井：
　　　3. 综合录井仪录井：
　　　4. 岩心录井：
　　　5. 测井要求：
　　　6. 裸眼中途测试：
　　　7. 原钻机试油：
　　　8. 罐装气样录井：
　　　9. 垂直地震测井：
十七、构造井位示意图：
十八、预测油气藏示意剖面：
十九、地质设计特殊要求和下套管原则等说明：

填表人	审核人	项目经理	批准人
年　月　日	年　月　日	年　月　日	年　月　日

关系,区带油气资源评价和资源量—储量序列;圈闭成藏条件,圈闭的层数、类型、要素和落实程度,烃源条件,生储盖组合特征和成藏的配置关系,预测油气藏类型、资源规模、品位,预测风险(不利因素分析及风险程度)。八项研究成果是:地质综合研究报告、专题研究报告及区域勘探形势报告;区带主要标准反射层连片构造图(新区带至少要提供两层,比例尺 1∶25000 或 1∶50000)、目的层局部构造图或圈闭顶面埋深图(比例尺不小于 1∶25000)及圈闭要素表,过井纵、横向地震剖面;储层、盖层空间展布与圈闭配置关系图;区带(或圈闭)构造发育及成藏

演化剖面(勘探程度低或复杂区带必备);油气藏预测剖面图(横≥1:5000,纵≥1:2000);预测圈闭资源量及参数选值依据;地层压力预测曲线;其他参数图件(储层物性预测分析图、非地震物化探成果图、邻近已钻井图件和资料)。

提供评价井井位必须搞清四个基本问题,提交九项研究成果。四个基本问题是:油气藏类型和控制因素;储层类型、空间展布形态、储集空间分类、物性特征和"四性"关系;预测(或基本控制)石油地质储量、油气物性特征;技术经济初步评估和风险预测。九项研究成果是:综合评价图;用合成地震记录标定目的层的两条地震剖面(其中一条必须是连井的);经层位标定的油藏顶面构造图或埋深图(比例尺 1:10000 或 1:25000);储层空间展布图、地层对比图、油藏剖面图;封堵断层分析图;储层内部物性差异分析图,沉积相、亚相、微相分析及相应图件;油藏描述的其他图件;预探井及前期评价井的测井、测试成果及分析报告(地层特征、分析范围、储量等);对于油气藏规模较大的成批评价井部署方案,应交论证报告。

2) 井位论证要求

井位论证由项目经理主持,组织专家评审组,对《井位地质论证报告》进行审查和评定。如果实行井位招标,则由项目经理主持评标,组织专家评委会,进行评标。无论采取何种方式,井位论证都必须坚持决策的民主化、科学化、最优化原则,并着重搞清以下基本问题:设计依据是否充分,原则是否坚持,地质论证资源预测是否科学,技术论证是否先进、可行,经济论证是否合理,风险程度有多大。通过充分论证,选择最佳设计方案。

3) 编制《钻探任务书》要求

充分利用井位申报阶段的研究成果,尊重井位论证时专家的意见,认真编制《钻探任务书》,使其达到科学、合理、经济的目的,为钻井地质、工程设计提供设计依据。

4. 编审程序

① 下达设计任务。项目经理按照项目运行计划,向有井位设计资格的单位或中标单位下达井位设计任务书。

② 编制井位设计报告。接受设计任务(或中标)单位,按照设计任务书的要求,编制井位设计报告,编写人签名、单位业务主管审查、签报项目经理部。

③ 井位设计报告评审。项目经理组织专家评审组对井位设计报告进行评审,择优选用设计方案。

④ 设计井位的审批。已经选用的设计方案,按规定程序审批。其中区域探井和预探井项目经理审定,报上级批准;评价井项目经理审批。

⑤ 编制钻探任务书。区域探井由地质研究院编制;预探井由地质研究院或项目经理部编制;评价井由项目经理部或井位提出单位编制。

⑥ 钻探任务书的下达。钻探任务书经项目经理审批后,向承担钻井地质设计任务的单位下达,同时附有相应的基础资料和基本图件。区域探井还要附《井位地质论证报告》。

⑦ 附表、附图。附表包括邻井地层分层数据与地震反射深度对照表。附图包括:××地区井位构造及地理位置图;××地区地震××反射层构造图;××井过井地质解释横剖面图;××井过井地震时间剖面图;××井设计地层柱状剖面图。

四、探井地质设计

油田勘探开发的一项重要技术是钻井地质设计,这项技术是连接勘探部署和钻探施工的纽带。提升钻井地质设计工作水平,可以更加高效快捷地发现和利用资源。详细内容可查阅

SY/T 5965—2017《油气探井地质设计规范》。

探井地质设计依据为：勘探方案审定纪要；单井《钻探任务书》(表5-1)及附表、附图；邻井钻探成果；企业技术标准。设计原则为：探井地质设计必须在现代勘探理论指导下，以单井《钻探任务书》为依据，以计算机辅助设计为手段，以体现综合运用先进勘探技术、工艺、方法为内容，在广泛收集区域地质和邻井资料基础上，充分利用井位设计阶段的研究成果，进行精心设计。使设计具有科学性、先进性、可行性和经济性，保证钻探目的实现。

1. 设计内容

1）区域地质简介（区域探井和预探井）

① 设计井所在区域构造位置；

② 区域地层、构造、生储盖组合及油气水特征简述；

③ 邻井钻探成果；

④ 对设计井进行预测评价。

2）基本数据填写

井别、井号、井位（井位坐标、地理位置、构造位置、测线位置），设计井深，钻探目的及目的层，完钻原则及完钻层位均按单井《钻探任务书》或《勘探方案审定纪要》填写。

3）设计地层剖面及预计油气水层位置

① 设计地层剖面：层位、井段、层厚、接触关系、岩性简述。

② 预计油气水层位置：按地区性油气组合关系和单井《钻探任务书》中确定的目的层填写。

③ 工程故障提示：根据区域地质和邻井钻探资料，提示本井可能钻遇的喷、漏、卡、盐水浸、浅气层、不整合面和风化壳等地质现象的层位及井段。

4）地层压力预测及钻井液使用要求

① 邻井实测压力资料：井号、方位、距离、测压日期、井段、地层压力、地层压力系数。

② 压力预测曲线：没有邻井压力资料，根据地质资料和测井资料绘制压力预测曲线，写明层位、埋深、地层压力系数和地层破裂压力系数。

③ 设计井地层压力预测：层位、井段、预测地层压力系数。

④ 邻井钻井液使用情况：井号、方位、距离、完井日期、井段、钻井液性能、槽面油气显示及井下异常现象。

⑤ 设计井钻井液使用要求：明确钻井液类型、分段钻井液相对密度、漏斗黏度、失水、携带岩屑能力及钻井液处理剂防污染要求。

5）取资料要求

① 钻时录井：录井井段、间距及特殊要求。

② 岩屑录井：录井井段、取样间距及特殊要求。

③ 气测录井：录井井段、间距、后效测量及异常段的取样要求。

④ 综合录井：录井项目、井段、后效测量、真空蒸馏分析等特殊要求。

⑤ 荧光录井：区域探井及预探井逐包进行湿、干照，对可疑含油岩屑进行逐包滴照，滴照见荧光要进行系列对比；评价井对渗透层进行湿、干照，对可疑含油岩屑进行滴照；对非孔隙性碳酸盐岩、片麻岩岩屑，逐包进行湿、干照，有荧光显示要进行系列对比。

⑥ 地球化学录井（岩石热解）：区域探井设计地球化学录井，明确录井井段、层位、取样密

度、选样原则、数量。

⑦ 钻井液录井及氯离子滴定:区域探井和预探井设计钻井液录井和氯离子滴定。明确钻井液录井层位、井段、项目和测点间距;明确氯离子滴定的层位、井段、取样间距及特殊要求。

⑧ 地质循环:钻遇油气显示或快钻、放空等地质现象时,应立即停钻循环;观察井口、池面、槽面的液面变化和油气显示及后效变化,以便准确判断油气层和井下地质情况。

⑨ 钻井取心:设计取心原则、取心目的、取心井段、取心进尺、岩心直径及收获率等。

⑩ 井壁取心:设计取心原则、目的、颗数和岩心直径。

⑪ 地球物理测井:设计测井系列、项目、井段、比例尺、放大曲线以及特殊项目测井。

⑫ 中途测试:设计测试原则、依据、目的、预测层位、井段、测试方式及取资料要求。

⑬ 原钻机试油:设计原钻机试油原则、预测层位、井段及取资料要求。

⑭ 分析化验及选样送样要求:设计分析化验目的、项目、层段;设计岩屑样、罐装样、岩心样、钻井液样、水样、油样、气样的取样原则、层段、间距、数量、装封及选样要求。

⑮ 制作实物剖面或岩样汇集:区域探井设计实物剖面或岩样汇集的制作井段、方法及要求。

2. 设计要求

① 井身质量要求:井斜和位移的允许范围及井身轨迹要求。

② 套管要求:明确套管程序,套管尺寸、钢级、壁厚、下深,油层套管阻流环位置,管外水泥返高,水泥封固质量。

③ 完井方法要求:先期完井,套管完井,钻掉人工井底替清水完井等。

④ 技术说明及其他特殊要求:施工过程中可能钻遇的重大地质问题;与设计有很大出入时所采取的相应预备方案及措施;定向探井、多目标探井、水平探井、斜探井、需要预应力固井的探井等特殊施工工艺要求。

3. 环境资料提供

区域探井要提供环境资料,包括:

① 气象资料:井位所在地季风方向,预计施工期间的气温、风情、雨量、汛期、水位等。

② 地形地物资料:井位所在地的地面、地形特征,同铁路、公路、通航河流及建筑物的最近距离。

③ 地表资料:地面土壤承压强度及浅层水文资料。

4. 编审程序

① 设计任务下达:井位设计批准后,项目经理向具有探井地质设计资格的单位下达设计任务书,同时提供单井《钻探任务书》及其附图、附表;区域探井还要提供井位提出单位编制的《井位地质论证报告》。

② 设计编制:承担设计任务的单位依据单井《钻探任务书》或《勘探方案审定纪要》,广泛收集区域资料和邻井资料,充分利用井位设计阶段的研究成果,进行设计编制;编制完毕,设计人签名,设计单位业务主管领导审查,签报项目经理部。

③ 设计审定、审批:区域探井、预探井由项目经理审核,上报批准;评价井由项目经理审定、批准,上报备案。

5. 设计附表、附图

设计邻井地层分层数据及地震反射深度对照表。设计附图(图 5-5、图 5-6)包括:井位构造图和地理位置图;主要目的层局部构造井位图;过井地质解释剖面图;过井地震时间剖面图;设计井地层柱状剖面图,该剖面要体现设计井油气藏基本特征、目的层埋藏深度及与邻井的关系等信息。

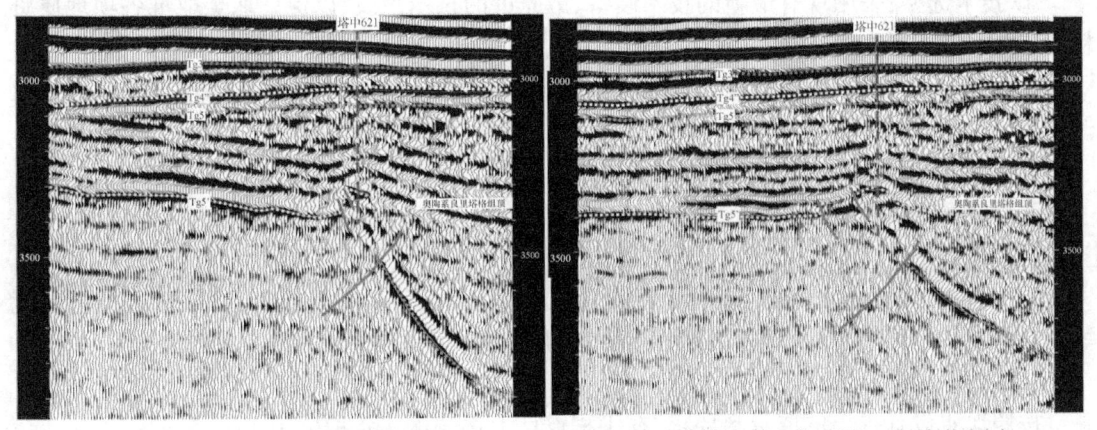

(a) NE向剖面(Inline1336),垂直构造走向　　(b) SE向剖面(Crossline883),近平行构造走向

图5-5　过塔中621井(设计井)地震解释剖面

剖面上要体现设计井位置、坐标、层位解释方案及构造解释方案等圈闭信息

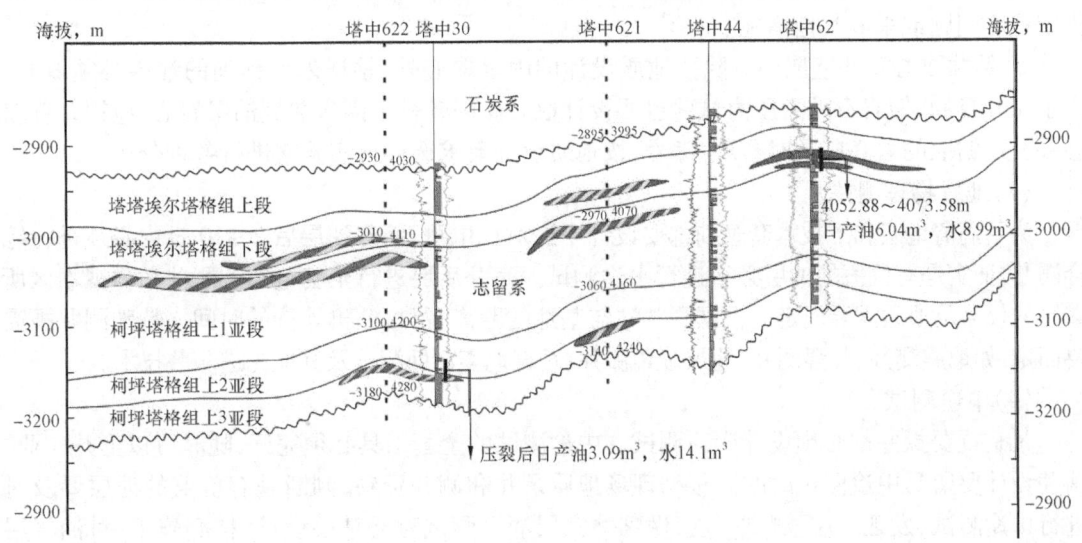

图5-6　塔中621井预测油藏剖面图

五、钻井工程设计

熟悉钻井工程设计内容、步骤与原则,对于合理设计钻井工程、提高勘探效率有着重要的意义。钻井地质任务下达后,一般由钻井工程设计部门(钻探公司)完成钻井工程设计。设计详细规范见:SY/T 5333—2012《钻井工程设计格式》、Q/SH 0081—2007《探井(直井)钻井工程设计》、Q/SH 0082—2007《水平井钻井工程设计要求》。

1. 探井(直井)钻井工程设计

1)设计依据和原则

(1)设计依据

设计依据××井井位设计书,××井地质设计书及附图,项目经理部下达的任务书企业技术标准。

(2) 设计原则

① 技术选型:采用现有最新的技术装备、最先进的技术手段,以保证取全取准各项地质资料,及时发现油气层、保护油气层为目的。

② 钻探工艺选择:要保证油气井井眼轨迹符合勘探的要求,能承担测井、中途测试等作业的需要;完井质量能满足各种井下作业的需要;保证油气探井能长期使用。

③ 安全性与经济性:设计采用的施工技术要保证安全、优质、快速钻井的要求。

2) 地质综合设计内容

(1) 概况

概况包括:区域地质概况;地理及环境资料(水资源、道路、井场施工条件、邻区社会环境等);钻探目的;预测钻达的地层,预测的油气水层位置,完钻层位和井深完井方法。

(2) 取资料要求

按照地质设计提出的取资料要求,在工程设计上逐一落实各项措施:

① 岩屑、钻时、钻井液荧光、气测录井的密度。气测仪器的型号,后效取样,钻井液真空蒸馏取样等特殊要求,钻井设计从装备到材料准备,都要为录取资料创造良好条件。

② 循环观察。发现井涌、井漏、气测异常,要及时循环观察,待岩屑上返地面荧光录井后决定取心问题或采取其他措施。

③ 钻井取心及井壁取心。除按地质设计的固定取心外,钻遇未设计到的油层必须取心。为了工程目的,做岩石破裂压力试验也要设计取心。因各种原因未取到油层岩心,应用井壁取心补充。钻取的岩心应及时整理、编号,按地质设计要求选样送实验室进行各种分析。

(3) 地球物理测井

为了搞清地层和下技术套管前都要设计中途对比电测,钻开油层后 2～10 日内必须进行综合测井,证实是有价值的油层必须进行中途测试。完井后要进行全套电测。测井系列视本区所掌握的仪器及地质需要而定。根据测井站与基地的距离,留足钻机等待的时间。特殊测井视需要而定,如地震测井、井温测井、地层倾角测井、垂直地震剖面测井及其他先进测井技术。

(4) 中途测试

凡是重要探井都必须设计中途测试。中途测试的全套工具必须完好,随时可以上井作业。钻井设计要留足中途测试时间。根据现场地质录井和测井资料,判断是有价值的油层要及时进行中途测试,发现一层,测试一层,做到井完层清。测试时要精心设计,精心施工,对油气层得出产液性质和产能的正确结论,为完井方式和完井后试油提供依据。

中途测试要求取以下资料:取样器所取样品分析结果;地层产能(在一定回压下的产能);累计回收的油气水量;油气比;外推地层压力;油气温度;污染系数;有效渗透率;有无异常边界反映及有关参数;测试资料解释报告。钻井液录井在正常钻进时,分段定时测量密度、黏度;钻时加快或油气侵时连续测量密度、黏度,并 1～2 循环周测一次全套性能。打开油气层后,每次下钻到底,每分钟测量密度、黏度,观察后效反应,及时采取相应的措施。

3) 钻井工程设计内容

(1) 钻井设备选型

应根据地质设计的钻探深度和工程施工的最大负荷,合理地选择钻机装备,选用的钻机负荷不得超过钻机最大额定负荷能力的 80%。其他相应的设备与其配套,尽可能采用先进的新技术装备。

（2）井身结构与套管程序设计

以地质设计提供的井深、钻穿的地层性质、故障提示和可能油气层井段的分布确定井身结构和多层套管程序，有利于保护油气层、钻杆中途测试和安全钻井。

（3）钻头、钻具组合和钻井参数的选择

钻头尺寸类型的选择、钻具组合、钻井参数的选择都要按照井身结构的需要配套设计。

（4）钻井液设计

钻井液的设计要以保护油气层和安全钻井为首要目的，钻井液的选型、性能设计都要以地质设计提供的地层孔隙压力和破裂压力预测及油气层的可能特性为依据，尽可能做到近平衡压力钻井，添加剂以不侵害油气层为目的进行配伍。钻井液的维护及处理要依照实测的孔隙压力和钻遇的地层、油气层的实际情况进行调整，调整意见先通报地质技术员。

（5）井身质量设计

井身质量以保证测井、中途测试和固井质量要求为核心，根据地质设计提出的资料，合理地选好钻具组合，包括钻头、减振器、扩大器、稳定器、震击器、钻铤、钻杆等的外径和长度，保证井径扩大系数等控制在允许的范围内，在复杂的地层井段加密测斜监控。

（6）井控

油气井控制从第二次开钻到完井的全过程都要进行控制。各次开钻的井口装置要根据区域地层压力选择井口装置型号，试压达到要求，装置定期检测和保养，使之始终处于良好状态，一旦有事可以立即启闭。放喷管汇安装固定牢靠，喷口处于下风方向。钻井中遇有油气层，完井后要安装与地层压力相匹配的采油树和油管。

（7）固井

固井是油气探井工程的最关键工序，涉及以后的各种井下作业是否能顺利进行和油气井的使用寿命，因此要精心设计，精心施工。根据地层预测压力和钻井监测压力，科学地设计不同钢级、不同壁厚的套管组合，使套管达到最安全使用程度。固井水泥浆设计要根据本井钻探的地层岩性、孔隙压力、井眼现状（如井深、井温梯度、井径、井斜、方位变化及其他特殊因素），正确选择水泥类型、水泥量、配制方式、外加剂及水泥浆流变性能，考虑各种条件，采用最好的施工工艺，争取一次成功，不留后患。水泥凝固后及时进行质量检测，采用井温、声幅和变密度测井。一旦发现固井不合格，要立即采取补挤水泥措施。

（8）环境保护与安全生产

环境保护与安全生产是我国的基本国策。钻井设计应包括井场和周围的环境保护，重点是排污的处理。安全生产的重点是防止井喷失控和人身安全，设计要提出具体的措施。

（9）进度安排

要根据合同的开、完井周期安排好施工进度，计划施工程序不能减少，质量必须保证，测井、中途裸眼测试的时间要留足，协调工作要抓紧。编制合理的作业进度安排表和图示，以备随时检查、及时调整。

（10）成本预算

在招投标的合同管理体制下，成本预算是作为投标和合同谈判的依据，施工中作为费用支出的依据，审计和检查时作为成本控制的依据。

4）编审程序

（1）设计任务书下达

地质设计书批准后，项目经理向具有探井工程设计能力的单位下达单井钻探任务书及其附图、附表。

(2) 设计编制

承担设计的单位根据单井钻探任务书、地质设计书及各种有关标准,尽可能采用先进钻井技术进行设计编制。编制完毕,由设计单位主管领导审查,签报项目经理部。

(3) 设计审定、审批

区域探井、预探井由项目经理审定,上报批准;评价井由项目经理审定、批准,上报备案。

5) 附件

附件包括钻井液设计书、井身结构设计图、成本预算表和进度安排表。

2. 水平井钻井工程设计

① 设计依据。

② 质量要求。

③ 工程设计:

a. 井身结构设计(图5-7),包括井身结构设计数据表和井身结构设计系数;

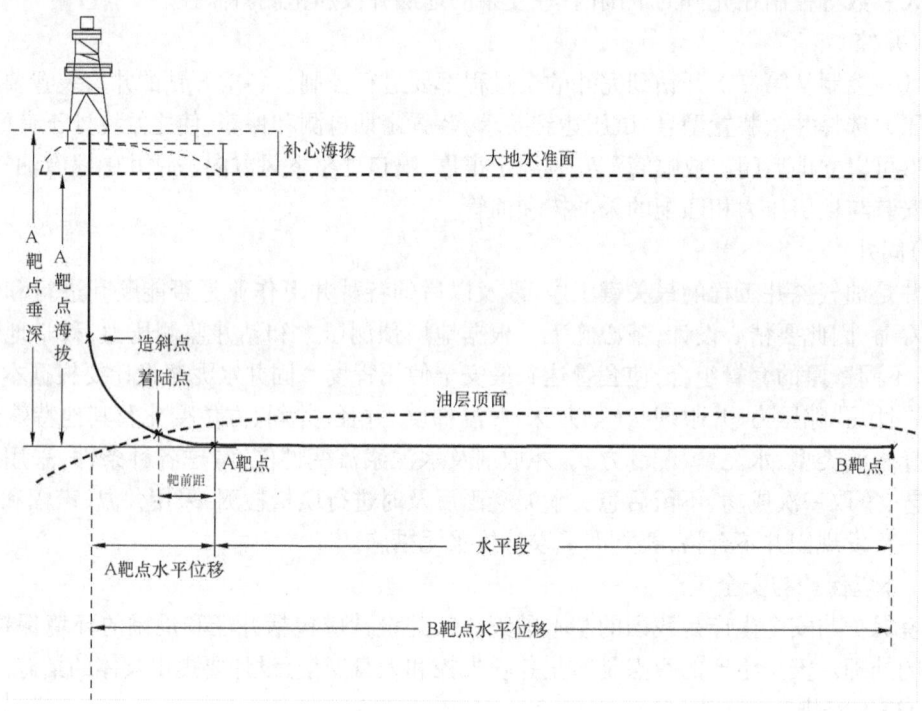

图5-7 水平井井身结构及常用术语

b. 轨道设计包括轨道设计表、井眼轨道垂直投影示意图、井眼轨道水平投影示意图、防碰扫描(根据需要做防碰设计)、防碰扫描图;

c. 钻机选型及钻井主要设备;

d. 钻具组合,包括钻具组合设计、钻柱强度校核数据表、钻柱强度校核图、钻柱轴向力、扭矩、综合应力、弯曲应力、摩擦力图、井下专用工具及仪器;

e. 钻井液设计基本数据;

f. 取心设计,包括取心井段及工具、取心钻具组合及钻进参数设计、取心技术措施;

g. 钻头及钻井参数设计,包括钻头设计和钻井参数设计;

h. 油气井压力控制设计,包括各次开钻井口装置示意图、各次开钻井口装置及试压要求、井控主要措施、井控要求;

i. 油气层保护设计;

j. 固井设计,包括套管柱设计、套管柱强度校核表、套管强度校核图(抗拉、抗挤、抗内压)、水泥用量、各层次固井外加剂用量及主要附件、固井主要工艺要求;

k. 分井段施工重点要求,包括防卡、防斜、防喷、防漏及水平钻井技术措施;

l. 完井井口装置及要求;

m. 地层漏失试验;

n. 防 H_2S 措施;

o. 上交及验收资料要求。

④ 健康、安全与环保要求:基本要求;健康、安全与环保管理体系要求;关键岗位配置要求;健康管理要求;安全管理要求;环保管理要求。

六、试油地质设计

1. 试油方式、设计依据、选层原则

1) 试油方式

视频 5-4 探井试油地质设计

对于探井而言,试油方式可分为原钻机试油和完井常规试油两种。一般情况下,针对预探井、评价井和滚动勘探开发阶段的探井,都是在完井后由专业试油队进行常规完井试油。对于区域探井(科探井和参数井)和部署重要的预探井,当探井钻遇到良好的油气显示层、明显的气测异常段、钻井液的大量漏失段、钻时明显加快或者放空的层段时,现场地质录井人员就应该及时整理油气层的资料,经过科学细致的分析,提出测试意见,为及时发现油气层,防止油气层污染提供依据,这种测试方式称为原钻机试油。

2) 设计依据

探井试油地质设计,依据探井地质设计要求和钻井、录井、测井显示资料;对于完井试油设计,还要依据中途测试成果。

3) 选层原则

由于地层测试和试油(气)是一项技术复杂、成本较高,但又必须要做的工作,所以在油气勘探过程中,下列层位一般都作为探井试油层位首选层段:① 岩心录井中有油气显示的层段;② 岩屑录井中有油气显示或岩屑荧光录井有油气显示的层段;③ 气测录井中具有气测异常的井段;④ 测井解释的油气层或可疑油气层;⑤ 地化录井中有油气显示的井段。

区域探井完井试油,选择最佳层位,利用原钻机试油,突破出油关,打开新区勘探局面;预探井完井试油,原则上自下而上分层试油,逐层逐段搞清,但要分清主次,分别提出不同的取资料要求;评价井完井试油,根据产层和界限层的认识,选择典型层试油,取得油层评价资料;滚动勘探开发阶段中的评价井,根据预探井和评价井未认识的储层和界限层遗留的问题,选择相应层位试油,以解决遗留认识问题;完井试油层数一般不超过三层。

2. 设计内容

试油地质设计以《试油任务书》形式下达,具体包括:① 序号,按自下而上顺序编号;② 层位及井段,按油层所在层位和井段填写;③ 油层,层数和厚度(m);④ 解释号,按自上而下顺序编号;⑤ 电测解释,按电测解释成果填写;⑥ 岩性及含油气显示,岩性、含油气显示级别及槽

面油气显示均按录井资料填写;⑦ 试油目的。

3. 地层测试取资料项目(原钻机试油)

测试井基本数据:井位;井深;井身结构;测试层位;坐封位置;测试井段;测试层厚度;测试层岩性;电测解释结果及孔隙度;油气显示。

测试管柱结构数据:测试方法(常规与跨隔);下井工具规范(名称、规格、内外径、长度);工具所在深度;井底油嘴尺寸。

压井液数据:类型;相对密度;黏度;失水量;含砂量;电阻率;氯根含量。

测试时地面记录数据:坐封时间;各次开关井时间;解封时间;地面油嘴尺寸;井口压力;地面产出流体类型;产出流体数量;测试时地面显示描述。

放样数据:放样地点;取样室压力;油样量;天然气量;水样量;钻井液量;油气比。

管柱内回收液数据:液面高度;液体类型;液体性质。

下井仪器数据:压力计型号;压力计编号;压力计压量;下入深度;内或外压力计;时钟时程及走速;温度计量程与记录的最高温度;初静液压力;初流动压力;初关井压力;终流动压力;终关井压力;终静液压力。

取样分析数据:

① 油分析数据,包括相对密度、黏度、凝点、含水量、含盐量、含硫量、初馏点、馏分;

② 天然气分析数据,包括相对密度、组分及百分含量、临界温度、临界压力;

③ 地层水分析数据,包括相对密度、pH 值、各种离子(六项离子)含量、总矿化度、水型;

④ 高压物性油、气、水分析数据;

⑤ 原油的饱和压力、地层原油黏度、体积系数、压缩系数、溶解系数、地层原油密度、原始油气比;

⑥ 天然气的相对密度、黏度、体积系数、压缩系数、压缩修正系数;

⑦ 地层水的相对密度、黏度、体积系数、压缩系数。

资料处理和计算参数:

① 压力记录和换算数据,包括卡片号、压力计号、压力换算系数值、压力换算常数值、时钟编号及量程、时钟实际走速、测试井深温度、基本压力点标号、时间数据、对应井底压力值、时间对数值、关井时间对应的恢复压差值。

② 绘制曲线图,包括压力曲线展开图、初关井霍纳曲线图、终关井霍纳曲线图、双对数曲线图、压力导数曲线图、早期分析图、其他曲线图。

③ 计算参数,包括:产量数据,测试产量(油、气、水产量及累计产量)、理论产量(油、气、水产量);压力数据,实测地层静压力、初关井外推最大压力、终流动压力、平均流动压力、稳定流动压力;霍纳分析或叠加分析数据,直线段斜率、流动系数、产能系数、有效渗透率、堵塞比、堵塞引起的压降、表皮系数、井筒有效半径、实测产液指数、理论产液指数、实测采油指数、理论采油指数、调查半径、井到异常点距离、压力梯度;双对数分析数据,流动系数、产能系数有效渗透率、表皮系数、井筒储集常数、储容比、窜流系数、径向流及其时间。

4. 完井常规试油求产取资料项目

① 有工业价值油气层。对于自喷井,取资料项目包括:油嘴直径,产油量,产气量,产水量,求产时间,油气比,油压,套压,流压,静压,压力恢复曲线,井口温度,流温,静温,地温梯度,含水量,含砂量,氯根含量,高压物性样品,地面油、气、水样品,累计油、气、水量。对于非自喷井,取资料项目包括:工作制度(抽汲、提捞深度、次数、时间、动液面深度、气举压力),产油量,

含水量,含砂量,氯根含量,地面油、气、水样品,累计油、水量。

② 无工业价值油气层:一定条件下的油、气产量,近似地层压力,地面油、气、水样品。

③ 水层:一定条件下的产水量,静压,流压,油压,套压,水性。

④ 各类井取资料项目。

5. 油气层改造取资料项目

1) 压裂或酸化参数

压裂或酸化参数的选择必须依据钻井地质获得的岩矿特性(包括速敏、酸敏、水敏等)、地层压力、破裂压力、地面试验资料等进行论证后做好设计,经审批后施工。同时录取资料,包括:油气层层位;井段;岩性;管柱;泵压(最大、最小、一般);破裂压力;排量(最大、最小、一般);压裂液、酸液名称;配方;用量(前置液、携砂液、顶替液、平衡液);加剂种类及用量;撑剂名称(砂径、砂量、含砂比等)。

2) 油气层工业油流标准及试油结论

试油结论包括:

① 油层:具有工业价值纯油层(含水率小于5%)。

② 气层:具有工业价值纯气层或带凝析油层。

③ 水层:纯水层。

④ 油水同层:油水同出。

⑤ 低产油气层:产油气量在工业油气流标准以下,干层以上者。

⑥ 可能油气层:根据地层录井资料分析,认为有油气储存,但测试或试油未见油气流或钻井液严重污染的储层;

⑦ 干层:经过措施后,在套管允许掏空深度条件下,用抽、捞方法,加强排液,消除钻井、射孔、试油过程中对油层的伤害,搞清油层的真实面貌,无油、气、水产出或日产液量极少。

6. 编审程序

(1) 方案论证

试油方案论证由项目经理主持,录井、测井、研究和施工单位有关技术人员参加,通过对录井显示资料、测井显示资料及邻井试油资料的综合分析,按照探井部署钻探目的要求,初步确定试油方案。

(2) 方案制定

根据方案论证意见,项目经理部编制或委托研究设计单位编制试油方案,项目经理审定后报批。

(3) 方案审批

区域探井试油方案由项目经理初审,上报批准;预探井试油方案由项目经理审核,上报批准;评价井试油方案由项目经理批准,上报备案。

(4) 方案实施

试油方案批准后,项目经理部以《试油任务书》形式下达给试油施工单位。施工单位按照《试油任务书》要求,编制试油施工设计,经单位总工程师审核后,报项目经理批准实施。

(5) 方案调整

施工单位在施工过程中,发现原方案需要调整或提出新的试油意见,施工单位将调整意见形成书面材料,经单位总工程师审核,报项目经理部,由项目经理按原定审批程序办理。

复习思考题

1. 简述油气勘探项目的类型及特点。
2. 简述油气勘探项目设计的基本原则、主要方法和设计流程。
3. 油气勘探项目总体设计主要包括哪些内容?
4. 简述油气勘探项目年度部署的主要内容。
5. 简述油气勘探项目单项设计的类型及各类的主要设计内容。
6. 简述非地震与地震的物化探工程设计的主要内容。
7. 探井井位设计与探井地质设计各包括哪些内容?
8. 简述探井试油地质设计的试油方式、设计依据、选层原则和设计内容。

参 考 文 献

陈寿康,陈安民,1998. 市场经济与油气勘探项目管理. 武汉:中国地质大学出版社.
杜金虎,何海清,皮学军,等,2011. 中国石油风险勘探的战略发现与成功做法. 中国石油勘探,1:1-8.
郭秋麟,米石云,2004. 油气勘探目标评价与决策分析. 北京:石油工业出版社.
康玉柱,2018. 中国非常规油气勘探重大进展和资源潜力. 石油科技论坛,4:1-8.
李智宏,2008. 非地震勘探技术//中国石化石油勘探开发研究院南京石油物探研究所. 油气地球物理技术新进展:第七十六届 SEG 年会论文概要.
刘福刚,唐邦忠,李林波,等,2012. 探井试油地质设计编制探讨. 管理学家,9:286.
龙幼康,2011. 中扬子地区下古生界页岩气的勘探潜力. 地质通报,30(2-3):344-348.
陆正,2018. 浅谈地球化学勘查新技术应用. 世界有色金属,8:203,205.
罗伯逊 J D,1992. 地震勘探在油气田开发中的应用. 范伟粹,等译. 北京:石油工业出版社.
罗东坤,1995. 中国油气勘探项目管理. 东营:石油大学版社.
马永生,2015. 油气勘探工程技术呈现八大转变. 科技日报.
皮光林,王敏生,光新军,等,2018. 我国天然气水合物勘探开发行业现状、挑战与对策. 中国矿业,27(4):1-5.
天工,2018. 中石油风险勘探新增可采油气储量 13 亿吨油当量. 天然气工业,38(8):68.
汪蕴璞,汪珊,林锦璇,等,1997. 西湖凹陷油气运聚成藏的水文地质论证. 中国海上油气(地质),5:1-8.
吴青鹏,吕锡敏,李平,等,2008. 低勘探程度盆地勘探技术与评价方法:以玉门探区为例. 天然气工业,8:15-18,134.
杨海军,庞雄奇,2016. 塔里木盆地油气藏形成与分布. 北京:地质出版社.
一苇,2009. 前景广阔的非地震勘探. 中国石化,9:49.
张文昭,1995. 我国新区勘探形势与大油气田勘探方向. 中国矿业,2:35.
朱伟林,米立军,高乐,等,2010. 新区新领域突破保障油气储量持续增长. 2009 年中国近海勘探工作回顾. 中国海上油气,1:1-6.
邹才能,杨智,朱如凯,等,2015. 中国非常规油气勘探开发与理论技术进展. 地质学报,89(6):979-1007.
Chima C M, Hills D,2007. Supply-chain management issues in the oil and gas industry. Journal of Business & Economics Research, 5(6):27-36.
Colombo D, Keho T, 2010. The non-seismic data and joint inversion strategy for the near surface solution in Saudi Arabia//SEG Technical Program Expanded:1934-1938.
Finer M, Jenkins C N, Pimm S L, et al. ,2008. Oil and gas projects in the western Amazon: threats to wilderness,

biodiversity, and indigenous peoples. PloS one, 3(8): 2932.

Helbig K, 2015. Foundations of Anisotropy for Exploration Seismics: Section I. Seismic Exploration. Elsevier.

Hirsch R L, Bezdek R M, Wendling R M, 2005. Peaking of world oil production: impacts, mitigation, & risk management. National Energy Technology Laboratory (NETL), Pittsburgh, PA, Morgantown, WV, and Albany, OR.

Horvitz L, 1985. Geochemical exploration for petroleum. Science, 229(4716): 821–827.

Nabighian M N, Grauch V J S, Hansen R O, et al., 2005. The historical development of the magnetic method in exploration. Geophysics, 70(6): 33ND–61ND.

Rao B S R, Murthy I V R, 1978. Gravity and magnetic methods of prospecting. New Delhi: Arnold–Heinemann.

Sangeeta D, 2015. GIS in Oil and Gas. https://www.gislounge.com/gis-in-oil-and-gas/

Sengbush R L, 2012. Seismic exploration methods. Netherlands: Springer.

Toyo engineering corporation, 2014. Oil & Gas Development. https://www.toyo-eng.com/jp/en/products/oil_and_gas_development/.

Vermeer G J O, 2002. 3-D seismic survey design. Tulsa: Society of Exploration Geophysicists.

Waples D W, 2013. Geochemistry in petroleum exploration. Springer Science & Business Media.

YilmazÖz, 2001. Seismic data analysis: Processing, inversion and interpretation of seismic data. Tulsa: Society of exploration geophysicists.

第六章
常规油气勘探项目部署

本章导引

由于所勘探对象的不同(大区、盆地、凹陷、区带、圈闭、油气藏)以及地质目标的差异(择盆、定凹、选带、发现油气田、评价油气藏),需有针对性地采用不同的勘探方法和综合地质评价技术,包括非地震物化探技术(地质调查、重磁电勘探、地球化学勘探),地震勘探技术(概查、普查、详查、精查和三维地震),钻探技术(科探井、参数井、预探井、评价井),地质综合评价技术(盆地类比、盆地分析、盆地模拟、圈闭评价、油气藏描述)等。本章针对不同阶段的油气勘探项目(大区概查、盆地普查、凹陷详查、圈闭预探、油气藏评价、滚动勘探开发),在勘探阶段界定:勘探对象、地质任务、资源—储量目标阐述的基础上,重点介绍了不同阶段勘探项目的部署原则、工作程序、勘探评价方法及其差异性,并通过我国油气勘探历史上经典实例的分析,加深对油气勘探项目部署方法的认识。

常规油气勘探是为了识别勘探区域或探明常规油气地质储量而进行的地质调查(纪战胜等,2018)、地球物理勘探(虞立等,2013;王开燕等,2013)、钻探技术(吴光宏等,2007)及评价油气藏特征的活动。其目的是为了寻找和查明常规油气资源,利用各种勘探手段了解地下的地质状况,包括生油、储油、油气运聚、破坏、保存等条件,综合评价常规油气远景资源量,确定油气聚集的有利圈闭,探明油气田面积,并搞清油气层特征和产出能力的过程(柳广弟,2009;Jia et al.,2018)。"十二五"以来,我国油气勘探进入储量增长高峰期(冯建辉等,2016;杜金虎等,2016)。针对以碎屑岩岩性为主的勘探老区,应用较为先进的勘探工程技术,通过物探采集、处理、解释技术(赵殿栋,2009;汪忠德等,2016;马永生等,2016),复杂地区钻井提速、水平井钻完井和体积压裂等技术(马永生等,2016a)进行精细再勘探,从而提高油气探明率,如图 6-1 和图 6-2 所示。截至 2015 年,全国常规石油可采资源量为 $268 \times 10^8 t$,常规天然气可采资源量为 $40 \times 10^{12} m^3$,常规油气勘探在中西部地区,如鄂尔多斯、四川、塔里木等盆地取得多项显著成果。目前,我国形成了具有特色的地震信息采集与处理、优快钻完井、复杂储层和油气藏评价等一系列油气勘探配套技术流程。

图6-1 常规油气勘探模型图(据桔灯勘探,2018)

彩图6-1

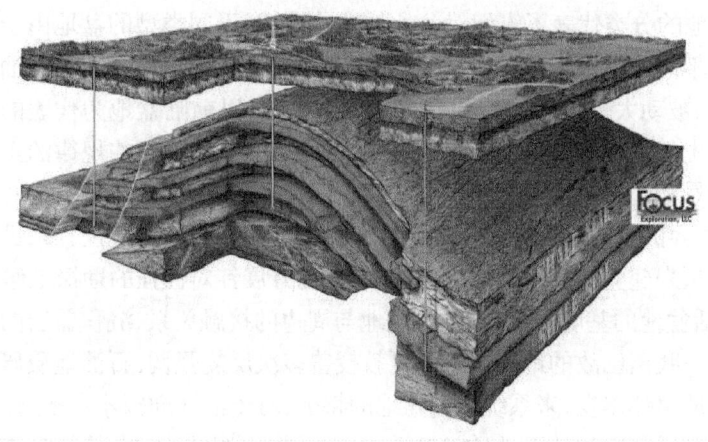

图6-2 油气钻探模型图(据Focus Exploration,2018)

彩图6-2

第一节 大区概查项目

大区概查是指在一个大的未进行过勘探评价的新区,从基本的石油地质调查开始,到识别和优选出有利盆地的过程。大区概查项目,又称新区勘探项目,其重点是解决勘探的宏观战略问题,即找油的大方向问题。这一问题解决得好坏,将在很大程度上影响着整个油气勘探工作的进程,影响着大型石油集团公司或者一个国家的利益,如一个石油集团公司下游产业对上游产业的需求,一个国家某个区域的经济发展速度,一个国家对石油资源接替的需要等。在新中国成立初期,李四光利用新华夏系构造体系理论,预测了我国东部具有较大勘探前景的盆地,实现了我国油气勘探的战略转移,为大庆油田和渤海湾油区的发现奠定了基础。

大区概查是油气资源调查工作的前奏,实际上是盆地普查前的预测阶段,其基本任务是

视频6-1 大区概查
定义及任务

"择盆",确定普查的方向,即从众多的盆地(盆地群)中优选出规模大、地质与地面地理条件较好、具有较好勘探前景的沉积盆地。其主要方法是通过盆地在不同地质历史时期所处的板块位置、古纬度、古气候、古地理的分析,结合盆地构造类型、盆地基底与沉积充填特征,开展盆地类比分析和油气资源远景的早期预测。

在油气勘探中,大油气田的发现一直是油气勘探的重点所在,20世纪50—70年代中东、西西伯利亚、北海等大油(气)区的发现,对世界油气资源战略产生了重大影响。60年代后我国大庆油田、渤海湾油区的发现,对于我国油气勘探的发展和国民经济的发展都产生了巨大的推动作用。而这些大油(气)区和大型油气田的发现速度,在很大程度上取决于大区概查的速度和效果。

一、勘探部署原则

1. 立足盆地整体认识,着重查明盆地类型、结构特征与演化过程

视频6-2 大区概查部署原则

在大区概查阶段,对于勘探新区,资料占有程度极低,对各盆地内部的地质细节了解很少。在这种情况下,油气勘探工作必须立足于盆地整体特征的解剖,特别是盆地的类型与盆地地质结构特征。

盆地的分类代表了人们对盆地的整体认识,不同类型的盆地由于处于不同的大地构造环境中,处在不同的盆地演化阶段,往往具有不同的构造变形特征和不同油气分布模式。以大陆内裂谷盆地和被动大陆边缘盆地为代表的拉张盆地,以前陆盆地为代表的挤压型盆地,以及具有长期发育历史的克拉通盆地具有各自不同的成油规律。对这些规律的正确认识,是合理评价盆地的勘探前景和建立不同勘探模式的重要依据。以板块构造为基础建立的盆地分类体系也已得到广大地质界的普遍认同,人们可以根据盆地所处的大地构造位置来进行盆地的分类,根据不同的盆地类型来建立油气的时空分布模式,从而开展针对性强的勘探工作。

盆地的地质结构主要包括盆地的基底特征与性质、盆地与周边的接触关系、沉积盖层的厚度和性质、主要构造层的分布等。我国已故的地质学家朱夏教授曾多次反复强调,石油地质研究应以盆地为基本研究单元,从盆地整体出发,来系统研究盆地的特征,对于油气勘探才有预测性。

因此,在大区概查阶段,主要是通过地面地质调查和非地震物化探技术,掌握盆地的整体形态、盆地内部的基底性质、起伏、基底断裂、主要构造方向、火成岩分布,粗略了解盆地的构造和沉积面貌,进行盆地类型的划分和盆地之间的类比分析,来达到优选盆地和预测资源远景的目的。

2. 以板块理论为基础,重点研究烃源岩形成的古纬度、古地理、古气候条件

20世纪70年代后,以板块构造学说为核心的全球大地构造理论的迅速发展,带动了沉积盆地成因机制、沉积类型和油气赋存条件的研究,进一步加深了人们对油气与沉积盆地关系的了解,使从含油气盆地原型的角度开展油气远景评价得以迅速发展。

地质学家可以从全球角度利用古地理的再造来重塑盆地的发生发展历史,整体、动态地评价沉积盆地的含油气远景。盆地发育的古气候、古纬度直接控制了烃源岩的发育,因而也明显控制了油气资源的分布。在地质历史时期,靠近赤道古纬度30°范围内以及全球性温暖气候变化时期(如侏罗纪)有利于烃源岩的发育。以板块构造理论为基础的全球古地理再造,可以使人们利用盆地古地磁、古气候、古生态、古地理等方面资料,通过系统的分类与整理,以研究不同地史时期盆地所处的板块位置、运动方向(图6-3),预测烃源岩所处的地质时代和性质,进而可以开展油气资源远景预测。

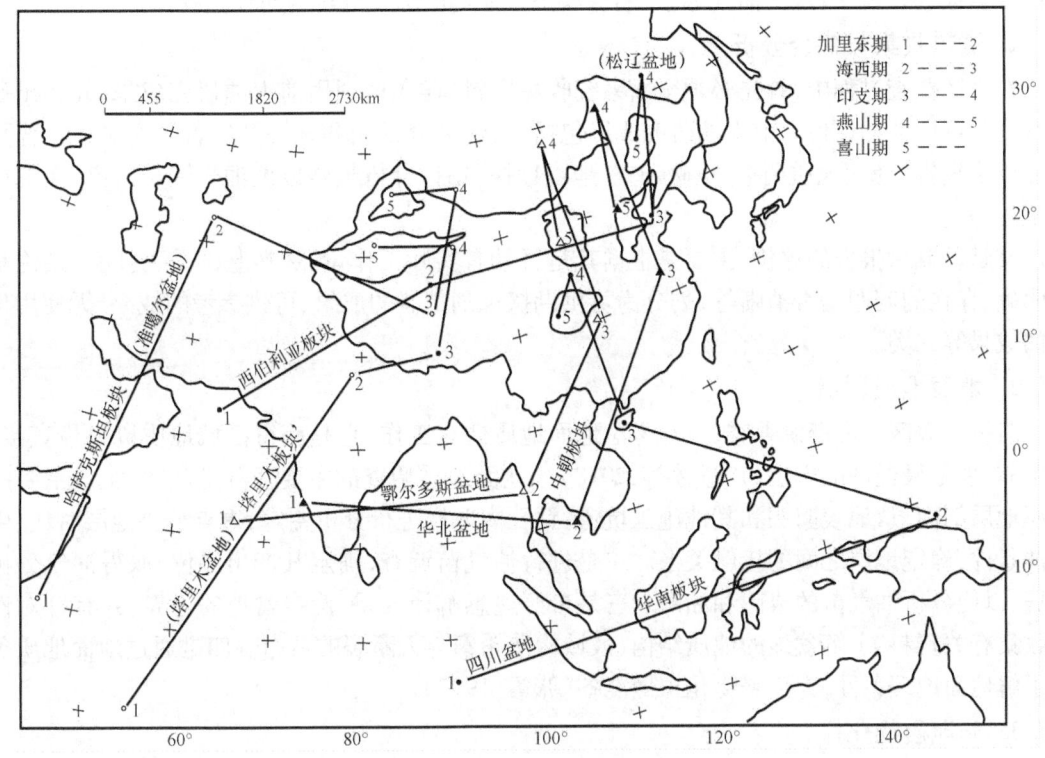

图6-3 中国主要沉积盆地迁移轨迹图(据武守诚,1994)

3. 根据快速、有效、经济的原则,合理部署大区概查工作

重力、磁力勘探方法是研究区域构造的重要方法,常互相配合使用,具有速度快、费用低的特点,电法勘探查明区域及局部典型标准层的起伏和构造方面,可以获得较好的效果。但是一般来说,不同非地震物探调查技术由于存在各自技术优势和技术缺陷,对于不同地质结构类型的盆地,其可靠性是不相同的。对碎屑岩覆盖层相当厚的沉积盆地,一般选用重力和磁法勘探,有条件的情况下也可以同时进行油气化探;对于火山岩覆盖下的沉积盆地,可以采用重磁电法的联合;对于石灰岩裸露区,一般选用电法和磁力勘探;对于存在高阻岩石推覆在低阻岩石之上的逆掩推覆带,则主要采用电法进行勘探。

目前,地震地质调查主要采用反射波法,对于查明盆地沉积岩体的厚度、分布以及地层尖灭、断层和不整合等具有重要意义。但是,在大区概查阶段,折射波地震勘探也是一种重要的技术手段,特别是对于基岩埋藏较浅、利用反射波地震方法不能获得良好效果的地区勘探效果较好,在了解基底深断裂及提供岩性参数方面,也具有一定的优越性。

在前苏联地区及我国早期油气勘探中,特别是在覆盖区,还经常采用区域综合大剖面的部署方法,即沿地球物理综合大剖面,部署深浅不一的各类地质剖面井,采用不同技术工种,相互配合使用,以了解盆地的地质结构,查明盆地的基本特征。

二、勘探工作程序

在一个大区内从事油气资源调查工作,其一般工作程序是:通过系统收集各方面的资料,必要时补做地质调查工作,有选择地开展非地震地质调查及地震概查,在板块构造和盆地演化特征分析的基础上,对大

视频6-3 大区概查工作程序

区内各盆地进行地质特征、油气远景、勘探经济特征等的综合分析与对比选择。

1. 资料收集与综合分析

在大区概查过程中,首先必须全面系统收集资料,详尽地利用前人的研究成果,并作出研究程度和可用性的评价。前人的研究成果包括文献(公开发表和未公开发表的论文和专著)、研究成果报告(地面地质调查、重磁调查、地震勘探、钻探分析报告以及油气综合研究、专题研究报告等)。

文献及成果报告的评价,主要是根据其是否具有实际工作量、资料基础是否扎实、结论是否明确、存在的问题是否清晰等,划分为可供勘探规划部署的成果、可供参考的成果、无使用价值的成果等三类。

2. 地面地质调查

对一个大区开展资源普查,一是考虑地面地质调查工作,它是获得区域地质资料最直接、最可靠、也是最经济的方法(卢进才等,2018)。地面地质调查的主要任务是观察、丈量主要的沉积地层剖面,从地表露头和其他施工坑道、钻孔内取样进行分析鉴定,重点解决地层时代、生储油条件,确定地层之间的接触关系。二是进行油气苗调查,确定其产出层位,取得油气分析数据,以便分析油气苗的成因和油源。三是参照遥感解译成果,确定盆地的边界,并有针对性地收集有关资料,了解盆地的地质结构、区域构造轮廓与大断裂的展布。四是通过地面地质条件了解地面地理条件,为部署物化探做准备(张霞,1997)。

3. 非地震物化探

非地震物化探的主要任务是通过区域大比例尺的重磁电测量和油气化探,进一步圈定盆地的范围,明确各密度界面和磁性界面的起伏和内部构造。重磁电测线的布置一般要求进入老山 5~10km,盆地之间做到连片测量、不留空白,以明确盆地的边界、盆地的基底埋深与起伏特征、基底结构与性质,确定大型断裂的分布,划分区域构造特征,并对盆地沉积盖层的厚度做出初步解释,搞清区域化探异常背景,圈定区域化探异常。

1) 重力和磁力测量

根据盆地的地质特点,一般在高精度航空磁测或地面重力测量中先开展一种,再根据测量结果有针对性地部署另一种。重磁部署一般采用 $2km \times 1km$ 或者 $1km \times 0.5km$ 的测网。在数据采集和基础数据整理的基础上,结合地面地质、航空照片、卫星照片等资料,从已知区和岩石出露区开始,建立各种典型地质体的解释标准,来开展未知区和覆盖区隐蔽地质体的解释工作。

2) 电法测量

电法测量的主要作用是验证基底深度,特别是坳陷区的沉积岩厚度,探测断裂带位置及其延伸情况,进一步查明盆地的构造形态及其特征。根据电测深曲线特征,解释存在几套电性层和地层剖面特征,从而判断盆地内有利的生储油相带的分布状况。对沉积盖层中的高电阻不均匀体分布范围作出解释,并了解高电阻层或大片火山岩覆盖的沉积岩发育状况,进一步修正对盆地的评价。

根据已初步掌握的盆地地质特征和前阶段工作程度,确定在部署地震普查以前开展电法勘探的必要性。若进行电法勘探,论证应采用的工作方法(大地电磁测深、电法剖面等)的必要性和可行性。根据解决地质问题的需要,电法勘探可以独立部署一套规则的测网,测网密度一般为 $6km \times 3km$,同时也可为验证或补充重磁测量成果部署点距、线距不统一的测网。在已有重力、磁力普查资料的情况下,要尽量使电法测线和测点通过主要凹陷区的最深部位以及不同资料解释意见差异较大的关键部位,争取用较少的工作量解决主要地质问题。

3)油气化探测量

该方法在大区概查阶段是一种周期短、投资小、见效快的有效勘探方法。主要地质任务是搞清区域化探异常背景值,求准区域化探异常,做出地质解释。其方法选择应根据不同地区和测量精度,选择合适的取样类型及分析参数。

4. 地震大剖面概查

地震大剖面概查主要是在盆地构造与沉积特征研究以及油气远景预测的基础上,选择有利的盆地部署,一般以 16~32km 的线距部署地震大剖面,其目的是结合重磁电资料、地质剖面井的钻探,以进一步验证重磁电勘探成果,加深对盆地地质结构和含油气情况的研究和了解,划分区域构造单元,初步查明隆起(凸起)、坳陷(凹陷)等区域构造单元,确定地层分布概况(孙龙德等,2015;Mark et al.,2018)。

5. 科探井钻探

1)科探井设计与钻探

在充分考虑航磁、重力、电法、油气化探、地震调查成果的基础上,以地震概查或普查资料为主,选择某一盆地中对评价油气远景具有决定意义的部位部署科学探索井,以了解沉积岩厚度、建立盆地完整的地层层序为主,同时为物化探提供工程地质参数,作出单井综合评价。

科探井的完井深度一般要钻达基底,其录取资料一般以岩心为主,岩屑为补充,建立系统的分析化验剖面。岩心、岩屑及其他分析样品,应分多批选样、送样,以便尽早取得分析结果。科探井钻井一般要求在重要目的层段进行系统取心,同时要进行综合录井,以及全套数控测井,并增加中途完井测井、地层倾角测井和垂直地震剖面测井。

2)单井评价

对科探井所取得的录井、测井、测试、分析化验等资料进行深入的综合研究,并配合地层、沉积、构造、生油、储油等进行专题研究,科探井不但应提交钻井、录井、测井、测试等完井报告,而且应提交地层、沉积、构造、生油、储层等专题评价报告以及单井评价总报告,并对盆地下步勘探工作提出意见。

6. 盆地(坳陷)优选

在这一过程中,主要是从盆地的基本石油地质条件、资源远景和勘探经济特征三个方面进行。对石油地质条件的评价,主要是通过板块构造分析、区域岩相古地理分析,结合计算机模拟来恢复盆地在不同地史时期的位置,确定盆地原型和发展演化历史;通过与已知盆地在时间和空间上的类比来进行盆地的资源远景预测;结合盆地所处的自然地理环境、区域经济发展状况、社会民族关系等勘探经济特征,对盆地进行整体评价。在此基础上,优选出最有利的含油气盆地作为继续深化勘探的对象。

三、勘探评价方法

新区勘探项目的评价包括盆地早期地质评价、资源量评价、勘探经济评价、盆地优选决策等四个方面。

1. 盆地早期地质评价

1)早期盆地分析

沉积盆地分析是一项重要的基础地质工作。其理论意义表现在:通过盆地形成演化的分析,可以概括出沉积盆地在时间上和空间上的规律性,这些规律性的揭示和掌握不仅可以深化对盆地的认识,而且为板块构造学和地球动力学研究提供更丰富的依据。其实际意义在于指导能源资源、沉积和层控矿产的寻找、勘探和开发。近四十年来,盆地分析已成为能源资源勘探中必不可少的重要方法,并且取得巨大的经济效益。在以选盆为目的的区域勘探阶段,盆地的分析侧重于以下四个方面的内容。

(1) 盆地构成要素的整体分析

盆地分析是对盆地的整体性研究,既要完整地揭示其沉积充填、构造等特征,更要阐明其历史演化相互关系,如构造对沉积的控制。因此,盆地分析是一项具有基础性与战略性的研究工作。另外,在盆地局部地区进行的勘探或研究也需要建立对盆地特征的整体认识。

(2) 盆地流体系统及其动力学分析

早期的盆地分析侧重于地层、沉积、构造等基本要素研究,其地质标志是相对静态的。由于石油天然气成矿过程等重要研究的需要,盆地流体已经成为当今盆地分析突出关注的领域。石油地质学的核心部分是流体地质学问题。因此,流体系统的研究不仅关注流体的成分和性质,还需要阐明流体运移和聚集的输导系统以及在盆地能量场的作用下,流体运动的驱动力及其在输导系统中的运动过程。

(3) 盆地演化过程的动力学分析

沉积盆地的各项基本参数,如沉积特征、构造、流体系统以及温压场都在演化过程中不断改变,因此要进行过程分析并揭示动力学因素,如能量场的变化。盆地从其初始下沉到结束充填的漫长过程中各项参数都在发生变化,这种变化可以划分系列阶段,因此需要以演化、发展的观点研究盆地的历史,或者说需要按照发展阶段分期、分层次地对盆地进行研究。

盆地演化过程的定量动力学模拟包括盆地的沉降史、热历史、压力系统的演化、烃类的生成和排出、流体的成分变化和运移、构造变形史、成岩过程及孔隙演化史等(庞雄奇等,2007)。

(4) 盆地形成的区域动力背景分析

盆地是地球系统演化的产物,因此,脱离区域动力背景孤立地研究盆地是不可能阐明盆地的成因和性质的,更加难以对其深部进行预测。区域动力背景包括两个方面:一是盆地在板块构造格架中的位置及与板块相互作用过程中的动力学关系。例如,我国古生代末到中生代初一系列前陆式盆地的形成,都是在大陆块体的会聚、最后碰撞的背景下形成的。晚三叠世是中国前陆盆地的主要形成期,板块的会聚、大陆的碰撞则是最主要的背景。因此,研究盆地也必须了解其相邻造山带演化的历史。二是盆地深部地幔动力学背景,是最终认识盆地成因和演化的关键,这在伸展类盆地中尤为重要。大量研究已经发现,伸展类盆地都存在着岩石圈减薄和软流层上隆的深部背景。软流层的流动对岩石圈的伸展,盆地中的高热流、盆地的深沉降都可能起着决定性作用。目前,已经可以运用天然地震层析和幔源岩石学等方法研究盆地深部的地幔状态。

2) 沉积盆地类比

沉积盆地类比法是大区概查阶段进行盆地早期评价常用的方法,包括定性类比和定量类比两类。沉积盆地类比的一般思路是,采用现代板块构造研究与大区岩相古地理研究的有机结合,分析板块运动过程中盆地的沉降中心、沉积中心、生油中心在不同时期的运动轨迹,初步确定盆地的沉降史和沉积史;然后提取盆地各种性质和特征参数,通过定性分类或者定量统计对各盆地做出油气远景的预测。

(1) 定性类比法

典型的定性类比方法,如朱夏教授的基于盆地的3T(time 时代、thermal regime 地热、

tectonic setting 构造环境)分类法,Kinston 基于深部地壳性质、板块边界性质、盆地所处的板块位置的盆地分类等。滕吉文等(1995,2010,2013)、邵学钟等(1999)也通过不同类型盆地(凹陷)深部地壳结构与油气富集程度的对比,提出了盆地油气富集差异的认识。他们认为,特大型极富油气盆地(凹陷)地壳结构的突出特点是基底坳陷深(最深可达 10~20km),莫霍面强烈上隆,幅度可达 8~10km 或更大,而结晶地壳厚度急剧减薄,在盆地中央仅厚 10~20km。尤其是其上部的花岗质层强烈减薄,直至在盆地中央地区花岗质层完全消失,属于所谓"无花岗岩层"地壳类型,如俄罗斯的滨里海盆地和西西伯利亚盆地、墨西哥湾盆地、英国的北海盆地、波斯湾盆地,以及我国的松辽盆地等。大型贫油气盆地的地壳结构则表现为巨厚的沉积盖层下面不存在强烈的莫霍面隆起,甚至莫霍面上存在凹陷,同时结晶地壳厚度和"花岗岩层"的厚度都相对较大。这类地区的热流值偏低,软流圈也相对较深,中—新生代岩浆活动微弱。如乌兹别克斯坦和俄罗斯境内的费尔干纳盆地和米努辛斯克盆地,我国华北地区的临清坳陷等。一般富油的盆地则介于上述二者之间,它们虽不属于"无花岗岩层"类型的地壳,但都存在明显莫霍面上隆(上隆幅度各不相同),同时结晶地壳和"花岗岩层"都有不同程度的减薄,如我国渤海湾盆地各坳陷、塔里木盆地一些隆起带和法国西海岸某些陆架盆地等。

(2)定量类比法

常用的定量类比方法包括单参数类比法和综合类比法。定量类比的参数包括以下几个方面:沉积岩的面积与厚度;烃源岩特征参数,如烃源岩厚度、干酪根类型、有机碳含量、热成熟度 R_o、地温梯度、烃源岩层系砂岩百分比等;储层特征参数,如沉积相类型、储藏厚度百分比、储层孔隙度、渗透率;圈闭类型与发育规模;区域盖层特征参数,如厚度、岩性、剥蚀面积等。

聚类分析法则是一种常用的综合定量类比方法,如武守诚等就曾采用聚类分析方法对我国东部盆地进行分类。他主要根据三项定量指标(基底特征参数——莫氏面深度、盆地类型参数——沉积岩绝对年龄、盆地位置参数——盆地至板块边界的距离),通过计算机进行聚类分析,采用距离系数这一相似性指标,进行盆地的逐级归类,在每一类盆地中,以勘探程度最高、资料较多的盆地作为类比的参考对象,以其储量丰度参数作为评价该组盆地资源量的主要依据,同时考虑到不同盆地间石油地质条件的差异,进行适当地调整,从而计算出各盆地的资源量。

2. 盆地资源量评价

资源量预测方法种类繁多,大致可以分为成因预测、类比预测、统计预测、外推预测、综合预测等(表6-1)。一个油气区往往包括了若干个勘探程度不等的盆地,有的盆地勘探程度较高,甚至发现油气田,而有的盆地甚至尚未勘探。所以,必须根据盆地勘探程度,利用不同的资料估算盆地资源量。由于大区概查阶段主要是以选盆为目标,盆地总体勘探程度不高,各种资料较少,常用的资源预测方法主要是类比预测法和综合预测法。

表6-1 石油资源定量预测方法

	主要评价方法
统计预测	体积速率法、蒙特卡罗法、回归分析法、趋势分析法、判别分析法
外推预测	指数函数模型法、WENG 旋回模型法、大油田—中小油田比例模型法、油田(圈闭)规模序列法
类比预测	储量丰度类比法、聚类分析法
成因预测	干酪根热降解模型法、剩余沥青法、运移系数法
综合预测	特尔菲与专家系统方法、模拟综合评价法

由于这两种预测采用的均是比较笼统的数据，它只能用于那些未经勘探的新盆地的粗略估算，包括储量丰度类比法和沉积体积速率类比法。

1) 储量丰度类比法

储量丰度类比法包括面积法和体积法，都是通过类比确定储量丰度。面积法主要利用油气区面积、可能生产的面积所占的比率、单位面积内的储量三者之间的乘积来计算，即

$$Q = S \times S_p \times K_a \quad (6-1)$$

式中　Q——总资源量；

　　　S——油气区面积；

　　　S_p——可能生产的面积所占的比率；

　　　K_a——单位面积内的储量。

面积法由于过于简单而显得粗糙，它没有考虑盆地内岩石厚度变化，一般难以用来指导勘探实践。在区域普查早期常用的资源量评价方法是体积类比法。

具体的计算公式为

$$Q = V \times K_v \quad (6-2)$$

式中　Q——总资源量，t；

　　　V——沉积岩的体积，km³；

　　　K_v——资源量丰度，t/km³。

2) 体积速率类比法

体积速率是指沉积区内沉积岩体积与其沉积时间的比值，主要通过对已知不同类型盆地的油气地质储量（10^4t）与沉积速率（10^3km³/Ma）的回归分析，建立不同的统计关系，然后根据盆地之间的地质相似性，借用相应的公式来计算。因此，它也是一种基于类比的方法。沉积速率法的理论依据是沉积速率越快，氧化作用对有机质的破坏程度越小，则分散有机质向石油转化的条件越好。

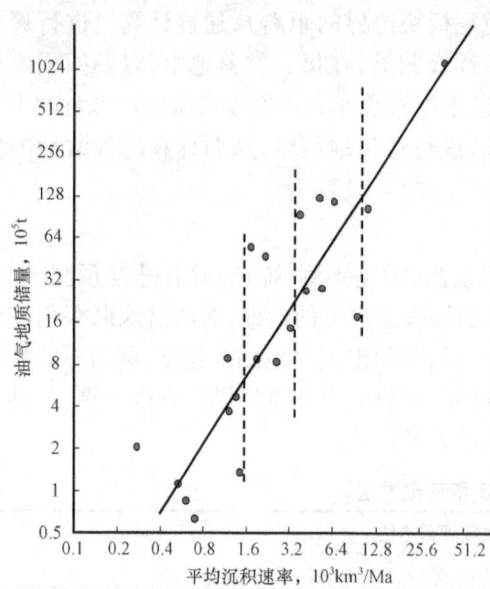

图6-4　储量与平均沉积速率关系图

该方法在盆地或凹陷资源量预测中取得了良好的效果。例如苏联的涅斯乔诺夫等人根据世界上22个勘探程度较高的盆地的统计得出结论认为，沉积盆地的油气地质储量与盆地的平均沉积速率成对数线性函数关系（图6-4），即

$$\log_2 Q = 2.183 + 1.613 \times \log_2 v \quad (6-3)$$

式中　Q——盆地的油气地质储量，10^5t；

　　　v——盆地的平均沉积速率，10^3km³/Ma。

上述22个盆地，按其体积速度和油气储量的多少可以分为四类。

贾维同等（1983）曾对我国206个盆地的沉积速率与储量关系进行了研究，得出了适合与

我国东部中—新生代盆地的公式：
$$\log_2 Q = 3.120 + 1.31 \times \log_2 v \qquad (6-4)$$
而渤海湾盆地 12 个勘探程度较高的坳陷的公式为
$$\log_2 Q = 3.415 + 1.45 \times \log_2 v \qquad (6-5)$$

3）特尔菲与专家系统法

影响油气藏形成的因素非常多，即使是经验丰富的地质学家，也难免作出顾此失彼的预测结论。在圈闭资源量评价过程中，为充分发挥集体的经验和智慧，使评价结果尽可能接近实际情况，经常采用问卷调查式的"特尔菲方法"，它是一种客观地综合石油地质专家们的知识、经验、见解的技术，其特点就在于"集思广益"。

特尔菲方法的步骤要点是：① 由一名负责人主持油气资源的评价工作，可以聘请具有丰富经验的专家组成资源评价小组；② 特尔菲专家组的成员有权选用自己认为是合适的评价方法，并独立地预测各种概率下的资源量值；③ 集中各位专家的结果，并采用一定的方法综合处理这些评价结果，并将该结果反馈给各位专家，供他们参考并提出各自的意见；④ 通过该过程的多次反复，最终给出各种置信水平下的资源量估计值。该方法的技术关键在于如何采取合理的办法综合各位专家的意见。通常的方法是概率加权法。

专家系统方法是特尔菲方法的发展和延伸，其方法本身起源于计算机科学，是根据人工智能的原理和技术，把一个或多个专家所提供的在特殊领域内用于分析问题和解决问题的知识、能力、经验、方法总结出来，形成规律性的认识，并作为一种规则存储到计算机中，用软件方法实现专家知识和经验的推理和判断，以模拟专家思维方式、做决定的过程，最后得出类似于专家推理所得到的结论。专家系统一般由数据库、知识库、图形库、推理机、人机接口、知识获取器等主要部分组成。其关键在于建好三个库，并设计出逻辑严谨、结构合理的推理机。其涉及的信息资源丰富，技术难度大。

国外于 20 世纪 70 年代末已经开始将特尔菲和专家系统方法应用于石油资源评价领域。目前已经形成的专家系统，包括英国能源公司 80 年代初研制的 RnCL 系统，美国 Rutger 大学研制开发的 ELAS 系统。在国内，海洋石油总公司勘探开发研究中心与吉林大学在 1990 年合作开发了 PRES 专家系统。

3. 勘探经济评价

盆地勘探项目的经济评价主要使用的是实物量评价法，常规经济评价法与风险评价法为辅助方法。这里主要介绍实物量评价法，主要是计算单位探明可采储量投资、每口探井预计探明可采储量、探井成功率、勘探成功率、地震和探井成本等实物量指标（查全衡，1999）。

1）单位探明可采储量投资

单位探明可采储量投资，即每预计探明一吨可采储量花费的全部勘探投资，可用下式计算：

$$\text{单位探明可采储量投资}(元/t) = \frac{\text{探明储量花费的全部勘探投资}(万元)}{\text{预计探明储量}(10^4 t)} \qquad (6-6)$$

勘探投资包括在勘探期内为探明可采储量所进行的非地震物化探、地震（二维、三维）、探井（预探井、评价井）、地质研究等花费的全部费用的总和。

2) 每口探井预计探明可采储量

$$每口探井预计探明可采储量(10^4 t/口) = \frac{预计探明储量(10^4 t)}{勘探各阶段探井和评价探井口数} \quad (6-7)$$

该指标为考核勘探项目勘探效果的相对指标。

3) 探井成功率

探井成功率是获得商业油气流的探井口数与已完成的探井口数之比,是反映探井获得油气程度的重要指标。计算公式为

$$探井成功率 = \frac{获得商业油气流的探井口数}{已完成的探井口数} \quad (6-8)$$

商业油气流标准是:根据市场价格、油气藏条件、井深、各项成本及税收等参数,制定的能够回收全部勘探、开发、建设投资和操作费用的单井产量标准。

商业油气流的探井口数是指具备商业油气流标准的探井数。

4) 勘探成功率

勘探成功率是资本化的勘探投资与总勘探投资的百分比,资本化勘探投资是指成功探井的投资。该指标是反映勘探效率的重要指标。计算公式为

$$勘探成功率(\%) = \frac{资本化的勘探投资}{总勘探投资} \times 100\% \quad (6-9)$$

5) 地震和探井成本

在勘探工程量一定的情况下,地震和探井成本的大小直接关系勘探投资的多少。因此将项目的地震和探井成本与某油气田近年的地震和探井成本相比较,与相似油田或有效益油田的成本比较,分析其变化幅度,可为勘探项目的实施提出一些有效建议(王幼梅,1985)。

4. 盆地优选决策

在通过盆地早期评价工作优选出勘探前景好的含油气盆地过程中,主要是从盆地的基本石油地质条件、资源远景和勘探经济特征三个方面进行。对石油地质条件的评价,主要是通过盆地构成要素的整体分析、盆地形成演化的大地构造背景和动力学的分析,通过基础地质和石油地质调查、区域岩相古地理分析,结合计算机模拟来恢复盆地在不同地史时期的位置,确定盆地原型和发展演化历史,分析盆地的生烃条件;通过与已知盆地在时间和空间上的类比分析来进行盆地的资源远景预测;结合盆地所处的自然地理环境、区域经济发展状况、社会民族关系等勘探经济特征,对盆地进行整体评价。在此基础上,优选出最有利的含油气盆地作为继续深化勘探的对象。

四、勘探实例分析——松辽外围盆地群油气资源调查

1. 立项背景

我国东北地区(含东北三省及内蒙古自治区东北部),除已发现的松辽等大型油气盆地外,外围地区共有50多个中小型盆地和尚未发现的隐伏盆地。除松辽盆地范围巨大(约 $26 \times 10^4 km^2$)外,其他盆地面积相对较小,从几百到几万平方千米不等(图6-5)。目前,仅在松辽盆地以及海拉尔盆地、开鲁盆地、依兰—伊通盆地的部分凹陷建成了不同规模的油气生产能力,大部分盆地的勘探程度以及石油地质认识程度还非常低。

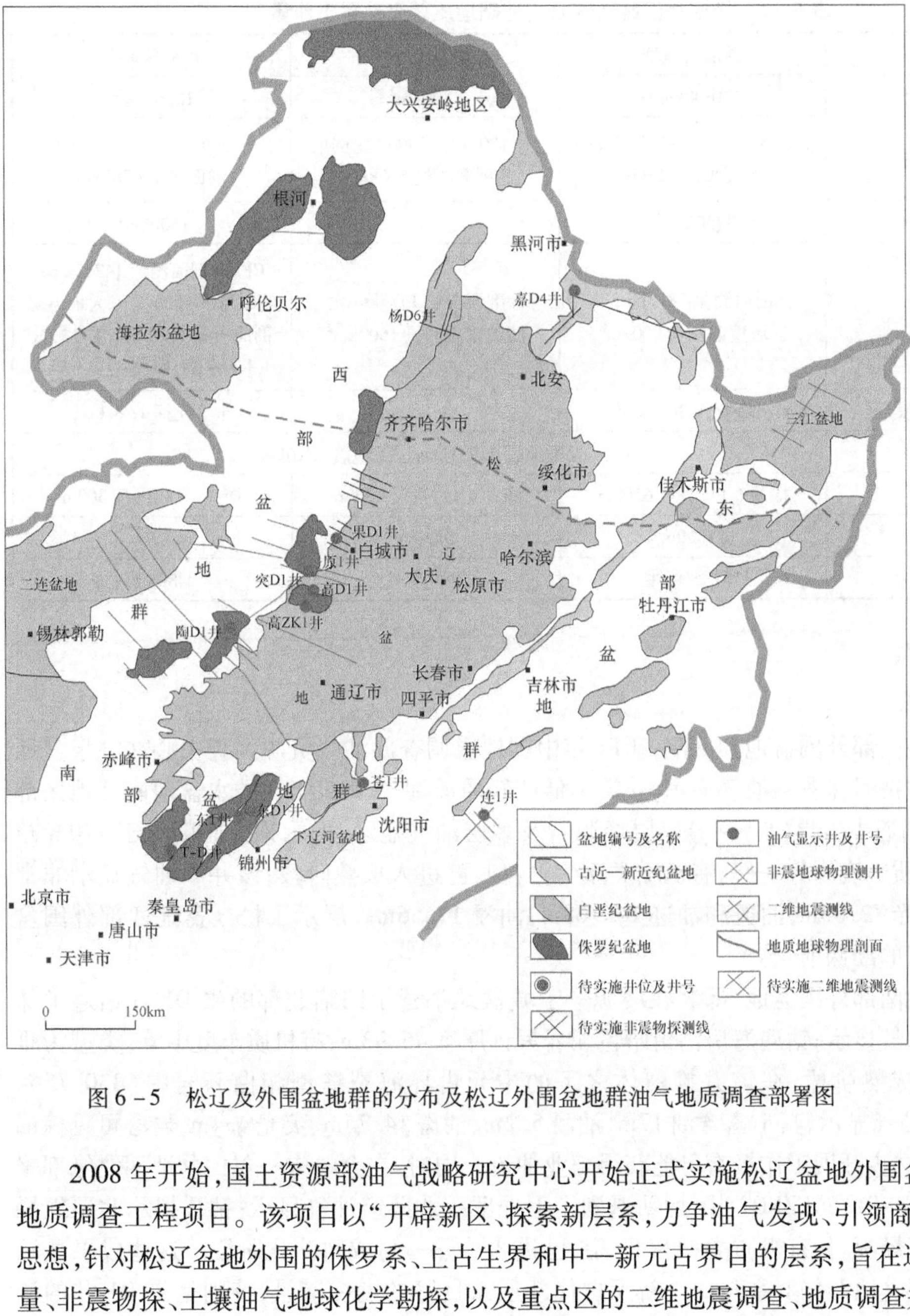

图 6-5 松辽及外围盆地群的分布及松辽外围盆地群油气地质调查部署图

2008年开始,国土资源部油气战略研究中心开始正式实施松辽盆地外围盆地群油气基础地质调查工程项目。该项目以"开辟新区、探索新层系,力争油气发现、引领商业勘探"为指导思想,针对松辽盆地外围的侏罗系、上古生界和中—新元古界目的层系,旨在通过地质剖面测量、非震物探、土壤油气地球化学勘探,以及重点区的二维地震调查、地质调查井钻探的勘探技术手段,查明松辽外围盆地油气地质条件。最终目标是从松辽盆地外围盆地群中,优选出有利的盆地作为战略准备区和资源接替区,为保障国家能源安全提供依据。

2. 工作部署

该项目围绕查明盆地轮廓,解剖重点凹陷,查明生储盖组合,力争发现油气的基本任务,开展了系统的油气资源调查工程综合部署,包括野外地质剖面测量、遥感资料解译、重磁电勘探、二维及三维地震勘探、油气地球化学勘探、调查钻探、岩心编录、样品采集与分析测试(表 6-2)。

表 6-2 松辽外围盆地群油气基础地质调查部署工作量

项目	西部盆地群	南部盆地群	东部盆地群
野外地质填图	21600km²	3300km²	18260km²
地质剖面测量	1:500~1:2000 比例尺的剖面测量 225km	1:100~1:10000 比例尺剖面测量 576km	1:500~1:2000 比例尺剖面测量 4787km
遥感资料解译	34500km²		1600km²
重磁电勘探	剖面测量 1872km；区域重磁测量 900km²	剖面测量 1476km；区域重磁测量 1600km²	CEMP 剖面测量 14253km；航磁测量 45367km；大地电磁剖面测量 4560km；重力测量 48100 点；磁测 25813 点
地球化学勘探	土壤化探 3000km²		土壤化探 18241 点
地震勘探	二维地震 27931km；三维地震 4516km²		
钻探	探井 6 口，进尺 6500m	探井 4 口，进尺 6900m	探井 1 口，进尺 300m
岩心编录	11000m	5520m	7271
样品采集与分析	15775 套件	5200 套件	2480 套件

3. 主要成果

1) 钻探成果

在松辽盆地西部外围盆地和凹陷,2014 年中国地质调查局油气资源调查中心在突泉盆地部署的突参 1 井钻遇侏罗系油气显示,获得了低产轻质原油。2015 年在秀水盆地南部地区部署的秀 D1 井,钻遇中生界($J_3—K_1$)厚层烃源岩及多层油气显示；揭示累计厚度大于 100m 暗色泥页岩,有机质丰度中等—好,有机质类型为 II_2 型,已进入成熟阶段；该井中油气显示非常普遍,其中见荧光 72.83m,油斑和油迹 240.68m,油浸 17.56m。展示了松辽盆地西部外围盆地群侏罗系良好的勘探前景。

在松辽盆地南部外围盆地,部署在凌源—宁城盆地牛营子凹陷北部的牛 D1 井钻遇了侏罗系烃源岩及油气显示；钻遇海房沟组暗色泥岩累计厚度 45.93m,有机质丰度中等,类型为 III 型,已演化到了成熟阶段；在该井推覆体之下的中元古界海裂缝型相白云岩中(330.75~382.55m)钻遇油气显示,其中富含油 17m、油浸 5.2m、油斑 14.75m、荧光 4.4m,岩心可见棕褐色原油渗出,进一步开展工作极有可能获得工业油流。同时,在金岭寺—羊山盆地西北缘部署的地质调查孔 SZK01 至 SZK04 井,均钻遇到了下侏罗统北票组油气显示；钻孔揭示北票组烃源岩为中等—好烃源岩,有机质类型为 II_2 型,已进入成熟—高成熟演化阶段。这些成果显示了松辽外围南部盆地群侏罗系与中—新元古代新层系良好的勘探前景,特别是牛 D1 井的油气发现,对于松辽盆地南部外围区海相深层油气勘探具有重要意义。

在松辽盆地东部外围盆地,2015 年部署在三棵榆树凹陷的通 D1 井,钻探进尺 670.2m,钻遇下白垩统亨通山组油气显示 34 层,累计厚度 62.69m；在 418m 处灰色含砾粉砂岩中可见有蛋黄色泡沫状油花冒出。在 2008 年,中国石油在三江盆地的宏胜凹陷部署钻探的前 1 井也在 K_2 七星河组钻遇优质烃源岩,有机质类型为 II_1 型,R_o 为 0.75%,处于成熟阶段,具有较大的生油潜力。这些成果充分展示了松辽盆地外围东部盆地群下白垩统良好的油气勘探前景。

2) 盆地评价优选

通过对松辽盆地外围盆地群的地质调查和盆地早期评价,有以下认识：

① 松辽外围西部盆地群，存在上二叠统、侏罗系两套有利勘探目的层系。其中，上二叠统林西组暗色泥页岩分布范围广、厚度大，具有较好的页岩气勘探前景（陈树旺等，2013）；上侏罗世红旗组、万宝组煤系地层是中国北方侏罗系的一部分，可同西部吐哈盆地、准噶尔盆地以及二连盆地对比。其中突泉盆地中—下侏罗统泥岩厚度大、有机质丰度高、热演化处于成熟—高成熟阶段，盆地生、储、盖系列完整，有望成为松辽盆地外围侏罗系油气、新层系勘探突破的远景盆地。

② 松辽盆地南部外围盆地群，烃源岩主要发育层位为侏罗系和白垩系，与松辽盆地比较类似，其中开鲁盆地已经在陆家堡凹陷内发现了 5 个油气田。另外，松辽盆地南部深层海相地层（中—新元古界）是寻找新生古储裂缝性潜山油藏的重要区域。

③ 松辽盆地外围东部断陷盆地群，具有白垩系和古近系优质烃源岩系，通化盆地、莫里青断陷分别发育较好的白垩系、古近系烃源岩，资源潜力大，油气显示良好，具有较大的勘探潜力。

第二节　盆地普查项目

盆地普查是指在一个含油气盆地内，从基本的石油地质调查开始，到优选出有利的生油气凹陷的过程。盆地普查项目的主要任务是，通过采用各种非地震地质调查和地震勘探技术，结合区域探井的钻探，在盆地内进一步优选生油凹陷，落实各生油凹陷的生烃量。简而言之，盆地普查的任务就是"定凹"，这里的"凹"是指有利的生油凹陷及其相邻地区，具体地说就是纵向上一个或多个含油气系统在平面上所占据的区域。

视频 6-4　盆地普查定义及任务

一、勘探部署原则

盆地普查阶段的三个基本特点，决定在勘探部署应遵循的三个基本原则。一是勘探范围的广阔性决定了勘探部署应加强盆地整体解剖的原则；二是勘探任务的基础性决定了勘探部署应重点围绕油气源的认识进行部署的原则；三是勘探阶段的初始性，决定了勘探技术应用方面要特别强调综合勘探。

视频 6-5　盆地普查部署原则

1. 从区域出发，整体解剖，重点查明区域地质构造概况与石油地质基本条件

含油气盆地的范围往往非常大，小型盆地可能只有几千平方千米，而大型盆地超过几十万平方千米。要想全面认识盆地的地质结构与特征，迅速缩小勘探范围，盆地普查就必须从区域出发，整体解剖，重点查明盆地区域地质构造概况和石油地质基本条件，是由石油地质规律和勘探经济规律所决定的。在一个沉积盆地内，油气的形成和分布主要受区域地质和石油地质条件所控制，并受多种地质因素的制约。不了解总的控制因素，不认识地层、岩性、岩相、构造、水文地质等多种因素对油气形成所可能起的作用，就不能有预见性地、有成效地、高效率地寻找油气资源，从区域出发可以避免勘探工作的盲目性。人类认识事物的过程是一个逐步深入的过程，不能急于求成。整体解剖盆地（坳陷）的区域成藏条件，有利于逐步缩小勘探靶区，尽快发现油气田。不能在区域地质情况不清的情况下，过早地将勘探力量和勘探资金集中在某一个局部地区，而忽视区域上的勘探工作，这有可能在较长的时间内得不出一个明确的找油方

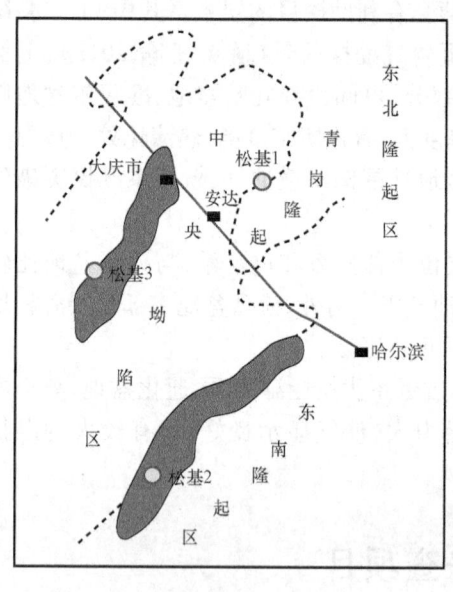

图 6-6 松辽盆地基准井部署位置略图

向,如果勘探失利,还会造成勘探资金巨大沉没。例如在柴达木盆地勘探初期就在一个构造断裂带上盘的小面积内,钻了 24 口探井,使得勘探工作非常被动。

松辽盆地的油气勘探历史是说明这一勘探原则的一个很好的例证。20 世纪 40 年代,由于没有在整个盆地内进行盆地普查工作,对盆地全貌认识不清,油气勘探工作都集中到了南部油苗较多的地区,没有查明最有利的生油地区。因此,勘探多年未见成果。1959 年,针对全盆地部署区域综合大剖面 4 条(公主岭—洮南、德惠—泰来、拉林—景星、哈尔滨—甘南),构造详查地质浅井 10 口(在大同镇、钓鱼台、华字井、长春岭、任民镇、隆盛合、团山子、扶余、八面城、乾安 10 个构造),基准井(科探井)钻探 3 口,分别设计在任民镇、扶余、大同镇(图 6-6),很快就找准了方向,取得了勘探上的大突破。

准噶尔盆地的油气普查阶段也有过类似的经历。1956 年以前,勘探工作仅局限于该盆地南部的天山山前地带。1956 年以后开始上地台区,并在少数探井中获得了工业油气流,随后立即开展盆地普查工作,进一步查明了地台西北部的区域构造情况,再根据地质调查和研究成果,最后把盆地西北边缘划归为最有利的地区,终于发现了著名的克拉玛依油田(张文昭,1997)。

苏联石油工业的发展,也得益于盆地普查工作的有效开展。他们采用了区域综合大剖面、基准井等一套系统方法,针对盆地采用整体解剖的办法,迅速了解全盆地的地质概况,抓住主攻方向,使油气勘探工作少走弯路。西西伯利亚地区自 1961—1971 年用 10 年时间开展盆地普查工作,结果获得了丰硕的成果,共发现了约 150 个油气田,其中包括 9 个大油田和 22 个大气田。

2. 以油气分布的源控理论为指导,重点查明油气的生成条件

盆地普查阶段,对盆地的石油地质各方面的条件几乎是一片空白,不可能在较短的时间内解决所有地质认识问题。由于盆地普查工作的基础性地位,应特别突出油气生成条件的重要性,"油气源"问题是首先必须解决的关键问题。因此,盆地普查阶段的部署,应重点围绕落实"油气源"的问题来展开,以尽快查明盆地资源量的大小和空间分布,在此基础上优选出有利含油气区。

在这个阶段中,首先应回答的石油地质问题是有无形成油气的有机质堆积以及能否转化为油气,即油气生成条件的好坏。一方面是因为只有在肯定了丰富的油气生成的前提下,才能进一步开展油气勘探工作;另一方面,在这种面积很大、研究程度很低的地区,一上手不可能完全解决油气的聚集与成藏问题。

"源控论"的思想是从大庆油田勘探成果中总结出来的,而渤海湾盆地的勘探历史使我们充分认识到"源控论"在陆相含油气盆地普查中的重要性(庞雄奇等,2014)。在渤海湾盆地勘探初期,就有意识地利用"源控论"来找油,把勘探重点地区放在西部的临清、开封坳陷。因为当时根据区域重磁资料推测华北平原东部为"无棣火山活动带",而西部具有坳陷深、沉积厚的特点。但是,由于急功近利,在没有证实有效烃源岩存在的情况下,将目标过多地集中到了

靠近西部坳陷的古隆起上。从1956—1959年部署的六口基准井(华1井—华6井),除华2井打在开封坳陷内以外,都部署在古老的隆起上,钻探相继失利。其结果是既没有见到油气显示,也没有取得生油岩的资料,造成了勘探工作的被动。一直到1960年,根据浅钻资料否定了"无棣火山活动带"的存在,才真正把步子迈向坳陷,在济阳坳陷惠民凹陷沙河街构造上部署了第7口基准井——华7井,发现了古近系生油层系,随即向东追踪,终于在1961年4月15日,华8井喷油,真正揭开了渤海湾地区的找油序幕。

在一个盆地内,从一开始就自觉地运用"源控论"指导油气勘探,从而快速发现含油气区和油气田的典型例子是南襄盆地泌阳凹陷的勘探。泌阳凹陷位于淮阳古陆之上,面积仅有1000km²,西部以隆起与南阳凹陷相隔。1974年根据重力负异常与南阳凹陷相似,推断该凹陷可能是一个深凹陷,后来在深凹陷中的隆起上钻了1口参数井(泌1井),1975年8月完钻,在井深5000m以下发现了厚达1800m的灰黑色泥岩、页岩,并发现含油砂岩9层,共计37.4m,后经试油获得日产300多升的原油,成为该凹陷的发现井。围绕着这个深坳陷区勘探,不到两年就发现了主力油田。

相反,对一些油气形成条件差的地区,如浙江的面积小、被红色地层充填的盆地,燕山期某些古生界变质程度高的地区,以及松辽盆地北部倾没区这种距离油源较远的陆相盆地边缘地区,能够及时得出结论,提出了否定或暂缓勘探的建议,及早转移了勘探队伍,才有可能节约勘探费用,提高勘探效益。

正确运用"源控论"指导油气勘探,首要的一条是要科学地评价烃源岩的生烃能力。关于对生油层的评价,一直根据的是"干酪根热降解成油学说"。但近年来,随着生产实践和科学实验的进行,一些学者对该学说提出了质疑和修正。对该学说的挑战,目前主要来自超深井资料。在深部地层中的有机质,在温度为240~300℃时,其样品中的C_{15+}可以很丰富,最多可达$3600×10^{-6}$。深部地层中镜质反射率数值在高达5.0%时,仍具有良好生烃潜力。井底温度高达300℃的层段,仍未见到石墨形成和绿色片岩变质作用的迹象。在碳酸盐岩烃源岩,这种现象更加普遍。黄第藩教授等提出的碳酸盐岩烃源岩"差异成熟效应",也提醒我们,不宜将泥质烃源岩中可溶有机质与不溶有机质的同步成烃演化作用应用到碳酸盐岩的成烃演化中去,过早地否定了碳酸盐岩的生烃能力。目前,低温形成石油的观点也已经在生产实践和实验室中都得到了证明。因此,对于"生油窗"的这一概念,必须要有一个科学的认识。

另外,也应该认识到"源"的多样性。近年来,煤成烃、无机成因气、生物气等也是在盆地普查中应该重视的新的找油领域。在盆地普查阶段,有意识地利用"源控论"来指导找油的过程中,只要从多角度、全方位地研究区域油气形成条件,就能够达到理想的勘探效果。

3. 因地制宜地选择工种,加强综合勘探

勘探阶段的初始性,决定了综合勘探的必要性。在盆地勘探早期,由于对盆地的地质特点还缺乏相应的认识,对于勘探技术的风险更是一无所知,只靠单一的技术和方法很难解决问题。各门学科和各项技术能否对勘探整体效益做出应有的贡献,除取决于自身的优势外,最重要的还是取决于其优势在整个勘探系统中的转化能力。而进行多学科方法、多技术工种的组合,可以最大限度地变单项技术优势为整体效益优势。加强综合勘探,实现勘探要素的最佳组合,是现代油气勘探的必然趋势,也是勘探工作高效益、高速度的根本保证。特别是在盆地普查阶段,实行多"兵种"联合作战,走综合勘探之路,具有非常重要的理论及实际意义。

第一,由于不同的勘探技术手段其建立的理论基础不同,决定了它们之间具有不同的技术优势和技术缺陷,不同方法的联合使用,可以起到优势互补的作用。例如,化探和遥感技术主要用于检测油气,而地震和重磁电勘探对于探测构造十分有效。再如,地质调查技术比较直接,而其他勘探技术相对而言是一种较为间接的方法。地震反射波方法是目前主要的勘探方法,"物探铺路、地震先行"已经成为现代油气勘探方法使用上的一套基本做法,在重点发展该方法的同时,也应注意对其他物探方法的研究和应用。

第二,在不同的地质及地表条件下,不同油气勘探方法在解决问题时的可靠性和工作速度也有所差别。一般说来,在地形平缓的覆盖区应选用地震和少量参数井剖面并相互配合为主的工作方法;而在地形复杂的露头区则以地质调查法为主。陕甘宁中部斜坡地区的小幅度构造对地下深部侏罗系油气的聚集起了控制作用,但是用地震勘探方法查明这些构造较为困难,而在该区采用地面地质测量配合地震法可取得较好的效果,因为该区地表浅层构造与地下深层侏罗系构造有71%是相吻合的,完全不吻合者仅占18%。

第三,盆地普查的范围一般都非常大,许多基本的问题都没有认识清楚。在这种情况下,为了达到既节约成本、又提高效益的目的,应该采用"合适"的配套技术,既要反对只采用单一工种的现象,也要反对不分重点平均使用各种方法。特别值得注意的是,要改变在技术方法使用上一味"求新求精"的倾向。先进勘探技术的大量使用势必会带来勘探成本的成倍增长,因此主张走"因地制宜、主要和次要方法相配合、合理采用新技术"的综合勘探道路。

松辽盆地的石油普查是我国第一次贯彻以盆地为整体部署,在广泛的覆盖区开展区域综合勘探的成功尝试。其具体做法是,以重力、航磁、电法普查与区域地震大剖面相结合查明区域构造特征和基底,用基准井搞清地层层序和生储盖组合,用多种物探和浅钻相结合准备构造,以多兵种联合作战深入了解盆地地质结构,从而很快明确了勘探方向,明确了中央坳陷是油气聚集的有利地区。从盆地的第一口基准井到油田的发现仅用了一年零三个月,是我国油气勘探史上较成功的战例。

要搞好综合勘探,除了从技术工种的角度加强技术组合,采用合理的技术配备以外,还必须从组织管理方面,建立一支多学科的研究工作组,使之按照综合勘探的要求,进行综合研究和技术攻关。这就要求油公司在研究机构的设置上,条块结合,既要设专业的研究室,也要设综合性的研究室,避免研究工作的单打独斗;在人才培养和引进上,要重视复合型人才;在科研项目的设置上,要注意专题研究和综合研究的有机搭配。

二、勘探工作程序

1. 高精度非地震物化探

视频6-6 盆地普查工作程序

高精度非地震物化探主要进行盆地的高精度重磁力普查,有针对性进行电法普查,开展油气化探或油气资源遥感解译,以及地质浅井的布置。其目的在于进一步确定盆地范围、基底周边特征,进一步划分区域构造单元和构造层,对生油凹陷的范围和沉积厚度做出解释,以便于对不同凹陷进行生烃条件的初步评价。

2. 地震普查

在盆地普查阶段,地震普查一般是以8~16km的测网距进行地震面积连片测量,进一步控制隆起(凸起)坳陷(凹陷)的形态,查明其内部结构和二级构造带的形态、类型及展布范围,为部署区域探井服务。对于中小型盆地、海域和构造复杂的盆地,测线可以适当加密。

3. 参数井钻探

在优选含油气系统的勘探阶段进行参数井的钻探,其主要目的在于:第一,了解一级构造单元的地层层系、接触关系、岩性岩相特征及其厚度分布,建立完整的地层剖面;第二,查明生油岩、储层、盖层的特征和可能的储盖组合;第三,为地球物理资料的解释提供参数和依据,如层位标定、层速度、岩电关系等。

在盆地普查阶段,参数井一般部署在地层发育较全,没有遭受强烈剥蚀和大的断层发育的深坳陷(凹陷)或邻近地区,并力求钻达盆地的基底。参数井的取心进尺一般不低于设计井深的5%。针对落实重点含油气层位和取得关键部位的地层岩性资料要进行井壁取心。同时,要特别考虑参数井在盆地中布局的合理性,即生油凹陷的分布情况及构造特征。例如吐哈盆地三口参数井(台参1、哈参1、托参1井)就分别部署在台北坳陷、哈密凹陷和托克逊凹陷三个不同的区域构造单元中。

在参数井部署过程中,所需的主要图件应包括:① 两层以上1∶50000或者1∶100000的区域地震构造图,两张以上1∶100000或1∶200000的重磁异常图,以及区域大剖面及综合解释成果;② 生油岩分布与预测厚度图、储层平面预测图、地层—岩性综合预测剖面;③ 沉积埋藏史、构造发育史、压力预测图等。

4. 凹陷评价与优选

通过上述勘探工作,获得了各种各样的资料,以此为基础,可以进行生油凹陷的评价与优选。其主要任务包括:

① 评价生烃条件。利用参数井钻探资料,确定烃源岩分布的主要层段、发育的主要有机相带、全面评价烃源岩质量,如有机碳丰度、干酪根类型、演化程度等,预测有效烃源岩分布区。

② 确定主要的储盖组合。包括储层的主要类型及有利储集层段和储盖组合,重点研究区域盖层层位、岩石类型、空间展布。

③ 区域保存条件。重点研究区域盖层类型、厚度及空间分布,不整合个数、剥蚀厚度、剥蚀时间与范围。

④ 凹陷优选。通过油气生成、运移、聚集、保存等地质作用的定性分析,配合盆地数值模拟技术,就可以预测各生油凹陷的资源远景,初步划分含油气系统,从而优选出有利的生油凹陷。

三、勘探评价方法

在盆地普查阶段,地质评价一般以定性分析(盆地分析)为基础,以定量评价(盆地数值模拟)为依据;资源评价以成因预测法为主体,目前主要是盆地数值模拟软件,采用成因法模拟生油量,采用类比法预测资源量;经济评价则以实物量分析为主,以常规经济评价法为辅。

视频6-7 盆地评价

1. 盆地分析与模拟

1)盆地分析

利用各种地质、物化探、钻井、测井等资料,分析和研究盆地的各种地质特征,是开展盆地评价的基础。

(1)地层特征

根据录井、测井和分析化验等资料,进行单井地层划分及多井地层对比,确定地层的时代和绝对年龄,了解地层的接触关系及不整合和假整合的分布。根据VSP、人工合成地震记录等资料,进行地震层位标定和追踪,确定地层厚度变化,作地层等厚图。确定各个不整合和假整合的空间分布范围,了解它们是无沉积还是剥蚀造成的,并计算剥蚀量,作剥蚀量等值线图。

(2) 基底和边界特征

根据钻达基底的钻井资料和重磁电等资料,进一步加强盆地周边基岩露头区构造发育特征及基本构造样式的研究,加强板块构造背景的研究,加深对盆地内基底内幕构造的认识,划分盆地内基岩性质、地层时代和断裂分布,作基岩地质构造图;并确定盆地边界、周边基岩与盆地的接触关系和影响。

(3) 构造特征

构造特征分析包括盆地构造单元的划分与盆地构造变形研究两个主要方面。在确定了盆地边界以后,油气勘探研究的第一步,就是要对盆地进行构造单元划分,了解可能的生油区和油气聚集区。区域性大断裂的展布和对区域构造的控制作用,常常是构造单元划分的重要界线。伸展型盆地这一特征尤其清楚,如中国东部的伸展型盆地,沉积、沉降中心往往受张性或张扭性大断裂控制,形成一个个半地堑或地堑式的断陷。因此,研究沉积岩厚度,尤其是主要烃源岩所属层系的地层厚度的区域变化,是划分构造单元的主要依据。

盆地内部构造变形的研究不仅是判断盆地性质和盆地类型划分的关键,更重要的是,构造变形组合的发育直接控制了构造型油气圈闭的发育和分布规律,也决定着油气运移聚集的指向。构造研究的主要内容包括:① 基本的构造变形形式,按照不同的力学机制,所有的构造变形都可归入拉张、挤压、扭动三大类,或它们之间的过渡和叠加;② 构造变形是否涉及基底,即构造变形是滑脱型的还是基底卷入式的;③ 构造变形是同生的还是后生的;④ 构造变形的强度。根据这些研究,可以鉴别某一地区构造变形样式、构造变形环境、平面上或垂向上的构造组合方式。

(4) 盆地类型

盆地构造变形特征的研究提供了盆地发育的直接应力条件(拉张、挤压或扭动)、应力作用的方向以及主要构造活动阶段和活动方式,在此基础上可以直接进行地球动力学分类,即将盆地划分为伸展型盆地、压缩型盆地和扭性盆地等。在盆地性质分析中,盆地与周边老山的关系是很重要的。盆地与周边的接触关系可划分为两大类,即断层接触或斜坡过渡。受断裂控制的盆地称为断陷盆地,伸展型盆地多为断陷盆地,不受断层控制的盆地叫挠曲盆地,前陆盆地就是最典型的挠曲盆地。为了了解盆地形成机制,还要研究盆地基底结构和板块构造背景,如伸展型盆地不仅可以在被动大陆边缘发育,也可以在板块俯冲、碰撞这种聚敛环境中发育,最典型的当然就是弧后盆地。深反射地震资料对揭示盆地深部地壳结构十分有效,对了解盆地发育机制很有帮助。火山岩活动情况、周边露头区某些特殊岩性体的识别和研究,均有助于了解盆地的性质和演化。

(5) 沉积岩相特征

利用探井和地震资料进行单井划相和地震地层学、层序地层学研究,确定各层沉积岩的岩性、岩相及三维空间分布情况。随着地震勘探技术的提高、各种高分辨率特殊处理资料的获得,给地震地层学的发展提供了更加可靠的基础。从钻井资料和露头研究出发,通过连井剖面将钻井反映的地层时代、岩性和岩相投影到地震剖面上,建立研究区不同地层岩性的典型反射特征模式,用以外推到大面积无钻井区,是地震地层学研究的优势所在。

(6) 烃源岩和储集岩特征

根据钻井岩心与录井的分析化验等资料对烃源岩研究,确定单井的各层烃源岩层段,并以此为出发点,利用高质量地震剖面解释成果,进行烃源岩层的横向预测,确定各层烃源岩层的厚度,编制等厚图;并根据分析化验资料,作出相应层的有机地球化学指标的等值线图,还要开展热模拟实验,作出产烃率曲线。

储集岩体研究的主要任务,就是根据单井划相的结果,确定单井的主要储集岩层段,并以此为出发点,利用高质量的地震剖面,进行面上的追踪对比,确定主要储集层段的空间分布范围及厚度变化。同时,利用地震速度、声波测井曲线及岩心分析等资料,作出储集物性的横向变化情况(如砂体等值线图、储层对比图、孔隙度等值线图、砂泥岩百分比图等)和纵向变化情况(如孔隙度与深度关系曲线等)。

(7)盆地水动力条件

法国学者 Coustau 等(Tissot 和 Welte,1984)根据淡水侵入盆地之前、侵入盆地过程中及侵入盆地之后盆地的水动力特征将盆地划分为三种类型——"青年"盆地、"中年"盆地和"老年"盆地。"青年"盆地的水动力特征表现为由压实作用所引起的离心流,"中年"盆地的水动力特征表现为由重力作用所引起的向心流,而"老年"盆地则表现为静水环境。杨绪充(1993)在 Coustau 分类的基础上提出了压实流盆地、重力流盆地和滞流盆地的分类,每类盆地的水动力特征见表6-3。

表6-3 盆地地下水动力特征汇总表(据杨绪充,1993)

水动力特征		盆地类型	压实流	重力流	滞流
水流特征	流向		离心流:由盆地沉降中心的较深部位流向边缘和浅部	向心流:由盆地边缘渗入盆地中心深部再向上返回地面;穿越流:由盆地一侧渗入地下,由另一侧渗出	不流动,无方向
	作用力		压实作用	重力作用	无
	水源		沉积水、再生水	大气降水、地表水	无
水势地征	势差	大小	大,富于能量和活力	较大或一般,有一定能量和活力	趋于零,无能量和活力
		来源	不均衡压实	地形高差	无来源
	势分布		盆地中心和深部>边缘和浅部	平面上,补给区>排泄区;纵向上,补给区深部<浅部,排泄区深部>浅部	常数
	测势面	与地层埋深或倾向关系	镜像	大体一致	无
		形状	凸面	凹面(向心流)或坡面(穿越流)	水平面
	水势(水头)梯度	横向	由盆地中心至边缘<0(负值)	由补给区至排泄区<0(负值)	0
		纵向	>0(正值)	补给区<0(负值);排泄区>0(正值)	0

从表6-3中所列水动力特征可知,杨绪充的三种盆地类型与 Coustau 的三种盆地类型基本上一致。但杨绪充强调,在实际遇到的盆地中很少有典型的压实流盆地、重力流盆地或滞流

盆地,而常见的是压实流—重力流和重力流—滞流过渡型盆地,并把压实流和压实流—重力流过渡型盆地归属为"青年"盆地,把重力流和重力流—滞流叠合盆地归属为"中年"盆地,把滞流盆地归属为"老年"盆地。

(8)盆地的温压场特征

盆地的温压特征研究主要是利用测井资料及岩石热导率的分析,研究盆地的温度状况和地层压力特征。盆地的地温场研究主要有两个方面的内容:一是分析地质历史时期地温的演化状况,即确定古地温,主要是利用各种地质温度计进行恢复和演算;二是分析盆地现今地温和大地热流分布状况。对盆地地层压力的分析主要从平面、剖面上分析地层异常压力分布特征,主要内容为:一是根据测压数据编制盆地或研究区域的定深压力平面分布图,由此可以分析盆地或研究区域的高压区和低压区;二是根据压力与深度的回归关系可以得到盆地内不同地区的增压率。

2)盆地模拟

盆地模拟(basin modeling)也称盆地定量分析,是通过计算机技术把地质、地球物理、地球化学、地球热力学与动力学、地质流体动力学等学科的概念、知识和方法结合进来。首先,在盆地分析的基础上建立描述和表征盆地内与油气生成、运移、聚集有关的各基本地质过程的概念模型(地质模型);然后,根据概念模型的特点,用适当的物理、化学和动力学等方程来描述相关的地质过程,即建立相应的数学模型;最后,根据盆地类型及地质特征确定定解条件,选择合理的数值解法,输入恰当的模拟参数,从时间—空间上对盆地的地质演化、有机质热成熟以及油气的生成、排驱、运移乃至聚集过程进行历史分析和定量描述,建立盆地演化和油气生成、聚集"五史"模型(图6-7)。详细讨论参见有关文献(庞雄奇等,1993,1995,2000,2004)。盆地模拟的主要方法见表6-4。

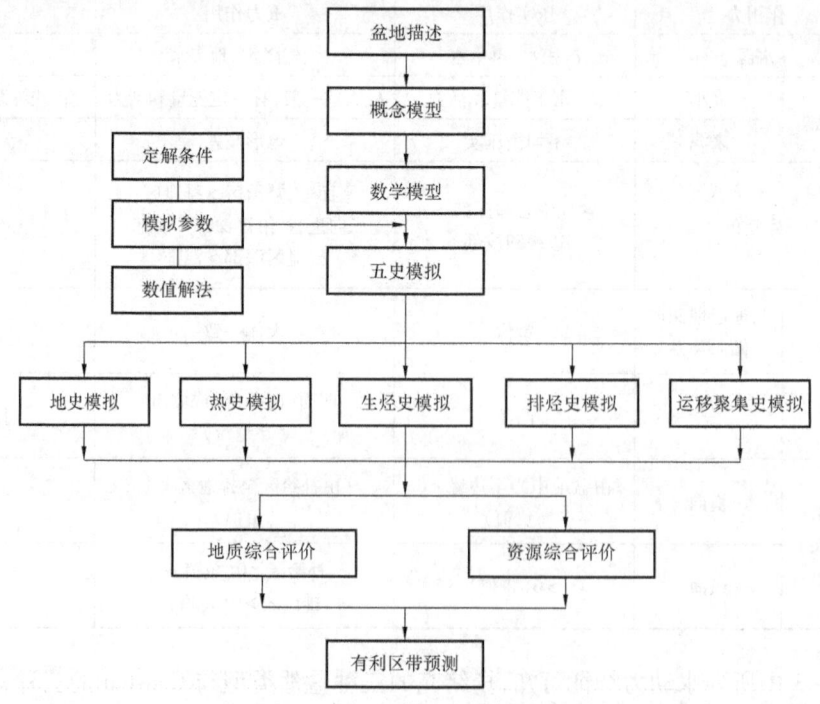

图6-7 盆地数值模拟技术流程

表6-4 盆地模拟系统的主要模拟方法

系统模块	模拟的功能	模拟的方法	适用性
地史	沉积埋藏史 构造发展史	回剥技术	正常压实带
		超压技术	欠压实带
		回剥和超压相结合	正常压实带和欠压实带
		平衡地质剖面	剖面上变形守恒
热史	古地流史 古地温史	地球化学法	勘探程度较高地区
		地球热力学法	可靠性较低
		地球热力学和地球化学相结合	可靠性较高
生烃史	烃类成熟度史 生烃量史	TTI—R_o法	勘探程度较高地区
		Easy R_o法	适用较广
		化学动力法	适用较广
排烃史	排烃量史 排烃方向史	压实法	孔隙度变正常的情况(排油)
		压差法	孔隙度变化异常的情况(排油)
		渗流力学法	排油、排气、排水
		微裂缝排烃法	深层或碳酸岩
		物质平衡法	排气
运移聚集史	油气运移史 油气聚集史	二维二相渗流力学	垂直剖面、油或气水
		二维三相渗流力学	垂直剖面、油气水并存
		三维三相渗流力学	立体空间、油气水并存
		拟三维二相历史模拟	平面油、气
		流体势分析法	古构造及地下流体环境比较清楚
		算子分裂法	视三维模型

(1)地史(沉积埋藏史和构造发展史)模拟

盆地的沉积埋藏史和构造发展史模拟主要是基于沉积地层的压实原理实现的,其概念模型的建立主要从以下几个方面考虑:沉积地层厚度及其变化,用现今地层厚度和孔隙度可以恢复地层的原始厚度;地层被抬升、剥蚀是盆地发展过程中的重要事件,用适当的方法确定抬升时间和剥蚀量,并将其与原始地层厚度一起考虑进行地史模拟,可以恢复盆地的沉积埋藏史和古构造发展史;多种原因形成的地层欠压实作用(超压带的存在)是较为普遍的地质现象。地史概念模型的建立,主要是根据沉积压实原理,假设随着埋藏深度的增加,只有孔隙体积变小,而地层的"骨架"厚度不变,符合这一原理的主要是砂、泥(页)岩类,而碳酸盐岩、塑性流动的膏盐层、火山岩等因成岩作用机理不同,在模拟时要区分对待(石广仁,1993)。

(2)热史(古热流史和古地温史)模拟

古热流史和古地温史模拟是通过建立热史模型来恢复盆地各地质演化阶段的大地古热流和古地温,是模拟盆地生烃、排烃史的关键。Mckenzie(1978)和 Lerche(1984,1987)、中山一夫和 Peter 等(1990)对恢复盆地古热流史和古地温史做了系统的研究。建立概念模型主要是基于以下理论和事实:盆地沉积物的热能主要来自地球内部(软流圈)的热传导和热对流(称为大地热流),热流值的大小与岩石和流体的热导率、埋藏深度、时间以及其他热事件(如火成岩侵入、火山活动、放射性热源等)等因素有关;沉积物中的镜质体反射率随地温的升高和时间的增加而增大,且具有不可逆性。

数学模型中恢复盆地热史常用两种方法:地球热力学法和地球热力学—地球化学结合法。地球热力学法主要考虑地球内部的热传导和热对流,用热流方程来描述热量在沉积物中的传递。Stallman(1963)曾介绍了包括传导和对流在内的热传递方程,已为Welte等(1981)、韩玉芨等(1988)在盆地模拟中采用。地球热力学与地球化学结合法涉及的许多参数是难以估计的,计算的地温史和热流史有时误差较大。Lerche等(1984)用镜质体反射率R_o来估计古热流,并提出用新的TTI(时—温指数)来估计古地温。

(3)生烃史(烃类成熟度史和生烃量史)模拟

建立有机质热成熟史概念模型的主要依据是有机质的成熟度与温度、时间之间存在着一定的函数关系。地球化学研究表明,随着埋藏深度增大和地温升高,沉积物中的有机质开始热成熟、生烃。热成熟度的变化规律是:与温度呈指数关系增长,与时间呈线性关系增长,且在一定温度范围内,时间对温度具有补偿效应。

根据上述原理,在地史和古地温史模拟成果的基础上,可设计不同形式的数学模型。其中包括Lopatin(1971)模型、Waples(1978)模型和Middleton(1982)模型等。众所周知,Lopatin(1971)根据温度每增高10℃,干酪根热降解速率约增加一倍的机理,首先提出了计算TTI值的模型。Welte(1988)和Hunt(1991)等认为,TTI模型不适合于整个"生油窗",更谈不上去模拟在相当宽的盆地增温范围内甲烷气的生成。如Tissot的动力学模型在烃类生成的温度范围内,反应速度增加$10^7 \sim 10^9$倍,而在Lopatin和Waples的模型中反应速度仅增加10^3倍。

生烃史模拟是根据干酪根成烃机理模拟盆地中有机质的生烃过程、历史和生烃量。一般有两种研究方法,一是产烃率曲线法,二是化学动力学法。产烃率曲线法应用较普遍,该方法首先用地球化学研究成果建立R_o—产烃率关系曲线,然后根据成熟度模拟得到的R_o值在R_o—产烃率关系曲线上求出相应的产烃率值,最后计算生烃量。该方法的基础是地史、热史及成熟度史的模拟最终要提供可信的R_o值。由于不同类型的干酪根产烃率差别较大,还要提供可信的干酪根类型。要做出R_o—产烃率曲线,则需要较多的分析化验资料和实测的R_o值及产烃率数据,故该方法适用于勘探程度较高的地区。其缺点是实验条件与地史演化有很大的差异,而时间又是影响产烃率的重要因素之一,由此确定的产烃率往往失真,且难以确定生油层的生油高峰期。

(4)排烃史模拟

基于烃与水呈独立相态运移的机理(假设),可以设计多种排烃模型,如压实排烃、压差排烃、渗流排烃等;在高温、高压下油气呈混相运移的微裂缝排烃模型;对于轻烃(天然气)设计扩散排烃模型。压实排烃模型应用较为普遍。此外,还有压差法与相渗流法模型、微裂缝模型、扩散排烃模型。压实排烃量的模拟很大程度上取决于因压实所排出流体量的计算值,而排液量是孔隙度的函数。当烃源岩层存在超压等异常压实时,该模型的应用就受到限制,特别是在构造运动期间(如烃源岩抬升),由于压实作用不再进行,故在此阶段排液量为零,从而导致不排烃,这与实际情况有较大的出入。

(5)运移聚集史模拟

以压实流动盆地(compact flow basin)为例,依据压实排流的基本理论现作几点假设:储层中水是微可压缩的;储层中流体的流动符合达西定律,不考虑重力影响(因储层厚度比其分布面积要小得多);储层是各向异性、非均质的;储层中流体主要来自其本身的释水量和其上、下相邻烃源岩(泥岩)的压实排液量,且储层上下的烃源岩(泥岩)又是隔水层,仅考虑垂直方向的压缩。首先建立运移动力学数学模型,其次建立流体势恢复模型,最后建立油气水运动方程组。根据连续性方程及运动方程,可得出油、气、水三相流动的基本微分方程组。通过确定各项参数,可进行水动力学条件、油气运移速度和运移、聚集量的数值模拟。

2. 凹陷资源量预测

成因预测法是区域普查阶段常用的资源评价方法,也是盆地数值模拟中的主要方法,主要是利用烃源岩地球化学资料,采用盆地数值模拟技术,模拟计算生烃量,然后通过类比方法确定油气运聚系数,从而得到油气资源量。常用的生烃量计算方法包括氯仿沥青"A"法、氢指数质量平衡法、盆地数值模拟方法。

1) 氯仿沥青"A"法

氯仿沥青"A"法是我国较早应用的方法之一。它以生油层系中的残留氯仿沥青"A"抽提量为依据来恢复生油量,然后将生油量乘以聚集系数来计算盆地的资源量,其计算公式为

$$Q = SHAd\, K_{聚}/(1 - K_{排}) \qquad (6-10)$$

式中　Q——总资源量,t;

　　　S——有效生油岩面积,km^2;

　　　H——有效生油岩厚度,m;

　　　A——氯仿沥青"A"含量,%;

　　　d——生油岩密度,t/m^3;

　　　$K_{聚}$——聚烃系数;

　　　$K_{排}$——排烃系数。

该方法的具体工作步骤为:首先分层段编制氯仿沥青"A"含量等值线图;其次,按照有机地球化学所确定的成熟门限深度,作出有效生油岩厚度的等值线图;然后利用跟踪扫描的方法进行数字化,利用式(6-10)确定各网格点的生烃强度;最后经数字化积分输出各层的生油量,再转换成资源量。

2) 氢指数质量平衡法

氢指数质量平衡法主要是利用来源于岩石热解的氢指数 HI(mg)/TOC(g)来进行油气资源评价的一种方法。由于氢指数(HI)指在加热过程中干酪根热解得到每克有机碳(TOC)产生的烃。因此 HI 代表了烃源岩进一步生烃的潜力。原始氢指数与现今氢指数的差额应代表单位有机碳生成的烃。该方法的实现步骤如下:

① 确定有机碳量。对有机碳等值线图、烃源岩厚度等值线进行网格化读取,确定烃源岩单元,求取烃源岩单元的平均 TOC(%)、平均密度 $\rho(g/cm^3)$ 和平均体积 $V(cm^3)$,将这三个参数相乘得出烃源岩单元的有机碳量 M 为

$$M = TOC \times \rho \times V \qquad (6-11)$$

② 确定每一个烃源岩单元单位有机碳的生烃量 R。R 是根据烃源岩的原始氢指数与现今氢指数来确定的。原始氢指数与现今氢指数的差值近似代表每克 TOC 的生烃量。

③ 计算每一烃源岩单元的全部生烃量 HC(kg):

$$HC = RM \times 10^{-6} \qquad (6-12)$$

④ 计算总烃源岩的生烃量：

$$Q = \sum_{i=1}^{n} HC \qquad (6-13)$$

⑤ 计算评价单元的油气总资源量：

$$Q = 10^{-11} Q_{生} \times K \qquad (6-14)$$

式中　Q——评价单元总资源量，$10^8 t$；
　　　$Q_{生}$——评价单元总生烃量，kg；
　　　K——油气运聚系数。

3) 盆地数值模拟法

盆地数值模拟法是盆地普查阶段资源量预测的常用技术之一。这种基于成因法的资源评价思路是：首先采用模拟方法确定坳陷（凹陷）生烃量和排烃量；然后通过含油气系统分析，划分运聚单元，在运聚单元内进一步划分目标区带；最后根据典型刻度区的解剖确定运聚系数，从而计算出各运聚单元内的资源量。

从盆地模拟的定义和特点考虑，其模拟对象必须是一个或多个相对独立的油气生、运、聚地质单元。过去认为该地质单元可以是盆地、盆地内的坳陷、凹陷或次凹等，现在看来，含油气系统是最适于开展盆地模拟评价的油气地质单元。因此，在盆地普查阶段，由于资料较少、认识程度较低，盆地模拟结果的精度会受到一定的影响。

3. 勘探经济评价

在对盆地评价项目中，勘探经济评价主要应围绕以下三个主要方面进行。一是资源本身质量的评价，是常规油资源、低渗储层石油资源、重油资源，还是天然气、致密油资源；二是考虑资源获取的难易程度，如油气资源分布的深度、油气资源主要圈闭类型、油气资源所在的地面地理条件等；三是最小经济油田规模，要根据地面地理条件、地下地质条件、油气质量、油气油价等诸多因素，在计算了地震成本、探井成本、测试成本、开发钻井成本、采油成本、开发基建成本等各项勘探开发成本和原油售出后的现金收益，按照总收益等于总支出的原则加以确定。在确定最小经济油田规模的基础上开展经济评价工作。

4. 凹陷优选决策

在通过盆地分析模拟优选出勘探前景好的含油气系统（凹陷）过程中，主要考虑的还是资源风险。因此，应从凹陷的区域沉积与构造特征、生储盖组合等基本石油地质条件评价出发，重点评价烃源岩质量、规模、成熟度与生烃量，油气资源类型、质量。从而优选出凹陷规模大、资源潜力充足、资源类型好、勘探成本较低的凹陷，作为下一步重点详查的目标。

四、勘探实例分析——渤海湾盆地的早期区域勘探

新中国成立初期，我国石油生产主要是在玉门、独山子、克拉玛依和延长油田，直到1957年，天然石油产量仅为$86 \times 10^4 t$，人造油产量为$60 \times 10^4 t$，石油工业十分落后。随着1955年石油工业部和全国石油地质委员会的成立，才真正开始全国石油普查的统一部署工作。当时的分工非常明确，由地质部负责概查、普查和部分详查，石油工业部负责部分详查、细测和钻探工作。1955年，地质部同时成立了华北石油普查大队，1956年4月石油工业部西安地质调查处组建华北综合研究组并成立华北钻探大队，1958年开始成立华北石油勘探处。因此，华北平原的区域勘探实际上是从1955年就开始实施的。

实际上,早在 1938 年,李四光先生在《中国地质学》中就已经指出,在新华夏系沉降带内,如能利用地震方法在华北平原进行勘探,就可能揭露出有经济价值的石油。1951 年李春昱先生在《中华的石油资源远景》一文中,明确指出"华北平原区就构造而言是一个完整的大盆地,在这个平原之下的地层,寒武系、奥陶系都是海相,石炭系、二叠系一部分是陆相,一部分夹有海相,都有生油的可能"。此外,黄汲清、张文佑、翁文波等教授都发表过华北平原可能含油的观点。

1. 周边地质填图与油气地质调查

1955—1957 年,地质部石油普查大队(226 队)在太行山、豫西、大别山、鲁西、北京西山等盆地周边地区完成了 1:10 万和 1:20 万比例尺的野外地质填图,局部填图比例尺达到 1:5 万和 1:1 万。企图通过周边地质填图来推断华北平原内的地层、构造及含油气情况。

1958 年,地质部所属的山东、河北、河南、北京、天津、安徽等省(市)石油普查大队,开展了莱阳盆地、济源盆地、凤山盆地、滦平盆地的石油地质调查与地质填图工作,对小盆地的含油气远景进行了初步的评价。

2. 重磁电勘探与地震勘探

从 1955 年开始,开始着手从华北平原的整体出发,部署非地震物探与地震勘探相结合的综合勘探工作。

1)重力勘探

1955 年,地质部完成了华北平原北部 1:100 万比例尺的面积测量 $21.16 \times 10^4 km^2$,1956—1957 年完成开封、周口、临清、博野坳陷(现称冀中坳陷)1:20 万比例尺的面积测量 $19.39 \times 10^4 km^2$,1959—1960 年完成济阳、黄骅坳陷 1:10 万比例尺的面积测量 $6.77 \times 10^4 km^2$。

2)磁法勘探

1955—1956 年,完成华北平原北部 1:100 万比例尺的地面磁力测量 $21.0 \times 10^4 km^2$,1957 年完成华北平原北部 1:20 万比例尺的地面磁力测量 $12.0 \times 10^4 km^2$,1958 年完成渤海湾及周边地区 1:100 万比例尺的航空磁力测量 $15.0 \times 10^4 km^2$;1959 年完成山东中部 1:10 万比例尺的航空磁力测量 $7.92 \times 10^4 km^2$;1960 年完成华北平原北部 1:20 万比例尺的航空磁力测量 $16.0 \times 10^4 km^2$。

以上重磁测量几乎完全覆盖了整个华北平原及渤海湾区域,成为华北平原地区构造单元划分的主要依据。

3)电法勘探

1955—1957 年,在华北平原地区共部署和实施电法大剖面 26 条,剖面总长度 2347km;1956—1960 年,在华北平原 18 个地区进行了 1:20 万比例尺的电法面积测量,总面积达到 $6.9 \times 10^4 km^2$,剖面总长度 11415km。

1956—1958 年,电法勘探工作量主要集中在华北平原的西部和南部地区,如沧县隆起的明化镇、博野坳陷的安平和高阳、临清坳陷地区、内黄隆起部位、开封坳陷的商丘地区、周口坳陷的徐州—颍上以及麦城—临汝地区;1959—1960 年则主要集中在济阳坳陷的商河、惠民、东营、青城地区。电法异常在奥陶系石灰岩埋藏较浅的地区反映比较明显,对划分盆地区域构造单元有一定的参考价值。

4)地震勘探

1956—1960 年,在整个华北平原工区完成区域性的地震大剖面 8 条,剖面总长度 1480km;

并完成了 20 个局部地区的普查与圈闭地震详查,总面积 $2.72 \times 10^4 \mathrm{km}^2$,剖面总长度 $12.04 \times 10^4 \mathrm{km}$。

1956—1958 年,地震勘探工作的重点在华北平原西部地区,如沧县隆起的明化镇构造和兴济镇构造(潜山),冀中坳陷的高阳构造,临清坳陷的堂邑构造,太康隆起的邸阁和丁庄构造(潜山)等。1959—1960 年,除临清坳陷的邱县、安阳地区,开封坳陷,冀中坳陷的杨村、大兴庄构造的地震勘探之外,主要是针对平原东部地区开展,包括济阳坳陷的沙河街、林樊家、东营构造,黄骅坳陷的盐山、羊三木、乐亭等地区的地震普查与详查。

根据上述地震勘探成果,为华北平原基准井、参数井的井位部署与钻探提供了井位,同时也为华北平原及渤海湾地区的勘探战略部署提供了依据。

3. 区域探井钻探

1955—1961 年,在华北平原共钻探井近 60 口。除了个别浅钻钻穿古近—新近系进行下部地层外,绝大部分钻井由于钻机能力的限制,古近—新近系均未钻穿。石油工业部华北石油勘探处,从 1956 年开始进行深井钻探,到 1961 年胜利油田发现之前,先后部署和钻探实施了 8 口区域探井(基准井和参数井,华 1 井—华 8 井),对建立华北平原区的地层层序、明确盆地构造性质与特征、认识生油岩系都起到了十分重要的作用。根据对盆地的认识,区域探井部署可以分为三个阶段(图 6-8)。

1)1955—1957 年:钻探沧县隆起

根据这一阶段的重磁电勘探和地震大剖面资料,结合周边山区露头填图成果,认为华北平原可划分为 8 个一级构造单元——"一隆""四坳""三个下沉被埋带",即沧县隆起、博野坳陷、临清坳陷、开封坳陷、夏津—新海廊状坳陷(即德州—黄骅坳陷)、太行山陆背斜

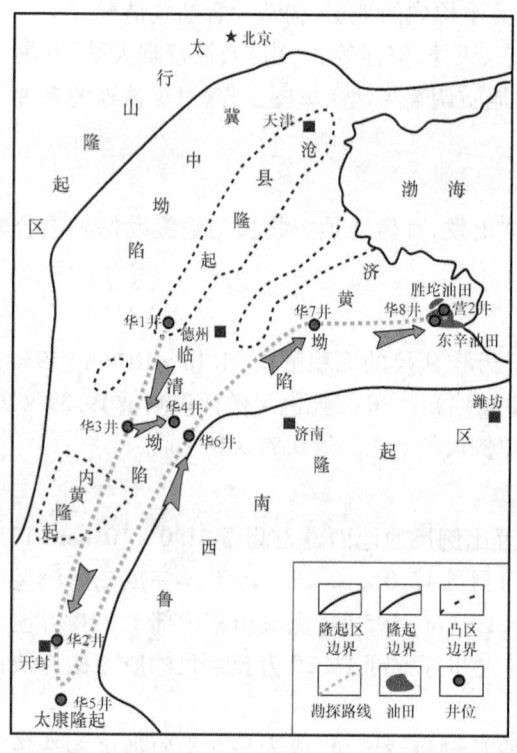

图 6-8 渤海湾盆地早期区域探井部署示意图

下沉被埋带、西山—五台山下沉被埋带、山东地块下沉被埋带,包括现今的济阳坳陷和埕宁隆起(无棣隆起)都被划入山东地块下沉被埋带范围。正是基于此认识,认为沧县隆起四周均被坳陷环绕。因此,决定将第一口基准井——华 1 井部署在沧县隆起南段的明化镇构造这个"第三次大背斜"之上,设计井深 3000m,1956 年 10 月 26 日开钻,1957 年 11 月 30 日完钻,完钻井深 1936.7m,完钻层位中—上寒武统,虽然钻探中钻遇大型缝洞带发生严重井漏,但是没有见到任何油气显示。

2)1958—1959 年:转战临清、开封坳陷

在这一阶段,根据多种资料的重新认识,将华北平原构造单元划分为"三隆七坳"。"三隆"即沧县隆起、内黄隆起、太康隆起,"七坳"即博野坳陷、临清坳陷、开封坳陷、周口坳陷、合肥坳陷、济黄坳陷、下辽河坳陷。

由于重磁资料显示华北平原东部为重磁力高的特征,将济阳—黄骅等坳陷区统统划分为

"无棣火山活动带",被评价为找油的不利区,而平原西部被认为是找油的最有利地区。因此,华1井在沧县隆起钻探实例后,勘探重点开始转入华北平原西部的临清和开封两个坳陷。先后部署了4口参数井(华2、华3、华4、华5井),除华2井打在开封坳陷内深洼部位,其余3口井全部部署在凸起(隆起)上。但华2井钻探没有取得成功,其余三口井则穿过新近系后直接进入古生界,没有钻遇到古近系的生油岩系,仅有华4井在古生界裂缝性地层中见到了油气显示。通过钻探,认识到坳陷内的重磁力高并不是真正的构造,而是古生界潜山的反映。

虽然钻探再度一无所获,找油方向仍然迷茫,但以黄汲清先生、苏联专家潘捷列耶夫等为代表的地质学家依然坚信,华北平原作为一个大型的中—新生代沉积盆地,应发育白垩—古近系海相生油岩系,找油前景仍然值得期待。

3)1960—1961年:重点转向济阳坳陷

在西部钻探失利后,对于华北平原的进一步钻探存在两种意见。一种认为应该继续扩大钻探,侦查东部的济阳地区,以寻找中—新生界生油层系为主要目标;一种认为应留在西部的临清坳陷,继续追踪华4井的古生界油气显示。为了兼顾上述两种意见,决定留一部钻机,在华4井完钻后就近钻探部署在堂邑凸起上的华6井,另一台钻井在完成位于太康隆起华5井的钻探后,钻探位于济阳坳陷沙河街构造上的华7井。

钻探结果为,设计井深3200m的华6井在钻穿新近系后,进入白垩系红层(实际上是古近系的孔店组红层),在钻至2115.8m时因发生钻井起火事故报废,未钻达设计目的层。华7井设计井深也是3200m,1960年11月11日完钻,完钻井深2713.56m,钻井取心揭示古近系沙河街组发育良好的生油岩以及良好的储集岩(渗透率可达1500mD)。与此同时,地质部在济阳坳陷林樊家构造上钻探的惠深1井的钻探结果与华6井基本类似,没有钻遇古近系的生油岩系。

1960年10月,石油工业部提出了继续向东部追踪的方针,确定了东营、盐山、羊三木、北塘、马头营等6个构造为突破点。华8井就设计在东营凹陷中央东营构造的顶部,目的是了解沙河街组的生油与含油气情况。在多次见到良好的油气显示后,于1961年4月5日钻至1755.88m时提前完井测试。1961年5月4日,用6~9mm油嘴求产,获得8.5~11.4m³的工业油流,实现华北平原覆盖区找油的历史性突破。

第三节 凹陷详查项目

凹陷详查是指从盆地普查确定出有利的生油凹陷开始,一直到优选出有利的油气聚集区带的整个过程。凹陷详查项目的任务是在盆地普查阶段优选出的有利生油凹陷及其邻近地区,通过地震普查与详查,进一步划分二级构造单元,控制二级构造带形态,研究其基础地质特征、石油地质特征、圈闭分布特征,通过对区带地质条件的综合分析,确定其成藏条件与成藏模式,并通过油气系统分析与模拟,提交区带资源量,指出有利的油气聚集区带,为圈闭预探提供战场。

视频6-8 凹陷详查定义及任务

视频6-9 凹陷详查部署原则

一、勘探部署原则

1. 以地震勘探为主要手段,系统查明各区带的构造与沉积特征

优选区带的前提是对凹陷内各个区带的构造特征和沉积特征要有充分的认识,而在凹陷详查阶段,由于钻井资料很少,对于区带构造与沉积特征的研究,地震勘探就显得尤其重要。无论是在地层展布、构造演化分析、圈闭发育规律,还是区域沉积相编图、有利储层预测等方面,地震资料均可以发挥较大的作用。

构造作用是控制区带成油的根本因素,它不仅控制了圈闭的类型、圈闭的形成与发展历史,而且控制着沉积作用的发生与发展。位于凹陷内不同构造部位的区带,具有不同的圈闭类型、成藏历史和油气分布规律。沉积条件的差异性是形成区带生储盖特征及其组合类型差异性的主要因素,不同区带可能具有不同的主力勘探目的层系。另外,沉积作用还是形成岩性油气藏的关键,因此它的研究是寻找地层岩性油气藏和隐蔽油气藏的主要途径。

区带地质评价的中心任务和主要方法是,通过对基础地质条件的分析,建立区带构造模式和沉积模式,这是回答区带聚集油气的概率、规模、分布的差异性的重要前提,也是建立区带成藏模式的重要基础。区带构造模式的研究可以从区带的基底特征、断裂作用、褶皱作用和沉积作用等四个方面来进行。

1) 基底特征

基底是区带形成的重要背景,在盆地(或凹陷)不同的部位,会形成不同的区带类型。以我国东部的箕状凹陷为例,可以细分为陡坡区、洼陷区、中央区、缓坡区和低凸起等,陡坡区一般发育滚动背斜带、断阶带等,洼陷区通常发育透镜体带,而在低凸起部位则往往形成披覆背斜带等区带类型。

2) 断裂作用

断裂作用是形成圈闭的重要因素。在我国东部盆地中,一般将断层分成四种级别:一级断层往往是控制凹陷边界的区域性大断裂,它对凹陷的形成起重要的控制作用;二级断层是控制二级构造带(区带)形成和发育的主要断裂,对凹陷内各区带的沉积具有明显的控制作用;三级断层属后期形成的次生断层,控制着断裂构造带不同区块之间的构造特征和局部岩性、岩相变化;而四级断层规模小,分布无一定的方向性,是形成断块圈闭的基本要素。由于区带的形成与发育主要受二级断层的控制,不同区带之间沉积差异一般较大,含油气层位可能会有较大的区别。

3) 褶皱作用

褶皱作用是利于构造圈闭形成的另一种成因机制。例如在箕状凹陷,不同部位会表现出不同的褶皱类型。陡坡带是断裂活动最活跃的部位,一般在断层的缓断面形成断鼻圈闭发育带,而在陡断面形成逆牵引背斜带;缓坡带上沉积盖层的变形特征以鼻状构造和断鼻为主,也可能出现小型潜山披覆背斜;洼陷区由于沉积作用与压实作用的差异,导致沉积层沿斜坡带区向洼陷区滑动,形成挤压型的背斜或断鼻;而在低凸起部位则往往形成披覆背斜。中央隆起带褶皱形式一般包括两种主要类型:一类是以底辟背斜为特征的中央隆起带,其形成主要原因是洼陷区膏盐层的发育,随重力的差异压实而导致上覆地层的拱升,如东濮凹陷的文留地区;另一类是由于中央隆起为基底潜山,在潜山顶部形成披覆背斜,而它们又常常被断层和逆牵引复杂化,如沾化凹陷的孤东地区。

4) 沉积作用

沉积模式的研究包括沉积层序、沉积体系与沉积相、储盖组合特征等三个主要方面。

沉积层序研究是通过地层层序的划分与对比,确定地层层序的横向变化、层序之间的接触关系和岩性组合特征,划分沉积旋回,开展层序地层学研究。

沉积体系与沉积相研究是在地层层序研究的基础上,利用岩心资料、岩矿分析资料和测井资料进行电相、岩相、生物化学相的分析,建立单井相剖面;利用地震资料,结合单井相分析成果,开展地震相、沉积相、沉积体系的研究。

储盖组合特征的分析可以利用地震资料开展速度岩性分析,编制砂泥岩百分比图或者储层厚度图,预测储层在区带上的分布规律。同时,结合沉积相研究成果,开展储层物性的预测。对盖层的研究则可以通过建立地震参数与盖层封闭性能参数(有效孔隙度、排驱压力)之间的关系,对盖层的厚度和封闭性能进行预测。

2. 以建立区带成藏模式为中心,重点研究油气运聚和保存条件

成藏条件的研究是区带地质研究的重点和关键内容,包括确定区带的烃源条件与圈闭条件、储盖组合类型、储盖层质量、油气运聚条件、成藏匹配关系与油气保存条件,以阐明油气藏形成规律。而油气分布模式是指油气藏类型、规模、埋藏深度、展布方向,不同类型油气藏在平面上、纵向上的分布特征与组合关系。盆地或凹陷中的不同区带,由于构造和沉积作用的差异性,往往具有不同的油气运聚条件和油气分布规律,形成资源质量不同的油气藏类型。只有进行油气成藏条件和分布模式的深入研究,才能有效地指导勘探部署决策。

对于油气藏的形成来说,圈闭、储层、盖层、油源、配套、保存这些条件自然缺一不可。但在具体情况下,这些条件和它们的子项地质因素中只有一部分是主要因素。对于一个盆地的评价来说,油气生成的数量自然是首要的因素,但是从区带评价这个层面来看,盆地或生油凹陷已经选定,区带与生油凹陷的空间配置和圈闭形成期与生排烃期的时间配套关系就成了主要因素。而具体到区带上的某一圈闭来说,由构造和沉积条件所决定的油气运移通道则有可能成为主要因素。因此可以说,盆地评价的关键在于"生、排",区带评价的关键在于"运、聚"。所以在区带地质评价中,应重点找出造成各个区带复杂多样的油气运移和聚集因素,诸如发生的时期、规模、运移路径和聚集场所、油气藏的破坏与改造等。

在一个有利的生油凹陷及其临近地区从事油气勘探工作,加强成藏模式的研究对于正确认识区带油气分布规律十分必要。我国渤海湾盆地辽西凹陷西部斜坡带的勘探就是一个很好的例子。

在辽河勘探的初期,由于沿袭了渤海湾油区其他油田的勘探模式,将注意力一直集中在坳陷中央的隆起带上,造成勘探成效不高。后来的勘探发现,辽河的油气富集区带是位于西部凹陷西侧的斜坡部位上。由于受老思想的束缚,没有很好开展成藏模式的研究工作,在一定程度上影响了辽河油田产能的建设,推迟了确立"油老三"地位的进程。

辽河西部凹陷西部斜坡,其沙四段及沙三段中下部基本属洼陷沉积,本身已具良好的烃源层和储层。沙三中期以后逐渐抬升成为斜坡,进而成为西部凹陷内丰富油气的运移指向区。良好的油气运移与聚集条件和成藏配置条件,加上多种类型的储盖组合,形成了大型复式油气聚集区。斜坡上发育的一系列扇三角洲、浊积岩沉积体系和后期发育的断裂构成了油气运移的良好通道,在太古界、中—上元古界潜山、古近系和新近系中形成构造油藏、地层油藏和岩性油藏。截止到1988年底,在该区带上探明的石油地质储量占整个下辽河坳陷的60.6%,占西部凹陷的86.4%。截止到2015年,西部斜坡带上的欢喜岭、曙光、高升都已经成为石油地质储量超亿吨的大油田(图6-9)。

在我国区带类型众多,不同区带在油气分布模式上存在较大的区别,在此略举两例,以进一步加深对区带成藏模式的认识。

① 松辽盆地北部扶、扬油组构造—岩性区带。该区带扶、扬油层位于三肇凹陷有利生油

区内,上覆青山口组是良好的生油岩,普遍存在超压。其上被近千米的泥岩所覆盖,油气不能向上运移,而向下则有大量断层与扶、扬油组沟通。油气由超压驱动向下排出,经断层进入扶、扬油组。该油组内有北部、东北部、南部三大沉积体系向凹陷中心汇集,发育了错综连片的河道砂体,它们与断裂配合构成良好的输导条件,油气向区内的三级正向构造聚集,形成大范围的主要受岩性控制的复合油藏(图6-10)。这种模式与常规的油气向上倾方向运移的模式有明显的差别。这一模式的建立,为大庆油田的储量接替和持续稳产奠定了坚实的地质基础。

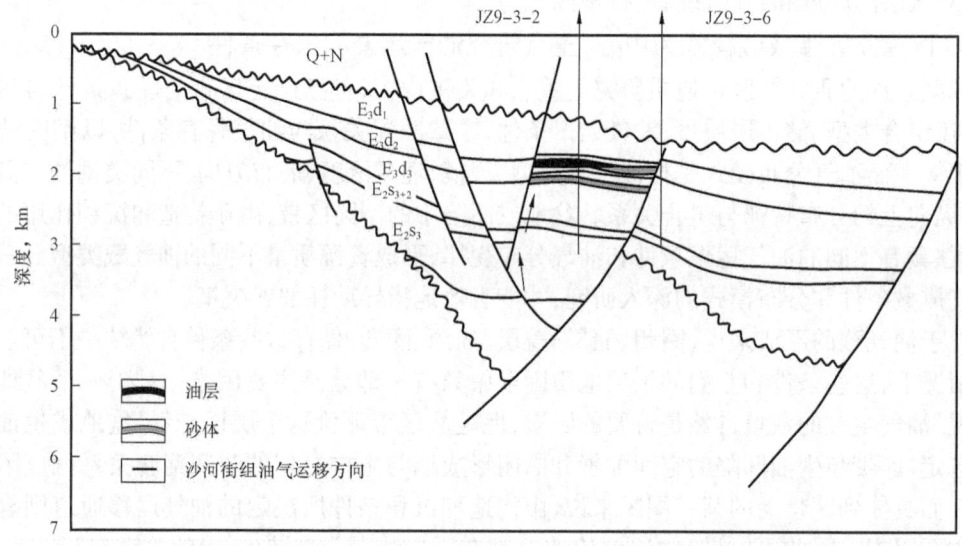

图6-9 辽西凹陷西部斜坡带复式大油田油气藏分布模式(据杨宝林,2014)

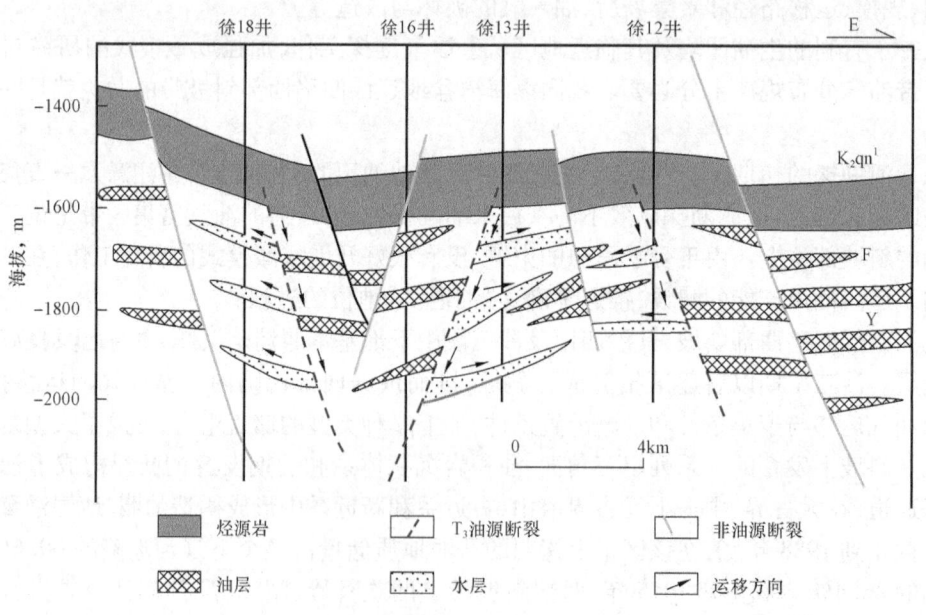

图6-10 三肇凹陷扶、杨油层成藏模式(据孙同文等,2012)

② 准噶尔盆地克—夏断阶带。该带位于盆地西北缘冲断推覆体前缘,玛湖凹陷中生成的大量油气可以长距离侧向运移而来,油气资源丰富。区带主体受断裂控制,由断裂围限的冲断

席(断块),以及上覆的推覆带、超覆带、不整合带,断层下盘受断裂遮挡的地区,构成了油气聚集的三大领域。在石炭系、二叠系、三叠系、侏罗系、白垩系等五个层系中,形成了以断层油气藏为主,包括基岩型、背斜型,不整合型等多种类型的油气藏(图6-11)。

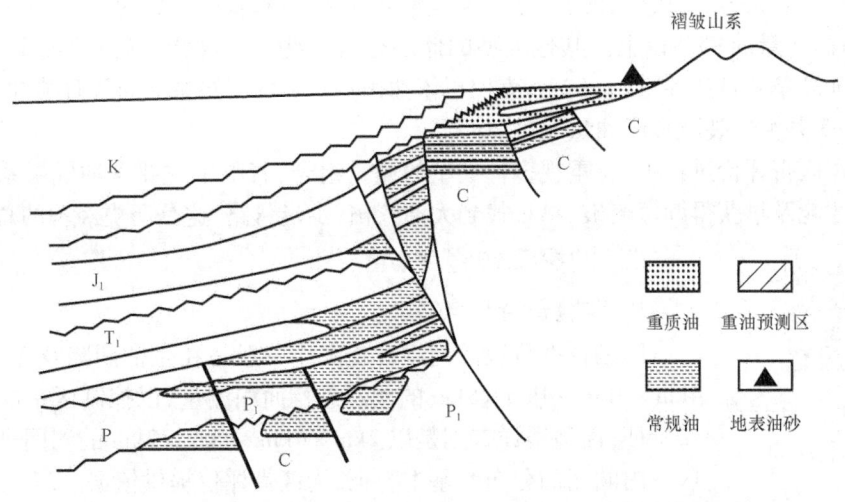

图6-11 克拉玛依油田油气藏分布模式(据吴元燕等,2002)

3. 重视各种类型的储盖组合,正确选择勘探目的层

纵观国内外油气勘探历史,由于对储盖组合的评价不力造成严重后果的例子屡见不鲜。例如,目前墨西哥最大的雷佛尔玛油区,从1911年勘探古近—新近系油层开始,至1972年找到中生界高产石灰岩主力油层为止,经历了60年漫长曲折的勘探历程。荷兰格罗宁根大气田也是由于未能及时选准主力生、储、盖组合,而使主力气层的发现推迟了7年。该气田1952年开始钻探时,将上二叠统碳酸盐岩作为主要目的层。虽然当时已发现下二叠统底部有储层存在的可能性,但没能引起足够的重视。一直到1959年才发现了下二叠统才是主要的气层,天然气主要来自石炭系三角洲河流相含煤碎屑岩地层,向上过渡为海相沉积,气层被近千米的膏盐层所封闭,因而形成了巨大的气田。

我国不少地区也存在类似的情况。四川地区过去长期以三叠系嘉陵江组石灰岩为目的层,而后来却在二叠系、石炭系中陆续发现了丰富的天然气。1964年,由于渤海湾盆地东营凹陷沙河街组出了高产油井,大港油田在钻探港3井、港4井时,原设计目的层也是古近系沙河街组和奥陶系地层。当港3井、港4井钻入新近系馆陶组时,连续发现油气显示及漂浮油花,现场蹲点人员也曾向指挥部报告,请求中途电测,答复是继续钻进沙河街组完井,结果是该井区缺失沙河街组直接进入中生代红层,但却因钻井卡钻,意外地在新近系喷出了原油,日产大于100t,从而发现了港西新近系油田。辽河大民屯凹陷也是将沙河街组作为主要目的层,结果在太古界花岗岩中发现了古潜山油气藏,探明储量3×10^8t以上。在任丘构造钻探时,以古近—新近系东营组和沙河街组为主要目的层,结果发现了震旦系白云岩潜山高产油田。

上述现象往往带有普遍性,这是因为中国自燕山运动以来受到强烈的构造运动,断裂发育,特别是新近纪末至更新世早期这次活动,影响更为明显。所以在中国的东西部形成了不同类型的复式油气聚集带,从基底潜山向上分布有各类型油气藏,常常是断层断到哪里油气运移到哪里,渤海湾地区的新近系油藏都是深部油源沿断裂或不整合面运聚而形成的。西部的塔里木盆地也是如此。截至目前,塔里木盆地已经在从寒武系到第四系共14个层系中发现了工业油气田或者含油气构造,塔北隆起就是一个非常典型的具有多套含油气层系的大型复式油气聚集区。

我国已发现的储层,其岩性是多种多样的,有砂岩、裂隙—溶洞型灰岩、鲕状灰岩、生物灰岩、礁灰岩以及岩浆岩、变质岩、泥岩、砾岩等,但其中以砂岩和碳酸盐岩为主,从它们中获得的油气产量占总产量的95%以上。其他类型的储层也有一些高产油流,如王庄油田,储层为花岗片麻岩,最高单井日产油量达2922t;克拉玛依油田古3井的石炭系变质岩日喷油135t;王场油田北11—5井泥岩裂隙日产油量超过20t。

因此,在区带评价过程中,应重视多种类型的储盖组合,着眼于主要含油气层系和主要油气藏类型,才能及早获得勘探突破,早日找到大油气田,少走弯路,这是历史经验的总结。

二、勘探工作程序

1. 地震普查与详查

视频6-10 凹陷详查工作程序

凹陷详查阶段的地震普查工作一般是在生油凹陷及邻近地区,以 4km×4km~4km×8km 的测网进行面积测量,以控制区带的形态和分布特征;而地震详查则是以 2km×4km~1km×2km 的测网进一步查明区带内圈闭的分布和基本特征,为区带评价提供依据。

地震普查与详查的主要作用包括:

① 查明基底深度及基底以上各构造层的基本构造形态、主要断裂的展布,进行区带(二级构造带)划分。

② 为开展区域地震地层学和层序地层学研究提供资料,以预测生储盖条件,进行油气资源评价。

③ 落实圈闭的分布,确定圈闭基础数据及其发育史;根据控制程度和资料质量还要对圈闭做出可靠性的初步评价。

④ 为区域探井的部署提供构造图和井位依据。

地震勘探是油气勘探采用的主要技术,在凹陷详查阶段,地震勘探的作用更是首当其冲,地震工作部署的水平将直接影响整个勘探工作的速度和经济效益,地震普查与详查首先要在工区现场踏勘的基础上完成施工设计的编写,在施工设计的约束下选用合适的装备与技术,以最佳施工方法来实现部署与设计的地质目的,同时要以提高分辨率为宗旨,提高施工水平。另外,还应利用最少的工作量查明区带特征与圈闭分布。一是要根据区带的形态和基本特征,合理布置测线的方位;二是要根据区带圈闭的分布特征,采用合理的测网密度。

数理统计是一种确定合理的地震测网密度的可行方法。美国地质调查局根据50个盆地的资料编出了油田规模统计图(图6-12)。该图表明,直径为3.5mile(1mile=1609m)的油田数目最多,85%的油田直径都在2.5mile以上。在掌握了这些统计数字后,就可以根据探区的实际地质特征,选择合理、经济的地震测网密度。另一种数理统计方法是对测网密度与发现圈闭的百分数的关系进行研究,根据测网密度与发现圈闭百分比的关系曲线的"拐点"来确定合理的测网密度(图6-13)。

2. 参数井钻探

在凹陷详查阶段,部署参数井的主要目的在于:进一步了解二级构造单元的地层层序、接触关系、岩性及岩相特征;了解区带储盖组合情况,确定勘探主要目的层;为地球物理资料解释提供参数依据;另外,本阶段试探性找油的任务比较明确。因此,参数井的部署一定要选择二

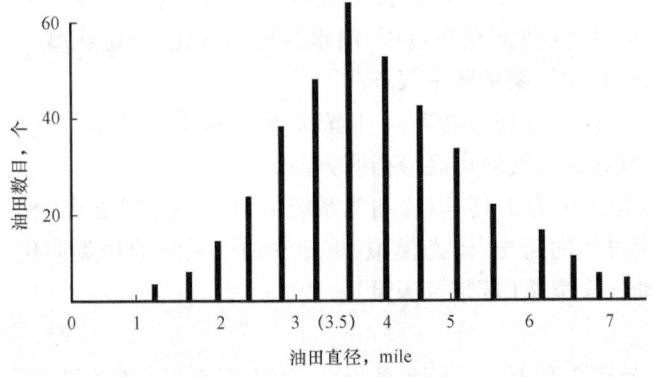
图 6-12 油田规模统计图

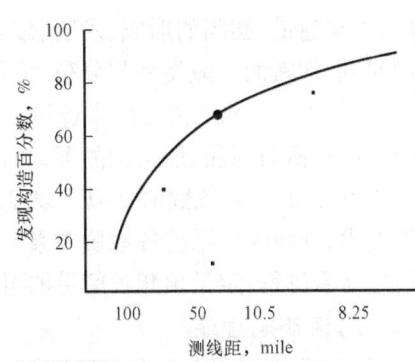
图 6-13 测网密度与圈闭规模的关系

级构造带有利的构造部位,以提前突破出油关(胡见义,1997)。

塔里木盆地塔参 1 井的部署就是遵循了这样的原则。塔参 1 井是位于塔里木盆地塔中北坡的一口参数井,其部署是在发现寒武系优质烃源岩的情况下为揭示中—下寒武统的地层发育特征,特别是储盖组合情况;同时为深部地层的地球物理解释提供参数而部署的一口参数井,其完钻井深大于 7000m。钻探此井的一个重要出发点,是希望在塔中低凸起的中—下寒武统找到大油田。因为塔中低凸起是一个长期继承性发育的古隆起,中—下寒武统构造特征表现为一个完整的大背斜,其北临满加尔凹陷,南部为塘古孜巴斯凹陷,在本区上部的石炭系东河砂岩地层中已经发现了亿吨级的塔中 4 大油田,有大断裂可以作为油气运移的通道,具有良好捕获油气的条件。在综合考虑各方面因素的情况下,通过反复的论证,最后将塔参 1 井部署在塔中 4 油田附近的有利构造部位上。

3. 区带评价与优选

区带优选是在油气系统分析的基础上,结合区带成藏地质评价、资源量预测和经济评价三个方面的因素,开展有利油气聚集区带的排队选优,为矿权申请提供决策依据,为工业勘探提供有利区块。

三、勘探评价方法

1. 区带地质评价

1)含油气系统分析

含油气系统分析是应用现代石油地质学和地球化学理论与方法,如油/气源对比、储层预测、层序地层学分析、流体势分析等,对含油气系统的各种地质要素和地质作用在时间、空间上进行系统地描述和制图,为区带评价提供了依据。

视频 6-11 凹陷评价

含油气系统分析的主要内容和方法包括:

① 有效烃源岩的评价。采用岩石热解地球化学评价、实验室分析模拟等手段评价烃源岩的生烃能力,判断其成熟度,确定烃源灶的空间分布。

② 油/气源对比。通过油/岩抽提物组成、成熟度、碳同位素、烃类色谱、生物标志化合物分析,确定油气/烃源岩之间的关系,是划分含油气系统的主要依据之一。

③ 层序地层学分析。目的是利用有限的钻探资料对烃源岩、储层和区域盖层进行三维空间的分布预测,建立含油气系统的基本框架。

④ 油藏地球化学分析、流体历史分析、古构造分析。由此确定油气运移的相态、运移方向、主要通道，圈闭的形成、发展、破坏历史，恢复油藏充注过程、油水界面的变化，确定成藏关键时刻，推断油气藏类型与分布，为预测有利油气聚集区带服务。

⑤ 地质—地球物理综合解释。其主要任务是通过特殊处理解释，确定区带构造形态，进行储层的横向预测、烃类检测等，为预测有利的油气聚集区带指明方向。

⑥ 含油气系统数值模拟。以盆地模拟系统为工具，以含油气系统为单元，采用"五史"模拟技术，开展油气系统各地质要素与作用过程的历史、动态模拟，重塑含油气系统的烃类演化与生运聚过程，定量预测各区带的可供油气聚集量（区带资源量）。

2) 区带地质评价

区带地质评价的目的在于确定区带的成藏基本石油地质条件，以各种数学方法为工具，以计算机为主要手段。其主要思路是，首先建立评价因素集并确定合理的权系数，然后采用各种方法来定量评价区带的勘探前景。

(1) 评价因素集的建立

根据区带的勘探程度，需要评价的地质条件有所不同。已有油气田或已有油气发现的区带，油源和地质因素配套条件已不存在风险，主要考虑圈闭、储层、保存三项地质条件。尚无发现的区带应全面评价圈闭、储层、油源、配套、保存等五项地质条件。在这五项地质条件中，优质的储层和保存（或盖层）的存在及其良好的组合关系是形成油气圈闭的前提条件，良好的圈闭和油源条件及其时空配置关系是形成油气藏的关键，而较好的油气保存条件是确保油气藏具有一定经济规模的重要保证。对于子项地质因素的选择应视地质条件和勘探程度而定。

(2) 地质概率和权系数的取值

一般是从实际地质资料出发，制定本地区的地质风险概率取值标准，对每个区带按标准赋值。具体做法是，把每项地质因素按其优劣程度划分出若干个级别，对每个级别分别规定出一个概率值或概率区间，构成评价标准。对于权系数的取值，在勘探程度低的区带可以通过特尔菲方法加以确定，在勘探程度较高的区带，则可以根据实际资料进行统计，研究每项地质条件具备时存在油气藏的条件概率，供权系数取值时参考。

(3) 区带地质排队方法选择

常用的区带地质排队的方法有地质风险概率法与多信息叠合法两种。

① 地质风险概率法。

不同区带尽管有不同的地质特征，但是油源、储层、圈闭、保存、时空配套等五项基本成藏条件必须同时具备，缺一不可。在地质分析的基础上，逐一分析各个地质条件存在的可能性，并用概率值表示。近似地将这些地质条件看成是相互独立的，则区带中含油气的概率等于五项条件的概率乘积，即

$$P = \prod_{i=1}^{5} P_i$$

式中　P——区带含油气概率；

　　　P_i——单项地质条件的概率。

单项地质条件发生的概率，取决于其子项地质因素的好坏。如圈闭条件的好坏与圈闭类型、圈闭面积、圈闭幅度等因素有关。根据地质模型的分析，判断各子项地质因素对其母项地质条件的影响相对大小，分别赋以权值，以突出主要地质因素。单项地质条件的概率可以用各

子项地质因素评价系数的加权平均值来表示,即

$$P_i = \sum_{j=1}^{n_i} Q_{ij} P_{ij} (0 \leq P_i \leq 1) \qquad (6-15)$$

其中

$$\sum_{j=1}^{n_i} Q_{ij} = 1$$

式中 n_i——各地质条件中子项地质因数的个数;

P_{ij}——各子项地质因素评价系数$(0 < P_{ij} < 1)$;

Q_{ij}——各子项地质因素的权值。

由式(6-15)得出:

$$P = \prod_{i=1}^{n} \left[\sum_{j=1}^{n} Q_{ij} P_{ij} \right] \qquad (6-16)$$

参数选取:在区带评价前必须充分研究区域地质资料,经充分讨论及专家的认可,制定本区目标评价的地质条件与子因素。区带油气成藏地质条件通常包括圈闭、保存、油源、储层、配套史等5项条件,在这5项条件下还包括了许多的子因素,这些条件和因素也就是区带风险评价的输入参数。

② 多信息叠合法。

多信息叠合法是把控制油气形成的各种不同的单一地质因素表示成为基础地质信息图件,又由若干个基础地质信息图件叠合生成组合的地质信息图件,再由若干个地质信息图件生成综合的地质信息图件,最终得到含油气远景有利区。

多信息叠合法技术流程包括四个步骤。首先是将地质数据归类与分级,即将已收集到的数据按地质条件分类,归类后的数据得到有层次关系的数据结构。资源评价分为基础数据、地质条件组合数据、综合数据三级。其次是生成基础地质信息图件,也就是通过基础数据(井的数据、地震的数据等),按约定的插值计算方法,由计算机绘制出等值线图。然后是生成组合地质信息图件,由同类的基础地质信息图件,按约定的算法生成组合地质信息图件。最后是生成综合地质信息图件,由若干个组合地质信息图件,按约定的叠合方法生成综合地质信息图件(图6-14)。

多信息叠合法包括三项重要工作。一是地质数据的平面插值在地质数据中,绝大多数的地质数据是离散点值。为了生成信息图,通常采用插值的方法,本次资源评价采用距离倒数平方加权法、趋势面逼近法和克里金法等方法。平面插值后,可得到基础地质信息图件,在实际应用中,要求每张地质信息图件的坐标系相同。二是叠合前的数据预处理,包括地质数据正规化和地质信息赋权。地质数据正规化是在进行信息叠合前,每种基础地质数据都要经过标准化处理,它们变换到同一量纲,以保证各种地质信息之间的等价性。这里采用极差正规化方法,各种基础数据变换到[0,1]区间范围内。对地质信息赋权是指叠合前根据每种基础地质信息或组合地质信息对油气形成所起的作用赋以合理的权系数。三是叠合方法选用,它又包括乘积叠合法、累加叠合法和集合取小叠合法三种。乘积叠合法适用于被叠合信息的乘积能够代表一种新的地质参数,例如生油岩面积与生烃强度的乘积相当于总生烃量。累加叠合法适用于被叠合信息之间并无直接关系,它们分别反映了某一地质条件的不同侧面,例如圈闭类型与圈闭埋深并无直接联系,但各从一个方向反映了圈闭条件的好坏。集合取小叠合法则适用于有一个条件不存在时就不能形成油气藏的情况,它是从最保险的角度出发研究含油气情况。

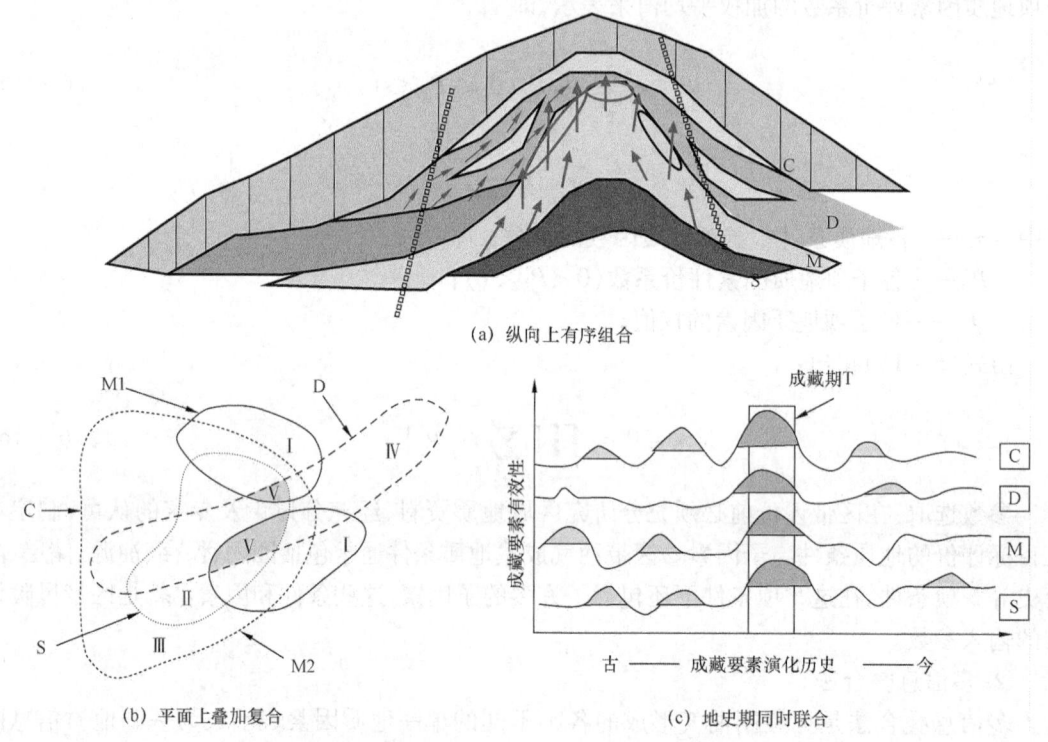

图 6-14 功能要素叠合控油气评价原理图(据庞雄奇等,2012)

多种信息叠合法在塔里木盆地、山西的沁水盆地、吐哈盆地、二连盆地、渤海湾盆地东濮凹陷的区带评价中曾被采用。

2. 区带资源量预测

一般可以从三个角度、采用三套技术来预测区带资源量。一是简单地把区带资源看作是区带中已知圈闭和油气藏的资源之和,由圈闭资源量和油藏储量的累加求得区带的总资源量序列。二是从区带包含了一个层系或构造区划中的全部勘探目标出发,区带资源量应当是这些勘探目标中资源量的总和(包括已发现的和待发现的),使用类比预测、外推预测、综合预测等方法来预测。三是将区带看作盆地的一个局部,区带资源量应当是盆地所生成、运移和聚集的油气的一部分,可以使用以盆地模拟为主的成因预测方法进行估算。这三种方法预测的区带资源量在规模上具有一定的差别,对于油气勘探的意义也不相同。第一种计算结果可以作为区带资源量的下限,在制定近、中期勘探规划中使用;第二种预测的数值适中,可以在编制中、长期勘探规划中使用;第三种方法估算的资源量数值一般较大,可以作为总资源量并在编制长期规划中使用。

1)圈闭资源量求和方法

(1)计算原理

这种方法的基本思路是,区带的资源量(Q)等于已知圈闭(油气藏)的储量(Q_R)和各类圈闭资源量(Q_T)之和,它适用于勘探程度较高的区带。其计算公式为

$$Q = \sum_{i=1}^{n} Q_T + \sum_{j=1}^{m} Q_R \qquad (6-17)$$

其基本原理是将区带内所有的远景圈闭,根据圈闭体积法分别计算圈闭资源量,然后通过所有圈闭资源量的加和来得到区带内的总资源量(表 6-5)。表中,Q_o 为石油地质储量,10^8t;G_s 为溶解气资源量,10^{12}m³;Q_g 为天然气资源量,10^{12}m³;S_o 为含油面积,km²;H_o 和 h_o 为平均油层厚度,m;ϕ 为平均孔隙度,%;S_w 为平均含水饱和度;d 为原油密度,kg/m³;β 为平均原油体积系数;F_a 为含油气面积系数;V 为油气体积,m³;K_o 为原油体积资源丰度系数;R_{si} 为气油比;S_g 为含气面积,km²;H_g 为平均含气厚度,m;T_{sc} 为地面标准绝对温度,K;p_{sc} 为地面标准压力,kPa;T 为气层绝对温度,K;p_i 为原始地层压力,kPa;Z_i 为原始气体偏差系数;SGF 为气田单储系数;K_g 为天然气体积资源丰度系数。

表 6-5　不同级别的圈闭及其资源量的计算公式

资源级别			Ⅰ	Ⅱ	Ⅲ	Ⅳ	Ⅴ
圈闭			已探明	已控制	已有油气发现	已落实	未落实
区带的风险因素	A		仅有圈闭、储层(或保存)两项地质风险				
	B					圈闭、保存、储层风险	
	C					烃源岩、储层、圈闭、盖层、配套五项风险	
资源级别				Ⅱ	Ⅲ	Ⅳ	Ⅴ
圈闭				已控制	已有油气发现	已落实	未落实
体积公式	石油			$Q_o = 0.01 S_o H_o$ $\phi(1-S_w)d\beta^{-1}$	$Q_o = 0.01 S_o h_o$ $\phi(1-S_w)d\beta^{-1}$	$Q_o = 10^{-4} S_o H_o F_a$	$Q_o = V K_o$
	天然气	溶解气		$G_s = Q R_{si}$			
		气或伴生气		$Q_g = S_g H_g \phi (1-S_w)(T_{sc}/p_{sc}T)(p_i/Z_i)$		$Q_g = S_g H_g F_a SGF$	$Q_g = V K_g$

注:探明储量直接由油田开发方案取得。

(2)方法应用的前提条件和适用范围

该方法的应用必须保证两点:一是区带内的圈闭落实程度较高和圈闭的个数比较确定;二是必须对圈闭进行准确地分类和分级,根据圈闭的落实程度和发现油气的情况,采用不同的资源量计算公式

(3)参数选取

对于Ⅱ、Ⅲ、Ⅳ级圈闭资源的计算公式中的参数选取依据 GB/T 19492—2020《油气矿产资源储量分类》的要求进行选取。体积资源丰度系数则可以经过详细的类比分析得到。

2) 外推预测方法

任何一种地质体系如果看作一个有序集合,可以使用已得的实际资料建立拟合模型,去逼近以往的勘探过程,当拟合精度达到要求时,这个模型的外延部分就可以预测地质体系的未来演变过程,这就是外推预测。

外推预测方法比较多,最常见的有油田规模序列法、油田比例模型外推法、勘探成效外推法等,这里仅仅对油田规模序列法作简单介绍。

国内外许多含油气区的统计资料表明,在已经发现一些油气田后,如果以油气田储量为纵坐标,以油气田规模的序号为横坐标,在双对数坐标平面上二者的关系表现为一条直线(图 6-15),这种现象可以由巴内托定律来描述:

$$\frac{Q_m}{Q_n} = \left(\frac{n}{m}\right)^k \tag{6-18}$$

式中 Q_m——m 的油气田储量,又称秩,10^4t;

Q_n——序号为 n 的油气田储量;

k——实数,与图中直线的斜率有关,其值一般在 0.5~2.0 之间。

当 $k=1$ 时,式(6-18)称为齐波夫定律,这时的直线与横轴的正方向呈 135°夹角。

油田规模序列法要求评价区内的油气藏(田)具有相同的石油地质条件,因此适合于进行区带评价,主要使用在勘探的早期和中期阶段。在具体工作中,首先根据已知油田间的储量规模差异的大小,估算出各油田的序号;然后由各油田的规模和序号,预测出最大油田的储量(图6-16)。

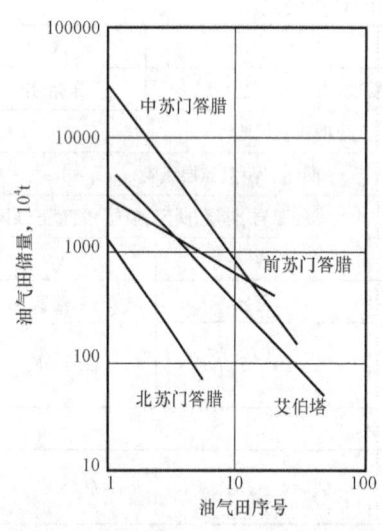

图6-15 油气田规模与序号(秩)的关系图　　图6-16 某区带可能发现的油田及其规模预测

各预测油田的储量 Q_j 为

$$Q_j = Q_{\max}/j^k \tag{6-19}$$

式中 j——预测油田的序号;

$Q_{\max}$——预测最大油田的储量(总资源量为各预测油田储量的和);

k——参数,其取值标准是,用该值计算出的预测油田规模序列与已知油田规模序列的标准差达到最小。

值得注意的是,应用该方法必须满足两个前提条件:第一,在地质上评价区具有构造沉积的成因联系,评价区内的油气藏之间彼此具有相近的成因;第二,所划分的评价区应满足统计条件,其油气藏符合某一统计分布。因此该方法比较适合于区带资源量的预测,尤其是已有一定发现的区带。另外,在使用过程中,还需要一些约束条件:如已知评价区的总资源量可由其他方法预测出,必须根据最大圈闭的特征及勘探经济型给定最大和最小的工业油气藏可能规模,区带内已发现一定数目的油气藏(一般要求所揭示的探明储量占整个资源量的15%~30%)。

3)成因预测方法

在凹陷详查阶段,资源量的成因预测方法主要是通过含油气系统的数值模拟来实现,也就是在"五史"模拟的基础上,按照含油气系统的思路和方法,通过油气成藏关键时刻事件组合关系的建立和系统内油气运聚单元的解剖,指出油气藏的形成和分布规律,最终开展运聚单元的区带资源量估算和目标评价。其采用的方法是盆地数值模拟与常规石油地质研究密切结合的综合分析模拟法。

(1) 关键时刻确定

烃源岩大量生、排烃和聚集的关键时刻,应基于油气系统生排烃模拟的综合分析加以确定,传统做法是由恢复单井的最大埋藏时刻确定。最大生烃时期是成熟度、生烃速率综合作用的结果,而最大埋深时期有时不一定代表最大生烃时期。因此,关键时刻的确定应以有效烃源岩的整体生排烃效应为主要依据。以往的实际经验表明,在构造—沉积旋回分析的基础上,通过模拟典型井的生排烃史、烃源岩层的生排烃量史确定油气系统的关键时刻是可行的。

(2) 生排烃量计算

油气系统模拟方法的实施一般按照以下五个步骤进行:

① 根据地质综合分析、含油气系统模拟技术进行运聚单元划分;
② 根据有效烃源岩的排烃门限圈定烃源岩排烃范围,计算有效排烃面积;
③ 通过统计获得排烃面积内的烃源岩厚度;
④ 根据热演化程度确定供油单元的烃源岩产烃率;
⑤ 根据氯仿沥青"A"随深度变化曲线和产烃率曲线计算出排烃系数。

从而计算出不同油气系统烃源岩在不同时期的生烃量和排烃量。

(3) 运聚单元划分

在含油气系统内,由于运载层输导网络的非均质性和烃源岩层顶面构造形态的起伏不平,油气自生烃中心沿优势途径向相对低势区运移,在有圈闭条件的场所聚集成藏。研究表明,在含油气系统的生排烃关键时刻,系统特征层面(即烃源岩顶面)的油气运移分槽从沉降中心呈发散状将含油气系统分割为多个相对独立的流场单元,相邻单元与单元之间不发生明显的流体交换,这种结构单元称为油气运聚单元。

运聚单元划分的精度直接影响到区带资源量计算分析,因此划分时应采用尽可能多的地质资料,主要包括关键时刻储层沉积相图、关键时刻储层砂岩百分含量图、关键时刻烃源岩顶面构造图、关键时刻烃源岩顶面流体势等值图、关键时刻有效烃源岩分布范围图或烃源岩生排烃强度图、关键时刻有效盖层分布图。

(4) 运聚单元油气可供聚集量计算

根据物质守恒原理,按照可供聚集量的概念,油气资源量计算的基本模型为

$$油气可供聚集量 = 排烃量 - 散失量$$

$$油气工业聚集量 = 可供聚集量 - 非工业聚集量$$

$$油气资源量 = 油气聚集量 - 生物降解量$$

其中散失量包括:油在运载层中的残余量;气在运载层中被岩石吸附量;气在储层中的溶解量和扩散量;油气通过断层或不整合面等通道的运移损失量;油气的生物降解损失量等。

(5) 运聚单元地质资源量与可采资源量计算

在含油气系统运聚单元刻度区解剖,以及运聚单元可供聚集量计算基础上,根据刻度区油气可供聚集量的探明率和采收率统计数据,即可求出在运聚单元的地质资源量与可采资源量。其主要工作包括两个方面:

① 确定运移系数:通过对刻度区的有效封堵层厚度、岩性、深度、裂缝、断层作用等保存条件进行回归分析,做出运移系数模型,用评价区参数求得;

② 利用蒙特卡罗法估算油气充填体积,即该区带资源量。

3. 勘探经济评价

区带勘探项目的经济评价主要使用的是实物量评价法与常规经济评价法,风险评价法为辅助方法,这里主要介绍常规经济评价法。

常规经济评价法是在不考虑风险的情况下(勘探项目未来探明可采储量一定和采收率一定),参考油气开发项目经济评价方法,计算预计探明可采储量未来开发所获净收益现值NPV,并在此基础上对勘探投资、开发投资、产量、开发成本等进行敏感性分析。

采用该方法对勘探项目进行评价,其投资估算与资金筹措、成本费用估算、销售收入、税金及评价指标同开发项目,所不同的是该阶段的评价,对开发阶段的内容(如开发投资、成本费用等)采用粗略估算的方法,而对勘探阶段的内容(如勘探投资等)采用详细估算的方法。

1) 勘探投资构成

勘探投资包括区域勘探、圈闭预探和评价勘探三个阶段所发生的全部勘探投资。各阶段勘探投资构成如下:

① 区域勘探阶段的任务是对盆地或地区进行大范围野外地质调查和非地震物化探、地震概查和普查,以及参数井和少量区域探井钻探,并相应开展地质综合研究。其投资估算的范围包括野外地质调查(填图)费,非地震勘探(重、磁、电、化)费,二维地震勘探费,参数井和区域探井费以及综合研究评价费。

② 圈闭预探阶段的主要工程量有地震详查(二维、三维地震)、预探井钻探。其投资估算的范围主要包括地震勘探费(地震采集及资料解释费)、探井钻探费(录井、测井及试油费)。

③ 评价勘探阶段的主要工程量有地震精查和三维地震、评价探井钻探。其投资估算范围主要包括地震勘探费、钻探井费等。

对已发生的勘探投资按照"成果法"的原则,将成功探井的勘探投资资本化,计入项目投资额,参与效益评价,对未来将要发生的勘探投资按勘探投资的构成分项进行估算,全部计入项目投资额中,参与效益评价。

2) 开发建设投资估算

开发建设投资包括开发工程投资和地面建设工程投资,开发工程投资主要为开发准备费、开发井的投资。

对于已经完成评价勘探的项目,应进行模拟开发方案的设计,确定开发井数(包括探井转开发井数、新钻开发井数),并计算开发井总进尺和新钻井进尺。开发井投资为

开发井投资 = 新钻开发井进尺 × 每米钻井成本 + 转为开发井的探井的勘探投资

地面建设工程投资采用扩大指标法进行估算,即

地面建设工程投资 = 每万吨产能所需地面建设工程投资(万元/10^4t) × 油气田最高产能(10^4t)

对于未能完成评价勘探的项目,其开发建设投资直接采用扩大指标估算法,即

开发建设投资 = 每万吨产能所需开发建设投资(万元/10^4t) × 油气田最高产能(10^4t)

3) 油田生产成本估算

对于绝大部分勘探项目来说,没有可能做详细的开发方案。因此,生产成本和费用估算分为油气操作成本、折旧、折耗费、管理费用、财务费用、销售费用。其中,油气操作成本在勘探项

目经济评价阶段可参照相似或相近油气田实际发生的成本费用为依据,按单位油气操作成本进行估算。

4. 区带优选决策

在含油气系统数值模拟与资源量预测、区带成藏条件与地质风险评价的基础上,重点考虑油气发现概率(地质风险)、工程技术难度与施工条件(工程风险)和资源战略价值等三个方面的因素;针对不同区带类型(已具有油气田的区带、已有油气发现的区带、尚未发现油气的区带)的差异性,建立综合排队方法与标准,开展区带优选决策,如闫相宾等(2010)提出了四种资源战略价值参数,即剩余油气规模指数、油气资源探明速率指数、资源储量序列指数、单位油气获利指数等;同时,结合地质风险、工程风险参数来开展区带的排队优选。

四、勘探实例分析——开鲁盆地陆家堡凹陷的勘探

在辽河油田主战场渤海湾盆地辽河坳陷的外围,存在众多的中生代沉积盆地或坳陷,主要分布于辽宁省境内及内蒙古的东部,如开鲁盆地、彰武盆地、铁岭盆地、阜新盆地等,总面积95720km^2,其中面积大于1000km^{2}的盆地有15个。1983年将开鲁盆地、铁岭盆地等作为辽河坳陷外围勘探的首选目标。

1. 盆地普查阶段

开鲁盆地紧邻松辽盆地西南部,地处内蒙古自治区通辽市境内,面积$3.1 \times 10^4 km^2$。自1982年起,辽河石油勘探局开始着手外围中生代沉积盆地勘探的前期准备。1985年,在得到石油工业部的同意后,开始开鲁盆地的区域勘探。

油气苗调查发现,煤炭部门在该凹陷部署的浅孔中,有两个钻孔(巨2孔和道1孔)见到油气显示。其中巨2孔位于陆东地区,孔深934.76m,在白垩系的嫩江组见含油砂岩7层,累计厚度7.1m,同时解释嫩江组发育暗色泥岩320m,最大连续厚度145m。道1孔位于陆西地区,孔深1002.63m,在上侏罗统九佛堂组见多层油气显示。因此,开鲁盆地陆家堡地区具有较好含油气远景。

1986年,石油地球物理勘探局五处301重力队对该盆地开展1:100000重力测量。盆地分析认为,开鲁盆地由陆家堡、八仙筒、茫汉、龙湾筒、钱家店、奈曼等凹陷组成,面积近8900km^2。其中,陆家堡凹陷位于盆地的西北部,面积与辽河西部凹陷的面积相当,约2500km^2,地层发育全、厚度大。

2. 凹陷详查部署

1986年石油地球物理勘探局二处2314队使用数字地震仪、24次覆盖方法对开鲁盆地陆家堡地区开展地震面积普查。1987年,由石油地球物理勘探局一处2151队继续开展地震普查,测线总长度近8000km。通过两年的勘探工作,基本查明了陆家堡凹陷的构造格局。由于舍伯吐隆起向陆家堡凹陷内的延伸,将该凹陷分为东西两个次凹,面积分别为1500km^{2}和800km^2(图6-17、图6-18)。

构造研究表明,陆家堡凹陷在晚侏罗世开始形成,经历了断陷(义县期)、断坳(九佛堂—阜新期)、坳陷(早白垩世)和消亡(晚白垩世—新近纪)4个主要演化阶段。断陷期主要发育火山碎屑岩,厚达1000m。断坳期是凹陷内主要生、储岩系发育的时期。在晚侏罗世末期的燕山运动之后,盆地进入坳陷发展阶段,但沉积厚度较薄,一般200m左右。古近—新近系、第四系分布广,但厚度小。

1987—1988年,辽河石油勘探局在陆东凹陷部署参数井2口(陆参1、陆参2),在陆西凹

陷部署参数井 1 口(陆参 3)。这三口井均部署于凹陷的深洼部位,旨在搞清地层分布,确定凹陷生油潜力。3 口井钻探揭示,陆家堡凹陷侏罗系九佛堂组具有良好烃源岩条件,九佛堂组和沙海组生油岩厚达 600~1000m,且以 I 型干酪根为主,三口井均于侏罗系沙海组和九佛堂组见油气显示,并获得了少量油流,从而证实了开鲁盆地具有良好的勘探前景。

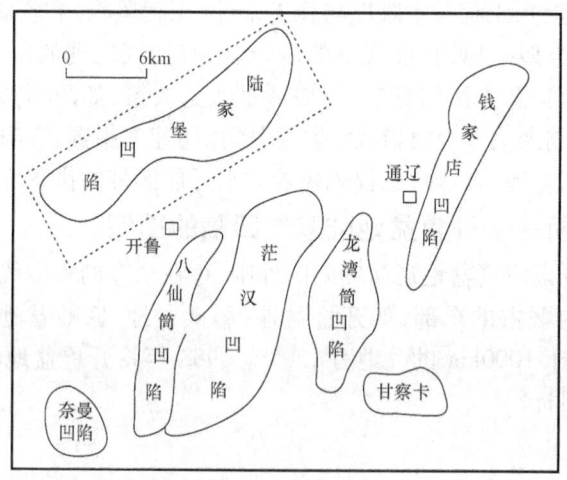

图 6-17 陆家堡凹陷位置

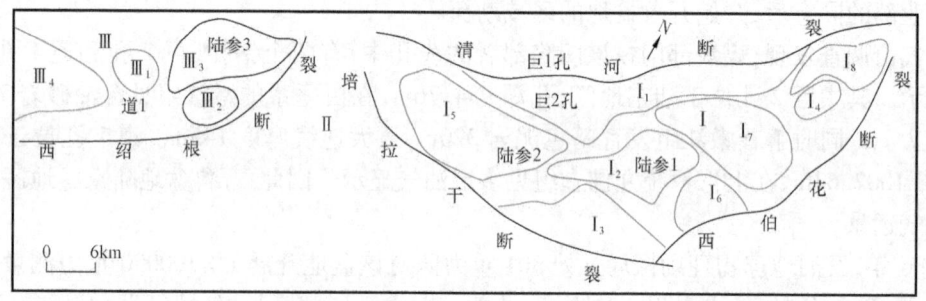

图 6-18 陆家堡凹陷构造分区略图(据肖乾华等,1999,修改)

I—陆东凹陷;I_1—清河鼻状构造带;I_2—中央断裂构造带;I_3—建新鼻状构造;I_4—乌拉格台构造;
I_5—交力格洼陷;I_6—三十方地洼陷;I_7—库伦塔拉洼陷;I_8—兴恩敖包洼陷;II—舍伯吐隆起;
III—陆西凹陷;III_1—马家铺构造;III_2—包日温都构造;III_3—五十家子庙洼陷;III_4—小泡子鼻状构造

3. 区带评价与优选

在凹陷详查评价过程中,主要应用地震地层学方法开展了有利储集相带分析,采用盆地数值模拟技术开展"五史"模拟与资源量预测(查明等,1994),研究认为,位于凹陷南部的控凹断裂(西绍根断裂、培拉干断裂)下降盘近岸水下扇和扇三角洲砂体,是最有利的成藏区带。特别是陆西凹陷的五十家子庙洼陷和陆东凹陷的兴恩敖包洼陷石油地质条件最为有利。

4. 预探与油田发现

1989 年,通过地震地层学分析,在陆西凹陷包日温都构造发现了扇三角洲砂体,扇主体正好位于构造的高部位,因此部署了第一口预探井——包 1 井。该井共钻遇两套油气层,一套位于沙海组,埋深小于 600m;另一套位于九佛堂组,埋深在 900m 左右。该井于 1990 年 10 月完井试油,射开九佛堂组上部油层 42.1m,5mm 油嘴自喷求产,日产油 21.5t,从而发现了包日温都油田。1991年,又在陆东凹陷兴恩敖包洼陷靠近南部陡坡带发现了交力格油田。后来又进一步发现了马家铺油田、广发油田、前河油田。截至1997年,5个油田共探明石油地质储量$6227 \times 10^4 t$。

第四节 圈闭预探项目

在凹陷详查阶段查明了各二级构造带的形态和类型,并根据区带成藏条件、资源规模、经济特征优选出有利的勘探目标区以后,便可以进入以发现油气田为主的圈闭预探阶段。圈闭预探阶段就是指在优选出的有利区带上,从圈闭准备开始,到圈闭钻探发现油气田的全过程。因此,圈闭预探项目的整体对象是一个区带,其最终目标是尽可能揭示区带上所有圈闭的含油气性,发现油气田并计算控制和预测储量,为评价勘探提供对象。如发现不了油气田,可以经过钻后的评价,对圈闭作出"暂缓勘探"或者"放弃勘探"的决策。

一、勘探部署原则

在预探阶段,基本工作方法是钻预探井,因此本阶段的关键问题是如何科学部署预探井,利用最少的钻井工作量,高效率地发现油气田。以下总结的几项原则都是围绕这一核心问题而提出的。

视频6-12 圈闭预探部署原则

1. 着眼整个区带,选择有利的三级构造为突破口,以迅速突破出油关

为了高效率地发现油气田,预探井的合理部署基本原则是:油气聚集主要受区带的控制,因此要从全局出发,着眼整个区带,选择有利的三级构造为突破口。

为什么预探井部署要从区带出发,从三级构造入手呢?原因在于:第一,区带聚油面积大,对油气运移、聚集起了主要的控制作用,能够形成大油气田,因此要重视区带的整体解剖工作,在地质条件认识比较清楚的情况下,可以采用甩开勘探的做法,迅速控制整个区带。第二,区带决定或控制了三级构造的类型、形态、形成及圈闭条件,区带上的三级构造有着类似的聚油条件。第三,由于受人力、物力条件的限制,预探工作必须也只能从解剖局部构造入手,突破一点,增强勘探的信心,从而带动整个区带的找油工作。因此,从区带全局着眼,首先把预探的主要力量集中在含油气远景最好的重点三级构造上,迅速查明其含油气性,见油后再在整个区带上全面铺开。

在局部圈闭预探部署过程中,应注意以下两个方面的问题:一是预探井井位选择,二是预探井钻探次序。

1)预探井井位选择

在新中国成立初期,由于物探技术发展水平低下,还无法准确识别圈闭和落实圈闭要素,预探工作非常依赖于钻井,常常按照一定的规则布井系统(图6-19)部署探井来达到预探的目的。目前这种思路已经基本不采用,而是采用"临界方向布井"的思路(图6-20)。

视频6-13 布井系统与临界方向布井方法

在井位部署过程中,往往把井布在最能说明问题的临界关键地点。如对具有多个高点的二级构造带来说,第1口井布在构造顶部的最高点位置,以解决最有利的局部高点上是否含油的问题;若见油气,第2口井布在局部高点之间的鞍部,解决几个局部高点是否连片含油的问

题;再见油后,第 3 口井则布在圈闭整个二级构造带最低等高线附近,其目的在于解决整个二级构造带是否含油的问题,这种布井方法适用于大型构造及油藏类型比较简单的情况,对复杂类型构造和油藏则不适用。

总体上,在井位部署过程中,应考虑以下三个问题:一是预计含油气的关键部位,如高点部位;二是从面积上照顾到圈闭的各个部位,这样做的目的是为了不漏掉油气藏;三是各井不位于相同的等高线上,这样有利于探边。

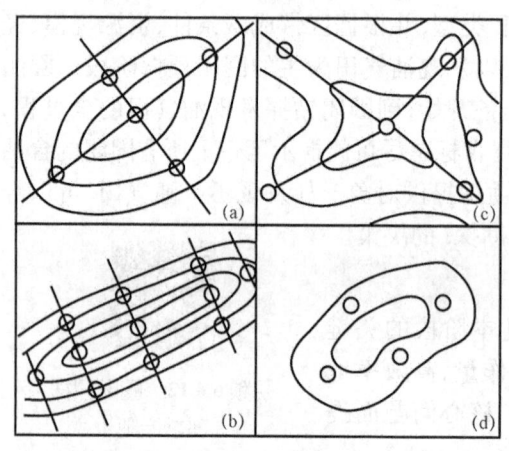

图 6-19 常用布井系统示意图
(a)十字剖面;(b)平行剖面;(c)放射剖面;(d)环状剖面

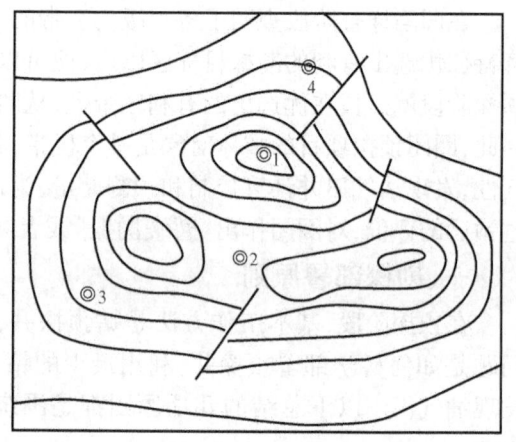

图 6-20 临界方向布井系统示意图

视频 6-14 预探井
类型与数量

2)预探井钻探顺序

在一个区带(圈闭)上进行预探,必然存在着一个构造上所能容纳的最多井队数量问题,或者说是一个油田勘探时间长短的问题。使用的井队数量少,则预探拖延时间过长,若使用较多的井队,可加快勘探速度,但也可能因此而造成很大的浪费。

在我国 20 世纪 50—60 年代,根据开钻的先后次序和钻探必要程序,常常将预探井在设计时分为三类:第一类是独立井,它的位置和深度等已经确定,无彼此依赖关系,属迟早必须钻探的井;第二类是附属井,它也是必须要钻的井,但位置和深度应根据独立井所得的资料进行调整;第三类是后备井,它是有可能钻也可能不钻的井,是否需要进行钻探,以及其位置、深度都要视前两类井的结果而定。

假如在一个构造上投入过多的井队,则势必出现大量独立井的局面,一些附属井、后备井被独立井所取代。其结果可能有二:一是附属井井位和深度没经过调整;二是对不应钻的后备井进行了钻探,应钻的后备井的井位、井深等在设计时无法调整。上述两种结果都将可能造成钻探效果差、资金浪费大。

另外,在圈闭评价方面,也要从区带整体地质特征和勘探特征出发,建立针对性强的圈闭评价方法体系,特别是在制定合理的圈闭地质评价标准和选择合理的评价权系数方面,这对于提高圈闭评价的科学性,提高钻探成功率具有十分重要的意义。

2. 提高圈闭准备的质量,保证预探工作的顺利进行

圈闭准备质量的高低,将直接影响油气田的发现速度。我国渤海湾盆地东濮凹陷濮城油田的发现就是有代表性的例子,由于进行了高质量的圈闭准备工作,地震工作确定的构造比较

准确,主要断层平面误差小于200m,因而在勘探初期准确地部署了14口探井,很快拿下了油田。任丘油田勘探效果也很好,根据其地震资料编制的古潜山构造顶面构造图的质量甚佳,经后来钻探证实,其形态、深度、断层、高点都基本准确,保证了任丘古潜山"稀井广探"的顺利进行。

但是,也存在一些由于构造准备工作不充分造成勘探损失的例子。例如华北油田的河间古潜山,根据1975年地震提供的古潜山顶面构造图,首先确定了马12井预探古潜山高点[图6-21(a)],但钻探结果表明由于构造图不准、井位有误,致使该井于井深3179m穿过断层、远离高点进入古潜山下部,首次钻探失败。1976年作出新构造图,发现高点及断层位置都与老图不同,高点位置向西南偏移了180m,断层位置向东偏移1200m,在此图上,布井三口(马19、马20、马21),其任务是钻探高点和探边[图6-21(b)]。钻探结果,马19井、马20井分别于2993m和2533m进入古潜山,钻遇高于庄组白云岩,但都未见油气显示而产热水。1977年对新处理出来的地震剖面进行分析,马19井、马20井仍偏离断棱过远,所以未见成效。这样,第三次在距马20井西北200m处的断棱上选定了马38井[图6-21(c)]。钻探证实,该井基本上打到了断棱,于井深2308m进入古潜山,揭开了厚17m的白云岩含油层,酸化后得日产千吨的高产油流,终于突破了河间古潜山的高产出油关。

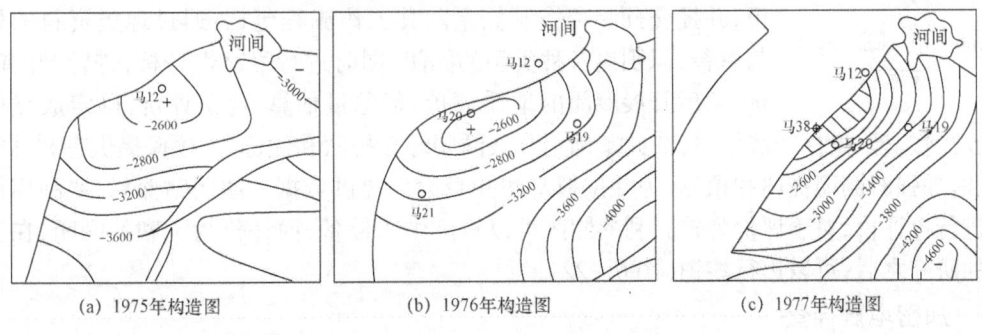

图6-21 河间古潜山预探部署图

在我国东部广泛发育的断块油田,常常由于对断块情况认识不清,不能准确地按断块布井,不但浪费了相当数量的进尺,而且还延误了勘探时间。另一些地区则出现了浅层反射层构造尚清楚,深层构造不落实的现象。使得地震资料不准,构造特别是深层构造不清,造成勘探效果较差。

提高构造准备质量的途径,一是提高地震勘探工作的质量,从施工、方法、处理各方面加以改进,以便得到高的地震剖面;二是提高解释水平,培养地质—物探复合型人才。

在我国西部的山前盆地和山间盆地,广泛发育各种高陡构造,构造变形极其复杂。只有认真研究构造样式,采用先进的平衡剖面技术,建立准确的地震解释模式,才能达到理想的勘探效果。塔里木盆地克拉苏气田的发现在很大程度上得益于地震解释工作的高质量。而在我国中西部一些盆地内,尤其是地台区,低幅度构造比较发育,地震速度问题成为困扰这些地区油气勘探的主要问题,所以应加强地震层速度的研究。

岩性、地层和古地貌有关圈闭的准备工作更应慎重。长庆油田环北地区在构造不落实,对三叠纪末古地貌不清楚的情况下,在该区1000km²的范围内共钻了探井24口,结果其中仅有1口井获得工业油流,1口井获少量原油。沙洄地区也是古地貌不清楚的情况下进行钻探的,该区在延长组沉积后古地形处于低凹处,延安组圈闭条件不好,勘探效果也不理想。

3. 兼顾多层系、多类型油气藏的勘探,全面完成预探任务

前面已经提到,圈闭预探阶段是以整个区带上的所有圈闭为对象,以查明区带各部位、各层系,发现各类油气藏为最终目标。从这个角度分析,单一的一口井出油一般是完成不了这个任务的。

对于某一个圈闭的预探而言,其任务是查明圈闭范围内不同部位、不同层系内油气藏类型,并进行初步的探边,为油气田评价勘探准备面积。如果圈闭规模小、油气藏类型简单,一口井发现工业油气流,就可以结束预探工作。但是对于一个大型的或者复杂的圈闭来说,一口出油井所提供的有关油层、油气藏基本情况的资料还很少,完成不了探边和为评价勘探准备面积的任务。第一口井见油,特别是新区的第一口井见油后,突破了出油关,对勘探会起巨大的促进作用,但是一口井获得工业性油气流并不等于找到了一个油气田,仍需再部署一定的预探井,以查明圈闭不同部位、不同层系内油气藏类型。

同样的道理,一口井没有发现油气,并不能做出全盘否定的评价,一定要按照设计的布井系统、探井类型和井位,及时调整,逐步实施,才能全面完成预探任务。

二、勘探工作程序

视频 6-15 圈闭预探工作程序

圈闭预探的主要任务是通过圈闭的准备和系统评价工作,优选出地质条件好、经济价值高的圈闭进行钻探,以高速、有效地发现油气田,并提交预测和控制储量。其工作流程包括:通过地震资料的处理与解释,识别出各种类型的圈闭,同时进行可靠性分析,进行圈闭的初选;然后开展圈闭的地质评价、资源量估算、经济评价,确定成藏可能性、资源量规模、勘探经济效益,在此基础上开展圈闭综合排队和优选,为预探提供有利钻探目标,同时加强对圈闭描述和预测,为井位拟定和井身设计提供依据。圈闭钻探后,要利用钻探成果进行再评价,对于评价为较有利的圈闭可以再度纳入储备,而评价为不利的圈闭,在进行深入的研究之后,可以进行核销(图6-22)。

1. 加密地震详查

在凹陷详查阶段,实际上对有利区带已经开始了圈闭准备工作,但是由于测网密度勘探工作量的限制,对圈闭条件掌握的并不是十分清楚。例如 4km×8km 的地震普查虽然可以不漏掉主要圈闭,但是高点的位置不太确定,至于非构造圈闭就可能更加不清。因此,在圈闭勘探阶段要进行进一步的地震普查与详查,其测线网密度一般要求达到 2km×4km~1km×2km,以发现更多的圈闭数目和类型,对于重点圈闭的详查要达到 1km×2km~0.5km×1km,以提高圈闭的准备质量。

圈闭识别包括构造圈闭识别和非构造圈闭识别。在目前物探技术条件下,构造圈闭相对比较容易识别,而对于非构造圈闭,由于其特殊性和复杂性,必须根据物探资料进行一系列特殊处理,充分运用地震地层学技术研究地层尖灭线、超覆线、不整合面等地质现象,用以确定非构造圈闭的范围、类型及规模等。此外,在圈闭识别基础上还要进行圈闭发育史、配套史等方面的研究。它是以本区带或邻近地区的区域探井或预探井资料为依据,经过地震剖面标定,以地震工区的部署、设计要求为原则确定解释方案。

1)构造圈闭解释

作出各地震反射层的构造圈闭平面图、关键部位的构造剖面图,按规定落实圈闭基础数据与断层基础数据,并进行主要目的层的地震相、沉积相、储层预测、特殊地质体的解释和圈闭发育史分析。

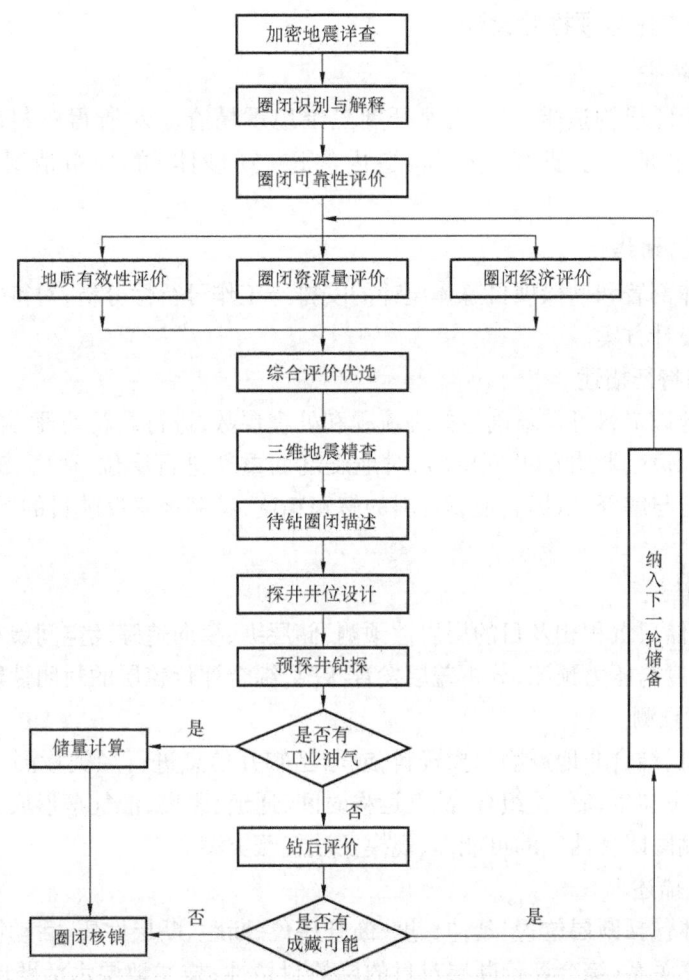

图6-22 圈闭预探阶段的任务与工作流程

2) 非构造圈闭解释

作出反映非构造圈闭形态的平面图、控制形态的地质剖面图等,根据构造等高线、地层超覆线、地层剥蚀线、储层尖灭线、断层线的形态特征和组合关系,确认非构造圈闭,并按规定落实圈闭基础数据,完成目的层的地震相、沉积相、储层预测和圈闭发育史分析。

3) 其他解释

作出反映地层、岩性、储层物性及是否有烃类存在等各种相关解释,并绘制平面、剖面图。

2. 圈闭评价与优选

圈闭评价与优选是在圈闭可靠性评价的基础上,对评价为可靠和较可靠的圈闭进行地质有效性评价,计算圈闭资源量和勘探经济效益的综合分析,并采用各种风险评价方法,对圈闭进行综合排队,其最终目的是优选出有利的若干个圈闭作为下一步钻探的对象,以及早发现油气田。

在此阶段,采用的主要技术就是圈闭地质风险分析技术、圈闭资源量预测技术、圈闭经济评价技术和圈闭优选决策技术。

3. 待钻圈闭描述与预探井设计

1) 三维地震精查

在选出的圈闭(或构造带)上,迅速开展三维地震精查。对所得资料应用时作特殊处理,进行岩性、地震地层学研究,查明构造内渗透层(砂体)的分布情况,提高圈闭准备质量。

2) 待钻圈闭精细描述

根据勘探总体部署和勘探项目总体设计的安排与工作可行性分析,对待钻圈闭进行描述,提出预探井井位设计方案。

(1) 圈闭形态特征描述

通过所需的地震资料可重新确定处理流程和处理参数,进行重新处理,并做必要的目标处理工作。用邻近(邻区)探井的井间资料,对地震剖面重新进行层位、速度、深度,岩性、物性、含油气性等的标定与解释,以提高地震资料的解释精度,编制准确反映目的层顶面埋深的精细构造图。

(2) 储盖层描述

进行地震相、储层沉积相及目的层岩性预测,储层纵、横向追踪及空间展布预测,目的层厚度预测,储层孔隙度与压力预测,分析盖层发育状况,综合评价盖层的封闭性能。

(3) 含油气性预测

利用地震信息,结合非地震物化探资料,或用已知井信息进行烃类检测。对圈闭、断裂形成及发育史、沉积史与生、储、盖组合,油气运移时间、通道、距离,油气藏形成、保存与破坏史进行模拟、描述,预测圈闭含油气的可能性、规模及油气藏类型。

(4) 保存条件描述

保存条件描述包括断层位置、延伸长度、断开层位、断距、断层性质、活动性及活动时期、断层面两侧岩性配置关系,综合评价断层对目的层的封堵性;描述地层水活跃层位、活跃程度及对油气藏的影响。

(5) 圈闭资源量重新估算

以圈闭精细描述成果来修正原圈闭资源量计算参数,重新计算圈闭资源量。

通过圈闭精细描述,提交下列主要成果图件:各层段高精度的地震构造图;预测的本区地层剖面图,目的层层位;预测的渗透层分布资料及图件;对构造区内各圈闭的评价及资源量估算;预探井井位建议方案。

3) 预探井井位设计

从控制整个区带或圈闭的主要含油气层系的油气藏类型、含油气范围、取得储量计算的有关参数考虑,进行圈闭预探井总体部署。对圈闭精细描述后的有利圈闭,根据描述结果进行预探井井位设计,并从地质目的和地面施工条件出发,进行设计井位的论证,完成预探井井位设计论证报告。定向井、水平井要进行钻头最佳轨迹设计,另外必须进行预探井井位经济技术可行性论证。

对作为突破口的第一、二口探井井位的设计,要从解决的主要地质问题和工程技术可行性方面进行重点论证,第一口预探井应设计在区带上最有利的圈闭的最有利部位,考虑到较大构造内可能存在的油气藏类型,可同时设计几口井,组成一个布井系统。当第一口探井失利时,用布井系统解剖这个构造,以便发现不同类型的油气藏。

4. 圈闭钻探与钻后再评价

1) 圈闭钻探

实行科学打探井,应有一套地质、工程技术方面的要求和标准。拟定一个科学打探井的系统方案,包括探井钻探前的准备,钻进中采用优质钻井液严格保护油气层,完井工作中抓好全套电测井、固井和试油工作。

在圈闭钻探过程中,要及时收集预探井的录井、测井、测试及分析化验等井间信息,用于标定地震资料,修正原有参数,建立新的判别标准和判别模式;要取全取准油、气、水层资料,准确划分油、气、水层;要开展单井油层评价。在地质构造总结评价、测井解释总结、钻井固井质量总结、综合录井总结、岩石物性、流体性质等专题报告的基础上进行单井油层评价和储量估算,并作单井资金总结及经济效益分析。

2) 钻后再评价

对已获油气流的圈闭,要应用新资料进行油气藏早期描述,计算控制和预测储量。对邻近地区的未钻探圈闭,也应进行新一轮的圈闭描述评价工作,以修正优选圈闭可钻性的评价和修正新的预探井井位设计方案,提交预测储量。对于钻探无发现的圈闭,经过钻后的反馈评价,做出继续勘探(将圈闭纳入下一轮储备)或放弃勘探(对圈闭进行核销)的决策。

三、勘探评价方法

圈闭评价是各级勘探评价中最具体的、最实际的工作,其目标是确定圈闭是否存在,特征是否落实,是否存在含油气的可能,如果有,规模有多大,值不值得进一步的钻探。因此,圈闭评价的内容包括圈闭可靠性评价、圈闭地质评价、圈闭资源量评价、圈闭经济评价、圈闭优选决策等主要内容。

1. 圈闭可靠性评价

圈闭可靠性评价是依据圈闭平面图、过圈闭主要地震剖面等,对识别出的圈闭进行可靠性的分析,判断圈闭是可靠、较可靠还是不可靠。对于确认为可靠和较可靠的圈闭才能作为储备的圈闭,而对于评价为不可靠的圈闭则不能纳入当年的圈闭储备,必须通过进一步的勘探工作(如测网加密、速度分析等)之后来进一步确认圈闭的可靠性。

视频6-16 圈闭可靠性评价

1) 影响圈闭可靠性的因素

在我国西部盆地的石油勘探过程中,曾流传一种说法:"圈闭的高点是带轱辘的,圈闭的埋深是带弹簧的",这实际上是指圈闭的位置不准确,圈闭的基本要素不落实,即圈闭可靠性不高。影响圈闭可靠性的主要因素包括圈闭控制程度、地震资料品质、钻井控制程度等方面。

(1) 圈闭控制程度

圈闭控制程度决定于圈闭规模与测网密度之间的关系,它是影响圈闭成图精度的重要因素。一个探区内由于勘探工作量不够,测网稀,往往会造成高点不落实和钻探落空,这在我国油气勘探历史中是屡见不鲜的。很显然,三维地震测网能够较为准确地控制圈闭的形态和高点位置,但是在一个探区的勘探初期(区域勘探和圈闭预探阶段),很多的圈闭都是通过二维地震资料发现的。因此,圈闭的控制程度对圈闭可靠性的影响很大。

对于二维测网,可以根据圈闭规模与测网密度的关系,分为"#"字形控制、"╫"字形控制、"+"字形控制和"—"字形控制,其控制程度依次降低(图6-23)。

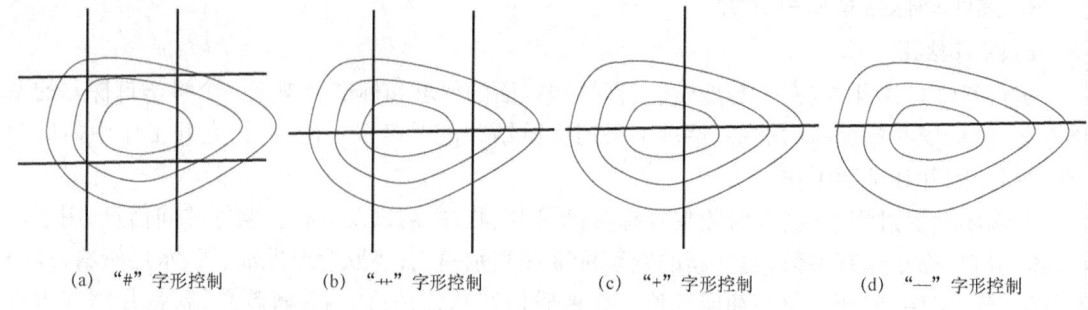

(a) "#"字形控制　　(b) "++"字形控制　　(c) "+"字形控制　　(d) "—"字形控制

图 6-23　圈闭控制程度划分示意图

(2) 地震资料品质

地震资料质量的好坏主要表现为分辨率、信噪比、闭合差、地震反射层位及波组显示、断点与地层尖灭点显示等方面。

对于一般的地震解释人员而言,其面对的只是经过计算机处理以后的地震剖面,即使其解释经验丰富,对地震解释相关技术有很好的了解,也很难对地震资料的采集和处理环境的质量进行全面的评价,很大程度上只能是基于对地震剖面的直观认识。事实上,影响地震剖面品质的因素非常多,包括野外采集、资料处理、地质解释的各种环境因素、地质因素、人为因素等(表 6-6)。

表 6-6　地震资料品质的影响因素分析

环节	因素	好	中	差
野外采集	环境噪声	无影响	与主频相近	与主频重合
	地表条件	均匀,潜水面高	陡坝	沙漠、山地
	观测系统	设计符合要求	设计基本符合要求	设计不符合要求
	实施方案	好	中	差
	地震仪器	稳定、一致性强	稳定性与一致性较好	稳定性和一致性较差
资料处理	速度分析	速度谱质量好,点多	速度谱较好,点较多	速度谱质量差或点少
	动静校正	正确	较正确	不正确
	叠加	参数选取正确	参数选取较正确	参数选取不正确
	偏移	参数选取正确	参数选取较正确	参数选取不正确
	人员素质	处理人员责任心强	处理人员责任心较强	处理人员责任心不强
资料解释	解释水平	经验丰富,熟悉研究区地质特点	经验较丰富,比较熟悉研究区地质特点	经验差,或者对研究区地质情况缺乏了解

(3) 钻井控制程度

钻井控制程度是指钻探资料的丰富性,它直接影响到圈闭要素的描述和储层预测的精度。

无论是对于构造圈闭形态的解释,还是对地层岩性等非构造圈闭的描述,地震层位标定都是非常重要的基础和前提。而地震层位标定的可靠性除了与地震剖面的质量有关外,还与钻探资料的丰度、测井资料的类型和质量等密切相关。一般地,层位标定可以分为有井标定和无井标定两种。有井标定是充分利用井的测井资料、录井资料以及地质测试分析资料、过井地震剖面等进行地震地质层位的匹配,最常用的技术是合成地震记录和垂直地震剖面(VSP)。无井标定一般是在盆地勘探的早期,主要利用地面露头资料、地震剖面资料,根据地表露头获取的地层岩性、厚度、物性、沉积特征、地层接触关系等开展地震模型设计,制作合成地震记录进行的跨区对比。对于有井对比而言,钻井资料的丰度、钻井所在的位置是影响层位对比精度的重要因素。对于无井对比而言,所选露头的代表性、地震模型参数的选取则是层位标定准确与否的关键影响因素。

对于圈闭范围内储层分布预测、储层物性反演、含油气性检测等,钻探资料的作用更是显而易见。钻探资料越丰富,圈闭描述与预测的精度就越高。

2)圈闭可靠性评价方法

一般地,圈闭可靠性的评价包括定性评价和定量评价两种,定性评价可以根据以下原则来判定。

① 圈闭可靠:地震测网密度能够控制和确定圈闭的形态和位置,地震剖面品质较好,层位标定可靠。

② 圈闭较可靠:地震测网密度局部不足,剖面品质较好,层位标定较可靠。

③ 圈闭不可靠:地震测网密度不能控制和确定圈闭的形态和位置,或者地震剖面品质差,层位标定不可靠。

根据圈闭控制程度、地质资料品质、层位标定的情况,在通过建立适当的评价(分)标准后(表6-7),可以通过计算圈闭可靠性系数来进行圈闭可靠性的定量评价。

表6-7 某区带圈闭可靠性评分标准

评分标准	圈闭控制程度	地震资料品质	地震层位标定
0.90~1.00	有三维地震,或多条二维测线控制,呈"#"形控制	地震资料分辨率高;反射能够连续追踪,断点、尖灭点清晰可辨;基本无闭合差	邻近圈闭有井资料可供进行准确的标定
0.75~0.90	有两条以上主测线通过,呈"++"形控制		同一个二级构造带上有探井资料可供标定
0.60~0.75	有两条交叉测线通过,呈"+"形控制	分辨率较高,50%以上可连续追踪,大断层和高角度削截显示清晰;闭合差较小	相邻二级构造带有井资料可供解释时参考
0.40~0.60	有两条非交叉测线通过,呈"="形控制	地震反射追踪的可靠性较低,断点和尖灭点显示不清,或闭合性差	(亚)一级构造单元内有井资料
<0.40	测网稀,只有一条测线通过,呈"一"形		基本无钻探资料,或者构造复杂,无法进行层位追踪对比

圈闭可靠性系数可以采用三个得分的连乘积来求得,即

$$\eta = \eta_1 \eta_2 \eta_3 \quad (6-20)$$

式中 η——圈闭可靠性系数;
η_1——控制程度得分;
η_2——地震资料品质得分;
η_3——地震层位标定得分。

利用圈闭可靠性系数进行圈闭的可靠性分级,其划分标准一般需要根据不同探区的统计结果来建立。

2. 圈闭地质评价

圈闭地质评价是圈闭评价的核心工作。其主要内容是通过对圈闭基本特征和成藏地质条件的综合分析,评价圈闭成藏的可能性。因此,它必须建立在区域石油地质分析和精细圈闭描述的基础上(吴欣松等,1999)。

视频6-17 圈闭地质评价因素

1)地质评价因素

圈闭地质评价应考虑的成藏条件非常多,归纳起来,应包括圈闭基础条件、储层条件、烃源条件、保存条件、配套条件,每项成藏条件之内还涉及众多的地质因素(表6-8)。

表6-8 圈闭成藏地质有效性评价因素集构成

成藏条件	地质因素	地质因素内涵
圈闭基础条件	圈闭类型	圈闭地质成因类型
	圈闭面积	圈闭闭合面积
	圈闭幅度	圈闭闭合高度
	圈闭埋深	圈闭高点埋深
储层条件	储层类型	储集空间类型
	储层分布	储层厚度、储层面积
	储层质量	沉积相、岩性、储集物性
烃源条件	供烃条件	区带资源量大小
	运移通道	运移通道类型
	圈源关系	由于运移距离、运移方向与圈闭轴向的关系
保存条件	盖层封闭性能	盖层岩性、盖层厚度、盖层连续性
	构造与断裂活动	断裂性质、断距;构造运动强度与剥蚀作用
	水文保存条件	地层水水性质、地层水矿化度、水动力特征
配套条件	空间配套条件	生储盖组合特征
	时间配套条件	圈闭形成时间与大规模油气运移时间的关系

(1)圈闭基础条件

圈闭基础条件反映圈闭形态、大小、空间特征及其与周边关系等基本特征,包括圈闭类型、圈闭规模、圈闭埋深等因素。

(2)储层条件

储层条件是影响圈闭含油气性的重要因素,评价储层条件最关键的因素是储层类型(储层沉积相、岩性、储集空间类型),储层分布(厚度和面积)和储集质量(孔隙度和渗透率)。

(3)烃源条件

烃源条件是圈闭成藏的物质基础条件,对区带和圈闭而言,烃源条件可以分为供烃条件和聚烃条件两个方面。前者主要是指与烃源岩质量、厚度、成熟度相关的生烃规模,最终表现为通过盆地模拟得到的区带资源量大小;后者主要是指油气的运移和聚集条件,特别是油气运移的通道条件、圈源位置关系等。

这里的圈源位置关系主要是指圈闭与烃源岩在平面上的位置关系,包括圈闭与烃源岩之间的远近关系(油气运移距离)、圈闭轴向与油气运移方向之间的方位关系。在陆相沉积盆地,由于沉积非均质很强,圈闭与油气源之间的距离是影响油气成藏非常重要的因素之一。油气运移的距离越远,圈闭捕获油气的可能性就越小。至于在何种距离范围内成藏最为有利,什么时候不利,就需要根据具体的地质条件和实际的勘探成果来确定。

圈闭的轴向(长轴方向)与油气运移方向之间的关系是非常复杂的。一般来说,当圈闭轴向垂于与油气运移方向时,圈闭供烃的面积和范围就增加了,因此要优于二者斜交的情况,更优于二者平行的情况。

(4)保存条件

油气在圈闭预探阶段,由于资料条件的限制,圈闭保存条件评价考虑的因素主要包括盖层特征(盖层岩性、盖层的分布特征),断层封闭性(性质、断距、断层两侧岩性组合),构造活动性,水文条件(水型、地层水矿化度、水动力特征)等方面。

断层的封闭性评价是一个非常复杂又非常关键的问题。一般认为,断层的封闭性与断层性质和岩性组合关系比较密切。挤压性断层的封闭性要好于拉张性断层,断距小于盖层厚度而大于储层厚度对油气保存最为有利。

水文特征是指示油气保存条件优劣的重要指标之一。不同的水型和矿化度高低,在一定条件下可以反映圈闭的垂向开启程度,而不同的水动力条件则反映出圈闭的侧向封闭特征。一般地,阴离子为 HCO_3^- 和 SO_4^{2-},阳离子为 Ca^{2+} 的水型,指示垂向开启程度大;阴离子为 SO_4^{2-},阳离子为 Na^+、K^+ 的水型,指示垂向有一定的开启性;阴离子以 Cl^- 为主,阳离子为 Na^+、K^+ 的水型,指示油气保存条件较好。对于地层水矿化度,一般认为矿化度为 0.2~3g/L 指示保存条件差,矿化度在 3~35g/L 之间指示保存条件中等,矿化度大于 35g/L 指示水文保存条件好。

(5)配套条件

配套条件是指上述圈闭基础条件、储层条件、烃源条件、保存条件之间的配置关系。由于地下地质条件的复杂性,不确定性因素很多,常常使很多各方面条件均不错的圈闭由于配置关系不好而没有发现油气。另外在圈闭捕获油气形成油气藏之后,也可能会受到各种原因的破坏或者调整。因此,只有现今油气成藏条件优越而且配置关系良好的圈闭才具有现实的勘探潜力。

圈闭配套条件包括空间上的配套关系和时间上的配套关系两个不可或缺的方面。空间配套关系主要是指烃源岩—储层—盖层在空间的组合关系,圈闭的时间配置关系主要是指圈闭形成时间和油气大规模生成和运移时间之间的关系。一般认为,只有在油气发生大规模运移之前就已经形成的圈闭才具有最佳的聚集油气的条件。

2)地质有效性评价方法

地质风险是油气勘探中面临的最主要风险类型,因此圈闭成藏有效性评价是圈闭评价工作的重中之重,它直接关系到一个探区内圈闭勘探的成功率(获得工业油气流的圈闭占预探圈闭的百分比)。圈闭有效性评价的方法很多,常用的有地质类比法、风险概率法、模糊综合评价法等。

视频 6-18　圈闭地质
有效性评价

(1)地质类比法

地质类比法主要适用于勘探程度非常低的探区,是一种偏于定性的评价方法,主要是概略地考量待评圈闭的风险。其基本的原理是,根据待评圈闭与已经钻探的圈闭各项地质条件进行比较,以评价其成藏有效性的优劣。

(2)风险概率法

风险概率法是圈闭评价最常用的方法,它适合于勘探程度有差异的各种区带。

第一步,评价因素集的构筑。设计圈闭地质有效性评价时应考虑各项成藏条件以及各条件相关的地质因素。一般地,考虑的成藏条件应包括圈闭基础条件、储层条件、烃源条件、保存条件、配套条件等五个方面(表6-8),根据不同探区的实际地质特点及勘探条件可以进行适当的调整。例如,江汉油田在对江汉盆地潜江凹陷潜江组岩性圈闭评价过程中,就将烃源条件和配套条件合二为一,称为运聚配套条件,并针对岩性圈闭的特点,在保存条件中则不考虑水动力特征的影响,见表6-9(马胜钟等,2012)。

第二步,地质评分标准的建立。圈闭定量评价的前提,就是要针对区带的勘探程度以及石油地质特征,建立有针对性的地质要素评分标准。评价标准的建立是一个逐步积累和完善的过程。一般的思路是通过对已钻探圈闭(包括成功和未成功的圈闭)的相关地质要素特征进行统计分析,才能制定出较为合理的评分标准。例如,某天然气探区储层物性普遍较差,孔隙度一般在5%~15%之间,当孔隙度大于10%时,成藏的可能性就非常大,这种情况下,如果将优质储层的评价标准定在孔隙度20%以上就失去了实际意义。

表6-9 潜江凹陷潜江组岩性圈闭地质评价参数及标准

成藏条件	地质因素	评价分级标准				权重
		优	良	中	差	
圈闭条件	面积,km²	>3	3~2	2~1	<1	0.15
	幅度,m	>200	100~200	50~100	<50	0.15
	埋深,m	1500~3500	3500~4500	<1500	>4500	0.2
	圈闭类型	好	较好	一般	差	0.2
	资源量,10⁴t	>300	300~150	150~50	<50	0.3
储层条件	储层岩性	好	较好	一般	差	0.2
	储层厚度,m	>20	20~10	10~5	<5	0.3
	储层孔隙度,%	>20	20~14	14~8	<8	0.5
保存条件	直接盖层厚度,m	>100	100~50	50~20	<20	0.2
	盖层岩性	好	较好	一般	差	0.2
	构造活动强度	弱	中	较强	强	0.2
	侧向封堵条件	好	较好	一般	差	0.4
运聚配套条件	圈源距离,km	<1	1~5	5~20	>20	0.2
	圈闭位置	源内	近源	中源	远源	0.2
	运移通道	好	较好	一般	差	0.2
	时间配套条件	好	较好	一般	差	0.2
	空间配套条件	好	较好	一般	差	0.2

第三步,地质因素评分。根据圈闭识别与解释得到的圈闭基本要素,圈闭描述与预测成果,结合对区带成藏体质条件的认识,按照所确定的圈闭地质条件评分标准,确定待评圈闭中哪些地质要素有利,哪些较有利,哪些不利,对影响圈闭成藏及含油性的各项因素依据所建立的评价标准,按照其相应的数值大小、发育程度或相对优劣程度划分为不同等级,并赋予一个

定量的分值(0~1之间)。

第四步,评价权重分配。权重即权系数,其取值的合理与否对圈闭地质有效性评价结果影响很大。其做法是,对圈闭成藏起关键控制作用的因素赋予较大的权重,对控制作用性小的地质因素赋予较小的权重,而且各成藏条件内部各要素的权系数之和等于1。其目的是使圈闭地质评价结果能够拉开层次,为圈闭优选决策服务。确定权重分配的主要原则可以概括为以下几个方面。一是要结合圈闭钻探成果,特别是区带失利探井的分析,总结影响圈闭成藏的关键因素。例如,一个区带如果油源的供应比较充足,影响圈闭成藏的最重要的烃源岩条件可能是运移的通道,因此可以加大通道条件的权重。二是要充分考虑到不同区带之间勘探程度和资料获取手段的差异性。以储层条件为例,对于一个勘探程度相对较高的区带,可以通过钻井和地震资料,采用统计或者反演方法就可以较可靠地获得储集物性(孔隙度、渗透率)方面的资料,因此可以适当加大储集物性的权重,对储层沉积相、储层岩性等则可以赋予较小的权系数。

第五步,成藏有效性评价。利用风险概率法开展有效性评价是把圈闭基础条件、烃源条件、储层条件、保存条件、配套条件等五项石油地质条件看成是相互独立的,如果圈闭含油气则五项条件缺一不可。根据概率论中"相互独立条件同时发生的概率等于它们各自发生概率的乘积",那么圈闭地质有效性评价系数应等于五项成藏条件概率的积。

值得指出的是,圈闭有效性评级系数仅仅反映的是圈闭成藏可能性的相对大小,而不能真正代表圈闭的含油气概率。利用两个圈闭 A 和 B 的地质有效性评价系数 $P_A = 0.3$ 和 $P_B = 0.8$,并不是指圈闭 B 的含油气概率是 80%,而圈闭 A 的含油气概率是 30%。如果要近似地确定圈闭成藏的概率,还需要通过统计分析和变换计算(通常采用级差正规化的方法)来完成。其具体的实施步骤是:统计已进行过地质有效性评价并获得工业油气流的圈闭,确定其地质有效性评价系数的下限,作为 P_{max},认为其对应的圈闭含油气概率为 1.0;统计已进行过地质有效性评价并未得到任何油气显示的圈闭,确定其地质有效性评价系数的上线 P_{min},认为其对应的圈闭含油气概率为 0;然后对任何一个圈闭的地质有效性评价系数(P)进行极差正规化变换,就可以近似得到圈闭的含油气概率 ε:

$$\varepsilon = \frac{P - P_{min}}{P_{max} - P_{min}} \tag{6-21}$$

如果 $\varepsilon < 0$,则取 $\varepsilon = 0$;如果 $\varepsilon > 1$,则取 $\varepsilon = 1$。

3. 圈闭资源量评价

圈闭资源量评价是在圈闭描述的基础上,通过选择合理的数学方法和估计参数,对圈闭可能的含油气规模做出定量的评价,是圈闭评价的主要组成部分,是进行勘探决策的一项重要依据。有时由于条件所限,不能精确地估算圈闭的资源量值,只能得出一个估算数据(一般用区间值表示),尽管如此,对于圈闭评价该估算数据仍是一项极为重要、必不可少的数据。

视频 6-19　圈闭资源量评价

圈闭资源量估算的因素很多,归纳起来有三个方面,即估算模型、参数取值、估算方法,统称为圈闭资源量估算的三要素。

1) 资源量估算模型

圈闭资源量估算模型即通常所说的计算公式。目前所用的估算模型有很多种,最常用也最重要的是容积法。容积法估算圈闭资源量有以下几种不同的形式。

石油：

$$Q_o = 100 A_t F_a H_{fo} \phi (1 - S_w) \frac{\rho_{oi}}{B_{oi}}$$

天然气：

$$Q_g = 0.01 A_t F_a H_{fg} \phi (1 - S_w) \frac{T_s p_s}{T_i p_i Z_i} \tag{6-22}$$

式中　Q_o——圈闭石油资源量，10^4 t；
　　　A_t——圈闭面积，km^2；
　　　F_a——含油面积系数（或充满度）；
　　　H_{fo}——预测油层厚度，m；
　　　ϕ——有效孔隙度；
　　　S_w——原始含水饱和度；
　　　ρ_{oi}——地面原油密度，g/cm^3；
　　　B_{oi}——原始原油体积系数；
　　　Q_g——圈闭天然气资源量，$10^8 m^3$；
　　　H_{fg}——预测气层厚度，m；
　　　T_s——地面标准温度，K；
　　　p_s——地面标准压力，MPa；
　　　T_i——气层温度，K；
　　　p_i——气藏原始地层压力，MPa；
　　　Z_i——原始气体偏差系数。

在实际工作中，由于勘探程度的限制，孔隙度、含水饱和度、油气层厚度难以确定时，常常使用下面的公式来计算：

$$Q_o = A_t F_a H_{fo} SNF_o \tag{6-23}$$

$$Q_g = A_t F_a H_{fg} SNF_g \tag{6-24}$$

$$Q_o = A_t F_a K_o \tag{6-25}$$

$$Q_g = A_t F_a K_g \tag{6-26}$$

式中　SNF_o——石油单储系数，$10^4 t/(km^2 \cdot m)$；
　　　SNF_g——天然气单储系数，$10^8 m^3/(km^2 \cdot m)$；
　　　K_o——单位面积内的石油资源丰度，$10^4 t/km^2$；
　　　K_g——单位面积内的天然气单储系数，$10^8 m^2/km^2$。

2）计算参数取值

参数研究是资源量估算的核心部分，参数的数量以及研究工作的质量直接决定着参数取值的准确性，也影响着圈闭资源量的可信程度。研究圈闭参数的目的在于总结不同地质条件下参数的分布规律，然后在资源量估算中选取合适的估算参数。

从上面的计算公式可以看出，影响圈闭资源量的主要参数包括四大类：① 圈闭规模，如圈闭类型、闭合面积与闭合幅度，油层有效厚度；② 油气充满程度，主要包括油气柱高度和油气面积充满系数；③ 油气层特性，主要指油气层孔隙度与含油饱和度；④ 烃类特性，包括油气的体积系数、密度等。

资源量计算参数有确定性和不确定参数之分，如构造圈闭的面积就是一个确定性的参数，可以直接从圈闭构造平面图上量取，是一个常数；但是对于非构造圈闭，它却是一个不确定的参数，其他参数，如油气层厚度、孔隙度、含水饱和度等也是不确定性的参数。进行参数研究的目的，首先就是要建立每一个不确定参数的数学分布模型（构造圈闭面积是一个）。实际工作中首先需要收集大量已知探区的圈闭参数，特别要注意数据的代表性，同时还要对所收集到的参数进行地质分析，给出每一个数据所处的地质条件。然后对所收集数据进行数理统计，作出不同地质条件下参数的频率分布图，从而选择一个合适的密度分布函数，并应用原始数据拟合出密度分布函数中各项参数，从而得出参数分布数学模型。

由于待评圈闭所在探区勘探程度的不同，所获得的参数数目和质量不一，在估算资源量时参数选取有以下几种不同的方法。① 直接应用本圈闭数据。当一个圈闭参数数据较多时，可以用这些数据直接模拟出各参数的经验分布用于资源量估算，这种情况一般较少。② 借用已知圈闭数据。如果圈闭无实际变量参数数据，除了用经验分布法确定变量参数外，还可以直接借用邻区或地质条件相同地区已知圈闭的实际参数。③ 直接应用参数研究成果。当只知道圈闭要素，而对于估算资源量的各变量参数均不知道的情况下，可以采用经验分布，作为该类圈闭的变量参数分布函数。

3）资源量估算方法

在计算模型和参数分布确定之后，就要选择采用合适的数学方法估算资源量。目前应用最广的是 20 世纪 70 年代由加拿大首先引入油气资源评价的蒙特卡罗方法，它是通过求得在一定概率条件下的资源值，以概率曲线的形式来表达评价结果。

蒙特卡罗法估算资源量是通过随机抽样计算得到一系列的资源量值（图 6 - 24），直到有足够的资源量值可以用来确定其分布函数为止。最后提交概率分别为 90%（最小可能值）、50%（期望值）、10%（最大可能值）等不同概率条件下的资源量以供圈闭勘探决策。

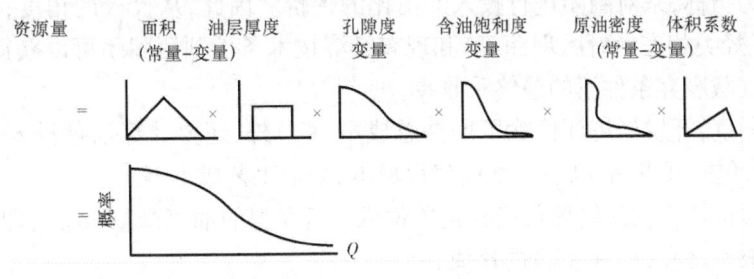

图 6 - 24　蒙特卡罗法计算圈闭资源量实现示意图

4. 圈闭经济评价

圈闭经济评价是在现有的经济技术条件下对圈闭所进行的投入与产出情况的预测，是圈闭优选决策的重要基础，更是降低勘探风险的必要环节。一般地，根据油气勘探、开发、销售各阶段的独立性，遵循从资源量到储量、从储量到产能、从产能到现金收益的思

视频 6 - 20　圈闭经济评价

路,圈闭经济评价可以分为三个阶段(曲德斌等,1998),即圈闭勘探经济评价、圈闭开发经济评价和圈闭现金收益评价。这三个阶段既相互独立,又相互联系,在实际工作中可以根据需要有选择性地进行。

1) 圈闭勘探经济评价

由于圈闭评价所处阶段属于圈闭预探阶段,因此,勘探经济评价应该是圈闭经济评价的重点所在。如何在勘探资金有限的情况下,优选出一批圈闭作为钻探的目标,以获得最多的地质储量,正是圈闭勘探经济评价的目的所在。其决策依据是单位勘探成本所能够获得的探明地质储量。

勘探成本是指某一圈闭从准备到完全探明过程中所花的一切费用,即勘探总成本(C_E),包括已经投入的勘探成本,以及为了进一步落实圈闭要素直到发现油气提交探明储量过程中还需要投入的地震勘探成本、预探井和评价井钻井成本、井场成本、录井、测井、测试及其他费用(分析化验费、资料处理费、专题及综合研究费)等。在计算勘探成本的过程中,还需要考虑到圈闭准备到圈闭探明期间的通货膨胀率、贷款利率、勘探年限等因素。

圈闭的勘探产出参数就是探明储量,它的预测是在圈闭资源量评价的基础上,根据圈闭所在探区的勘探条件、地质条件、现有的技术水平,确定圈闭资源转化率(又称转储系数,即探明储量占圈闭资源量的百分数)。因此,探明储量为

$$N = Q_T R \quad (6-27)$$

式中　N——探明储量;
　　　Q_T——圈闭资源量;
　　　R——转储系数。

单位勘探成本所探明的油气地质储量 σ_E 表示圈闭勘探的投入产出比。它可以表示为

$$\sigma_E = N/C_E \quad (6-28)$$

2) 圈闭开发经济评价

圈闭开发经济评价与勘探经济评价差别在于,它是利用获得单位油气产量所需要的勘探开发总成本作为指标,来对圈闭进行投入产出比的评价。因此,从投入的角度,它需要根据油气资源的品质(烃类相态、物性、埋深等)和现有经济技术条件预测圈闭可以获得的油气产量,关键是确定油气藏废弃条件下的最终采收率。

从投入的角度,开发经济评价除了勘探总成本(C_E)外,还要计算油藏投入开发所需的开发总成本(C_D),包括开发钻井成本、地面建设成本、采油工艺成本等。

圈闭开发经济评价的最终评价指标是单位成本所获得的油气产量(σ_D),即油气总产量 P 与勘探开发总成本之和($C_E + C_D$)的比值:

$$\sigma_D = P/(C_E + C_D) \quad (6-29)$$

它表示圈闭开发的投入产出比。

3) 圈闭现金收益评价

现金收益评价是以现金流为评价指标,开展的圈闭经济评价。其评价指标主要包括圈闭的净现值(总收益与成本之差,又称利润)、投资利润率(利润与勘探开发总成本的比值)这两个参数。最终计算出投资一元钱能够收益多少,即投资回报率。

在现金收益评价过程中,关键因素是石油天然气价格变化的预测,它是影响圈闭现金收益率的重要因素之一。

5. 圈闭优选决策

圈闭评价的最终目标是为圈闭优选决策服务,尽可能地降低油气勘探风险,高速度发现油气田,提高油气勘探效益。

在圈闭优选决策的过程中,要在圈闭可靠性评价、圈闭地质有效性评价、圈闭资源量评价以及圈闭经济评价等基础上,开展相应的综合评价,包括圈闭地质分级和圈闭综合排队。

1) 圈闭地质把握性评价

圈闭地质把握性评价主要是综合圈闭可靠性评价及地质有效性评价结果开展的评价工作。前文已经提及,只有评价为可靠或者较可靠的圈闭才能将其纳入储备,也就是说评价为不可靠的圈闭不能纳入圈闭的储备,更不能直接成为钻探目标。

(1) 定性评价方法

圈闭地质把握性的定性评价主要是根据圈闭落实的可靠性和地质有效性评价结果,对圈闭进行定性的分级评价。

对于未钻探圈闭,一般分为三级:

Ⅰ类圈闭——圈闭可靠,成藏地质条件比较有利,可提供预探的圈闭。

Ⅱ类圈闭——圈闭可靠或者较可靠,成藏地质条件较有利,通过进一步的工作可以提供预探的圈闭。

Ⅲ类圈闭——圈闭较可靠但成藏地质条件不利,不能提供预探的圈闭。

对于已钻探圈闭,也可以根据钻探结果分为三级:

Ⅰ类圈闭——经过钻探和试油,已获低产油气流,与富集获得工业油气流的圈闭相比,各项成藏地质条件比较有利。

Ⅱ类圈闭——钻井过程中仅见到不同程度的油气显示,经过成藏地质条件的综合分析,与附近评价为Ⅰ类的圈闭有明显偏差。

Ⅲ类圈闭——钻探过程中见到非常微弱的油气显示或者根本未见到油气显示,经过各项成藏地质条件的分析,预计获得工业油气流的可能性很小的圈闭。

(2) 定量评价方法

圈闭地质把握性的定量评价主要通过圈闭可靠性系数(η)和圈闭含油气概率(ε)来定量计算圈闭地质把握系数(α):

$$\alpha = \eta \times \varepsilon \tag{6-30}$$

也可以根据地质把握系数的大小参照一定的划分标准进行圈闭的地质把握分级。

2) 圈闭经济把握性评价

圈闭经济把握性评价是在圈闭资源量估算的基础上,结合圈闭经济评价结果来综合进行,一般采取定量评价的方法,即计算经济把握系数(β)。其前提是计算圈闭资源量评价系数(ω)和圈闭经济评价系数(θ)。

(1) 资源量评价系数的确定

资源量评价系数一般采用圈闭资源量的对数,经过极差正规化的办法来确定。计算式为

$$\omega = \frac{\lg Q_T - \lg Q_{\min}}{\lg Q_{\max} - \lg Q_{\min}} \tag{6-31}$$

式中　Q_T——圈闭油气资源量；

　　　Q_{min}——最小油田规模下圈闭的资源量；

　　　Q_{max}——区带上可能的最大圈闭的资源量。

(2)经济评价系数的确定

对于圈闭的经济评价系数可以采用勘探经济评价、圈闭开发经济评价以及现金收益评价得到的投入产出比中的某一个参数，采用极差正规化的方式来构筑。最常用的方法是利用勘探经济评价得到的单位成本探明的油气地质储量来计算。计算式为

$$\theta = \frac{\sigma - \sigma_{min}}{\sigma_{max} - \sigma_{min}} \quad (6-32)$$

式中　σ——单位勘探成本获得的探明储量；

　　　σ_{min}——经济极限条件下单位勘探成本获得的探明储量；

　　　σ_{max}——区带上预测的单位勘探成本获得的探明储量最高值。

(3)经济把握系数的计算

β 是资源量评价系数与经济评价系数的乘积，即

$$\beta = \omega \times \theta \quad (6-33)$$

3)圈闭综合排队

圈闭综合排队是在圈闭地质把握性评价和经济把握性评价的技术上，利用 α、β 求取圈闭综合排队系数(γ)，并按照其大小进行综合排队。

排队系数的求取方法有很多种，常用的包括求积法、加权求和方法、边缘概率法、综合函数法等。不同的方法表示了不同的圈闭优选思路。不同的勘探优选决策者由于其所在的出发点和立足点的差异，采用的综合排队方法以及对地质因素和经济因素的权重方面都有一定的差异。总体上，归纳起来不外乎三种类型。第一种类型，在勘探初期，为了早日突破出油关，因而对圈闭勘探的地质风险更加看重，而对圈闭的资源规模和勘探经济风险考虑得较少。决策者往往在优选圈闭过程中，会赋予地质把握系数以更大的权重，称为保守型决策。第二种类型，在勘探中后期，以实现勘探大场面为目标，期望尽快找到大油田，决策者就更加注重油气的资源规模而宁可冒无油的风险，为冒险性决策。还有另一类，决策者在圈闭优选过程中，既十分注重圈闭地质把握程度，同时也十分重视圈闭勘探的经济效益，可以称之为保险型的决策。

(1)求积法

求积法属于第三种决策思维类型，其定义的圈闭综合排队系数为地质把握系数和经济把握系数的乘积，即

$$\gamma = \alpha \times \beta \quad (6-34)$$

(2)边缘概率法

边缘概率法与求积法的区别在于，后者是从正面来思考问题，考虑的是从地质条件上和经济条件上都较好(都不存在风险)的概率。而前者则是从问题的反面出发来思考问题，考虑的是地质和经济两方面不同时存在风险的概率，二者的目标都是为了优选出地质条件好、同时圈闭勘探经济效益高的圈闭，可谓殊途同归。其综合排队系数的计算公式为

$$\gamma = 1 - (1-\alpha) \times (1-\beta) \quad (6-35)$$

(3) 加权求和法

加权求和法的原理非常简单,它将圈闭综合排队系数 γ 定义为圈闭地质把握系数 α 和经济把握系数 β 的加权求和,即

$$\gamma = w_1 \alpha \times w_2 \omega \tag{6-36}$$

式中,w_1 和 w_2 分别为地质把握系数和经济把握系数的权系数,且 $w_1 + w_2 = 1$。

(4) 综合函数法

综合函数法是利用地质把握系数 α 和经济把握系数 β 相对复杂的函数形式来设计排队系数 γ,其形式多种多样,最常用的有两种。第一种形式为

$$\gamma = \sqrt{(1-\alpha)^2 + (1-\beta)^2} \tag{6-37}$$

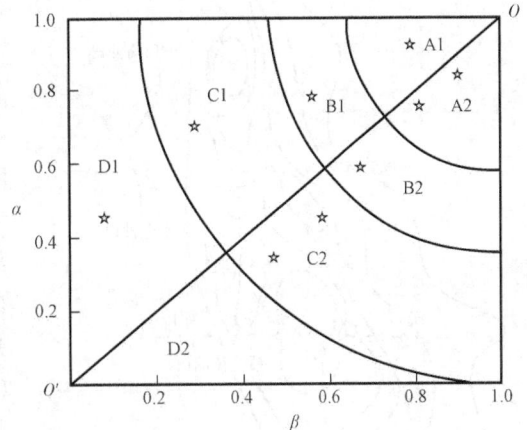

图 6-25 综合函数法第一种形式圈闭综合排队与优选思路图示

它对于圈闭的分级可以利用图 6-25 来加以解释。位于图的右上角区域的圈闭排队系数大,勘探上的地质风险和经济风险最低,即 A 区优于 B 区,B 区优于 C 区,D 区圈闭排队系数最小,勘探风险最高。

第二种形式比第一种稍微复杂一点,可以看作是对第一种形式的改进。其函数形式为

$$\gamma = \left[\sqrt{(1-\alpha)^2 + (1-\beta)^2} - \frac{\sqrt{2}}{2} |\alpha - \beta| \right] / \sqrt{\alpha^2 + \beta^2} \tag{6-38}$$

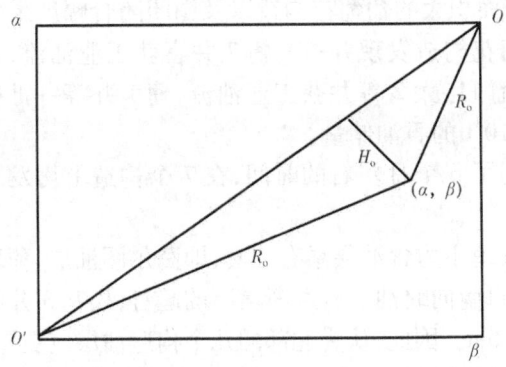

图 6-26 综合函数法第二种形式综合排队与优选思路图示

它既考虑到了地质和经济把握程度,同时也考虑了二者之间的匹配关系。其优选圈闭的主要思路是,要求圈闭位于图的右上角,同时又要尽量靠近对角线(图 6-26),体现了保险型决策的思维模式。

特别需要指出的,在圈闭评价过程,有时候缺少对圈闭勘探成本的评价和储量转化率研究,这种情况下,常常用圈闭资源量系数 ω 来替代经济把握系数 β 来计算圈闭综合排队系数,开展圈闭综合排队优选决策。

四、勘探实例分析——松辽盆地大庆长垣的预探

大庆长垣位于松辽盆地中央坳陷生油区,是一个构造相对简单的披覆背斜带,其四周被凹陷所环绕,油源丰富,主要烃源岩包括上白垩统青山口组与嫩江组。1959 年 9 月 26 日,松基 3 井喷油以后,经过地震构造成图,明确了大庆长垣从北向南由 7 个三级构造(高点)组成,即喇嘛甸、萨尔图、杏树岗、高台子、太平屯、葡萄花、敖包塔构造(图 6-27)。

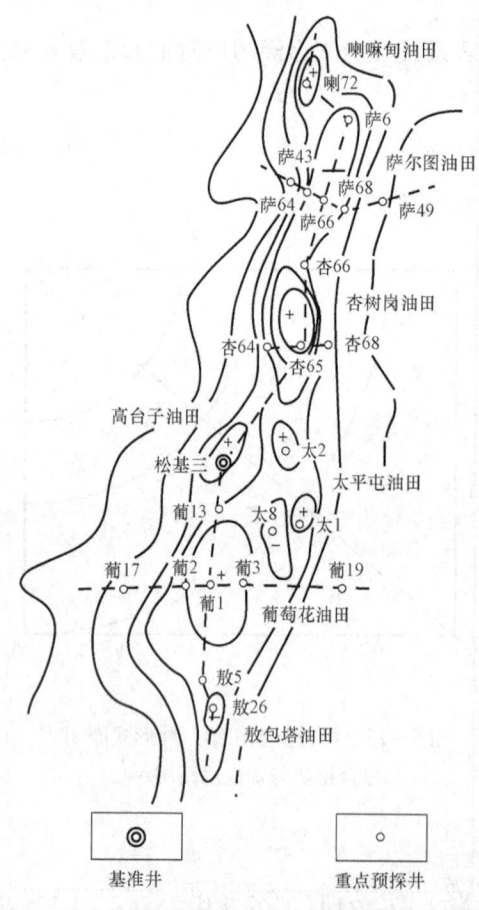

图 6-27 大庆长垣圈闭分布与预探井部署平面图
（据蒋有录等，2006）

1959 年 10 月开始，以整体二级构造（长垣带）为对象，以局部构造为重点的整体预探部署方案，采用稀井广探的原则，大剖面大井距甩开钻探的预探井部署思路，在南北长 145km，东西宽 6～30km，面积约 2500km² 范围内，通过在不同的构造部位部署预探井，以迅速查明不同部位、不同类型的圈闭含油气性为目的。

根据二级构造为长垣，三级构造为短轴背斜的特点，选择了平行剖面与十字剖面相结合的布井系统，组成三横一纵的"丰"字形。对于圈闭面积较小的三级构造进行单井控制，对于大型构造则利用钻井剖面控制，进行整体井位部署。特别是在各构造的构造顶部均设计了 1 口预探井（高台子构造除外），即敖 26 井、葡 1 井、太 1 井、杏 1 井（后改名为杏 66 井）、萨 1 井（后改名为萨 66 井）、喇 1 井（后改名为喇 72 井），以探背斜型油气藏为主。同时，考虑到构造翼部可能存在岩性尖灭油气藏，以及探边的需要，在构造两翼和低部位设计了多口预探井，组成剖面布井系统，以揭示整个长垣的含油性。

在各井钻探顺序的安排上，采取从靠近松基 3 井所在的构造为中心，从已知到未知，逐步向外甩开的思路。首先以南部为整点，选择圈闭面积大的葡萄花构造以及圈闭闭合幅度最大的萨尔图构造为突破点。1960 年元月 7 日，葡萄花构造发现井——葡 7 井喜获工业油流，日产油达 50t 以上，相继又在长垣南部葡 20、葡 4、葡 11、太 2 等井获工业油流，葡 1 井等一批探井钻遇油层，初步控制了 200km² 含油面积近 1×10^8t 的石油储量。

采用这种稳中求进、逐步外推的次序，仅仅用了 6 个月左右的时间，在 7 个构造上均发现了工业油气流，显示了大庆长垣整体含油的特征。

葡萄花油田等南部构造初探成果揭示，大庆长垣主力含油层系有三套，即萨尔图油层、葡萄花油层、高台子油层，"萨、葡、高"因此得名。而且自南向北油层有逐渐增厚的趋势，松基 3 井的油层厚 18m，到葡 1 井油层厚 13m，再向南只有 4～5m。因此，认为北部的几个构造油层应更厚，储量更加客观。随后在北部三个构造上的关键预探井萨 66 井、杏 66 井和喇 72 井先后获得无阻流量放喷 145t/d，自喷 27t/d，14mm 油嘴测试 174t/d 的高产油流，肯定了大庆长垣北部比南部更为有利，油田大局已定，人们称此为"三点定乾坤"，大庆长垣的预探取得了非常好的效果。

第五节 油气藏评价勘探项目

油气藏评价勘探阶段是指从圈闭获得工业油气流开始到探明油气田的全过程，此阶段的结束，将提交探明储量。圈闭预探发现工业油气流后，接下来的任务就是对圈闭范围内的油气藏进行评价（庞雄奇等，2011；贾承造等，2016；Pang et al.，2016）。油气藏评价勘探项目的基本任务是搞清油气藏的外部形态和内部结构，弄清油气水性质与分布状况，建立含油气地质体模型，对油气藏进行综合评价，为编制开发方案提供依据。

一、部署原则

油气藏评价勘探的目的在于探明油气藏的工业价值，提交探明储量，并为油田投入开发做准备，在评价勘探部署中必须紧紧围绕这个根本出发点。

视频6-21 勘探工作部署原则

1. 科学部署评价井，快速、有效、经济地评价油气藏

在评价勘探阶段，探井成本占整个成本比例很高，科学部署评价井，尽量减少探井费用是实现评价勘探工作快速、有效、经济运行的重要保证。

第一，要根据油气藏类型和地质特征，确定评价井合理的井数、井距、井位。

对于地质条件相对简单的油气藏类型，可以采用大井距、少井数、甩开勘探；而对于地质条件复杂的油气藏，可以根据次高点、断块的分布等，多部署评价井；对于特别复杂的断块油气田、裂缝性油气田等，则应该实行滚动勘探开发，简化评价阶段过程，从而降低勘探风险。

由于天然气田与油田在成藏条件上有一定差异，因此在天然气勘探方法上不能生搬硬套油的勘探方法，在勘探上应遵循"预探不打顶、详探不打边"的原则。因为气藏不同于油藏，油藏在预探发现工业气流后，顶部可能含气，而气层顶部肯定是气，所以一般不需要再在气藏顶部打预探井，另外也不需要打探边井（评价井）去摸清气水边界，最好是利用烃类检测，如亮点、平点、空白带、极性转换等方法和高精度压力计测试求得气藏边界，以获得气田最高的勘探效益。

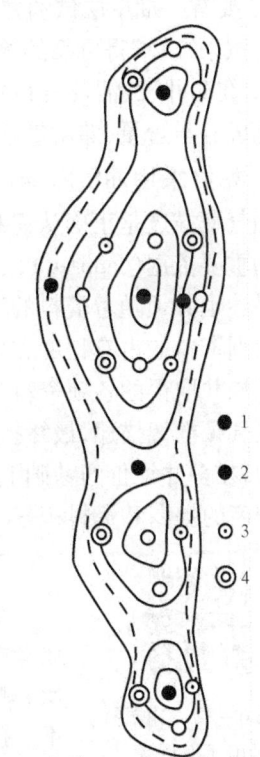

另外，由于天然气黏度小，渗流能力强，因而气藏的评价要遵循"稀井广探"的原则。根据苏联的经验，巨型或大型气田评价勘探采用50～100km^{2}一口探井的井网密度。我国川东整装的孔隙性气田开发经验表明，气井连通井距为4～16km，所有气田的探井都要转为开发井使用。根据杨通佑等对四川勘探成果的总结，认为各气田至少多打了40%的评价井。

第二，在评价井部署中要科学、合理地处理取心、试油及勘探速度三者间的关系，把三者有机地统一于整个评价方案的总体部署中。

要全面查明油气藏获取资料，就需要部署钻井、大量取心和分层试油，其结果将必然导致勘探时间延长，投资过大。为达到快速有效地评价油气田的目的，往往根据钻探的主要目的和作用，将评价井划分为三种类型，即快速钻进井、分层试油井和重点取心井（图6-28），不同井承担不同的任务，从而达到"快、好、省"的勘探成效。

图6-28 长垣构造评价井部署示意图（据胡见义，1997）
1—预探井；2—快速钻进井；
3—重点取心井；4—分层试油井

快速钻进井一般不取心，不进行系统的分层试油，但要进行全套测井、录井和井壁取心，通

过大段合层试油或主力层试油取得压力和产能资料。分层试油井一般不取心或很少取心,快速钻进,提高测井和录井资料的解释水平以了解含油层系中的分层状况(层数、厚度、压力、油水关系等),但必须进行分层试油。重点取心井由能控制油层特点的少量探井来担任,除取心外,仍进行其他测井、录井工作。通过取心资料可以直接了解和对比油层剖面及各个储油层的岩性、物性参数,用以评价油层的质量,为油、水、干层的划分和有效厚度标准的确定提供依据。

2. 取全取准各项数据,为油气藏评价提供第一性资料

评价井钻探的目的主要在于录取资料,为油藏评价和储量计算提供直接的评价参数,在该过程中应注意以下五个方面的问题:

① 资料录取要全面,包括录井资料、测井资料、测试与试油资料、测温测压资料等,因为评价井钻探的主要目的就在于取全、取准第一手资料,查明已发现油气田的工业价值,提交探明储量,为油田顺利投入开发做好准备。

② 较大规模的油田必须有油基钻井液或者密闭取心资料,并安排高压物性资料,以求得可靠的储量计算参数。

③ 在油田范围内要分井、分段取心,以建立主要含油气层段的完整岩性剖面,并进行全套常规分析和某些特殊项目的分析。

④ 要有一批单层试油井,以确定工业油气流的有效厚度下限标准,有条件的情况下要进行探井试采,以求得可靠的单井油气产能。

⑤ 在测井、试油及岩心分析过程中,应注重录取一批工程地质参数,如岩石力学性质、黏土矿物成分与含量、储层敏感性方面的参数。

3. 始终采用油气藏描述方法,实现少井多拿储量

油气藏描述是正确认识和评价油气藏的重要手段和技术方法,油气藏描述成果是评价井部署的重要依据(Jahn et al. ,2008)。但是由于评价勘探是有计划、分步骤滚动进行的,因此油气藏描述也必须随着资料的增加滚动地进行。

根据资料的占有程度和评价任务的差别,油气藏描述可以分为两个阶段,第一阶段以发现井和预探井取得的各项资料为依据,通过在过井的地震时间剖面上进行标定,以地震信息为主展开油气藏框架描述,最终提交控制储量和评价井位意见;第二阶段以评价井取得的各项资料为骨架,在多井评价的基础上,与地震资料相结合开展油气藏描述,提交探明储量。因此,随着勘探程度的提高和资料积累,油藏描述要滚动进行,不断提高精度。

视频 6-22 油气藏评价工作程序

二、工作程序

油气藏评价项目建立以后,要以地震精查(三维地震)为先导,迅速查明油藏构造形态,并在此基础上提供评价井位,然后以地震、地质、测井等资料为依据开展油气藏描述与评价工作,准确计算油气储量。按照评价勘探工作的过程,可以分三维地震勘探、评价井钻探、油气藏评价三个步骤。

1. 三维地震勘探

评价勘探项目建立以后,要根据具体情况迅速部署或者补充完善三维地震勘探。其目的在于提交各类圈闭的构造要素和详细的分层构造图,满足最终成图比例尺 1:25000 或 1:10000 的精度要求,同时要充分发挥三维地震资料的优势,开展储层横向预测以及烃类检测工作,在此基础上提供评价井井位。

1) 构造解释勘探

查明圈闭(油气藏)的准确形态,落实断层、高点分布等构造细节,提交接近油气藏顶面的精细构造图。构造解释除应用已有钻井资料对构造进行校验外,还要根据新完钻井资料及时对构造图进行局部修订,并用各种处理解释手段提高构造图准确程度(张建宁等,2007;Ganguli et al.,2016)。同时应加强对断层的力学性质(弹性、压性、张韧性、压韧性)及其在油气运移、遮挡方面所引起的作用的研究。要从众多的断层中归纳分类,分清主要断裂和局部断层。

2) 储层预测

在地震资料目标处理的基础上,开展储层横向预测,研究储层的空间分布和物性变化(Ajdukiewicz et al.,2010;Yue et al.,2018)。储层解释一般采用制作模型和已有资料标定的方法,做出主要含油层系的砂岩厚度或砂岩百分比预测图、储层孔隙度解释预测图,并根据新钻井资料及时进行校正,经过反复多次的精细目标处理解释,提高预测准确性。特别要重视垂直地震剖面、地层倾角测井的应用,要对砂体发育状况、延伸方向等做出补充解释。

3) 含油气性预测

通过利用地震资料开展烃类直接检测或者含油气性模式识别,预测含油气范围及富集区。烃类检测解释应将不同层位、不同类型、不同可靠程度的异常标定到构造图上,并对其作出初步的解释。要应用钻探资料进行验证和修改提高,进而圈出预测的含油气范围,若有化探资料,应将不同指标、不同强度的异常区标注到图上,并做出合理的解释。

4) 评价井设计

评价井设计是在构造综合解释、储层预测、油气水预测的基础上,进行评价井数目、位置、井深剖面、完钻深度、井眼轨迹、取样要求等方面的地质设计以及与之配套的钻井工程设计工作。评价井设计所需资料包括:利用合成地震记录标定的地震剖面两条以上,其中一条必须是过井剖面;1:1万或者1:2.5万的含油气层段精细的构造平面图、含油气范围预测图;储层岩性分布图、物性参数分布图及油层综合评价平面图;油气层对比图、栅状图、油气藏剖面图。

评价井的井距一般在 1~2.5km 之间,在具体井位部署上除在预测砂岩发育区、预测烃类检测的异常区和构造有利部位外,还要在高点之间的鞍部、低断块、断块的较低部位、预测砂岩的不发育区、预测烃类检测异常区范围以外的部位部署一定数目的评价井。

2. 评价井钻探

评价井是在已经证实有工业性油气的构造、断块或其他圈闭上,在地震精查的基础上,以查明油气藏类型,评价油气田规模、生产能力以及经济价值为目的的探井。

评价井钻探的主要目的在于:① 探边,确定油气水边界、油气水界面,探明含油气范围;② 查明油气层的分层厚度、岩性与物性特征,明确储层四性关系;③ 采集油气藏内部流体特征资料;④ 取得油气层的试油试采资料,如温度、压力、开发特性资料,划分开发层系,确定合理的开采方式。

为了求得可靠的储量参数,要有一批井进行单层试油,以确定工业油气流的有效厚度下限标准,有条件时应进行探井试采;在测井、试油、岩心分析中,应录取一批工程地质参数,如岩石力学参数、黏土矿物成分与含量参数、储层敏感性数据等。

3. 油气藏评价

油气藏评价的主要内容可以概括为:

① 油气藏地质评价:评价圈闭特征、储层特征、流体特征,建立油气藏构造模型、储层结构

模型、储层参数模型、流体分布模型。

② 储量与经济评价:储量计算、储量可靠性、储量品质评价和储量技术经济评价。

③ 开发特征评价:温度特征、压力特征、驱动类型、生产特性,制定合理的开发措施和开发方案。

三、勘探评价方法

油气藏描述是油气藏评价的主要技术方法,是 20 世纪 70—80 年代发展起来并逐步完善的一项为油气田勘探开发准备的综合评价技术。"七五"期间,我国在济阳坳陷的牛庄油田、东濮凹陷的文东油田、江汉盆地的拖谢油田,首先开展了陆相油藏描述方法研究。现在,油气藏描述已经广泛地应用到油气田勘探开发的各个阶段(陆延平,2012;Sharaf et al. ,2018)。

视频 6-23 勘探评价方法

油气藏评价阶段的基本流程是,通过系统收集区域地质资料、岩心分析资料、数字测井与地质录井资料、地震资料、测试资料,建立油气藏描述的数据库;以此为依托,在油气藏圈闭形态、储层结构与内部特征、盖层及保存特征、流体性质与分布特征描述的基础上,开展油气藏综合评价,计算油气地质储量,为开发方案的部署设计、使油田顺利投入开发提供依据。

1. 圈闭描述

圈闭描述是在地震层位标定、地层追踪、断层解释的基础上,描述圈闭类型及其基本要素,分析圈闭对油气分布的控制作用。

① 层位精细标定:以预探井和评价井地层划分与对比为出发点,利用经过环境校正的测井声波曲线,制作测井声波合成记录,同时可结合地层倾角测井成果、垂直地震测井(VSP),在过井地震剖面上进行标定,以求得正确的时深转换。

② 油气层(油组)顶面圈闭形态图编制:利用经过标定的高精度地震剖面,通过地震反射层位的追踪闭合、断层解释,编制各油气层或各油组的顶面圈闭形态图。在不断取得新资料后,还应陆续修订圈闭形态图。

③ 圈闭对油气的控制作用研究:根据地震、地质、测井、试油、分析化验等方面的信息进行综合分析,研究圈闭和断层、不整合对油气聚集的控制作用,描述主断层的断面形态和深浅层的圈闭偏移。

2. 沉积地层描述

沉积地层描述是利用探井资料和分析化验资料,建立地层层序,并结合测井资料、高精度地震资料,识别地层超覆、剥蚀与厚度变化,确定地层的重复、缺失与不整合,进行地层对比、沉积相研究。

① 地层层序建立:利用发现井和评价井的测井、分析化验资料,确定地层层序,进行地层对比;结合地震资料识别地层超覆、剥蚀及岩性与厚度变化。

② 沉积环境分析:通过岩心详细观察、岩心分析和沉积岩石学研究,确定沉积环境和沉积体系。

③ 单井相分析:研究沉积岩相与自然伽马、声波时差、岩石密度、补偿中子、电阻率、倾角等测井信息的对应关系,进行单井沉积(微)相划分。

④ 沉积相展布:通过建立单井沉积相与地震合成记录、声波阻抗、反射系数等的地震信息的对应关系,建立地震相解释模式,从而将沉积(微)相展布到三维空间上。

3. 储层描述

储层描述是在准确掌握地层分布的基础上,描述储集体的空间分布特征、内部结构特征,确定储层参数在横向和纵向上的变化规律。它包括以下四个方面的内容:

① 油水系统分析:利用数字测井,结合岩心观察、分析化验、地层测试、完井试油资料,进行油气水层解释及油气水系统的划分。

② 储层参数解释:按照单井测井资料数字处理流程,与岩心分析资料、油层有效厚度下限试油资料相结合,描述含油气储集体岩性、矿物成分和物性变化,求取有效厚度、孔隙度、含油气饱和度、渗透率、泥质含量等参数。

③ 储集体预测:以高精度地震资料为主,标定已知油气水层在地震剖面上的位置和纵横向分布,结合地质资料对油气层或油组进行横向追踪,描述其形态、厚度变化和连续性。

④ 储层物性预测:利用高精度地震信息,通过特殊目标处理,分析储集体的孔隙度纵横向变化,条件许可时要进行含油气饱和度预测。

4. 盖层描述

盖层描述是利用分析化验资料、测井资料、地震资料,进行盖层岩性、厚度、连续性的预测,分析盖层的宏观物性、微观孔隙结构特征、盖层和储层之间的压力差异特征、烃浓度分布特征,评价油气层保存条件。盖层的描述工作对于气藏显得更加重要。

5. 流体特征描述

流体特征描述是利用测试和试井方法取得的地面和地下油气水资料,进行井间和层间的对比分析,确定流体(原油、天然气、地层水)性质及其变化规律,为储量计算和划分开发层系提供依据。

6. 开发特征描述

油气藏综合评价是在上述五方面评价的基础上,确定油气藏的空间分布和内部特征,提供重要部位油气藏剖面图,确定油气藏基本开发类型、油气水分布、油气藏温度压力特征、开发生产特征等。

① 油藏类型分析:根据圈闭特征、油气水分布特征与主要控制因素分析,确定油气藏类型(底水油藏、边水油藏)及油气分布规律。

② 含油气边界的确定:利用地震横向预测技术、电缆地层测试(RFT)、试井等方法获得的资料和油藏工程资料,确定油气水接触界面,结合圈闭特征圈定含油气范围。

③ 油气水性质及其分布:用测试、试井和高压物性取样(PVT)取得地面和地下油气水性质,尽可能进行层间和井间的对比分析,确定流体性质和变化规律。

④ 油气层压力:利用高压物性获取原始地层压力;结合电缆地层测试资料了解压力梯度变化,查清压力系统。

⑤ 油气层温度:及时测定油气层温度,计算地层温度梯度,并分析地温变化特点。

⑥ 油气井产能:通过油气层改造、测试和定期试采,确定油气井产能(自产量、采油气强度和采油指数),分析产能变化特点和高产条件。

7. 油气藏地质建模

油气藏地质建模内容包括:在建立油藏静态模型和储层三维数据体的基础上分区块、分层段地进行综合评价,指明油气富集高产的部位;根据油藏的油气分布情况综合评价经济效益;根据勘探的实际需要,及时提出新钻井位,并设计出最优钻头轨迹。

8. 储量计算与评价

视频 6-24 储量计算与评价

1) 储量计算

各种级别的储量是不同勘探阶段的成果，也是确定下一步勘探计划规划的重要依据。在评价过程中需要计算控制储量，评价阶段结束后要提交探明储量。因此，在整个评价勘探过程中，储量计算都是一项非常重要的工作。

油气储量的计算方法很多，大体上可以分为静态和动态两类。静态法就是容积法，动态法主要是指物质平衡法、压力降落法、水驱特征曲线法等。在油气藏评价勘探阶段，我国常采用的储量计算方法有容积法(适用于油藏和天然气藏)、压力降落法(适用于气驱天然气藏)和弹性二相法(适用于水驱气藏)。

2) 储量评价

油气地质储量的经济价值不仅与储量规模大小有关，而且还与储量的品位、开发难度等密切相关，对地理条件优越、埋藏浅、原油性质好、产量高的油藏，在建立同等产能时，其所需要的开发投资必然少，因此经济价值必然高。

根据储量规范的要求，储量评价应包括以下几个方面的内容：

(1) 储量可靠性评价

在油气田储量计算完成以后，应根据各种分析资料的齐全程度、准确性，是否达到了探明储量计算的要求，分析储量参数的确定方法以及各种图版的精度，分析各项地质研究工作是否达到了探明储量计算要求达到的认识程度，并对各种方法的计算结果进行比较分析。

(2) 储量品质综合评价

储量品质综合评价主要从储量规模、油气藏埋深、储层物性、原油物性与非烃类气体含量进行储量品质的分类。

① 按储量规模分类。根据地质储量大小，可以将油气藏分为四种类型(表 6-10)。

表 6-10 储量规模分类

油气藏规模	特大型	大型	中型	小型	特小型
油藏, 10^4 m³	≥25000	≥2500 ~ <25000	≥250 ~ <2500	≥25 ~ <250	<25
气藏, 10^8 m³	≥2500	≥250 ~ <2500	≥25 ~ <250	≥2.5 ~ <25	<2.5

② 按储量丰度分类。根据储量丰度，可以将油气藏分成五类(表 6-11)。

表 6-11 储量丰度分类

储量丰度	高	中	低	特低
油藏, 10^4 m³/km²	≥80	≥25 ~ <80	≥8 ~ <25	<8
气藏, 10^8 m³/km²	≥8	≥2.5 ~ <8	≥0.8 ~ <2.5	<0.8

③ 按储层埋藏深度。根据埋深，可以将油气藏分为五类(表 6-12)。

表 6-12 储量埋深分类

分类	浅层	中层	中深层	深层	超深层
埋深, m	<500	≥500 ~ <2000	≥2000 ~ <3500	≥3500 ~ <4500	≥4500

④ 按储层孔隙度进行分类。根据储层孔隙度的大小,可以将油气藏分为五类(表6–13)。

表6–13 储层物性分类

分类	特高	高	中	低	特低
碎屑岩孔隙度,%	>30	30~25	25~15	15~10	<10
非碎屑岩基质孔隙度,%	—	>10	10~5	5~2	<2

⑤ 按照原油密度进行分类。根据原油密度,可以将油藏分为轻质油、中质油、重质油、超重油四类(表6–14)。

表6–14 原油密度分类

分类	轻质油	中质油	重质油	超重油
原油密度,g/cm^3	<0.87	0.87~0.92	0.92~1.0	≥1.0

⑥ 按照原油黏度进行分类。根据原油的黏度,可以将油藏分为四类,即常规油、稠油、特稠油和超稠油(表6–15)。

表6–15 原油黏度分类

分类	常规油	稠油	特稠油	超稠油(沥青)
脱气原油黏度,$mPa·s$	<50	50~10000	10000~50000	>50000

⑦ 按天然气非烃组分含量。天然气非烃组分含量严重影响气藏的开发,其主要分类指标包括 H_2S、CO_2、N_2 含量(表6–16)。

表6–16 油气非烃组分含量分类

分类		微含	低含	中含	高含	特高含	非烃气藏
H_2S含量,%	天然气	<0.0013	0.0013~0.3	0.3~2.0	2.0~10.0	10.0~50.0	>50.0
	原油	<0.01	0.01~0.5	0.5~2.0	>2.0	—	—
CO_2含量,%		<0.01	0.01~2.0	2.0~10.0	10.0~50.0	50.0~70.0	>70.0
N_2含量,%		<2.0	2.0~5.0	5.0~10.0	10.0~50.0	50.0~70.0	>70.0

(3)储量技术经济评价

储量技术经济评价是对石油天然气勘探开发各阶段提交的各级储量,在储量综合评价的基础上,在现行的法律、法规和财税制度下,根据油气田的技术经济条件,对储量在未来开发时的费用和效益进行预测,分析论证其财务可行性和经济合理性,以达到全面评价储量,优选勘探开发项目,取得油气勘探开发最佳的经济和社会效益的目的。对所有申报的探明储量,均应进行初步技术经济评价。其内容主要包括勘探开发的投入与产出分析、财务经济评价和国民经济评价。

对于统一开发区块的经济评价,控制储量可与探明储量统一进行评价,但控制储量折半计量,其总数不应超过储量总数的30%。投资、成本和费用的估算应结合油气田实际情况,充分考虑同类已开发或邻近油气田近年的统计资料,估算结果须经申报单位计划和财务部门认可。

对油气田产能的预测,必须有开发部门编制的油气田开发初步概念设计作为依据,平均单井稳定日产量须作专门论证。

四、实例分析——塔中 4 油田的评价勘探

塔中 4 油田位于塔里木盆地塔克拉玛干沙漠腹地,区域构造属于中央隆起塔中低凸起中央断垒带东段,东西长约 54.4km,宽约 12km,轮廓面积 650km^2(吴欣松等,1998)。

1. 油田的发现

1989 年 10 月 10 日,位于塔中隆起带东段的塔中 1 井中途测试在下奥陶统古潜山用 32.0mm 油嘴获日产油 576m^3,日产气 34×10^{4}m^3。这是在塔中隆起上首次发现高产工业油气流。但是随后钻探的塔中 3 井、塔中 5 井却先后失利。由于塔中 1 井曾在石炭系卡拉沙依组发现油迹和荧光显示,分析油气来源于西北部的满加尔凹陷石炭系,在 1991 年 4 月 17—19 日,塔指技术座谈会上采纳了地质研究大队的建议,作出了暂缓塔中隆起东部,加快西部预探的决定。勘探方向实施"两个转移":①向西北方向转移;②勘探目的层从奥陶系向石炭系转移。据此在塔中 2 号、9 号、4 号三个局部构造中优先确定了在位于塔中 1 号潜山西北 36km 的塔中 4 号构造开展预探,以了解石炭系和下奥陶统的含油气情况,并确定塔中 4 井的井位。

1991 年 11 月 16 日,塔中 4 井开钻,1992 年 1 月在石炭系卡拉沙依组三次取心,获得含油砂岩 7.44m,测井解释油层 4 层 16m(C_I 油组);2 月 12 日,该井又在 3527~3546.2m 井段取出含油针孔灰岩,测井解释有油层 2 层 19m。经古生物鉴定确认这套厚 37m 的生物碎屑灰岩(C_{II} 油组);1992 年 3 月 8 日,在 3598.1~3606.7m 井段取出含油岩心 5.6m,此后连续取心 8 筒,每筒 18m,均含油直到井深 3725m,共获含油砂岩 191.12m。1992 年 4 月 1 日,塔中 4 井在东河砂岩油层(C_{III} 油组)上部中途测试获得工业油气流,日产原油 285m^3,天然气 5.3×10^{4}m^3。

2. 第一轮评价井部署

塔中 4 油田石炭系发现油气后,迅速开展了地震加密详查,在塔中 4 号构造范围内,完成地震测线 33 条,共计 287.5km,测网密度 2km×2.5km。截至 1993 年 3 月,共有 33 条二维地震测线共 611km。利用发现井(塔中 4 井)与地震详查资料首先开展了油藏框架描述,编制了东河砂岩顶面构造图,发现塔中 4 构造存在两个高点。

以此为依据,开展了第一轮评价井的部署,分别在东西两个高点上各部署了一口评价井——塔中 401、塔中 402 井。塔中 402 井位于塔中 4 井东南方 2.5km 的构造西高点顶部(图 6-29),1992 年 12 月底完钻,同样揭开了石炭系三套油组,油层厚度共计 109.7m;塔中 401 井位于塔中 4 井东南方 14.5km 处的东高点上(图 6-29),但比顶部低近 40m,C_{III} 油组顶面比塔中 402 井低 100m,同样揭开了石炭系三套油组,油层厚度共 42m。1993 年 3 月,利用 3 口探井及评价井资料,上报控制储量 13008×10^{4}t。

1993 年初至 1993 年 7 月,由石油地球物理勘探局、北京石油勘探开发科学研究院和西北石油地质研究所三家合作,为部署第二轮评价井开展了新一轮勘探部署与油藏描述,加密二维地震测线 18 条,共计 328.85km,测网密度达到 1km×1km。在此基础上,重新编制了构造平面图(图 6-29),据此发现有一断层将塔中 4 构造 2 号高点分割成两个次高点,同时塔中 402 井区的高点位置和圈闭面积都相应有变化。同时,对各个油藏的类型、流体性质、油气水界面也有了更深入的认识,在此基础上部署了第二轮评价井,即塔中 411、塔中 421、塔中 422 井(图 6-30)。

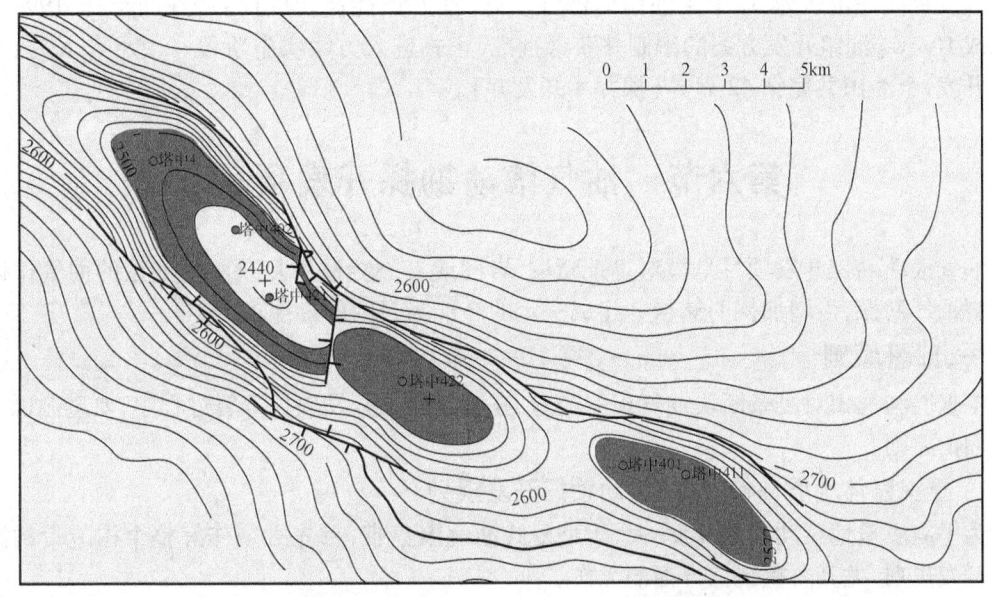

图 6-29　塔中 4 油田石炭系标准石灰岩顶面构造图(据塔里木油田公司,1994)

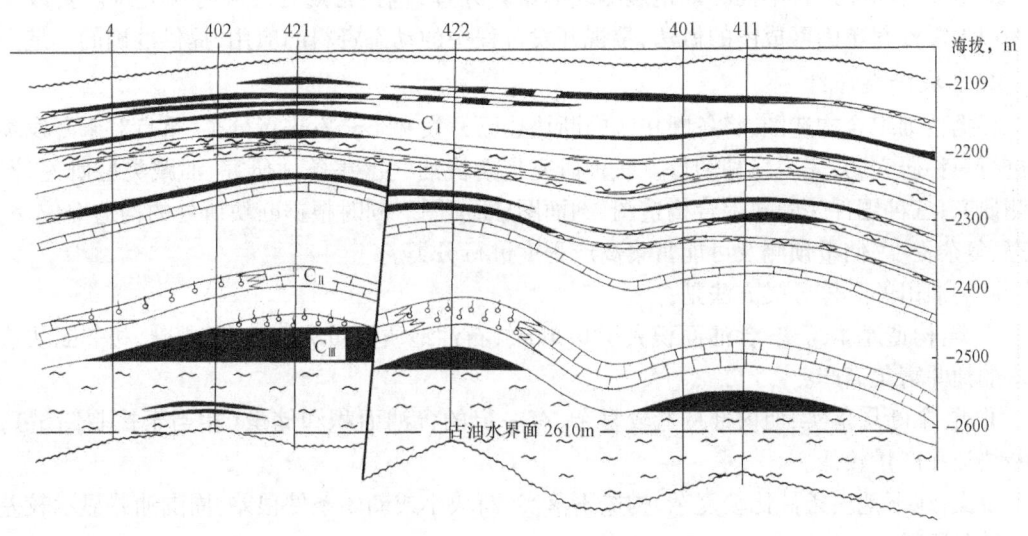

图 6-30　塔中 4 油田石炭系油藏剖面图(据塔里木油田公司,1994)

3. 第二轮评价井部署

1993 年 7 月至 1994 年 3 月开展以提交探明储量为目标的油藏描述,充分利用已有的预探井及评价井资料,结合加密地震测线的精细处理解释和储层横向预测,圈定了各含油层的面积,取得了流体性质和产能,通过第三轮描述,还发现 C_{II} 油组碳酸盐岩油气藏主要受岩性控制,由于无法准确确定含油边界和油气藏性质,没有及时提交探明储量,1994 年基于钻井和二维测网密度 1km×2km 资料,于当年向国家储委进行了储量报批,上报基本探明石油地质储量 $8054×10^4 t$,取得了很好的评价效果。1994 年 3 月,在上报控制储量和新增 3 口评价井基础上,上报基本探明储量 $8054×10^4 t$,其中 C_I 油组 $2873×10^4 t$,C_{III} 油组 $5181×10^4 t$。

开发特征评价认为,塔中 4 油田原油性质好、油井产能高,具有稳产好的特征,1994 年 7 月完成 C_I、C_{III} 油组开发方案的编制并获得批准,正式进入方案实施阶段。1996 年 8 月,全面投入开发,全油田共完钻 42 口井(探井 + 开发井)。

第六节 油气滚动勘探开发项目

油气滚动勘探开发项目是指对复杂断块、岩性或者裂缝性等复杂圈闭类型的油气田以及非常规油气勘探,以增加探明储量并建成一定的产能为目的的勘探项目。

一、部署原则

根据胜利油田对复杂断块油气田的经验,在滚动勘探开发项目部署过程中,要遵循以下三个方面的原则。

1. 重视整体地质评价,作好滚动勘探开发规划

为了高质量地滚动勘探开发一个大型复式油气聚集带,首先必须作好整个构造带的滚动勘探开发规划,尤其要重视三方面的工作。

1)精细综合构造图的编制

对地震资料要进行不同时期地震测线的重新处理,包括常规处理和特殊处理。要改变传统的以地震资料单因素成图的做法,重视开发过程中的动态资料的应用,提供准确的构造图。

2)区块分类评价

根据精细综合构造图,将各断块区的断块按已开发和未开发进行分类,重点对未开发类断块进行三种研究,并完成三种图件。三种研究是断块油气富集条件研究、油藏类型研究、资源预测研究;三种图件是断块综合构造图、剖面图、断面图。同时根据断块所处的构造部位、构造形态、复杂程度、储量预测及可能富集高产程度进行分类。

胜利油田的具体分类方法是:

Ⅰ类:构造基本落实,含油面积大于 $0.5km^2$,石油地质储量大于 $1.0 \times 10^4 t$,相邻断块或本断块的油井富集高产。

Ⅱ类:主断层落实,但内部构造较复杂,有一定的含油面积和储量(相当于控制储量),相邻断块油井产量较低。

Ⅲ类:地下地质条件比较复杂,构造不落实,断块小或圈闭条件很差,周围油井显示较差或缺乏钻井资料。

3)滚动勘探开发规划制定

在上述分类评价的基础上,制定区带滚动规划。实践证明,制定滚动规划就是在一个区带内,对不同断层分别进行滚动勘探(Ⅲ类)、滚动评价(Ⅱ类)及滚动开发(Ⅰ类)。根据分类评价的结果确定各断块滚动勘探开发的顺序与工作内容。对Ⅰ类断块主要是编制滚动开发的设想方案,逐步投入滚动开发;对Ⅱ类断块重点是在有利部位设计关键井,根据关键井的钻探结果进行综合评价并编制设想方案,对Ⅲ类断块应加强地震研究,可钻少量的评价井,逐步了解断块的地质条件。

胜利油田 1986 年通过对 3000 余公里的地震剖面的重新解释,在综合了 1100 余口井的钻井资料和动态资料的基础上编制了东营中央背斜带 1:10000 精细构造图,初步划分出了 32 个断块区,399 条断层,各种大小断块 301 个。其中有 138 个已投入开发,占总数的 46%,163

个未开发块,占总数的54%。

经过对163个未开发断块综合地质研究和分类评价,从中优选出108个有利断块,预测含油面积43.4km²。通过上述综合分析评价,共设计各类井128口,编制了整带滚动勘探开发规划,为东营中央背斜带80年代后"七五"时期增储上产、持续发展奠定了基础。

2. 加强组织管理,及时进行滚动开发方案的调整部署

由于断块油田的地质情况十分复杂,滚动勘探开发虽有规划方案,但情况多变是其重要特征,在实施过程中待认识、要研究、需决策的新问题随时随处都存在。因此需要随时根据新钻井的情况,进行跟井分析,及时进行调整,实施快速决策,否则就会造成工作的延误和损失(石广仁等,1993)。

在滚动开发阶段,钻井的总体原则是"总体设想,分批实施,断块交叉,逐步蔓延,及时调整,分区完善"。既不能超越程序,又要使认识周期尽可能缩短,滚动的节奏尽可能加快,只有这样才能实现滚动的高效益。

3. 地面、地下统筹安排进行油气田建设

在预探井出油后,经过单井评价及区带评价,确定可能开发的意向后,就应对地面建设规划进行建设前期可行性研究。然后,根据滚动勘探开发的总体规划,进行项目设计,按照对地下、地面认识的程度和条件成熟情况分先后次序,逐个进行项目设计,在整带资源不完全清楚的情况下,总体规划中要留下扩建的位置。最后,随着认识的深化,对规划要逐步调整,并按调整后的规划进行新的项目设计。

试采阶段或滚动开发初期,一种主要输油方式就是单井外运油或多井外运油。大港港东油田一区1966年开始建设,1967年产油30×10^4t,全部由汽车运至周李庄油库再往外运。这种拉运油的方法比较灵活,既取得了试采资料,又节省了投资。辽河东胜堡油田,1984年对4口井进行试采,当年就采出、运输原油13×10^4t以上。当然,在生产达到一定规模和认识达到相对准确时,就要实施管道输油工程,否则原油的扩大再生产将会受到限制。但边远断块区仍需采用单井运油方法进行,如东辛南部的辛111井单井运油达10多年,累计原油12.8×10^4t,试采资料表明,原油动态储量很大,1983年来用滚动开发的方法,新打油井8口,建成了22×10^4t的年生产能力。

二、工作程序

不同的油田,由于地质条件不同,滚动勘探开发的具体做法有一定的差别,胜利油田在东营凹陷中央背斜带复杂断块油气田多年勘探开发的基础上总结出的勘探开发程序具有一定的代表性。下面我们就以此为例,介绍一下滚动勘探开发的具体做法。

东营凹陷中央背斜带是一个由一系列不同层系、不同类型、不同成因的构造组成的,地质条件十分复杂的复式构造断裂带(图6-31),同时又是一个复杂的、难以在短时间内认识清楚的油气高产富集带。该油田的勘探大致经历了四个时期,即初探、整带解剖、详探富集区、建立初期勘探系统(杜贤樾等,1997)。

以东辛油田为例,1964年完钻第一批探井后,虽然多数见到工业油流,但是各井的含油情况差别很大,表现出"五忽"(油气层位忽上忽下、同一层位忽油忽水、油层厚度忽厚忽薄、原油性质忽稠忽稀、油井产量忽高忽低)的特征。通过这一批探井的钻探,初步判断出该带属于复杂的断块型油田。在初探查明油田的性质后,随即通过地震精查划分断块区,并从整带出发,统一部署了以解剖断块区为对象的探井剖面,利用两年多的时间就基本查明了主要的油气富

集区。1967年开始,本着"整体设想、分批实施、及时调整、逐步完善"的布井原则,进行富集区内各断块的详探工作。第一批井以落实富集区块的边界、查明主力含油断块为目标;第二批井主要是控制主力断块,初步形成开发井网。然后按照一定的开发方式,进行层系划分、井网划分、注水准备,再部署为数不多的补充井,以完善注采系统,形成初期的开发系统。

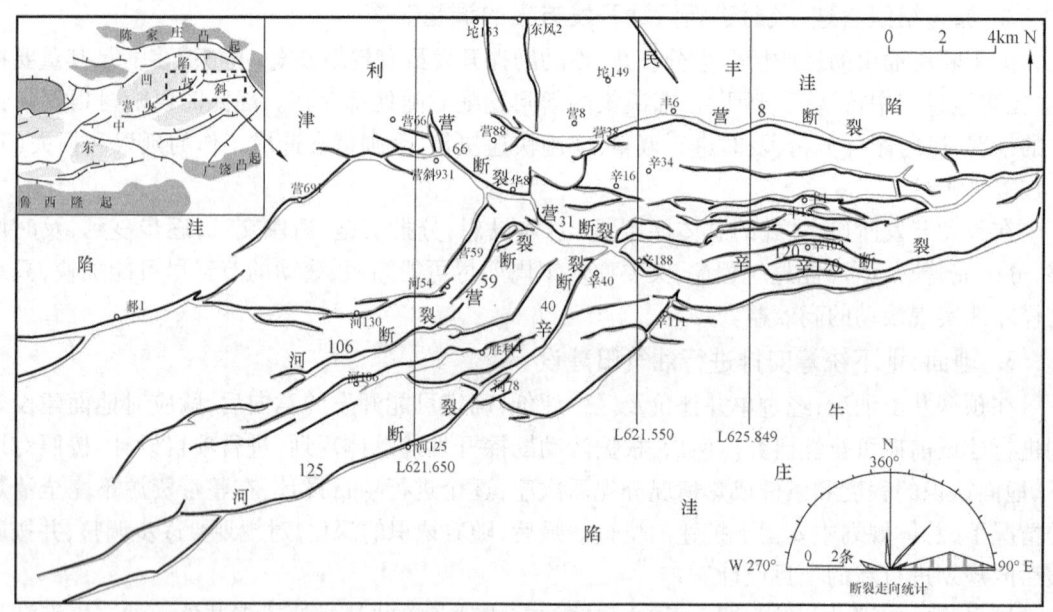

图6-31 东营凹陷中央断裂背斜带断裂分布图(据劳海港等,2013)

通过对该油田勘探经验的总结,对这样复杂的断块构造带,其滚动勘探开发应大致可以分为五个主要阶段,即滚动勘探阶段、滚动评价阶段、滚动开发阶段、滚动调整阶段、继续滚动阶段。

对于复杂类型油气田的滚动勘探开发,大致可以分为五个阶段,即滚动勘探阶段、滚动评价阶段、滚动开发阶段、滚动调整阶段、继续滚动阶段。

1. 滚动勘探阶段

滚动勘探阶段是指在复杂断裂带发现工业油气流后,通过进一步的预探,确定有利的油气富集区块;并在三维地震部署的基础上,落实圈闭,部署第一轮评价钻探,取全取准各种资料,加深地质认识,并力争获得高产工业油流。

2. 滚动评价阶段

在第一轮评价井获工业油气流之后,通过早期油藏评价后,进行滚动开发设想,并通过第二批评价井的部署与钻探工作,对滚动开发设想方案进行验证,以解决地质问题和落实储量为目的,最终提供可开发的区块。

3. 滚动开发阶段

在第二批评价井钻探达到预期目的并与原来的认识基本一致时,则对设想方案略加调整即可转为正式开发方案逐步加以实施,断块即转入滚动开发阶段。这时应以完成上报探明储量和尽快建成生产能力为目标。

4. 滚动调整阶段

在富集区块全面投入开发一段时间以后,要针对开发过程中暴露出来的矛盾,进行再认识。其目的是提高储量的动用程度和水驱控制程度,改善开发效果,提高油田的采收率。经过这一轮的评价,就可以编制综合调整方案。

5. 继续滚动阶段

在早期滚动勘探开发取得成功以后,要利用评价井及开发井的资料,对在开发过程中所认识到的新领域、新层系和新区块进行评价,实现滚动扩边连片,为已开发区块提供新的储量接替区(任东,1996)。

以上是胜利油田广大的勘探开发工作者们在长期的滚动勘探开发实践中总结出来的,具有一定的代表性。根据他们的经验,在整个过程中依然要坚持地震先行的原则,并将其贯穿于滚动勘探开发的全过程,并不断提高地震资料的解释水平;另外,由滚动评价阶段过渡到滚动开发阶段是进行滚动勘探开发的关键时期,在这一过程中,要尽量缩短过渡时间,力争做到少反复和不反复,才能达到滚动勘探开发的高效益。

三、实例分析——胜坨油田的滚动勘探开发

胜坨油田位于东营市垦利区和东营区境内。其构造位置在济阳坳陷东营凹陷北部,是一个被断层复杂化的背斜构造油藏。在新生界古近—新近系地层中,发育有6套含油气层系,自上而下为明化镇组、馆陶组、东营组、沙一段、沙二段及沙三段,其中沙二段为主力含油层系,埋藏深度为2000m左右。

1960年在开展东营凹陷地震面积普查发现东营构造的同时,也发现了胜利村构造和坨庄构造,坨庄构造为一穹隆背斜,面积仅为15km^2,幅度为40~60m;胜利村构造为一鼻状构造,面积为12km^2,幅度为60~80m。1963年又部署加密地震测线40km,进一步证实了构造的存在。

1. 滚动勘探

继华8井1961年4月5日在馆陶组、明化镇组、东营组试油获得突破,1961年11月9日营1井沙河街组获得工业油气流之后,1962年9月23日,营2井在沙河街组获得高产工业油流,日产原油555t,成为当时全国的最高产量井。随后,华东石油勘探局决定在东营凹陷更大范围内展开勘探,首先在坨庄—胜利村构造上部署了三口预探井(图6-41),即营5井(后改名为坨7井)、营10井(后改名为坨8井)与营11井(后改名为坨1井),目的是想追踪营1井所揭示的沙三段高压高产油层(图6-32)。

坨7井1963年7月11日在沙四段完钻后,在沙二段2168.8~2174.4m、2155.4~2165m、2144~2129.8m和2044.2~2088.2m四个井段九个解释"可疑油层"中试油全部获得工业油流,虽然产量并不高,但是宣告了胜坨油田的发现,主力含油层系为沙二段,油层属三角洲前缘厚层河口坝砂体。随后完钻的坨1井也于1964年5月15日在沙二段解释油层7层、24.9m进行测试,采用15mm油嘴求产,日产油396t,首次获得高产。

2. 滚动评价

胜坨油田发现后,对该区进行了新一轮的地震测量,南北向的主测线测距450~600m,东西向联络测线测距600~1500m,部署总地震测线长度达到659.5km,通过对目的层沙二段顶面成图,基本明确了胜坨油田构造形态,并认识到两个局部构造都受到胜北断裂的控制,胜坨构造带断裂非常复杂(图6-33)。

在井位部署上,首先针对形态比较完整、油水关系相对简单的坨庄构造,采用十字剖面布井系统,围绕坨1井部署了坨2、3、4、5、6井。1964年4月开始评价,11月结束。钻探结果除坨5井、坨6井打在油水界面之外,其他3口井均获得了成果,在坨庄构造基本探明含油面积14.2km^2,地质储量2675×10^{4}t。

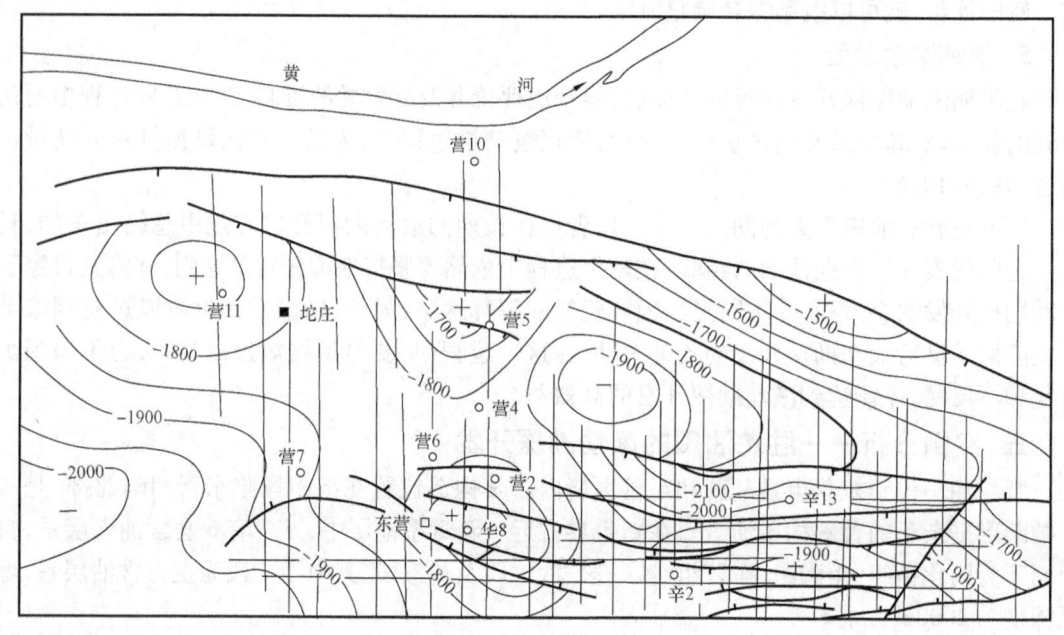

图6-32 东营凹陷探井位置图

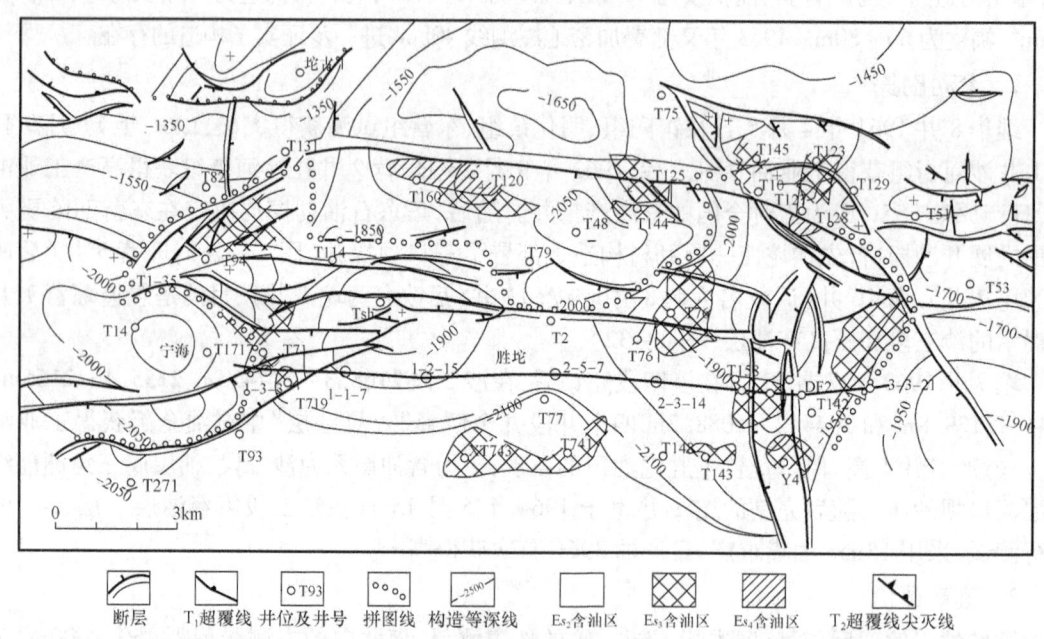

图6-33 胜坨油田探井井位部署图(据周建林,2008)

在对胜利村和坨庄构造分析对比后认为,既然位于构造鞍部的坨2井也获得工业油气,二者应该是连片含油,而且坨7井也应具备高产潜力。随后通过对该井沙二段上部油层一次性打开试油,果然获得了日产361t的高产油流。

1964年底,根据编制的胜利村地区构造图,开始对油水关系较为复杂的胜利村构造进行滚动评价,将该构造划分为7个断块区。按照断块分别部署探井,每个断块2~3口井,共部署滚动探井(评价井)22口。1965年11月全部完钻,发现了两口千吨油井(坨11井、坨9井,在沙二段测试日产分别为1134t和1036t),探明含油面积43.1km²,石油地质储量25336×10⁴t。

通过滚动评价,认识到该油田的特点是:构造复杂,油田范围内共发现断层58条,落差最大者达500m,小者仅数十米,其中东西向的3条,北东—南西向的4条,近南北向的5条;含油层组多,分布井段长,油层分布深度在970~2960m,含油井段长达1990m;油层层数多,厚度大,一般每口井有油层20~30层,最多为57层,厚度一般在60~80m,最厚达196.2m。

3. 滚动开发

胜坨油田1964年开始产能建设,建成油井井口24套,累计生产原油13.31×10⁴t。同时建成坨1、坨2、坨3、坨4集油站,各类井口157套,各种管线293.84km,架设输电线路203.55km,为胜坨油田的正式开发创造了条件。

1966年6月—1970年5月,胜坨油田开始钻基础井网,首先将富集区块投入开发。油田划分为3个区,即一区(坨庄构造)、二区(胜利村构造西南部分)、三区(胜利村构造东部及北部),其中以一、二区含油面积大,且较完整,三区各断块被小断层复杂化。随着新井陆续投产,油田生产能力逐年增加。年产油量由1965年的67×10⁴t上升到1970年的333×10⁴t,采油速度由0.24%上升到1.18%,综合含水率由5.6%上升到14.9%,日产油量达到9020t。

4. 滚动调整

1972年1月,对胜坨油田进行整体层系调整,按原油性质、油层物性、驱动类型等合理划分开发层系,井网及注采系统以分注分采为中心,对主要区块进一步调整平面及层间关系。重点调整胜2区及坨28断块。方案实施后,总的开发效果较好,达到设计指标。至1974年10月,采油速度提高到2%以上,日产油18175t。但由于转注工作没跟上,致使大部分井由自喷井转为抽油井。1972—1974年,自喷井数由207口下降为64口,抽油井数由152口上升为500口。由于大批新井投产和调整后开发效果的改善,至1974年底累计建成年产550×10⁴t的生产能力,为油田高产稳产打下良好的基础。

1975—1979年,胜坨油田处于中含水、高速稳产开发阶段,是开发最旺盛时期。通过加强注水、增加水驱储量和实施下大泵、卡堵高含水层、自喷井放大压差、补孔改层等增产措施,使采油速度连续5年保持在2%以上。由于调整挖潜措施得当,胜坨油田年均产油量都在600×10⁴t左右,1976年最高达643.74×10⁴t。1980年以后,油田综合含水率上升到66.1%以上,进入中高含水开发阶段;1991年以后,胜坨油田进入特高含水采油期,"控水稳油"成为油田调整的重点。从1991—1995年,胜坨油田为保持稳产做了大量工作,但随着油田含水的上升,保持稳产的难度越来越大。1995年,胜坨油田产油385×10⁴t,比1990年下降57×10⁴t。

5. 滚动扩边

20世纪90年代后,随着油田进入中高含水期,依托油田开发,深化地质认识,开展滚动扩边,增储上产势在必行。1994年,位于胜一区西南部坨94断层与胜北断层间完钻的坨71井,在沙三下发现异常高压和高产岩性透镜体油气藏,展示了该区良好的勘探前景。但其后的滚动勘探却是一波三折,期间进行了4次较大规模的滚动勘探,均因异常复杂而告终。

2013年,为从根本上解决坨71地区构造、储层、成藏方面存在的问题,地质人员从精细地质研究入手,通过大量钻井、测井、录井、取心资料的应用和深化研究,在沉积认识上取得了重要突破,由原来的深水滑塌扇体转变为多条规模不等的深水浊积水道。物探人员则通过胜北三维地震资料高分辨率以及特殊目标处理资料,优选了相干分析、属性分析及有色反演等新技术开展储层描述的联合攻关,为坨71油藏的储层精细描述提供了可靠的资料保证。

2014年以来,在胜坨油田坨71地区部署的4口滚动井及1口产能井,实现了100%的钻探成功率。完钻的5口井中平均单井钻遇油层24.5m,投产4口井中,有3口井自喷,单井日产油在10t以上。特别是坨71—斜60井,油层厚度31.4m,2mm油嘴自喷,油压10MPa,日产油21.1t,含水率20.1%。坨71地区的滚动勘探再创发现以来的新高。

由于滚动勘探开发是一个多学科、多专业相结合的系统工程,要充分发挥地震、测井、地质、油藏工程、采油工艺等多专业互助互补的优势,就必须培养一批高素质的专业人才以及复合型人才。为使滚动开发过程高效运行,就必须从管理组织上予以保证,每个滚动区块需要有包括地质、物探、开发三方面人员组成的项目组,系统研究油田静态、动态、钻井、地震等方面的信息,并迅速反馈,采取正确的方案调整措施。

复习思考题

1. 不同阶段勘探项目的主要地质任务和目标是什么,应研究的重点地质问题分别是什么?
2. 归纳总结不同勘探阶段所使用的技术方法的差异。
3. 不同阶段勘探部署过程中,应遵循哪些基本原则?为什么?
4. 不同阶段项目在勘探地质评价上有何差异?
5. 资源调查时期的三个阶段中,在资源量预测的思路和方法方面有何不同?
6. 盆地普查阶段和凹陷详查阶段,参数井部署目标上有什么差异?
7. 评价井钻探的主要目的是什么?在评价井钻探过程中,应注意采集哪些方面的资料?

参 考 文 献

查全蘅,1999. 石油天然气资源经济管理基础. 北京:石油工业出版社:133-151.
丁贵明,1997. 油气勘探工程. 北京:石油工业出版社.
杜金虎,杨涛,李欣,2016. 中国石油天然气股份有限公司"十二五"油气勘探发现与"十三五"展望. 中国石油勘探,21(2):1-15.
冯建辉,蔡勋育,牟泽辉,等,2016. 中国石油化工股份有限公司"十二五"油气勘探进展与"十三五"展望. 中国石油勘探,21(3):1-13.
胡见义,1997. 含油气地质单元序列划分及其意义//中国石油学会石油地质专业委员会. 中国含油气系统的应用. 北京:石油工业出版社.
纪占胜,武桂春,姚建新,等,2018. 青藏高原油气勘探战略选区和战术突破目标的建议. 地球学报,39(4):387-400.
贾承造,庞雄奇,姜福杰,2016. 中国油气资源研究现状与发展方向. 石油科学通报,1(1):2-23.
蒋有录,查明,2006. 石油天然气地质与勘探. 北京:石油工业出版社.
桔灯勘探,2018. https://www.orangelamp.com.cn/.
劳海港,陈清华,刘岩,等,2013. 东营凹陷中央背斜变换带演化特征及其控油规律. 高校地质学报,19(1):133-140.
柳广弟,2009. 石油地质学. 4版. 北京:石油工业出版社.
卢进才,牛亚卓,姜亭,2018. 中国北方石炭系—二叠系油气地质调查与勘探进展. 地质通报,37(1):7-15.
陆延平,2012. 长垣南部油田黑帝庙油气藏描述评价研究. 杭州:浙江大学.
马永生,蔡勋育,赵培荣,2016a. 石油工程技术对油气勘探的支撑与未来攻关方向思考:以中国石化油气勘探为例. 石油钻探技术,44(2):1-9.
马永生,张建宁,赵培荣,等,2016b. 物探技术需求分析及攻关方向思考:以中国石化油气勘探为例. 石油物探,55(1):1-9.
庞雄奇,范泊江,董月霞,2014. 渤海湾盆地南堡凹陷源控油气作用及成藏体系评价. 天然气工业,34(1):28-36.
庞雄奇,李丕龙,陈冬霞,等,2011. 陆相断陷盆地相控油气特征及其基本模式. 古地理学报,13(1):55-74.
庞雄奇,罗晓容,姜振学,2007. 中国典型叠合盆地油气聚散机理与定量模拟. 北京:科学出版社.
庞雄奇,周新源,姜振学,等,2012. 叠合盆地油气藏形成、演化与预测评价. 地质学报,86(1):1-103.
曲德斌,胡素云,秦俭,等,1998. 圈闭描述评价原理及 TrapDES1.0 使用指南. 北京:石油工业出版社.
任东,1996. 油气藏的滚动勘探开发和管理. 断块油气田,5:33-36.
石广仁,1993. 含油气盆地数值模拟方法. 北京:石油工业出版社.
孙龙德,方朝亮,撒利明,等,2015. 地球物理技术在深层油气勘探中的创新与展望. 石油勘探与开发,42(4):414-424.
孙同文,付广,吕延防,等,2012. 断裂输导流体的机制及输导形式探讨. 地质论评,58(6):1081-1090.
滕吉文,胡家富,张中杰,等,1995. 中国西北地区岩石层瑞利波三维速度结构与沉积盆地. 地球物理学报,6:737-749.
滕吉文,阮小敏,张永谦,2010. 地壳内部第二深度空间(5000~10000 m)石油与天然气地球物理勘探:化石能源发展的必由之路. 地球物理学进展,25(2):359-375.
滕吉文,杨辉,2013. 第二深度空间(5000~10000m)油、气形成与聚集的深层物理与动力学响应. 地球物理学报,56(12):4164-4188.
汪忠德,薛诗桂,李红敬,等,2016. 油气地球物理解释技术研究新进展. 地球物理学进展,31(3):1187-1201.
王开燕,徐清彦,张桂芳,等,2013. 地震属性分析技术综述. 地球物理学进展,28(2):815-823.
王幼梅,1986. 石油勘探进程中的资源评价方法//石油学会石油地质专业委员会. 油气资源评价方法研究与应用. 北京:石油工业出版社.
吴光宏,黎兵,周新科,等,2007. 塔中古城墟隆起奥陶系钻探成果与勘探意义. 新疆石油地质,2:154-157.
吴欣松,王福焕,1998. 圈闭评价模式在塔里木盆地的应用. 地球科学文集(一). 北京:石油工业出版社.
吴欣松,王福焕,1999. 圈闭评价的方法论. 石油大学学报(自然科学版),23(3):70-75.
吴元燕,平俊彪,吕修祥,等,2002. 准噶尔盆地西北缘油气藏保存及破坏定量研究. 石油学报,6:24-28,6-5.
武守诚,1994. 石油资源评价导论. 北京:石油工业出版社.
肖乾华,刘晓峰,孙素青. 陆家堡凹陷上侏罗统层序地层研究. 河南石油,1999(1):10-13,25-59.
薛会,李晓光,张金川,等,2008. 辽河坳陷西部凹陷兴隆台地区古近系油气运聚特征. 大庆石油地质与开发,3:9-14.
闫相宾,刘超英,蔡利学. 含油气区带评价方法探讨. 石油与天然气地质,2010,31(6):857-864.
杨宝林,2014. 辽西凹陷油气成藏机制及主控因素. 武汉:中国地质大学.
杨绪充,1993. 含油气区地下温压环境. 东营:石油大学出版社.
虞立,王国群,袁忠明,等,2013. 散射波地震勘探技术在浅表层结构精细勘查中的应用研究. 石油物探,52(1):43-48,5.
查明,张一伟,吴泽坚,等. 陆西凹陷盆地数值模拟及油气评价. 地质论评,1994,40(S1):52-62.
张建宁,王延光,谭明友,2007. 济阳坳陷储备圈闭钻探状况. 石油学报,3:55-62.
张文昭,1997. 中国陆相大油田. 北京:石油工业出版社.
张霞,1997. 中国石油天然气总公司勘探局编. 油气勘探经营管理. 北京:石油工业出版社.
赵殿栋,2009. 地球物理在油气勘探开发中的作用. 北京:石油工业出版社.

赵文智, 何登发, 1996. 含油气系统理论在油气勘探中的应用. 勘探家, 2:12-19.

周建林, 2008. 渤海湾盆地东营凹陷胜坨地区油气运聚与成藏研究. 天然气地球科学, 5:587-592.

Ajdukiewicz J M, Nicholson P H, Esch W L, 2010. Prediction of deep reservoir quality using early diagenetic process models in the Jurassic Norphlet Formation, Gulf of Mexico. AAPG, 94:1189-1224.

Focus Exploration, LLC. 2018. https://www.unitedexploration.com/.

Ganguli, S S, Vedanti N, Dimri V P, 2016. 4D reservoir characterization using well log data for feasible CO_2 - enhanced oil recovery at Ankleshwar, Cambay Basin - A rock physics diagnostic and modeling approach. Journal of Applied Geophysics, 135:111-121.

Jahn F, Cook M, Graham M, 2008. Chapter 6 Reservoir Description. Developments in Petroleum Science, 55:95-171.

Jia C Z, Zou C N, Yang Z, et al., 2018. Significant progress of continental petroleum geological theory in basins of Central and Western China. Petroleum Exploration & Development, 45(4):573-588.

Mark N J, Schofield N, Pugliese D, et al., 2018. Igneous intrusions in the Faroe Shetland basin and their implications for hydrocarbon exploration; new insights from well and seismic data. Marine and Petroleum Geology, 92:733-753.

Pang X Q, Chen J Q, Li S M, et al., 2016. Evaluation method and application of the relative contribution of marine hydrocarbon source rocks in the Tarim basin: A case study from the Tazhong area. Marine & Petroleum Geology, 77:1-18.

Sharaf E, Sheikha H, Boger S C, 2018. Reservoir description of Upper Cretaceous concretion-rich sandstone, Mississippi, USA: Example from Tinsley Field. Marine & Petroleum Geology, 92:822-841.

Tissot B P, Welte D H, 1984. Petroleum Formation and Occurrence. New York: Springer-Verlag:699.

Yue D L, Wu S H, Xu Z Y, et al., 2018. Reservoir quality, natural fractures, and gas productivity of upper Triassic Xujiahe tight gas sandstones in western Sichuan Basin, China. Marine & Petroleum Geology, 89:370-386.

第七章
非常规油气勘探项目部署

本章导引

由于非常规油气的勘探对象与常规油气存在差异，需有针对性地采用不同的勘探方法和评价技术，并且在部署原则、工作程序、评价方法等方面需要做出相应调整。本章第一节重点介绍了煤层气的部署原则（协调勘查、注重效益、理论指导、动态评估）以及预查阶段、普查阶段、预探阶段和勘探阶段的工作程序，并对地质评价、资源评价、经济评价进行了方法论述。第二节介绍了页岩油气的示范先行、勘探开发一体化、高效开发、经济环境并重等部署原则，以及在勘探阶段、评价阶段、先导性试验阶段、产能建设和生产阶段的工作程序，并对远景区、有利区和目标区的评价方法进行了论述。第三节介绍了致密油气的部署原则（稳步推进、提高单井产量、重视试采）以及甜点区和关键井的工作程序，并论述了地质评价方法和资源评价方法。通过对我国非常规油气取得重大勘探突破地区进行实例分析，加深对非常规油气勘探项目部署方法的认识。

随着非常规油气勘探开发理论深入和技术突破，在现有经济技术条件下，致密气、致密油、页岩气、页岩油、煤层气等非常规油气资源展示了巨大的勘探开发潜力，全球油气资源迎来二次扩展（姜振学等，2016；贾承造，2017）。页岩气、致密气的发展，使美国天然气产量从 2007 年的 $6983\times10^8 m^3$ 增加到 2017 年的 $9446\times10^8 m^3$，增幅超过 35%。2017 年美国非常规油产量达 $2.4\times10^8 t$，占总产量 52%；非常规气产量达 $6360\times10^8 m^3$，占总产量 67%（EIA，2018）。我国非常规油气资源丰富，煤层气、致密气、页岩气已实现工业化开发，致密油、页岩油、油砂等利用也取得重大进展，但与美国非常规油气技术水平仍有较大差距（李根生等，2016）。由于具有储层致密、极低孔渗、油气赋存状态多样、大面积连续分布、缺乏统一油水界面等特点（邹才能等，2015），非常规油气勘探评价参数体系与常规油气具有较大差异（图 7-1）。

国内外非常规油气资源勘探项目部署已经取得一系列认识，在煤层气、页岩油气、致密油气等非常规油气资源勘探项目的部署原则、工作程序、评价方法等方面形成了一系列技术流程（图 7-2）。

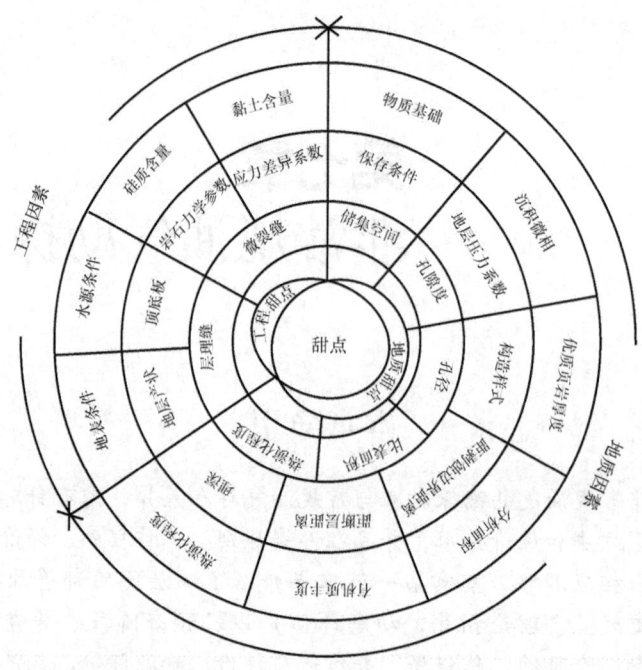

图 7-1 页岩气甜点区地质、工程一体化评价参数体系（据谢军等，2017）

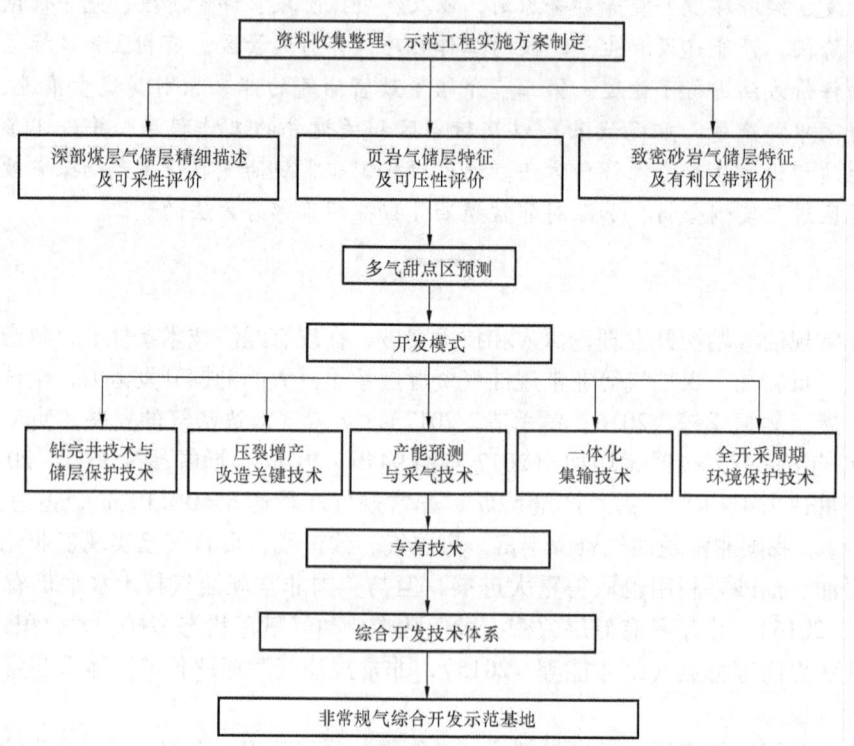

图 7-2 "多气合采"综合开发项目部署

第一节　煤层油气勘探项目

煤层气作为煤的伴生矿产资源，是主要以吸附态赋存于煤层之中的甲烷（瓦斯），是一种十分优质的洁净能源。$1m^3$ 煤层气大约相当于 $9.5kW \cdot h$ 电、$1.13kg$ 汽油、$1.21kg$ 标准煤。煤层气的热值与天然气相当，是通用煤的 $2 \sim 5$ 倍，燃烧后几乎不产生任何废气，是上好的工业、发电和居民生活燃料。我国煤层气资源丰富，储量位居世界第三位，资源量与陆上常规天然气相当，其中埋深小于 $2000m$ 的煤层中的煤层气资源达到 $37 \times 10^{12} m^3$，可采资源约 $12 \times 10^{12} m^3$。"十二五""十三五"期间，煤层气开发被相继列入国家能源发展规划，成为我国推动能源生产和消费革命的重要载体。2015 年国家能源局发布的《煤层气勘探开发行动计划》提出，"到 2020 年，我国将新增煤层气探明地质储量 $1 \times 10^{12} m^3$；煤层气（煤矿瓦斯）抽采量力争达到 $400 \times 10^8 m^3$，其中地面开发 $200 \times 10^8 m^3$，基本全部利用，煤矿瓦斯抽采 $200 \times 10^8 m^3$，利用率 60% 以上；建成 $3 \sim 4$ 个煤层气产业化基地，重点煤矿区基本形成煤层气与煤矿瓦斯共采格局。"

一、部署原则

煤层气部署原则包括四个方面：第一，煤层气资源勘查应遵循"统一规划、综合勘查、综合评价、合理开发"和煤炭、煤层气协调勘查开发的原则，从而达到充分利用、合理保护矿产资源的目的；第二，从煤层气资源勘查的实际需要出发，因地制宜地选择勘查技术手段，注重技术经济效益，以合理的投入取得最佳的地质成果；第三，以现代地质理论为指导，采用先进的技术、装备和勘查方法，提高勘查精度，适应煤层气开发技术发展的需要；第四，煤层气应进行动态储量评估，分阶段进行储量计算、复算、核算和结算。

二、工作程序

煤层气资源勘查划分为预查、普查、预探和勘探四个阶段。各阶段提交相应的煤层气资源/储量和勘查报告。煤层气勘查工程应尽量统一布置、分阶段实施，以提高煤层气勘查的地质效果和经济效益。

1. 预查阶段

煤层气预查是煤层气勘查的基础工作。其主要任务是以矿区或煤田为基本单元，根据现有煤田地质勘查成果和有关经济技术要求，确定并初步评价具有勘查前景的评价区，计算煤层气潜在资源量，为煤层气普查提供地质依据。

煤层气预查工作程度要求包括五个方面：第一，调查评价区内煤层气成分、含量、分布规律和影响因素，以及煤层甲烷风化带范围；第二，调查煤储层特征和影响因素，了解煤层顶底板主要特征；第三，调查含煤地层水文地球化学特征、水动力状况，补、径、排关系以及与煤储层的水力联系；第四，计算评价区煤层气潜在资源量；第五，估算和预测评价区相应的煤炭资源量。

煤层气预查阶段工程布置包括四个方面：第一，收集整理、分析研究以往地质成果，开展地表地质工作、矿井调查和采样测试工作；第二，煤炭资源勘查度低的地区宜布置少量物探和钻探工程，了解煤层的基本特征及分布规律；第三，本阶段一般可不施工专门煤层气钻探工程；第四，如果本区和邻区缺乏煤层气资料，可施工少量煤层气探井，确定煤储层的深度、厚度、结构、煤质、顶底板性质、含气量、气体成分、等温吸附性等。

2. 普查阶段

煤层气普查是在煤层气预查工作的基础上，以具有勘查前景评价区为基本单元。其主要任务是根据现有煤田地质勘查成果、煤层气探井、参数井和有关技术经济要求，确定并初步评价具有勘查前景有利区，计算煤层气预测地质储量和潜在资源量，为煤层气预探提供地质依据。

煤层气普查工作程度要求包括五个方面：第一，初步确定和分析评价区内煤层气成分、含量、分布规律和影响因素，以及煤层甲烷风化带范围；第二，分析评价煤储层孔缝特征、吸附/解吸特征和影响因素，分析煤层顶底板主要特征；第三，分析评价含煤地层水文地球化学特征、水动力状况，补、径、排关系以及与煤储层的水力联系；第四，计算有利区煤层气预测地质储量和潜在资源量；第五，估算相应的煤炭资源量。

煤层气普查阶段工程布置包括三个方面：第一，在煤层气勘查前景有利区布置少量煤层气探井和参数井；第二，其他勘查工程一般按照煤炭资源预查工程部署原则布置；第三，煤炭资源勘查程度较高的区块，应充分利用物探和钻探资料，做到煤层气探井、参数井布置与探煤工程相互协调。

3. 预探阶段

煤层气预探以预查有利区为基本单元。其主要任务是获取煤储层物性有关参数，进行排水采气试验，研究煤层气增产措施，获得开发技术条件下的煤层气井参数，初步评价目标区煤层气开发潜力。计算煤层气控制的地质储量、可采储量和预测地质储量，确定煤层气开发靶区，为煤层气地面井网勘探和开发规划提供依据。

煤层气预探工作程度要求包括十二个方面：第一，基本查明影响煤层气开发井网布置的断层及区块边界条件，初步查明含煤地层水文地球化学特征、水动力状况，补、径、排关系以及与煤储层的水力联系；第二，研究影响煤层气赋存和开采的地质因素；第三，基本查明主要煤层的物理、化学性质及工艺性能；第四，基本查明主要煤层的煤层气成分、含气量及分布规律；第五，基本查明主要煤层特征及渗透率、储层压力、破裂压力、闭合压力、原地应力、原地应力梯度、地温等；第六，初步查明煤层顶底板岩性、孔隙性、渗透性特征及力学性质，研究其对煤层气赋存、运移的影响；第七，初步查明煤层吸附/解吸特征，初步确定煤层气的临界解吸压力；第八，初步确定合理的储层改造方法、工艺参数，评价储层改造的有效性；第九，初步确定合理的排采制度，获取排水量、产气量、压力随时间变化的数据，数值模拟研究三者间的相互关系；第十，初步评价单井产能；第十一，计算目标区内煤层气控制的地质储量、可采储量和预测地质储量；第十二，估算相应的煤炭资源量。

煤层气预探阶段工程布置包括五个方面：第一，根据有利区块的划分，布置参数井和排采试验井；第二，每个主要区块应布置不少于2口参数井、1口生产试验井；第三，当区块面积较大时，每10km^{2}布置不少于2口参数井、1口试验井；第四，排采试验井的井位应考虑今后井网布置；第五，其他勘查工程一般按照煤炭资源普查阶段工程部署原则布置。

4. 勘探阶段

煤层气勘探是在煤层气预探阶段单井取得工业气流的基础上进行的小规模井网勘探，以目标区内靶区为基本单元。主要任务是获取煤层气井网产能、煤层气增产措施、排采制度数据，以及探明的地质储量和可采储量，为煤层气商业性开发提供地质依据。

煤层气勘探工作程度要求包括七个方面：第一，查明煤储层特征及压力、渗透率等动态变化规律；第二，初步确定煤层气开发的井网布置方式；第三，初步确定煤层气的储层改造方法、工艺和参数，确定煤层气排采工作制度；第四，评价井网产能、可采性及服务年限；第五，运用储层模拟技术进行参数敏感性分析、历史拟合、预测生产能力，确定井距、井网、完井方式和生产年限；第六，计算靶区内煤层气探明的、控制的地质储量和可采储量；第七，估算相应的煤炭资源储量。

煤层气勘探阶段工程布置包括六个方面：第一，在不同目标区内均应布置小型试验井网或多分支井、U形井；第二，排采试验井网和形状视实际情况而定，一般有菱形网、矩形网等；第三，井距应根据储层参数、主应力方向及试验井的压裂方向、压裂缝长度等储层改造有效性确定，一般为200~500m；第四，生产试验井应布置适量的观测井，以验证井网布置的合理性；第五，其他工程一般按照煤炭资源详查工程部署原则布置；第六，先期开发靶区应根据地震地质条件，可部署一定三维地震工程。

三、评价方法

1. 地质条件分析

煤层气的地质条件分析包括四个方面：第一，依据煤田勘查、油气勘探、煤层气勘查以及煤炭生产现状，了解评价区的勘探程度；第二，在资料收集、整理和分析的基础上，编制研究区内煤层气资源评价所需的基础图件，如煤层构造图、煤层埋深图、煤层厚度图、煤层对比剖面图、煤层含气量图、煤层等温吸附曲线图等；第三，分析评价研究区内的区域构造特征、沉积特征、地层及煤层分布特征、煤岩煤质特征、煤储层特征（孔隙度、渗透率、含气性、温度、压力等）、煤层顶底板岩性特征及水文地质特征等；第四，进行煤层气地质综合评价和风险分析，为评价方法和参数选取提供地质依据。

2. 煤层气资源评价

1) 资源量计算单元

计算煤层气资源量时，需考虑地质体的相对独立性及非均质性，把计算对象划分为若干个计算单元。资源量计算单元一般是煤层气藏，即各种地质因素控制的含气煤储集体。当没有明确的煤层气藏地质边界时，按煤层气藏计算边界，要充分考虑煤储层参数在纵向上的差异性和平面上的分区性，同一个计算单元应具有相同或相似的构造条件、储气条件和水动力系统。计算单元在平面上一般称为区块，面积很大的区块可细分井块（或井区）。同一区块应基本具有相同或相似的构造条件、储气条件等；纵向上一般以单一煤层为计算单元，煤层相对集中的煤层组可合并计算单元，彼此连通的储层可以作为一个资源量计算单元。在计算单元中煤层风（氧）化带及其以浅的煤储层中不计算资源量，关于风（氧）化带的各项指标可参照DZ/T 0215—2002《煤、泥炭地质勘查规范》执行。

2) 资源量计算边界

资源量计算单元的边界，由查明的煤层气藏的各类地质边界（断层线、地层变薄、尖灭、剥蚀、采空区等）、含气量下限、煤层净厚下限（0.5~0.8m）、风（氧）化带（中高煤阶甲烷含量小于80%，低煤阶甲烷含量小于70%）等边界确定（对煤层组可根据实际条件做适当调整）。若未查明地质边界，由于各种原因也可以由非地质边界圈定，如矿权区边界、自然地理边界、人为划定的计算边界等。煤层含气量下限值见表7-1（参照DZ/T 0216—2010《煤层气资源/储量规范》），该表也可根据具体条件（煤层厚度不同）进行调整。

表 7-1 煤层含气量下限标准

煤层类型	变质程度 R_{omax},%	空气干燥基含气量,m^3/t
褐煤—长焰煤	<0.7	1
气煤—瘦煤	0.7~1.9	4
贫煤—无烟煤	>1.9	8

3) 煤层气资源评价方法

根据煤层气和煤炭地质勘查程度不同,选择不同的资源量计算方法。达到煤炭普查阶段及以上,现有资料能够满足要求,采用体积法;如资料不能满足要求,可参照邻区地质条件采用类比法。

体积法是煤层气资源量计算的基本方法,适用于煤层气勘查不同阶段资源量的计算,其精度取决于对气藏地质条件和储层的认识,也取决于计算参数的精度。本书选择体积法作为主要的评价方法。根据煤炭储量或资源量数据的有无,分别采用下面两种评价方法。

在计算单元内获得煤炭储量或资源量数据,可采用下面公式计算煤层气地质资源量:

$$G_i = QC_{ad} \tag{7-1}$$

式中 G_i——煤层气地质资源量,$10^8 m^3$;
Q——煤炭储量或资源量,$10^8 t$;
C_{ad}——煤的空气干燥基含气量,m^3/t。

在计算单元内尚未获得煤炭储量或资源量数据,则计算公式为

$$G_i = 0.01Ah\rho C_{ad} \tag{7-2}$$

或

$$G_i = 0.01Ah\rho_{daf} C_{daf} \tag{7-3}$$

其中

$$C_{ad} = C_{daf}(1 - M_{ad} - A_d) \tag{7-4}$$

式中 G_i——煤层气地质资源量,$10^8 m^3$;
A——煤层含气面积,km^2;
h——煤层有效厚度,m;
ρ——煤的空气干燥基质量密度,t/m^3;
C_{ad}——煤的空气干燥基含气量,m^3/t;
ρ_{daf}——煤的干燥无灰基质量密度,t/m^3;
C_{daf}——煤的干燥无灰基含气量,m^3/t;
M_{ad}——煤中原煤基水分,%;
A_d——煤中灰分,%。

在获取煤层气地质资源量后,经可采系数校正可计算出煤层气可采资源量,计算公式为

$$G_r = G_i R \tag{7-5}$$

式中 G_r——煤层气可采资源量,$10^8 m^3$;

G_i——煤层气地质资源量，$10^8 m^3$；
R——煤层气可采系数。

煤层气可采系数是依据等温吸附试验结果、原始含气量与排采废弃压力对应的含气量计算的理论值，可用来反映基于煤岩等温吸附特性的煤层气可采系数。计算公式如下：

$$R = \frac{C_i - C_a}{C_i} \qquad (7-6)$$

为便于应用，式（7-6）可变为

$$R = 1 - \frac{V_L p_a}{C_i(p_L + p_a)} \qquad (7-7)$$

式中 C_a——煤层气废弃时的煤层含气量，m^3/t；

C_i——煤储层原始含气量，m^3/t；

V_L——煤储层兰氏体积，m^3/t；

p_L——煤储层兰氏压力，MPa；

p_a——废弃压力，MPa。

类比法主要利用与已开发煤层气田（或相似储层）的相关关系计算煤层气资源量。计算时要绘制出生产特性和资源量相关关系的典型曲线，以及资源量特征参数表，求得计算区可类比的资源量参数，再配合其他的方法进行资源量计算。类比法可用于预测地质资源量和未发现资源量的计算。类比内容主要有煤层埋深、厚度、煤岩、煤质、含气量、渗透率、储层压力、储层压力梯度等。

4）评价参数确定

评价参数包括含气面积、煤层有效厚度、煤质量密度和煤层气资源量等（Mavor 等，1994）。

含气面积是指资源评价区内的煤层分布面积。在充分利用地质、钻井、测井、地震和煤样测试等资料，综合分析煤层分布的地质规律和几何形态的基础上，确定地质边界，并结合必要的非地质边界，再根据钻井资料、地震资料编制的煤层顶底板构造图上圈定。具体确定原则为：钻井和地震综合确定的煤层气藏边界，即断层、尖灭、剥蚀等地质边界；煤层净厚度下限；含气量下限边界和瓦斯风化带、火烧带、采空区边界等。由于各种原因也可由矿权区边界、自然地理边界或人为资源量计算线等圈定。

煤层有效厚度是指扣除夹矸层的煤层厚度，又称净厚度。煤层有效厚度可以采用取心资料确定，也可采用煤层的电性标准划分。煤层倾角小于15°时，可用煤层的视厚度计算；当倾角大于15°时，必须以煤层真厚度计算。煤层厚度的下限值为：单煤层厚度应大于0.5～0.8m（视含气量大小可调整），夹矸层起扣厚度为0.1m。最终取值可根据评价区厚度平面分布图，采用等值线面积权衡法计算确定。

煤质量密度分为真煤质量密度和视煤质量密度，在资源量计算中分别对应不同的含气量基准。对于煤层气勘探阶段进行的煤层气资源评价可采用视煤质量密度。最终取值可根据评价区内所有煤样品测试值，采用算术平均计算确定。

煤层气资源量可采用干燥无灰基或空气干燥基两种基准含气量近似计算得到，其换算关系可根据式计算：

$$C_{ad} = C_{daf}(100 - M_{ad} - A_d)/100 \qquad (7-8)$$

式中　C_{ad}——煤的空气干燥基含气量，m³/t；

　　　C_{daf}——煤的干燥无灰基含气量，m³/t；

　　　M_{ad}——煤中原煤基水分（质量分数），%；

　　　A_d——煤中灰分（质量分数），%。

为了保证计算结果的准确性，宜采用原煤基含气量计算煤层气资源量。原煤基含气量需要在空气干燥基含气量的基础上进行平衡水分和平均灰分校正，校正公式为

$$C_c = C_{ad} - \beta[(A_d - A_{av}) + (M_{ad} - M_{eq})] \qquad (7-9)$$

式中　C_c——煤的原煤基含气量，m³/t；

　　　β——空气干燥基含气量与（灰分+水分）相关关系曲线斜率；

　　　A_{av}——煤的平均灰分，%；

　　　M_{eq}——煤的平衡水分，%。

最终取值可根据评价区含气量平面分布图，采用等值线面积权衡法计算确定。

5）综合评价分析

煤层气资源评价是衡量煤层气勘探经济效益的必需步骤和阶段，是指导下步勘探的重要依据。因此，综合各种因素分析，主要从以下四个方面进行资源分类评价。按煤层气资源规模（单位：$10^8 m^3$）分为四类：Ⅰ类（特大型）>3000；Ⅱ类（大型）=300~3000；Ⅲ类（中型）=30~300；Ⅳ类（小型）<30。按煤层气资源丰度（单位：$10^8 m^3/km^2$）分为三类：高丰度>3.0；中丰度=1.0~3.0；低丰度<1.0。按煤阶（R_o，单位：%）高低分为三类：高煤阶>1.9；中煤阶=0.7~1.9；低煤阶<0.7。按煤层气埋藏深度分为三类：深层（>1200m）；中深层（800~1200m）；浅层（<800m）。

煤层气资源类别主要由单层煤厚、含气量、煤层埋深、煤层渗透率和煤层压力特征等五项参数决定。根据以上参数可将煤层气资源分为Ⅰ类、Ⅱ类和Ⅲ类三个资源类别。各参数赋分标准见表7-2，五项参数分值相加，得到资源的评价总分。考虑不同的勘探程度，分以下三种情况确定资源类别。当五项参数同时参与评价时，Ⅰ类资源>180分；Ⅱ类资源=180~140分；Ⅲ类资源<140分。当缺乏某一参数时，Ⅰ类资源>160分；Ⅱ类资源=160~120分；Ⅲ类资源<120分。当缺乏某两项参数时，Ⅰ类资源>110分；Ⅱ类资源=110~70分；Ⅲ类资源<70分。

表7-2　煤层气资源类别评价参数取值标准

煤级	参与评价的因素及评价赋分									
	单层煤厚 m	分值	含气量 m³/t	分值	埋深范围 m	分值	煤储层渗透率，mD	分值	煤储层压力状态	分值
气煤—无烟煤	>5	50	>10	50	300~1000	50	>1	50	正常—超压	50
褐煤—长焰煤	>10		>4		<500		>10		正常	
气煤—无烟煤	2~5	30	4~10	30	1000~1500	30	0.1~1	30	正常	30
褐煤—长焰煤	5~10		2~4		500~1000		5~10		欠压	
气煤—无烟煤	<2	20	<4	20	>1500	20	<0.1	20	欠压	20
褐煤—长焰煤	<5		<2		>1000		<5		欠压	

3. 煤层气经济评价

1) 经济评价方法

煤层气经济评价采用折现现金流量法,目的是确定评价开发探明和控制储量是否经济可行。

2) 经济评价参数

经济评价中关于投资、成本和费用的估算参数选择,应依据煤层气田的实际情况,充分考虑同类已开发或相邻煤层气田当年的统计资料,包括:

① 合理确定经济评价基准日。经济评价基准日应与钻探施工、地面工程建设、资源储量估算参数、技术经济参数和资源储量报告提交日期等有合理的逻辑关系。

② 勘探投资根据含气面积内的井数和设施、设备投资估算。开发建设投资应根据开发概念设计方案或开发方案提供的依据测算。煤层气井产能的预测以开发概念设计为依据,平均单井稳定日产量可依据储层数值模拟做专门的认证。

③ 成本、价格和税率等经济指标,一般情况下应根据本煤层气田实际情况,考虑同类已开发煤层气田的统计资料,确定一定时期或年度的平均值;有合同规定的,按合同规定的价格和成本,价格和成本在评价期保持不变。

3) 经济评价内容

经济评价内容包括:

① 预测分年度、月度产量,已开发煤层气田可直接采用产量递减法求得,其他动态法也应转换为累积产量与生产时间关系曲线求得。不具备条件的通过研究确定高峰期产量和递减期递减率预测求得,应在系统试采和开发概念设计的基础上论证确定。

② 投资、成本、价格和税率等经济指标,按上述要求取值。

③ 测算煤层气田经济极限。经济极限指某个煤层气田所产生的月净收入等于操作该煤层气田的月净支出(维护运营的操作成本和税费)时的产量。

④ 估算经济可采储量,即从指定日期到产量降至经济极限产量时的累计产量。

⑤ 折现率,按国家有关主管部门规定执行。

四、案例分析——山西沁水盆地煤层气勘探

沁水盆地位于山西省东南部,是我国目前煤层气勘探和研究程度最高、产量最大的盆地。盆地总体上为一个构造相对简单的 NNE 向大型复式向斜;主要含煤地层为二叠纪山西组和石炭—二叠纪太原组,3 号和 15 号煤层为煤层气勘探的主要目的层(Su et al., 2005)。沁水盆地南部煤变质程度高,煤层主要为高煤阶无烟煤,R_o 介于 2.2%~4.0%,为典型的高煤阶煤层气分布区。2003 年,沁水盆地高煤阶煤层气商业性开发取得突破,摆脱了国外高煤阶煤储层产气缺陷的定论。2014 年,盆地煤层气产量达 $30 \times 10^8 m^3$ 左右,约占全国的 80%(赵贤正等,2015)。2016 年全国新增煤层气探明地质储量 $576.12 \times 10^8 m^3$。2017 年全国地面开发的煤层气产量 $49.5 \times 10^8 m^3$,主要来自沁水盆地。

1. 勘探开发历程

沁水盆地煤层气勘探开发活动始于 20 世纪 80 年代末期,经历了三个阶段。第一阶段为煤层气勘探开发试验期(1989—2002 年):1989 年,利用联合国环保署资金,在晋城地区施工煤层气参数井 1 口;1992 年,潘庄井田施工 7 口井组,试采成功;此后,在潘庄邻区

和樊庄施工一批评价井，晋试1井组试采，均获成功。第二阶段为煤层气规模开发期（2003—2013年）：2003年，潘庄区块30口井的井网试采成功，并商业性供气；2005年，樊庄区块钻开发井100口；尤其是在2009年，樊庄区块数字化、规模化的煤层气田示范工程完成，标志着煤层气开发进入快速发展阶段。目前，依托西气东输管网已开始煤层气大规模外输，煤层气开发由建设期转入生产管理与产能建设并存期，由大规模投入期转入效益回报期。第三阶段为煤层气开发技术转变期（2014年至今）：紧紧围绕"质量效益"核心，以"四个转变"推动晋南煤层气田高效开发。"四个转变"即产能建设模式从"规模推进"向"寻找高效开发区"方向转变，储层改造方式由"传统性压裂"向"低伤害、降压力"方向转变，水平井由"盲完井"向"可措施、低成本"方向转变，排采由"常规排采"向"提高效益、效率"方向转变（赵贤正等，2015）。

2. 煤层气地质评价

1) 地层

沁水盆地地层展布具有向斜盆地的典型特征，盆地边缘出露地层老，盆内出露较新地层。沁水盆地南部地区地层由老至新包括下古生界奥陶系中统峰峰组（O_2b）、上古生界石炭系中统本溪组（C_2b）、上石炭统太原组（C_3t）、二叠系下统山西组（P_1s）、下石盒子组（P_1x）、中统上石盒子组（P_2s）、石千峰组（P_2sh）、中生界三叠系（T）、新生界新近系和古近系（N）、第四系（Q），如图7-3所示。其中煤层气勘探主要目的层山西组、太原组在本地区广泛分布，保存完整。太原组为一套海陆交互相沉积，地层厚度为59~125m，平均为70m左右，岩性为中—细粒砂岩、粉砂岩与泥岩、石灰岩和煤互层，其中浅海相灰岩全区稳定分布，并含有丰富的蜓类、珊瑚、腕足类化石，是地层对比的主要标志层。山西组为发育于陆表海沉积背景之上的三角洲沉积，一般以三角洲河口沙坝、支流间湾开始过渡到三角洲平原相，地层厚度为8~90m，平均为50m左右，岩性为灰色、深灰色砂岩、粉砂岩为主夹泥岩、粉砂质泥岩和煤层。其中底界K_7砂岩分布稳定，特征明显，是地层对比的主要标志层。山西组、太原组含煤层段共发育煤层8~16层，其中山西组3#煤、太原组15#煤单层厚度大、分布稳定，是煤层气勘探的主要目的层。

2) 含煤岩系沉积环境及古地理

根据沉积特点，沁水盆地南部主要成煤时期的沉积环境类型为一套陆表海碳酸盐台地沉积体系及陆表海浅水三角洲沉积体系。碳酸盐台地体系主要分布于本溪组和太原组，包括开阔台地相及局限台地相两种。本区K_1~K_5石灰岩多属开阔台地相沉积，开阔台地相海水流通性较好，岩石类型主要为生物碎屑泥晶灰岩（刘焕杰等，1992），泥晶生物碎屑灰岩。局限台地相位于开阔台地相靠陆一侧，主要为泥晶灰岩、生物碎屑泥晶灰岩及泥灰岩，附城灰岩以及山垢灰岩多属局限台地相沉积。陆表海浅水三角洲体系主要发育在本区山西组含煤岩系中。由于陆表海海底地形平坦，坡度小、水浅，以河流作用为主的浅水三角洲的整体形状常呈朵叶状（刘焕杰等，1992）。垂向上，三角洲平原相占优势，其中分流河道相又占主要地位，三角洲前缘相及前三角洲相不发育。泥炭沼泽相使三角洲平原上的成煤环境、聚煤条件较好，煤层分布连续但厚度变化较大，也常因分流河道冲刷、改造而变薄或尖灭。

3) 构造特征

沁水盆地为NNE向复向斜构造，介于太行和吕梁隆起带之间，构造相对比较简单，断层不甚发育。总体来看，西部以中生代褶皱和新生代正断层相叠加为特征（曹代勇，

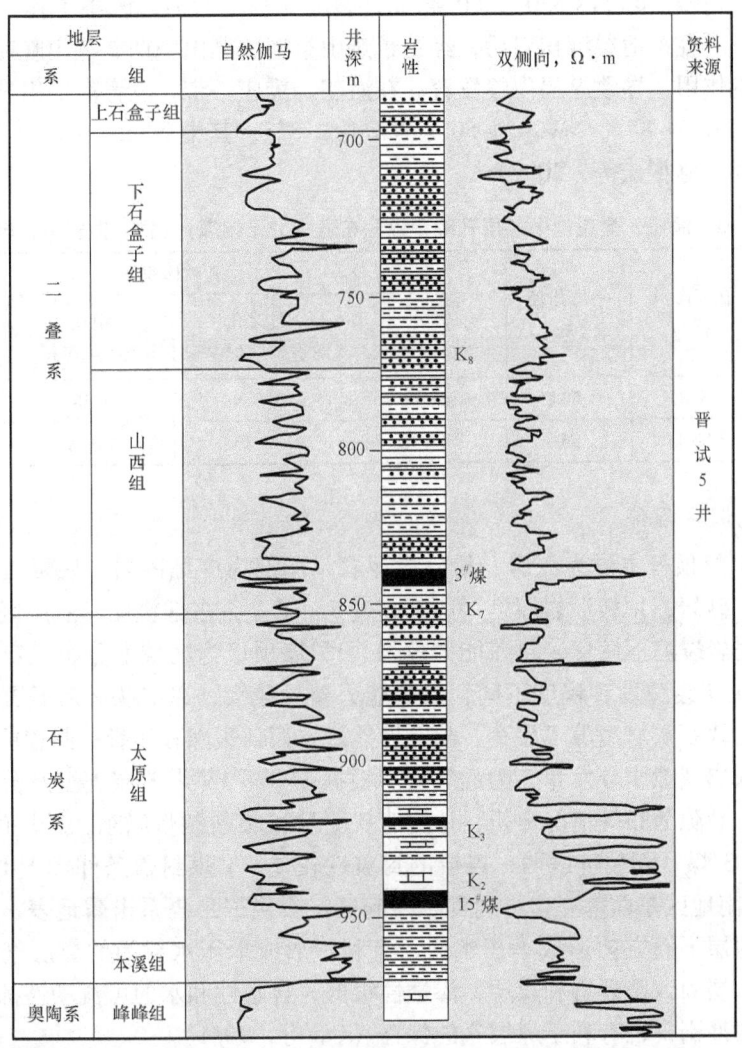

图7-3 沁水盆地南部地层综合柱状图（据陈振宏等，2007）

1996），东北部和南部以中生代东西向、北东向褶皱为主，盆地中部 NNE—NE 向褶皱发育为主。区域总体构造形态为一完整的马蹄形斜坡带，地层宽阔平缓，地层倾角平均只有4°左右，断层不发育，仅南部有一组北东向—东西向正断层组成的弧形断裂带。区内低缓平行褶皱普遍发育，展布方向以北北东向和近南北向为主，褶皱的面积和幅度都很小，背斜幅度一般小于50m，面积小于5km²，延伸长度多在数百至上千米，呈典型的长轴线型褶皱，这一构造特征有利于煤层气的吸附保存。

4）煤储层物性

沁水盆地潘庄—樊庄地区煤的变质成因以区域热变质为主（秦勇，1997；汤达祯，1998；王红岩，2005）。在潘庄—樊庄地区，煤层变质程度普遍较高，煤阶达到贫煤和3#无烟煤，R_o介于1.9%~5.25%。由于煤层是以区域热变质作用为主，在高温和相对低压环境下，煤层孔隙和裂隙仍较发育，孔隙度可达2.98%~7.69%（表7-3），孔隙以微孔和过渡孔为主。这一孔隙特征导致煤的孔表面积大，吸附能力强，煤层孔隙具有一定的连通性。沁水盆地潘庄—樊庄地区煤岩宏观类型为亮煤、半亮煤，显微组分以镜质组为主，煤层割理

（裂隙）发育，裂隙密度可达 530~580 条/m，裂隙充填不明显，改善了孔隙的连通性。沁水盆地在石炭—二叠系地层沉积以后，经受了燕山早期、燕山中期、燕山晚期—喜山期三期不同方向的构造作用，导致煤层裂缝发育。在潘庄、樊庄一带，发育有四组裂缝，其方位为 NE30°~40°、NE65°~85°、NW20°~50°、NW60°~85°，其中 NE65°~85°、NW20°~50°方位裂缝最为发育（陈振宏等，2007）。

表 7-3 潘庄—樊庄地区煤层孔隙参数分布表（3#无烟煤）（据陈振宏等，2007）

时代	孔隙度 %	孔表面积 m^2/g	平均孔径 Å	孔隙体积，%			
				微孔 $20~10^2$Å	过渡孔 $10^2~10^3$Å	中孔 $10^3~10^4$Å	大孔 $>10^4$Å
P_{1s}	7.69	8.8	53	45.06	32.19	5.58	17.17
C_{3t}	2.98	11.1	55	42.48	33.33	10.78	13.41

5）煤层气保存条件

沁南地区 3#煤顶板主要为泥岩、粉砂质泥岩，局部为中细砂岩，底板以粉砂质泥岩为主，其次为粉细砂岩，顶板泥岩厚度一般都超过 5m 以上，东部樊庄—潘庄区块顶板泥岩厚达 24~55m，泥岩裂隙不发育，封盖能力较强。15#煤顶板为区域上分布稳定的浅海相灰岩（K_2石灰岩），由于裂隙发育程度不同，封盖能力差异较大，以寺头—后城腰断层为界，东部樊庄—潘庄区块石灰岩裂隙不发育，封盖性能好，西部裂隙较发育，封盖能力差，断裂带内及其附近石灰岩裂隙十分发育，为透气层。根据 3#煤、15#煤盖层类型及分布情况，同时考虑构造形态、裂隙分布等情况分析，认为寺头—后城腰断裂带以东，盖层的封盖性能好，其中 15#煤优于 3#煤；断裂带以西，盖层的封盖性较差，3#煤封盖条件优于 15#煤（陈振宏等，2007）。沁南地区东西南三个方向都是隆起区，石炭—二叠系出露地表，接受地表水和大气降水，在地层下倾方向形成承压水区，有利于形成承压水封闭的煤层气藏，又因为石炭—二叠系含水层为致密砂岩和煤层，渗透性很低，含水性和水的可流动性都很弱，避免了水流动对煤层的冲刷，也有利于煤层气的保存（Cai 等，2011）。

3. 煤层气资源评价

1）煤层分布特征

总体上看，沁水盆地煤层向盆地中央埋藏深度逐渐增大，沁水向斜轴部地区煤层埋藏深度超过 2000m。埋深 2000m 以浅地区约占盆地总面积的 3/4，煤层埋深梯度变化在盆地周边大，向深部逐渐变小，西部大，东部小。沁南地区煤层埋藏深度总体变化是北深南浅，中部深东西浅。3#煤层最大埋深为 1000m，潘庄区块、沁水区块煤层埋深相对较浅，一般为 200~500m，樊庄区块、郑庄区块埋藏深度中等，变化于 500~800m，后腰断层与寺头断层之间埋藏较深，局部可达 1000m；15#煤层埋深总体变化趋势与 3#煤层相似，平均埋深比 3#煤层深 100m 左右。晋城大部分地区煤层埋深在 200~1000m，这一深度范围适合煤层气的勘探。

山西组 3#煤层厚度变化于 0.7~7.25m，平均为 3.25m。总体趋势为东厚西薄，东部潘庄区块、樊庄区块及中部郑庄区块厚度较大，一般为 5~7m，西部沁水县城南厚度也较大，可达 3~5m，西南地区煤层厚度最小。3#煤层横向基本连续，有时冲刷变薄，局部出现尖灭现象，煤层结构相对稳定，无明显分岔现象。太原组主煤层厚度变化于 0~8m。其平面展布规律与山西组主煤层变化呈现出相反的趋势，总体表现为北厚南薄。在西山地区煤层厚度一般在2~4m，阳泉区为2~6.75m，汾西区为3.1m，霍州区为2m左右，潞安区为1~2m，长子区为3~4m，晋城—阳城区3m左右，在翼城一带一般小于1m。从上述煤厚变化情况来看，区内尚有东厚西薄的趋势。

2) 煤层含气量分布特征

沁南地区煤层含气量主要受埋藏深度控制，其平面分布特征与煤层埋藏深度变化相关，表现为自盆地周边煤层露头线向盆地腹地，煤层含气量增大（图7-4）。潘庄区块$3^\#$煤含气量最大为27.64m³/t，最小为6m³/t，平均为15m³/t。中部含气量高，含气量在14~27.6m³/t之间；$15^\#$煤含气量最大值为35m³/t，最小值为9m³/t，平均为18m³/t。本区中部为高值区，含气量在12~35m³/t之间。樊庄区块$3^\#$煤含气量最大为23m³/t，最小为8m³/t，平均为15m³/t，总体呈南高北低趋势。南部存在一较大范围的高值区，含气量在12~23m³/t；$15^\#$煤含气量最大为16m³/t，最小为7m³/t，平均为13m³/t，分布特点是北高南低，中部高东西低。沁水区块含气量普遍较低，$3^\#$煤含气量最大为10m³/t，平均为2m³/t；$15^\#$煤含气量最大为8m³/t，平均小于1m³/t。郑庄区块$3^\#$煤含气量可达10m³/t以上，$15^\#$煤含气量可达8m³/t以上。

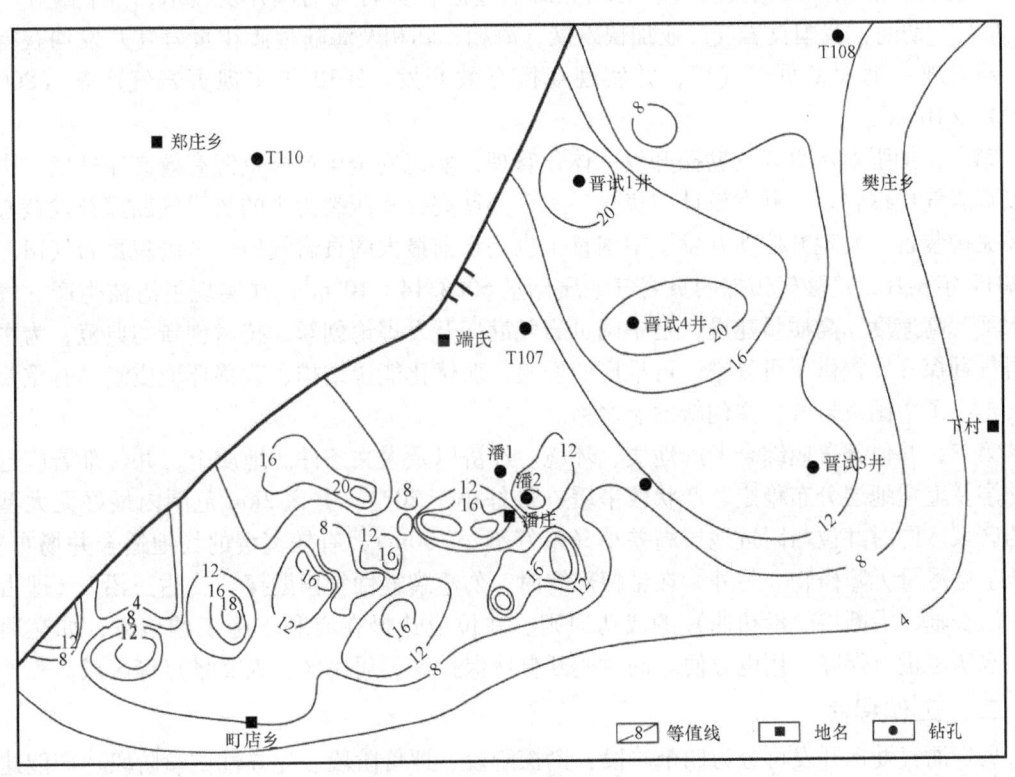

图7-4 沁南地区$3^\#$煤层含气量等值线图（单位：m³/t）

3) 煤层气资源量计算

采用体积法，计算沁南地区煤层气资源量。甲烷风化带埋深为200~300m，初步确定有利于煤层气勘探的煤层埋深为300~1500m，在这一深度范围内，含煤面积为1696km²，煤炭资源量348×10⁸t，煤层含气量以13m³/t平均值计算，得出沁南地区煤层气资源量为4500×10⁸m³（刘成林，2011）。

第二节 页岩油气勘探项目

美国"页岩革命"获得成功的启示,加之有着丰富的储量作为支撑,中国页岩油气在未来中国能源消费结构中有着不可忽视的地位。但是,中国页岩油气的勘探开发依然面临几个主要问题:一是主要页岩油气产区地质结构复杂,60%以上的储量位于水资源匮乏、交通不便的地区,开采和运输难度较大;二是在开发技术水平和管理经验方面尚不成熟,因此很难简单地复制美国页岩油气开发战略;另外,在油价较低的背景下,页岩油气开发陷入进退两难的境地。

一、部署原则

根据页岩油气富集规律及其主控地质因素,页岩油气勘探总体应遵循以下三大原则。

第一,页岩油气勘探开发利用按照"统一规划、合理布局、示范先行、综合利用"的原则。国家能源局对页岩气发展进行了规划,完善成熟3500m以浅海相页岩气勘探开发技术,突破3500m以深海相页岩气、陆相和海陆过渡相页岩气勘探开发技术;"十四五"及"十五五"期间,我国页岩气产业加快发展,海相、陆相及海陆过渡相页岩气开发均获得突破,新发现一批大型页岩气田,并实现规模有效开发,2030年实现页岩气产量(800~1000)$\times 10^8 m^3$。

第二,加强对示页岩气勘探开发一体化管理,实现安全生产和资源高效有序开发。中石化以页岩气地球物理、开发设计与优化、水平井钻完井及压裂为主的页岩气勘探开发核心技术及关键装备,发现并成功开发了中国首个也是目前最大的页岩气田——涪陵页岩气田。截至2017年8月,涪陵气田探明页岩气地质储量$6008.14\times 10^8 m^3$,并实现了清洁生产。气田高水平、高速度、高质量建设,是中国页岩气勘探开发理论创新、技术创新的典范,为中国页岩气勘探开发提供了可复制、可推广的经验,对优化能源结构、改善环境质量具有重要意义,走出了中国页岩气自主创新发展之路。

第三,井位部署应综合考虑地质、环境、经济以及人文条件。地质上,井位部署应选择目的层及上覆地层分布稳定,产状较平缓(最好小于20°),井区2km范围内最好无大型断层的区域。同时井位与附近地层高差小(最好小于100m),有较宽缓的场地适合井场布置,场地上空尽量无障碍物。另外,在钻探部署时,勿忘裂缝性气田勘探"一占三沿"(即占高点、沿长轴、沿断层、沿扭曲)的成功原则。井位应选择在有利于施工的地方,如交通方便,水源尽量有保障,用电方便。同时避开自然保护区、居民区、人文景点等区域。

二、工作程序

页岩油气勘探开发可分为四个阶段:勘探阶段、评价阶段、先导性试验阶段、产能建设和生产阶段。

1. 勘探阶段

首先在区域地质调查基础上,结合地质、地球化学、地球物理等资料,优选出具备页岩油气形成地质条件的有利区带。在此基础上对有利区带进行地球物理勘探和探井钻探,建立完整的目的层取心剖面,查明储层厚度、埋深、含气性、有机质含量、物性等特征,并进行压裂改造达到页岩气井产量起算标准,优选出有利的评价区,并初步了解评价区的页岩油气聚集特征,同时计算资源量。

2. 评价阶段

对评价区进行地球物理勘探,查明构造形态、断层分布、储层分布、储层物性变化等地质特征。进行评价井(直井和水平井)钻探,并开展直井和水平井压裂改造达到页岩气井产量起算标准,通过评价井(直井和水平井)和地震资料基本圈定页岩油气富集范围,取全相关资料,查明页岩油气藏类型、储集类型、驱动类型、流体性质及分布,并优选出建产核心区,提交预测储量和控制储量。

3. 先导性试验阶段

对建产区进行地球物理勘探,精确查明建产核心区构造特征、应力分布、岩石力学参数和 TOC 平面分布等特征。开展直井和水平井组先导性试验,并达到页岩气井产量起算标准,落实产能和开发井距等关键开发参数,完成初步开发设计或正式开发方案,根据井控面积的范围,提交建产区探明储量。

4. 产能建设和生产阶段

实施开发方案,油气田投入生产,补取必要的动态资料,进一步评价储量区,并进行储量复算、核算等动态管理和更新。

三、评价方法

依据我国页岩油气资源特点,将页岩油气分布区划分为远景区、有利区和目标区三级(图7-5)。对于页岩油气不同的分布区评价和优选时采用不同的评价方法及体系。

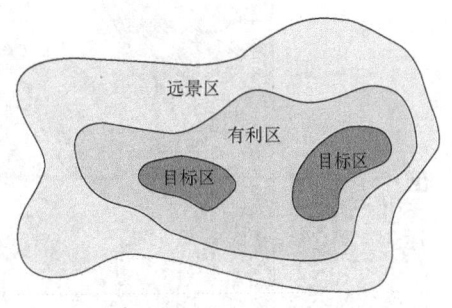

图 7-5 页岩油气分布区示意图

1. 远景区的优选评价

选区基础:从整体出发,以区域地质资料为基础,了解区域构造、沉积及地层发育背景,查明含有机质泥页岩发育的区域地质条件,初步分析页岩油气的形成条件,对评价区域进行定性—半定量为主的早期评价。

选区评价方法:基于沉积环境、地层、构造等研究,采用类比、叠加、综合等技术方法,选择具有页岩油气发育条件的远景区。

2. 有利区的优选评价

选区基础:结合泥页岩空间分布,在进行了地质条件调查并具备了地震资料、钻井(含参数浅井)及相关测试等资料,掌握了页岩沉积相特点、构造模式、页岩地化指标及储集特征等参数基础上,依据页岩发育规律、空间分布及含油气量等关键参数在远景区内进一步优选出有利区域(李玉喜等,2016;Hu et al.,2017,2018)。

选区评价方法:基于页岩分布、地化特征及含气性等研究,采用多因素叠加、综合地质评价、地质类比等多种方法,开展页岩油气有利区优选及资源量评价。

3. 目标区的优选评价

选区基础:基本掌握页岩空间展布、地化特征、储层物性、裂缝发育、试验测试、含油气量及开发基础等参数,有一定数量的探井实施,并已见到了良好的页岩油气显示。

选区评价方法:基于页岩空间分布、含气量及钻井资料研究,采用地质类比、多因素叠加及综合地质分析技术,优选出能够具有商业开发价值的地区。

四、案例分析——四川盆地志留系龙马溪组海相页岩气勘探

1. 区域地质概况

四川盆地位于上扬子西缘,古生代—新生代的多期构造运动导致其形成了一个大型的油

气富集叠合盆地，四周被龙门山冲断带、米仓山—大巴山冲断带、湘鄂黔冲断带、峨眉—凉山冲断带所环绕（Tang et al., 2016）。受深部断裂和基底断层的控制，四川盆地内部可划分为川东高陡断褶带、川南低缓断褶带、川中平缓断褶带、川北平缓断褶带以及川西低缓断褶带（图7-6）。

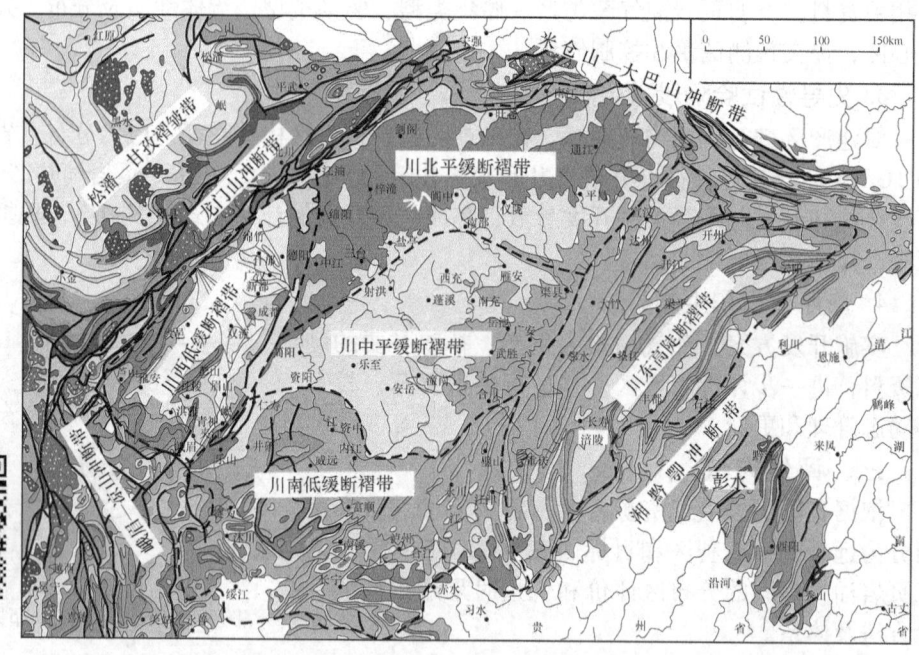

图7-6 四川盆地构造区划图（底图为1∶250万中国地质图，中国地质调查局）

四川盆地地层发育较全，自震旦系至第四系沉积了超过1300m的地层。其中，震旦系—三叠系以海相沉积为主，主要由碳酸盐岩和泥页岩沉积组成，厚度为4100~7100m；上三叠统—第四系则主要以陆相碎屑岩沉积为主，厚度为3500~6000m。

四川盆地志留系由中下统组成，缺失上统。下统由龙马溪组、小河坝组（或石牛栏组/罗惹坪组）组成（图7-7），其中石牛栏组与罗惹坪组及小河坝组为同时异相沉积；中统为韩家店组。志留系与下伏奥陶系呈整合接触，川西地区与泥盆系平驿铺组、川西南与二叠系梁山组、川东南/鄂西渝东与泥盆系云台观组、川东北与石炭系黄龙组呈平行不整合接触。志留系地层厚0~1200m，向川中古隆起逐渐尖灭到全部缺失（Jiang et al., 2015）。

四川盆地是中国页岩气勘探开发先导性试验基地。2005年在四川盆地及其周缘开展了页岩气地质选区与评价工作。2010年评价钻探的威201井在五峰组—龙马溪组率先取得中国页岩气突破。2014年长宁—威远、焦石坝等区块建成投产，实现了商业化开采。2015年，涪陵焦石坝页岩气田探明储量为$3806 \times 10^8 m^3$，含气面积达$383.54 km^2$，成为全球除北美之外最大的页岩气田。截至2017年3月，焦石坝气田日产气达$1600 \times 10^4 m^3$，累积产气超过$100 \times 10^8 m^3$。长宁—威远国家级页岩气示范区从2014年建产以来，至2017年3月已累计投产平台28个，水平井136口，日产气$750 \times 10^4 m^3$，累计产气量突破$40 \times 10^8 m^3$。

2. 页岩气地质特征

四川盆地上奥陶统五峰组—下志留统龙马溪组主要为页岩沉积，富含笔石化石，如 *Spirograptus*、*Coronograptus*、*Cystograptus*、*Demirastrites*、*Lituigraptus*、*Stimulograptus* 等（图7-8）。

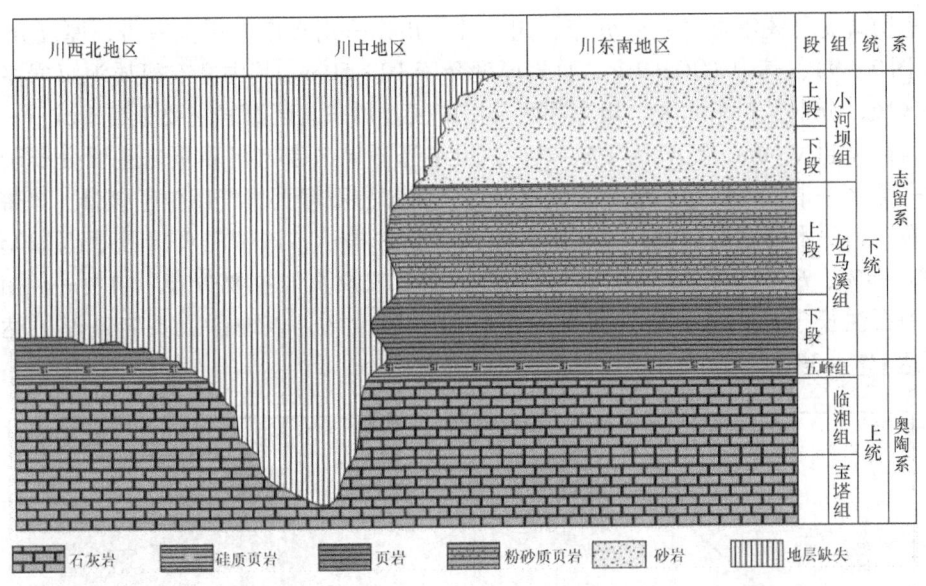

图7-7 四川盆地上奥陶统—下志留统地层格架及充填序列图

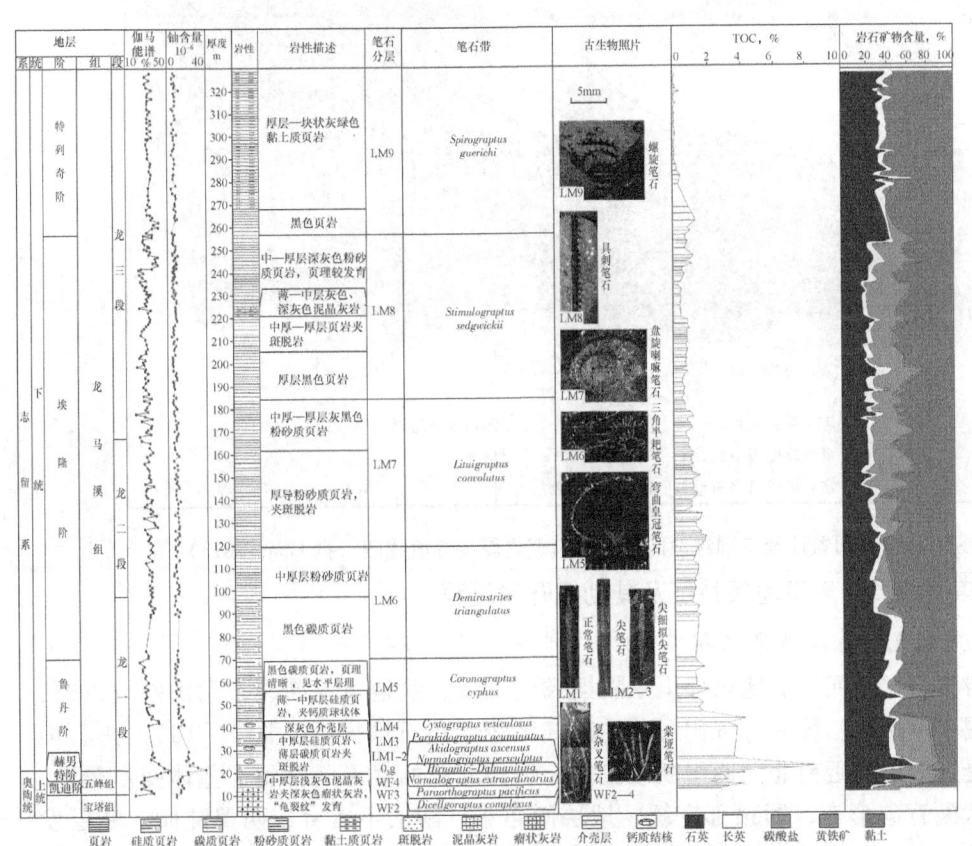

彩图7-8

图7-8 四川盆地上奥陶统五峰组—下志留统龙马溪组综合柱状图（据邹才能等，2015）

富有机质页岩主要发育于五峰组—龙马溪组下部，厚20~120m，TOC为1.5%~6%，R_o主体为1.5%~3%，孔隙度为3%~10%，渗透率为$1×10^{-8}~9×10^{-6}\mu m^2$，含气量为2~5.5m³/t，压力系数为1.0~2.3，埋藏深度介于900~4500m（邹才能，2014）。

下志留统龙马溪组页岩主要分布于川东北—川东—川东南—川南一带,厚度介于20~120m(图7-9),其中TOC>2%,页岩厚度介于10~50m。其中富有机质泥页岩主要分布于三个区域,分别是川东北区、川东鄂西及川南区。川东北区页岩主要分布于城口—镇巴一带,页岩最厚超过60m,TOC为1%~5%;川东鄂西地区富有机质页岩主要分布于区涪陵—石柱—彭水一带,中石化彭水页岩气探区以及涪陵焦石坝页岩气田位于该带。该带呈北北东向展布,为深水陆棚主要发育带,野外露头和钻井揭示,该带泥页岩最厚达120m,TOC可达2%~5%,R_o介于2.4%~4%;川南地区富有机质页岩主要分布于自贡—泸州—宜宾一带,中石油长宁—威远页岩气国家示范区位于该地区,该地区泥页岩最厚可达120m,TOC可达1%~3%。

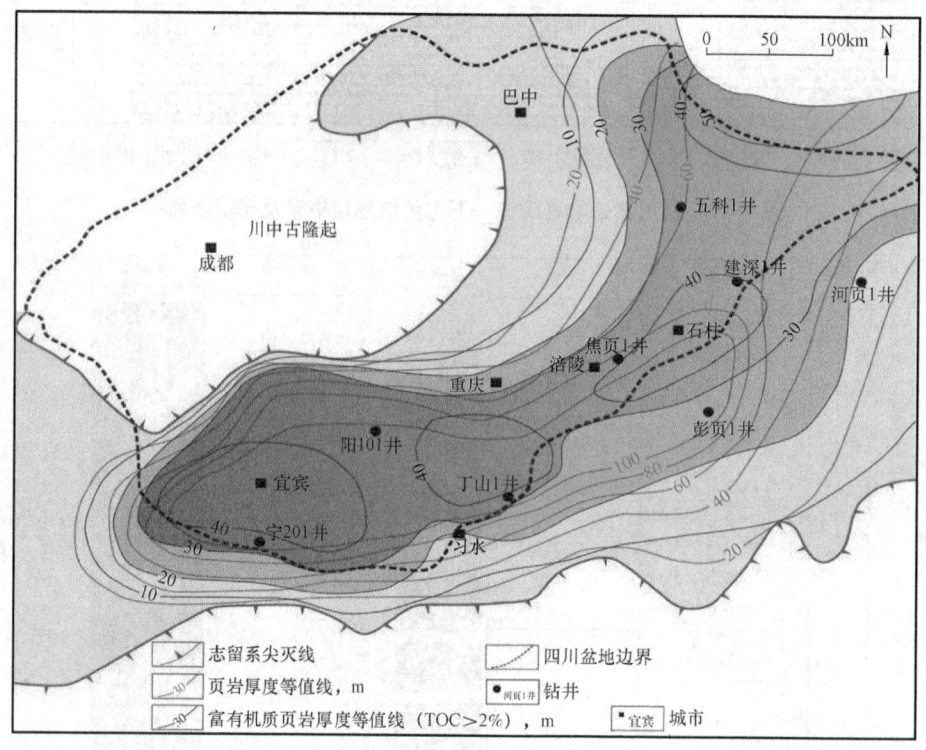

图7-9 四川盆地及其周缘地区龙马溪组页岩厚度等值线图(据Guo,2013)

3. 涪陵焦石坝页岩气田地质特征及其勘探开发过程

1)涪陵页岩气田基本地质特征

涪陵页岩气田位于四川盆地东部川东隔挡式褶皱带、盆地边界断裂齐岳山断裂以西,行政区划隶属于重庆市涪陵区。气田目前主产气区位于焦石坝构造(图7-10);焦石坝构造为一个受北东向和近南北向两组断裂控制、轴向北东的菱形断背斜,主体变形较弱,表现出似箱状断背斜形态,即顶部宽缓、地层倾角小、断层不发育,两翼陡倾、断层发育(Guo et al.,2017)。区内五峰组—龙马溪组含气泥页岩层段(TOC≥1%)厚度为50~100m,优质页岩气层段(TOC≥2%)厚度为35~45m;含气泥页岩层段TOC平均约为2.66%,R_o为2.58%,孔隙度平均约为4.53%,含气量平均约为4.21m³/t,地层压力系数为1.55。气田发现于2012年11月28日,至2017年底累计探明储量6008×10⁸m³。气田基本参数见表7-4。

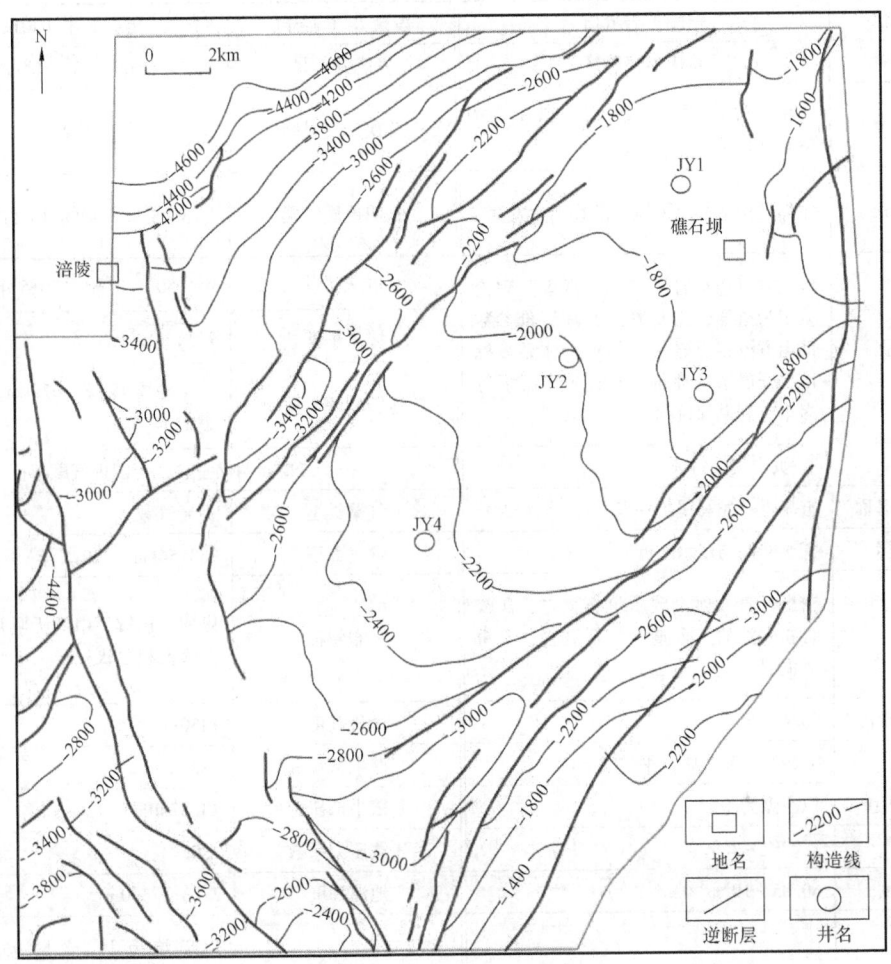

图 7-10 涪陵焦石坝气田构造形态图（据郭彤楼，2016）

2）涪陵页岩气勘探发现历程

涪陵页岩气田于 20 世纪 50 年代开展了地面石油调查等工作，至今油气勘探工作可分为四个重要阶段，即 1950—2009 年常规天然气勘探阶段，2009—2012 年选区评价、优选目标钻探阶段，以及 2012—2015 年以后的勘探突破、展开评价阶段和 2013 年以来的勘探开发一体化阶段（郭旭升等，2016）。

（1）常规天然气勘探阶段（1950—2009 年）

涪陵地区的地质调查及石油天然气勘探工作由来已久。20 世纪 50 年代到 90 年代，地质矿产部开展了石油普查和地质详查，实施二维地震共 14 条、417.51km、MT 测线 4 条、152.7km、CEMP 测线 14 条、470.7km，发现和落实了焦石坝、大耳山、轿子山等背斜构造。中国石化自 2001 年开始在川东南涪陵、綦江、綦江南等区块从油气地质条件诸方面针对下组合油气勘探进行了区带评价，评价认为包鸾—焦石坝背斜带—石门坎背斜带是该区海相下组合油气勘探的较有利勘探区，但由于勘探潜力不明确，在此期间区块内基本无实物工作量投入。

表7-4 涪陵页岩气田基本参数（据郭旭升等，2016）

气田名称	涪陵页岩气田	发现井（年份）	焦页1井（2012）
地理位置	重庆市涪陵区	发现井产量	测试$20.3 \times 10^4 m^3/d$
区域构造位置	川东高陡褶皱带包鸾—焦石坝背斜带焦石坝构造	首次产气时间	2012年
构造背景	主体区构造相对平缓，断裂不太发育	探明地质储层	$3805.98 \times 10^8 m^3$（2015年）
发现依据	以南方海相页岩气"二元富集"理论认识为指导，三大类、18项评价参数的南方海相页岩气目标评价体系域标准，开展选区评价，优选出焦石坝等多个有利勘探目标	可采储量	$951.50 \times 10^8 m^3$（2015年）
		储量丰度	$9.92 \times 10^8 m^3/km^2$
		地震勘探数据	二维地震19条、670km，三维地震$1144.5 km^2$
页岩气层特征		一、二期探明储量含气范围内气藏特征	
页岩气层名称	五峰组—龙马溪组一段	气藏类型	页岩气藏
沉积环境	深水陆棚与浅水陆棚	含气面积	$383.54 km^2$（2015年）
岩性	灰黑色含放射虫碳质笔石页岩、含碳含粉砂泥岩、含碳质笔石页岩、含粉砂泥岩	分布特征	纵向上连续，中间无隔层，平面上大面积层状分布
页岩气层厚度	55.4~89.1m	含气高度	1430m
TOC	0.29%~6.79%，平均2.66%	气藏中部埋深	2885m
干酪根类型	以Ⅰ型为主	气藏中部压力	43.87MPa
R_o	2.22%~2.89%	气藏压力系数	1.55
生气强度	$60.05 \times 10^8 m^3/km^2$	地温梯度	$2.83℃/100m$
孔隙度	0.26%~8.61%，平均4.53%	天然气成分	以甲烷为主，含量96.10%~98.81%；低含二氧化碳，含量0~0.56%；不含硫化氢
渗透率	0.1307~1.2674mD，平均0.4908mD	天然气类型	过成熟干气
孔隙类型	以纳米级有机质孔、黏土矿物间微孔为主，并发育晶间孔、次生溶蚀孔等	天然气来源	五峰组—龙马溪组一段
矿物成分	硅质矿物、钾长石、斜长石、方解石、白云石、黄铁矿、黏土矿物（伊/蒙混层、伊利石、绿泥石）	油气水关系	未见气水界面
黏土矿物含量	10.7%~61.6%，平均32.7%		
硅质矿物含量	平均42.6%	顶底板特征	顶底板与页岩气层位连续沉积，呈整合接触关系，顶底板厚度大、岩性致密、突破压力大
总含气量	$0.35~9.63 m^3/t$，平均$4.213 m^3/t$		
含气饱和度	66.8%~74.4%，平均67.7%		

（2）选区评价、优选目标钻探阶段（2009—2012年）

受美国页岩气快速发展和成功经验的影响，中国石化正式启动了页岩气勘探评价工作，将发展非常规资源列为重大发展战略，加快了页岩油气勘探步伐。2009年，中国石化勘探分公司以四川盆地及周缘为重点展开页岩气勘探选区评价，相继完成了四川盆地及周缘丁山1井等40余口老井复查、习水骑龙村等25条露头剖面资料研究，进行了大量分析测试。初步明确了该地区海相页岩气形成基本地质条件，认识到相对于北美商业页岩气田，南方海相页岩气具有多期构造运动叠加改造、热演化程度高、保存条件复杂、含气性差异大的特点，不能简单套用北美地区现成的理论和勘探技术方法，明确了在中国南方构造复杂地区加强页岩气保存条件评价十分必要。因此提出了南方复杂构造区高演化海相页岩气"二元富集"理论认识，即"深水陆棚相优质页岩是海相页岩气富集的基础，良好的保存条件是海相页岩气富集高产的关键"，并建立了三大类、18项评价参数的南方海相页岩气目标评价体系与标准，在此基础上，优选出了焦石坝、丁山、屏边等一批有利勘探目标。

为了研究涪陵地区页岩气形成基本地质条件并争取实现页岩气商业突破，中国石化勘探分公司于2011年9月在焦石坝区块论证部署了第一口海相页岩气参数井——焦页1HF井，2012年2月14日焦页1HF井开钻，涪陵页岩气田非常规页岩气勘探从此拉开序幕。

（3）勘探突破、展开评价阶段（2012—2015年）

焦页1井为焦页1HF井导眼井，该井于2012年5月18日完钻，完钻井深2450m，完钻层位中奥陶统十字铺组。该井钻遇五峰组—龙马溪组页岩气层89m，其中，TOC≥2.0%的优质页岩气层38m。焦页1井完钻后决定不开展直井压裂测试，直接实施水平井钻探，评价产能。选择焦页1井2395~2415m优质页岩气层作为侧钻水平井水平段靶窗，实施侧钻水平井——焦页1HF井，2012年9月16日水平井完钻，完钻井深3653.99m，水平段长1007.90m。同年11月，对焦页1HF井水平段2646.09~3653.99m分15段进行大型水力压裂，2012年11月28日，测试获日产$20.3 \times 10^4 m^3$工业气流，从而宣告了涪陵页岩气田的发现。

焦页1HF井获得商业发现后，在焦页1HF井南部甩开部署焦页2井、焦页3井、焦页4井3口评价井，压裂测试分别试获日产$33.69 \times 10^4 m^3$、$11.55 \times 10^4 m^3$、$25.83 \times 10^4 m^3$中高产工业气流，实现了焦石坝构造主体控制。与此同时，在焦石坝构造有利勘探区（埋深小于3500m）整体部署$594.50 km^2$三维地震，为涪陵页岩气田一期建产奠定扎实的资料基础。继焦石坝主体控制后，2014年针对不同构造样式和深层页岩气积极向外围甩开部署实施了5口探井——焦页5井、焦页6井、焦页7井、焦页8井、焦页9井，其中焦页5井、焦页6井、焦页7井、焦页8井分别试获日产$4.5 \times 10^4 m^3$、$6.68 \times 10^4 m^3$、$3.68 \times 10^4 m^3$、$20.8 \times 10^4 m^3$页岩气流，扩大了涪陵页岩气田的勘探开发阵地。

（4）勘探开发一体化阶段（2013年至今）

在焦页1HF井获得商业发现基础上，为加快涪陵页岩气田"增储上产"步伐，2013年初在焦页2井、焦页3井、焦页4井钻探的同时，为探索气田开发方式、评价气藏开发技术指标，优选焦页1井区$28.7km^2$部署开发试验井组进行产能评价，部署钻井平台10个，钻井26口，新建产能$5 \times 10^8 m^3/a$。2013年9月3日国家能源局批准设立重庆涪陵国家级页岩气示范区。2013年11月28日，中国石化通过涪陵页岩气田一期$50 \times 10^8 m^3$产能建设方案。2014年4月21日国土资源部批准设立重庆涪陵页岩气勘查开发示范基地。截至2018年10月，涪陵页岩气田累计开钻438口井，投产321口，累计生产页岩气超$200 \times 10^8 m^3$，顺利完成了$100 \times 10^8 m^3/a$产能建设目标。

第三节　致密油气勘探项目

致密油气作为非常规油气资源之一，分布广泛，资源潜力巨大。致密油气勘探对象不同于常规油气藏，其主要勘探对象是与主力烃源岩互层的致密砂岩或湖相碳酸盐岩，最终目标是整体控制致密油气储量规模，为开发建产提供效益储量区以及技术积累。致密油气具有五项基本特征：储层物性差，分布面积大；资源丰度低，局部有"甜点"；油气分布不完全受圈闭控制；一般存在压力异常，原油性质好；改造后初期产量高、递减快、生产周期长。因此，致密油气勘探必须按照非常规思路、使用非常规技术才能实现突破。

一、部署原则

第一，采用"先简后难，先肥后瘦，先浅后深，稳步推进，逐渐形成规模"的原则。先在地质条件相对简单、认识程度相对较高、储层物性相对较好、埋藏深度相对较浅的区块寻找有利区带，优选"甜点"发育区进行勘探；而后稳步推进，整体控制规模。第二，加强技术攻关，努力提高单井产量。针对致密储层的改造，以水平井加体积压裂技术为核心手段，探索适应性技术，提高单井产量。第三，重视试采工作，充分证明致密油储量的可动用性，从而实现规模效益开发。一般的致密油区块，要通过 3~5 个月甚至半年左右的时间进行试采，以证明致密油储量的可动用性，进而带动开发建产，实现效益开发。

二、工作程序

根据致密油气勘探对象、勘探目标的特殊性，致密油气有效勘探可分为以下四个关键步骤。

1. 区域评价，选准"甜点"区

"甜点区"是指相对优质的有效储层，即在整体低孔隙度、低渗透率储层中存在相对高渗透率、裂缝发育的储层。"甜点"区控制了 60% 以上的致密油气有效储量和产量，是致密油气藏勘探的核心内容，贯穿于整个致密油气勘探过程。具有宽缓稳定的构造背景、处于或紧邻生烃中心、储层基质孔隙发育、裂缝相对发育和储层具有一定脆性等是开展区域评价、优选"甜点"区要遵循的五个基本原则。根据"甜点"区分布的控制因素，可以通过以下四项研究来确定"甜点"区。

第一，开展区域综合研究，确定主力烃源岩和储层。从有机地化资料入手，充分利用岩心的有机碳含量、生烃潜量、镜质组反射率等地化分析资料及地化录井，结合测井解释有机碳含量数据，详细划分层段，确定垂向上最优质烃源岩集中发育段及其平面上的分布范围；从岩石物性资料入手，充分利用岩心的孔隙度、渗透率、偏光薄片、铸体薄片、压汞、全岩衍射等分析资料，结合测井解释孔隙度、渗透率以及成像测井、核磁共振测井等资料，详细划分储层，从而确定有利储层集中发育段。

第二，通过综合研究确定有利储层相带发育区。一是确定有利沉积相带，以紧邻最优质烃源岩的致密砂岩、碳酸盐岩为对象，从母源类型、沉积微相分析入手，以粒度较粗、物性相对较好、脆矿物含量高等为目的，确定储层有利相带。二是确定有利成岩相，注重致密储层的岩石矿物组成（高石英、高碳酸盐、低泥质含量等）、岩石力学和微裂缝预测等研究，寻找可破裂性高的储层；开展成岩演化研究，分析致密储层的孔隙结构与储集性能，确定最优成岩相。通过有利沉积、成岩相分析，结合储层的厚度，确定有利致密储层的分布范围。

第三,开展地震相、沉积相和成岩相综合研究,预测有利区分布范围。根据地质信息,在聚类分析、相关性分析的基础上,优选并拾取与孔隙度相关性强的地震属性参数,并根据实际问题选取相应的预测方法。对于砂泥岩储层,振幅、能量类地震属性比较符合地质概念模型;对于生物灰岩储层,频率、自回归分析、吸收类地震属性比较适合储层研究。

第四,开展关键井"七性"综合研究,建立"七性"剖面,井震结合确定"甜点"。关键井"七性"综合研究指烃源岩特性、岩性、电性、物性、含油气性、脆性和非均质性等研究。通过建立关键井的"七性"剖面,开展主力烃源岩综合研究和有利储层综合评价,结合上述三项研究结果,确定"甜点"在垂向上的集中发育段和平面上的分布范围。

2. 重点预探,突破关键井

在优选"甜点"体、明确勘探有利目标区的基础上,深入开展构造、沉积微相、储层预测和流体检测研究,最终确定最佳井位目标实施钻探。在钻探过程中要取全取准各类地质资料,建立资料信息"铁柱子";优选储层改造适用技术(直井分层压裂测试),最大限度释放油气层能量。关键井的突破将进一步深化致密油气的地质认识,形成适应性配套技术,并带动整个凹陷甚至坳陷的致密油气勘探。

由于致密油气烃源岩和储层源储一体或源储相邻,致密油气探井需要对优质烃源岩和致密储层实施连续取心,取心长度大于常规油气藏,一般超过50m。取全取准地质资料是建立有利区地质信息"铁柱子"的资料基础。第一,取全岩心分析化验资料。重点针对烃源岩有机质丰度、热演化程度以及储层物性、岩石应力、流体敏感性和含油气性能等进行测定和分析,包括18项目:现场自由气体积含量和气体组分测定、岩心测定(能谱伽马)、总有机碳、有机质裂解分析、镜质组反射率、计算机辅助扫描、岩心切片准备、岩心切片描述、渗透率、孔隙度、流体饱和度测定、吸附同位素测定、岩心薄片数字化采集、岩心天然裂缝描述、X射线衍射(黏土体积)、岩石力学特征参数测定、岩心超薄片描述、电子显微镜扫描、岩石声波特征和储层内流体敏感度分析。第二,取全测井分析评价资料。根据致密油气评价需要,在常规测井系列的基础上,增加高精度数控、元素俘获、核磁共振、微电阻率成像、声波扫描等先进测井系列,加强岩性识别。第三,精细评价烃源岩和储层。在大量岩心分析化验数据和测井解释数据的基础上,确定烃源岩有机质丰度(TOC)、有机质成熟度(R_o)、储层物性(ϕ、K)、岩石成分和孔隙类型结构(偏光、铸体薄片、X射线衍射、扫描电镜、核磁共振等)、岩性/岩相(高分辨率的电成像、元素俘获测井)、岩石力学等参数及其特征。

3. 整体部署,快速控制规模

在关键井获得突破、水平井和体积压裂取得成功后,快速控制致密油气整体规模便成为致密油气勘探的关键工作。其重点工作包括深化综合研究确定"甜点"区、制定整体部署方案、实现快速规模发现。部署思路的核心是以直井控制范围和规模、以水平井提高单井产量并落实产能。在勘探阶段要考虑部署实施水平井井组、工厂化作业,降低成本,实现增效。

深化研究,进一步确定"甜点"区。控制致密油气整体规模的前期工作重点是开展储层评价及其分布预测,优选有利区。通过开展处理解释攻关,提高资料品质,井震结合,开展储层精细评价,多方法综合开展储层精细预测,综合优选"甜点"区,为后续整体部署奠定基础。首先,要优选构造平缓、地层分布稳定的区域。其次,要优选多口井见到油气显示或已获油流、控制程度较高的区域。最后,要优选面积相对较大的有利区,以弥补致密油气储层品质差、储量品位相对低的先天缺陷。

整体部署，实现快速规模发现。按照"直井控制范围、水平井提高产量"的致密油气勘探思路，整体部署地震采集处理和井位。通过加强地震资料的采集、处理和解释攻关；老井复试与新井钻探结合，整体部署直井落实规模、甩开预探扩大发现；同时优选有利区块钻探水平井，实施体积压裂提高单井产量，实现致密油气效益勘探。在具体实施过程中，要整体部署、分批实施；要直井结合水平井；要直井分层压裂结合水平井多段体积压裂；要快速滚动预探落实储量规模；适当甩开预探扩大勘探成果。

三、评价方法

1. 致密油气地质评价

致密油气地质评价的参数众多，与常规油气地质评价的五大地质因素有所区别，包括烃源岩、储层、储源关系、保存条件、油层特征等方面。烃源岩评价主要包括烃源岩层位、岩性、面积、厚度、干酪根类型、总有机碳含量（TOC）、残留烃量（S_1、氯仿沥青"A"）、生烃潜量（S_1+S_2）、氢指数（HI）、热成熟度（R_o）、产烃率、TOC≥0.5%烃源岩空间分布、TOC≥1.0%烃源岩空间分布、TOC≥2.0%烃源岩空间分布等参数；储层评价主要包括储层面积层位、埋深、厚度、沉积相、成岩演化、岩性、电性、物性、含油性、脆性、力学性质等参数；源储关系包括烃源岩与储层的配置关系、储层致密化与烃源岩生烃演化匹配关系；保存条件评价包括盖层岩性和厚度、断层和裂缝分布；油层特征包括致密油类型、油层中部埋深、油层温度、地层压力、压力系数、含油饱和度、气油比、单井初始产量、单井生产曲线、单井最终产油量（EUR）、采收率、原油密度、原油黏度等参数。

致密油气地质评价不同于常规油气藏的"区带优选评价、圈闭落实评价和油藏评价"方法，其核心是综合优选"甜点"，即通过开展优质烃源岩和储层集中发育段的地质评价，寻找二者的交集——"甜点"，其主要内容包括三个方面、11项参数：烃源岩5项（有机碳含量、生烃潜量、镜质组反射率、厚度、分布面积），储层4项（面积、厚度、物性、脆性），经济性2项（埋藏深度、资源规模）。

由于我国目前致密油气勘探程度和认识程度较低，可利用的资料有限，致密油气地质评价参数与标准尚处于探讨阶段，其中致密气评价已建立了GB/T 30501—2014《致密砂岩气地质评价方法》国家标准，致密油勘探尚未建立地质评价标准。在借鉴北美地区致密油评价方案的基础上，根据国内致密油地质特征，初步建立了针对盆地或凹陷级别的致密油评价参考标准，见表7-5（赵政璋等，2012），致密气评价标准中只指出与致密油存在差异的参数（表7-6）。

表7-5 致密油评价要素及参考标准（赵政璋等，2012，略改）

Q评价参数	I类	II类	III类
有机碳含量，%	≥3.0	2.0~3.0	1.0~2.0
生烃潜量，mg/g	≥10		
镜质组反射率，%	0.8~1.3	0.6~0.8	0.4~0.6
烃源岩分布面积，km²	≥50000	10000~50000	≤10000
烃源岩厚度，m	≥30	10~30	5~10
储层孔隙度，%	≥7	4~7	≤4
储层脆性指数	≥40	25~40	≤25

续表

Q评价参数	Ⅰ类	Ⅱ类	Ⅲ类
储层分布范围，km^2	≥10000	2000~10000	≤2000
储层厚度，m	≥30	5~30	≤5
储层埋深，m	≤3000	3000~4000	≥4000
地质资源量，$10^8 t$	≥25	10~25	≤10
举例	北美威利斯顿盆地 Bakken 组	鄂尔多斯盆地	松辽盆地、渤海湾盆地

表7-6 致密气评价要素及参考标准

评价参数	Ⅰ类	Ⅱ类	Ⅲ类
有机碳含量，%	≥5.0	3.0~5.0	1.0~3.0
生烃潜量，mg/g		≥20	
镜质组反射率，%		>1.3	
烃源岩厚度，m	≥100	50~100	≤50
储层孔隙度，%	≥7	3~7	≤3
储层埋深，m	≤3500	3500~4500	≥4500
地质资源量，$10^{12} m^3$	≥3	1~3	≤1

1）烃源岩评价

致密油气的形成与烃源岩密切相关，成熟、优质、具有一定厚度和分布范围的烃源岩是致密油气形成的物质基础。具体评价要素包括烃源岩的有机碳含量、生烃潜量、镜质组反射率、分布面积和厚度。

勘探实践表明，典型致密油区域的有机碳含量一般大于1%。由于致密油储层致密、物性差，需要烃源岩与储层紧密接触，并具有较高的有机质丰度和较大的生排烃强度，才能实现原油近距离充注、运移成藏。因此，致密油烃源岩有机碳含量下限评价值为1%，其评价值要高于常规油藏0.5%的标准。如北美威利斯顿盆地 Bakken 组（5%~20%）、得克萨斯南部 Eagle ford 组（3%~7%）、鄂尔多斯长7段油页岩（6%~22%）、准噶尔盆地吉木萨尔凹陷（3%~4%）等致密油的烃源岩有机碳含量一般大于3%，属于Ⅰ类烃源岩；我国渤海湾、松辽等其他盆地致密油页岩源岩有机碳含量主体一般介于1%~3%，属于Ⅱ类、Ⅲ类烃源岩。目前国内外大型气藏的形成多与煤系烃源岩有关，致密气也不例外，其烃源岩有机碳含量评价下限标准取值1%，高于常规气藏的有机碳下限0.6%。

生烃潜量是反映烃源岩中有机质含量的有效指标。北美威利斯顿盆地 Bakken 组致密油和得克萨斯南部 Eagle Ford 组致密油生烃潜量高，最高可达101.4mg/g，我国鄂尔多斯盆地延长组烃源岩生烃潜量平均为74.1mg/g，均远高于常规泥岩好烃源岩的下限值10mg/g。因此，致密油烃源岩生烃潜量评价下限标准取值可以参照常规泥岩的好烃源岩标准即10mg/g（表7-5）。同样，致密气烃源岩以煤系地层为主，其烃源岩生烃潜量评价参照煤系地层好烃源岩的下限值，以20mg/g作为致密气生烃潜量下限值（表7-6）。

由于致密油烃源岩有机质丰度高、类型也相对较好，可以较常规泥岩提前生烃、排烃。因此，烃源岩的生烃门限低于常规烃源岩，成熟度指标镜质组反射率一般达到0.4%，即可生成并就近运聚形成致密油，略低于常规油气 0.5% 的下限标准。如渤海湾盆地饶阳凹陷湖相碳酸盐岩致密油的烃源岩镜质组反射率仅为 0.4%~0.6%；威利斯顿盆地 Bakken 组致密油烃源岩镜质组反射率主体为 0.6%~1.0%，但在 0.4% 时也形成了部分致密油（表 7-5，图 7-11）。致密气与常规气藏有机质成熟度的要求一致，镜质组反射率大于 1.3%。如鄂尔多斯盆地上古生界煤系地层镜质组反射率可达 1.5%~2.5%，四川盆地须家河组含煤地层镜质组反射率一般在 1.0%~2.0% 之间。

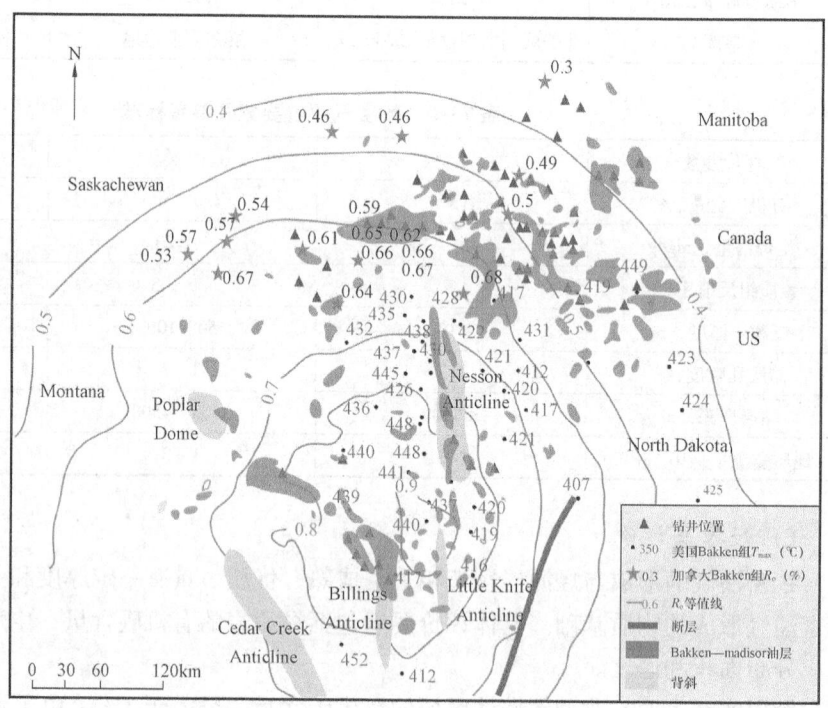

彩图 7-11

图 7-11　威利斯顿盆地 Bakken 组致密油与烃源岩成熟度关系图（据赵政璋等，2012）

烃源岩的分布范围决定了致密油气的分布范围，与常规烃源岩的评价不同，致密油气烃源岩评价强调的是优质烃源岩的厚度及其分布面积，也是致密油气地质评价的基础和关键（Hu et al.，2015）。如北美威利斯顿盆地面积 $34\times10^4 km^2$，Bakken 组发育上下两套页岩，烃源岩累计厚度为 5~12m，其中烃源岩大于 10m 面积约达 $15\times10^4 km^2$；我国鄂尔多斯盆、四川盆地和准噶尔盆地等大型盆地烃源岩平面上分布广、面积大，其中鄂尔多斯盆地现今面积达 $25\times10^4 km^2$，上三叠统延长组长 9 至长 1 均发育了多套不同品质的烃源岩，其中长 7 优质烃源岩面积近 $5\times10^4 km^2$，优质烃源岩厚度在 30~60m；我国渤海湾盆地各坳陷、二连盆地等断陷型盆地烃源岩分布范围相对较小，其中渤海湾盆地各坳陷优质烃源岩面积一般为 500~5000 km^2，厚度为 10~40m。优质烃源岩的厚度与其分布面积大小具有一定的互补性。致密气烃源岩以煤系地层为主，厚度相对较大。

2）储层评价

储层的物性、脆性、厚度和展布面积是致密油气富集高产的重要因素。

根据国内外各盆地致密油储层物性统计结果，可将致密油储层划分为三类：Ⅰ类储层的孔隙度 7%~10%，Ⅱ类储层的孔隙度 4%~7%，Ⅲ类储层的孔隙度小于 4%（表 7-5，图 7-12）。划分依据为：孔隙度等于 7% 为不含水状态下轻质油在低渗透岩石中的渗流界限；

孔隙度大于7%，轻质油以达西流动状态相对自由流动；孔隙度小于7%，以非达西渗流为主，将存在启动压力梯度，其流动将受到很大限制；孔隙度小于4%的致密储层以纳米孔为主，仍赋存一定资源，但由于开发成本高，经济开采难度大，资源品质较差。致密气的储层物性标准略低于致密油（表7-5、表7-6）。

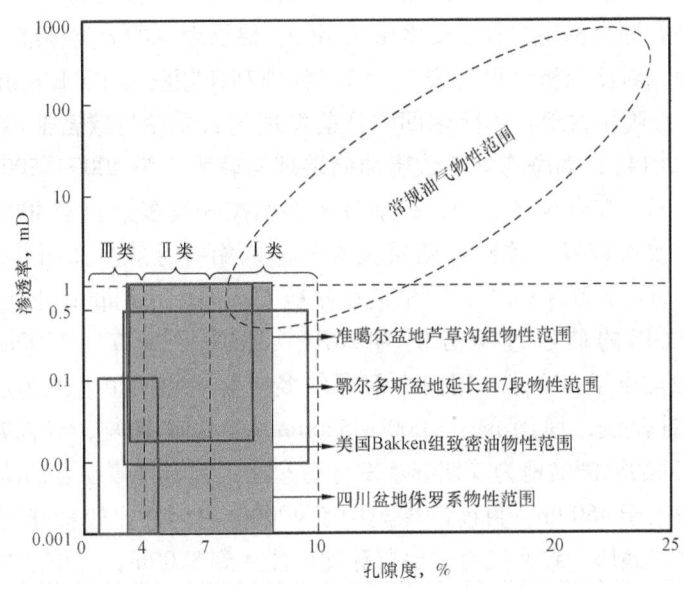

图7-12 致密砂岩油储层孔隙度、渗透率分类图

致密储层岩石成分中脆性矿物的含量决定了后期压裂改造的效果，并直接影响油气产量。具有高石英含量或高碳酸盐含量和低泥质含量的岩石脆性高，脆性矿物含量高的砂岩一般天然裂缝较发育，在压裂过程中可产生剪切破坏并有利于形成复杂的网状裂缝，通过采用体积压裂技术，实现大面积泄油，从而提高单井产量。脆性指数小于25时，岩性以粉砂质泥岩、泥岩为主，压裂造缝效果较差，需要使用较高浓度和较大量的压裂支撑剂；脆性指数为30时，易于形成多缝；脆性指数为40时，易于形成缝网和多缝过渡态。

储层的分布范围和厚度评价，在纵向上更强调与烃源岩相邻或互层的致密储层集中段，平面上要求具有一定的分布面积，要有利于后期优选主力层段和实施水平井钻探以及大型体积压裂，其分布范围和厚度评价与常规储层有所区别（表7-5）。储层的分布范围和厚度评价与烃源岩评价具有相似性，国外致密油气储层分布范围较大，厚度较小；国内致密油气储层分布面积相对较小，仅个别大型盆地储层面积大于$10000km^2$，但储层累计厚度较国外大。以致密油为例，北美威利斯顿盆地 Bakken 组中段主力储集层段为致密白云质粉砂岩和粉砂质白云岩，厚度一般为26~46m，有利分布面积达$7\times10^4km^2$；我国鄂尔多斯盆地长6、长7致密油储层有利面积约$3.8\times10^4km^2$，砂层厚度一般为30~150m；准噶尔盆地二叠系芦草沟组云质岩有利面积约$5600km^2$，厚度一般大于30m，最厚达120m；渤海湾盆地湖相碳酸盐岩单个有利面积一般不超过$3000km^2$，厚度一般为5~30m。

3）经济性评价

依据国内外勘探开发经验，致密油气勘探开发成本较常规油气都要高。主要是由于储层物性差，直井需分层多段压裂，后期多采取水平井开发，也需要实施多段压裂改造；同时，由于资源丰度低、产量递减快，需要大量新井接替，导致钻完井、测试成本高，后期投资比例大。因此，需要从源头优化设计、优选有利区，达到控制投资、降低成本、实现经济勘探开发的目的。从勘探角度考虑，关键在于控制油气层深度并优选资源规模较大地区实施钻探。

储层埋藏深度是致密油气勘探开发是否具备经济效益的首要指标，埋深与钻完井时间、材料耗费等决定钻井综合费用的各项要素密切相关。储层埋深的分类标准，参照国内外主要盆地致密油储层埋深对比分析结果（表7-5）。如威利斯顿盆地Bakken组致密油勘探深度为2590~3200m；准噶尔盆地吉木萨尔凹陷目前发现的云质砂岩致密油储层深度在3000~4200m（周鹏等，2014）；渤海湾盆地致密油储层埋深较大，为4000~5000m，但勘探动用的深度多小于4000m。综合统计表明，目前致密油勘探开发多集中于4000m以内，其中以3000m浅储层经济效益较好。致密气储层埋深各盆地相差悬殊。如国外丹佛盆地Wattenberg、圣胡安盆地Blanco Mesaverde、阿尔伯达盆地Elmworth-Wapiti、阿巴拉契亚盆地Appalachian等致密气田的储层埋深分别为2070~2830m、1677~1900m、823~1433m、1220~1829m，一般均小于3000m。国内中部鄂尔多斯盆地和四川盆地为后期隆升调整型，致密气层埋藏相对较浅，埋深介于2000~5200m，受成本影响，目前勘探主要集中在2500~3500m；东部渤海湾盆地为晚期继承发育型盆地，致密气藏在各凹陷的斜坡区深部或洼槽区，埋深一般大于4500m，目前勘探集中于4000m以内；比较特殊的是西部库车坳陷等前陆构造致密砂岩储层，致密气有效储层深度可能达到8700m，目前勘探工作主要集中在5500~7500m深度。通过多个典型致密气藏勘探现状分析，致密气储层埋深小于3500m为Ⅰ类，埋深在3500~4500m为Ⅱ类，埋深大于4500m为Ⅲ类（表7-6）。

资源规模是实现致密油气规模发现、效益勘探开发的重要保障，是对致密油气储层品质差、储量丰度低等劣势的弥补（表7-5）。据美国地质勘探局（USGS）预测，威利斯顿盆地Bakken组致密油地质资源量为566×10^8t，为Ⅰ类致密油资源区。我国致密油地质资源量初步评价结果表明，地质资源量远小于国外大型盆地。鄂尔多斯盆地地质资源量相对最大，为25×10^8t，其次为四川盆地侏罗系和松辽盆地扶杨油层致密油，资源量均为12×10^8t，均属Ⅱ类致密油资源区；其他盆地致密油地质资源量基本都小于10×10^8t，为Ⅲ类资源区。我国鄂尔多斯、四川和塔里木等盆地致密气地质资源量大于$3\times10^{12}m^3$，分别为$(5.88~8.15)\times10^{12}m^3$、$(4.3~5.7)\times10^{12}m^3$和$(2.69~3.42)\times10^{12}m^3$；松辽、渤海湾和准噶尔等盆地致密气地质资源量介于$(1~3)\times10^{12}m^3$，吐哈、珠江口等盆地致密气地质资源量小于$(1~3)\times10^{12}m^3$。初步可采用大于$3\times10^{12}m^3$、$(1~3)\times10^{12}m^3$和小于$1\times10^{12}m^3$作为致密气地质资源量划分标准（表7-6）。

利用以上致密油地质评价的要素和评价标准进行地质评价时，需要综合各单项因素整体分析，避免以点带面式的简单定论。Ⅰ类区烃源岩丰度高、资源规模大、埋深适中、储层分布广、物性相对较好，可以实现规模勘探开发，经济效益好，如威利斯顿盆地的Bakken组致密油；Ⅱ类区各项指标稍逊于Ⅰ类区，通过工程技术攻关，可以实现经济效益勘探开发，如鄂尔多斯盆地长7段致密油；Ⅲ类区可能个别单项参数存在短板（储层面积小或储层厚度较小），如渤海湾盆地和松辽盆地。总体上，我国的致密油气以Ⅱ类、Ⅲ类为主。利用上述标准对盆地、凹陷地质评价的基础上，可以参照表7-7的标准进一步进行有利区和甜点区的预测和优选。

表7-7 致密砂岩和致密碳酸盐岩有利区及甜点区优选标准（据王社教等，2014，修改）

参数	标准	有利区优选取值标准		甜点区优选取值标准	
		致密砂岩	致密碳酸盐岩	致密砂岩	致密碳酸盐岩
储层	面积，km^2	≥50	≥100	≥20	≥50
	厚度，m	≥10	≥2	≥15	≥5
	孔隙度，%	≥5	≥2	≥8	≥6
烃源岩	TOC，%	≥1	≥1	≥2	≥2
	R_o，%	0.6~1.3	0.6~1.3	0.6~1.3	0.6~1.3
构造背景		较稳定	较稳定	较稳定	较稳定
地表条件		有利	有利	有利	有利
油气显示		有发现	有发现	85%的井获得工业油流，其中5%获得高产油流	85%的井获得工业油流，其中5%获得高产油流
埋深，m		1000~4500	1000~4500	1500~4000	1500~4000

2. 致密油气资源评价

致密油与常规油气资源在成因机理、分布规律、地质控制因素等方面存在较大的差异，因此有些常规油气资源的评价方法不能用于致密油资源评价。致密油资源评价方法较多，目前，国内分为三个层次、7种评价方法，即容积法、体积法、分级资源丰度类比法、分级EUR类比法、小面元法、资源空间分布预测法和数值模拟法。国外主要有三大类、8种评价方法，即蒙特卡罗法、分块容积法、单井储量估算法、基于FORSPAN模型的评价方法、资源密度网格法、多方法交叉评价的综合方法、基于地质统计学的条件模拟法和基于地质模型的随机模拟方法。国内外评价方法既有共同点也有差异（表7-8）。

表7-8 国内外非常规油气资源评价方法对比（据王社教等，2014）

国外评价方法		国内方法对比
容积法	（1）蒙特卡罗法	相当于国内的快速评价层次的容积法
	（2）分块容积法	类似于国内重点评价的小面元容积法
	（3）单井储量估算法	介于国内的快速评价层次的容积法和重点评价层次的EUR类比法之间
EUR类比法	（1）基于FORSPAN模型的方法	类似于国内重点评价层次的分级EUR类比法，其中多方法交叉评价的综合方法中采用的校正过程与国内小面元法采用的校正过程思路接近
	（2）资源密度网格法	
	（3）多方法交叉评价的综合方法	
随机模拟法	（1）基于地质统计学的条件模拟法	类似于国内刻度区精细评价层次的资源空间分布预测方法
	（2）基于地质模型的随机模拟方法	

四、案例分析——准噶尔盆地吉木萨尔凹陷芦草沟组

1. 区域地质概况

吉木萨尔凹陷位于准噶尔盆地东部隆起的西南缘，北以吉木萨尔断裂为界，南以三台断裂为界，西以老庄湾断裂和西地断裂为界，向东逐渐过渡为古西凸起，整体为一个中石炭统褶皱基底上沉积起来的西深东浅、西断东超的箕状凹陷，构造单元面积为$1278km^2$，主体勘探部位相对平缓，构造倾角为3°~5°（图7-13）。吉木萨尔凹陷自下而上发育石炭系巴塔

玛依内山组（C_2b），二叠系井井子沟组（P_2j）、芦草沟组（P_2l）、梧桐沟组（P_3wt），三叠系韭菜园组（T_1j）、烧房沟组（T_1s）、克拉玛依组（T_2k），侏罗系八道湾组（J_1b）、三工河组（J_1s）、西山窑组（J_2x）、头屯河组（J_2t）、齐古组（J_3q），白垩系吐谷鲁群（K_1tg），古近系（E），新近系（N），第四系（Q）等地层（Cao et al.，2016）。

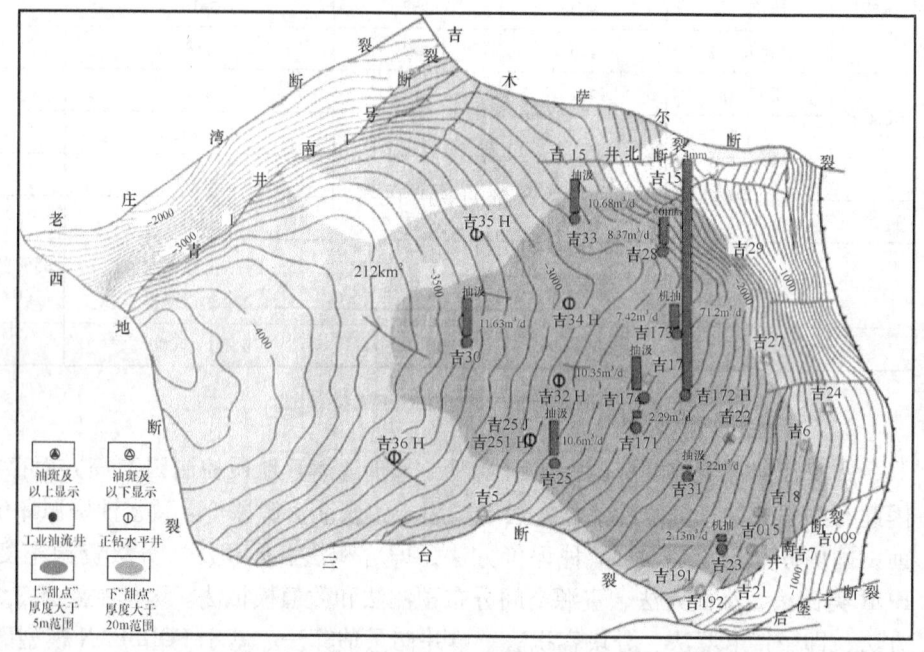

彩图 7-13

图 7-13　吉木萨尔凹陷芦草沟组顶面构造图（据赵政璋等，2012）

吉木萨尔凹陷二叠系芦草沟组在全凹陷均有分布，厚度为 200~350m。整个芦草沟组为咸化滨浅湖环境沉积，可分为上下两段，上段整体为水进体系沉积，下段为水退体系沉积，上、下两段以最大湖泛面为界，均发育油气"甜点"且相对集中（以下分称上、下"甜点"体）。上"甜点"体为咸化滨浅湖滩坝沉积，下"甜点"体为浅湖、滨浅湖、三角洲前缘相。芦草沟组地层岩性可分为两大类：一类为机械沉积的细粒级碎屑岩，主要岩性为云质泥岩、云质粉砂岩和云屑砂岩；另一类为以化学沉积为主的碳酸盐岩，主要岩性为砂屑云岩和泥晶、微晶云岩（Wu et al.，2016）。勘探证明吉木萨尔凹陷芦草沟组源储一体、源储互层，含油性不受构造控制，油藏大面积连续分布，具有典型的致密油特征（Kuang et al.，2012）。

2. 勘探历程

自 20 世纪 50 年代勘探至今，早期按照常规油气勘探的思路，先后钻探预探井和评价井数十口，陆续发现了吉 19 等二叠系梧桐沟组砂岩油藏、吉 7 井侏罗系八道湾组砂岩油藏和吉 15 井石炭系火山角砾岩油藏，芦草沟组一直未有突破。2010 年，受北美 Bakken 组等致密油勘探的启示，开始用致密油的研究思路来探索二叠系芦草沟组致密油；2011 年吉 25 井加深钻探，致密油勘探初获发现；2012 年关键井吉 174 井获得突破，随后吉 172H 井探索水平井加体积压裂技术再获成功，通过整体部署、快速实施，吉木萨尔凹陷致密油勘探初具规模。

1）转变观念，致密油勘探初现曙光

吉木萨尔凹陷二叠系芦草沟组早期一直被认为是盆地内品质最好的烃源岩段，虽多口探井在芦草沟组见到厚层油气显示，且平面上分布较广泛，但始终未作为有效储层开展研究。

首先，重新研究，明确勘探潜力。重新开展吉木萨尔凹陷芦草沟组烃源岩和储层研究。烃源岩研究表明，芦草沟组生油岩厚度大于200m的有利区面积达800km²，TOC平均为5.16%，氯仿沥青"A"含量平均为0.73%，$S_1 + S_2$为20.98mg/g。有机质丰度高、厚度大、面积广，具备形成致密油的资源基础（Hu et al.，2016a）。储层主要为一套沉积于咸化湖泊中受机械沉积作用和化学沉积作用混合沉积的陆源碎屑与碳酸盐的混积岩，岩性以灰质泥岩夹泥晶灰岩、云质粉细砂岩、灰质云岩等云化岩类为主，以剩余粒间孔隙为主，为低孔、特低渗储层，横向连续性好，分布稳定，面积约1200km²，厚度最大达350m，具备形成致密油储层的有利条件（Hu et al.，2016b）。其次，针对性测试，致密油初获发现。结合北美非常规油气勘探经验，2011年加深钻探吉25井，芦草沟组油气显示活跃；岩性主要为灰色粉砂岩、云质粉砂岩；岩心实测孔隙度平均为8.44%，渗透率平均为0.04mD；对3403~3425m井段分层加砂压裂，获日产油20.3m³。最后，老井复查，致密油再获发现。通过对吉木萨尔凹陷老井展开复查发现，2011年前芦草沟组无专层探井，多为过路井或口袋井。揭示芦草沟组的探井共22口，其中口袋井5口，钻穿芦草沟组探井4口，多集中在凹陷东部，多口探井在芦草沟组见到厚层油气显示。对吉23井、吉171井、吉172井进行老井加深钻探并进行分层压裂，均获工业油流。

2）深化勘探，落实"甜点"

通过对钻探资料重新梳理发现，吉木萨尔凹陷可能存在上、下两套"甜点"体，吉25等井出油的是上"甜点"体。2012年初，针对致密油设计实施关键井——吉174井，建立地质特征"铁柱子"，实施直井分层压裂，实现了突破。吉木萨尔凹陷芦草沟组勘探程度低，油气显示丰富，呈现满凹含油特征。吉25等井仅对顶部局部"甜点"进行试油，下段厚层段尚未探索，勘探潜力巨大。通过纵向储集层段分析和联井平面对比，优选"甜点"区部署实施关键井——吉174井，设计钻穿二叠系芦草沟组，探索上、下两套"甜点"体的储层及其含油性。该井在实施过程中，对芦草沟组进行全井段取心、多系列测井，取全取准了各项资料，连续取心35筒，共282.59m，实验分析总数达到5000余块次；在常规测井的基础上，实施了自然伽马能谱（NGS）、微电阻率成像测井（FMI）、核磁共振（MRIL-P）、多极子阵列声波（DSI）、元素俘获能谱（ECS）等针对性测井。

在前期工作基础上，建立地质资料"铁柱子"。首先，通过吉174等11口井，特别是吉174井目的层全井段取心资料，对岩性进行了细致的划分，通过综合常规测井、核磁等特殊测井以及岩心分析资料，建立了岩性识别图版（图7-14）。其次，通过井震结合，芦草沟组自下而上可分为$P_2l_2^1$、$P_2l_2^2$、$P_2l_1^1$、$P_2l_1^2$。其中$P_2l_2^2$岩性主要为灰色砂屑白云岩（上"甜点"体），$P_2l_1^2$岩性主要为灰色含云质砂岩（下"甜点"体），为主要目的层段（图7-15）。再次，开展单井精细沉积微相研究。上"甜点"体以碳酸盐岩滩坝内碎屑沉积为主；下"甜点"体以三角洲远沙坝与席状砂云质粉细砂岩沉积为主（图7-16），并建立了沉积模式。最后，精细评价储层物性。吉174井上"甜点"体孔隙类型以溶蚀孔为主，表现为中孔、低渗特征，孔隙连通性较差，测井解释有效孔隙度大于6%的油层厚度为19.3m；下"甜点"体孔隙类型以剩余粒间孔及颗粒溶孔为主，表现为中孔、低渗特征，孔隙连通性较差，测井解释有效孔隙度大于6%的油层厚度为49.9m。储层物性受白云石、砂质含量和储集空间类型的控制，下"甜点"体虽然埋深较大，但物性较好。

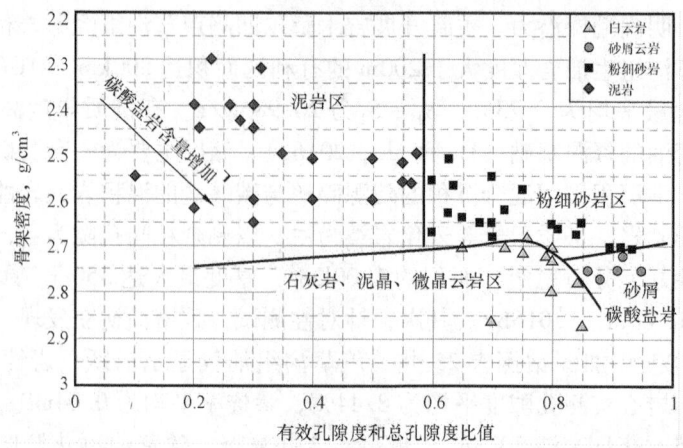

图 7-14 准噶尔盆地吉木萨尔凹陷芦草沟组岩性识别图版（据赵政璋等，2012）

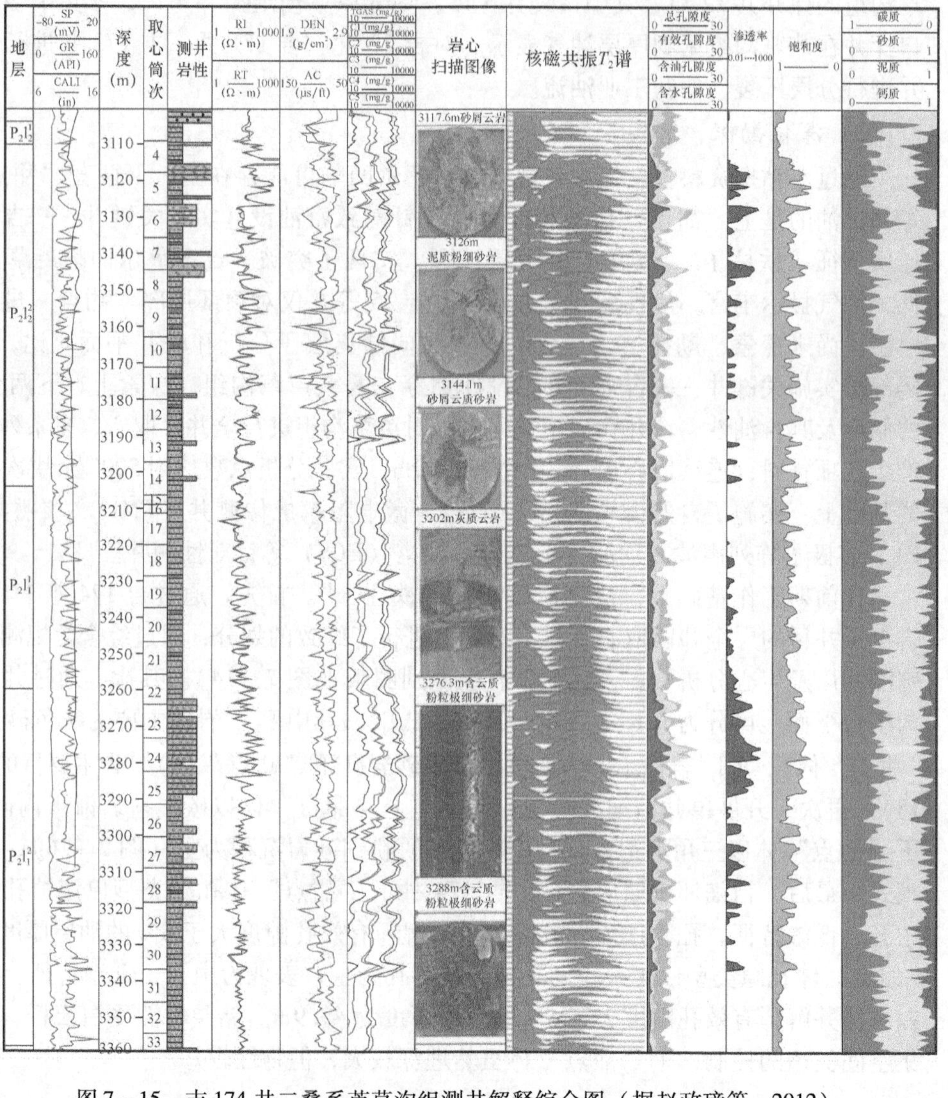

图 7-15 吉174井二叠系芦草沟组测井解释综合图（据赵政璋等，2012）

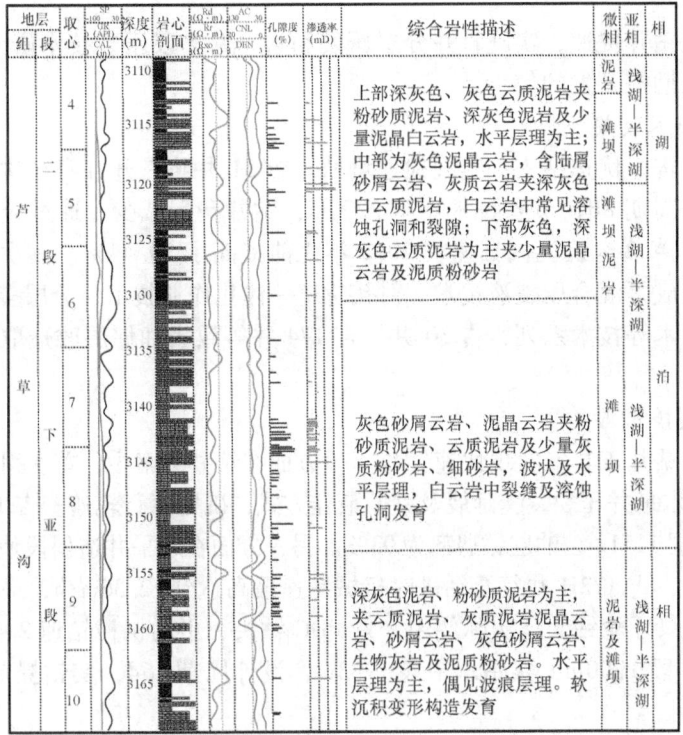

彩图 7-16

图 7-16 准噶尔盆地吉木萨尔凹陷吉 174 井二叠系
芦草沟组单井沉积相综合图（据赵政璋等，2012）

3) 技术攻关,实现高产

吉木萨尔凹陷通过开展钻井提速,实施直井分层压裂和水平井多段压裂技术研究攻关,实现了高产,坚定了致密油勘探开发的信心。

(1) 直井钻井与压裂技术攻关

首先,通过简化井身结构,优选钻头,实现提速增效。吉31井将三开井身结构变为二开复合结构,有效缩短钻井周期8d;节省技术套管2200m,钻井费用减少。通过应用PDC钻头并通过优化钻头选型,芦草沟组机械钻速较2012年之前提高了20.44%。其次,开展直井分层压裂攻关。初步形成了混合压裂液技术、射孔桥塞一体化作业技术、分层多簇射孔技术和连续油管钻磨桥塞技术等技术系列,吉30井、吉174井等致密油储层改造取得良好效果。

(2) 水平井钻井与压裂技术攻关

首先,优化轨迹、优化钻井工具,实现快速钻井。一方面在钻井方案中,首次引入"储层改造最优化"思路,根据水平井压裂裂缝延展及铺砂最佳方式,确定穿行轨迹。吉172H井水平段长度1233m,解释油层1151m,油层钻遇率为93%。另一方面在水平井造斜段使用史密斯PDC钻头+螺杆复合钻进,吉172H井复合钻进时机械钻速最高达到12.36m/h,最高日进尺达138m;水平段设计11只牙轮钻头,实际使用2只PDC钻头,平均机械钻速2.44m/h,较设计提高22%。设计水平段1200m,实钻水平段1233m,设计周期46d,实钻提前6d完成进尺。

其次,积极探索"水平井+体积压裂"技术。吉172H井创国内单井最大加砂量记录,获得高产油流,实现了技术突破。吉172H根据水平段井眼轨迹井径、应力、裂缝发育段及孔渗情况优选封位、滑套位置及段长,在3133~4360m井段用时9d即完成15级大型压裂改造。施工中共用压裂液16030.7m^3,加砂1798m^3,通过变黏度冻胶压裂液体系和加大排量至6~8m^3/min,增大裂缝的延展高度,压裂后裂缝上下延展,沟通整个"甜点"体,采用4mm油嘴排液(油压11.5MPa,套压0),日产液量基本稳定,日产油量达62.6m^3。吉172H井为吉木萨尔致密油首口水平井,通过"水平井+多级压裂"形成体积压裂改造,获得高产油流,实现了最大限度地提高致密储层的动用率、效益开发的目标,进一步坚定了该区致密油勘探开发信心。

4) 整体勘探,致密油初具规模

在关键井、水平井加体积压裂突破后,开展了吉木萨尔凹陷的整体研究、整体部署。通过老井复试与新井钻探相结合,整体部署直井落实规模、甩开预探扩大发现;优选有利区块,实施水平井加体积压裂,吉木萨尔凹陷的致密油勘探已全面展开,目前初具规模。

开展整体研究,预测有利储层分布。吉木萨尔凹陷芦草沟组致密油具有源储一体、整体含油的特点,纵向上含油性受云质和砂质含量的控制,无明显储盖层界限,油气显示表现为大段连续性;平面上含油性受烃源岩与云质、砂质含量较高的"甜点"储层分布的控制,表现为大面积连续分布,油气显示广泛,无明显的圈闭界限,具有连续性油气藏特点。砂体从西南到东北,岩性变细、厚度减薄直至尖灭,物性与含油性变差,下"甜点"体分布范围大于上"甜点"体。"甜点"体厚度与地震振幅强弱有正相关性,地震反演剖面能较好地识别"甜点"体,通过井震结合进行"甜点"体识别和预测,上"甜点"体分布面积大于410km^2、下"甜点"体分布面积大于960km^2(图7-17)。

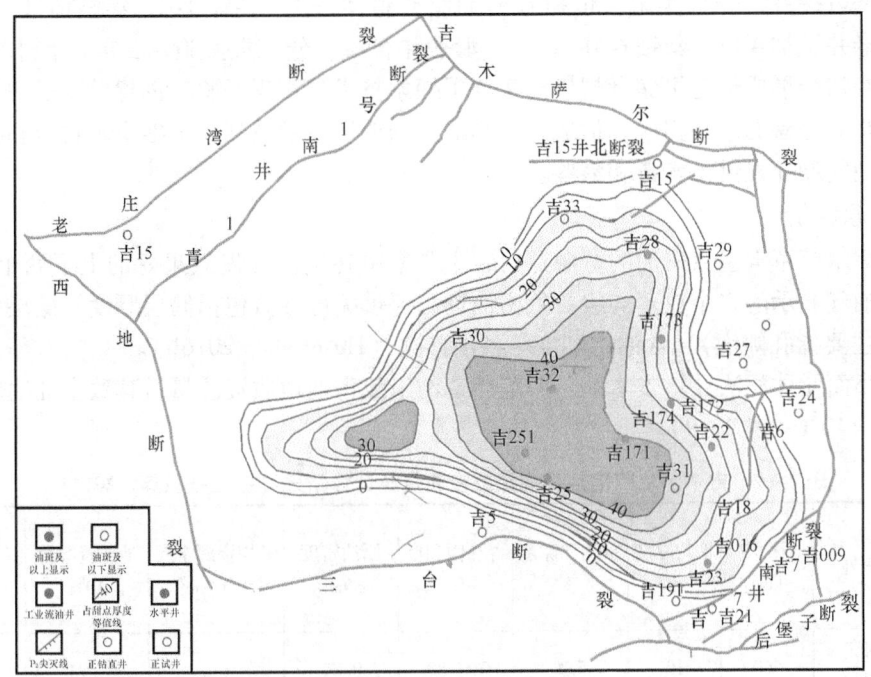

(a) 二叠系芦草沟组上"甜点"体厚度图

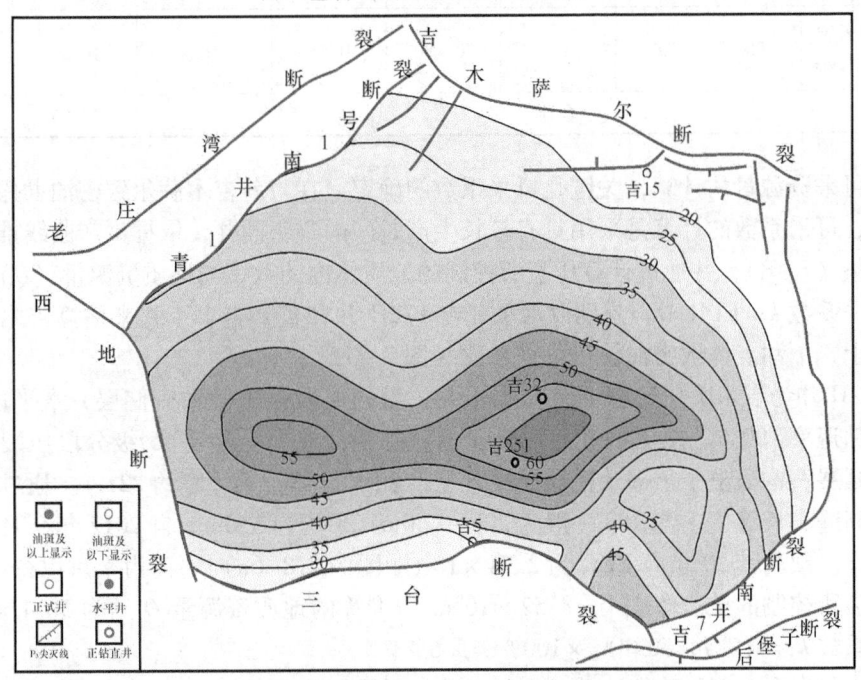

(b) 二叠系芦草沟组下"甜点"体厚度图

图 7-17 准噶尔盆地吉木萨尔凹陷芦草沟组（甜点）预测平面分布图（据赵政璋等，2012）

整体部署地震，获取高品质资料。2012 年，为了实现上下"甜点"的高精度预测、裂缝有效检测及水平井轨迹的精确定位，在储层预测初步研究的基础上，整体部署吉 25 井区及吉密 6 井区两块三维地震资料采集，总面积达 434km²。优先实施南部吉 25 井区三维地震资料采集，面积达 222km²。

整体部署探井，分批实施。依据致密油储层整体研究成果，2012年整体部署直井14口，其中老井试油4口，新钻直井10口，水平井5口，分三批实施。目前，吉木萨尔凹陷致密油已经初步形成亿吨级储量规模。实现了探索技术、积累经验、创建试验区的目标，初步建立了相对完善的勘探程序，形成了一套适用的勘探技术系列，为准噶尔盆地和我国其他地区致密油气勘探提供了参考和借鉴。

3. 资源评价

吉木萨尔芦草沟组致密油的资源评价，主要集中在当前开发效果好的上下两个甜点区，而并非有油气显示的整个芦草沟组。致密油资源评价关键参数包括储层厚度、储层面积、储层物性（主要指孔隙度）、含油饱和度等各项参数（Hu et al., 2016b）。

采用小面元体积法计算吉木萨尔凹陷芦草沟组致密油地质资源量，其致密油地质资源总量约为 22×10^8 t（表7-9）。

表7-9 吉木萨尔凹陷芦草沟组致密油资源计算结果（据王社教等, 2014）

层系	岩性	面积 km^2	平均厚度 m	平均孔隙度 %	含油饱和度 %	原油密度 g/cm^3	平均资源丰度 10^4t/km^2	地质资源量 10^8t	技术可采资源量 10^8t
上甜点体	砂屑白云岩	560	19	5.4	70~80	0.85	102	5.73	0.32
下甜点体	白云质粉细砂岩	1000	28	6.4	70~80	0.85	163	16.30	0.78
合计								22.03	1.10

技术可采资源量的计算，关键是可采系数的确定。在当前吉木萨尔致密油勘探程度较低的情况下，可采系数的计算是采用具有较长生产时间的致密油井，依据生产曲线推算单井最终可采储量（EUR），并通过计算压裂所控制的地质体内的致密油地质资源量（Q），从而估算技术可采系数 $k=\mathrm{EUR}/Q$。分别以水平井吉172H井和直井吉174井来估算吉木萨尔凹陷芦草沟组上、下甜点体致密油技术可采系数（图7-18）。

吉172H井为吉木萨尔致密油首口水平井，目的层段为上段致密储层，水平段长23m，致密储层钻遇率100%。根据物性、油气显示、井径、应力等确定15级分段压裂，压裂后裂缝上下延展，沟通整个上部致密储层段（上"甜点"体，累计厚约22m）。通过大排量施工，形成高缝、长缝，主缝长度一般为220~460m，平均为320m。自2012年9月起，已产油500多天，预测其30年内EUR为 2.74×10^4 t ［图7-18（a）］。而由上可以得出吉172H井体积压裂所控制的排泄体积 $V=8.52 \times 10^6$ m^3，推算的地质资源量 Q 约为 50.1×10^4 t，计算的可采系数 $k=$（2.74/50.1）$\times 100\% =5.5\%$。

吉174井为吉木萨尔致密油首口全取心井，射孔井井段3255~3314m（有效储层累计厚度为41m），分压4层，压裂长度约为19m（主缝长约为200m）。自2012年6月12日起，已产油600余天，预测其30年内EUR为 0.38×10^4 t ［图7-18（b）］。吉174井体积压裂所控制的排泄体积 $V=129 \times 10^6$ m^3，控制的地质资源量 $Q=7.88 \times 10^4$ t。以吉174为代表的下致密油段可采系数 $k=$（0.38/7.88）$\times 100\% =4.8\%$。

由此可以计算出上段致密油技术可采资源量约为 0.32×10^8 t，下段致密油技术可采资源量约为 0.78×10^8 t，合计吉木萨尔凹陷致密油技术可采资源量为 1.10×10^8 t。

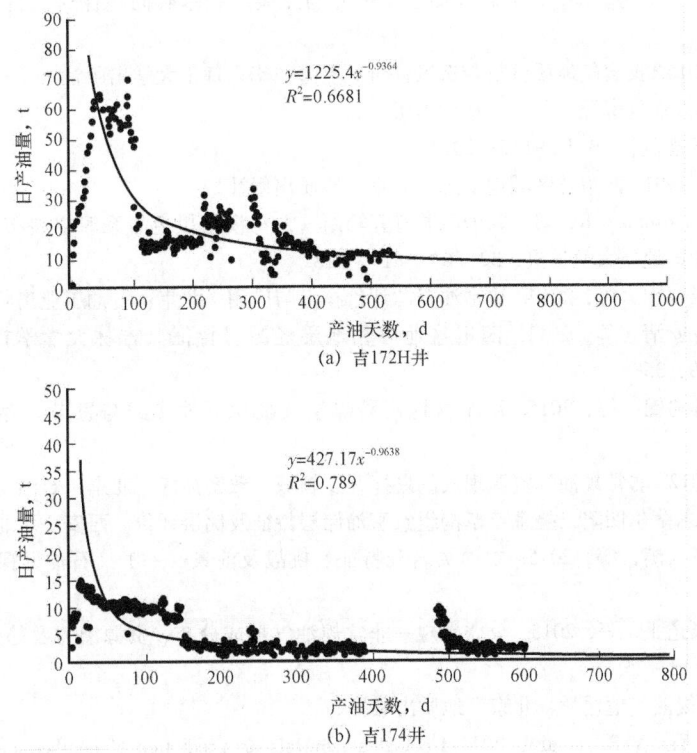

图7-18 吉木萨尔凹陷芦草沟组单井日产油预测递减曲线（据王社教等，2014）

复习思考题

1. 煤层气资源评价参数有哪些？
2. 页岩油气勘探部署遵循哪些主要原则？
3. 致密油气勘探项目的基本工作程序是什么？

参 考 文 献

陈洪德，田景春，刘文均，等，2002. 中国南方海相震旦系—中三叠统层序划分与对比. 成都理工学院学报，29（4）：354-379.

陈振宏，宋岩，2007. 活跃的地下水对煤层气藏的破坏及其物理模拟研究. 天然气工业，18（9）：561-564.

杜金虎，何海清，杨涛，等，2014. 中国致密油勘探进展及面临的挑战. 中国石油勘探，19（1）：1-7.

郭彤楼，2016. 涪陵页岩气田发现的启示与思考. 地学前缘，23（1）：29-43.

郭旭升，胡东风，魏志红，等，2016. 涪陵页岩气田的发现与勘探认识. 中国石油勘探，21（3）：24-37.

国土资源部油气资源战略研究中心，2016. 全国页岩气资源潜力调查评价及有利区优选. 北京：科学出版社.

贾承造，2017. 论非常规油气对经典石油天然气地质学理论的突破及意义. 石油勘探与开发，44（1）：1-11.

姜振学，唐相路，李卓，等，2016. 川东南地区龙马溪组页岩孔隙结构全孔径表征及其对含气性的控制. 地学前缘，23（2）：126-134.

李根生, 盛茂, 田守嶒, 等, 2016. 页岩气储层水平井与压裂工程基础问题探讨. 科学通报, 61 (26): 2883–2890.

李玉喜, 张大伟, 2016. 页岩气地质分析与选区评价. 上海: 华东理工大学出版社.

刘成林, 2011. 非常规油气资源. 北京: 地质出版社.

煤层气资源勘查技术规范: GB/T 29119—2012.

四川省地质矿产局, 1991. 四川省区域地质志. 北京: 地质出版社.

苏文博, 李志明, Ettensohn F R, 等, 2007. 华南五峰组—龙马溪组黑色岩系时空展布的主控因素及其启示. 地球科学—中国地质大学学报, 32 (6): 819–818.

王社教, 郭秋麟, 吴晓智, 等, 2014. 致密油资源评价技术与应用. 北京: 石油工业出版社.

徐胜林, 陈洪德, 陈安清, 等, 2011. 四川盆地海相地层烃源岩特征. 吉林大学学报 (地球科学版), 41 (2): 343–350, 358.

赵贤正, 朱庆忠, 孙粉锦, 等, 2015. 沁水盆地高阶煤层气勘探开发实践与思考. 煤炭学报, 40 (9): 2131–2136.

赵政璋, 杜金虎, 2012. 非常规油气资源现实的勘探开发领域: 致密油气. 北京: 石油工业出版社.

周鹏, 2014. 新疆吉木萨尔凹陷二叠系芦草沟组致密油储层特征及储层评价. 西安: 西北大学.

邹才能, 董大忠, 王玉满, 等, 2015. 中国页岩气特征、挑战及前景 (一). 石油勘探与开发, 42 (6): 689–701.

邹才能, 翟光明, 张光亚, 等, 2015. 全球常规—非常规油气形成分布、资源潜力及趋势预测. 石油勘探与开发, 42 (1): 13–25.

邹才能, 2014. 非常规油气地质学. 北京: 地质出版社.

Cai Y D, Liu D M, Yao Y B, et al., 2011. Geological controls on prediction of coalbed methane of No. 3 coal seam in Southern Qinshui Basin, North China. International Journal of Coal Geology, 88 (2–3): 101–112.

Cao Z, Liu G D, Kong Y H, et al., 2016. Lacustrine tight oil accumulation characteristics: Permian Lucaogou Formation in Jimusaer Sag, Junggar Basin. International Journal of Coal Geology, 153: 37–51.

EIA, 2018. https://www.eia.gov/outlooks/archive/aeo18/.

Guo T L, 2013. Evaluation of Highly Thermally Mature Shale–Gas Reservoirs in Complex Structural Parts of the Sichuan Basin. Journal of Earth Science, 24 (6): 863–873.

Guo X, Hu D, Li Y, et al., 2017. Geological factors controlling shale gas enrichment and high production in Fuling shale gas field. Petroleum Exploration and Development, 44 (4): 513–523.

Hu T, Pang X Q, Jiang S, et al., 2018. Oil content evaluation of lacustrine organic–rich shale with strong heterogeneity: A case study of the Middle Permian Lucaogou Formation in Jimusaer Sag, Junggar Basin, NW China. FUEL, 221: 196–205.

Hu T, Pang X Q, Wang Q F, et al., 2017. Geochemical and geological characteristics of Permian Lucaogou Formation shale of the well Ji174, Jimusar Sag, Junggar Basin, China: Implications for shale oil exploration. Geological Journal, 53 (5): 2371–2385.

Hu T, Pang X Q, Wang X L, et al., 2016a. Source rock characteristics of Permian Lucaogou Formation in the Jimusar Sag, Junggar Basin, northwest China, and its significance on tight oil source and occurrence. Geological Journal, 52 (4): 624–645.

Hu T, Pang X Q, Wang X L, et al., 2016b. Tight oil play characterisation: the lower–middle Permian Lucaogou Formation in the Jimusar Sag, Junggar Basin, Northwest China. Australian Journal of Earth Sciences, 63 (3): 349–365.

Hu T, Pang X Q, Yu S, et al., 2015. Hydrocarbon generation and expulsion characteristics of Lower Permian P1f source rocks in the Fengcheng area, northwest margin, Junggar Basin, NW China: implications for tight oil accumulation potential assessment. Geological Journal, 51: 880–900.

Jiang Z X, Tang X L, Cheng L J, et al., 2015. Characterization and origin of the Silurian Wufeng–Longmaxi Formation shale multiscale heterogeneity in southeastern Sichuan Basin, China. Interpretation, 3 (2): SJ61 – SJ74.

Kuang L C, Tang Y, Lei D W, et al., 2012. Formation conditions and exploration potential of tight oil in the Permian saline lacustrine dolomitic rock, Junggar Basin, NW China. Petroleum exploration and development, 39 (6): 700 – 711.

Mavor M, Close J C, McBane R A, 1994. Formation evaluation of exploration coalbed – methane wells. SPE Formation Evaluation, 9 (4): 285 – 294.

Su X B, Lin X Y, Liu S B, et al., 2005. Geology of coalbed methane reservoirs in the Southeast Qinshui Basin of China. International Journal of Coal Geology, 62 (4): 197 – 210.

Tang X L, Jiang Z X, Jiang S, et al., 2016. Effect of Organic Matter and Maturity on Pore Size Distribution and Gas Storage Capacity in High – mature to Post – mature Shales. Energy & Fuels, 30: 8985 – 8996.

Wu H G, Hu W X, Cao J, et al., 2016. A unique lacustrine mixed dolomitic – clastic sequence for tight oil reservoir within the middle Permian Lucaogou Formation of the Junggar Basin, NW China: Reservoir characteristics and origin. Marine and Petroleum Geology, 76: 115 – 132.

第八章
海域油气勘探项目部署

本章导引

本章第一节主要针对世界及我国海域油气勘探历史与现状进行了概略性的总结和介绍；第二节重点针对海域油气勘探与陆地油气勘探的差异性，包括地理环境的差异性、勘探技术应用的差异性、工作程序的差异性进行了比较和分析；第三节简单介绍了国外及我国海域油气勘探的实例，包括北海、墨西哥湾、我国渤海及南海海域油气勘探的基本情况。

进入21世纪以来，全球陆上油气勘探日趋成熟，剩余资源质量变差，发现的油气藏规模越来越小，勘探成本逐渐提高（赵文智等，2001），发现难度越来越大（江文荣等，2010）。这种状况难以满足人类能源需求（Hall et al.，2003；Teichmann et al.，2011；Liu et al.，2018），油气勘探重点逐渐转向海域（江怀友等，2008）。在占全球面积71%的广阔海洋中，蕴藏着丰富的石油资源。据估计，世界海域石油地质储量约为 1×10^{11} t，其中探明约为 3.8×10^{10} t，全世界已有100多个国家进行了海上油气勘探开发，已在19个盆地获得33个亿吨级油气发现（周守为等，2016），产量约占世界油气产量的30%（Fakhru'l - Razi et al.，2010；Zheng et al.，2016），初步形成三湾（波斯湾、墨西哥湾和几内亚湾）、两海（北海和南海）、两湖（里海和马拉开波湖）的勘探开发格局（刘洛夫等，2007；杨金玉等，2011；Mann et al.，2006；Fraser，2014；Huang et al.，2016；EIA，2017；Orang et al.，2018）。海域油气勘探有其地理环境的特殊性，因而在勘探技术和工作程序上，它与陆上油气勘探存在明显差异。近年来，针对海域油气勘探的技术装备飞速发展，中国海洋石油"981"钻井平台（图8-1）、美国遥感卫星动态监测系统（图8-2）以及中国海洋石油"720"深水物探船（图8-3）就是其中的标志性成果。

彩图 8-1

图 8-1 我国自主研发设计的"海洋石油 981"第六代半潜式钻井平台
（据中国海油石油报，2014）

高 136m，重逾 3×10^4 t，可适应 15 级台风、水深约 3000m 的钻井、完井、修井等作业环境

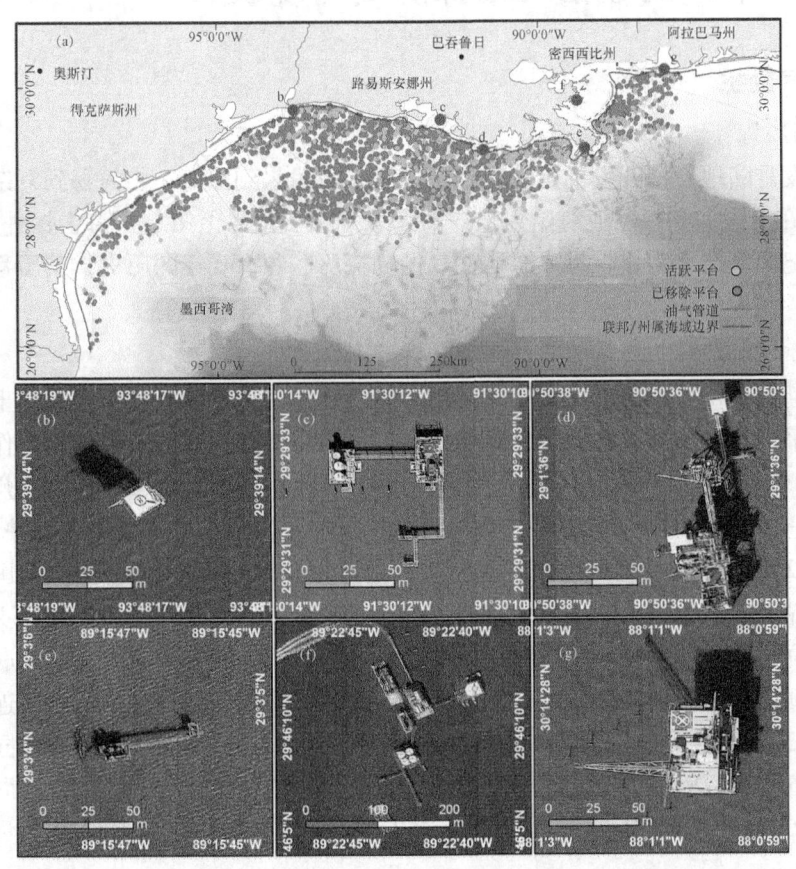

彩图 8-2

图 8-2 美国安全与环境执法局（BSEE）遥感卫星实时监测
墨西哥湾油气钻井平台活跃情况（据 Liu et al., 2018）

彩图8-3

图8-3 中国"海洋石油720"深水物探船示意图(据中国网,2015)

第一节 海域油气勘探历史与现状

一、世界海域油气勘探

1. 海域油气勘探的历史

海域油气的勘探开发是陆地石油开发的延续,经历了一个由浅水到深海、由简易到复杂的发展过程。1897年,在美国加利福尼亚海岸数米深的海域开钻了世界上第一口海上探井,揭开了海域石油勘探新纪元。迄今为止,世界海域油气的勘探历经约130年的历史,其历程大致可以分为三个阶段。

1) 20世纪40年代之前的浅水勘探阶段

这一时期海域石油勘探开发处于初始探索阶段。由于勘探技术、装备落后,主要采用土木工程技术建造木结构平台和人工岛进行钻探,只能勘探近岸的海边和内湖的石油资源,作业水深很浅,一般浅于10m(潘继平等,2006)。例如,1897年,美国最先在加利福尼亚州西海岸用木栈桥打出第一口海上油井;1920年,委内瑞拉在马拉开波湖利用木制平台钻井,发现了一个大油田;1922年,苏联在里海用栈桥成功进行了海上钻探。直到1938年,美国率先在墨西哥湾建成世界上最早的海域油田。随后的20世纪40年代,世界海域油气勘探主要集中在墨西哥湾、马拉开波湖等地区。严格地说,上述油区都是陆上油气区向海底或湖底的延伸部分,还算不上真正意义上的海底油田,而且那时的钻井架大部分是用栈桥同岸边连在一起的(吴家鸣,2013)。总之,这一时期只有少数国家开展了海域的油气勘探工作。同时,由于技术落后、装备简陋,勘探工作仅限于岸边的浅水地带,勘探的领域是陆上盆地向海洋的延伸部分。到1950年,全球海域石油产量总计0.3×10^8t,仅占世界石油总产量的5.5%。

2) 20世纪50—80年代的快速发展阶段

20世纪50—60年代,随着世界经济复苏、科学技术的发展,出现了移动式钻井装置、浮式生产系统及海底生产系统,这大大提高了油气钻采的效率,海域油气勘探进入了快速发展阶段。这一时期勘探范围不断扩大,水深不断加大,真正意义上的海底油气勘探拉开了序幕。至60年代末,作业水深已超过200m,勘探开发领域开始向大陆架深水区延伸。到了70—80年代,随着平台和钻井技术的发展,海域油气勘探得到了快速发展,开发水域范围、作业水深超过500m,成功开发了北海和墨西哥湾大陆架深水区油气资源(潘继平等,2006)。到了20世纪80年代末期,在海上寻找油气资源的国家已达100多个,勘探范围已遍及所有大陆边缘海区。1989年,世界海域原油探明可采储量达 $363 \times 10^8 t$,天然气探明可采储量达 $32.9 \times 10^{12} m^3$,当年原油产量达 $7.75 \times 10^8 t$,占全球总产量的26.0%。

3) 20世纪90年代以来的向深水、极地区扩张阶段

20世纪90年代,成功解决了温带海域油气开采面临的钻井、采油、集输和存储等技术问题,而且高寒水域的平台和管线技术难题也取得重大突破,海域油气勘探开发取得巨大进步,作业水深不断刷新——1999年已近2000m。21世纪以来,作业水深超过3000m,作业范围已从北海、墨西哥湾等传统地区扩展到西非、南美、澳大利亚大陆架及极地等海域。由于勘探技术的发展,深海海域勘探成功率不断提高,发现的油气田储量规模大、产量高、效益显著,深水油气倍受跨国石油公司青睐,海域的油气勘探与开发逐步向深水区转移,全球掀起了深水油气勘探开发的高潮,投资不断增加,作业水深不断加大。目前,全球已有60多个国家开展深水油气勘探。据统计,20世纪90年代以来,世界海上石油勘探与开发工作量在世界总量中所占的比重越来越大,其中地震和探井工作量尤为突出。1992—1996年,世界海上二维地震面积达 $5026.8 \times 10^4 km^2$,三维地震面积达 $25.6 \times 10^4 km^2$,分别占同期世界地震作业总量的70.2%和66.5%。海上钻井平台数量从20世纪50—60年代不足100台,增加到2002年的656台,探井数量每年700~800口(潘继平等,2006)。截至2014年,全世界约有34艘深水多缆地震勘探船(最多为16缆)、696座海上钻井平台、290座深水半潜式钻井装置(周守为等,2016)。2018—2019年10月,全球20个最著名的油气发现中,14个位于深水区(陈建文等,2019),可见深水区已成为常规油气资源的战略接替领域,但由于其资源量大、勘探历史短、勘探程度低,已发现的油气不过是"冰山一角"(张功成等,2019)。

目前,墨西哥湾、巴西深水区产量超过浅水海域,深水海域正在成为海洋石油主要的增长点和世界石油工业可持续发展的重要领域。从区域分布来看,美国墨西哥湾、巴西和西非及北海等海域,集中了全球约70%的深水勘探开发活动,成为深水油气勘探开发的热点地区,主导了全球深水油气开采的潮流(潘继平等,2006)。其中,墨西哥湾外大陆架深水勘探开发发展迅速,截至2004年,先后在深水区发现了近200个油气田,油气年产量分别达到 $4750 \times 10^4 t$ 和 $456 \times 10^8 m^3$。另外,在亚太、地中海等地区,深水油气勘探发展也较迅速,陆续发现了一批大型油气田。比如,在埃及地中海深水区成功钻探了一口探井,日产天然气约 $124.5 \times 10^4 m^3$;在孟加拉湾深水区获得重要发现,钻探了日产原油约500t、天然气 $4.0 \times 10^4 m^3$ 的探井。在新西兰、澳大利亚大陆架深水区也获得一些发现。文莱、马来西亚、菲律宾等在中国南海深水区开展了大量勘探工作,也发现了一批深水油气田,建成了 $5000 \times 10^4 t$ 的深水石油产能。

海上油气的勘探开发已经扩展到了极地地区。目前,已经在北极地区9个主要盆地进行

了油气生产活动，探明地质资源量为 $6066.71 \times 10^8 t$ 油当量（江文荣等，2010）。如俄罗斯北极海域巴伦支海发现斯托克曼诺夫斯克气田，探明储量为 $4 \times 10^{12} m^3$；距亚马尔半岛西北角不足 70mile（1mile = 1.852km）处又发现罗莎诺夫斯克气田，探明储量为 $8 \times 10^{12} m^3$；俄罗斯亚马尔半岛喀拉海大陆架浅水区的钻探工作已经展开，资料表明该区可能成为巨型或超巨型海上气田。加拿大北极地区麦肯奇三角洲—波弗特海域，已钻探井 174 口，获 50 个有意义的发现，找到 $1.94 \times 10^8 t$ 原油和 $34834 \times 10^{12} m^3$ 天然气，总的探井成功率为 29%。

2. 世界海域油气勘探的发展趋势

1）向深水发展

长期以来，水深超过 200m 的大陆架海域称为深水区。随着海洋钻探和开发工程技术的不断进步，深水的概念和范围不断扩大。20 世纪 90 年代末，水深超过 300m 的海域为深水区。目前，大于 500m 为深水，大于 1500m 则为超深水（潘继平等，2006）。研究和勘探实践表明，深水区油气资源潜力大，勘探前景良好。据估计，世界海上 44% 的油气资源位于 300m 以下的水域，展示出深海油气勘探广阔的发展前景。随着世界经济的发展，能源需求不断增加，未来全球海洋油气勘探开发将继续较快增长，投资不断增加，海上油气产量继续增长，勘探作业的海域范围和水深不断扩大，深水、超深水海域成为全球油气勘探热点。

2）开始关注天然气水合物

世界天然气水合物中的有机碳约占全球有机碳的 53.3%，其中分布在海洋的最大地质储量约为 $1.61 \times 10^{15} t$，仅海洋中的储量就可以满足人类 1000 多年的需要（江怀友等，2008）。目前，已经在日本海槽、美国墨西哥湾深海、中国南海深海等 84 处，发现了大量天然水合物，局部试采成功。一些国家，如美国、中国、日本已制定了商业开采计划。2017 年 7 月中国南海神狐海域天然气水合物首次试采圆满成功，标志着我国开采天然气水合物的技术已经成熟。预计，天然气水合物必将成为人类新的后续能源，会成为海洋油气勘探开发的新亮点。

3）向极地和亚极地发展

北极地区海域发育 30 多个沉积盆地，勘探面积超过 $330 \times 10^4 km^2$，油气资源丰富。据估计，北极地区蕴藏天然气资源量达 $(23 \sim 33) \times 10^{12} m^3$。目前，已发现各类油气田近 10 个，显示良好勘探开发前景。其中，阿拉斯加北部拥有可采储量——石油 $89 \times 10^8 t$、天然气 $5213 \times 10^8 m^3$；俄罗斯北极海域已经找到 $12 \times 10^{12} m^3$ 天然气的探明储量；加拿大北极地区麦肯奇三角洲—波弗特海域潜在油气资源有原油 $7.8 \times 10^8 t$、天然气 $15576 \times 10^8 m^3$；挪威巴伦支海海域预计储量超过 $1 \times 10^8 t$。此外，俄罗斯巴伦支海瓦朗格尔盆地有很好的含油气远景。南极周围陆架区估算有 $70 \times 10^8 t$ 石油储量，一些国家正在筹划勘探工作。可见，极地地区是未来全球海上油气勘探的战略后备区。

二、我国海域油气勘探

我国拥有海域面积 $473 \times 10^4 km^2$，专属经济区约 $300 \times 10^4 km^2$。据估计，在总共 38 个中—新生代沉积盆地中蕴藏着约 $(350 \sim 400) \times 10^8 t$ 油气资源当量，约占陆海油气资源总当量的 35% ~ 40%。海上油气可接替陆上油气，这将是我国经济可持续发展的油气能源后备基地。我国目前的海洋油气勘探工作主要集中在渤海、南黄海、东海、珠江口、琼东南、莺歌海、北部湾等7个近海盆地，实际勘探面积只有 $60 \times 10^4 km^2$（康玉柱，2011）。迄今近海海域共发现145个含油气构造和166个油气田，其中超亿吨的油田6个，超千亿立方米的大气田2个，探明石油地质储量逾 $26 \times 10^8 t$，天然气地质储量逾 $4000 \times 10^8 m^3$。2005年，对中国海域25个主要含油气盆地进行了新一轮油气资源评价。从勘探程度很低，仅以中生界为主的评价资料结果中看出，我国海域石油总远景资源量为 $152 \times 10^8 t$、天然气为 $13 \times 10^{12} m^3$。但油气资源转化率较低，石油探明率约为22%、天然气约为5%，表明勘探潜力巨大。因此，海域是我国当前和今后主要勘探领域之一（康玉柱，2011）。

1. 我国海域油气勘探简史

我国海域油气勘探起步于20世纪50年代，落后于发达国家约20年以上。新中国成立以来，中国石油工业经历了20世纪70年代初以前的探索与创业，70—80年代的高速发展，90年代以来自主创新、高效稳定增长等三个发展阶段。

1）20世纪70年代初以前的探索与创业阶段

这一阶段，由于缺乏资金、技术和管理经验，最初的发展是非常缓慢的，处在探索与创业阶段。

我国的海洋油气勘探始于南海。1956—1964年石油工业部在莺歌海进行了一系列的油气苗调查工作，1960—1964年开展了初步的海上地震勘探工作，发现了一些含油构造。1960年4月至7月，广东省石油局海南勘探大队将开采水晶矿用的冲击钻安装在驳船上，在莺歌海盐场水道口外连续钻了"英冲1井"和"英冲2井"，两口井均见油，共收集到原油150kg（肖风，2014）。1964年3月1日至11日，石油部门在莺歌海浅海将几个浮桶焊接在一起，搭建一个简易平台，完钻了中国南海近岸第一口探井——海1井，捞获原油3kg，并有含量为15%的甲烷及少量重烃（肖风，2014），标志着我国正式开启海洋石油工业时代。随后又钻探了几口浅井，取得了少量油气。1966年12月15日，我国自制的第一座桩基式钻井平台在渤海海1井开钻，井深2441m。1967年6月14日试油，日产原油35.2t，天然气 $1941 m^3$（吴家鸣，2013）。这是我国海上第一口获得工业性油气流的探井。1969年，海洋研究所成立，为海上工程建设提供人才储备。到1971年，我国在渤海"海四油田"正式建立了两座固定式采油平台，是国内第一个海上油田。到20世纪70年代初，由原石油工业部和地质部在渤海、黄海、东海、南海北部等海域展开了油气勘探，基本完成了中国近海各海域的区域地质概查。这期间的油气勘探活动基本在浅水区域进行勘探，采用简易平台采油，创建了中国海洋石油工业的雏形，为下一阶段的发展奠定了基础（吴家鸣，2013）。

2）20世纪70—80年代的高速发展及海洋油气工业体系建立阶段

这一阶段，通过引进国外先进技术、开展对外合作、学习国外先进经验，我国加快了海域石油勘探开发的进程，建立起完备的海洋油气工业体系。

20世纪70年代初至80年代初，我国先后引进一批海上石油装备（包括9座海上钻井平台、21艘三用工作船、10艘工程船、10台数字地震仪、6套地震数据处理计算机、10套可控震源和成套数字测井仪等）。这些先进装备的引进奠定了我国海洋石油工业的技术基础（傅成玉，2011），加快了海上石油勘探和开发的步伐。截止到1978年12月，自渤海至莺歌海，共钻井124口，有83口见到油气，约占总量的70%。完成 $26 \times 10^4 km^2$ 的二维地震工作量，发现含气构造16个，油气田5个，累计产油近 $48 \times 10^4 t$（傅成玉，2011）。20世纪70

年代末开始,通过开展对外合作、学习国外先进经验,我国海洋油气工业进入一个较快的发展时期。在此期间,完成了面积为 $43 \times 10^4 km^2$、测线长 $55 \times 10^4 km$ 的海域地震普查,钻探井、评价井 321 口,共发现了有利含油气构造 290 个,获得石油各类储量 $7.6 \times 10^8 t$,累计原油产量 $505 \times 10^4 t$。1982 年中国海洋石油总公司的成立,标志着我国完整的海洋石油工业体系的建立,这极大地推动了我国海洋石油工业发展的进程。到 1990 年,我国海洋石油年产量已经达到 $126 \times 10^4 t$,突破了百万吨大关。

3) 20 世纪 90 年代以来自主创新、高效稳定增长阶段

20 世纪 90 年代以来,中海油在引进、消化、吸收国外适用的先进技术的同时,依靠自身的技术力量,进行勘探、开发技术和管理技术等方面的研究和创新,提出了"三新(新思想、新技术、新方法)、三化(标准化、简易化、国产化)"技术创新发展战略,实现了装备的现代化,积累了油气田开发的宝贵经验,形成了一支能自主完成研究、设计、建造和生产的专业配套队伍和一套常规油气田勘探开发的配套技术(傅成玉,2011)。为了开发中国南海深水海域丰富的油气资源,加快实现由 300m 水深向 3000m 水深作业能力的跨越,研发设计并建造包括 3000m 水深半潜式钻井船在内的深水作业船队,其中,"海洋石油 981"是世界最先进的第六代超深水半潜式钻井船,工作水深为 3000m,钻井深度为 12000m。这标志着中国海油作业能力将直接跨越到 3000m 水深。从此,我国海洋石油工业发展进入了高效稳定发展阶段(傅成玉,2011)。截止到 2013 年底,我国海域共发现油气田 90 多个,累计获探明石油储量近 $70 \times 10^8 t$、天然气 $1.75 \times 10^{12} m^3$。1996 年,中国海域原油年产量首次突破千万吨大关,到 2010 年达到了年产五千万吨的目标,等于为国家建成了一个"海上大庆油田"。自 2010 年开始,国内近海油气当量一直稳定在 $5 \times 10^7 t$ 以上。2014 年 4 月我国南海第一个深水气田荔湾 3-1(水深 1480m)成功投产,标志我国深水油气勘探获得了重大突破。

2. 我国海域油气勘探现状及面临的挑战

1) 我国海域油气勘探现状

经过近 30 年的发展,我国形成了完整的海洋石油工业体系,建成四大海上油气生产基地——渤海油气开发区、南海西部油气开发区、南海东部油气开发区、东海油气开发区。油气勘探、开发技术水平、装备水平、作业能力和管理能力均处于世界前列,我国已经逐渐成为全球海洋油气资源开发装备的主要生产国。如我国建造的"海洋石油 981"是世界最先进的第六代超深水半潜式钻井船,现已完成了水深 2480m 的深水气田钻井作业并进行首次深水测试作业(图 8-4);"海洋石油 721"是我国自主建造的大型深水物探船,其工作水深达 3000m,具备拖带 12 条 8000m 采集电缆进行地震勘探作业的能力,各项性能指标达到国际先进水平。这使得我国油气勘探能够进军深水水域。目前,中国海洋油气企业已经具备了走出国门、参与国际竞争的能力。

2018 年,海洋地质调查项目的资源评价表明,我国海域 30 个盆地(包括新区、新层系)石油总资源量为 $490 \times 10^8 t$,天然气总资源量达 $65.5 \times 10^{12} m^3$(陈建文等,2019)。我国海域油气整体处于勘探的早中期阶段,资源基础雄厚,产业化潜力较大,是未来我国能源产业发展的战略重点。从探明地质储量的分布来看,我国呈现"北油、南气、中贫乏"的局面。渤海海域原油探明地质储量占全海域的比重接近 70%;南海海域天然气探明地质储量占全

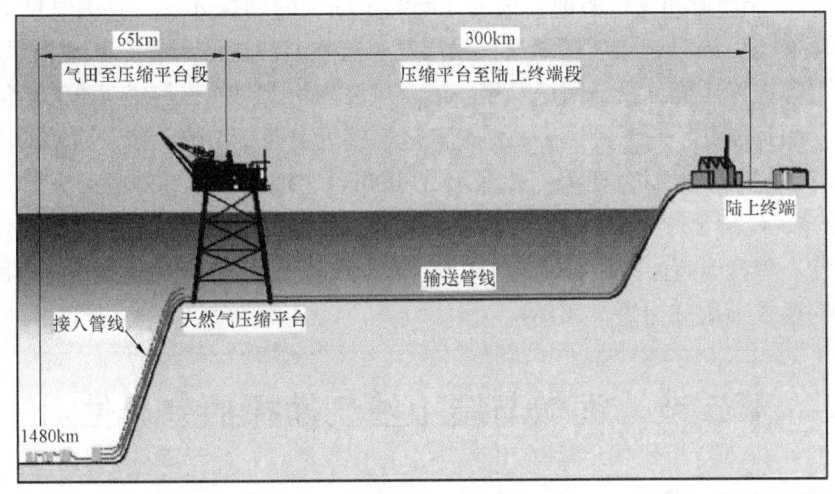

图8-4 "海洋石油981"钻井平台在荔湾3-1气田开发示意图（据周守为等，2016）

海域的比重超过60%；但东海和黄海海域原油、天然气所占比重都较小（吴家鸣，2013）。从2010年以来，我国海域油气产量一直稳定在5×10^7t以上。

2）我国海域油气勘探面临的挑战

我国海域油气资源勘探技术虽然取得了长足的进步，但与世界先进水平还有一定的差距，技术水平有待提高；从我国近海盆地油气探明储量和资源量对比来看，勘探探明程度较低，而且在已探明的储量中还有一部分是比较难开发的边际油田；我国陆坡深海区面积广阔，发育着一系列大的沉积盆地，这些深水盆地蕴藏着丰富的油气资源，尚未大规模勘探开发。这一切意味着我国当前的海域油气勘探还面临着一些挑战，主要表现在：

① 成熟区油气勘探的难度越来越大，一些关键技术尚需攻关。目前，随着勘探程度的不断提高，从渤海的渤中坳陷到南海东部的珠一坳陷和南海西部的涠西南凹陷等勘探成熟区，勘探目标选择难度越来越大，待钻目标规模变小、类型趋于复杂、隐蔽性变强，勘探的效益也随之下降。一些关键技术，如隐蔽油藏识别技术等尚需攻关。需要针对海上勘探的特点，加强对油气藏基础理论的研究和技术攻关，为实现油气资源新领域接替做好准备。

② 稠油油藏和低孔、低渗油气藏勘探开发技术亟需攻关。渤海发现了一系列大型稠油油藏，并且储量规模仍在进一步扩大。但稠油的有效开发技术严重制约着渤海地下稠油油藏的动用和开发，也制约了下一步勘探的进程。因此，如何增加稠油储量的探明程度，如何有效动用已探明的稠油储量成为迫在眉睫的关键问题。中国海域的低孔、低渗油气藏也颇具规模，采用常规的气田开发方法，难以经济有效地开采。需要研究油气储层改造相关配套的方法和技术。

③ 深水勘探开发工程装备和技术水平尚需提高。我国深海海域油气资源丰富，是我国海洋能源勘探开发的重要领域。据估计，仅南海300m以下深水区就蕴藏着超过159×10^8t油气当量的油气资源。我国已投产的深水油气田开发水深纪录为1480m，世界纪录为2943m。目前，我国已初步突破建造五类多型深水工程重大装备技术难关，初步具备深水作业的能力，但深水重大装备的概念设计、配套作业装备几乎全部依赖进口（周守为等，2016）。

④ 复杂的海洋环境和复杂的油气藏特性制约了油气的勘探开发。我国海域具有"北冰南台"的环境特点，同时有陆坡区滑塌、浅层气、陡坎、浊流沉积等工程地质风险，内波、海底砂脊砂坡等灾害环境。我国南海百年一遇台风波高为12.9m，与墨西哥湾相等，是西非海域的3倍，而我国百年一遇台风表面流速和风速接近墨西哥湾的2倍、西非的4倍。我国海上油气藏特性复杂，主要表现为：超深水（3000m）、埋深大于5000m；含CO_2高（平均在3%~46%），最高含量为85%；高凝点，平均为32℃、最高为45℃；高温高压，海外深水权益区和莺—琼盆地高温高压分别为180℃、124MPa。这些特点对勘探开发的技术与装备提出了更高的要求（周守为等，2016）。

第二节　海域与陆上油气勘探的差异性

一、地理环境的差异

与陆地相比，海洋环境有其特殊性，诸如风浪、海流、海冰、海啸、风暴潮、海岸泥沙运动等因素，都会影响油气田勘探工作的有效进行，有时海上的台风所形成的巨浪、狂风，甚至会危及勘探人员的生命，造成重大财产损失。如2005年7月，Dennis飓风使美国墨西哥湾Thunder Horse平台倾斜，经昂贵的修复作业，才使平台恢复生产（江怀友等，2008）。勘探工作过程中必须对海洋环境的特点有充分的认识，以减少或克服其影响。

1. 海洋的风浪

1）海洋的寒潮大风和台风

寒潮大风是巨大的高压冷空气团从北向南移动，形成一种规模较大、势力较强、温度较低的冷空气活动。寒潮大风多起源于西西伯利亚，寒潮来时多伴随有霜降、剧烈降温和大风天气；寒潮大风的风力最大可达8~10级，对海上油气勘探产生重大不利影响。

台风是一种处于热带海洋上空的热带气旋在适当条件下猛烈发展而形成的。这种热带小旋风直径有200~1000km，最大风速可达32m/s，风力达12级以上，台风所到之处伴随着狂风、暴雨、高潮和巨浪。台风对海上油气勘探开发影响最大，在台风到来前夕，海上油气勘探开发作业都要停止，钻井平台上的工程技术人员撤回到陆上基地。

由于各种类型的海上石油工程设备，如钻井船、平台、高耸的井架等海上有关设备，都将直立于风力作用之下，而一次强大的风暴和它所引起的巨浪又往往是海上建筑物遭到破坏的主要原因。因此，关于风力的计算已成为海洋油气勘探开发工程、设备设计中必不可少的条件。此外，为利用良好天气进行海上勘探施工作业，必须了解工作海区的大风规律及特点等气象知识。我国位于亚洲东部，濒临太平洋，是世界上著名的季风国家之一，又是世界上强大的太平洋台风途径的地方。特别是我国东南沿海和台湾海峡，每年都不同程度地受到台风的侵袭，并造成巨大经济损失。

2）海浪

海浪对海上油气勘探开发的影响是显著的，特别是巨大的风暴浪，威力强劲，严重威胁海域油气勘探的安全。据历史记载：巨浪曾把1379t重的混凝土块推动了十几米；能把几十万吨级的油轮推上岸来，撞成两段；怒涛可以把十几吨重的巨石抛到二十几米的高处。可见巨浪威力之大。在海洋油气勘探开发的装备设计、建设过程中，必须要考虑风浪级别和波压力。据测定，在波高达 30m 的海域中，作用在近百米水深的固定式平台上的风压力和波压力的合力可达一万多吨，而作用在同样条件下的钢筋混凝土固定平台上的波压力竟超过三万多吨。有时，海浪虽不太高，但当波周期与建筑物自振周期接近时，也可造成海上建筑物的毁灭性破坏。

3）潮汐

海面潮汐变化的多变性和周期性，必然影响海域油气勘探开发。如石油码头、海上钻井平台等建筑物的设计与施工，都必须依据高潮水位来确定。港域航道水深及锚泊地，则应考虑潮汐水位的变化。海上建筑物高程设计过高则造成浪费，过低则不足以防浪，难以保证油气勘探开发的正常进行。因此，掌握某一海域的潮汐变化规律，是在对该区进行油气勘探开发前必做的工作。

2. 海流

海流是海洋中的重要水动力条件之一。海流的种类很多，按其成因分为风海流、梯度海流（气压梯度流和密度梯度流）、潮流、波浪流、入海径流、定常流、暖流和寒流、盐水流和淡水流、补偿流等。某一海域的海流是由以上不同类型海流的海水（如短期的、偶然的、非周期性和周期性的）转移复杂地重叠在一起而综合形成的。它的速度和方向随着时间、空间的转移而发生不断的变化。

我国海域的海流主要有"黑潮暖流"和"中国沿岸流"两大类。前者是暖流，发源于赤道附近，经东海深沟向北流动，因水呈蓝黑色，故称为"黑潮暖流"。黑潮暖流把外海的高温、高盐的海水带入东海、黄海、渤海，其影响范围可达我国北部沿海一带，致使我国北方海域的秦皇岛和葫芦岛等在冬季受它的影响而很少结冰。后者是寒流，这种沿岸流发源于我国的渤海海域，经黄海、东海直达中南半岛东岸，被称为中国寒流。海流和风、浪等要素同时作用于各种类型的海洋石油工程建筑物之上，并影响着海上建筑物的强度和稳定性。因此，海洋油气田勘探开发中的钻井平台或钻井船设计，钻井平台的整体拖航、作业油舱的停靠、油码头设计等必须考虑海流的影响。

3. 海冰

在寒冷地区的海面建造海上石油工程建筑物时，如海上石油钻井平台、无遮掩集输油码头、海上石油开发供给的港口基地等，常会遭受海冰侵袭的严重威胁。例如 1962 年和 1963 年在阿拉斯加库克湾先后建造的两座海上钻井平台，由于设计强度未考虑冬季冰的作用力，在 1964 年冬季作业时均被海冰摧毁。

我国东南沿海虽地处热带、亚热带和温带，海区冰情虽不及寒冷地区严重，但在遇特殊年份，在北部的渤海和黄海北部海域，冬季受寒潮侵袭而结冰，对海上钻井、采油平台的安全以及对海上交通运输的威胁不可低估。例如，1976 年在渤海海域发生返冻现象，在海面上曾发现过高 10m、长 200m、宽 70m 的冰山，海面的大面积结冰，造成某钻井平台的支座拉筋全部被冰块切断或拉裂，另一钻井平台被海冰完全推倒的重大事故。海冰对海上油气勘探开发的危害分以下几种：一是流冰对海上建筑物或钻井平台形成的冲击力；二是停积在钻井平台附近海平面上大面积的冰层，冰层在风和潮流的作用下，对钻井平台和钻井船产生巨大的挤压力，或冰层因温度变化膨胀产生巨大挤压力等，都可将海上油气钻探设备损毁；三是当冰层附着在海上建筑物上时,会大大增加海浪或潮汐作用在海上建筑物上的作用力。有人做过计算,处在逾10m水深中的一个16根桩柱的固定式平台,当冰层厚为70cm时,海浪或潮流导致的冰层对钻井平台的压力可达890t。由此可以看出,如果海上钻探设备的设计中对冰压估计不足,就可能造成事故。

4. 海啸和风暴潮

海啸和风暴潮是指不同成因引起的海面异常升高的现象。海啸是由海底地震、海底火山喷发以及海底崩塌、岸坡塌方、滑坡等原因所引起的。风暴潮则是由于台风或气压聚变而形成的。由于二者在短时间内都能引起海平面的聚涨,高达几米甚至几十米的巨浪突然来袭,会给沿海城镇和建筑物造成巨大损害。因此,在海洋油气勘探开发中,无论是海岸的基地建设、油码头的规划设计,还是海洋钻井工程总体部署,都必须考虑这一因素。

5. 海岸泥沙运动

海浪、潮流、海流所引起的海岸泥沙运动,直接影响到海洋油气勘探开发工程建筑物的安危。在规划和设计海洋石油工程的岸边基地或石油码头时,必须考虑到某些建筑物建成后由于泥沙淤积和冲刷所引起的问题。例如英国"海皇"号钻井船为三条腿下面有三个沉垫支撑的结构形式,当它在21m水深座底作业时,由于一个沉垫座底的底部淘刷,使连接三个沉垫的桁架结构断裂,最后造成翻倒事故。因此,在有泥沙输送的海岸兴建海洋石油工程建筑时,必须掌握泥沙运动和暗滩演变规律,弄清泥沙来源、运动方式、方向,充分考虑工程完成后波浪、潮流所导致的地形、航道、泊地的淤积和建筑物底部的冲刷等问题,以减少油气勘探开发的损失。

上述的海域自然环境是陆地上不具备的,造成了海域勘探难度的加大,对技术、装备的要求更高,勘探投资更大。

二、勘探技术应用的差异

陆地和海域油气勘探技术与方法,在原理上是通用的。但是,受恶劣的海洋自然环境、海水深度及其物理化学性质的影响,许多勘探技术与方法受到了限制(乔卫杰等,2009)。如陆地上地面地质调查、非地震的物化探技术、遥感技术等,仅适用于浅水区的勘探,到了深水区就不适用了。所以,海域油气勘探主要依赖于地震、钻井技术,其他技术的应用都受到了一定的限制,而且各种技术方法的实施条件、方式也不同于陆地。

1. 地质调查技术应用的局限性

与陆地地质调查技术一样,该技术主要应用在海洋油气地质调查工作的初期,其目的是详细研究海域盆地边缘露头区地层岩性、地质年代、构造情况,调查油气苗的出露情况等。但这种方法仅限于近岸浅水盆地,且有岩石露头的海岸、岛屿和浅滩地区。这种情况下,可以通过对出露的岩层、油气苗进行观察描述,达到初期的石油地质调查目的。对于水下岛屿出露的岩层、水下油气苗可以进行潜水地质观察、采样。对于大多数海域沉积盆地而言,特别是深水区的沉积盆地,由于被海水覆盖,且海底广泛发育着厚薄不等的近代沉积,这种技术的应用受到了限制。即使有岩石露头的近岸浅水盆地,能进行地面或水下地质调查的范围也有限,很难大规模展开,这与陆地大相径庭。

2. 海洋航空遥感观测技术应用的条件不同

海洋航空遥感观测技术也因海水、近代沉积的覆盖而应用受限。只有在岩性分异良好、基岩直接出露于海底的浅海地区才能进行，海水的水深一般不超过 10~12m。航空摄影的质量受海水透明度、海浪、海面反射光度等因素的影响较大。在具备了航空遥感观测的良好条件下，可以获得高质量的航空照片，据此可确定地层分界线、地层的产状要素、断裂、构造、泥火山、气苗等地质情况。

3. 海洋非地震物化探技术实施方式的差异

1) 重、磁勘探技术应用方式的差异

海洋非地震物探技术主要应用重、磁测量。除了航空和卫星重、磁测量方式与陆地相同以外，海洋中的重、磁勘探主要在船上进行，包括海底和船舷两种测量方式。另外，海洋重、磁测量的结果在一定程度上受海水深度及海水物理化学性质的影响。显然，海域重、磁测量技术难度大，受自然地理条件限制强，费用高。

2) 海洋地球化学探测应用方式的差异

海洋地球化学探测的原理和采用的地球化学指标与陆地相同，但实施的方式有差别：根据取样位置采样，除了有空中、井中化探外，还有海底表层沉积物、海水中的化探；海洋地球化学探测取样的难度大、可重复性差、周期长、费用高（李双林，2007）；实施的阶段分为区域地球化学普查、重点区带地球化学详查和局部构造地球化学评价（李双林，2007），这与陆地不同。

4. 海洋地震勘探技术的差异

海洋地震勘探法也是目前在海洋油气勘探过程中应用最广泛的方法。而且海洋地震充分利用了海洋交通便利的有利条件，比陆地地震法具有更高的工作效率。所以海上地震勘探一次施工的面积都比较大，而且主要以三维资料采集为主，一次施工面积大部分都在 $1000km^2$ 以上。

一般情况下海域与陆地地震勘探技术的差异表现在多个方面。施工方式采用船拖曳电缆的方式（图 8-1，图 8-5），受风浪和海流等多种因素影响，因此，必须使用多普勒声呐及时调整船速才能保持它的稳定。目前的海域地震勘探发展出单船拖缆、双船以及上下双缆、深拖曳多道地震（ATAGS）、海底地震仪（OBS）、海底地震检波器（OBH）、海底地震电缆（OBC）等作业方式（柴祎等，2014）。地震波激发及接收方式不同。海洋油气勘探的震源是气枪震源和电火花震源等可控震源而非陆地上的非炸药震源，接收方式使用的是水中压电检波器接收的方式。陆地的定位比较简单，可以直接用经纬仪观测，也可以用无线电技术，而海上导航和定位比较复杂。现在海洋地震的导航定位工作是依靠无线电设备和技术，或者用综合卫星导航设备和技术来完成的。海洋地震波接收方面，正常的地层内的反射波常常受海底界面的底波、重复冲击波（气泡效应）、多次反射波、鸣震、交混回响等方面的干扰。为排除干扰、提高信噪比、提高勘探效率，海域多采用三维地震及高分辨率二维地震，而且侧重面元的覆盖，就是测线与测线之间（线距）需要全覆盖，以面元为单位，整个工区达到满覆盖要求（柴祎等，2014）。

5. 海洋钻井技术的差异

海上自然条件恶劣，操作工况十分复杂，这就决定了在钻井设备方面，海洋石油钻井除了必须达到陆上设备的要求外，还要满足安全性、可靠性、设备能力配备、可钻或修多口井、配备应急设备、技术先进和效率高等方面的要求。海域使用的钻井设备是钻井船和钻井平台而非陆上的钻井架。

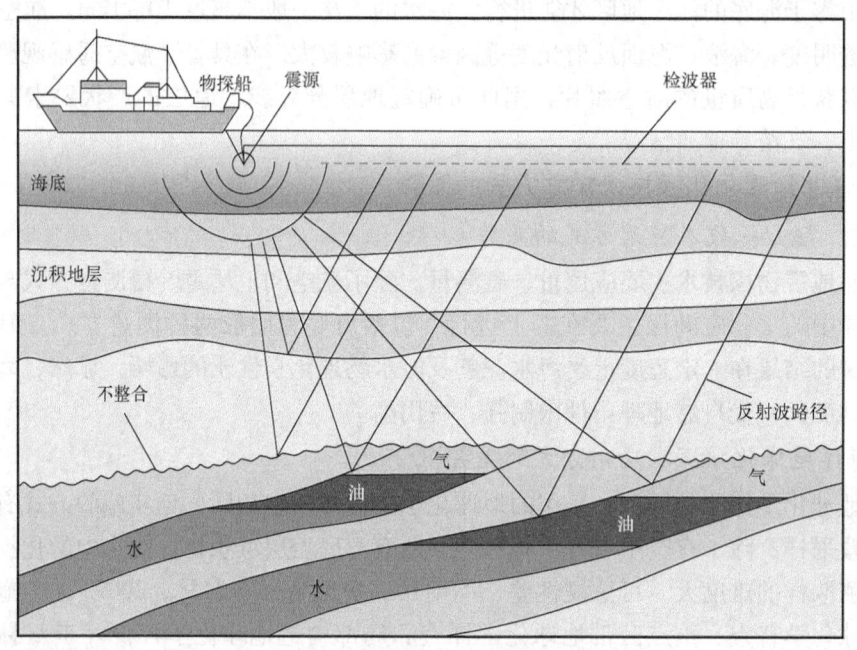

图 8-5 海上拖曳电缆地震资料采集方式示意图

1）钻井船

钻井船也称为船式平台，在各类活动钻井装置中，它是对水深适应能力最强的一种海洋钻探设备。早期的钻井船是用驳船、运矿石的船、油船或供应船改装的。随着海上油气勘探的进展，一批专为海洋油气勘探开发而设计的新钻井船逐渐问世，例如"格罗玛挑战者号""滨海超级发现者号"。钻井船的优点是机动性能好，适应水体深度大；但其稳定性差，使得钻井性差。

2）钻井平台

目前，海上油气钻井主要有固定式钻井平台和移动式钻井平台两大类。固定式钻井平台是早期油气钻探使用的平台，主要适用于海岸线附近的浅水区域，目前很少使用。移动式钻井平台主要有坐底式平台、自升式平台、半潜式平台 3 种类型，其适用的水深范围及演变过程如图 8-6 所示。

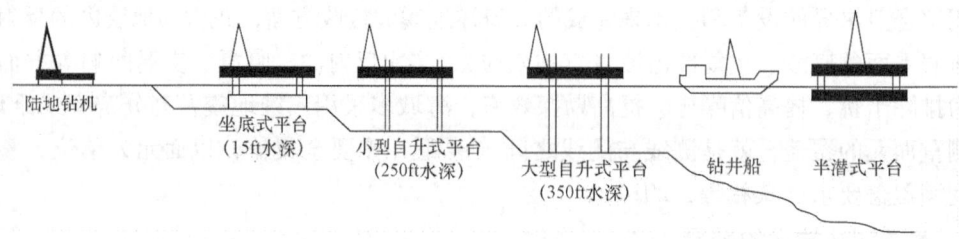

图 8-6 海洋移动式钻井装置的典型演变过程

坐底式钻井平台有上下两个船体，上船体又称为"得克萨斯甲板"，用作钻井队的住房和设备仓库，钻井则是通过船尾悬臂结构上的开口进行；下船体是压载区，由浮箱和浮筒构成。这种平台仅适用于浅水域的油气勘探开发。

自升式平台是目前应用最广的一种油气勘探钻井平台（图8-7）。它由两部分组成，一部分是工作平台，另一部分为桩腿。依据潮汐的变化，两部分之间可上下相对移动。自升式钻井平台可分为独立桩腿自升式钻井平台和沉垫支承自升式钻井平台两种类型。前者可在任何海域进行油气钻探，但是通常用于硬质海底区、珊瑚区或不平整的海底区；后者是为泥土剪切值低的海底区域设计的，优点是吃入海底深度最小，缺点是需要相当平的海底，海底的最大倾斜度限于1.5°。总体上说，自升式钻井平台的优点是造价相对较低，能上重型钻机，对海底地形、土质适应能力强；缺点是在平台升降和拖航移动时易出现事故，当桩腿增长时，存在问题较多，安全系数下降，也易发生事故。

图8-7　400ft R-550D型自升式钻井平台（据于佳林，2016）

半潜式钻井平台是一种较新式的、具备多功能的平台，能够适应不同的水深情况，目前成为在海洋油气勘探开发的主要钻探装置。潜式平台由三大部分组成：上部平台、中间立柱和下部浮体。上部为工作平台，中部立柱与下部附体连接，起到支撑平台的作用。半潜式平台的优点是：能抵抗更强的风浪，稳定性更好，工作水深更大；能够灵活移动，满足多海域钻井施工需求，钻完井后，可迅速转为生产平台用于油田的早期开发。

此外，由于海洋特殊的环境，海上油气勘探的投资大幅增加，一般是陆地油气勘探投资的3~5倍，而勘探投资主要体现在海上钻井设备的设计与制造、海上钻井平台的建设维护等。为提高钻探效率，钻井平台需选择在最有利地区、最有利构造部位，并确定必需的井数；钻井方式上一般采取大位移钻井和多分支水平钻井。陆上探井井位设计主要考虑最有利构造部位，钻直井为主。

6. 海上钻井类别与井号编排

1) 海上钻井的类别

由于海上地理环境的特殊性以及勘探开发成本的差别,海上油气勘探开发与陆上相比具有一定的差别。一般地,海上油气勘探很少部署参数井,而且海上油田一般采用平台开发比较多见。因此,海上油气钻井类型可以划分为海上探井、海上开发井(细分为平台开发井、无平台开发井)、海上特殊用途井三大类。

2) 海上探井井号编排

海上钻井井名的符号采用汉语拼音的缩写字头加编号的组合方式。汉语拼音字头采用2个,最多不得超过4个。同一海域的井名符号不能重复。海上探井井号编排按"方度区－方分块－构造－井号"命名方案。方度区采用经度1°、纬度1°面积分区,每方度区用海上或岸上地名命名。方度区内以经度10′、纬度10′划分方分块,每一个方度区可分为36方分块。每方分块内根据地震解释对构造进行编号,每个构造上所钻第一口井为预探井。如HK29－1－1井即我国海口(Haikou)方度区29方分块1号构造1号探井。探井为直井不再加标注;若为斜井,在其井号后加小写英文字母"d";若为水平井,在其井号后加小写英文字母"h"。

3) 海上特殊井井号编排

海上特殊井的命名是在井号后用不同的小写英文字母表示。侧钻井命名是在原井号之后按照侧钻的先后顺序,加大写英文字母"S",并配置小写英文字母组合而成,如WZ10－3－5Sd井为WZ10－3－5井第四次侧钻井。多底井命名是在原生产井井号后加大写英文字母"M",并配置小写英文字母组合而成,如QHD32－6－B3Mb井为QHD32－6油田B平台3井第二口多底井。报废后重钻井命名,海上钻井因工程等原因报废后,再在其近旁重新钻井,这类井的命名是在原井号之后加大写英文字母"R",并配置小写英文字母组合而成,如LD30－1－1Ra井是LD30－1－1井报废后重钻的第一口井。水源井的命名是在其井号的右下标处加小写英文字母"w",如$QHD32－6－D1_w$为QHD32－6油田D平台第一口水源井。气源井的命名是在其井号的右下标处加小写英文字母"g",如$SZ36－1－D2_g$为SZ36－1油田D平台第二口注气气源井。

三、工作程序的差异

海洋石油勘探是高科技、高风险、高投入的业务,油气勘探一开始就必须以大型圈闭为评价目标,立足于发现大油气田开展工作。因此,海域油气勘探的目标是高效率地发现大油气田,在实际的油气勘探过程中必须创造性地执行油气勘探程序,加快勘探效益。与陆上相比,海域油气勘探工作程序主要有以下特点:

① 有选择性地运用不同勘探技术手段,打破了陆上运用的先后顺序。陆上油气勘探遵循"物化铺路,地震先行"的原则,一般首先运用廉价的地面地质调查、遥感、非地震的物化探技术,来圈定有利的含油气区,再部署二维地震勘探,三维地震及钻井工作主要在后期的圈闭及油气藏评价勘探阶段部署。海域油气勘探打破了这种框框。除了一些近岸浅水盆地,可以有条件地实施廉价的调查技术外,多数情况下一开始就部署高精度的二维地震、三维地震,再部署探井。尤其是进入深水区勘探,各种廉价的调查技术已经失去了意义。

② 模糊了勘探阶段先后顺序,以寻找富烃凹陷为突破口。陆上油气勘探必须严格执行勘探程序,遵循由小到大、循序渐进的原则,以便逐步缩小勘探靶区。海上油气勘探因自然

条件的限制、投资昂贵的原因，打破了这种顺序，一开始就以寻找富烃凹陷为目标，然后再寻找有利的圈闭钻探。另外，当预探井发现工业油流以后，不可能多打评价井进行详细的评价勘探，可直接进入滚动勘探开发。

第三节　海域油气勘探实例分析

一、国外海域油气田勘探实例

自 1897 年美国加利福尼亚海岸开钻世界上第一口海上探井至今，世界海域油气的勘探已经历 120 多年的历史。目前，美国墨西哥湾、巴西和西非及北海等海域，是油气勘探开发最活跃的地区，也是深海油气资源最丰富的地区。现将几个世界上最重要的海上油气区的勘探概况作简单介绍。

1. 北海油气区

北海位于欧洲的西北，20 世纪 60 年代后期开始油气勘探，70 年代中期发现一系列油气田后，成为重要的海洋油气远景区，其有效油气勘探面积约为 $52.5 \times 10^4 m^2$，由英国、挪威、荷兰、丹麦、德国、比利时和法国等七国按中线原则划分为七个勘探区块进行油气探测。北海实际上是北大西洋的一个浅水海湾，水深平均为 56m，在一年中有 7~8 个月的大风天气，风速最大可达 210km/h，浪高平均为 10m，海流流速 3km/h，海水年平均温度 4℃。当年在这里集中了 50 艘以上的钻井船或钻井平台，在十分恶劣的海洋地理环境条件下，奋战十年，勘探发现近百个油气田，获得石油可采储量约 $20 \times 10^8 t$，天然气约 $2 \times 10^{12} m^3$，使得这一海区成为世界著名的海上油气勘探开发区。

北海作为一个新兴的大型海上含油气区，一直为世界所瞩目，其油气勘探的发展经历了十分曲折的道路，概括起来为三次大的转折。

1959 年荷兰北部巨型格罗宁根大气田的发现，是北海地区油气勘探史上第一个大转折。此前，北海盆地的油气远景并未引起足够重视。因为在北海周围的陆地区，如英国、荷兰、西德等仅发现一些古生代和中生代的小型油气田，而且部分海域的钻探并未获得成功。当时认为，即使在北海水域找到这样的小型油气田，也不会有多大价值。因为北海的勘探条件太复杂，勘探费用昂贵。但是，当具有 $2 \times 10^{12} m^3$ 天然气储量的格罗宁根下二叠统气田发现之后，大大促进了对北海盆地的积极评价和进一步勘探工作。根据海域周围古生代和中—新生代地层分布特征分析，推测它们与北海海域之间可能形成一个统一的沉积盆地。经初步的地震勘探确定在盆地中有上古生代、中生代和古近—新近纪的沉积，并且从盆地的边缘向内部倾斜、加厚。盆地内存在一系列背斜、断块、盐丘构造和地层不整合等地质构造现象，具有发现大油气田的有利地质条件，从而引起了勘探者的更大兴趣。1964 年北海海域有关国家对北海辖区所属权范围圈定后，北海盆地的油气勘探工作迅速地发展起来。1965 年在英国海域发现了西索尔气田，它是继格罗宁根之后在北海发现的第二个大气田，也是其油气勘探发展史上第二个转折点。这一发现为北海盆地的油气勘探开拓了新局面。此后又相继发现了一系列更大的气田，如里曼气田、因迪法蒂加布尔气田等。1970 年又是北海油气勘探的一个重要转折时期。菲利普石油公司宣布在北海中部挪威海域发现了埃克菲斯克大油田，产油层位是上白垩统—下古新统的白垩层，可采储量达 $1.4 \times 10^8 t$。这个居欧洲第一位的大油田的发现，进一步肯定了北海盆地的巨大含油气远景。其后又相继发现了布伦特、尼尼安、弗里格（气田）、海姆达尔、福蒂斯、奥克、阿吉尔等一系列油气田，终于证实北海是一个丰富的含油气区。

北海油气勘探的主要成功经验之一就是加强区域勘探。例如，挪威于1955年开始打井，1962年开始进行地震勘探，由于对区域地质情况不了解，没有展开区域勘探，在近岸地区打了32口探井，没有什么重要发现，钻探成功率很低。地质家们对勘探过程进行了反思，注意到了区域地质背景对油气勘探的重要性。通过区域地质研究，在北海含油气区陆续划定了九个含油气区块，由于区域地质特征清楚，采用了现代油气成因理论作为指导，北海油气区在20世纪70年代中后期获得了迅猛的发展。

2. 墨西哥湾油气区

墨西哥湾是个面积约为 $100 \times 10^4 m^2$ 的内陆半封闭海湾，按水深200m陆架浅海区计算，可供油气勘探的面积约为 $50 \times 10^4 m^2$，其中 $30 \times 10^4 m^2$ 的海域面积为美国所有，$20 \times 10^4 m^2$ 为墨西哥所有。两国所有的海区都有油田发现，美国墨西哥湾海区为一老的海洋油气区。墨西哥湾及其沿岸为中—新生代沉积盆地，在晚侏罗世开始下降接受沉积，其沉降中心在路易斯安那州和得克萨斯州海上陆架地区，轴向略呈东西走向。美国位于其北翼，故所有地层均向海湾方向区域倾斜，并被次一级构造（凹陷、凸起、断层带）所复杂化。墨西哥湾为多生产层的油气区，古近—新近系的产层都是砂质岩类，主要为近岸的海陆过渡相，特别是三角洲相沉积，储层物性良好。上白垩统以砂岩储层为主，少数为白垩质灰岩。下白垩统和上侏罗统既有碳酸盐岩产层，又有砂岩产层，但以前者为主。墨西哥国营石油公司经过多年的勘探，先后在盆地中发现7个油气区块，保守估计其海底石油储量为 $540 \times 10^8 bbl$，从而使这个国家的石油蕴藏量从 $480 \times 10^8 bbl$ 增加到 $1020 \times 10^8 bbl$。墨西哥湾的新发现使墨西哥成为世界石油蕴藏量最大的国家之一，预计其原油日均产量将从 $400 \times 10^4 bbl$ 增加到 $700 \times 10^4 bbl$，仅次于沙特阿拉伯和俄罗斯。

墨西哥湾海上油气田勘探经历了以下几个阶段，1934年以前，为沿海油气田勘探时期，也是进行沿岸地质调查，做好下海准备时期，发现了一些盐丘构造油田。1934—1945年是进行海洋油气田勘探初期阶段。1934年下半年，在路易斯安那西南和客米隆滨海沼泽地带，用地震反射法发现一个盐丘构造，后又证实这一构造一直延伸到海中。1938年在这个构造上进行钻探，发现了墨西哥湾路易斯安那—得克萨斯海上的第一个海洋油田，即克利沃尔油田。克利沃尔油田距离海岸2km，水深4.5m。这个油田的发现具有以下重要意义：一是证实海上存在着与陆地同类型的油田；二是证实地震反射波法不仅可以应用于海上油气勘探，而且效果良好，为今后大规模地开展海洋油气地震勘探奠定了基础。但是，在以后的几年中，由于战争和这一海域的租地权等问题，这一海域油气勘探进展得并不顺利。1945—1953年期间，该区勘探有了进一步的发展。1947年9月在墨西哥湾发现了第一个具有工业价值的海洋油田，之后又发现了几个小油田。这个阶段在勘探方法上的特点是改装了陆地上使用的仪器，使之适应于海洋水动力条件。重力勘探中应用了"潜水钟"的办法，地震仪器进行了防水性改装，主要采取海底接受的工作方式。1953年至今是墨西哥湾海洋油气田勘探开发的大发展时期。1953年解决了海上地权的问题之后，海上油气勘探工作大规模开展起来。钻探水深逐渐从30m、60m至数百米，发现油田的类型从单一盐丘油田到多种类型的油气田。到目前为止，发现油气田总数已超过300个，每年都有新发现。

二、中国海域油气勘探实例

中国海域油气勘探起步较晚，迄今只有60多年的历史。经改革开放以来几十年的发展，我国海域油气工业有了长足的进步,形成了完整的海洋石油工业体系,建成四大海上油气生产基地。目前,渤海、南海是我国主要的海上产油气区。下面简要介绍这两个油气区的勘探历程。

1. 渤海油气区

渤海地处中国大陆东部北端,是一个近封闭的内海,地质上是华北地台的一部分,面积约为 $8\times10^4 km^2$。渤海海域内部可分为一隆四坳,即埕宁海中隆起、渤中坳陷,以及黄骅、辽河、济阳三个坳陷向海延伸的部分。它们又包括了10个潜山带、4个凸起、13个沉积凹陷,勘探共发现53个二级构造带。

早在1916年,我国地质工作者就陆续在渤海周边地区进行过地质调查。1954年3月,时任地质部部长、著名地质学家李四光,将渤海湾盆地列为中国三大石油勘探远景区之一。从1959年开始,地质部对渤海湾及周边地区进行了多次地质概查,并推断渤海是个大坳陷,北与辽河坳陷相通,南和济阳、黄骅坳陷相连。当年年底,国家科委将浅海石油地质工作列为1960年全国科学技术发展计划重点项目,而开展渤海湾石油地质综合普查是其中心任务。1960年5月12日,地质部物探局在天津塘沽成立了我国第一支海洋地质专业队伍——渤海综合物探大队,1962年,该队改名为地质部第五物探大队,并于1960—1967年基本查明了渤海湾地质构造主要特征,预测了其含油气前景,为石油部门在渤海地区进一步进行油气勘探提供了基础资料和科学依据。1964年12月,地质部海洋地质科学研究所在南京正式成立,并于1965年在渤海地区开展油气会战,完成了全海区地震概查,指出渤海是一个大型含油气盆地。同年,石油工业部也决定组建队伍在渤海开展大规模的油气勘探开发工作。渤海的油气勘探开发迈入了新阶段。1966年12月,中国第一座海上钻井平台矗立在渤海歧口凹陷构造带并开钻,第二年6月,该井"海一井"试出油流,日产油119t,成为中国第一口海上见工业油气流的开发井。1975年,石油工业部海洋石油勘探局在渤海建成"海四井"海上采油平台,成为中国第一个海上油田。经地质部、中国科学院和石油工业部共同工作,自1959—1999年,渤海全海域累计完成海洋地震测线约 $25\times10^4 km$,钻预探井、评价井320多口,发现含油气构造87个,油气田18个。我国海域所发现的8个亿吨级油田,几乎都集中在渤海海域,尤其是"蓬莱19-3"油田,地质储量达 $6\times10^8 t$,是我国近海发现的最大整装油田。渤海周边的胜利油田、大港油田、冀东油田和辽河油田也相继在渤海海域开展海洋油气勘探开发工作,并取得显著成效,获得较大产能。目前,渤海已成为我国海上油气资源开发的大型重要基地之一。1980年开始,渤海油田开展对外合作,并分别与日本和法国石油公司签订了合作勘探合同和开发合同。从1982—2005年,渤海油田共完成二维地震测线 $9.66\times10^4 km$,三维地震 $1.89\times10^4 km^2$,钻预探井和评价井376口,探明石油地质储量近 $17\times10^8 t$,溶解气 $700\times10^8 m^3$,天然气储量 $400\times10^8 m^3$,凝析油逾 $600\times10^4 t$。目前,渤海已成为我国第二大产油基地。

渤海湾海区油气勘探采用的方法及程序是:第一阶段为概查,采用航空磁测、船舷重力仪、疏测线地震($6km\times12km$)等几种方法配合,解决区域地质问题;第二阶段为普查,主要采用地震(测线距为 $4km\times6km$)与参数井相配合,搞清区域地层及构造分区;第三阶段为详查,工作集中到二级带上,采用测线距为 $2km\times4km$ 的地震精查,最后打探井。

2. 南海油气区

南海是西太平洋最大的边缘海之一,也是中国最大最深的海,面积超过 $300\times10^4 km^2$,平均水深超过1000m。南海是欧亚板块、太平洋板块和印度洋板块的结合部,是油气形成的有利场所。靠近中国华南大陆的南海北部大陆架面积达 $50 \times 10^4 km^2$，发育有北部湾、莺歌海、琼东南、珠江口和台西南等 5 个大型新生代沉积盆地。南海蕴藏有丰富的油气资源，被国内外地质学家誉为"第二个波斯湾"。

从 20 世纪 60 年代后期起，外国的一些石油公司、科研单位的调查船纷纷非法进入我国南海海域调查。为了改变这种状况，加强南海油气地质调查工作，1970 年 9 月，国家计划委员会地质局决定将南京海洋地质科学研究所南迁到广东省湛江市，更名为第二海洋地质调查大队，承担南海油气资源调查任务。1971—1974 年，第二海洋地质调查大队对北部湾东部海域进行了海洋地质、地球物理综合调查，发现北部湾是一个中—新生代的沉积盆地，具有良好的油气远景。1975 年 12 月初，国家地质总局领导孙大光、张同钰等听取第二海洋地质调查大队的汇报后，决定成立南海地质调查指挥部，组建第四海洋地质调查大队，负责海上钻探，并从国外引进一条物探船加强调查工作。1977 年 10 月—1979 年 3 月，按照"区域展开、重点突破"的方针，珠江口盆地已完成了 4 口井，其中"珠二井"和"珠四井"均已见到油砂。1979 年 5 月 31 日，由"勘探二号"平台施工的"珠五井"开钻，7 月 9 日完井，井深 3124m。8 月 13 日该井试获高产工业油流，日产原油 $295.7m^3$。这是首次在珠江口盆地取得具有重大意义的突破。南海北部陆架区油气勘查的重大突破，把整个南海的油气勘探推向了一个新的发展阶段。1977 年 8 月，石油工业部"南海一号"平台在涠西南 1 号背斜构造上施工开钻的"湾一井"，在古近—新近系中试获工业油流，日产原油 $28.8m^3$，天然气 $9490m^3$，成为北部湾的第一口工业油气流井。1979—2005 年，中国海洋石油总公司在南海的北部湾、莺歌海、琼东南盆地和珠江口盆地西部实施二维地震测线 $25.65 \times 10^4 km$、三维地震 $13498km^2$、钻探井 247 口，发现含油气构造 40 个，探明油气田 25 个。目前，该区成为中国海洋石油公司的油气主产区。从 1999 年开始，中国地质调查局也加强了在南海北部陆架区及西沙盆地的油气地质调查工作。利用自主研发的"长排列大容量"地震探测技术，圈定了西沙海槽、尖峰北、笔架、台西南和双峰 5 个深水区新生代沉积盆地，总面积约为 $13 \times 10^4 km^2$；首次系统开展南海北部中生界油气调查，圈定 1 个远景区，远景区内发育 10 余个大型局部构造，其中多个构造发现异常明显；通过调查发现西沙海槽盆地是南海北部具有油气远景的深水盆地，其中央坳陷、北部断阶带是油气勘探有利区带，已圈定局部构造 33 个，其中，面积大于 $50km^2$ 的 20 个，最大面积达 $380km^2$。西沙海槽盆地中心区域为盆地的主力生烃灶，是盆地最有利的油气富集区。在该油气富集区内优选出 2 个油气钻探有利目标，面积分别为 $116km^2$ 和 $123km^2$。其中一目标区预测天然气地质储量约 $750 \times 10^8 m^3$，为实现深水区油气勘探新发现奠定了基础。

从 1998 年开始中国地质调查局开始了对南海北部天然气水合物的调查，并于 2007 年 5 月 1 日第一次发现了可燃冰，证实了我国南海北部蕴藏有丰富的天然气水合物资源，预测资源量达 $800 \times 10^8 t$ 油当量。2017 年 5 月 18 日，宣布在南海神狐海域天然气水合物试采成功。截至 6 月 2 日已连续 22 天，产出甲烷含量高达 99.5% 的天然气，日均产气量达到 $8350m^3$。天然气水合物的成功试采为实现天然气水合物商业性开发利用提供了技术储备，积累了宝贵经验。

随着地质调查的继续深入，南海的油气资源将进一步被发现，南海必将成为我国海洋油气勘探开发的主战场。

复习思考题

1. 世界海域油气勘探分为哪几个阶段？世界海域油气勘探的发展趋势是什么？

2. 我国海域油气勘探分为哪几个阶段？我国海域油气勘探面临哪些挑战？
3. 简述海洋的自然地理环境及其对油气勘探的影响。
4. 对比海洋油气勘探与陆地油气勘探技术手段应用、勘探程序的差异性。
5. 结合国内外油气勘探实例，谈谈你对海域油气勘探的认识。

参 考 文 献

柴祎，曾宪军，2014. 海洋油气资源地球物理勘探方法概述. 气象水文海洋仪器，3：112－115.

陈建文，梁杰，张银国，等，2019. 中国海域油气资源潜力分析与黄东海海域油气资源调查进展. 海洋地质与第四纪地质，39（6）：1－29.

傅成玉，2011. 中国海洋石油勘探开发科技创新体系建设. 中国工程科学，13（8）：15－20.

江怀友，赵文智，闫存章，等，2008. 世界海洋油气资源与勘探模式概述. 海相油气地质，13（3）：5－10.

江文荣，周雯雯，贾怀存，2010. 世界海洋油气资源勘探潜力及利用前景. 天然气地球科学，21（6）：989－995.

康玉柱，2011. 中国海域油气勘探前景展望. 天然气工业，31（4）：1－6.

李双林，2007. 海洋油气地球化学探测方法系列与工作程序. 海洋地质动态，23（11）：22－27.

刘洛夫，郭永强，朱毅秀，2007. 滨里海盆地盐下层系的碳酸盐岩储集层与油气特征. 西安石油大学学报（自然科学版），22（1）：53－58.

潘继平，张大伟，岳来群，等，2006. 全球海洋油气勘探开发状况与发展趋势. 中国矿业，15（11）：1－4.

乔卫杰，黄文辉，江怀友，2009. 国外海洋油气勘探方法浅述. 资源与产业，11（1）：19－23.

吴家鸣，2013. 世界及我国海洋油气产业发展及现状. 广东造船，25（1）：29－32.

肖风，2014. 中国南海石油勘探风云录. 石油知识，5：24－27.

杨金玉，杨艳秋，赵青芳，等，2011. 北海盆地油气分布特点及石油地质条件. 海洋地质前沿，12：1－9.

张功成，屈红军，张凤廉，等，2019. 全球深水油气重大新发现及启示. 石油学报，40（1）：1－34，55.

赵文智，窦立荣，2001. 中国陆上剩余油气资源潜力及其分布和勘探对策. 石油勘探与开发，28（1）：1－5.

周守为，李清平，朱海山，等，2016. 海洋能源勘探开发技术现状与展望. 中国工程科学，18（2）：19－31.

于佳林，2016. 新型自升式钻井平台交付. http：//www. gov. cn/xinwen/2016－12/17/content_ 5149161. htm.

中国海油石油报，2014. 海洋石油 981 平台南海开钻，保卫主权和经济开发并重. http：//energy. people. com. cn/GB/17834769. html.

中国网，2015. 深海逐梦人——记"海洋石油 720"深水物探船队. http：//photo. china. com. cn/foto/2015－08/05/content_ 36232130. htm.

EIA, 2017. Oil production in federal Gulf of Mexico projected to reach record high in 2017. https：//www. eia. gov/todayinenergy/detail. php? id＝25012.

Fakhru'l－Razi A, Pendashteh A, Abidin Z Z, et al., 2010. Application of membrane－coupled sequencing batch reactor for oilfield produced water recycle and beneficial re－use. Biosoure Technology, 101：6942－6949.

Fraser G S, 2014. Impacts of offshore oil and gas development on marine wildlife resources.//Gates J E, Trauger D L, Czech B. Peak Oil, Economic Growth, and Wildlife Conservation SE－10. New York：Springer：191－217.

Hall C, Tharakan P, Hallock J, et al., 2003. Hydrocarbons and the evolution of human culture. Nature, 426：318－322.

Huang B J, Tian H, Li X S, et al., 2016. Geochemistry, origin and accumulation of natural gases in the deep water area of the Qiongdongnan Basin, South China Sea. Marine and Petroleum Geology, 72：254－267.

Liu Y X, Hu C M, Sun C, et al., 2018. Assessment of offshore oil/gas platform status in the northern Gulf of Mexico using multi-source satellite time-series images. Remote Sensing of Environment, 208: 63-81.

Orang K, Motamedi H, Azadikhah A, et al., 2018. Structural framework and tectono-stratigraphic evolution of the eastern Persian Gulf, offshore Iran. Marine and Petroleum Geology, 91: 89-107.

Mann P, Escalona A, Castillo M V, 2006. Regional geologic and tectonic setting of the Maracaibo supergiant Basin, Western Venezuela. AAPG Bulletin, 90 (4): 445-477.

Teichmann D, Arlt W, Wasserscheid P, et al., 2011. A future energy supply based on liquid organic hydrogen carriers (LOHC). Energy Environment Science, 4: 2767-2773.

Zheng J S, Chen B, Thanyamanta W, et al., 2016. Offshore produced water management: a review of current practice and challenges in harsh/arctic environments. Marine Pollution Bulletin, 104 (1~2): 7-19.

第九章
深层油气勘探项目部署

本章导引

第一节主要针对深层概念、划分标准以及世界和我国深层油气勘探的进展与发展前景进行了概述和总结；第二节阐述了深层油气勘探面临的主要挑战；第三节系统阐述了深层油气预测地质理论，包括含油气盆地动力学边界识别、油气动力场划分和油气藏发育类型区分；第四节简单介绍了深层油气勘探方法技术；第五节系统阐述了深层油气勘探项目的部署原则，包括有利资源领域、有利成藏区带和有利钻探目标共三个不同层次的预测方法以及勘探部署原则。

随着世界对油气需求量的不断增加和油气勘探工作的日益深入，在含油气盆地浅层取得油气勘探的大突破已越来越难（妥进才，2002），针对海域深层开展油气勘探已成为一种必然选择（图9-1），而针对陆相深层地层中寻找油气也是未来油气勘探的重要趋势之一（图9-2）。

彩图9-1

图9-1 深海油气勘探三维模型图（据桔灯勘探，2018）

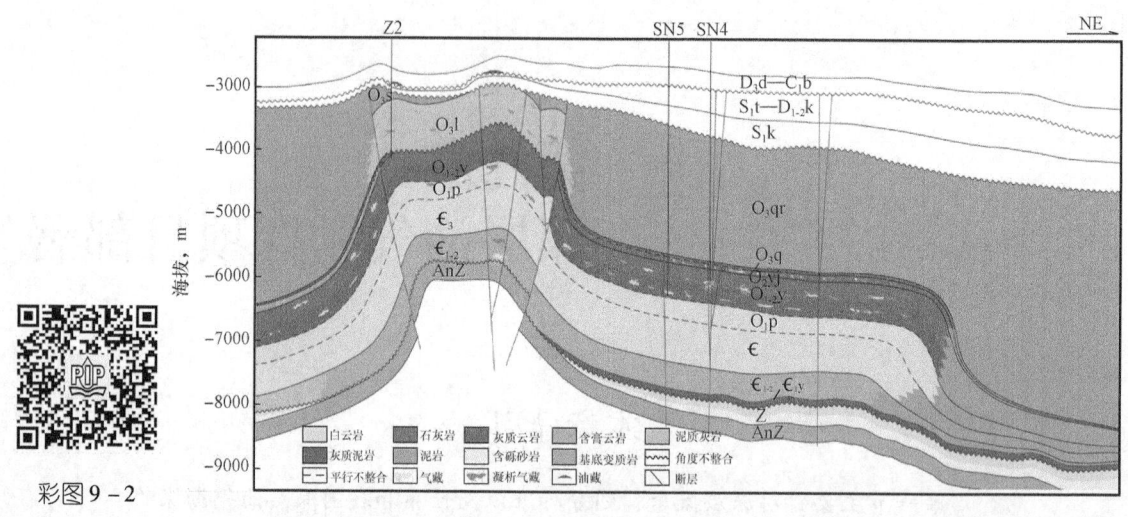

图 9-2 中国西部塔里木盆地塔中地区深层中—下奥陶统油气成藏模式
（据何治亮等，2016）

全球各主要含油气盆地经过近半个世纪的开发，浅层油气藏个数和新增储量已呈明显的下降趋势（Simmons，2002），我国的中浅层勘探储量的增长也越来越缓慢（王宇等，2012）。但是世界对油气的消费量却在不断地增加，据 BP 发布的 2014 版《BP 世界能源数据统计年鉴》，2002—2012 年间世界油气的消费增长率与油气产量的增长率基持平，石油与天然气消费量年均增长分别为 1.35% 和 3.14%，产量年均增长分别为 1.47% 和 3.23%。而中国油气消费量增长率远远大于产量的增长率，根据中国国家统计局 2013 年发布的数据，2000—2013 年间石油和天然气消费量的年增长率分别为 6.17% 和 14.6%，产量的年均增长分别为 1.93% 和 11.88%。深层作为全球石油工业发展具有战略性的"三新领域"之一（Pang et al.，2015），也是中国石油工业未来最重要的发展领域之一，是中国石油引领未来油气勘探与开发最重要的战略现实领域（孙龙德等，2013）。这些说明为保障能源供应，满足油气消费，面向盆地深部开展油气勘探已成为一种必然的选择。

第一节 深层油气勘探进展与发展前景

一、深层概念与划分标准

1. 国外学者提出的深层划分标准

国外学者针对含油气盆地深层的划分主要有两种方案（表 9-1）：① 按地层埋深划分，即将埋深大于某一深度界限的地层称为深层，不同学者划分深层的界限不同，比如有 4000m（М.И. 罗德任芙斯卡娅，2001）、4500m（Barker et al.，1992）、5000m（Р.Г. 萨姆维洛夫，1997；B.N. 麦列涅夫斯基，2001）和 5500m（N.R. 迈哈蒂耶夫，2001；T.B. 别洛科尼，2001）；② 根据地层年代划分，即对于某一确定的盆地，将地层年代较老且埋深较大的地层称为深层（Sugisaki，1981）。总的来说，4000m 和 4500m 是被较多学者采用的标准。

表9-1 国外学者有关盆地深层的划分标准

盆地深部判别依据	盆地深层划分标准	针对地区	研究者与研究时间
地层埋深	>4000m	前苏联地区	М. И. 罗德任芙斯卡娅，2001
	>4500m	滨里海盆地	
	>4500m	美国境内	
		美国墨西哥湾	Barker et al.，1992
	>5000m		Р. Г. 萨姆维洛夫，1997
		西西伯利亚盆地、东西伯利亚盆地	B. N. 麦列涅夫斯基，2001
	>5500m	南里海盆地	N. R. 迈哈蒂耶夫，2001
		提马诺—伯朝拉盆地、科耳瓦盆地	T. B. 别洛科尼，2001
地层年代	地层年代较老且埋深较大的地层	美国境内	Sugisaki，1981

2. 中国学者提出的深层划分标准

中国学者对于含油气盆地深层的划分标准与国外学者的标准大致相同，划分方案主要有三种（表9-2）：① 按地层埋深划分（王群，1994；妥进才等，1994；周世新等，1999；郝芳等，2002；戴金星，2003；石昕等，2005；赵文智等，2005）；② 按地层年代划分（康玉柱，2003；马永生等，2007；Ma et al.，2008）；③ 按地层特征划分（妥进才等，1999；王玉满等，2002；庞雄奇，2010）。总的来说，盆地深层的概念不仅随着研究者不同而变化，还随着盆地位置和地层特征的不同而改变。

表9-2 中国学者有关盆地深部的划分标准

盆地深部判别依据	盆地深部判别标准	针对地区	研究者与研究时间
地层埋深	>2500m	渤海湾盆地	谯汉生，2002
	>2800m	松辽盆地	王群等，1994
	>3500m	渤海湾盆地	妥进才等，1994
		渤海湾盆地	周世新等，1999
		莺歌海盆地	郝芳等，2002
		准噶尔盆地	石昕等，2005
	>4500m	塔里木盆地、准噶尔盆地、四川盆地	戴金星，2003
		四川盆地	赵文智等，2005
地层年代与埋深	地层年代较老且埋深较大	随盆地不同有所变化	康玉柱，2003；马永生等，2007；Ma et al.，2008
地层特征	地层热演化程度	$R_o \geq 1.35\%$	妥进才等，1999，2002
	地层热演化程度或地层压力	$R_o \geq 1.35\%$ 或地层埋深超压	妥进才等，1999；王玉满等，2002
	地层热演化程度和致密程度	$R_o \geq 1.35\%$ 或砂岩层 $\phi \leq 12\%$、$K \leq 1mD$、$Y \leq 2\mu m$	庞雄奇，2010

3. 本教材深层划分标准

综合前人研究成果，建议将4500m作为盆地深层的划分标准，理由有两点。① 对前人研究成果的继承。国内外众多学者将4500m作为盆地深部的划分标准（Barker et al.，1992；

石昕等，2005；赵文智等，2005），同时自然资源部等行政单位曾公开发文将中国西部含油气盆地的深层标准定义为4500m。② 4500m代表了含油气盆地油气成藏机制从浮力到非浮力成藏转换的一般埋深（Pang et al.，2012）。在这一埋深上，砂岩储层的孔隙度一般超过12%，渗透率超过1mD，孔喉半径超过2μm。油气主要在浮力作用下形成具有"高点汇聚、高位封闭、高孔富集、高压成藏"的常规油气藏（庞雄奇等，2014），而在这一埋深下通常只能形成"低坳汇聚、低位倒置、低孔富集、低压稳定"的非常规油气藏。因此，结合前人研究成果，以深度为界将含油气盆地划分为四个部分，即浅层（<2000m）、中层（2000~4500m）、深层（4500~6000m）、超深层（>6000m）（Pang et al.，2015）。

二、深层油气勘探进展与发展前景

1. 世界深层油气勘探进展与发展前景

自1952年美国首次在4500m以深的地层发现油气后，众多国家掀起了深层油气勘探的热潮（吴富强等，2006）。随着深层钻井和完井技术的不断突破，深层油气勘探取得了一系列的重大成果，比如：1977年在阿纳达科盆地埋深约8097m的寒武系—奥陶系发现了Mills Ranch气藏；1980年在阿拉伯盆地埋深约为4500m的二叠系发现了Fateh气藏；1984年在意大利埋深约为6400m的三叠系发现了Villifortuna-Trecate油藏。目前，深层油气勘探在墨西哥湾、巴西东部、西非等深水和超深水区均已取得重大突破（白国平等，2014）。据IHS统计，截至2010年，在全球1186个含油气盆地内共发现171个深层盆地，其中已发现1290个油气藏，主要分布于前苏联、中东、非洲、亚太、北美和中南美地区（图9-3）。

近年来，世界深层油气勘探发展势头迅猛，深层油气藏的发现个数不断增加（图9-4）。Kutcherov等（2008）的资料统计显示，在4500~8103m深度已经开发了1000多个油气田，其石油原始可采量相当于全球石油储量的7%，而天然气储量占25%。

据IHS统计，截至2010年，全球埋深在4500~6000m的探明石油剩余可采储量约为838亿吨，占石油总可产储量的35.54%，天然气约为659亿吨油当量，占天然气总可产储量的44.36%；全球埋深大于6000m的探明石油剩余可采储量约为105亿吨，占石油总可产储量的4.45%，天然气约为70亿吨油当量，占天然气总可产储量的4.71%（图9-5）。

2. 中国深层油气勘探进展与发展前景

我国的深层油气勘探始于20世纪70年代末，1966年7月28日，我国第一口深井大庆松基6井（井深4719m）完成，标志着我国钻井工作由打浅井和中深井发展到打深井的阶段，同时也预示着我国油气勘探从浅层转向深层，随后在西部的塔里木、鄂尔多斯和四川等大型沉积盆地的深层也发现了一些大油气田，同时在东部的中原、大港和胜利等地区的深层也获得重大进展（冯志强，2006；宋传春等，2008；吴富强等，2006）。从1976年开始，我国油气勘探逐渐向超深层进军，1976年4月30日，我国第一口超深井四川女基井（井深6011m）完成，标志着我国油气勘探进入了超深层领域（王关清等，1998）。目前，我国在14个沉积厚度大于5000m的大型盆地中均已钻了深井（庞雄奇等，2010），其中冀中坳陷已钻176口深层探井（平均井深4521m），其中共有37口井获得工业油气流，探井成功率达21.4%（妥进才，2002）。塔里木盆地目前已测试的156个油气层系中，其中58个油气层的底界已超过5000m（庞雄奇等，2010）。总的来说，我国含油气盆地的埋深自东向西不断加大，其中深度小于2000m的浅层盆地主要位于内蒙古和西藏地区；深度2000~4500m的中层盆地主要位于东部海域；深度4500~6000m的深层盆地主要分布于中部，如鄂尔多斯盆地和南华北盆地；深度超过6000m的超深层盆主要集中在中国的西北和东北地区，如塔里木和松辽盆地等。

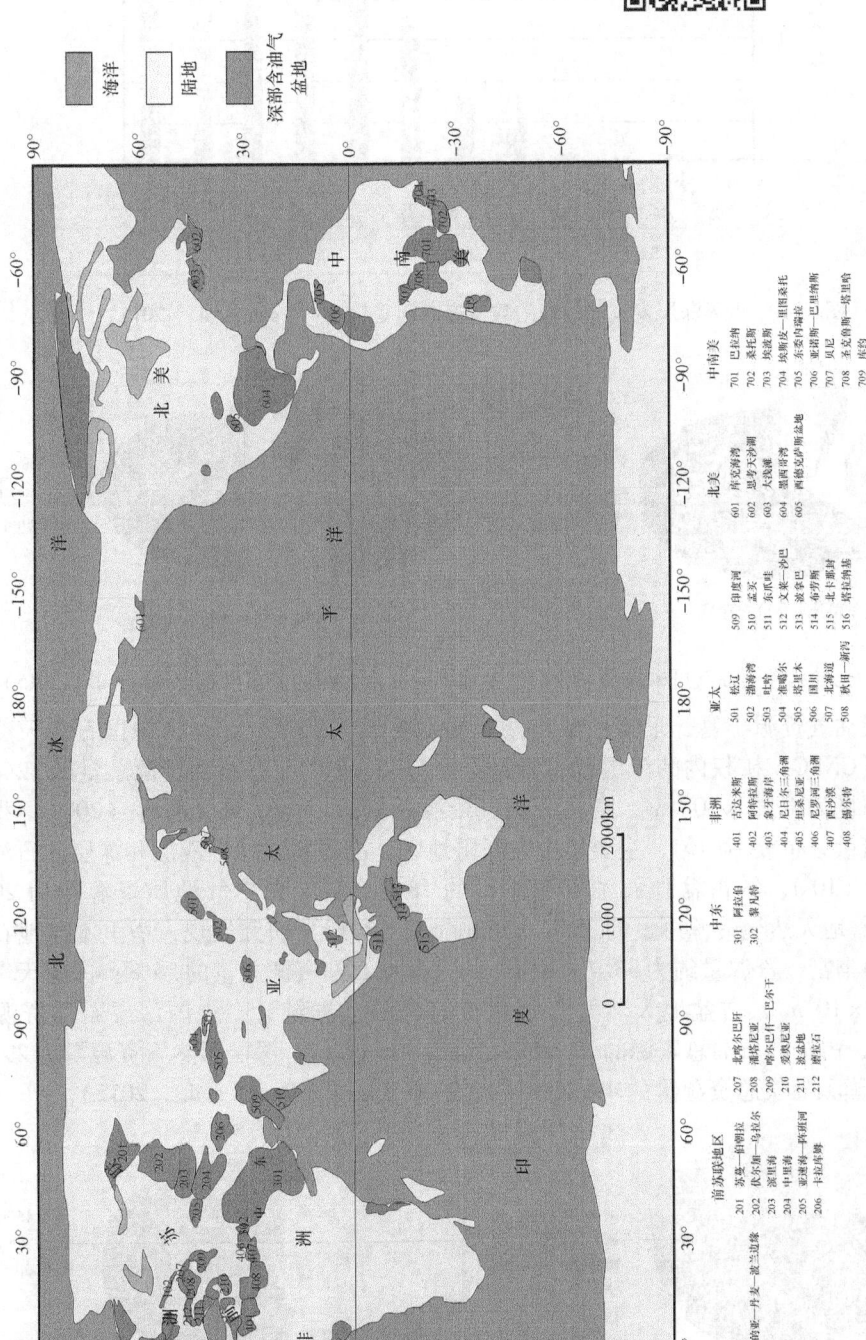

图9-3 全球主要的深层含油气盆地平面分布（据白国平等，2014）

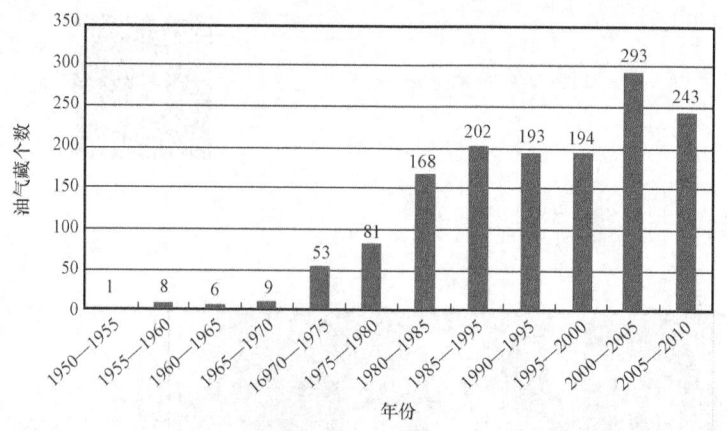

图 9-4 世界深层发现油气藏的数量逐时间变化（据 Pang et al., 2015）

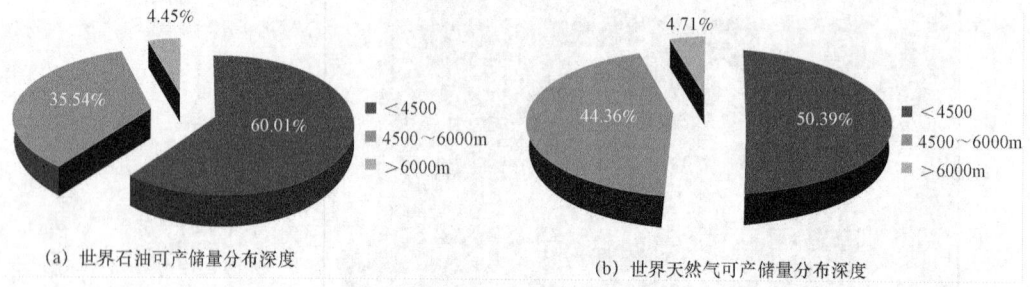

(a) 世界石油可产储量分布深度　　　　(b) 世界天然气可产储量分布深度

图 9-5 全球已探明油气可采储量在含油气盆地不同深度区间的分布（据 Pang et al., 2015）

我国深层油气资源丰富，勘探前景广阔。据石昕等（2005）统计，中国石油天然气集团有限公司（CNPC）矿权内的深层石油资源约为 $51.5 \times 10^8 t$，占石油资源总量的 12%；深层天然气资源量为 $4.25 \times 10^{12} m^3$，约占天然气资源总量的 19%。朱光有等（2009）我国深层油气资源储量分布极不均匀，主要集中在新疆地区。准噶尔盆地中浅层和深层的石油地质资源量为 $9.7 \times 10^8 t$，约占盆地石油资源总量的 18%；深层天然气地质资源量为 $2081 \times 10^8 m^3$，约占盆地天然气资源总量的 32%。庞雄奇等（2010）研究发现，塔里木盆地石油资源以深层最为丰富，资源量约为 $33.7 \times 10^8 t$，约占盆地石油资源总量的 56%；深层天然气资源量为 $29244 \times 10^8 m^3$，占盆地天然气资源总量的 37%。据统计，中国深层石油资源约为 $304.08 \times 10^8 t$，占全国石油总资源的 27.26% [图 9-6（a）]；深层天然气资源量为 $29.12 \times 10^{12} m^3$，占全国天然气总资源量的 49.23% [图 9-6（b）]（Pang et al., 2015）。

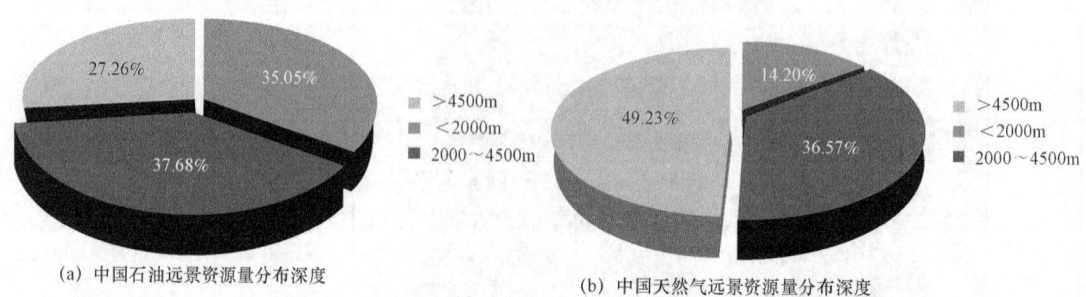

(a) 中国石油远景资源量分布深度　　　　(b) 中国天然气远景资源量分布深度

图 9-6 中国含油气盆地油气资源在不同深度区间分布特征（据 Pang et al., 2015）

自 2000 年以来，我国油气勘探不断向深层、超深层进军，其中准噶尔盆地深层和超深层探井的比例逐渐从 2000 年的 3% 攀升到 2013 年的 15%［图 9-7（a）］，塔里木盆地深层和超深层探井比例则从 2000 年的 65% 攀升到 2013 年的 92%［图 9-7（b）］。

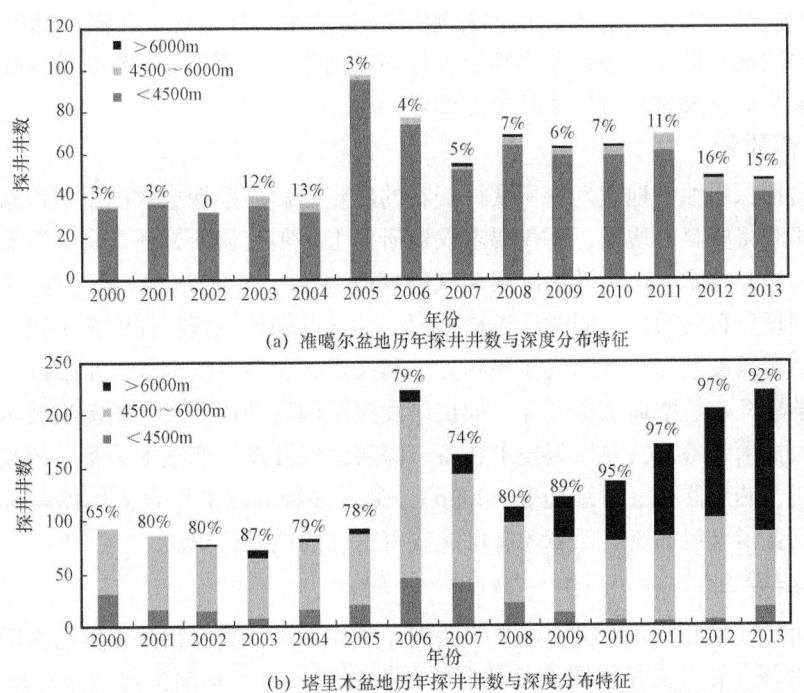

图 9-7　准噶尔盆地和塔里木盆地探井深度逐年变化特征（据 Pang et al., 2015）

同时，深层和超深层新增油气储量的比例也不断攀升，其中塔里木盆地深层石油所占比例从 2004 年的 12% 上升到 2013 年的 38%［图 9-8（a）］，深层天然气所占比例从 2004 年的 7% 上升到 2013 年的 34%［图 9-8（b）］（Pang et al., 2015）。

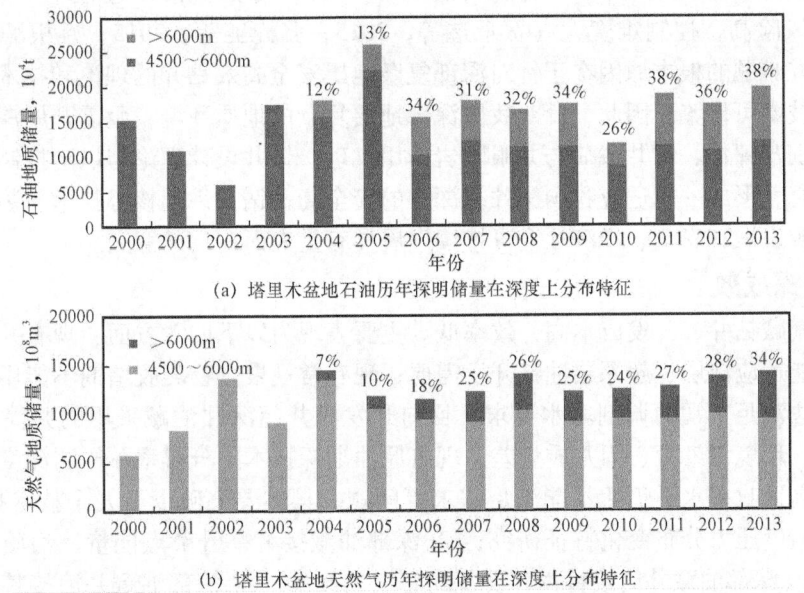

图 9-8　塔里木盆地深部油气探明储量历年变化特征（据 Pang et al., 2015）

第二节 深层油气勘探面临的主要挑战

随着世界对油气需求量的不断增加和油气勘探工作的日益深入，深层油气勘探势在必行，要提高深层油气勘探的成效就必须处理好当前面临的主要挑战。综合前人研究，目前深层油气勘探面临的主要挑战有以下三个方面。

一、资料质量

含油气盆地深层油气地质勘探所获得资料的质量是影响勘探成效的重要因素。要提高深层油气勘探所获得资料的质量，不仅要求仪器研发上必须有创新，还在资料数据处理方面也要发展新的方法和技术，这是开展深层油气勘探研究工作的基础（贾承造等，2015）。比如要提高地球物理资料信噪比，同时还需增加深层油气勘探地质资料探测新手段和数据处理新技术。充分利用地震勘探之外的其他探测方法和技术，包括电法勘探、重磁勘探、微生物勘探、地球化学勘探、航空遥感探测等，加快研发深层油气勘探开发应用新型技术装备，包括地球物理勘探技术装备、钻井压裂技术装备、深层油气开发生产技术装备、超高温度压力条件的新型材料、芯片器件（贾承造等，2016），通过多种方法的联合应用提高研究成果的可靠性。只有具备了可靠的资料保障才有可能获得正确的地质认识。

二、钻探安全

钻探是油气资源勘探开发必不可少的关键环节和手段，其中钻井成本约占勘探开发总成本的60%。而深井钻井更是深层油气勘探的关键环节。由于我国深部地层环境的复杂性和特殊性，深层超深层的安全高效钻探核心技术极其缺乏，导致钻探难以向深层进军，制约了深层油气勘探开发的进程。因此，我国的深井安全高效钻井面临前所未有的技术挑战，成为深层油气勘探开发的瓶颈，其主要科学技术难题有：① 地质条件复杂、不确定性强，可预知性差，钻井设计难度大；② 地层可钻性差，钻头与地层相互作用机理复杂，钻速慢、周期长；③ 地层呈现高温、高压、高陡构造等"三高"特征，钻井过程中"喷、漏、塌、斜"等安全风险高，控制难度大（贾承造等，2015；张光亚等，2015；姚根顺等，2017）。导致这些钻井难题的根本原因在于针对深部复杂地层安全高效钻井的理论和技术缺乏，国外也没有成熟技术可借鉴。因此，针对我国深部地层复杂的地质环境，亟需开展深层钻井岩体力学特性识别与评估、钻井载荷与井眼围岩作用机理、钻井设计理论与风险控制机制等关键基础问题研究，形成一套适应我国深井超深井的安全高效钻探系列核心技术与装备，对国家顺利实施能源发展和安全、经济社会可持续发展具有重大而深远的意义。

三、勘探成效

深层油气藏钻井、开发成本高，效率低。主要表现为以下四大方面：现有井筒接替举升工艺技术不能适应深层、超深层油藏开发需要；现有常规聚合物凝胶堵剂不能用于高温油藏的封堵，无法满足正常的调剖堵水要求；目前开发深井超深井油藏采用的井筒工作液钻速慢、成本高、环境污染大、固井质量差；现有原油勘探技术的分辨率和探测深度以及原油开发技术的提高采收率水平仍然不能满足需求等问题。具体要突破以下九个技术挑战：① 深部油藏井筒温度压力分布变化特征研究；② 深部油藏接替举升节点能量、物质和压力传递特征研究；③ 深部油藏井筒接替举升设备配套工艺技术；④ 深部油藏井筒接替举升工艺技术适应性研究；⑤ 低成本、稳定性能好的耐温抗盐型调驱体系研究；⑥ 具有油基钻井液优点的井眼强化型仿生水基钻井液新技术；⑦ 超分子井筒工作液技术；⑧ 纳米钻井液技术；⑨ 油气藏纳米机器人随液流入井监测、收集、回传资料技术。

第三节　深层油气预测地质理论

一、含油气盆地存在三个动力学边界

深层油气成藏受多种动力学因素控制（张厚福等，2002），经历了一系列复杂的动力学过程（Magoon et al.，1992），最后形成工业规模的油气藏。由于这种发生在地下的历史过程无法直接观察（Schowalter，1979），因此，国内外一些学者尝试从动力学角度去剖析深层油气成藏机理，进而揭示深层油气分布规律（Masters，1979；Robert et al.，2004；邵长新等，2008；罗晓容，2003；李明诚，2004；庞雄奇等，2010，2012，2014；霍志鹏等，2014；Pang et al.，2015），并取得了不少进展。研究表明，深层油气藏的形成与分布主要受浮力成藏下限、油气藏成藏底限、源岩供烃底限的控制，发现深层油气藏分布规律主要受自由流体动力场、局限流体动力场、束缚流体动力场的影响（图 9-9），并形成了深层油气藏分布预测的预测方法（庞雄奇等，2010，2012，2014；Pang et al.，2015）。

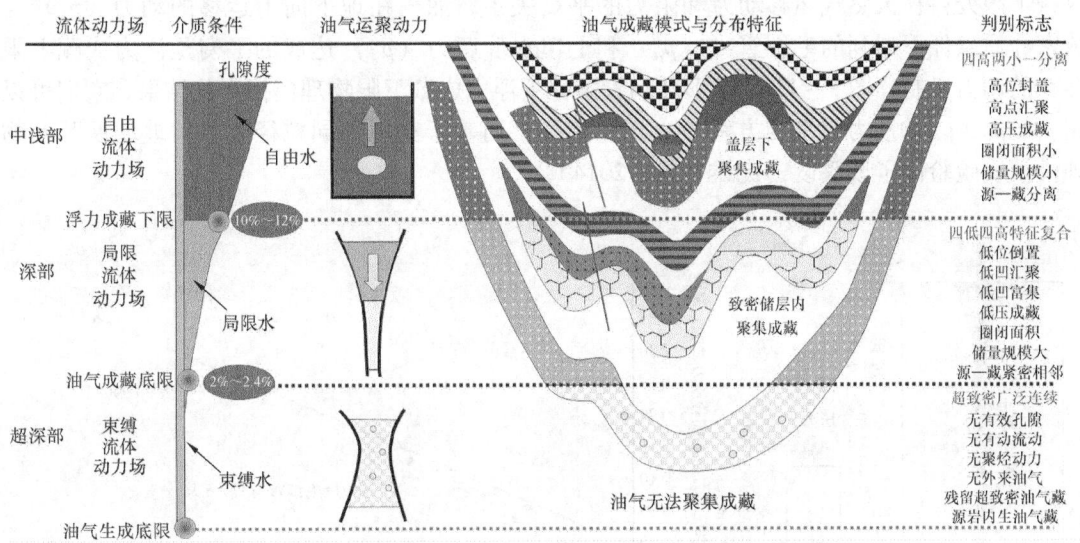

图 9-9　含油气盆地深层油气藏动力学边界与流体动力场划分（据 Pang et al.，2012）

1. 浮力成藏下限

浮力成藏下限是指含油气盆地地层埋深增大到一定程度后油气运移不受浮力主导的深度极限，不同下限点构成的动力学边界控制着含油气盆地内油气藏的形成和分布（庞雄奇等，2010，2012，2014）。浮力成藏下限是相对于浮力成藏作用（White，1885）提出的一个新的地质概念（庞雄奇等，2012），指地层介质随着埋深增大、压实作用增强而使孔隙度降低、渗透率减少、孔喉半径变小到某一临界条件之后，浮力对油气运移成藏不再起主导作用的深度下限，通常用与埋藏深度对应的储层孔隙度、孔喉半径、渗透率等地质参数表征（图 9-10）。

对于浮力成藏下限的成因机制，不同学者的观点不同。Masters（1979）认为浮力成藏

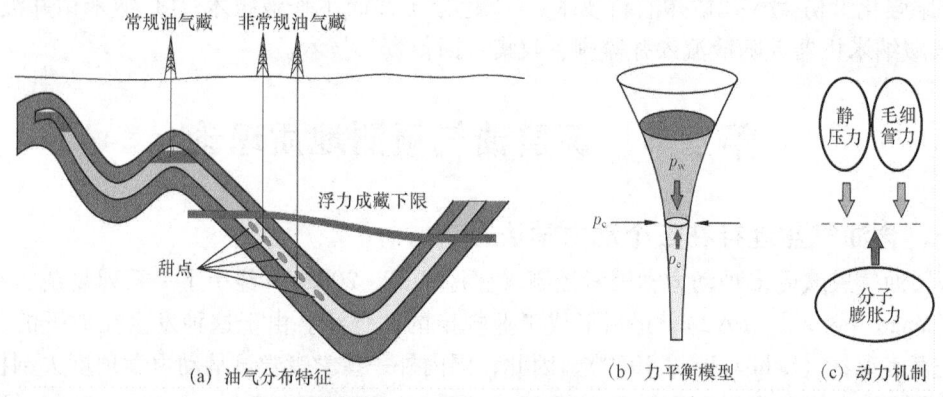

图9-10 含油气盆地深层浮力成藏下限概念模型及其控制油气分布特征（据庞雄奇等，2014）

下限是盆地内地层相对渗透率变化差异造成的；还有学者认为是成岩作用差异（Cant，1986）或断层封隔（Robert et al.，2004）或力平衡机制等地质条件造成的（Berkenpas，1991）。上述机制可以解释一些盆地局部范围内油气聚集不受浮力控制的现象，但不能解释大范围的油气聚集不受浮力的控制。庞雄奇等（2014）通过物理模拟实验，证实了在浮力成藏下限处存在天然气运移动力和阻力的平衡关系，油气在地下向上运移的动力（p_e）与致密介质条件下遇到的毛细管力（p_c）和上覆水静压力（p_w）达成的平衡是浮力成藏下限存在的动力机制。图9-11是锥形玻璃管条件下浮力成藏下限物理模拟实验结果，它们可以用 $p_e = p_w + p_c$ 的动力学平衡方程予以定量表征，而基于充填不同粒径砂的粗玻璃展开的物理模拟实验验证了该假设（庞雄奇等，2014）。

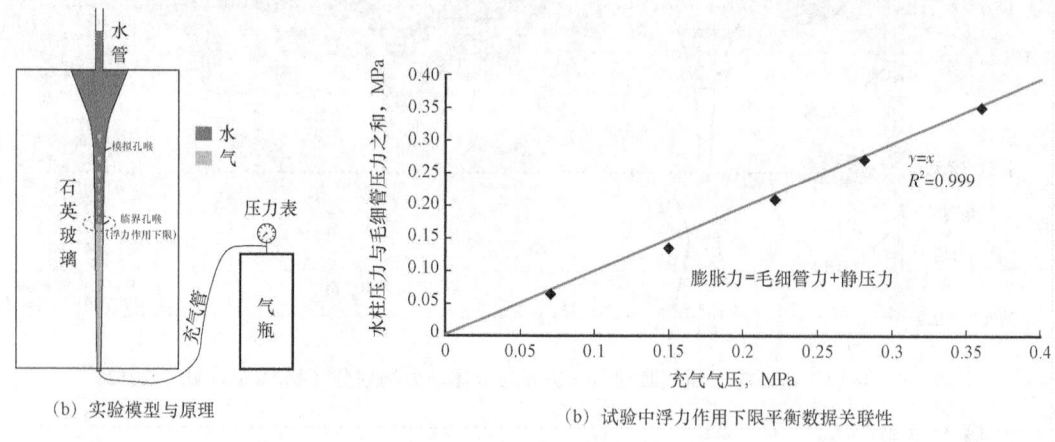

图9-11 浮力成藏下限物理模拟实验图及结果分析（据庞雄奇等，2014）

含油气盆地深层致密介质中油气不受浮力控制的根本原因是岩石中的毛细管力与上覆水静压力之和大于油气藏内部的压力。当油气藏内部的压力大于二者之和时，浮力就会起主导作用，带动油气向上运移到地表散失。力平衡作用是浮力成藏下限形成的动力学机制，可用下式表征：

$$p_e = p_w + p_c \qquad (9-1)$$

对于油藏和气藏压力，p_e 可分别表示为

$$p_{\text{eg}} = \frac{z\rho_{\text{g}}}{M_{\text{g}}} RT \times 1.01 \times 10^2 \qquad (9-2)$$

$$p_{\text{eo}} = \frac{RT}{V-b} - \frac{a}{V^2} = \frac{\rho_{\text{o}} RT}{M_{\text{o}} - \rho_{\text{o}} b} - \frac{\rho_{\text{o}}^2 a}{M_{\text{o}}^2} \qquad (9-3)$$

式中 p_{eg}——气藏内部压力，MPa；

z——气体的偏差系数（即压缩因子）；

R——通用气体常数，取 0.008314MPa·m³/（kmol·K）；

T——天然气绝对温度，K；

M_{g}——天然气摩尔质量，kg/kmol；

ρ_{g}——地层条件下天然气的密度，kg/m³；

p_{eo}——油藏内部压力，MPa；

ρ_{o}——地层条件下石油密度，kg/m³；

M_{o}——石油摩尔质量，kg/kmol；

a，b——范德华常数。

浮力成藏下限力平衡方程中的每一个地质参数的改变都影响浮力成藏下限临界条件的改变。影响因素包括不同的动力作用、流体物化特性、地层介质条件以及盆地宏观构造环境。动力作用指油气藏内部压力、上覆水静压力和储层介质内毛细管力，任何一种动力改变都将影响浮力成藏下限的变化；流体物化特性主要是指油气—水的界面张力、接触角、密度和温度等对力平衡临界条件产生影响；地层介质条件主要是指储层的孔隙度、渗透率和孔喉半径对力平衡临界条件产生影响；盆地宏观构造环境主要是指构造变动对盆地浮力成藏下限分布范围产生影响（Pang et al.，2012）。

实际地质条件下的浮力成藏下限是上述各种要素相互综合作用的结果。研究表明，在各方面条件都有利的情况下，砂粒粒径越粗，浮力成藏下限越深，对应的孔隙度越小、渗透率越低、孔喉半径越小；当砂粒的分选变差时，浮力成藏下限力平衡边界对应的埋深变浅，或孔隙度减小、渗透率降低、孔喉半径变窄。大量的统计资料表明，含油气盆地浮力成藏下限一般是：孔隙度<12%、渗透率<1mD、孔喉半径<2μm。虽然通常谈到浮力成藏下限是用储层孔隙度表征，但实际上决定着储层内油气是否受浮力作用的关键是它的孔喉半径，因为它直接影响到油气运移受到的毛细管力。孔隙度非常小的碳酸盐岩储层，在裂缝发育的情况下油气运移同样受浮力作用。

2. 油气成藏底限

油气成藏需要一定的温度和压力条件，理论分析认为含油气盆地的埋藏深度进入某一临界条件后，油气成藏条件不再存在，油气成藏作用结束（庞雄奇等，2012，2014；Pang et al.，2012）。庞雄奇等（2014）认为油气成藏底限是含油气盆地油气成藏作用结束的最大埋深或与其对应的临界地质条件，可用储层孔隙度、渗透率和孔喉半径综合表征。一般情况下，碎屑岩含油气盆地油气成藏底限对应的临界值是储层孔隙度小于2%~2.4%、渗透率小于0.01mD、孔喉半径小于0.01μm，对应埋藏深度在5000~8000m之间。

国内外众多学者研究发现沉积盆地含油气储层中存在一个物性下限，在该下限之下油气不能富集或不具勘探意义（蔡正旗等，1993；万玲等，1999；郭睿，2004；邵长新等，2008）。庞雄奇等（2012，2014）通过大量实际资料剖析，提出了四种确定含油气盆地油气成藏底限的方法：

① 基于储层有效孔隙度随埋深变化至 0 确定为油气成藏底限，实验过程中研究含油气目的层束缚水饱和度随埋深的变化，当随埋深增大储层内部的束缚水饱和度达到 100%，从而导致油气成藏作用结束。松辽盆地扶扬油层砂岩束缚水饱和度为 100% 时对应的成藏底限为孔隙度 2.4%~4%，塔里木盆地库车坳陷含油气砂岩束缚水为 100% 时对应的成藏底限为孔隙度约 2.4%（图 9-12）。

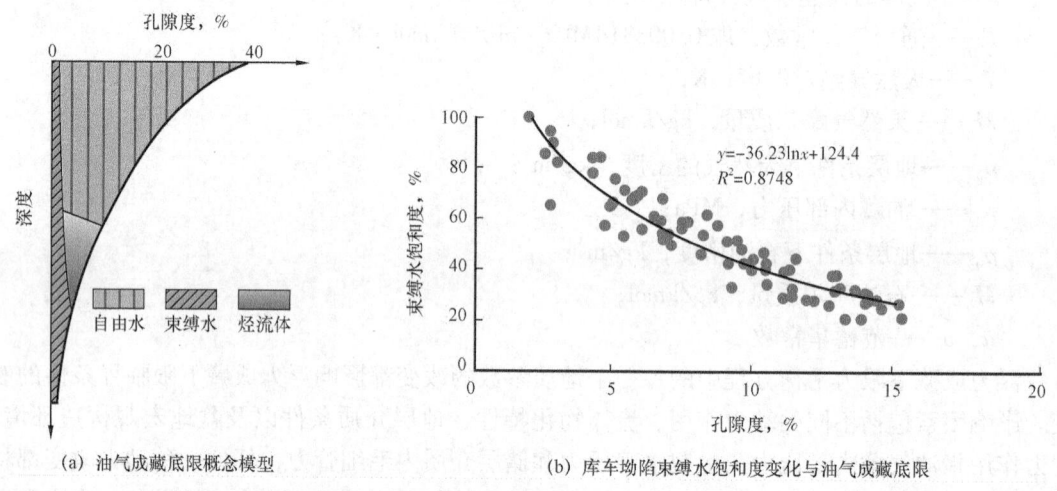

(a) 油气成藏底限概念模型　　　(b) 库车坳陷束缚水饱和度变化与油气成藏底限

图 9-12　含油气目的层束缚水饱和度随埋深变化特征与油气成藏底限（据庞雄奇等，2014）

② 基于储层孔隙度和渗透率随埋深变化至油气流体无法正常运移时确定油气成藏底限，实际地质条件下储层内部渗透率随压实作用而逐步降低（图 9-13）。

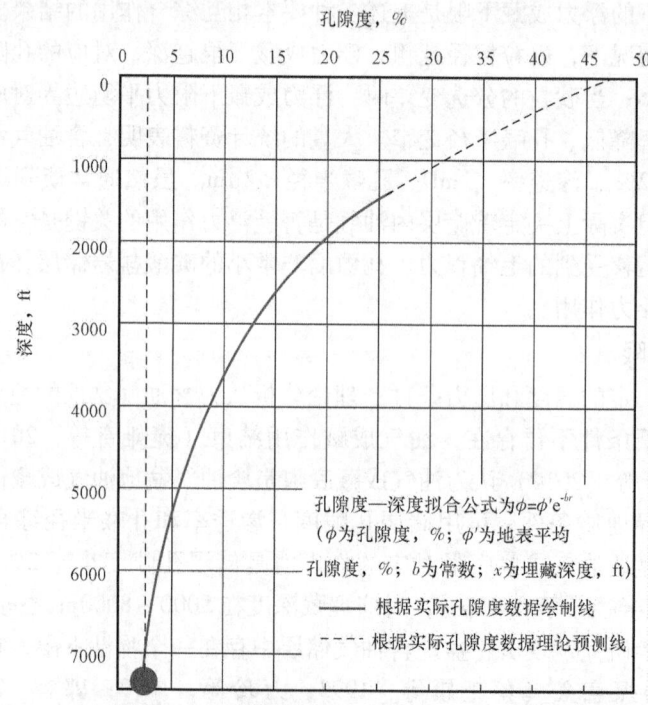

图 9-13　含油气目的层埋藏过程中孔隙度和渗透率变化与油气成藏底限（据庞雄奇等，2014）

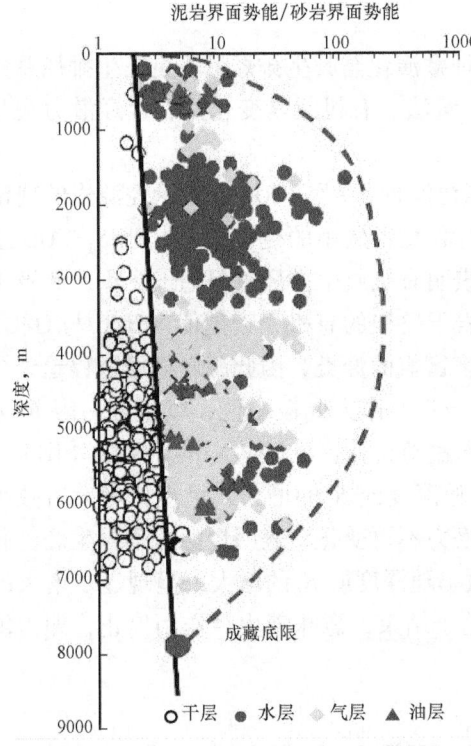

图 9-14 塔里木盆地库车坳陷含油气砂岩内外界面势差随埋深变化特征（据庞雄奇等，2014）

③ 基于储层内外毛细管力差或界面势差随埋深变化至 0 确定油气成藏底限，实际地质条件下储层随埋深增大，其内外界面势差消失而导致成藏作用结束。如西部塔里木盆地库车坳陷主要目的层内外势差变化确定油气的成藏底限埋深分别为 7900m（图 9-14）。

④ 基于探井 100% 钻遇干层的结果确定油气成藏下限，实际地质条件下探井随埋深增大钻遇干层的概率增大，当探井钻遇干层率达到 100% 时即认为达到了成藏底限。塔里木盆地塔中地区探井钻遇含油气、水层分布特征反映当储层孔隙度小于 2% 时，钻遇干层率达到 100%，即为油气成藏底限（图 9-15）。

需要强调的一点是，本书提出的油气成藏底限并非储层中油气显示存在的底限，较之成藏底限更深的储层内常常可以见到油气，但见到的油气可能是它在进入成藏底限之前聚集的。油气成藏底限之下因储层孔隙度太低，成藏作用已经结束，开展油气勘探风险大。油气成藏底限差别可以很大，有的含油气盆地油气成藏底限的埋深不超过 6000m，而有些盆地可达近万米，这主要取决于目的层孔隙度和渗透率随埋深减小快慢以及次生孔隙度的形成与分布。一般而言，地层地温梯度和热流值高的盆地油气成藏底限较浅，否则埋深较大。同时，随着砂岩储层粒径的增大，油气成藏底限变深；随着砂岩颗粒分选的变好，油气成藏底限也随之变深（庞雄奇等，2010，2012，2014；Pang et al.，2015）。

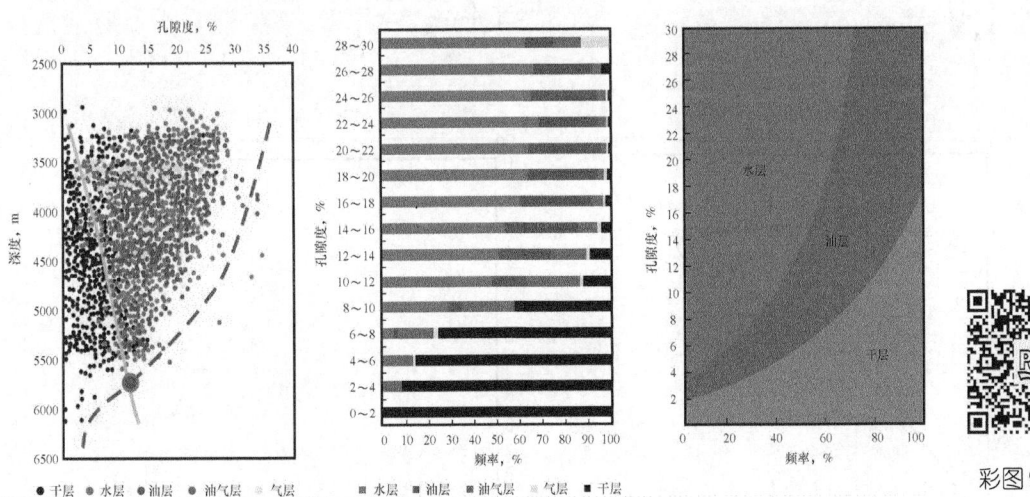

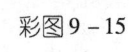

彩图 9-15

图 9-15 塔里木盆地探井钻遇含油气层、水层和干层的分布特征与成藏底限（据庞雄奇等，2014）

3. 源岩供烃底限

源岩供烃底限是指含有机质母质烃源岩进一步埋藏演化至其生排烃量不足已生排烃总量1%处所对应的临界地质条件，表征方法包括残留烃量法、有机元素变化法、生烃潜力法和排烃效率法（霍志鹏等，2014；Huo et al.，2015）。

一般采用单位有机碳的残留烃量（S_1/TOC 或氯仿沥青"A"/TOC）表示烃源岩的残留烃能力，残留烃曲线随深度或 R_o 的增加，呈现出先增大后减小的变化趋势，当 S_1/TOC 或"A"/TOC 值减小到某一极小值后基本不再变化，表明有机质生排烃过程趋于终止，此极小值对应的 R_o 即为供烃底限 [图9-16（a）]。当源岩干酪根的有机元素比值（H/C 与 O/C）降低到某一极小值时不再变化，表明它无法生成更多富氢的烃类，因此源岩排烃过程趋于结束，此时对应生烃底限。霍志鹏等（2014）以 H/C=0.1 作为此极小值，以生烃门限 R_o 为 0.5% 对应的 H/C 比值作为最大值，进而确定塔里木盆地台盆区碳酸盐岩供烃底限 [图9-16（b）]。烃源岩的生烃潜力指数（S_1+S_2）/TOC 随深度或 R_o 的增大，呈现先增大后减小的变化趋势，当该指数减小到某一极小值时，生烃潜力不再变化，表明烃源岩不再生烃，此时对应供烃底限 [图9-16（c）]。烃源岩的排烃效率随深度或 R_o 的增大，呈现逐步增大的趋势。当排烃效率增大接近 100% 时表明排烃作用趋于结束，意味着生烃作用停止，即为供烃底限 [图9-16（d）]。

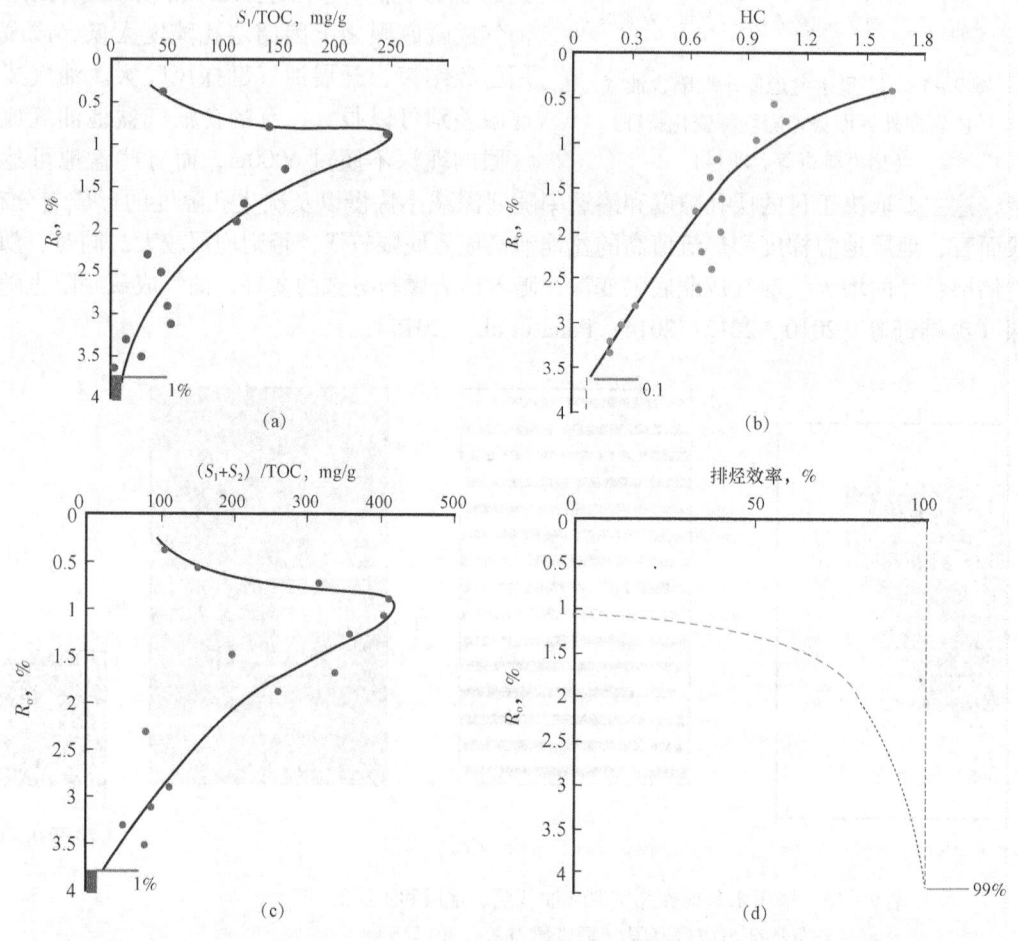

图9-16　烃源岩生排烃量随埋深变化特征与油气成藏底限（据霍志鹏等，2014）

二、含油气盆地油气动力场

流体动力场的相关研究最早始于地球动力学。1953 年 Hubbert 提出流体势的概念,用来描绘地下流体的能量变化和流体运移规律。叶加仁等(1999)对流体动力场做了较为详尽的论述,认为流体动力场即为沉积盆地内的温度场、压力场、流体势能场和构造应力场及其相互之间的联系。庞雄奇等(2012,2014)基于含油气盆地深层存在的浮力成藏下限、油气成藏底限和源岩供烃底限将含油气盆地划分为三个动力场,其中浮力成藏下限以上的地层领域称为自由流体动力场,浮力成藏下限与油气成藏底限之间的地层领域称为局限流体动力场,油气成藏底限和源岩供烃底限之间地层领域称为束缚流体动力场。三个动力场地层内发育不同类型的油气藏,具有特征各异的分布规律,如图 9-9 所示(庞雄奇等,2010,2012,2014;Pang et al.,2012,2015)。

1. 油气自由动力场

浮力成藏下限以上的地层领域为自由流体动力场。自由流体动力场内,浮力对油气运移和聚集起主导作用,形成常规油气藏,包括常规构造油气藏、常规断块油气藏和常规岩性油气藏。自由流体动力场内油气的分布具有三个方面的基本特征:① 高点汇聚、高位封盖、高孔富集、高压成藏;② 油气分布面积小、油气储量规模小;③ 含油气目的层与烃源岩层分离(庞雄奇等,2010,2012,2014;Pang et al.,2012,2015)。

2. 油气局限动力场

浮力成藏下限与油气成藏底限之间的地层领域为局限流体动力场。局限流体动力场地层内油气藏分布比较复杂,可分为构造稳定区和构造较活动区(庞雄奇等,2010,2012,2014;Pang et al.,2012,2015)。

在构造稳定区,浮力对油气运移和聚集不起主导作用,介质内部之间的毛细管力差、分子体积膨胀力、有机网络中烃浓度差产生的扩散作用都是油气运聚成藏的主要动力,主要形成致密油气藏,可分为四个亚类油气藏,即致密常规油气藏、致密深盆油气藏、致密复合油气藏、原生致密油气藏。致密常规油气藏具有"四高两小一分离"的分布规律,四高指高点汇聚、高位封盖、高孔富集、高压成藏,两小指油气藏通常含油气分布面积小、储量规模小,一分离指烃源岩和储集层分离。致密深盆油气藏具有"四低两大一紧邻"的分布规律,四低指低坳汇聚、低位倒置、低孔富集、低压稳定,两大指油气藏分布发育面积和油气藏储量规模通常很大,一紧邻指油气藏与烃源岩紧密接触,不能分离。致密复合油气藏具有"四高四低两大一紧邻"的分布规律,四高四低指高点富油气与低点富油气共存、高孔隙聚油气与低孔隙聚油气共存、高压油气层与低压油气层共存、高产油气层与低产油气层共存,两大指油气藏分布面积大、资源储量规模大,一紧邻是指含油气目的层与烃源岩层紧密相邻。原生致密油气藏包括煤层气和页岩油气藏,成因机制上属于边致密边生烃边成藏,具有原地聚集成藏的特点,没有明显的圈闭界限(庞雄奇等,2010,2012;Pang et al.,2012)。

在构造较活动区,致密储层受到构造应力的改造或地流体的溶蚀,产生裂缝或溶洞,形成局部高渗储层,主要形成改造类油气藏,包括改造型裂缝油气藏、改造型溶洞油气藏和改造型缝洞油气藏,它们的介质致密,但局部地区孔隙度和渗透性好,油气藏显示出常规油气藏的地质特征,具有沿断裂、不整合面、溶洞分布的特点。

3. 油气束缚动力场

油气成藏底限和源岩供烃底限之间地层领域为束缚流体动力场,主要位于盆地的最深层。束缚动力场之中的油气都是前期聚集和保存下来的，由于在此阶段目的层埋深较大、孔渗非常小、地层能量缺少，勘探和开发油气风险大（庞雄奇等，2010，2012；Pang et al.，2012）。

三、含油气盆地油气藏类型

深层油气的成藏机制与分布模式受其所处的流体动力场控制，可根据动力学机制与模式将油气藏划分为三类，即浮力主导成藏的常规油气藏、非浮力主导成藏的致密油气藏、应力改造成藏的改造油气藏，不同类型的油气藏预测方法不一样。

1. 常规油气藏

常规油气藏指在自由流体动力场地层内，由浮力对油气运移和聚集起主导作用形成的油气藏，包括三个亚类：常规构造、常规断块和常规岩性油气藏。

墨西哥湾深海盆地 Tiber 碎屑岩油气藏是典型的深层常规油气藏。它是2009年由英国石油公司（BP）勘探人员在墨西哥湾深海盆地的 Tiber 探区发现的一个巨型油藏（Berman et al.，2010）。Tiber 油田位于美国休斯敦东南约250mile处，水深超过1200m，是近年的最大发现之一。据估计，该油田至少有 30×10^8 bbl 石油储量，其中约 6×10^8 bbl 为可采石油储量，此外还有 $113 \times 10^8 m^3$ 的可采天然气储量。这片油田是由迄今为止钻探最深的油井发现的，钻井深度达到10058m（包括1259m水深）。

Tiber 油气藏发育多套烃源岩层系，其中晚侏罗世提通阶海相页岩为其主力烃源岩层系，有机质丰度高，有机质类型好，为油藏提供了丰富的油气来源（赵青芳等，2011）。其储层为典型的深水重力流沉积，岩性为古近系未固结浊积砂岩，孔隙度平均为14%~28%，渗透率为1~200mD，为高孔高渗储层。

墨西哥湾盆地发育广泛的膏岩沉积，在构造应力的作用下形成多个盐构造圈闭，并在上覆古近系页岩的封盖条件下，形成完整的生储盖圈闭组合，为大型油气藏的形成奠定了成藏基础（图9-17）。Tiber 油气藏地层温度为127℃，压力系数为1.4，总体上为深层高压常温油藏。

2. 非常规致密油气藏

非常规致密油气藏是指在局限流体动力场内，由浮介质内部之间的毛细管力差、分子体积膨胀力、有机网络中烃浓度差产生的扩散作用为主要动力而形成的油气藏。其包括四个亚类：致密常规、致密深盆、致密复合和原生致密油气藏。

滨里海盆地盐下碳酸盐岩油气藏是典型的致密非常规油气藏。滨里海盆地位于俄罗斯地台东南边缘的晚元古代—早古生代克拉通边缘。盆地呈东西方向延伸，长1000km，最宽处达650km，面积约为 $58.487 \times 10^4 km^2$，沉积物最大厚度达到23km，其内部可划分为四个二级构造单元：北部—西北部断阶带、中央坳陷带、南部隆起带和东部隆起带（田纳新等，2015）。盆内充填的古生代沉积物包括巨厚的碎屑岩和碳酸盐岩。剖面上分盐下层系、含盐层系和盐上层系三个构造组合，盐下油气资源十分丰富，目前发现的85%的油气探明储量均分布在盐下层系内。盐下层系埋藏很深，在盆地边缘其厚度为3~4km，在中心部位达10~13km。

滨里海盆地盐下碳酸盐岩油气藏以石炭系碳酸盐岩为主力油气储层，主要由具有良好储集物性的开阔海浅水陆棚生物礁灰岩和白云岩组成，厚度大，分布广（刘洛夫等，2002）。以田吉兹地区为例，储层埋深可达6000m以下，孔隙度一般为1.5%~20%，平均为6%~

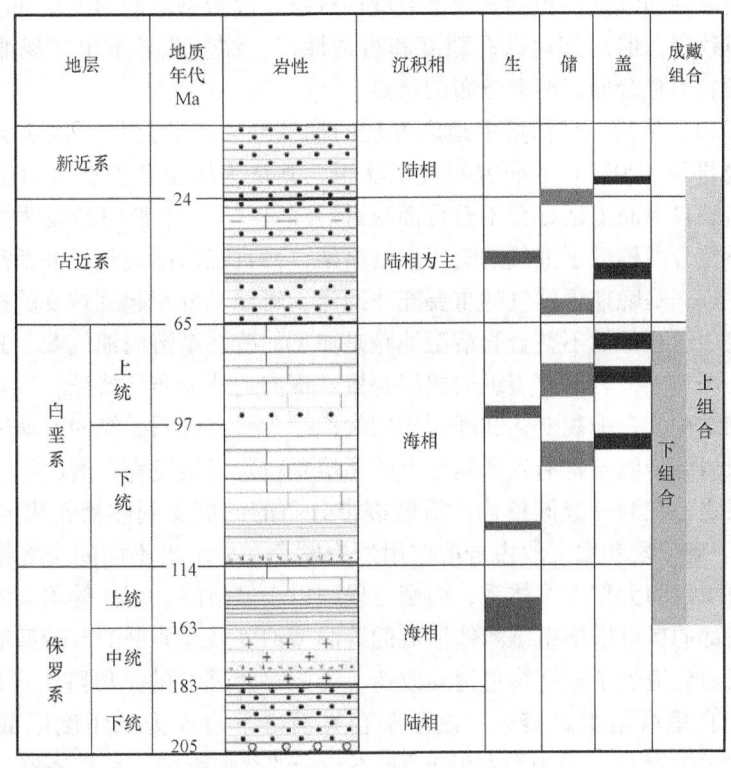

图 9-17 Tiber 油气藏地层柱状图（据赵青芳等，2011）

6.5%；渗透率介于 1.5~900mD。储集空间以粒间孔和溶蚀孔洞最发育且分布普遍，有利储层生物礁体主要发育在盆地边缘的古隆起上。

滨里海盆地盐下烃源岩十分发育，自下而上主要发育四套烃源岩：中泥盆统的艾菲尔阶—吉维特阶烃源岩、上泥盆统法门阶—下石炭统杜内阶烃源岩、下石炭统维宪阶—中石炭统巴什基尔阶烃源岩和中石炭统莫斯科阶—下二叠统阿丁斯克阶页岩及泥质碳酸盐岩。不同层系烃源岩有机质丰度、成熟度及分布范围不同，其中下—中石炭统黑色页岩有机质含量最高、生烃潜力最大，烃源岩成熟度介于 0.65%~1.3%，正处于生油高峰，是盆地内最重要的烃源岩。

滨里海盆地盐下油气资源非常丰富的一个很重要的因素为盆地内广泛发育下二叠统空谷阶盐岩层，厚度大、塑性好，为滨里海盆地一套优质区域性盖层，与下伏石炭系储层和主力烃源岩层构成良好的生储盖组合。滨里海盆地盐下碳酸盐岩油气藏以碳酸盐岩生物礁储层与上覆盐岩层形成的地层—构造圈闭为主，盐岩层在差异压实和挤压应力作用下发生塑性变形形成大量地层—构造圈闭。目前，已发现的盐下层系油气藏主要分布在盆地的边缘，中—上石炭统和下二叠统的碳酸盐岩是主要的工业油气产层。盐下层系古生界的油气开发始于 20 世纪 70 年代初，已发现了田吉兹、阿斯特拉罕、奥伦堡、卡腊恰加纳克等一系列的油气田和凝析气田，尤以卡萨干油田的地质储量巨大，其石油储量约为 180×10^8 bbl（田纳新等，2015）。盐下层系的油气成藏主要受碳酸盐岩储层分布的控制。

3. 改造油气藏

改造油气藏是指在构造较活动区，由构造应力的改造或地流体的溶蚀、产生裂缝或溶洞而形成的局部高渗的油气藏，包括改造型裂缝油气藏、改造型溶洞油气藏和改造型缝洞油气藏，它们的介质致密，但局部地区孔隙度和渗透性好，油气藏显示出常规油气藏的地质特征，具有沿断裂、不整合面、溶洞分布的特点。

庞宏等（2010）认为，目前塔中地区发现的油气藏大部分是从下伏地层调整上来的次生油气藏。华晓莉等（2013）的研究有类似认识，其认为塔中北斜坡鹰山组缝洞型碳酸盐岩油气沿走滑断裂自下而上运移至不整合面附近后，呈"T"字形向断裂两侧的构造高部位运移，断裂和不整合面构成了油气的疏导网络格架，而且走滑断裂与逆冲断裂交叉展布形成了多个油气充注点，是晚期天然气的重要充注通道，对油气分布起到重要的控制作用。

塔中地区鹰山组顶部的不整合岩溶型油藏是典型的改造型溶洞油气藏。其储集空间以大型溶洞、溶蚀孔洞为主，岩溶储层纵向成层叠置、横向连片分布为特征；有利岩溶储层的分布受到沉积岩相结构、古地貌变化和断裂作用的控制。研究表明，纵向串珠体系多与断裂破碎带有关；层状岩溶带储层常沿致密隔层上的易溶颗粒灰岩层发育。鹰山组内可识别出发育于多套致密隔层之上在洞—缝储集体。沿断裂带分布的储层受到热液作用的叠加改造（林畅松等，2015）。鹰一段和鹰二段古岩溶作用最为发育，显示出不同的岩溶特征。其中，鹰一段发育两套可识别的大型溶洞体系，而鹰二段则以小型溶洞、溶孔等均匀溶蚀作用为主。

塔中地区东部的良里塔格组礁滩体形成的缝洞型油气藏是典型的改造型缝洞油气藏。该组地层在沉积成岩后遭受了多期构造运动改造，影响最为强烈的是奥陶纪末形成的 Tg_5 不整合。在大部分的良里塔格组岩溶区，该不整合界面之下表现为低角度削截，剥蚀厚度为 50~500m；在断隆高部位，受中泥盆世末 Tg_3 不整合的叠加影响，良里塔格组剥蚀严重，剥蚀量可达 600~800m，局部剥蚀殆尽。塔中地区东部的良里塔格组碳酸盐台地在构造和岩溶共同影响下呈现出复杂的古地貌格局。地震剖面上显示良里塔格组直接暴露的岩溶高地和未暴露的斜坡区均发育典型的"串珠状"反射特征，指示着良里塔格组内部存在的溶洞。钻井揭示在隆起顶部和斜坡区均存在钻空、井漏或井涌等异常，指示着不同规模的缝洞型储层；孔洞型和孔缝复合型储层组合良好。

第四节 深层油气勘探方法技术

世界深层油气地质与勘探研究取得了重要进展，但面临着诸多挑战。要提高深层油气勘探成效就必须面对当前挑战并解决好相关问题。加强深层油气资源勘探科学研究与技术开发，提升深层油气探明储量，对保障我国石油工业可持续发展和能源安全具有重要的现实意义。综合前人研究，深层油气勘探研究需要在以下四个方面做出不懈努力。

一、模拟深层油气成藏过程特征

深层油气藏地质特征复杂，成因机制和分布规律不清，缺少有效的理论和方法指导，目前应加强深层油气成藏过程的研究，具体有以下四点。

1. 强化含油气盆地深部构造过程与温压场演化历史的研究

从宏观背景上揭示深部介质条件和温压环境下油气成藏条件的差异性和独特性，展开对深层—超深层油气地质与工程极限问题研究，包括超深层条件下油气工业性聚集的深度下限、岩石力学脆性—韧性过渡带与钻井压裂工程下限、极高温压异常区的地质—工程深度下限，为深部油气藏成因机制与分布规律的深入研究创造条件，奠定工作基础（庞雄奇，

2010；贾承造等，2015）。

2. 开展含油气盆地深层储油气层形成演化的动力学过程研究

开展含油气盆地深层储油气层形成演化的动力学过程研究主要包括：深层—超深层碳酸盐岩与碎屑岩储层孔渗性定量表征、深埋过程中储层孔隙结构特征与渗透性地质响应、深埋过程中流体活动与储层物性改造、应力应变作用与构造裂缝发育规律、矿物物性变异特征与孔隙系统分级分类（庞雄奇，2010；贾承造等，2015；庞雄奇等，2015）。

3. 加强含油气盆地深层油气地球化学与油气资源评价研究

研究高温高压条件下油气生成机制、烃类相态特征与油气资源潜力；揭示高温高压条件下烃类的稳定性与油气成藏深度下限；探讨地球深层流体物质介入与油气成藏效应；评价油气资源赋存规律（庞雄奇，2010；贾承造等，2015；庞雄奇等，2015）。

4. 揭示含油气盆地深层高温高压和低孔低渗条件下油气藏成因机制

分析深层油气圈闭类型、油气藏保存与演化（原位与移位）、油气相态与特殊油气藏类型、深层超压分布规律与油气富集的关系、深层连续性油气藏与非常规油气资源深层大油气田形成条件，揭示含油气盆地深埋过程中多要素、多阶段、多动力成藏过程叠加与复合，阐明深层油气藏形成、演化与分布规律，为高效勘探提供理论指导（庞雄奇，2010；庞雄奇等，2015；贾承造等，2016）。

二、提高深层地球物理信息质量

我国深层油气藏经历过多期构造运动，构造复杂，加之钻井数量少，获取深层资料的手段越来越强地依赖于地球物理技术。由于深层地震信号高频成分衰减快，上部常存在高速屏蔽层，造成深层记录品质明显降低，使得深层地震勘探面临一系列难题，如：缺乏适合深层复杂地质条件的地震信号采集与处理技术；难以准确建立深层地震波速模型，以实现准确成像及时间—深度转换；直接检测深层地层组构奇异性、流体及油气信息方面技术薄弱；需要增加应用井间地震技术，强化井震响应特征；难以实现特殊岩性、储层的精确标定，解释精度偏低（张光亚等，2015），因此深层地球物理资料一般呈现"弱信号、强干扰、窄频带、高畸变"特征，成像困难、储层物性预测及流体识别精度急剧降低，勘探难度远超中浅层，这给深层油气分布的预测造成了严重阻碍。国外全波形反演获得的地层速度等分辨率高，具有提高偏移成像质量的巨大潜力。如美国 G. L. Kinsland 等人用高分辨率地震勘探在路易斯安那州成功获得了深层（4084m 左右）薄砂层的图像。我国基于声波的地震成像技术已基本与国际同步，而基于弹性波的地震成像技术，国内外都处于研究和尝试阶段。

对于提升我国深层油气地球物理信息质量来说，目前的挑战和攻关方向主要有以下三个。

1. 深层数字地震采集技术

不同地区针对不同地表及地质条件集成了不同的采集技术体系。在四川盆地震旦系—寒武系深层勘探中，围绕观测系统优化、高精度近地表速度调查、宽频带激发、数字宽频接收、水下检波器应用、大型障碍物三维变观技术等开展研究，逐步发展形成了深层碳酸盐岩"两宽一小"数字地震采集技术系列：① 宽方位、宽频带、小面元的三维观测系统优化设计，增加了深层地震反射信息量，可以获得包含更多方位角上反射信息的高质量数据，对断裂、岩性尖灭的识别能力明显提高；② 高精度近地表结构调查；③ 大型障碍物变观设计；④ 数字检波器接收技术；⑤ 水下检波器应用；⑥ 优选激发岩性和激发参数等。新获取的原始地震资料有效反射信息丰富、连续性好、品质优良，使寒武系及震旦系原始地震资料信噪比大幅提高（曹务祥，2007；孙龙德等，2015；张光亚等，2015；姚根顺等，2017）。

2. 深层复杂构造成像

深层复杂构造成像问题是指以落实深层目标的构造形态及分布规律、描述断裂展布特征及不同断块的组合关系等为首要目标的问题。前陆冲断带复杂构造，碳酸盐岩、碎屑岩及火山岩等各类潜山，以及台地边缘的礁滩相地层勘探等均面临此类问题。这些目标的储层条件一般相对较好，圈闭的完整性是控制油气聚集的主要因素，因此"构造成像清晰，偏移归位准确"成为深层复杂构造勘探最基本也是最重要的要求（孙龙德等，2015）。所面临的主要问题有两点：① "弱信号＋强干扰" 导致的地震资料低信噪比问题；② 速度横向剧烈变化引起的地震资料成像不准确问题（孙龙德等，2015；姚根顺等，2017）。

3. 深层复杂储层预测

深层复杂储层预测是指深层储层的形态刻画、物性及含油气性预测以及封堵条件分析。中国陆上绝大多数石灰岩及白云岩油气藏、碎屑岩地层及岩性圈闭油气藏、火山岩及变质岩油气藏等都属于此类目标，虽然其一般具有较好的油气源及盖层条件，但储层非均质性强、油气水关系复杂制约了其勘探进程与开发效益。深层复杂储层研究要求做到"储层表征准确，流体预测可靠，风险评估充分"。所面临的主要问题有三点：① 各种采集处理因素导致的地震资料不保幅问题；② 深埋及高频吸收带来的地震资料低分辨率问题；③ 复杂油藏环境引起的综合评价问题（孙龙德等，2015；姚根顺等，2017）。

三、研发深层油气勘探万米钻机

深井钻井是深层油气勘探开发的关键环节，由于我国深部地层环境的复杂性，深层、超深层的安全高效钻井核心技术缺乏，钻井难以向深部进展，制约深层油气勘探开发的进程。针对我国深部地层复杂的地质环境，开展钻井岩体力学特性识别与评估、钻井载荷与井眼围岩作用机理、钻井设计理论与风险控制机制等关键基础问题研究，形成一套适应我国深井、超深井的安全高效钻井系列核心技术与装备，对国家顺利实施能源发展和安全、经济社会可持续发展具有重大而深远的意义。

目前国内外针对深井钻井研究领域的进展包括以下四个方面。

1. 复杂地层岩体力学特征识别与评估技术

国外提出了无风险钻井系统（no drilling surprises）的概念，该系统充分利用邻区、邻井钻井资料，结合待钻井的地震资料，建立钻前地质力学模型，钻井过程中随钻测量地层与工程参数，从而实时更新地质力学模型，避免钻井中出现与井眼稳定有关的复杂与事故，钻后结合实钻资料、测井资料对地质动力学模型进行后评估和完善，从而为一个地区钻井形成一套有效防止复杂与事故的方法。

2. 深部硬地层高效破岩技术与装备

用水力能量辅助破碎岩石是提高深井钻井速度的一种方法。20 世纪 90 年代以来，美国 FlowDril 公司和天然气研究院联合开展了井下增压水力辅助破岩钻机技术研究，通过井下增压器增压高达 100 MPa 以上的超高压射流，现场试验证明，机械钻速提高 2 倍左右，但工作寿命难以满足要求。

3. 深井复杂地层钻井压力系统与井眼稳定技术

近年来,国内外对裂缝性储层漏失发生动力学、堵漏材料以及堵漏工艺进行了广泛研究,控制常规性的井漏已形成一套工作程序。我国常规防漏堵漏理论与技术在20世纪末取得较大进展。进入21世纪,深井超深井钻井数量和比例逐年增加,漏失更严重、问题更复杂、风险更大。对地层压力的有效控制是避免井喷、井漏、井壁失稳等各种复杂情况的关键。近年来,国外逐渐形成了控制压力钻井技术(MPD),控制压力钻井对井筒压力的精确控制可克服80%的常规钻井问题,减少非生产时间20%~40%。

4. 深井复杂地层钻井设计及风险控制技术

在井筒系统的安全性评价和风险评估研究方面,国内外针对井筒系统的安全提出了多种评价方法,如:根据外观调查进行评定的方法;理论分析计算法,包括经验系数折算法和理论计算法;基于规范的评估方法;基于结构可靠度理论的方法和其他综合评价方法。我国在井筒系统的风险评估研究中,初步建立了钻井系统的综合评价指标体系和综合评价模型,并运用模糊数学的原理对单井工程项目进行了模糊综合评价,给出了指标和权数的确定方法。

基于以上研究,近十年我国研制了9000m、10000m和12000m超深井钻机,这是全球技术最为先进的特深井陆地钻机。这使得超深油气藏的勘探开发钻井水平提高到了一个新的层次,大大地提升中国石油钻井在国际油气勘探市场的竞争力(贾承造等,2016)。

四、发展深层高温高压测井成像技术

深层油气最重要的特点就是埋藏深、高温、高压、小井眼,深度最深可达8000m,井底压力最大达到180MPa,温度最高达到200℃,深层油藏信息的采集给国产成像测井装备提出了严峻挑战。目前,国内塔里木盆地、四川盆地、渤海湾盆地主要以缝洞型碳酸盐岩储层为主,由于我国深层碳酸盐岩储层具有非均质性强、储集空间多元组合化、油气水分布复杂等特点,决定了基于测井资料评价进行碳酸盐岩评价将是一个世界级难题(姚根顺等,2017)。具体而言,主要存在两大挑战:① 深部高温超压、复杂井况下常规仪器装备不适用;② 深部碳酸盐岩、火山岩岩性、裂缝和油气识别与评价时,常规仪器采集精度不够(张光亚等,2015)。

20世纪末,电成像、偶极声波和核磁共振等测井新技术的出现,为碳酸盐岩储层评价提供了一种丰富可靠、可直观描述的地层有利信息,基本解决了一些缝洞识别评价技术问题,但在裂缝的延展性评价、储层参数的精确计算、储层有效性评价、开发期流体性质识别等关键技术问题上仍存在很多难点(徐敬领等,2012)。目前针对深层,主要采用斯伦贝谢公司 MAX-IS-500、阿特拉斯公司 ECLIPS-5700 和哈里伯顿公司 EXCELL-2000 等测井系列设备。我国还研制了EILog测井系统(李宁等,2014)和慧眼2000成像地面数控测井系统(贾承造等,2016),该技术的成像效果清晰,可以有效地解决薄层、薄互层、裂缝储层、低孔隙低渗透层、复杂岩性储层评价,高含水油田剩余油分布等问题。此项研制成果达到国际领先水平,获大庆油田有限责任公司科技成果一等奖,多项技术为国内首创,部分技术已经达到国际领先水平(贾承造等,2016)。深层测井技术未来的发展方向包括:① 增强常规及成像测井仪深层适应性,提升耐高温高压技术指标和稳定性;② 研制具有方位探测性远探测声波测井技术;③ 研发水平井测井解释软件;④ 开展非常规测井解释基础方法研究(张光亚等,2015)。

第五节　深层油气勘探项目部署原则

一、有序勘探、遵循程序

油气勘探程序是勘探决策和勘探管理中的行动要求，即油气田勘探在达到快速、高效、经济地寻找、发现和探明油气田这一最终目标的过程中必须遵守的行为准则。为了保证在最短的时间内完成勘探任务，在勘探过程中要遵循严格性原则，即"阶段必须明确，程序不能打乱"，勘探工作必须有计划、按步骤、分阶段地进行，严格遵照程序办事。严格执行勘探程序，实质上就是要遵循油气勘探的基本规律，也是一切石油勘探工作者必须坚持的首要原则。深层油气勘探项目部署的有序性和程序性主要表现在：首先基于油气运聚门限联合控藏模式预测最有利资源领域，然后基于油气分布门限组合控藏模式预测最有利成藏区带，最后基于油气富集门限复合控藏模式预测最有利钻探目标。

第一，要遵循人类对客观世界的认识规律，即由浅入深、由现象到本质的过程，要逐步增加勘探工作量，从而逐渐深化对地下地质情况的认知，不能操之过急，要稳扎稳打。如果不遵循认识规律，勘探工作可能会事倍功半，甚至是一事无成。第二，要遵循基本的石油地质规律，由于几乎所有油气藏都经历了生成—运移—聚集—成藏—保存的基本过程，在勘探中就必须遵循从烃源岩到圈闭的思路，一步步来缩小勘探的目标区。第三，要遵循以效益为中心的经济规律，始终要坚持以最少的消耗获取最大的油气成果和经济效益。为此，在勘探手段和工作量的运用上应与认识进程相一致，一般从稀到密、由粗到细、从地面调查到地下钻探，在技术的应用上也不能逾越阶段。所以为了提高勘探效果，加速勘探进程，同时降低勘探风险，在进行油气勘探的过程中必须要有序勘探，遵循程序。

二、节俭勘探、少打井

对于深层、超深层钻井来说，目前仍需解决重重困难。投资大，打 1m 进尺的成本较高，影响和制约了深层、超深层油气资源的经济可采价值。资料显示，深井最后 10% 至 20% 的进尺花费要占全井费用的 35% 以上。尽管我国已经具备 8000 米超深层钻探的能力和经验，但随着油气勘探开发不断走向深层、超深层，需要克服的钻井瓶颈将会更多。比如：深层、超深层井的高温、高压环境对机械设备、电子器械和化学材料的要求极高；强硬研磨性地层对高效破岩技术的制约（贾应林，2017）。在我国东部地区，一口深约 3000 米的探井，钻井费用一般需要上千万元人民币，而在地表条件和地质情况复杂的西部地区，如塔里木盆地，探井进尺成本高达 15000 元/m，6000m 以上的探井钻井费用就超过上亿元人民币。因此在过程中要少打井，节约成本，用最低的成本发现最多的储量。

三、安全勘探、绿色勘探

钻井作业是油气田开发的重要环节，存在作业危险性高等特点，稍有不慎就可能导致钻井事故，引起惨重的设备损伤、环境污染，危害钻井工人的健康，甚至是生命安全。

面对深层、超深层钻井，要解决的问题包括"三高"（高温、高压、高含酸）或者"三超"（超深、超高压、超高温）。这些问题在深层、超深层井中非常突出，风险级别呈指数级增长，导致钻井复杂事故多、施工周期长、区域探井因地质资料有限、预测手段缺乏，经常钻遇复杂地层，钻井成功率不高，严重制约了油气资源评价进程（贾应林等，2017）。在高温、高压的地下条件下进行勘探工作将大大增加了风险，具体表现在勘探深度大造成钻探目标落实程度低，高温、高压导致较高的事故率（李晨阳等，2017）。钻井施工应进行危害与影响的评价和风险管理，采取风险削减措施，如预防事故、控制事故、降低事故的影响以及善后措施等部分（王西贵等，2015）。

在钻探过程中还要注意环保问题，如不得乱放生产、生活垃圾；钻前必须具备污水储存设施，不允许污水、污油、钻井液随意排放；井场周围应与毗邻的农田隔开，绝不让井场内的污油、污水等流入田间或进入流溪，以防场外表层淡水源被污染（王西贵等，2015）。

四、优化勘探方案、确保勘探成效

油气勘探成效是指在一定资源条件和投入条件下，勘探工作所表现出的当前状态以及可持续发展能力的综合效果。油田勘探的发展需要有明确的中长期发展目标，勘探方案的编制就是这一目标的具体表现形式。勘探成效的优劣，可用油田合理勘探规模、油田可持续发展能力两个指标进行衡量。

为了实现油气勘探成效最大化，就要优化勘探方案，而优化勘探方案就要合理评价勘探规模和油田的资源接替能力。确定某一探区最佳勘探规模（储量规模），明确其最佳的储量增长速度，需要根据这一规律，结合自身的资源条件，客观地进行评价。应充分考虑资源基础、盆地结构、勘探阶段对最佳勘探规模的决定性作用，科学确定探区合理的勘探规模。油气勘探的目的是提交探明储量，而勘探的稳定和可持续发展能力就体现在所拥有的低级别储量对探明储量的接替和保障能力上。根据这两点的评价，合理评价勘探方案并对其进行优化，努力实现油气勘探成效最大化（吕希学，2004）。

复习思考题

1. 含油气盆地"深层"定义及其划分标准有哪些，不同定义和划分标准的区别是什么？
2. 深层油气勘探方法和技术主要包括哪几个方面，所面临的挑战有哪些？
3. 阐述含油气盆地流体动力场划分原则与方法。
4. 简要分析油气运聚门限、油气分布门限和油气富集门限的异同点。
5. 对比深层油气勘探与浅层油气勘探技术手段应用、勘探程序差异性。
6. 结合国内外油气勘探实例，谈谈你对深层油气勘探的认识。

参 考 文 献

白国平，曹斌风，2014. 全球深层油气藏及其分布规律. 石油与天然气地质，35（1）：19–25.
别洛科尼Т В，2001. 深部异常高压发育特性. 史斗，译. 天然气地球科学，12（4–5）：61–64.
蔡正旗，郑永坚，刘云鹤，等，1993. 确定碳酸盐岩油气层有效孔隙度下限值的新方法. 西南石油学院学报，15（1）：10–15.
曹务祥，2007. 模拟和数字检波器的资料响应特征对比分析. 油气藏评价与开发，30（2）：96–99.
戴金星，2003. 加强天然气地学研究勘探更多大气田. 天然气地球科学，14（1）：3–14.
郭睿，2004. 储集层物性下限值确定方法及其补充. 石油勘探与开发，31（5）：140–144.
郝芳，邹华耀，黄保家，2002. 莺歌海盆地天然气生成模式及其成藏流体响应. 中国科学：地球科学，32（11）：889–895.
何治亮，金晓辉，沃玉进，等，2016. 中国海相超深层碳酸盐岩油气成藏特点及勘探领域. 中国石油勘探，21（1）：3–14.
华晓莉，吕修祥，华侨，等，2013. 缝洞型碳酸盐岩油气分布规律及成藏条件：以塔中北斜坡东部鹰山组为例. 现代地质, 2: 110-119.

霍志鹏, 庞雄奇, 姜涛, 等, 2014. 塔里木盆地碳酸盐岩层系烃源岩生烃底限探讨. 天然气地球科学, 25 (9): 1403-1415.

贾承造, 庞雄奇, 姜福杰, 2016. 中国油气资源研究现状与发展方向. 石油科学通报, 1 (1): 2-23.

贾承造, 庞雄奇, 2015. 深层油气地质理论研究进展与主要发展方向. 石油学报, 36 (12): 1457-1469.

贾应林, 2017-12-07. 大力发展深层钻井技术, 寻找深部气藏大场面. 中国石油报, 3.

李晨阳, 黄蒙, 2017. 中国深层油气开采的主要技术特点. 石油化工应用, 36 (11): 101-103, 128.

李明诚, 2004. 石油与天然气运移. 3版. 北京: 石油工业出版社.

李宁, 肖承文, 伍丽红, 等, 2014. 复杂碳酸盐岩储层测井评价: 中国的创新与发展. 测井技术, 38 (1): 1-10.

林畅松, 孙赞东, 蔡振忠, 等, 2015. 中国西部叠合盆地深部有效碳酸盐岩储层形成机制与分布预测. 中国科技成果, 21: 21-21.

刘洛夫, 朱毅秀, 胡爱梅, 等, 2002. 滨里海盆地盐下层系的油气地质特征. 西南石油大学学报 (自然科学版), 24 (3): 11-15.

罗德任芙斯卡娅 М И, 2001. 深理层的含油气性. 史斗, 译. 天然气地球科学, 12 (4-5): 49-51.

罗晓容, 2003. 油气运聚动力学研究进展及存在问题. 天然气地球科学, 14 (5): 337-346.

吕希学, 2004. 油气勘探成效与勘探水平关系初步研究. 油气地质与采收率, 11 (4): 1-3.

马永生, 郭彤楼, 赵雪凤, 等, 2007. 普光气田深部优质白云岩储层形成机制. 中国科学: 地球科学, (S2): 43-52.

麦列涅夫斯基 В И, 福民 А И, 2005. 论油气形成的深部分带性. 史斗, 译. 天然气地球科学, 12 (4): 52-55.

迈哈蒂耶夫 N R, 2001. 深埋层含油气性的地温前提条件. 史斗, 译. 天然气地球科学, 12 (4-5): 67-60.

庞宏, 庞雄奇, 石秀平, 等, 2010. 调整改造作用对塔中油气藏的影响. 西南石油大学学报, 31 (1): 33-39.

庞雄奇, 2010. 中国西部叠合盆地深部油气勘探面临的重大挑战及其研究方法与意义. 石油与天然气地质, 31 (5): 517-534.

庞雄奇, 2014. 油气运聚门限与资源潜力评价. 北京: 科学出版社.

庞雄奇, 姜振学, 黄捍东, 等, 2014. 叠复连续油气藏成因机制、发育模式及分布预测. 石油学报, 35 (5): 1-34.

庞雄奇, 汪文洋, 汪英勋, 等, 2015. 含油气盆地深层与中浅层油气成藏条件和特征差异性比较. 石油学报, 36 (10): 1167-1187.

庞雄奇, 周新源, 姜振学, 等, 2012. 叠合盆地油气藏形成、演化与预测评价. 地质学报, 86 (1): 1-103.

谯汉生, 方朝亮, 牛嘉玉, 等, 2002. 中国东部深层石油地质. 北京: 石油工业出版社: 24-162.

萨姆维洛夫 Р Г, 1997. 深部油气藏的形成特点与分布. 关福喜, 译. 西北油气勘探, 9 (1): 52-57.

孙龙德, 方朝亮, 撒利明, 等, 2015. 地球物理技术在深层油气勘探中的创新与展望. 石油勘探与开发, 42 (4): 414-424.

孙龙德, 邹才能, 朱如凯, 等, 2013. 中国深层油气形成、分布与潜力分析. 石油勘探与开发. 40 (6): 641-649.

邵长新, 王艳忠, 操应长, 2008. 确定有效储层物性下限的两种新方法及应用: 以东营凹陷古近系深层碎屑岩储层为例. 石油天然气学报, 30 (2): 414-416.

石昕, 戴金星, 赵文智, 2005. 深层油气藏勘探前景分析. 中国石油勘探, 10 (1): 1-10.

田纳新, 姜向强, 惠冠洲, 2015. 阿根廷圣豪尔赫盆地油气成藏特征及有利区预测. 石油实验地质, 37 (2): 205-210.

妥进才，2002. 深层油气研究现状及进展. 地球科学进展，17（4）：565－571.

妥进才，黄杏珍，马万怡，1994. 碳酸盐岩中石油形成的滞后现象. 石油勘探与开发，21（6）：1－5.

妥进才，王先彬，周世新，等. 1999. 深层油气勘探现状与研究进展. 天然气地球科学，10（6）：1－8.

万玲，孙岩，魏国齐，1999. 确定储集层物性参数下限的一种新方法及其应用. 沉积学报，17（3）：454－456.

王宇，苏劲，王凯，等，2012. 全球深层油气分布特征及聚集规律. 天然气地球科学，23（3）：526－534.

王群，宋延杰，张淑梅，1994. 大庆地区深部致密砂岩气层识别方法. 东北石油大学学报，18（2）：22－26.

王玉满，牛嘉玉，谯汉生，等，2002. 渤海湾盆地深层油气资源潜力分析与认识. 石油勘探与开发，29（2）：21－25.

王西贵，富新颖，张巍，等，2015. 高温地热井施工中的健康、安全和环保措施. 辽宁化工，44（1）：38－39.

吴富强，鲜学福，2006. 深部储层勘探、研究现状及对策. 沉积与特提斯地质，26（2）：68－71.

徐敬领，王亚静，曹光伟，等，2012. 碳酸盐岩储层测井评价方法. 现代地质，26（6）：1265－1274.

姚根顺，伍贤柱，孙赞东，等，2017. 中国陆上深层油气勘探开发关键技术现状及展望. 天然气地球科学，28（8）：1154－1164.

叶加仁，王连进，邵荣，1999. 油气成藏动力学中的流体动力场. 石油与天然气地质，20（2）：182－185.

张光亚，马锋，梁英波，等，2015. 全球深层油气勘探领域及理论技术进展. 石油学报，36（9）：1156－1166.

张厚福，方朝亮，2002. 盆地油气成藏动力学初探：21世纪油气地质勘探新理论探索. 石油学报，23（4）：7－12.

赵文智，王兆云，张水昌，等，2005. 有机质"接力成气"模式的提出及其在勘探中的意义. 石油勘探与开发，32（2）：1－7.

周世新，王先彬，妥进才，等，1999. 深层油气地球化学研究新进展. 天然气地球科学，10（6）：9－15.

朱光有，张水昌，2009. 中国深层油气成藏条件与勘探潜力. 石油学报，30（6）：793－802.

Barker C, Takach N E, 1992. Prediction of natural gas composition in ultradeep sandstone reservoirs. AAPG Bulletin, 76: 1859－1873.

Berkenpas P G, 1991. The Milk River shallow gas pool: Role of the up dip water trap and connate water in gas production from the pool. SPE, 22922: 371－380.

Berman A E, Rosenfeld J H, 2010. McMoRan Davy Jones gas discovery. The Oil Drum. http://www.theoildrum.com/node/6135/.

Cant D J, 1986. Diagenetic traps in sandstones. AAPG Bulletin, 70 (2): 155－160.

Cerruti S E, 1994. Dual-completion design for HL/HT corrosive oil well, Villifortuna-Trecate Italy. SPE 28892.

Dyman T S, Crovelli R A, Bartberger C E, et al., 2000. Worldwide estimates of deep natural gas resources based on the US Geological Survey World Petroleum Assessment. Natural Resources Research, 11 (6): 207－218.

Jemison R M J, 1979. Geology and development of Mills Ranch complex—world's deepest field. AAPG Bulletin, 63 (5): 804－809.

Huo Z P, Pang X Q, Ouyang X C, et al., 2015. Upper limit of maturity for hydrocarbon generation in carbonate source rocks in the Tarim Basin Platform, China. Arabian Journal of Geosciences, 8 (5): 2497－2514.

Hubbert M K, 1953. Entrapment of petroleum under hydrodynamic conditions. AAPG Bulletin, 37 (8): 1954－2026.

IHS, 2013. International energy oil & gas industry solutions. http://www.ihs.com/industry/oil-gas/international.aspx.

Ma Y S, Zhang S C, Guo T H, et al., 2008. Petroleum geology of the Puguang sour gas field in the Sichuan Basin, SW China. Marine and Petroleum Geology, 25 (4－5): 357－370.

Magoon L B, Dow W G, 1992. The petroleum system – status of research and methods. USGS Bull, 20 (7): 98.

Masters J A, 1979. Deep basin gas trap, Western Canada. AAPG Bulletin, 63 (2): 152 – 181.

Pang X Q, Liu K Y, Ma Z Z, et al., 2012. Dynamic Field Division of Hydrocarbon Migration, Accumulation and Hydrocarbon Enrichment Rules in Sedimentary Basins. Acta Geologica Sinica, 86 (6): 1559 – 1592.

Pang X Q, Jia C Z, Wang W Y, 2015. Petroleum geology features and research developments of hydrocarbon accumulation in deep petroliferous basins. Petroleum Science, 12 (1): 1 – 53.

Robert M C, Suzanne G C, 2004. The origin of Jonah field, Northern Green River basin, Wyoming//John W R., Keith W S. Jonah field: case study of a tight – gas fluvial reservoir. AAPG Studies in Geology, 52.

Schowalter T T, 1979. Mechanics of secondary hydrocarbon migration and entrapment. AAPG Bulletin, 63 (5): 723 – 760.

Simmons M R, 2002. The World's giant oilfields. Hubbert Center Newsletter, 1: 1 – 62.

Sugisaki R, 1981. Deep – seated gas emission induced by the earth tide – basic observation forgeochemical earthquake prediction. Science, 212 (4500): 1264 – 1266.

White I C, 1885. The Geology of Natural Gas. Science, 6 (128): 42 – 44.

第十章 油气勘探项目管理

本章导引

对油气勘探工作进行科学的管理是规范勘探行为、提高勘探效益、降低勘探风险的重要保证,本章重点从多角度对我国油气勘探管理相关制度和做法进行了概略性的介绍。第一节介绍了国家对油气资源勘查权的管理规定,包括探矿权的申请、保持和转让;第二节介绍了勘探项目的运行、管理层次及后评价工作;第三节介绍了目前油气勘探中备受关注的质量、健康、安全、环境(QHSE)管理体系,危害类型和风险管控措施;第四节主要介绍了油气储量的管理内容和方法;第五节对油气信息管理目标与流程、油气勘探数据库、油气勘探信息安全进行了介绍。

油气勘探管理是油气勘探投资方为了完成勘探工程的目标进行油气勘探及过程管理的一系列活动。油气勘探过程是通过工程和技术手段寻找地下油气资源的过程,勘探工程则是由不同地质任务目标构成的一系列投资项目。管理工作要综合利用各种相关的科学理论和技术方法,使勘探工程质量、技术、安全、经济、社会效果达到最佳状态。目前,我国的石油天然气资源属于国家所有,对矿产资源勘查实行统一的区块登记管理制度(国土资源部油气资源战略研究中心,2018)。油气勘探过程中,为了把在油气勘探施工作业过程中可能发生的质量、健康、安全和环境事故控制在政府和社会公众可以接受的水平内,形成和发展了质量、健康、安全、环境(QHSE)管理体系,如图 10-1 所示(林道寿,2006)。QHSE 管理体系是石油勘探开发多年管理工作经验积累的成果,同时也是一体化管理体系的最终结果。我国石油石化行业均遵守 QHSE 管理行业标准,致力于挖掘绿色、清洁、安全的能源资源。我国油气勘探信息管理已达国际领先水平,各种地质数据展示可以实现三维可视化。

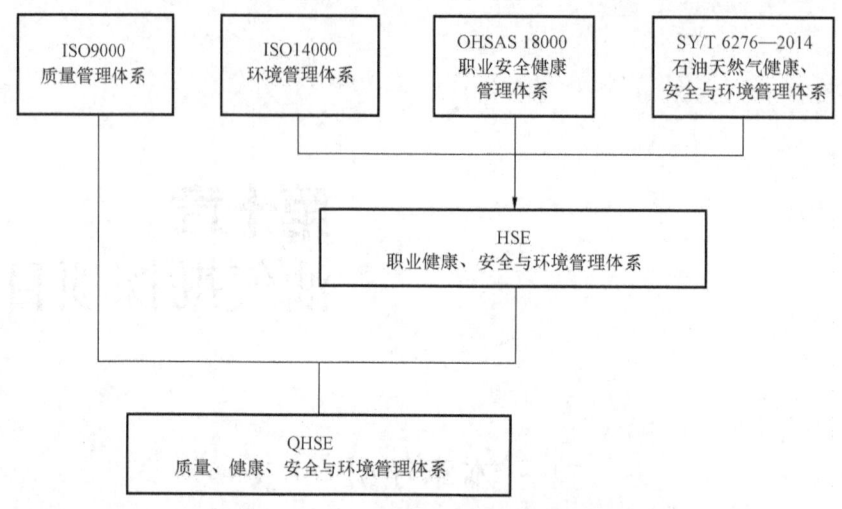

图 10-1 QHSE 管理体系的形成框图

第一节 油气勘探矿权管理

视频 10-1
油气勘探矿权管理

在我国,石油天然气资源属于国家所有,实行由国务院行使国家对油气资源的所有权,同时对油气资源的探矿权、采矿权实行有偿取得的制度。油气勘探开发必须依据《中华人民共和国矿产资源法》依法申请,经批准取得油气勘查、油气开发许可证,并办理相关的登记手续。国家保护油气资源探矿权和采矿权不受侵犯。油气资源探矿权的转让必须符合相关的法律和规定。

一、矿权申请

我国对矿产资源勘查实行统一的区块登记管理制度。根据《矿产资源勘查区块登记管理办法》,所有矿产资源勘查工作区范围以经纬度 $1'\times1'$ 划分的区块为基本单位区块。每个油气勘查项目允许登记的最大范围为 2500 个基本单位(国土资源部油气资源战略研究中心,2018)。

具有石油天然气勘探资质的企业,需向国务院指定的机关进行申请,经审查同意后,由国务院地质矿产主管部门登记,颁发油气资源勘查许可证。在申请探矿权的过程中,申请人应当向登记管理机关提交下列资料:

① 申请登记书和申请的区块范围图;
② 勘查单位的资格证书复印件;
③ 勘查工作计划、勘查合同或者委托勘查的证明文件;
④ 勘查实施方案及附件;
⑤ 勘查项目资金来源证明;
⑥ 国务院地质矿产主管部门规定提交的其他资料。

申请勘查石油、天然气的,还应当提交国务院批准设立石油公司或者同意进行石油、天然气勘查的批准文件以及勘查单位法人资格证明。

申请石油、天然气滚动勘探开发的，应当向登记管理机关提交下列资料，经批准后，办理登记手续，领取滚动勘探开发的采矿许可证：

① 申请登记和滚动勘探开发矿区范围图；
② 国务院计划主管部门批准的项目建议书；
③ 需要进行滚动勘探开发的论证材料；
④ 经国务院矿产储量审批机构评审备案进行石油、天然气滚动勘探开发的储量报告；
⑤ 滚动勘探开发方案。

根据《矿产资源勘查区块登记管理办法》，登记管理机关应自收到申请之日起40日内，按照申请在先的原则，作出准予登记或者不予登记的决定，并通知探矿权申请人。对申请勘查石油、天然气的，登记管理机关还应当在收到申请后及时予以公告或者提供查询。

石油、天然气勘查许可证有效期最长为7年。需要延长勘查工作时间的，探矿权人应当在勘查许可证有效期届满的30日前，到登记管理机关办理延续登记手续，每次延续时间不得超过2年。如果探矿权人逾期不办理延续登记手续的，勘查许可证将自行废止。石油、天然气滚动勘探开发的采矿许可证有效期最长为15年，但是对于已探明储量的区块，应当申请办理油气开采许可证。

矿权登记管理机关应自颁发勘查许可证之日起10日内，将登记发证项目的名称、探矿权人、区块范围和勘查许可证限期等事项，通知勘查项目所在地的县级人民政府负责地质矿产管理工作的部门，并对勘查区块登记发证情况定期予以公告。

我国实行探矿权有偿取得的制度。探矿权使用费以勘查年度计算，逐年缴纳。探矿权使用费标准：第一个勘查年度至第三个勘查年度，每平方公里每年缴纳100元；从第四个勘查年度起，每平方公里每年增加100元，但是最高不得超过每平方公里每年500元。另外，申请国家出资勘查并已经探明矿产地的区块探矿权的，探矿权申请人除缴纳探矿权使用费外，还应当缴纳经评估确认的国家出资勘查形成的探矿权价款。探矿权价款按照国家有关规定，可以一次缴纳，也可以分期缴纳。

二、矿权保持

油气资源探矿权人从领取勘查许可证之日起，必须按照有关法规，完成最低勘查投入。其具体的标准是：第一个勘查年度，每平方公里2000元；第二个勘查年度，每平方公里5000元；从第三个勘查年度起，每个勘查年度每平方公里10000元。探矿权人当年度的勘查投入高于最低勘查投入标准的，高出的部分可以计入下一个勘查年度的勘查投入。

因自然灾害等不可抗力的原因，致使勘查工作不能正常开展的，探矿权人应当自恢复正常勘查工作之日起30日内，向登记管理机关提交申请核减相应的最低勘查投入的申请报告。同时，探矿权人应当自领取勘查许可证之日起6个月内开始施工。在开始勘查工作时，应当向勘查项目所在地的县级人民政府负责地质矿产管理工作的部门报告，并向登记管理机关报告开工情况。

在石油、天然气勘查期间，需要进行试采的，应当向登记管理机关提交试采申请，经批准后可以试采1年；需要延长试采时间的，必须办理登记手续。

在勘查许可证有效期内探明可供开采的油气藏后，经登记管理机关批准，可以停止相应区块的最低勘查投入，并可以在勘查许可证有效期届满的30日前，申请保留探矿权。保留探矿权的期限，最长不得超过2年，需要延长保留期的，可以申请延长2次，每次不得超过2年；保留探矿权的范围为可供开采的油气藏范围。在停止最低勘查投入期间或者探矿权保留期间，探矿权人应当依法缴纳探矿权使用费。

当探矿权人勘查许可证有效期届满且不办理延续登记、不申请保留探矿权，或者申请采矿权，或者因故需要撤销勘查项目时，应当在勘查许可证有效期内，向登记管理机关递交勘查项目完成报告或者勘查项目终止报告，报送资金投入情况报表和有关证明文件，由登记管理机关核定其实际勘查投入后，办理勘查许可证注销登记手续。自勘查许可证注销之日起90日内，原探矿权人不得申请已经注销的区块范围内的探矿权。

三、矿权转让

在油气勘查许可证有效期限内，经依法批准，可以将探矿权转让他人。国务院地质矿产主管部门和省、自治区、直辖市人民政府地质矿产主管部门是探矿权转让的审批管理机关。

转让探矿权，应当具备下列条件：

① 自颁发勘查许可证之日起满2年，或者在勘查区块内发现可供进一步勘查或者开采的矿产资源；
② 已经完成规定的最低勘查投入；
③ 探矿权属无争议；
④ 按照国家有关规定已经缴纳探矿权使用费、探矿权价款；
⑤ 国务院地质矿产主管部门规定的其他条件。

探矿权人在申请转让探矿权时，应当向审批管理机关提交下列资料：

① 转让申请书；
② 转让人与受让人签订的转让合同；
③ 受让人探矿资质证明；
④ 转让人具备转让条件的证明；
⑤ 矿产资源勘查或者开采情况的报告；
⑥ 审批管理机关要求提交的其他有关资料。

转让国家出资勘查所形成的探矿权、采矿权的，必须进行评估。评估工作由国务院地质矿产主管部门会同国务院国有资产管理部门认定的评估机构进行，评估结果由国务院地质矿产主管部门确认。

申请转让探矿权时，审批管理机关应当自收到转让申请之日起40日内，作出准予转让或者不准转让的决定，并通知转让人和受让人。准予转让的，转让人和受让人应当自收到批准转让通知之日起60日内，到原发证机关办理变更登记手续；受让人按照国家规定缴纳有关费用后，领取勘查许可证或者采矿许可证，成为探矿权人或者采矿权人。

第二节 油气勘探项目管理

视频10-2
油气勘探项目管理

油气勘探项目是在时间和勘探资金一定的情况下，以一定的地质单元为对象，通过科学周密的计划、组织和控制，完成特定的地质任务，达到探明油气储量的地质目标，由物化探、钻井、测井、试油、录井和综合地质研究等单项工程（或任务）构成的复杂系统工程。

油气勘探项目管理就是研究在时间和资金一定的条件下，通过科学的计划、控制和组织,以达到既定项目目标的过程。油气勘探工作是由各种类型的项目构成的。

实施勘探项目管理既是建立和培育油气勘探市场的重要途径,也是提高勘探效益的重要基础和前提。其目的是要成功达到一个既定的目标,关键是要做好工期、成本和质量(技术效果)的控制。

一、勘探项目运行过程

油气勘探项目同其他类型的项目一样,一般都要经历决策建议、立项论证、计划与组织招标、实施与验收四个阶段。正确认识勘探项目的四个运行阶段,对于掌握油气勘探项目的运行规律、采用合适的项目管理方法至关重要。

1. 项目建议

项目建议阶段就是产生勘探项目设想的阶段。一般来说,油气勘探项目建议产生,往往以某种原因为契机,这些原因可以概括为以下六个方面。

1)勘探理论的突破

石油首先存在于地质家的头脑中,石油地质理论的突破必然会引发勘探热点的出现,就会产生一批以新理论作为指导的勘探项目。如陆相盆地生油与大油气田的形成理论(Pan, 1941)揭开了我国大规模石油勘探的序幕;20 世纪70—80 年代"源控论"成油理论(胡朝元, 1982)的确立,开拓了我国找油找气的新领域;门限控油气成藏理论的提出和发展(庞雄奇等, 2003;庞雄奇, 2014a, b, c),实现了油气勘探和预测的定量化。

2)勘探技术的进步

随着科学技术的进步,油气勘探的手段也在不断改进,新工艺、新方法不断出现,这经常成为启动复杂区块开展勘探的重要原因。例如地震采集与处理技术的发展,使我国西部复杂山前地区和黄土塬地区的勘探得以迅速开展,钻井技术的发展为勘探工作走向沿海滩涂、深海—半深海等勘探禁区提供了条件(赵红兵等, 2014)。

3)外部环境的变化

不论是一个部门,还是一个企业,都生存于一定的环境之中,且只有适应这种外部环境,才能达到近期的目的和满足发展的需要。当外部环境发生变化时,一些新的项目设想常会提上议事日程。例如,国际原油价格大幅度上涨时,一些原来处于边际状态的含油气区块可能会成为新的勘探项目。

4)综合地质研究成果

各油公司以及下属的分公司均拥有强大的油气勘探研究机构,这些研究机构每年都会结合具体的盆地或区块,开展综合地质研究与勘探目标预测,其研究成果往往是某一油气勘探项目产生的前奏。

5)勘探中的发现

勘探发现一直是勘探项目建议产生的直接原因之一,盆地评价勘探项目实施过程中好的生油岩发现或者油气显示,往往成为区带工业勘探项目产生的根源,圈闭预探的成功也为油气藏评价勘探项目的建立奠定了基础。有时,这种发现可能是意外的,例如在中深部地层的勘探中意外发现了浅层生物气藏,甚至是在采煤的坑道中发现了原油的显示,这些都可能成为油气勘探项目产生的启动器。

6) 存在物间的类比

类似的存在物之间往往有着某种雷同，一种存在物的成功常导致人们在另一种存在物上仿效，因此，存在物之间的类比也是促使人们产生项目设想的原因之一。近年来，非常规成为全球非常规石油勘探开发亮点领域，北美地区先后在Bakken、Eagle Ford、Barnett Shale等发现非常规油气（Montgomery et al.，2005；Hammes，2009；Jarvie，2012a，b），展示出良好的发展前景。我国通过类比，同时结合中国陆相页岩油气的地质特征，在全国许多盆地都取得重大突破（Zou et al.，2013），正在逐步改变我国的能源结构。同时，页岩油气的勘探也成为重点勘探方向。

在项目建议阶段，促使产生项目建议的原因还有政府经济政策的调整、区域经济的发展速度等。项目建立阶段主要是在以投资决策者为核心的小范围内进行的，此阶段的结束，要编写正式的项目建议书，并报主管部门审批。项目建议书的内容包括项目名称与工区范围，地理位置与构造位置，交通、人文、地表特征，勘探简况，石油地质条件和资源量（储量）预测，地质任务，项目建议期限，工作量及投资估算等，它是立项的基础性文件。

2. 立项论证

立项论证由勘探主管部门编制。勘探项目的立项论证主要从地质、工程、财务和国民经济评价等方面进行论证，基于论证的内容与结果，为决策者提供最基本的投资依据：

① 地质论证。地质论证的目的，一是减少项目的资源风险，二是确定项目的产出状况。

② 工程论证。工程论证的目的在于通过技术研究减少作业风险，落实项目投入。

③ 财务评价。财务评价是指从投资者的角度分析项目在经济上是否合算。

④ 国民经济评价。国民经济评价是从国家的角度对项目的可行性进行经济分析。

可行性论证是一项科学严谨而又责任重大的工作，通常要组织多学科的研究人员承担或委托给专业化的研究机构，然后按照科学的方法和程序组织实施。经过项目的可行性研究，如果认为项目在技术和经济上可行，就要由勘探公司组织编写正式的立项报告，其主要内容应包括勘探简况、立项依据、项目的总体设计与年度工作安排、投资概算与效益分析等。

3. 计划与组织招标

1) 项目经理部的组建

经过可行性研究，如果认为油气勘探项目在技术和经济上可行，首先就是要组建项目经理部，来负责项目计划、组织和实施等管理工作。项目建立以后，项目运行的大部分工作将转入项目管理层，由项目经理部代表投资决策部门履行管理职能。

项目经理部一般由管理组、研究设计组、监督组三部分构成。管理组的主要任务是对整个勘探项目进行进度控制、成本控制、质量控制、项目设计、合同招标和竣工验收。项目研究组的任务是受项目管理组的委托进行勘探项目的总体设计、年度部署和单项工程设计，根据勘探进展及时提供调整意见，开展油气勘探地质综合研究并提出工作重点、勘探方向和井位部署。项目监督组的工作主要是编制质量保证计划，对乙方的作业提出明确的要求，代表甲方对乙方作业或者资料采集进行质量控制和验收等。

2) 项目设计和部署

项目经理部的首要工作，就是根据项目的目标要求和可行性研究的结果，采用科学的方法来编制项目总体设计，制定项目运行计划。这些计划中，最重要的是进行进度控制、成本控制和质量控制计划。

3) 项目招标与合同签订

为了确保勘探项目各单项工程能够按照规定工期和质量低成本地完成，油气勘探项目主要通过公布项目和各环节的标准、要求和条件,通过公开招标、邀请投标、议标等招标方式,吸引有资质、有能力的作业公司和技术服务公司以具体的技术经济指标前来竞争,在全面权衡的基础上选择最佳作业单位。投标单位和中标企业通过合同承包的方式,明确双方的责任、权利和义务,共同完成油气勘探项目。

4. 实施与验收

项目实施与验收是指按照制定的计划和部署,全面组织勘探作业施工并开展验收工作。该阶段,勘探作业公司要按照合同规定和甲方要求进行作业,勘探公司则要做好成本、进度和质量控制,做好项目各环节间以及项目和外部环境之间的协调。项目完成后,甲方组织技术团队对勘探作业公司的所有工作进行评估,对达到甲方要求的项目开展验收工作。

1) 工程实施

勘探项目的实施以大量的野外作业为特征,而野外作业的主要目的是为了采集石油地质资料用以综合分析。在此期间,技术服务公司主要承担施工任务,严格按合同全面完成勘探作业。勘探公司则通过项目组来进行监督、控制和协调,并根据勘探进展和出现的新情况,对原勘探计划和部署进行调整。

2) 工程验收

经过系统的作业施工完成既定的任务之后,项目即告竣工,勘探公司则按照合同要求及相关的规范和标准组织验收,如果项目达到了既定的目标,可以交付使用,整个项目也就结束了。项目的结束也是一个复杂的过程,其间要解散项目组织、结算项目合同、转交技术资料、处理剩余物资、做好善后工作等。

值得指出的是,有些勘探项目没有能够按照预定的任务和目标而结束,称为不正常结束。一般来说,不正常结束的项目大多会造成低效、无效甚至负效的投入,有时还会造成巨大的经济损失。导致油气勘探项目不正常结束的原因主要有:阶段目标未能达到;遇到特殊的技术难题;项目没有按照预定的进度运行;项目投资出现缺口;原油市场发生重大变化。

二、勘探项目管理层次

勘探项目的运行涉及三个不同的责任主体,即投资决策者(勘探主管部门)、项目管理者(勘探公司)、项目作业者(勘探服务公司)。这三个责任主体构成了勘探项目管理的三个层次,即投资决策管理、项目经营管理、工程作业管理。

1. 投资决策管理

投资决策管理是勘探项目管理的第一层次,投资决策者是最高的管理层。这一层次对油气勘探事业的发展起着决定性的作用,它负责风险勘探区块的投标,选择自营勘探区域,确定投资规模,制定勘探规划,批准勘探部署,签订重要的作业合同,协调项目与外部环境的关系,并对项目运行中的重大问题进行决策。

2. 项目经营管理

项目经营管理是勘探项目管理的第二层次,勘探公司(甲方)的项目组或者项目经理部是项目管理层。这一层次负责以较少的投入来落实投资决策,组织物探、钻井、测井、录井、试油等单项工程的实施,并随着作业采集的进行及时组织综合研究,及时调整部署,最大限度地扩大勘探成果。此外,在项目运行期间还要不断地优化运行方案,协调好各作业公司在质量、数量、时间和空间上的关系。

3. 工程作业管理

工程作业管理是油气勘探项目的第三层次，技术服务公司是项目的作业管理层。这一层次属于执行层次，它负责按照合同的规定实施作业，及时解决作业过程中遇到的各种问题。

在油气勘探项目运行的整个过程中，各个层次的参与程度是不一样的。在产生项目建议，对项目建议进行地质、工程和经济论证直至作出投资决策期间，项目的运行主要在最高决策层中进行。成立项目经理部后，投资决策层一般不再直接参与，制定勘探部署，制定项目运行计划，组织招标评标，并签署作业合同，主要由项目经理部负责。进入实施阶段后，作业公司便大量参与进来，在甲方项目组的组织下实施既定作业。项目完成时，投资决策层、项目管理层和项目执行层都同时参与进来（李立新等，2007）。

三、勘探项目的后评价

1. 后评价的概念

项目后评价工作是近年来勘探投资部门开始日益重视的一个重要环节，是勘探项目管理的主要内容，是投资决策机制的重要组成部分。其目的是通过对已经完成的勘探项目的后评价工作，总结成功的经验和失败的教训，确定成功和失败的主要原因，进一步提高项目决策和管理水平。

2. 后评价的内容

勘探项目的后评价的内容包括项目前期决策的评价、设计施工的评价、经济效益的评价和项目可持续性及其影响的评价等方面：

① 项目前期决策的评价，是指对勘探项目从预备可行性研究或者可行性研究到项目实施前各项工作及其成果、批复文件等评价。

② 设计施工的评价，主要包括项目部署设计与地质工作程序合理性的评价，如非地震物化探、地震勘探、钻井及相关勘探作业从设计、施工到质量效果的评价。

③ 经济效益的评价，主要是对项目在科研、初步设计时确定的投资规模及效益指标进行对比，分析发生的变化及其原因。

④ 可持续性及其影响的评价，包括勘探项目能否有进一步深入的可能和必要，项目完成对科技进步及社会发展的影响等的评价。

项目后评价主要根据静态与动态相结合、定性与定量相结合、对比与预测相结合的原则，采用对比方法进行。对比法包括前后的对比、横向的对比和有无对比等。

第三节 油气勘探 QHSE 管理

一、QHSE 管理体系

1. QHSE 管理体系的概念

QHSE 管理体系（quality，health，safety and environment management system，简称 QHSE – MS）指在质量、健康、安全和环境方面指挥和控制组织的管理体系。QHSE 管理体系是针对组织的质量、职业健康安全及环境方面所涉及的过程、资源、程序和组织结构等多个要素构成的相互关联、相互作用的有机整体，是一体化的管理体系。组织可通过体系策划、方针目标的设置、管理体系的运行和控制，最终实现组织的 QHSE 方针和目标，让顾客、员工、社会满意。它是在 ISO 9000 族质量管理体系标准（GB/T 19000）、ISO 14000 族环境管理体系标准（GB/T 14000）、OHSAS 18000 系列职业安全卫生标准（GB/T 28000）和 SY/T 6276《石油天然气工业健康、安全与环境管理体系》的基础上，根据共性兼容、个性互补的原则整合而成的管理体系。

对油气勘探生产来说，可以通俗地理解为：油气勘探企业为了把在油气勘探施工作业过程中可能发生的质量、健康、安全和环境事故控制在政府和社会公众可以接受的水平内，通过一系列管理程序和规范化、责任到人的管理活动，精心"编织"起来的一张"安全网"。QHSE 管理体系体现了石油天然气企业在当今国际市场环境下的规范运作，突出体现了预防为主、领导承诺、全员参与、持续改进的科学管理思想，是石油企业整个管理体系的有机组成部分之一，石油天然气工业实现现代化管理，走向国际市场化的保证。

2. QHSE 管理体系的形成

质量、健康、安全与环境管理体系的形成和发展是石油勘探开发多年管理工作经验积累的成果，同时也是一体化管理体系的最终结果。QHSE 管理体系的形成过程与其构成部分的形成与发展过程密不可分。

1）ISO 9000 族质量管理体系标准的形成与发展

20 世纪 50 年代末，随着国际贸易的发展，世界各国先后发布了一些关于质量管理体系及审核的标准。但由于各国实施的标准不一致，阻碍了国际贸易的发展。为了消除这一障碍，国际标准化组织（ISO）根据各国的需要分别于 1987 年、1994 年、2000 年相继颁布了 ISO 9000 第一版～第三版质量管理和质量保证系列标准（GB/T 19000—1987；GB/T 19001—1994；GB/T 19001—2000）。采用以过程为基础的质量管理体系机构模式，通用性加强，以顾客为关注焦点，更注重质量管理体系的有效性和持续改进。我国 GB/T 19000 族标准 GB/T 19001—2016《质量管理体系 要求》已于 2016 年 12 月 30 日发布，2017 年 7 月 1 日开始实施。

2）ISO 14000 族环境管理体系标准的形成与发展

20 世纪 60 年代以来，人们关注质量管理的同时，大规模的全球环境问题使人们对环境保护更加重视。1972 年，联合国在瑞典斯德哥尔摩召开了人类环境会议，发表《人类环境宣言》。1992 年，联合国在巴西里约热内卢召开的环境与发展大会上，提出了"可持续发展"的概念，阐明了人类在环境保护与可持续发展之间应做出选择和提出行动方案，并强调加强全球环境问题的国际合作和建立新的人类关系的重要性（刘天齐，1997）。在环境管理标准方面，英国于 1992 年颁布了 BS 7750—1992《环境管理体系规定》标准，欧共体于 1995 年开始实施 EMAS《环境管理审核规则》。1996 年 9 月，国际标准化组织环境管理技术委员会（ISO/TC 207）根据 ISO 9000 系列标准的成功经验，颁布了 ISO 14000 系列环境管理体系标准（穆平，2002）。它规定了环境管理体系的要求，明确了环境体系的诸要素，根据组织确定的环境方针目标、活动性质和运行条件把标准的所有要素纳入组织的环境管理体系中。ISO 14000 标准从"预防为主"的原则出发，通过不断改进环境管理体系和管理工具的标准化，规范从政府到企业等所有组织的环境表现，达到降低资源消耗、改善全球环境质量的目的。GB/T 24000 族标准则是 1996 年我国对 ISO 14000 系列环境管理体系标准进行等同转化的结果。

3）OHSA 18000 系列职业安全卫生标准的形成与发展

企业在产品生产过程中，对企业外部会造成环境污染问题，对内部则带来职业健康安全问题。20世纪90年代以来，随着国际社会对职业安全卫生问题的日益关注，以及ISO 9000和ISO 14000系列标准在各国得到广泛认可与成功实施，一些发达国家开始建立自律性的职业健康安全与环境保护的管理制度，并初步形成了比较完善的体系。如1996年英国颁布的BS 8800《职业健康安全管理体系指南》和美国工业卫生协会制定的《职业健康安全管理体系》指导性文件，1997年澳大利亚和新西兰提出的《职业健康安全管理体系原则、体系和支持技术通用指南》草案等。1999年，英国标准协会（BSI）、挪威船级社（DNV）等13个组织提出了职业健康安全评价系列标准（OHSAS 18000），即OHSAS 18001《职业健康安全管理体系规范》、OHSAS 18002《职业健康安全管理体系实施指南》（钟维琼等，2013）。1999年10月，国家经济贸易委员会从加强安全和职工健康管理的目的出发，颁布了《职业安全卫生管理体系试行标准》（occupational health and safety management system，简称OHSMS）。2001年11月12日，国家质量监督检验检疫总局正式颁布了GB/T 28001—2001《职业健康安全管理体系规范》，该标准与OHSAS 18001内容基本一致，成为继质量管理、环境管理标准化之后的又一管理标准。2001年12月，原国家经济贸易委员会发布了《职业安全健康管理体系审核规范》。

4）HSE管理体系的形成与发展

HSE管理体系是健康（health）、安全（safety）和环境（environment）三位一体的管理体系，起源于石油天然气行业（于东贺，2018）。国际上的一系列恶性事故推动了安全工作的不断深化和发展，如1987年瑞士的Sandoz大火，1988年英国北海油田的帕玻尔·阿尔法平台事故，以及1989年埃克森公司在阿拉斯加瓦尔迪兹的油轮泄油事故，引起了各国政府、工业界的广泛关注，并采取各种有效管理措施（即建立HSE管理体系），以避免重大事故的再次发生。20世纪90年代以来，国际社会对职业健康安全问题日益关注，由于对健康、安全与环境危害的管理在原则和效果上彼此相似，在实际过程中三者又有不可分割的联系，因此很自然地把健康（H）、安全（S）与环境（E）作为一个整体来管理。1991年，壳牌公司委员会颁布健康、安全与环境（HSE）方针指南。1991年在荷兰海牙召开了第一届油气勘探、开发的健康、安全与环境国际会议，HSE这一完整概念逐步为大家所接受。1994年油气勘探开发的健康、安全与环境国际会议在印度尼西亚雅加达召开，中国石油天然气总公司作为会议的发起人和资助者派代表团参加了会议，我国能源部有关负责人还作为安全分委员会的成员参加了论文的评定。由于会议由SPE（Society of Petroleum Engineers，石油工程师协会）发起，并得到IPICA（国际石油工业保护协会）和AAPG（美国石油地质学家协会）的支持，影响面很大，全球各大石油公司和服务商都积极参与，因而HSE的活动在全球范围内迅速展开。1994年7月，壳牌石油公司为勘探开发论坛（E&P Forum）制定了"开发和使用健康、安全与环境管理体系导则"；同年9月，壳牌石油公司HSE委员会制定并颁布了"健康、安全与环境管理体系"。考虑到质量管理、环境管理与职业安全卫生管理的相关性，1996年1月，国际标准化组织第67技术委员会（ISO/TC 67）发布了《石油天然气工业健康、安全与环境管理体系》草案（ISO/CD 14690标准草案，简称HSE管理体系），成为HSE管理体系在国际石油业普遍推行的里程碑。

中国石油天然气集团有限公司（简称"中国石油""CNPC"）针对石油工业高投资和高风险的特点，一直关注质量、健康、安全和环境的管理。1996年9月起，原中国石油天然气总公司对ISO/CD 14690标准草案进行了翻译和等同转化，于1997年6月27日正式颁布了中华人民共和国石油天然气行业标准《石油天然气工业健康、安全与环境管理体系》

(SY/T 6276—1997)、《石油地震队健康、安全与环境管理规范》(SY/T 6280—1997)、《石油天然气钻井健康、安全与环境管理指南》(SY/T 6283—1997),形成了系统的 HSE 管理体系标准。目前,我国绝大部分石油企业都建立了质量管理体系和环境管理体系,部分企业还通过了职业健康安全管理体系认证。

5) QHSE 一体化管理体系的形成

由于国际竞争的需要和本国政策的要求,世界上许多企业都越来越重视自己在质量、健康、安全与环境方面的形象,但往往根据四个管理体系标准的单独推行,给企业系统地建立和运行管理体系带来诸多问题,造成了资源浪费和企业管理的交叉和矛盾,因此,期望以一套系统化的方法来推行其管理活动,满足法律和自身方针的要求,以求得生存和发展。研究表明,国际上不同体系标准之间不存在严重的冲突或不相容之处,如果抛开不同标准的细节和针对性差别,其基本思想都是相同的。把质量、健康安全和环境三个管理体系整合为一个管理体系,即 QHSE 管理体系,它是一体化管理体系,集各国同行管理经验之大成,集中体现当今石油天然气企业在国际化大市场环境下的规范运作管理模式。

在此形势下,一些国外知名石油石化企业倡导建立了 QHSE 一体化管理体系,例如埃克森公司建立的一体化管理体系称为 OIMS 体系,英国石油公司建立的一体化管理体系称为 OIAS 体系。ISO/TC 176 质量管理和质量保证委员会以及 ISO/TC 207 环境管理技术委员会通过对 ISO 9000 族标准和 ISO 14000 族标准相容性的研究之后,成立了联合工作组,将质量管理体系审核指南标准和环境管理体系审核指南标准合并修订为一项通用的审核指南标准,于 2000 年 10 月提出了 ISO/CD 319011《质量和(或)环境管理体系审核指南》标准草案。

QHSE 是以国际管理性标准(或国家标准)为框架,包括:一要同时满足 ISO 9000 (GB/T 19001—2000)、ISO 14000 (GB/T 24001—1996) 及 OHSAS 18000 (GB/T 28001—2001) 标准各自管理体系需求和适用法律、法规及其他要求;二是管理体系要容纳并结合组织的要求,核心思想是坚持持续改进,提高组织绩效;三是管理体系均以体系文件为载体,从方针目标、管理手册、程序文件、作业性文件及记录五个层次予以表达和证实(图 10-1)。QHSE 管理体系是企业建立管理体系的客观要求,不但可以提高体系的运行效率,降低管理成本,同时也是改善企业形象、优化资源进而提高管理水平的有效途径,意义重大而深远。

我国对于 QHSE 管理体系一体化的探究始于 1999 年。2001 年 5 月,在总结国内外实施一体化管理体系经验的基础上,中国石油提出了质量健康安全环境一体化管理体系模式,并于 2001 年 10 月制定并发布了 Q/SY 2《质量健康安全环境管理体系》系列标准,于 2002 年组织在大港油田分公司和独山子石化分公司进行质量健康安全环境管理体系的试点工作,并取得了成功。中国石油制定和发布的一体化管理体系标准旨在推进和指导各地区分公司迅速、简捷而高效地建立和运行具有中国石油特点的质量健康安全环境一体化管理体系,切实提高企业的管理水平,夯实企业管理基础,不断增强企业的竞争实力(林道寿,2006)。

3. QHSE 管理体系标准

QHSE 管理体系系列标准由《质量健康安全环境管理体系基础和术语》(Q/SY 2.1—2001)、《质量健康安全环境管理体系要求》(Q/SY 2.2—2001)及《质量健康安全环境管理体系实施指南》(Q/SY 2.3—2001)三项标准构成。

QHSE 管理体系标准主要特点包括:以 GB/T 19001—2000 的结构为基本框架,对 GB/T 24001、GB/T 28001、SY/T 6276 等标准的要素及结构进行了有机融合。突出了健康安全环境管理的特性部分,强调危害辨识、风险评价和环境因素的识别与评价。QHSE 管理体系是建立在以过程为基础的管理体系模式,每个过程都有策划、实施、检查、处置等阶段(PDCA 循环)。以质量管理体系的八项管理原则为理论基础,综合考虑环境管理体系、职业健康安全管理体系、石油天然气工业健康安全与环境管理体系的要求和内容,以活动和过程为核心,建立一体化的管理体系。强调管理业绩的持续改进提高,最终目的是提高组织的有效性和效率,包括提高过程有效性和效率所开展的所有活动,从分析现状、建立目标、寻找解决办法、评价解决办法、实施解决办法、测量实施结果,直至文件化等一系列不断循环。减少了强制性的"形成文件的程序"要求,强调了质量健康安全环境管理体系有效运行的证实和效果,而不只是用文件化来约束组织。

二、油气勘探作业中的危害类型

视频 10-3
油气勘探 HSE 管理

油气田勘探是一项多工种、多工序、立体交叉、连续作业的复杂、高技术、高风险的系统工程,包括地质勘探、化探、物探、钻井、录井、测井、固井、试油等。油气勘探是一个相对高危行业,在油气勘探作业过程中,不同的作业环节,其危险源存在较大差异,危害因素也涉及多个方面,如有害物质的失控、设备故障、操作失误、环境和管理缺陷等是造成危险、危害的主要原因。

地震勘探中常见的爆炸、火灾与触电事故,钻井过程中由于井喷失控、井架倒塌、绞车绞碾、高空坠物导致的生命及财产损失,测井工程中的反射性辐射等都是造成人身伤亡和健康伤害十分常见的事故类型。1980 年 11 月 25 日凌晨,我国石油工业部海洋石油勘探局"渤海 2 号"钻井船在渤海湾迁移井位拖航作业途中翻沉,死亡 72 人,直接经济损失达 3700 多万元。2003 年 12 月 23 日,我国重庆开县罗家寨气田一口水平井(罗 16H)发生富含 H_2S 的天然气井喷事故,造成人员死亡 243 人。这些都是我国油气勘探历史上教训十分惨重的历史性事件。另外,在油气勘探中由于地质风险、工程风险、自然灾害风险所导致的环保和生态灾难也屡屡发生。如 2006 年 8 月 29 日,印度尼西亚东爪哇省天然气钻井发生事故,天然气井喷发的热泥浆淹没了 4 个村庄,当地有 1 万多居民被迫撤离。2010 年 4 月 20 日 BP 石油公司位于墨西哥湾的"深水地平线号"钻井平台爆炸,引发大火持续 36 小时。三个漏油点至少每天漏油 5000 桶,最后经历了 5 个月时间,通过打斜井最终封堵成功。

归纳起来,在油气勘探作业中主要存在以下类型的健康、安全、环境隐患。

1. 火灾或爆炸危害

在油气勘探作业中,常见的火灾或爆炸事故主要有井喷失控引发火灾或爆炸、储罐着火或爆炸、油气泄漏引发火灾或爆炸等。此外,还有炸药使用、保管不善引起的爆炸事故,锅炉、压力容器的爆炸事故,电气火灾事故等。造成以上事故发生的主要原因有:防火措施不当或执行不力,易燃易爆物品保管不当;安全距离不够,未使用防爆灯具,氧气、乙炔气瓶防火距离不够,作业人员违章操作,未严格执行动火许可证制度等。

2. 交通危害

油气勘探作业的特点是远离基地,在野外流动作业,人、设备、材料的搬迁都离不开汽车,经常要运输"超重、超高、超长"的设备设施。造成交通事故的主要原因有:道路、天气等客观环境不良,驾驶员疲劳作业、违章驾驶,车辆机械故障等。

3. 中毒危害

在油气勘探作业中,中毒事故主要包括两类:一是石油产品及其蒸气本身具有一定的毒性；二是原油及天然气中常伴随硫化氢或其他有毒气体。如2003年重庆开县"12·23"井喷事故危害扩大化，就是高浓度的硫化氢大量逸出造成的。发生中毒事故的主要原因有：未预料到原油及天然气伴生气中存在高浓度有毒气体；未进行必要的监测；缺乏监测装置；对生产过程及主要设备未按要求进行密闭；未及时采取通风或其他措施来排除聚集在工作场所的油气，或是通风装置的位置不当；未按要求配备或使用防毒用品等。

4. 物体打击和机械伤害

物体打击是油气勘探各种作业过程都可能存在的风险，如操作人员受到高空落物的打击，设备运动中的部件脱落、飞出，钻井作业中的猫头伤人和放喷管线伤人等发生频率较高的物体打击事故。机械性事故是指由于机械性外力的作用所造成的事故，一般表现为人身伤害或设备的损坏，如机器外露的运动部分在运动中引起的绞、碾伤害，手持工具如锤、钳、斧、镐等造成的砸、碰、割等人身伤害，活动中的机械造成的碰、撞、碾压或倾覆所造成的伤害事故等。造成物体打击和机械伤害的主要原因有：机械的转动部位未设防护装置或防护装置损坏，开车前未进行检查，未及时进行保养和维护等。

5. 电气伤害

电气伤害主要表现为人体接触或接近带电物体时对人造成的电击或电弧灼伤，一般在油气勘探中电气设备的使用、维修、停送电、电工、焊工操作时经常发生。造成事故的主要原因有：带电设备或带电体裸露，使用不合格的电动工具，电路或电气设备未安装或安装了不合格的过载或漏电保护装置，作业人员与带电设备的安全距离不够，接地或接零保护装置、漏电保护装置失效等。

6. 高处坠落

钻井井架、平台、扶梯、罐面等处，若有损坏、松动、打滑或不符合规范要求，施工作业人员不慎、失去平衡等，将可能从井架、平台坠落，或是从平地跌入坑或池内等。事故发生的主要原因有：未按规定系安全带，防护栏杆、扶手、安全网、孔洞盖板等设施缺乏或缺陷等。

7. 自然灾害

油气勘探大部分的工作环节都是在野外分散完成的，受自然环境的影响较大。自然灾害事故的特点是发生突然、后果严重、波及面广。对油气勘探作业影响较大的自然灾害事故有洪涝、大风大雪、地震、雷电等灾害。

8. 职业病危害

油气勘探作业过程中存在着一些有害因素，如毒物、粉尘、噪声等，这些有害因素对作业人员会造成职业伤害，甚至会引发职业病。如：机械噪声、管道流体噪声、切割噪声等可能引起潜在的噪声耳聋；使用钻井液材料、焊接、加添加剂、检修作业可能造成尘肺；野外冬季施工易造成人员冻伤，夏季施工易造成人员中暑；野外作业的饮用水、员工集体生活、集体用餐、疾病传染等可能导致食物中毒、传染病扩散等。

9. 其他危害

在油气勘探作业过程中，由于条件的变化和不确定性，其风险有许多不相同的地方，尚有许多危害需要识别，如：特殊地形条件（如高原、沙漠、山地、沼泽、丛林等）下作业风险、野外动植物的伤害、民众纠纷、对各种公共设施的破坏，尤其是战乱及武装冲突。由于海外油气勘探作业日趋国际化，施工所在地因各种社会原因发生战乱与武装冲突已成为油气勘探作业中可能影响作业人员的生命安全和设备安全的一项重要因素。危害因素识别需要在工作中不断总结完善，尽可能找出所有风险，并进行评价和控制，提出可操作、适用、符合规范的纠正预防措施。

三、油气勘探作业中的风险管控

对油气勘探作业活动中存在的危害，尤其是重大危害的控制是通过 QHSE 管理体系中危害的直接控制要素来实现的，石油企业对重大危害的控制措施一般包括以下八个方面。

1. 制定符合 QHSE 方针的目标、指标

QHSE 目标应考虑减少风险，使风险最小化，并重点考虑与风险有关的生产场所、机械、材料、人和方法。目标的制定应依据危害识别、风险评价和风险控制策划的结果、QHSE 方针、法律法规和其他要求，可选择的技术方案以及本企业的财务、经营现状等。

2. 制定管理方案

在目标和指标确定之后，应着手编制实现目标、指标的管理方案。在管理方案中进一步明确实现具体目标、指标的职责，确定负责完成每项任务的负责人，该方案对削减或控制风险所采用的措施和方法；计划时间安排，确定完成每项任务的时间表；该方案对完成每项任务配置的资源（人、财、物、设备和后勤保障）等。

3. 加强员工培训

加强企业的安全文化建设，提高员工特别是关键岗位作业人员的安全意识和工作能力，使其掌握相关应急抢险的知识和技能。识别不同层次员工的培训需求，确立培训目标，选择培训方法，实施安全培训和教育。员工的培训一方面是注重理论知识的学习，即"培"字，另一方面还应注重常规作业、非常规作业和应急状态下实际操作技能的训练，即"训"字，两者紧密结合，才能达到好的培训效果。

4. 建立并落实 QHSE 体系文件

对需控制的风险，如果不建立程序化的文件，容易导致方针、目标、指标的偏离。制定相关的 QHSE 体系文件（如管理制度、操作规程、作业指导书等），文件中要明确需控制风险的管理和操作要求，即运行准则，并在规定的条件下运行。建立 QHSE 体系文件应本着简单、明了的原则，如国外许多大型石油公司的 QHSE 事故调查表非常简单、明了，便于操作，只需对照打钩即可，可操作性强，值得借鉴。建立 QHSE 体系文件要注意保持整个文件体系的连续性和完整性。企业对生产流程的 QHSE 管理是否连续和严密，危害辨识是否到位，决定了 QHSE 体系文件的完整性，以及是否存在"两张皮"现象。

5. 与相关方共同创造 QHSE 业绩

企业在勘探作业活动中要与承包商、供应商、服务商等相关方开展协作，实现利益分享，风险共担。将相关方的 QHSE 业绩纳入企业的业绩中，这是企业由传统管理思想到 QHSE 管理理念的一大转变。在传统的管理方法中，企业对自身的行为能够控制，但对承包商、供应商等相关方的行为是难以控制的，只有通过企业的 QHSE 管理体系方针和政策影响，通过企业的 HSE 程序规范承包商和供应商的行为，才能使其活动始终与企业的 QHSE 目标保持一致。

6. 严格作业许可制度，加强作业现场检查监督

企业应编制清晰的作业许可证程序，控制该项作业的人员应对该作业场所、设备的安全检查合格后签发作业许可证，许可作业应在作业许可证规定的时间内进行。同时，企业应采

用主动的和被动的监测来加强勘探作业现场的监督、检查。主动的监测包括：企业对各职能部门和基层单位实施风险削减和控制措施的状况及设计的关键特性进行的检查；监控目标的实现和管理方案的完成情况，对施工作业所使用的设备进行定期的检查；保证设备的正常运转，对施工作业的健康、安全和环境状况进行监控，以保证风险控制措施的有效性，发现危害的早期迹象。被动的监测主要包括对发生的事故、职业病以及可能导致伤害、疾病或损失的事件的监测。

7. 制定应急预案并演练

企业应针对自身的重大风险和突发事件制定应急预案，事先与施工作业附近地区的医疗、消防、当地社区、政府等建立联系，将应急预案的有关内容通知到供应商、承包商、社区、政府等相关方，最大限度地降低或减少事故的损失和后果。通过演练可以发现预案中存在的问题，为修订预案提供实际资料。尤其是通过演练后的讲评、总结，可以暴露预案中未曾考虑到的问题，找出改正的建议，是提高预案质量的重要步骤。

8. 分析隐患原因，采取纠正和预防措施

对野外施工作业发生的事故事件等，一定要及时组织管理人员、技术人员、有经验的岗位员工进行原因分析，制定并采取切实有效的纠正和预防措施，防止类似问题的重复发生。同时，定期对纠正和预防措施的有效性进行评价，使风险削减和控制措施落到实处，尽可能消除或降低风险。

第四节　油气勘探储量管理

从油气田发现直至废弃的各个勘探开发阶段，油气田的经营者，应根据勘探开发阶段，依据地质、工程资料的变化和技术经济条件的变化，分阶段适时进行储量计算、复算、核算和结算。国家有关部门按照有关规定、标准和规范，进行全程监督管理，以达到保护油气资源、合理开发的目的。

视频 10-4
油气勘探储量管理

一、储量评审备案

石油天然气属国家一级管理的矿种，油气探明储量由国家自然资源主管部门来评审备案。我国目前储量评审备案程序主要包括以下环节。

1. 储量申报

新发现的油气田要进行新增储量的计算与审批，储量报告编制完成后，由矿业权人向"自然资源部油气储量评审办公室"提请审查。提交申报材料主要包括：① 申报计划，主要内容包括油气储量评审申报表、申报储量探（采）矿业权情况表、申报储量情况表和储量申报汇报人员名单；② 对提交送审材料的真实性的书面承诺书；③ 储量报告；④ 主管单位对送审储量报告的初审意见书；⑤ 探矿权或采矿权权属证明材料；⑥ 其他纸质材料，如申报含油气面积与探（采）矿许可证范围叠合图等；⑦ 光盘，包括上述全部申请材料的电子版。

2. 申报受理

自然资源部油气储量评审办公室收到申报材料后进行审查，并告知申请人是否受理。

3. 储量评审

自然资源部油气储量评审办公室组织地质、物探、测井、开发和经济等专业的油气储量评审专家组成评审组，对受理的储量报告及相关材料申报储量进行严格的审查，并形成评审意见书。

4. 储量备案

由自然资源部矿产资源保护监督司对油气储量评审办公室形成的评审意见书和相关材料进行合规性审查，对符合规定的予以备案。

二、储量复算、核算、结算

随着勘探开发的深入，各石油企业应该加强储量的动态管理，不断提高储量计算精度。油气田投入开发后，要进行储量的复算与核算。储量复算指首次向国家申报储量后，油气藏地质认识和储量计算参数发生变化时进行的储量计算。储量核算是指储量复算后开发生产过程中的各次储量计算。油气田废弃后，应进行储量的结算和审批。储量结算指油气田废弃前的储量与产量清算，包括剩余未采出储量的核销。

三、储量交易

国际上，储量交易已十分普遍，每年的油气储量交易额可达几十亿美元。我国在传统计划经济体制下，油气勘探工作被看作调查、研究性质的活动，其所花费用作为地质事业费由国家核销，勘探的风险全由国家承担，储量成果被油气开采单位无偿占用。

在目前社会主义市场经济条件下，油气勘探逐渐被视为商业行为，油气储量应以商品的面目出现在市场进行交易已成为许多人的共识。对有的企业来讲，由于其自身资金或技术等原因无法动用的储量通过交易出让，可以起到盘活资产、增加经济效益的作用。而对我国许多已进入开采的中后期，开采难度不断增大的油气企业，通过储量交易实现新的储量注入，使油田能够继续稳定或发展，其意义则更为重大。

第五节　油气勘探信息管理

油气勘探开发过程中，涉及的油气地质信息类型众多、数量巨大、信息安全级别复杂，对其收集、整理与校正等管理工作繁琐。通过加强油气勘探成果的管理，目的是要达到各种成果的完整、准确、安全保存与科学合理高效使用。这些基础数据的保存、管理、分析、计算和绘图以及复杂资料的分析处理，有些只能通过计算机技术来完成。例如数据库技术、网络技术、图形技术，利用计算机准确、快速的处理和管理能力，可以共享基础资料，实现自动化的基础资料管理，进而可以最大限度地综合应用地质、化验、试油、测井、钻井等资料，研究油气田的地质构造、岩相，定量描述油气藏储集参数的空间分布，计算油气地质储量，发现油气藏基本参数的动态变化规律。另外，对基础数据资料的处理分析，可以准确、快速地恢复地质体格架的空间形态以及储层参数的空间展布，为油藏开发确立良好的基础。

随着新一代信息技术的快速发展，计算能力、数据处理能力和处理速度得到了大幅提升，机器学习算法快速演进，大数据的价值得以展现。随着智能终端和传感器的快速普及，海量数据快速累积，基于大数据的人工智能（AI）也因此获得了持续快速发展的动力来源。大数据与人工智能相辅相成，将使得油气勘探信息的生成、获取、存储、分析等更加便捷、客观、准确。中国石油发布的勘探开发梦想云平台，是中国油气行业第一个智能云平台，标志着中石油的上游业务将实现在数字化方面的重大转型升级，预示着石油数字化产业将在中国迎来规模化扩张时期。国家地质大数据服务平台"地质云"是中国地质调查局主持研发的一套综合性地质信息服务系统，采用经典的4层云架构，集成了地质调查、业务管理、数据共享及公开服务四个子系统，实现了云架构下的"大系统、大平台、大数据、大集成"，破除了各单位间的数据鸿沟，集成了各单位各类地质信息服务，形成统一、有序、规模、权威的统一信息服务平台。这些对于加强油气田的勘探进程，提高开发效果及总体的经济效益都有着非常重要的意义。

本节内容主要包括油气勘探信息管理的目标及流程、油气勘探数据库的类型、特点及结构，以及油气勘探信息的安全保护三大方面，下面分别详细讨论。

一、油气勘探信息管理的目标及流程

1. 油气勘探信息管理的目标

油气勘探信息指一切经过人类用语言、文字、图像、图表、数字等符号加工的与油气勘探、开发有关的各类信息。油气勘探信息管理，即对原始数据、信号进行采集、处理、存储、传递等，使其充分、有效地利用的过程，也指建立科技情报和管理信息系统，信息处理的正确和迅速进行，使灵敏的信息得以畅通，并进行必要的信息反馈，提供可靠的决策信息，以达到管理控制最优化的目的的活动全过程。数据分析与决策应用于提高油气勘探效率，降低勘探开发成本。

油气勘探信息管理涉及面广，导致勘探资料类型丰富多样。从数据角度看，油气勘探以多来源、多模态数据展现地球表层现状与发展过程。从系统角度看，油气勘探是参与人、数据处理机、地球构成的"人—机—地"系统，数据复杂巨大、种类繁多、分布广阔。如油水井的地理位置分布、储层地质特征、油水井生产动态、井身结构、油水井措施情况等，这些信息表现出典型的数据多样化和三维空间分布的特点。按信息的组成可分为属性类信息和空间类信息：属性类信息包括设备监控数据、油井的生产数据、井深剖面数据等；空间类信息主要是二维地图类信息，包括油田地理分布、站点分布与地面管网等（田伟等，2005；马玉华，2006；刘珩琳，2011）。

通过对油气勘探信息进行管理，可以提高信息的流动性、实现实时共享，可以与计算机运算与模拟技术结合起来，分析地质问题，还可以加快勘探速率，提高质量。

2. 油气勘探信息管理的流程

根据油气勘探工作的性质，勘探信息管理的基本任务是地质信息资源的收集与管理、勘探工作的全程信息化、基于网络的现代化的信息服务和工作管理的信息化。其长期任务是数字信息资源的收集与管理，基础是勘探的全程信息化，核心是对油气勘探的指导作用。油气信息管理同时还便于后续三维地质建模。油气勘探信息管理流程就是人对勘探信息资源和信息活动的管理流程，一般包括信息收集、信息加工和信息存储等过程。为了建立高效有序的信息管理系统，保证勘探信息能够迅速合理地流向需要的部门，勘探信息管理的组织形式应该是由油公司勘探系统统一的数据中心掌握，各服务公司负责提供各种原始勘探信息。

1）信息的收集和录入

信息的收集和录入是一项经常性的工作，也是保证勘探数据库能够随时准确反映实际勘探生产动态的基础。各油公司勘探系统建立统一的数据中心。地质工作的重要成果就是地质资料，它是后人开展地质工作的重要基础，具有形成成本高、应用范围广、可重复利用等特点。实现地质资料共享可以避免重复工作和投资，提高工作效率和效益。服务公司完成采集地震批量处理解释和测井单井处理解释以及测试试油处理解释等以后，都要把原始数据和成果磁带以及其他资料等勘探信息交给数据中心,由数据中心负责将这些资料信息入库建档,以供今后使用。

2) 信息的存储管理

作为分布式数据库管理系统,油气勘探数据库的信息是分散地存放在不同的地理区域的,这些信息的使用者也不集中在一个地方。因此,合理的存储分布方案能够优化信息的使用效率,同时,又能最大限度地降低信息的存储冗余度。

首先应当考虑的是就近使用原则,即数据应该存放在距离那些使用频率最高的用户附近,以减少不必要的信息传输。但是,由于下面的两个原因,又经常需要将部分相同数据冗余存放在若干个不同场所。第一,从可靠性考虑,如果没有数据冗余,某个数据库的意外失效,必然会引起所有存储在该数据库中信息数据的应用失效,从而造成整个数据库的不完备性。第二,从效率考虑,在一个数据库中,必然有一些数据的使用频率很高,而且不同用户要在多个不相邻的地理区域里使用。那么在这些场所冗余地存放这些经常使用的数据,就能提高存取效率。对于这些冗余数据,一定要注意其一致性,尤其当它们被修改时,以保证提供给各地用户的都是有效正确的数据。其次是负担均匀原则,即数据的分布应该大致上是均匀的,从安全性和减少不必要的数据传输开销两个方面考虑,都应避免出现某一库或某几个库中数据过于集中而其他地方则过于少的状况。

3) 信息的传输

由于勘探系统各单位地理位置分布的特殊性,勘探信息的分布是非常不均匀的,对勘探信息的处理能力也是很不平衡的。另外,勘探系统涉及的知识覆盖了许多学科领域,不同的资源服务器系统类型也是千变万化。为了对多学科综合研究设计组和多专业协同管理提供坚实的信息基础,对于勘探数据库来说,信息的传输和调配非常频繁。对各种计算机之间、各种数据库之间、各种网络的信息共享能力有很高的要求,以便迅速方便地实现信息的交流。理想状况应当是:不论什么地方,不论什么机器,不论什么作业,即异地、异型机、异构网、多学科处理都可实现(郭玲玲等,2010)。

4) 信息的加工处理和输出

油气勘探工程是一项高度综合性的、具有很大风险性的工作,是对地下勘探对象通过已有信息的分析提炼,不断深化认识的过程,许多时候认识的不确定性和经验性很突出。因此,对勘探信息的处理要求,除了传统数据库所具有的查询、排序、归并等常规处理,还经常需要具有分析、预测、评估、优化等高级处理。所以现代勘探数据库必须具有传统数据库所不能胜任的知识处理的能力,才能真正起到对勘探全过程信息支持的作用。

勘探信息具有很多种表现形式,常见的如文字、表格、图形、图像等,随着多媒体技术的逐渐实用化,声音和活动影像也开始慢慢成为勘探信息在计算机中的存储和输入输出形式。为了更好地支持多学科综合研究设计和多专业协同管理,油气勘探数据库尤其要注意图形图像的处理输出,以帮助不同专业领域的用户消除难懂的专业数据和术语所造成的信息交流障碍。不仅是二维的平面图形图像,还有许多三维的立体图形图像。特别是成果库中的相当一部分勘探成果,是以图形图像的形式存储的,同时又作为下阶段勘探工作的重要基础。所以,对图形图像类勘探信息的加工处理能力是衡量一个勘探数据库水平的重要指标之一。

5) 信息的安全保护

信息的安全保护包括两个方面的问题:信息管理的可靠性和信息的授权、保密。由于勘探数据库是一个多部件、多层次、多场所、多机种的综合信息系统，要保证信息管理的可靠性，应做到：第一，系统有相当的弹性，即某一局部失效或损坏的时候，其余部分仍可正常运行，失效部分的作业由系统调配到其他部分暂时替代，系统修复后恢复原状态；第二，异地备份存放全部数据，以便及时恢复失效的数据。大部分勘探信息属于与资源关系比较紧密的经济信息，这些信息的不适当扩散可能会造成不应有的经济损失，因此信息的授权和保密，即勘探数据库的安全机制必须予以充分考虑，保证只有那些经过授权的人员才能接触到适当范围的信息。还要注意无关人员对勘探信息的无效更新。但如果安全机制过于复杂繁琐，又可能会使经常使用数据库的人员感到不便而降低数据库的实用价值。

油田勘探开发过程所涉及的数据量浩大而种类多样，传统的管理信息系统很难有效地反映油田中各种对象及相关信息之间的空间关系。因此基于GIS技术的油田管理信息系统是近年来国内外油气勘探工作者广为推广和使用的。空间类信息采用GIS管理，将图形数据划分为点、线、面基本图元来组织存储，并且三种几何图元之间建立严格的拓扑关系。GIS能实现属性类信息与空间类信息的集成管理，并能够完善地建立二者之间的联系。可以看出，利用GIS技术将地理信息与油田勘探开发数据结合，以地图为载体进行查询、统计和分析，可为油田开发管理进行规划、判断和决策提供科学依据（吴信荣，2004；王金贵等，2006；王琼等，2007）。

二、油气勘探数据库

1. 油气勘探数据库的基本概况

油气勘探数据库是各种勘探阶段中需要的与油气勘探有关的数据体，利用一定的存放和管理形式对它们进行有机的组织，为勘探生产、科学研究和领导决策提供信息保证，协助管理者和生产者进行油气勘探。数据库对油气勘探的资料管理与应用而言，有着重要的作用。油气勘探数据的收集、处理与共享，为构造特征与演化、地层分布与特征、沉积相特征及演化分析、烃源岩评价、储层评价、油气成藏机理、油气勘探部署等工作提供研究基础及理论依据，是地质信息服务的基本内容，也是进一步开展油气勘探工作的基本要求。在具体工作时，针对勘探区特有的地质、地貌特征，通过建立地质综合数据库，可以实现各种地质数据、方法及参数的规范和统一，管理及共享各项数据、成果、报告及图件，建立地质模型并在三维尺度下展示上述各项资料及成果认识。既可认为是对勘探资料的汇总，又展示了油气勘探调查工作的成果、升华了地质认识。因此可以看出，科学、翔实、精确的油气资源地质调查数据是我国油气资源勘探开发的重要基础，对促进我国油气资源勘探开发水平，提高我国油气资源自给能力具有重要意义（邓道绩，1999）。

2. 油气勘探数据库的特点

油气勘探数据具有数据容量大、数据类型多和政治商业价值高等三大特征。油气地质调查数据具有重要的政治意义和商业价值，因此在其收集、处理、归纳分析等方面有着较高要求，特别是对处理速度有着极高的要求。油气资源调查数据类型多样，包括钻井、地震勘探、重磁电勘探、测试化验分析、岩心扫描等多种勘探手段，数据量巨大，尤其是地震勘探和重磁电勘探，数据量很容易达到TB量级。

综合起来，一个成熟的油气勘探数据库主要具有以下五个特点。

1) 高度综合的地质勘探信息的有机体

油气勘探数据库强调其数据组织、用户界面、信息交流的高度集成性，能够覆盖不同专业和学科、不同勘探阶段和目的、不同级别地区和层位。

2）数据可共享性

油气勘探数据库使不同专业人员都能提取自己需要的各种信息，而且强调在同一平台上共用信息。因为油气勘探工程是一项综合性非常强的系统工程，需要许多专业领域的人员联合研究、协同管理，因此对各学科专业的信息都有比较高的要求，更重要的是还要求各专业人员在同一个环境中共同对某个勘探对象进行分析研究，所以对数据的"可视化"程度要求很高。

3）信息的动态性

由于油气勘探工程是一个对油气藏客观认识不断深化的过程，许多信息在整个勘探过程中随着勘探程度的提高是不断变化更新的，尤其是对含油气地质体的解释这类中间成果性信息，其动态性是最显著的特点，也是在信息管理中需要特别考虑的问题。

4）易于使用

油气勘探数据库是面向勘探系统各级管理者和研究设计人员等生产实践第一线工作者的，虽然计算机应用越来越普及，但他们对于计算机的了解程度十分不平衡，因此，良好的用户界面以利于各种层次水平的人员都能方便地使用数据库去完成自己所需的任务，是在设计数据库时必须首要考虑的。

5）便于维护

当油气勘探数据库建立起来以后，要保证它顺利有效地运行，维护工作是一项比较繁杂的任务。这包括对库中信息数据的维护，也包括随着勘探工作的发展出现的新的需要而引起的对库结构的维护。因此要在一开始设计数据库时就充分考虑到今后维护的需要，对经常性的、较简单的数据维护工作，应由数据库自动完成，尽量减少人工干预工作量，从而提高效率。

3. 油气勘探数据库的对象及类型

油气勘探数据的研究对象包括油气勘探过程中涉及的各种地理、地质、物化探、钻井、测井、试油和其他信息，以及它们的有序组织和管理过程。

油气勘探科研项目数据库按目的可分为油藏描述数据库、盆地模拟数据库、规划部署数据库以及圈闭评价数据库。每个部分都由结构化数据库和图形库组成。结构化数据库有些是按主数据库的设计方法进行数据库表格设计的，有些表格直接引用主数据库的对应表格。主要的数据类型归纳如下：

① 盆地模拟数据库中要有井位、测井解释、油层物性、镜煤、有机碳和地层分层等6种数据来自主数据库，另需补充储层描述等数据或图件。在圈闭评价方面有圈闭基础参数、圈闭含油气性、工业性油气流产量及描述地质模型等数据或图件。

② 在专题数据库方面，需包含盆地、管线、省区、公司和储备专题的空间和属性数据。每一个功能都包括对属性数据的组合查询显示及详细信息显示。另外根据需要可以建立多个子数据库，如地理数据库、地面地质数据库、固体矿产资源数据库、油气资源数据库、煤炭资源数据库、大地热流及地热数据库、物探数据库、化探数据库、遥感数据库、钻孔数据库等十个应用子系统数据库。专题数据库包含大区、盆地、行政区划、水系等，地图、管线要素和省区要素等。

③ 公司专题数据库，包含所有的公司、石油企业年度概况、重大科技成果等信息，根据公司名称、状态、类型、所属省份等信息进行查询。盆地专题数据库包含全国资源量、全国油田储量、全国气田储量的信息，盆地空间要素查询及定位属性要素，油气田概况按油气田编号、名称、盆地名称、类型、年份区间等。

④ 地震数据库的建立主要包括以下研究内容：地震导航及索引数据、野外班报、观测系统数据、CDP 坐标数据、地震磁带数据、资料处理描述信息；地震常规处理、特殊处理中的各类数据和成果图件（燕汉业等，1998）。

⑤ 空间数据库是指地理空间数据获取、处理、访问、分发以及有效利用所需的技术、政策、标准和人力资源。空间数据库要建立具有普遍意义的地理空间数据框架、分布式空间数据交换中心，制定用于数据记录、采集和交换的标准，便于不同硬件和软件平台上的数据能够共享。

⑥ 综合数据库，即在理解和融合本工作中涉及的不同学科的理论和方法的基础上，将地理、地质、固体矿产资源、油气资源、煤炭资源、大地热流及地热、物探及化探、遥感、同位素及古地磁和钻孔等多个数据库有机结合起来，根据数据特点及项目要求建立工作区的三维地质数据库。

4. 油气勘探数据库的结构

1) **体系结构**

从地域范围上讲，油气勘探数据库可以分为全国（总公司级）数据库、大区数据库和油气田数据库；从应用层次上讲，则可以分成中心数据库、项目数据库和应用数据库。

从绝大部分勘探信息存放地和使用者地域上的分散性出发，勘探数据库总体的体系结构应该是分布式的客户/服务器数据库系统，以充分利用现有的各类数据体和软硬件资源。主要的数据体在研究院（所），主要的数据库管理者也在研究院（所），勘探公司（勘探处）是主要的信息使用者，各专业服务公司则是各种原始勘探信息的来源。

2) **库结构**

考虑到许多勘探信息具有显著的动态更新的特性，从一开始就有必要将所有信息分门别类归入原始数据库和成果库。原始数据库存放的数据是一般情况下固定不变的基础数据，如地震采集数据、钻井、测井、试油等原始数据（包括磁带），成果库更多的是那些随着勘探程度的加深经常会更新的中间性成果信息，如地层、构造、地震处理解释结果、测井处理解释结果等。

勘探信息，可以根据勘探阶段（大区勘探、盆地勘探、区带勘探、圈闭预探、油气藏评价勘探）划分，可以按专业领域（自然地理、区域地质、物化探、钻井、测井、测试、分析化验等）划分，也可以依据地理、地质单元（行政区划、地理坐标、勘探区块、盆地、坳陷、凹陷、区带、圈闭、油气藏等）进行分类，分别存放在各自独立而又互有联系的数据库中。但是根据以往的实际应用，单独用上面任何一种分类方式看来都难以全面完整地概括勘探信息，因此，使用中多采用混合分级划分的方法将勘探信息分类存放。比如，按专业领域作为划分独立数据库的基本依据，在每个数据库中按照地理、地质单元将数据分类，总体上则根据勘探阶段将联系较密切的数据库归到一起。

在应用上，现代勘探数据库应密切结合勘探生产的三个综合勘探方法和科学的规划计划编制方法，以支持多学科综合研究设计和多专业协同管理为基本出发点。通常应该尽量设计有多种不同途径的查询方式（表格和图形），即多种逻辑结构，以照顾不同层次用户的不同需求。

5. 油气勘探数据库与三维可视化

以区域地质构造演化为背景，采取盆—山耦合的思路，制定合理的野外地质考察路线，获取采样点位信息、样品信息、样品组合信息，采集代表性地质样品，进行多项分析测试工作，获取对应的测试数据。从各项地质填图数据、地球物理学资料、遥感数据及各项分析测试数据资料入手，确定数据类型及存储格式，整理及规范化处理各类地质数据，提取有效数值，建立数据字典，建立综合数据库，用于记录各个数据库资料的元数据信息，整理各个专题研究产生的图片、文档和图形，统计、检索及展示各项基础空间数据和图件（侯延彬，2008；白晓寅等，2015）。

在地质调查大数据处理技术中，应积极开展多类型地质数据采集器、新型非易失性存储技术、分布式计算、内存计算技术产品开发与应用，后集中开展深度分析与挖掘、可视分析技术产品开发与应用，最终形成地质调查大数据处理技术体系与产品线，产品应用推动资源共享，提升地质调查信息化服务品质。

1）完成对各子数据库的各项管理

对各子数据库的管理包括数据录入、数据查询、数据迁移、库管理等，并要求实现不同数据库的连接。数据库查询功能可以实现数据库的单表或多表联合查询工作，其查询结果可提供给各类统计图件、统计表格、文本格式文件等目标使用。

2）建立地质图形库，完成工作区急需的图形入库工作

完成基本图形库管理，能够按照约定的组织形式，迅速自动地生成各类地质构造单元树；以构造树形式对工作区的专业图形进行统一入库管理，以图形及列表的方式浏览构造树结点上的自身图形或该结点以下的所有图形，并能将选择的图形自动送入到可视化系统中；以图形信息任意一项或多项为条件，到图形库中直接查询图件信息。

3）对生成的各类平面图形进行编辑处理

对生成的各类平面图形进行编辑处理包括专业线性编辑、地质专业符号编辑、矿产专业区域填充编辑等功能，方便专业图件的矢量化入库。

4）资料检索与查询

以鼠标点击的方式，提取数据信息（包括基础数据、图形），实现导航控制、图层控制，即从一幅图（当前图）到另一幅图（子图）。要求在当前图目标上绑定一幅或多幅子图的图名称，鼠标点击该目标，便自动进入子图，例如点击"钻孔分布图"目标时，自动进入"钻孔图件系列"中（凤丽洲，2011）。

在三维可视化方面，考虑到我国黄土地区具有特殊地表地貌及地下地质特征的情况，在软件需求及系统功能分析的基础上，讨论黄土覆盖区三维地质建模的原则、思路及方法，讨论地质层面拟合插值技术及成果与认识的三维展示等内容。利用上述各项地质资料、地球物理资料、遥感资料，在VC++和OpenGL环境中，运用空间插值及曲面拟合技术，对已知离散的勘测数据进行拟合插值，形成空间规则网格，再划分成一系列三角面片进行渲染，通过一系列基本的几何图元（如点、直线、三角片带、四边形）数据处理，真实、客观及合

理地建立工作区的三维地质模型。采用消隐、光照和着色等技术设置相关的视景参数值，如颜色、透明度、观察变换参数、明暗处理方式、光照模型以及表面纹理等，进一步细化模型。通过对地质体的任意旋转、移动、剖切、漫游、视景变换等动态景观方式操作，从不同角度、不同方位和不同距离观察基岩内部的水平、垂直或任意角度切面上的地质构造形态，形象地展示黄土覆盖层及基岩的地层特征，断裂系统，构造特征，油气、煤、铀的赋存特征及空间关系。在此基础上，整理各项地质数据，汇总并规范化各项成果图件，展示各种地质数据（面上资料、专项资料及隐伏地质资料等）、专业图件及成果认识，综合分析研究区地质特征。

三、油气勘探信息的安全保护

计算机学科中的信息安全是使计算机通信中的数据、图像、语音等信息的保密性、完整性、可用性不受损害的保护技术与方法的统称。而油气勘探信息安全则指对于与油气勘探开发工作有关的一切信息通信基础设施的安全运行和信息内容的合法保护与防御。

随着管理水平、勘探技术、计算机科学技术等的飞速发展，信息化已经渗透到油气勘探开发的各个环节当中，信息安全的应用领域也从传统的、小型业务系统逐渐向大型的、关键性业务系统扩展（高圣新等，2007）。尽管信息化使企业能够利用计算机网络技术提高办事效率，但同时企业又要面对数据安全带来的新挑战和新危险，随之而来的信息安全问题也给油气勘探工作带来意想不到的危险，信息安全问题一旦发生将给油气勘探企业及工作者带来巨大的损失。既有天灾、机械设备老化等偶然事件，又可能存在人为事件，如水灾、火灾、机器故障、蓄意破坏、操作疏忽大意、失密、不正当使用计算机、盗窃信息等情况，导致计算机中存储的具有重要价值的信息丢失或被盗，严重威胁油气勘探信息安全。

与此同时，油气勘探工作具有自身特点，石油行业信息工作涉及的内容多、层面广、工作量大，导致网络设备、主机服务器数量众多。但现有的网络缺乏足够的网络流量采集、监控和分析手段，个别油气田企业内专门从事信息工作的人员少，技术能力较低，日常工作效率低，当发生攻击行为和病毒传播时，信息人员很难在第一时间发现目标源，实现有效控制。上述原因使得信息安全保护的工作变得日益重要，因此如何规划和设计好安全体系，建立油田信息安全策略，是油田企业信息化的重要组成部分，也是支持各应用系统运行的关键。

油气勘探企业要确保油气勘探过程中信息网络的硬件、软件及其系统中的数据受到保护，不因偶然或恶意的原因而遭到破坏、更改、泄露，系统连续可靠正常运行，信息服务不中断。勘探信息安全主要包括五方面的内容，即信息的保密性、完整性、免受破坏、未授权修改、未授权泄露等安全性。油气勘探信息安全不是一个静止的概念，而是一个多层面、多因素、动态性的概念，其内涵将随着油气勘探管理与勘探技术的发展而不断发展（曹凤英等，2002）。

油气勘探信息安全保护的功能主要可分为排除危险、及时制止、提前预防、备份、复原和补偿等六个功能，具体为：能排除潜在的危险或从已经发生的危险中转移出信息财产避免受到损失；能对于非法操作提前采取行动予以制止；能保证计算机系统停止非法操作，预防妨碍安全的活动；能及时发现损失，并使其停止或尽量减少；当系统具备复原功能，一旦出现信息损失能以最小代价恢复原状；对系统的弱点予以补偿，如再发生同类信息损失时可减少危险性（古秋蓉等，2008）。

　　信息安全的危害渠道多样。有来自企业管理层面的，如企业内部用户滥用权限、误操作、篡改、破坏甚至盗窃信息内容。也有来自互联网层面的，网络面临的安全威胁，一是对网络设备的威胁，如恶意攻击、入侵、修改数据、非授权访问、信息泄漏或丢失、破坏数据完整性，以非法手段窃得对数据的使用权、删除、修改、插入或重发某些重要信息等；更为常见的是操作系统、移动存储介质或数字复印机方面，利用操作系统漏洞或移动U盘、硬盘等，获取计算机权限，危害油气勘探数据库及管理体系的安全；还有较少情况下，高性能网络交换机等也是安全危害的主要来源，与广域网有数据连接与交换的网络交换机，在被植入病毒或木马的情况下，会极大程度地危害油田各项信息的安全（韩志敏，2007）。

　　因此，油气企业及勘探工作人员应该加强信息安全管理与维护方面的专业意识，建立四个保护层面，加强七个保障体系建设。所谓四个保护层面，分别指的是：技术控制层，即在计算机系统以及该系统的程序设计中加以安全控制，技术控制层是控制的核心部分；管理控制层，即确保所有程序员、工作人员以及系统的用户都能够正确使用该系统；物理安全控制层，如我们经常说的防火、防盗、报警及防止非受权存取等；法律及社会控制层，即从社会环境方面来采取一系列措施，如日常生活中的教育、法律措施等。所谓七个保障体系，分别指的是强化档案信息安全意识、强化安全服务管理、加强档案库房安全建设、加强已生成的电子档案管理、加强档案安全管理机制建设、强化设备故障的安全防范、加强档案队伍安全知识宣传、教育和培训等（贾延锋等，2011；邹利玲，2012）。

复习思考题

1. 我国对矿产资源勘查实行统一的区块登记管理制度中对登记范围有何规定？
2. 油气勘探项目运行过程一般可划分哪几个阶段？
3. 油气勘探项目管理可以分为哪几个主要层次？
4. 油气勘探QHSE管理体系是指什么？
5. 油气勘探工程实施过程中，有哪些主要潜在的危害类型？
6. 我国油气储量的认定一般经历哪几个阶段？
7. 油气勘探信息管理过程中有哪些基本流程？

参 考 文 献

白晓寅，孟旺才，陈义国，等，2015. 油气勘探中高光谱遥感技术应用综述. 中国科技信息，1：59－61.
曹凤英，宋红，2002. 从吐哈油田OA建设看企业信息安全. 网络安全技术与应用，12：46－47.
邓道绩，1999. 油田管理信息系统建设之我见. 中国计算机用户，17：57.
凤丽洲，2011. 国家级油气资源数据库Web发布系统设计与实现. 吉林：吉林大学.
高圣新，王来忠，赵忠，2007. 油田智能安全生产巡检信息管理系统的研制. 胜利油田职工大学学报，1：75－76.
古秋蓉，杨兵，吴培勤，等，2008. 利用信息技术提升油田安全生产管理水平. 数字石油和化工，9：2－4.
郭玲玲，胡绍彬，袁满，2010. 油田安全信息的远程监控技术研究与实现. 科学技术与工程，12：

2965-2969.

韩志敏, 2007. 油田企业网信息常见的安全威胁及对策. 新西部 (下半月), 6: 238.

侯延彬, 2008. 信息安全体系建设为吉林油田保驾护航//科技创新与节能减排: 吉林省第五届科学技术学术年会论文集 (上册). 吉林: 吉林大学出版社: 544-546.

胡朝元, 1982. 生油区控制油气田分布: 中国东部陆相盆地进行区域勘探的有效理论. 石油学报, 2: 9-13.

贾延锋, 孟凡营, 韩雨杰, 等, 2011. 应用网络信息技术加强油田生产现场安全监管. 中国信息界, 8: 46-47.

李立新, 许晶伟, 张秀玲, 等, 2007. 油田地面工程管理的信息化建设. 石油规划设计, 2: 41-43, 48.

林道寿, 2006. 大港油田公司信息安全解决方案. 数字石油和化工, 5: 25-26.

刘珩琳, 2011. 吉林油田公司信息安全体系建设. 长春: 吉林大学.

刘焕杰, 贾玉如, 龙耀玲, 等. 海相成煤论进展. 沉积学报, 1992 (3): 47-56.

刘天齐, 1997. 环境保护通论. 北京: 中国环境科学出版社.

马玉华, 2006. 辽河油田测井信息管理系统的设计与实现. 大连: 大连理工大学.

穆平, 2002. 企业可持续发展与 ISO14000 环境管理体系标准初探, 12: 16-19.

庞雄奇, 2014a. 油气富集门限与勘探目标优选. 北京: 科学出版社.

庞雄奇, 2014b. 油气运聚门限与资源潜力评价. 北京: 科学出版社.

庞雄奇, 2014c. 油气分布门限与成藏区带预测. 北京: 科学出版社.

庞雄奇, 李丕龙, 金之钧, 等, 2003. 油气成藏门限研究及其在济阳坳陷中的应用. 石油与天然气地质, 24: 204-209.

田伟, 陈小学, 2005. 玉门油田网络信息安全策略. 网络安全技术与应用, 3: 29-31.

国土资源部油气资源战略研究中心, 2018. 油气资源勘查开采监督管理工作常用法律法规文件汇编. 北京: 中国大地出版社.

王金贵, 刘建波, 房玉龙, 等, 2006. 基于 GIS 的油田基础设施信息管理系统研究与应用. 科技信息 (S1): 20, 40.

王琼, 孙辉, 任伟建, 2007. 基于 WebGIS 的油田信息管理系统设计. 大庆石油学院学报, 4: 88-90, 124.

吴信荣, 2004. 基于 GIS 的油田管理信息系统的研制. 江汉石油学院学报, 2: 151-152, 181.

燕汉业, 刘淑慧. 1998. 油气勘探科研数据库设计与建立. 大庆石油地质与开发. 5: 51-53, 56.

于东贺, 2018. HSE 管理体系在石油企业中的应用研究. 中国石油和化工标准与质量, 38: 59-60.

赵红兵, 王凤华, 谭滨田, 等, 2014. 勘探技术. 北京: 石油工业出版社.

钟维琼, 安海忠, 丁颖辉, 等, 2013. 挪威油气资源管理流程研究. 资源与产业, 6: 77-83.

邹利玲, 2012. 新形势下油田信息保密安全工作思考. 经营管理者, 12: 342.

Guo T L, 2013. Evaluation of highly thermally mature shale gas reservoirs in complex structural parts of the Sichuan Basin. Journal of Earth Science, 24 (6): 863-873.

Hammes U, 2009. Sequence stratigraphy and core facies of the Haynesville mudstone, East Texas. Journal of Dermatology, 38: 1125-1129.

Jarvie D M, 2012b. Shale resource Systems for oil and gas: Part 1—shale gas resource systems//Breyer J A. Shale reservoirs - giant resources for the 21st century. AAPG Memoir, 97.

Jarvie D M, 2012a. Shale resource systems for oil and gas: part 2—shale-oil resource systems// Breyer J A. Shale reservoirs - giant resources for the 21st Century. AAPG Memoir, 97: 89-119.

Montgomery S L, Jarvie D M, Bowker K A, et al., 2005. Mississippian barnett shale, Fort Worth Basin, north-central Texas: gas – shale play with multi – trillion cubic foot potential. AAPG Bulletin, 89: 155 – 175.

Pan C H, 1941. Non – Marine origin of petroleum in North Shensi, and the cretaceous of Szechuan. AAPG Bulletin, 25: 2058 – 2068.

Zou C N, Yang Z, Tao S Z, et al., 2013. Continuous hydrocarbon accumulation over a large area as a distinguishing characteristic of unconventional petroleum: the Ordos Basin, North – Central China. Earth – Science Reviews, 126: 358 – 369.

扫一扫学习
国家精品在线课程
油气田勘探